D1727412

de Gruyter Lehrbuch

Kowalsky · Lineare Algebra

Hans-Joachim Kowalsky

Lineare Algebra

9., überarbeitete und erweiterte Auflage

Walter de Gruyter · Berlin · New York 1979

Dr. rer. nat. *Hans-Joachim Kowalsky*
o. Professor für Mathematik an der
Technischen Universität Braunschweig

CIP-Kurztitelaufnahme der Deutschen Bibliothek

Kowalsky, Hans-Joachim:
Lineare Algebra / Hans-Joachim Kowalsky. – 9., überarb. u. erw. Aufl. – Berlin, New York : de Gruyter, 1979.
(De-Gruyter-Lehrbuch)
ISBN 3-11-008164-4
ISBN 3-11-007835-X

 Printed in Germany. Satz: Walter de Gruyter & Co., Berlin – Druck: Karl Gerike, Berlin – Bindearbeiten: Dieter Mikolai, Berlin.

Vorwort

Die Lineare Algebra muß heute zu den wichtigsten Grundstrukturen gerechnet werden, auf denen weite Teile der Mathematik basieren. Die Vertrautheit mit den Begriffsbildungen und Ergebnissen der Linearen Algebra gehört daher mit an den Anfang des Mathematikstudiums. Demgemäß wendet sich auch das vorliegende Lehrbuch an den Anfänger, bei dem indes bereits eine gewisse Übung im mathematischen Denken und Schließen sowie einige grundsätzliche Kenntnisse vorausgesetzt werden. In Vorlesungen wird die Lineare Algebra häufig im Rahmen der Analytischen Geometrie behandelt. Dieses Buch ist jedoch kein Lehrbuch der Analytischen Geometrie: die Anwendung der Linearen Algebra auf die Geometrie steht nicht im Vordergrund und erfolgt auch nur in dem erforderlichen Umfang.

Der auf den Anfänger bezogene Lehrbuchcharakter und der beschränkte Umfang erforderten auch eine Beschränkung in der Stoffauswahl. So wird die Lineare Algebra hier rein als die Theorie der Vektorräume über kommutativen Körpern entwickelt, während auf den allgemeineren Begriff des Moduls nicht eingegangen wird. Andererseits ist jedoch der Begriff des Vektorraums von vornherein möglichst allgemein und ohne Dimensionseinschränkung gefaßt. Allerdings wird hierbei auf Fragen, die speziellere Kenntnisse erfordern, nur in Hinweisen oder besonderen Ergänzungen eingegangen.

Dem Verlag möchte ich an dieser Stelle für sein vielfältiges Entgegenkommen und dafür danken, daß er das Erscheinen dieses Buches ermöglicht hat. Mein besonderer Dank gilt Fräulein A. M. Fraedrich, die die mühevollen Korrekturarbeiten auf sich genommen und mich mit wertvollen Ratschlägen unterstützt hat.

H.-J. Kowalsky

Vorwort zur 9. Auflage

Die zum Teil größeren Änderungen und Ergänzungen gegenüber den vorangehenden Auflagen beziehen sich hauptsächlich auf Rechenschemata, auf Normalformen und auf die stärkere Betonung kategorieller Formulierungen. Außerdem wurden in geringem Umfang jetzt auch Grundlagen der Modul-Theorie mit einbezogen, die jedoch weitgehend auf die „Ergänzungen" beschränkt bleiben.

H.-J. Kowalsky

Inhaltsverzeichnis

Einleitung

In der Mathematik hat man es vielfach mit Rechenoperationen zu tun, die sich zwar auf völlig verschiedene Rechengrößen beziehen und somit auch auf ganz unterschiedliche Weise definiert sein können, die aber trotz dieser Verschiedenheit gemeinsamen Rechenregeln gehorchen. In der Algebra abstrahiert man nun von der speziellen Natur der Rechengrößen und Rechenoperationen und untersucht ganz allgemein die Gesetzmäßigkeiten, denen sie unterliegen. Ausgehend von einigen Rechenregeln, die man als Axiome an den Anfang stellt, entwickelt man die Theorie der durch diese Axiome charakterisierten abstrakten Rechenstrukturen. Die Lineare Algebra bezieht sich speziell auf zwei Rechenoperationen, die sogenannten linearen Operationen, und auf die entsprechenden Rechenstrukturen, die man als Vektorräume bezeichnet. Die grundlegende Bedeutung der Linearen Algebra besteht darin, daß zahlreiche konkrete Strukturen als Vektorräume aufgefaßt werden können, so daß die allgemein gewonnenen Ergebnisse der abstrakten Theorie auf sie anwendbar sind. So besteht z. B. die Analytische Geometrie in erster Linie in der Anwendung der Linearen Algebra auf die Geometrie, die die algebraische Fassung und rechnerische Behandlung geometrischer Gebilde ermöglicht. Umgekehrt gestattet es aber gerade diese Anwendung, Begriffe und Resultate der abstrakten Theorie geometrisch zu deuten und diese geometrischen Interpretationen auf völlig andersartige Modelle von Vektorräumen, wie etwa Funktionenräume, zu übertragen.

Das Hauptinteresse der Linearen Algebra gilt indes nicht dem einzelnen Vektorraum, sondern den Beziehungen, die zwischen Vektorräumen bestehen. Derartige Beziehungen werden durch spezielle Abbildungen beschrieben, die in bestimmter Hinsicht mit den linearen Operationen verträglich sind und die man lineare Abbildungen nennt. Ihr Studium erfolgt in zweierlei Weise: Einerseits werden einzelne Abbildungen hinsichtlich ihrer Wirkung und hinsichtlich der Möglichkeiten ihrer Beschreibung betrachtet. In diese Untersuchungen geht noch wesentlich die interne Struktur der Vektorräume ein. Zweitens aber interessiert man sich für die Struktur der Gesamtheit aller linearen Abbildungen, die man auch als Kategorie der linearen Abbildungen bezeichnet. Hierbei treten die Vektorräume nur noch als bloße Objekte ins

Spiel, zwischen denen Abbildungen definiert sind, deren interne Struktur aber nicht mehr in Erscheinung tritt. Dennoch können interne Eigenschaften von Vektorräumen auch extern in der Kategorie der linearen Abbildungen beschrieben werden; und gerade diese Möglichkeit spielt in den letzten Kapiteln eine wesentliche Rolle. Vielfach repräsentieren die dort konstruierten Vektorräume hinsichtlich ihrer internen Struktur keineswegs neue Vektorraumtypen. Neu aber ist ihre externe Charakterisierung, die die Existenz wichtiger Abbildungen sichert.

An den Anfänger wendet sich dieses Buch hauptsächlich im Sinn einer Ergänzung und Vertiefung. Seine Lektüre erfordert zwar keine speziellen Vorkenntnisse, setzt aber doch bei dem Leser eine gewisse Vertrautheit mit mathematischen Begriffsbildungen und Beweismethoden voraus. Die Stoffanordnung folgt nur teilweise systematischen Gesichtspunkten, die vielfach zugunsten didaktischer Erwägungen durchbrochen sind. Zahlreiche Fragen, die in den Text nicht aufgenommen werden konnten oder die bei dem Leser weitergehende Kenntnisse voraussetzen, werden in besonderen Ergänzungen und meist in Form von Aufgaben behandelt. Auf ein Literaturverzeichnis wurde verzichtet. Jedoch seien in diesem Zusammenhang besonders die entsprechenden Werke von N. Bourbaki und W. Graeub genannt, aus denen zahlreiche Anregungen übernommen wurden.

Bei der Numerierung wurde folgendes Prinzip angewandt: Definitionen, Sätze, Beispiele und Aufgaben sind an erster Stelle durch die Nummer des jeweiligen Paragraphen gekennzeichnet. An zweiter Stelle steht bei Definitionen ein kleiner lateinischer Buchstabe, bei Sätzen eine arabische Zahl, bei Beispielen eine römische Zahl und bei Ergänzungen bzw. Aufgaben ein großer lateinischer Buchstabe. Das Ende eines Beweises ist durch das Zeichen ◆ kenntlich gemacht. Neu definierte Begriffe sind im Text durch Fettdruck hervorgehoben; auf sie wird im Sachverzeichnis verwiesen. Am Ende des Buches finden sich die Lösungen der Aufgaben, die aus Platzgründen allerdings sehr knapp gehalten sind. Bei numerischen Aufgaben, deren Schema vorher behandelt wurde, sind im allgemeinen nur die Ergebnisse angegeben. Bei theoretischen Aufgaben handelt es sich meist um Beweisskizzen oder um einzelne Hinweise, aus denen der Beweisgang entnommen werden kann.

Erstes Kapitel

Grundbegriffe

Die lineare Algebra kann kurz als die Theorie zweier spezieller Rechenoperationen, der sogenannten linearen Operationen, gekennzeichnet werden. Die diesen Operationen entsprechenden algebraischen Strukturen werden lineare Räume oder Vektorräume genannt. Man kann daher die lineare Algebra auch als Theorie der Vektorräume bezeichnen. Der somit für das ganze Buch grundlegende Begriff des Vektorraums wird einschließlich einiger einfacher Eigenschaften im letzten Paragraphen dieses Kapitels behandelt. Vorbereitend wird in § 2 auf eine allgemeinere algebraische Struktur, die Gruppen, eingegangen. Schließlich setzt die allgemeine Definition des Vektorraums noch den Begriff des Körpers voraus, zu dem man durch die abstrakte Behandlung der rationalen Rechenoperationen geführt wird. Mit den Körpern und den mit ihnen eng zusammenhängenden Ringen befaßt sich der dritte Paragraph.

Neben diese algebraischen Grundlagen treten als wesentliche Voraussetzung noch einige einfache Begriffe der Mengenlehre, die im ersten Paragraphen aus Gründen der Bezeichnungsnormierung zusammengestellt werden. Der Mengenbegriff wird dabei als intuitiv gegeben vorausgesetzt; auf die axiomatische Begründung wird nicht eingegangen.

§ 1 Mengentheoretische Grundbegriffe

Die Objekte, aus denen eine Menge besteht, werden ihre **Elemente** genannt. Für „*x ist ein Element der Menge M*“ schreibt man „$x \in M$“. Die Negation dieser Aussage wird durch „$x \notin M$“ wiedergegeben. Statt „$x_1 \in M$ *und* ... *und* $x_n \in M$“ wird kürzer „$x_1, \ldots, x_n \in M$“ geschrieben. Eine spezielle Menge ist die **leere Menge**, die dadurch charakterisiert ist, daß sie überhaupt keine Elemente besitzt. Sie wird mit dem Symbol $\emptyset$ bezeichnet. Weitere häufig auftretende Mengen sind:

$\mathbb{N}$ Menge aller natürlichen Zahlen.

$\mathbb{Z}$ Menge aller ganzen Zahlen.

$\mathbb{R}$ Menge aller reellen Zahlen.

$\mathbb{C}$ Menge aller komplexen Zahlen.

Eine Menge M heißt **Teilmenge** einer Menge N (in Zeichen: $M \leq N$), wenn aus $x \in M$ stets $x \in N$ folgt. Die leere Menge ist Teilmenge jeder Menge; außerdem ist jede Menge Teilmenge von sich selbst. Gilt $M \leq N$ und $M \neq N$, so heißt M eine **echte Teilmenge** von N.

Die Elemente einer Menge $\mathfrak{S}$ können selbst Mengen sein. Es wird dann $\mathfrak{S}$ bisweilen auch als **Mengensystem** bezeichnet. Unter dem **Durchschnitt** D eines nicht-leeren Mengensystems $\mathfrak{S}$ versteht man die Menge aller Elemente, die gleichzeitig Elemente aller Mengen des Systems sind: Es ist also $x \in D$ gleichwertig mit $x \in M$ für alle Mengen $M \in \mathfrak{S}$. Man schreibt

$$D = \bigcap_{M \in \mathfrak{S}} M \quad \text{oder auch} \quad D = \bigcap \{M \colon M \in \mathfrak{S}\}.$$

Besteht das System aus nur endlich vielen Mengen $M_1, \ldots, M_n$, so bezeichnet man den Durchschnitt dieser Mengen auch mit $M_1 \cap \cdots \cap M_n$. Die Gleichung $M \cap N = \emptyset$ besagt, daß die Mengen M und N kein gemeinsames Element besitzen; es werden dann M und N als **fremde** Mengen bezeichnet.

Ähnlich wie der Durchschnitt wird die **Vereinigung** V eines nicht-leeren Mengensystems $\mathfrak{S}$ definiert: Sie ist die Menge aller derjenigen Elemente, die zu mindestens einer Menge aus $\mathfrak{S}$ gehören. Es ist also $x \in V$ gleichwertig mit $x \in M$ für mindestens eine Menge $M \in \mathfrak{S}$. Man schreibt

$$V = \bigcup_{M \in \mathfrak{S}} M \quad \text{oder auch} \quad V = \bigcup \{M \colon M \in \mathfrak{S}\}$$

und im Fall eines endlichen Systems entsprechend $M_1 \cup \cdots \cup M_n$. Mit Hilfe der Definitionen von Durchschnitt und Vereinigung ergeben sich unmittelbar folgende Beziehungen, deren Beweis dem Leser überlassen bleiben möge:

$$M \cap (N_1 \cup N_2) = (M \cap N_1) \cup (M \cap N_2),$$
$$M \cup (N_1 \cap N_2) = (M \cup N_1) \cap (M \cup N_2),$$
$$M \cap N = M \text{ ist gleichbedeutend mit } M \leq N,$$
$$M \cup N = M \text{ ist gleichbedeutend mit } N \leq M.$$

Endliche Mengen können durch Angabe ihrer Elemente gekennzeichnet werden. Man schreibt $\{x_1, \ldots, x_n\}$ für diejenige Menge, die genau aus den angegebenen n Elementen besteht. Die einelementige Menge $\{x\}$ ist von ihrem Element x zu unterscheiden: So ist z. B. $\{\emptyset\}$ diejenige Menge, deren einziges Element die leere Menge ist.

Ein anderes Mittel zur Beschreibung von Mengen besteht darin, daß man alle Elemente einer gegebenen Menge X, die eine gemeinsame Eigenschaft $\mathcal{E}$ besitzen, zu einer neuen Menge zusammenfaßt. Bedeutet $\mathcal{E}(x)$, daß x die Eigenschaft $\mathcal{E}$ besitzt, so bezeichnet man diese Menge mit $\{x \colon x \in X, \mathcal{E}(x)\}$.

So ist z. B. $\{x: x \in \mathbf{Z}, x^2 = 1\}$ die aus den Zahlen $+1$ und -1 bestehende Teilmenge der Menge aller ganzen Zahlen. Bei dieser Art der Mengenbildung ist die Angabe der Bezugsmenge X, aus der die Elemente entnommen werden, wesentlich, da sonst widerspruchsvolle Mengen entstehen können (vgl. 1 A). Da die Bezugsmenge jedoch im allgemeinen durch den jeweiligen Zusammenhang eindeutig bestimmt ist, soll in diesen Fällen auf ihre explizite Angabe verzichtet werden.

Ein wichtiges Beweishilfsmittel ist das **Zornsche Lemma**: Es sei $\mathfrak{S}$ ein nicht-leeres Mengensystem. Eine nicht-leere Teilmenge $\mathfrak{K}$ von $\mathfrak{S}$ heißt eine **Kette**, wenn aus $M_1, M_2 \in \mathfrak{K}$ stets $M_1 \leq M_2$ oder $M_2 \leq M_1$ folgt. Eine Menge $M \in \mathfrak{S}$ heißt ein **maximales Element** von $\mathfrak{S}$, wenn aus $N \in \mathfrak{S}$ und $M \leq N$ stets $M = N$ folgt. Das Zornsche Lemma lautet nun:

Wenn für jede Kette $\mathfrak{K}$ von $\mathfrak{S}$ auch die Vereinigungsmenge $\bigcup \{K: K \in \mathfrak{K}\}$ ein Element von $\mathfrak{S}$ ist, dann gibt es in $\mathfrak{S}$ ein maximales Element.

Es seien jetzt X und Y zwei nicht-leere Mengen. Unter einer **Abbildung** φ von X in Y (in Zeichen: $\varphi: X \to Y$) versteht man dann eine Zuordnung, die jedem Element $x \in X$ eindeutig ein Element $y \in Y$ als **Bild** zuordnet. Das Bild y von x bei der Abbildung φ wird mit $\varphi(x)$ oder auch einfach mit φx bezeichnet. Die Menge X heißt der **Definitionsbereich** der Abbildung φ, die Menge Y ihr **Zielbereich**.

Ist φ eine Abbildung von X in Y und M eine Teilmenge von X, so nennt man die Menge aller Bilder von Elementen $x \in M$ entsprechend das Bild der Menge M und bezeichnet es mit $\varphi(M)$ oder einfach mit φM. Es gilt also

$$\varphi M = \{\varphi x: x \in M\},$$

und φM ist eine Teilmenge von Y. Das Bild der leeren Menge ist wieder die leere Menge. Das Bild φX des Definitionsbereichs wird auch **Bild** von φ genannt und mit $Im\,\varphi$ bezeichnet. Gilt sogar $Im\,\varphi = Y$, tritt also jedes Element von Y als Bild eines Elements von X auf, so nennt man φ eine **surjektive** Abbildung, eine **Surjektion** oder eine Abbildung von X **auf** Y. Umgekehrt sei N eine Teilmenge von Y. Dann wird die Menge aller Elemente von X, deren Bild ein Element von N ist, das **Urbild** von N bei der Abbildung φ genannt und mit $\varphi^-(N)$ bezeichnet. Es gilt also

$$\varphi^-(N) = \{x: \varphi x \in N\},$$

und $\varphi^-(N)$ ist eine Teilmenge von X. Auch wenn $N \neq \emptyset$ gilt, kann $\varphi^-(N)$ die leere Menge sein.

Bei einer Abbildung $\varphi: X \to Y$ können verschiedene Elemente von X dasselbe Bild haben. Ist dies nicht der Fall, folgt also aus $x_1 \neq x_2$ stets $\varphi x_1 \neq \varphi x_2$, so heißt φ eine **injektive** Abbildung oder eine **Injektion**. Ist φ sogar gleichzeitig injektiv und surjektiv, so wird φ eine **Bijektion** genannt. Jedes Element $y \in Y$ besitzt dann ein Urbild, das aus genau einem Element von X besteht. Ordnet man daher jedem $y \in Y$ das auf diese Weise eindeutig bestimmte Element von X als Bild zu, so wird hierdurch eine Bijektion von Y auf X definiert. Sie heißt die **Umkehrabbildung** von φ oder die zu φ **inverse Abbildung** und wird mit φ^{-1} bezeichnet.

Zwei Abbildungen $\varphi\colon X \to Y$ und $\psi\colon Y \to Z$ kann man hintereinander schalten und erhält so insgesamt eine mit $\psi \circ \varphi$ bezeichnete Abbildung von X in Z, die man die **Produktabbildung** von φ und ψ nennt. Das Bild eines Elements $x \in X$ bei der Produktabbildung erhält man, indem man x zunächst durch φ abbildet und das so erhaltene Bild φx anschließend weiter mit ψ abbildet. Es gilt also

$$(\psi \circ \varphi)\, x = \psi(\varphi x).$$

Der Definitionsbereich und der Zielbereich einer Abbildung können auch zusammenfallen. Man hat es dann mit einer Abbildung φ einer Menge X in sich zu tun. Bildet man z. B. jedes Element von X auf sich selbst ab, so erhält man eine Bijektion von X auf sich, die die **Identität** oder die **identische Abbildung** von X genannt und mit ε_X bzw. einfach mit ε bezeichnet wird. Für jedes $x \in X$ gilt also $\varepsilon x = x$. Ist φ eine Bijektion von X auf Y, so existiert ihre Umkehrabbildung φ^{-1}, und man erhält

$$\varphi^{-1} \circ \varphi = \varepsilon_X, \qquad \varphi \circ \varphi^{-1} = \varepsilon_Y.$$

Ergänzungen und Aufgaben

1 A Das folgende Beispiel zeigt, daß bei der Bildung von Mengen der Art $\{x\colon x \in X,\ E(x)\}$ die Angabe der Bezugsmenge X wesentlich ist. Läßt man nämlich zu, daß die Elemente x aus irgendwelchen Mengen entnommen werden, so gelangt man folgendermaßen zu einem Widerspruch: Es sei M die Eigenschaft, eine Menge zu sein. Dann wäre $A = \{x\colon M(x)\}$ die Menge aller Mengen. Und weil dann A selbst eine Menge wäre, würde $A \in A$ gelten. Man könnte dann auch die Menge $B = \{x\colon x \notin x\}$ bilden. Sie wäre die Menge aller Mengen, die sich nicht selbst als Element enthalten. Für diese Menge müßte jedenfalls gelten $B \in B$ oder $B \notin B$. Nimmt man $B \in B$ an, so würde aus der Definition von B folgen, daß $B \notin B$ gelten müßte. Umgekehrt aber würde die Annahme $B \notin B$ ihrerseits $B \in B$ zur Folge haben. In jedem Fall würde man also einen Widerspruch erhalten (RUSSELLsche Antinomie).

1 B Es gelte $\varphi\colon X \to Y$, und $\mathfrak{S}$, $\mathfrak{S}'$ seien nicht-leere Systeme von Teilmengen von X bzw. Y.

Aufgabe

1). Es gilt

$$\varphi \bigcup \{M\colon M \in \mathfrak{S}\} = \bigcup \{\varphi M\colon M \in \mathfrak{S}\} \text{ und } \varphi \bigcap \{M\colon M \in \mathfrak{S}\} \subseteq \bigcap \{\varphi M\colon M \in \mathfrak{S}\}.$$

Man zeige jedoch an einem Beispiel, daß in der zweiten Beziehung das Gleichheitszeichen im allgemeinen nicht gilt. Hingegen gilt das Gleichheitszeichen stets, wenn φ injektiv ist.

2). Es gilt

$$\varphi^{-}(\bigcup\{N\colon N \in \mathfrak{S}'\}) = \bigcup\{\varphi^{-}(N)\colon N \in \mathfrak{S}'\} \text{ und}$$

$$\varphi^{-}(\bigcap\{N\colon N \in \mathfrak{S}'\}) = \bigcap\{\varphi^{-}(N)\colon N \in \mathfrak{S}'\}.$$

§ 2 Gruppen

Betrachtet man einerseits die Addition der ganzen, der rationalen oder der reellen Zahlen und andererseits die Multiplikation der von Null verschiedenen rationalen oder reellen Zahlen, so findet man, daß diese beiden Rechenoperationen weitgehend übereinstimmenden Rechengesetzen unterliegen. So gilt z. B.

$$(a + b) + c = a + (b + c) \text{ und } (a \cdot b) \cdot c = a \cdot (b \cdot c).$$

Weiter gibt es ausgezeichnete Zahlen, nämlich 0 bzw. 1, die sich bei diesen Operationen neutral verhalten:

$$0 + a = a \quad \text{und} \quad 1 \cdot a = a.$$

Schließlich gilt

$$(-a) + a = 0 \quad \text{und} \quad \frac{1}{a} \cdot a = 1;$$

d. h. es gibt zu jedem a eine Zahl a' $\left(\text{nämlich} -a \text{ bzw. } \frac{1}{a}\right)$, so daß die Summe bzw. das Produkt dieser beiden Zahlen gerade die neutrale Zahl ergibt.

Da diese Rechenregeln das Zahlenrechnen weitgehend beherrschen und auch in vielen anderen Fällen auftreten, ist es naheliegend, sie unabhängig von der speziellen Natur der Rechengrößen und der jeweiligen Operationen zu untersuchen. Bei dieser abstrakten Betrachtungsweise stehen die Rechengesetze im Vordergrund: Nicht womit man rechnet ist wesentlich, sondern wie man rechnet. Man setzt lediglich voraus, daß für die Elemente einer gegebenen Menge eine Operation definiert ist, die jedem geordneten Paar (a, b) von Elementen wieder ein Element der Menge zuordnet und die den oben erwähnten Regeln unterliegt. Die Operation selbst soll hierbei mit dem neutralen Symbol $\circ$ bezeichnet werden.

Definition 2a: *Eine* **Gruppe** *besteht aus einer Menge G und einer Operation $\circ$, die jedem geordneten Paar (a, b) von Elementen aus G eindeutig* *ein mit $a \circ b$ bezeichnetes Element von G so zuordnet, daß folgende Axiome erfüllt sind:*

(I) $(a \circ b) \circ c = a \circ (b \circ c)$. (*Assoziativgesetz*)

(II) *Es gibt ein Element $e \in G$ mit $e \circ a = a$ für alle $a \in G$.*

(III) *Zu jedem $a \in G$ existiert ein Element $a' \in G$ mit $a' \circ a = e$.*

Die Gruppe heißt eine **abelsche** *oder auch* **kommutative Gruppe**, *wenn außerdem folgendes Axiom erfüllt ist:*

(IV) $a \circ b = b \circ a$. (*Kommutativgesetz*)

Zu den Bestimmungsstücken einer Gruppe gehört neben der Menge G auch die **Gruppenverknüpfung** genannte Operation $\circ$. Eine Gruppe ist demnach durch das Paar $(G, \circ)$ gekennzeichnet. Da vielfach jedoch die Gruppenverknüpfung durch den Zusammenhang eindeutig festgelegt ist, pflegt man in solchen Fällen die Gruppe einfach mit G zu bezeichnen. Die Gruppenverknüpfung wird bisweilen auch **Gruppenmultiplikation** genannt. Man bezeichnet dann das Element $a \circ b$ als **Produkt** der Elemente a und b und nennt diese selbst die **Faktoren** des Produkts. In nicht-abelschen Gruppen muß jedoch auf die Reihenfolge der Faktoren geachtet werden, weil dann $a \circ b$ und $b \circ a$ im allgemeinen verschiedene Gruppenelemente sind.

Axiom (I) besagt, daß es bei mehrgliedrigen Produkten nicht auf die Art der Klammersetzung ankommt. Man kann daher überhaupt auf die Klammern verzichten und z. B. statt $(a \circ b) \circ c$ einfacher $a \circ b \circ c$ schreiben. Diese Möglichkeit der Klammerersparnis wird weiterhin ohne besonderen Hinweis ausgenutzt werden.

Beispiele:

2. I Die Menge $\mathbb{Z}$ aller ganzen Zahlen bildet mit der gewöhnlichen Addition als Gruppenverknüpfung eine abelsche Gruppe $(\mathbb{Z}, +)$. Dasselbe gilt für die rationalen, die reellen und die komplexen Zahlen. Man spricht dann von der **additiven Gruppe** der ganzen Zahlen, der rationalen Zahlen usw. In allen diesen Fällen wird das Element e aus (II) durch die Zahl 0 und das Element a' aus (III) durch die Zahl $-a$ vertreten.

2. II Die Mengen der von Null verschiedenen rationalen, reellen oder komplexen Zahlen bilden hinsichtlich der gewöhnlichen Multiplikation als Gruppenverknüpfung je eine abelsche Gruppe (**multiplikative Gruppe** der rationalen Zahlen usw.). In diesen Gruppen wird e durch die Zahl 1 und a' durch die reziproke Zahl $\frac{1}{a}$ vertreten. Hingegen bilden die von Null verschiedenen ganzen Zahlen hinsichtlich der Multiplikation keine Gruppe, weil es z. B. zu 2 keine ganze Zahl a' mit $a' \cdot 2 = 1$ gibt.

2. III Es sei M eine beliebige, nicht-leere Menge, und $\mathfrak{S}_M$ sei die Menge aller Bijektionen von M auf sich. Für je zwei Abbildungen α, $\beta \in \mathfrak{S}_M$ bedeute $\alpha \circ \beta$ das in § 1 ebenso bezeichnete Produkt dieser Abbildungen. Für je drei Abbildungen α, β, γ und für jedes Element $x \in M$ gilt dann

$$((\alpha \circ \beta) \circ \gamma)\, x = (\alpha \circ \beta)\,(\gamma x) = \alpha(\beta(\gamma x)) \quad \text{und}$$
$$(\alpha \circ (\beta \circ \gamma))\, x = \alpha((\beta \circ \gamma) x) = \alpha(\beta(\gamma x));$$

d. h. (I) ist erfüllt. Wählt man für e die identische Abbildung ε von M, so gilt (II). Schließlich ergibt sich die Gültigkeit von (III), wenn man bei gegebenem $\alpha \in \mathfrak{S}_M$ als Abbildung α' die zu α inverse Abbildung α^{-1} wählt. Die Menge $\mathfrak{S}_M$ ist daher hinsichtlich der Multiplikation der Abbildungen eine Gruppe, die die **symmetrische Gruppe** der Menge M genannt wird.

Ist hierbei speziell M die Menge $\{1, 2, \ldots, n\}$, so bezeichnet man die zugehörige symmetrische Gruppe einfacher mit $\mathfrak{S}_n$. Jede Abbildung $\alpha \in \mathfrak{S}_n$ ist eine Permutation der Zahlen $1, \ldots, n$. Gilt etwa $\alpha(1) = a_1$, $\alpha(2) = a_2, \ldots, \alpha(n) = a_n$, so ist α durch die Reihenfolge der Bildzahlen $a_1, \ldots, a_n$ eindeutig bestimmt. Man schreibt daher $\alpha = \langle a_1, \ldots, a_n \rangle$. Gilt z. B. $n = 3$ und $\alpha = \langle 2, 3, 1 \rangle$, $\beta = \langle 3, 2, 1 \rangle$, so erhält man folgende Produkte:

$$\alpha \circ \beta = \langle 1, 3, 2 \rangle \quad \text{und} \quad \beta \circ \alpha = \langle 2, 1, 3 \rangle.$$

Dieses Beispiel zeigt, daß $\mathfrak{S}_n$ für $n \geqq 3$ keine abelsche Gruppe ist.

Aus den Gruppenaxiomen sollen jetzt einige einfache Folgerungen abgeleitet werden. In den nachstehenden Sätzen bedeutet G immer eine Gruppe.

2. 1 *Für jedes das Axiom* (II) *erfüllende Element* $e \in G$ *gilt auch* $a \circ e = a$ *für alle* $a \in G$. *Aus* $a' \circ a = e$ *folgt auch* $a \circ a' = e$.

Beweis: Zunächst wird die zweite Behauptung bewiesen: Zu a' gibt es nach (III) ein $a'' \in G$ mit $a'' \circ a' = e$. Unter Beachtung von (I) und (II) erhält man dann

$$\begin{aligned} a \circ a' &= e \circ (a \circ a') = (a'' \circ a') \circ (a \circ a') = a'' \circ ((a' \circ a) \circ a') = a'' \circ (e \circ a') \\ &= a'' \circ a' = e. \end{aligned}$$

Hieraus folgt jetzt die erste Behauptung:

$$a \circ e = a \circ (a' \circ a) = (a \circ a') \circ a = e \circ a = a. \; ◆$$

2. 2 *Es gibt nur genau ein Element* $e \in G$ *der in* (II) *geforderten Art. Bereits aus* $x \circ a = a$ *für nur ein* $a \in G$ *folgt* $x = e$.

Beweis: Das Element e^* erfülle ebenfalls die Gleichung $e^* \circ a = a$ für alle $a \in G$. Dann gilt insbesondere $e^* \circ e = e$ und wegen 2. 1

$$e^* = e^* \circ e = e;$$

d. h. e ist eindeutig bestimmt. Gilt weiter $x \circ a = a$ für ein festes Element a, so existiert wegen (III) zu diesem ein $a' \in G$ mit $a' \circ a = e$, und wegen 2. 1 erhält man

$$x = x \circ e = x \circ (a \circ a') = (x \circ a) \circ a' = a \circ a' = e. \blacklozenge$$

Das somit durch die Axiome eindeutig bestimmte Element e wird das **neutrale Element** der Gruppe genannt.

2. 3 *In* (III) *ist a' durch a eindeutig bestimmt.*

Beweis: Neben $a' \circ a = e$ gelte auch $a^* \circ a = e$. Wegen 2. 1 erhält man dann

$$a^* = a^* \circ e = a^* \circ (a \circ a') = (a^* \circ a) \circ a' = e \circ a' = a'. \blacklozenge$$

Man nennt a' das **inverse Element** von a und schreibt statt a' im allgemeinen a^{-1}. Wenn allerdings in Spezialfällen die Gruppenverknüpfung als Addition geschrieben wird (vgl. 2. I), bezeichnet man das neutrale Element mit 0 und das zu a inverse Element mit $-a$.

2. 4 $$(a^{-1})^{-1} = a \quad \textit{und} \quad (a \circ b)^{-1} = b^{-1} \circ a^{-1}.$$

Beweis: Die in 2. 1 bewiesene Gleichung $a \circ a^{-1} = e$ besagt, daß a das zu a^{-1} inverse Element ist, daß also die erste Behauptung gilt. Die zweite folgt aus

$$(b^{-1} \circ a^{-1}) \circ (a \circ b) = b^{-1} \circ ((a^{-1} \circ a) \circ b) = b^{-1} \circ (e \circ b) = b^{-1} \circ b = e. \blacklozenge$$

2. 5 *In einer Gruppe G besitzen bei gegebenen Elementen a, $b \in G$ die Gleichungen $x \circ a = b$ und $a \circ y = b$ eindeutig bestimmte Lösungen x, $y \in G$.*

Beweis: Wenn $x \in G$ Lösung der ersten Gleichung ist, wenn also $x \circ a = b$ gilt, folgt

$$x = x \circ e = x \circ a \circ a^{-1} = b \circ a^{-1};$$

d. h. x ist durch a und b eindeutig bestimmt. Umgekehrt ist aber wegen

$$(b \circ a^{-1}) \circ a = b \circ (a^{-1} \circ a) = b \circ e = b$$

das Element $x = b \circ a^{-1}$ auch tatsächlich eine Lösung. Entsprechend schließt man im Fall der zweiten Gleichung. $\blacklozenge$

Ergänzungen und Aufgaben

2 A Es sei G eine nicht-leere Menge, in der eine Operation $\circ$ definiert ist, die das Gruppenaxiom (I) und folgende Forderung erfüllt:

(*) Zu je zwei Elementen $a, b \in G$ gibt es mindestens ein $x \in G$ mit $x \circ a = b$ und mindestens ein $y \in G$ mit $a \circ y = b$.

Aufgabe: Es sei a ein festes Element aus G. Zeige, daß dann aus $x \circ a = a$ auch $x \circ z = z$ für alle $z \in G$ folgt. Folgere, daß G eine Gruppe ist und daß (II) und (III) mit (*) gleichwertig sind.

2B Eine Permutation aus $\mathfrak{S}_n (n \geqq 2)$ heißt eine **Transposition**, wenn sie zwei der Zahlen $1, \ldots, n$ vertauscht, die übrigen aber einzeln fest läßt.

Aufgabe: Zeige, daß sich jede Permutation $\alpha \in \mathfrak{S}_n$ als Produkt von endlich vielen Transpositionen darstellen läßt und daß bei verschiedenen solchen Darstellungen von α die Anzahl der auftretenden Transpositionen entweder immer gerade oder immer ungerade ist.

Bedeutet k die Anzahl der Transpositionen in irgendeiner Darstellung von α, so ist hiernach die ganze Zahl $\operatorname{sgn}(\alpha) = (-1)^k$ eindeutig durch α bestimmt und unabhängig von der Art der Darstellung. Man nennt $\operatorname{sgn}(\alpha)$ das **Vorzeichen** oder **Signum** der Permutation α. Gilt $\operatorname{sgn}(\alpha) = +1$, so heißt α eine **gerade Permutation**, im anderen Fall, nämlich $\operatorname{sgn}(\alpha) = -1$, eine **ungerade Permutation**. Die geraden Permutationen bilden für sich eine Gruppe $\mathfrak{A}_n$, die man die **alternierende Gruppe** nennt.

Aufgabe: $\operatorname{sgn}(\alpha \circ \beta) = (\operatorname{sgn}(\alpha)) \cdot (\operatorname{sgn}(\beta))$.

§ 3 Körper und Ringe

Während der Gruppenbegriff sich auf nur eine Verknüpfungsoperation bezog, werden jetzt nebeneinander zwei Operationen betrachtet, die in Anlehnung an das übliche Zahlenrechnen mit $+$ und $\cdot$ bezeichnet und Addition bzw. Multiplikation genannt werden. Geht man etwa von den rationalen Zahlen aus, so gewinnt man aus den dort gültigen Regeln durch eine entsprechende Abstraktion wie bei den Gruppen neue algebraische Strukturen.

Definition 3a: *Ein* **Körper** *besteht aus einer Menge K und zwei Operationen, die jedem geordneten Paar (a, b) von Elementen aus K eindeutig ein Element $a + b$ bzw. $a \cdot b$ von K so zuordnen, daß folgende Axiome erfüllt sind:*

(I) $(a + b) + c = a + (b + c)$. (*Assoziativität der Addition*)

(II) $a + b = b + a$. (*Kommutativität der Addition*)

(III) *Es gibt ein Element $0 \in K$ mit $0 + a = a$ für alle $a \in K$.*

(IV) *Zu jedem $a \in K$ existiert ein Element $-a$ in K mit $(-a) + a = 0$.*

(V) $(a \cdot b) \cdot c = a \cdot (b \cdot c)$. (*Assoziativität der Multiplikation*)

(VI) *Es gibt ein Element $1 \in K$ mit $1 \cdot a = a$ für alle $a \in K$.*

(VII) *Zu jedem $a \in K$ mit $a \neq 0$ existiert ein Element a^{-1} in K mit $a^{-1} \cdot a = 1$.*

(VIII) $a \cdot (b + c) = a \cdot b + a \cdot c$ *und* $(b + c) \cdot a = b \cdot a + c \cdot a$. (*Distributivität*)

(IX) $1 \neq 0$.

Fordert man lediglich die Gültigkeit der Axiome (I)—(V) *und* (VIII), *so nennt man K einen* **Ring.** *Gilt zusätzlich das Axiom*

(X) $a \cdot b = b \cdot a$ (*Kommutativität der Multiplikation*),

so wird K ein **kommutativer** *Körper bzw. Ring genannt.*

Ebenso wie eine Gruppe wird auch ein Körper bzw. Ring statt mit $(K, +, \cdot)$ einfacher mit K bezeichnet. Das Symbol für die Multiplikation wird im allgemeinen unterdrückt und statt $a \cdot b$ kürzer ab geschrieben. Vielfach werden mit „Körper" nur kommutative Körper bezeichnet, während dann nichtkommutative Körper „Schiefkörper" genannt werden. In diesem Buch wird es sich allerdings ausschließlich um kommutative Körper handeln.

Wegen (I) und (V) können wieder bei endlichen Summen und Produkten die Klammern fortgelassen werden. Eine weitere Regel zur Klammerersparnis besteht in der üblichen Konvention, daß die Multiplikation stärker binden soll, daß also z. B. statt $(ab) + c$ einfacher $ab + c$ geschrieben werden darf. Diese Vereinfachung wurde bereits bei der Formulierung von (VIII) benutzt.

Die Axiome (I)—(IV) besagen, daß ein Körper bzw. Ring hinsichtlich der Addition eine abelsche Gruppe ist. Das neutrale Element 0 wird das **Nullelement** oder kurz die **Null** des Körpers bzw. Rings genannt. Das inverse Element $-a$ heißt das zu a **negative** Element. Statt $b + (-a)$ schreibt man kürzer $b - a$ und nennt dieses Element die **Differenz** von b und a. Es gilt $a + (b - a) = b$, und $b - a$ ist somit die nach 2. 5 eindeutig bestimmte Lösung der Gleichung $a + x = b$. Wegen 2. 4 gilt schließlich $-(-a) = a$ und $-(a + b) = -a + (-b) = -a - b$.

Die Axiome (V), (VI) und (VII) besagen, daß in einem Körper die von 0 verschiedenen Elemente auch hinsichtlich der Multiplikation eine Gruppe bilden. Das neutrale Element 1 dieser multiplikativen Gruppe wird das **Einselement** oder einfach die **Eins** des Körpers genannt. In Ringen braucht ein Einselement nicht zu existieren. Zu seiner Kennzeichnung müssen in nichtkommutativen Ringen jedoch beide Gleichungen $1 \cdot a = a$ und $a \cdot 1 = a$ gefordert werden, da sie wegen des Fehlens von (VII) nicht auseinander folgen. Umgekehrt braucht in kommutativen Ringen natürlich nur eine der beiden Gleichungen (VIII) gefordert zu werden.

Beispiele:

3.1 Die rationalen, die reellen und die komplexen Zahlen bilden hinsichtlich der üblichen Addition und Multiplikation je einen kommutativen Körper, die ganzen Zahlen hingegen nur einen kommutativen Ring mit Einselement, weil z. B. 2 in $\mathbb{Z}$ kein reziprokes Element besitzt. Die geraden ganzen Zahlen sind ein Beispiel für einen Ring ohne Einselement.

3. II Es sei n eine feste natürliche Zahl mit $n \geq 2$. Zu jeder ganzen Zahl a gibt es dann eindeutig bestimmte ganze Zahlen q_a und r_a mit $a = q_a \cdot n + r_a$ und $0 \leq r_a \leq n - 1$. In $\mathbb{Z}_n = \{0,1, \ldots, n-1\}$ werden dann durch

$$a \oplus b = r_{a+b}\,,\quad a \odot b = r_{a\cdot b} \quad (a, b \in \mathbb{Z}_n)$$

eine Addition $\oplus$ und eine Multiplikation $\odot$ definiert, hinsichtlich derer $\mathbb{Z}_n$ ein kommutativer Ring mit Einselement ist. Genau dann ist $\mathbb{Z}_n$ sogar ein Körper, wenn n eine Primzahl ist. Weiterhin werden in $\mathbb{Z}_n$ immer diese Rechenoperationen benutzt, statt mit $\oplus$, $\odot$ aber wieder nur mit $+, \cdot$ bezeichnet.

3. III Es sei K ein Körper. Ein Ausdruck der Form

$$f(t) = a_0 + a_1 t + \ldots + a_{n-1} t^{n-1} + a_n t^n \quad (a_0, \ldots, a_n \in K)$$

wird dann ein **Polynom** in der Unbestimmten t mit Koeffizienten aus K genannt. Im Fall $a_n \neq 0$ heißt n der **Grad** des Polynoms (in Zeichen: Grad f). Lediglich das Nullpolynom 0 ($n = 0$, $a_0 = 0$) erhält keinen Grad zugeordnet. Die Menge $K[t]$ aller dieser Polynome ist ein kommutativer Ring mit Einselement, wenn man wie üblich die Addition gliedweise und die Produktbildung durch formales Ausmultiplizieren definiert, so daß z. B. in $\mathbb{Q}[t]$

$$(2t + 3) + (t^2 - t + 2) = t^2 + t + 5 \text{ und}$$
$$(2t + 3) \cdot (t^2 - t + 2) = 2t^3 + t^2 + t + 6$$

gilt.

Die folgenden Sätze zeigen, daß in beliebigen Ringen oder Körpern in der üblichen Weise gerechnet werden kann.

3. 1 *In einem Ring gilt* $0 \cdot a = a \cdot 0 = 0$ *für jedes Element* a.

Beweis: Wegen $0 + 0 = 0$ und wegen (VIII) gilt

$$0 \cdot a + 0 \cdot a = (0 + 0) \cdot a = 0 \cdot a.$$

Hieraus folgt nach 2. 2 die erste Behauptung $0 \cdot a = 0$. Die zweite Behauptung ergibt sich entsprechend. ◆

3. 2 *In einem Körper folgt aus* $ab = 0$ *stets* $a = 0$ *oder* $b = 0$.

Beweis: Es gelte $ab = 0$, aber $a \neq 0$. Dann existiert das zu a reziproke Element a^{-1}, und wegen 3. 1 folgt

$$b = 1 \cdot b = a^{-1}ab = a^{-1} \cdot 0 = 0. \quad ◆$$

In $\mathbb{Z}_6$ (vgl. 3. II) ist $2 \cdot 3 = 0$. In einem Ring kann also $a \cdot b = 0$ auch dann gelten, wenn a und b von Null verschieden sind. Man nennt dann a einen linken und b einen rechten **Nullteiler.** Der letzte Satz besagt, daß ein Körper stets nullteilerfrei ist. Wegen der Gleichwertigkeit von $a \cdot c = b \cdot c$ mit $(a - b) \cdot c = 0$ ist ein Ring genau dann mullteilerfrei, wenn in ihm die rechtsseitige **Kürzungsregel**

$$\textit{Aus } a \cdot c = b \cdot c \textit{ und } c \neq 0 \textit{ folgt } a = b$$

und entsprechend auch die linksseitige Kürzungsregel gelten.

3.3 *In einem Ring gilt* $a(-b) = (-a)b = -(ab)$, *insbesondere also* $(-a)(-b) = ab$.

Beweis: Wegen (VIII) und 3.1 erhält man

$$ab + a(-b) = a(b + (-b)) = a \cdot 0 = 0.$$

Hiernach ist $a(-b)$ das zu ab negative Element; d. h. es gilt $a(-b) = -(ab)$. Entsprechend ergibt sich die zweite Gleichung. ◆

Es sei jetzt K ein Körper. Für jede natürliche Zahl $n > 0$ und für jedes Element $a \in K$ bedeute $n \times a$ die aus n Summanden a bestehende Summe $a + a + \cdots + a$. In den Körpern der rationalen, reellen oder komplexen Zahlen gilt stets $n \times 1 \neq 0$, in dem Körper $\mathbb{Z}_p$ (p Primzahl, vgl. 3. II) jedoch $p \times 1 = 0$.

Definition 3b: *Wenn es zu einem Körper K überhaupt eine natürliche Zahl $n > 0$ mit $n \times 1 = 0$ gibt, so heißt die kleinste natürliche Zahl mit dieser Eigenschaft die* **Charakteristik** *von K. Gilt jedoch $n \times 1 \neq 0$ für alle natürlichen Zahlen $n > 0$, so wird K die Charakteristik 0 zugeordnet.*

Wenn die Charakteristik eines Körpers von Null verschieden ist, dann muß sie wegen (IX) jedenfalls größer als 1 sein.

3.4 *Die Charakteristik eines Körpers ist entweder 0 oder eine Primzahl.*

Beweis: Es sei p die Charakteristik eines Körpers, und es gelte $p \neq 0$. Nimmt man an, daß p keine Primzahl ist, so gibt es natürliche Zahlen s und t mit $s < p$, $t < p$ und $p = st$. Wegen (VIII) ergibt sich unmittelbar $(s \times 1)(t \times 1) = p \times 1 = 0$, wegen 3.2 also $s \times 1 = 0$ oder $t \times 1 = 0$. Dies widerspricht wegen $s < p$, $t < p$ der Definition der Charakteristik. ◆

Im Fall einer Primzahl p ist $\mathbb{Z}_p$ (vgl. 3. II) ein Körper, dessen Charakteristik gerade p ist. Für den Rest dieses Paragraphen sei nun R immer ein kommutativer Ring.

Definition 3c: *Es seien a, b von Null verschiedene Elemente von R.*

a heißt **Teiler** *von b (in Zeichen: $a|b$), wenn $b = c \cdot a$ mit einem $c \in R$ gilt. Besitzt R ein Einselement, so werden Teiler der Eins als* **Einheiten** *bezeichnet.*

a heißt **teilerlos**, *wenn a keine Einheit ist, aus $a = b \cdot c$ aber stets folgt, daß b oder c eine Einheit ist.*

Einheiten von R sind genau die invertierbaren Elemente: Es ist nämlich e genau dann Einheit, wenn $e \cdot e' = 1$ mit einem geeigneten e' erfüllt ist, und diese Gleichung ist gleichwertig mit $e' = e^{-1}$. Die einzigen Einheiten von $\mathbb{Z}$ sind 1 und —1. Einheiten im Polynomring $K[t]$ über einem Körper K (vgl. 3. III) sind die Polynome vom Grad Null. Ein Ring ist genau dann ein Körper, wenn in ihm alle von Null verschiedenen Elemente Einheiten sind. Teilerlose Elemente in $\mathbb{Z}$ sind (bis aufs Vorzeichen) genau die Primzahlen. Teilerlose Polynome werden auch **irreduzibel** genannt. So ist z. B. $t^2 + 1$ in $\mathbb{R}[t]$ irreduzibel, wegen $t^2 + 1 = (t - i)(t + i)$ aber nicht in $\mathbb{C}[t]$.

Die folgende Definition bezieht sich auf eine sehr spezielle Ringklasse, die aber für manche Anwendungen besonders wichtig ist.

Definition 3d: *Ein Ring R heißt* **euklidischer Ring**, *wenn er kommutativ und nullteilerfrei ist und wenn jedem Ringelement $a \neq 0$ eine nicht-negative ganze Zahl $\varrho(a)$ als* **Norm** *so zugeordnet ist, daß folgende Bedingungen erfüllt sind:*

(1) *Aus $a \neq 0$, $b \neq 0$ folgt $\varrho(a \cdot b) \geq \varrho(a)$.*

(2) *Zu je zwei Elementen a, $b \in R$ mit $b \neq 0$ gibt es Elemente q, $r \in R$ mit $a = q \cdot b + r$ und $\varrho(r) < \varrho(b)$ oder $r = 0$.*

Wichtig ist hierbei besonders die Eigenschaft (2), die die Möglichkeit der Division mit Rest beinhaltet. Z. B. wird $\mathbb{Z}$ ein euklidischer Ring, wenn man die Norm durch $\varrho(n) = |n|$ definiert. Auch der Polynomring $K[t]$ über einem Körper K wird durch die Normdefinition $\varrho(f) = \text{Grad}\, f$ zu einem euklidischen Ring. Die Division mit Rest kann hier nach dem bekannten Divisionsschema erfolgen, das abschließend am Beispiel der Polynome

$$f(t) = 4t^3 + 8t^2 + t - 2\,, \quad g(t) = 2t^2 + t + 2$$

aus $\mathbb{Q}[t]$ erläutert sei. Man erhält

$$\begin{array}{rl}
4t^3 + 8t^2 + t - 2 & = (2t + 3)(2t^2 + t + 2) \\
\underline{4t^3 + 2t^2 + 4t \phantom{{}-2}} & \\
6t^2 - 3t - 2 & \\
\underline{6t^2 + 3t + 6} & \\
-6t - 8 &
\end{array}$$

also $f = q \cdot g + r$ mit $q(t) = 2t + 3$ und $r(t) = -6t - 8$, wobei auch $\varrho(r) = 1 < 2 = \varrho(g)$ erfüllt ist. Diese Ungleichung für die Normen wird beweistechnisch häufig folgendermaßen ausgenutzt: Da die Normwerte nichtnegative ganze Zahlen sind, muß eine echt abnehmende Folge von Normwerten nach endlich vielen Schritten abbrechen.

Ergänzungen und Aufgaben

3 A Es sei G die Menge aller geordneten Paare $\mathfrak{x} = (x_1, x_2)$ ganzer Zahlen x_1, x_2. In G wird durch

$$(x_1, x_2) + (y_1, y_2) = (x_1 + y_1, x_2 + y_2)$$

eine Addition definiert.

Aufgabe: Zeige, daß G hinsichtlich dieser Addition als Verknüpfungsoperation eine abelsche Gruppe ist.

Weiter sei A die Menge aller Abbildungen α der Gruppe G in sich mit

$$\alpha(\mathfrak{x} + \mathfrak{y}) = (\alpha\mathfrak{x}) + (\alpha\mathfrak{y})$$

für alle $\mathfrak{x}, \mathfrak{y} \in G$. Für je zwei Abbildungen $\alpha, \beta \in A$ sei $\alpha\beta$ die Produktabbildung $\alpha \circ \beta$. Ferner sei $\alpha + \beta$ diejenige Abbildung, die jedes Element $\mathfrak{x} \in G$ auf das Element $(\alpha\mathfrak{x}) + (\beta\mathfrak{x})$ abbildet; es soll also gelten:

$$(\alpha + \beta)\,\mathfrak{x} = (\alpha\mathfrak{x}) + (\beta\mathfrak{x}).$$

Aufgabe: 1). Zeige, daß A hinsichtlich der so definierten Rechenoperationen ein Ring mit Einselement ist.

2). Zeige, daß A Nullteiler enthält und daß die Multiplikation nicht kommutativ ist.

3 B Es sei R ein euklidischer Ring, und unter den von Null verschiedenen Elementen von R sei e eines mit kleinster Norm.

Aufgabe: 1). Zeige mit Hilfe der zweiten Normeigenschaft, daß es zu jedem $a \in R$ ein $q_a \in R$ mit $a = q_a \cdot e$ gibt.
2). Folgere, daß q_e Einselement in R ist.

Jeder euklidische Ring besitzt also ein Einselement.

3 C In einem euklidischen Ring R besitzen je zwei von Null verschiedene Elemente a_0 und a_1 einen (bis auf Einheiten eindeutig bestimmten) **größten gemeinsamen Teiler**, der folgendermaßen berechnet werden kann **(Euklidischer Algorithmus)**: Wegen der zweiten Normeigenschaft kann folgende Kette aufgestellt werden.

$$\begin{array}{lll} a_0 = q_1 a_1 + a_2 & \text{mit} & \varrho(a_2) < \varrho(a_1), \\ a_1 = q_2 a_2 + a_3 & \text{mit} & \varrho(a_3) < \varrho(a_2), \\ \cdot & & \cdot \\ \cdot & & \cdot \\ \cdot & & \cdot \\ a_{n-2} = q_{n-1} a_{n-1} + a_n & \text{mit} & \varrho(a_n) < \varrho(a_{n-1}), \\ a_{n-1} = q_n a_n & & . \end{array}$$

Nach der Schlußbemerkung dieses Paragraphen muß hier nämlich nach endlich vielen Schritten der Rest Null auftreten. Aus der letzten Gleichung folgt $a_n \mid a_{n-1}$, aus der vorletzten $a_n \mid a_{n-2}$. So fortfahrend ergibt sich schließlich aus der zweiten Gleichung $a_n \mid a_1$ und aus der ersten $a_n \mid a_0$. Daher ist a_n gemeinsamer Teiler von a_0 und a_1. Gilt umgekehrt $d \mid a_0$ und $d \mid a_1$, so folgt aus der ersten Gleichung $d \mid a_2$ und nach Durchlaufung der Kette schließlich $d \mid a_n$. Daher ist a_n auch größter gemeinsamer Teiler.

Aufgabe: Berechne in $\mathbb{Q}[t]$ einen größten gemeinsamen Teiler von $f(t) = t^4 - 2t^3 + 3t^2 - 2t + 2$ und $g(t) = t^4 - t^3 - 3t^2 + 8t - 6$.

§ 4 Vektorräume

Der ursprüngliche Begriff des Vektors besitzt eine anschauliche geometrische Bedeutung. Man denke sich etwa in der Ebene einen festen Punkt a als Anfangspunkt ausgezeichnet. Jedem weiteren Punkt x kann dann umkehrbar eindeutig die von a nach x weisende gerichtete Strecke zugeordnet werden, die man sich etwa durch einen in a ansetzenden Pfeil mit der Spitze in x repräsentiert denken kann. Man nennt diese gerichtete Strecke den **Ortsvektor** von x bezüglich des Anfangspunktes a und bezeichnet ihn mit dem entsprechenden deutschen Buchstaben $\mathfrak{x}$. Ist $\mathfrak{y}$ ein zweiter Ortsvektor, so kann man den Summenvektor $\mathfrak{x} + \mathfrak{y}$ in bekannter Weise nach dem Parallelogrammprinzip definieren (vgl. Fig. 1). Einfache geometrische Überlegungen zeigen nun, daß die Ortsvektoren hinsichtlich dieser Addition als

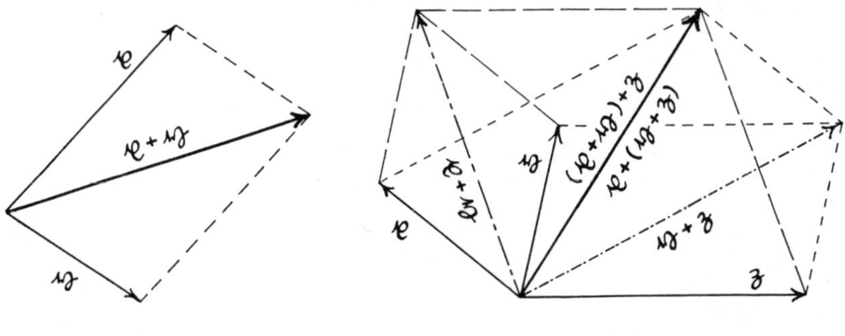

Fig. 1 Fig. 2

Verknüpfungsoperation eine abelsche Gruppe bilden. So folgt z. B. das Assoziativgesetz aus der in Fig. 2 angedeuteten Kongruenz von Dreiecken. Das neutrale Element dieser Gruppe ist der zu einem Punkt entartete Ortsvektor des Anfangspunktes selbst. Daneben kann man aber auch jeden Ortsvektor $\mathfrak{x}$ mit einer reellen Zahl a multiplizieren: Der Vektor $a\mathfrak{x}$ sei derjenige Vektor, dessen Länge das $|a|$-fache der Länge des Vektors $\mathfrak{x}$ ist und dessen Richtung im Fall $a > 0$ mit der Richtung von $\mathfrak{x}$ übereinstimmt, im Fall $a < 0$ zu ihr entgegengesetzt gerichtet ist. Außerdem sei $0\mathfrak{x}$ wieder der Ortsvektor des Anfangspunkts. Für diese zweite Operation der Multiplikation von Ortsvektoren mit reellen Zahlen gelten nun folgende Regeln, die sich leicht geometrisch nachweisen lassen:

$$\begin{aligned}(ab)\,\mathfrak{x} &= a(b\mathfrak{x}),\\ a(\mathfrak{x}+\mathfrak{y}) &= a\mathfrak{x} + a\mathfrak{y},\\ (a+b)\,\mathfrak{x} &= a\mathfrak{x} + b\mathfrak{x},\\ 1\mathfrak{x} &= \mathfrak{x}.\end{aligned}$$

Der allgemeine Begriff des Vektorraums entsteht nun wie bei den Gruppen, Körpern und Ringen wieder durch eine entsprechende Abstraktion, die von der speziellen Natur der Vektoren und Rechenoperationen absieht. Diese Abstraktion geht hier sogar noch etwas weiter: Bei den Ortsvektoren wurden als Multiplikatoren reelle Zahlen benutzt. Bei der allgemeinen Begriffsbildung tritt an die Stelle der reellen Zahlen ein beliebiger kommutativer Körper K, der dann der **Skalarenkörper** genannt wird und dessen Elemente als **Skalare** bezeichnet werden.

Definition 4a: *Ein* **Vektorraum** *oder auch* **linearer Raum** *besteht aus einer additiv geschriebenen, abelschen Gruppe X, deren Elemente* **Vektoren** *genannt werden, einem kommutativen Skalarenkörper K und einer Multiplikation, die jedem geordneten Paar $(a, \mathfrak{x})$ mit $a \in K$ und $\mathfrak{x} \in X$ eindeutig einen Vektor $a\mathfrak{x} \in X$ so zuordnet, daß folgende Axiome erfüllt sind:*

(I) $$(ab)\,\mathfrak{x} = a(b\mathfrak{x}) \quad (a, b \in K;\ \mathfrak{x} \in X).$$
(*Assoziativität*)

(II) $$a(\mathfrak{x}+\mathfrak{y}) = a\mathfrak{x} + a\mathfrak{y} \quad (a \in K;\ \mathfrak{x}, \mathfrak{y} \in X),$$
$$(a+b)\,\mathfrak{x} = a\mathfrak{x} + b\mathfrak{x} \quad (a, b \in K;\ \mathfrak{x} \in X).$$
(*Distributivität*)

(III) $$1\mathfrak{x} = \mathfrak{x} \quad (1 \in K;\ \mathfrak{x} \in X).$$

Wie schon in diesen Axiomen sollen auch im allgemeinen Skalare mit kleinen lateinischen, Vektoren hingegen mit kleinen deutschen Buchstaben bezeichnet werden. Zu beachten ist, daß die Rechenoperationen trotz gleicher Bezeichnung teilweise verschiedene Bedeutung haben: So steht z. B. auf der linken Seite der zweiten Gleichung von (II) die Summe zweier Skalare, auf der rechten Seite aber die Summe zweier Vektoren. Das Zeichen $+$ bedeutet also auf der linken Seite die Addition im Skalarenkörper K, rechts hingegen die Vektoraddition in X. Ebenso treten auch in (I) verschiedene Arten der Multiplikation auf. In (II) wurde außerdem bereits eine der früheren Festsetzung entsprechende Vereinfachung benutzt: die Multiplikation mit Skalaren soll stärker binden als die Vektoraddition; statt $(a\mathfrak{x}) + \mathfrak{y}$ soll also einfacher $a\mathfrak{x} + \mathfrak{y}$ geschrieben werden dürfen. Axiom (I) gestattet schließlich, auch bei mehrfacher Multiplikation mit Skalaren die Klammern fortzulassen.

Ebenso wie bei den Gruppen, Ringen und Körpern pflegt man auch einen Vektorraum nur mit dem einen Buchstaben zu bezeichnen, der schon der Gruppe zugeordnet ist. Wenn der Skalarenkörper K besonders hervorgehoben werden soll, spricht man von einem Vektorraum X über K oder einem K-Vektorraum. Allgemein soll folgende Festsetzung gelten: Sofern nicht spezielle Skalarenkörper angegeben werden, soll der zu einem Vektorraum gehörende Skalarenkörper immer mit K bezeichnet werden. Treten in einem Zusammenhang mehrere Vektorräume gleichzeitig auf, so sollen sie immer denselben Skalarenkörper besitzen. Dieser darf ein beliebiger kommutativer Körper sein. Nur in Einzelfällen wird er einschränkenden Bedingungen unterworfen werden, die dann aber stets ausdrücklich angegeben werden. Für die Anwendung der Theorie sind allerdings diejenigen Vektorräume am wichtigsten, deren Skalarenkörper der Körper der reellen oder der komplexen Zahlen ist. Man spricht in diesen Fällen kurz von **reellen** bzw. **komplexen Vektorräumen**.

Daß der Skalarenkörper immer als kommutativ vorausgesetzt wird, ist zunächst nicht wesentlich. Manche der hier behandelten Sätze gelten samt ihren Beweisen sogar in noch erheblich allgemeineren Strukturen: Ändert man die Definition 4a dahingehend ab, daß man als Skalarenbereich statt eines Körpers einen beliebigen Ring R mit Einselement zuläßt, so nennt man X in diesem Fall einen **Modul** oder genauer einen **R-Modul**. Vektorräume sind also spezielle Moduln, nämlich Moduln über Körpern. Obwohl die Moduln in der modernen Entwicklung der Algebra eine Schlüsselstellung einnehmen, können sie im Rahmen dieses Buches nur in gelegentlichen Hinweisen berücksichtigt werden, die vorwiegend auf die „Ergänzungen" beschränkt bleiben.

Die charakteristischen Operationen eines Vektorraums sind die Vektoraddition und die Multiplikation der Vektoren mit Skalaren. Diese beiden

Operationen werden unter dem gemeinsamen Namen **lineare Operationen** zusammengefaßt.

Es sei jetzt X ein beliebiger Vektorraum. Da X eine (additiv geschriebene, abelsche) Gruppe ist, existiert in X ein eindeutig bestimmter neutraler Vektor. Dieser wird der **Nullvektor** genannt und mit $\mathfrak{o}$ bezeichnet. Es gilt $\mathfrak{o} + \mathfrak{x} = \mathfrak{x}$ für alle Vektoren $\mathfrak{x} \in X$, und aus $\mathfrak{x} + \mathfrak{a} = \mathfrak{a}$ für nur einen Vektor $\mathfrak{a} \in X$ folgt bereits $\mathfrak{x} = \mathfrak{o}$. Ebenso existiert zu jedem Vektor $\mathfrak{x}$ ein eindeutig bestimmter negativer Vektor $-\mathfrak{x}$. Für ihn gilt $\mathfrak{x} + (-\mathfrak{x}) = \mathfrak{o}$. Statt $\mathfrak{a} + (-\mathfrak{b})$ wird wieder kürzer $\mathfrak{a} - \mathfrak{b}$ geschrieben, und dieser Vektor wird der **Differenzvektor** von $\mathfrak{a}$ und $\mathfrak{b}$ genannt. In einem Vektorraum ist somit auch die Subtraktion unbeschränkt ausführbar.

Beispiele:

4. I Nach den einleitenden Bemerkungen bilden die ebenen Ortsvektoren (bezüglich eines festen Anfangspunktes) einen reellen Vektorraum. In analoger Weise kann man auch im Raum Ortsvektoren definieren, die dann ebenfalls einen reellen Vektorraum bilden.

4. II Es sei K ein kommutativer Körper, und $n > 0$ sei eine natürliche Zahl. Ein Aggregat $(a_1, \ldots, a_n)$ von Elementen aus K wird dann ein ***n*-Tupel** genannt, und die Menge aller dieser n-Tupel wird mit K^n bezeichnet. Es seien nun $\mathfrak{a} = (a_1, \ldots, a_n)$ und $\mathfrak{b} = (b_1, \ldots, b_n)$ zwei n-*Tupel* aus K^n, und c sei ein Element aus K. Setzt man dann

$$\mathfrak{a} + \mathfrak{b} = (a_1 + b_1, \ldots, a_n + b_n) \quad \text{und} \quad c\mathfrak{a} = (ca_1, \ldots, ca_n),$$

so werden hierdurch in K^n die linearen Operationen definiert, und K^n wird zu einem Vektorraum über K. Man nennt diesen Vektorraum den n-dimensionalen **arithmetischen Vektorraum** über K. In ihm ist der Nullvektor das aus lauter Nullen bestehende n-Tupel $(0, \ldots, 0)$. Der Fall $n = 1$ zeigt, daß man jeden kommutativen Körper als Vektorraum über sich selbst auffassen kann.

4. III Es sei F die Menge aller auf einem reellen Intervall $[a, b]$ definierten reellwertigen Funktionen. Für je zwei Funktionen $f, g \in F$ sei $f + g$ diejenige Funktion, deren Werte durch

$$(f + g)(t) = f(t) + g(t) \qquad (a \leqq t \leqq b)$$

bestimmt sind. Entsprechend sei für jede reelle Zahl c die Funktion cf durch

$$(cf)(t) = c(f(t)) \qquad (a \leqq t \leqq b)$$

definiert. Hinsichtlich der so erklärten linearen Operationen ist F ein reeller Vektorraum. Nullvektor ist die auf $[a, b]$ identisch verschwindende Funktion.

Abschließend sollen noch einige Regeln für das Rechnen in Vektorräumen hergeleitet werden, die weiterhin ohne besondere Hinweise benutzt werden.

4.1 *Für beliebige Vektoren* $\mathfrak{x}$ *und Skalare* c *gilt*

$$0\mathfrak{x} = \mathfrak{o} \text{ und } c\mathfrak{o} = \mathfrak{o}.$$

$$\text{Aus } c\mathfrak{x} = \mathfrak{o} \text{ folgt } c = 0 \text{ oder } \mathfrak{x} = \mathfrak{o}.$$

Beweis: Wegen (II) gilt

$$0\mathfrak{x} + 0\mathfrak{x} = (0 + 0)\,\mathfrak{x} = 0\mathfrak{x} \quad \text{und}$$

$$c\mathfrak{o} + c\mathfrak{o} = c(\mathfrak{o} + \mathfrak{o}) = c\mathfrak{o}.$$

Aus der ersten Gleichung folgt $0\mathfrak{x} = \mathfrak{o}$, aus der zweiten $c\mathfrak{o} = \mathfrak{o}$. Weiter werde $c\mathfrak{x} = \mathfrak{o}$, aber $c \neq 0$ vorausgesetzt. Wegen (III) erhält man dann

$$\mathfrak{x} = 1\,\mathfrak{x} = c^{-1}c\mathfrak{x} = c^{-1}\mathfrak{o} = \mathfrak{o}. \ \blacklozenge$$

Für die Bildung des negativen Vektors gilt wieder $-(-\mathfrak{x}) = \mathfrak{x}$. Die Vektoren $-\mathfrak{x}$ und $(-1)\,\mathfrak{x}$ müssen jedoch zunächst unterschieden werden: $-\mathfrak{x}$ ist der durch die Gleichung $\mathfrak{x} + (-\mathfrak{x}) = \mathfrak{o}$ eindeutig bestimmte Vektor, während $(-1)\,\mathfrak{x}$ aus $\mathfrak{x}$ durch Multiplikation mit -1 hervorgeht. Der folgende Satz zeigt jedoch, daß beide Vektoren gleich sind.

4.2 $-\mathfrak{x} = (-1)\,\mathfrak{x}$.

Beweis: Wegen (II), (III) und 4.1 gilt

$$\mathfrak{x} + (-1)\,\mathfrak{x} = 1\,\mathfrak{x} + (-1)\,\mathfrak{x} = (1 + (-1))\,\mathfrak{x} = 0\mathfrak{x} = \mathfrak{o}$$

und daher $(-1)\,\mathfrak{x} = -\mathfrak{x}$. ◆

Wegen $(-c)\,\mathfrak{x} = (-1)\,c\mathfrak{x}$ folgt hieraus noch unmittelbar die Beziehung

$$(-c)\,\mathfrak{x} = -(c\mathfrak{x}) = c(-\mathfrak{x}).$$

Ergänzungen und Aufgaben

4A In dem folgenden Beispiel werden die reellen Zahlen einerseits als Skalare, andererseits aber auch als Vektoren aufgefaßt. Als Skalare sollen sie in der üblichen Weise addiert werden. Als Vektoren soll für sie jedoch eine neue Art der Addition definiert werden, die zur Unterscheidung mit $\oplus$ bezeichnet wird. Es soll nämlich gelten

$$a \oplus b = \sqrt[3]{a^3 + b^3},$$

wobei unter dem Wurzelzeichen die Addition in der üblichen Weise auszuführen ist. Entsprechend bedeute ab das übliche Produkt. Faßt man jedoch a als Skalar und b als

Vektor auf, so sei ein neues, mit $\odot$ bezeichnetes Produkt durch eine der beiden folgenden Gleichungen definiert:

1). $a \odot b = ab$

2). $a \odot b = \sqrt[3]{a} \cdot b$.

Aufgabe: Man untersuche, in welchem Fall der so definierten linearen Operationen ein reeller Vektorraum vorliegt.

4B Es sei K ein kommutativer Körper und X eine (additiv geschriebene) abelsche Gruppe. Definiert man dann das Produkt eines beliebigen „Skalars" $a \in K$ mit einem beliebigen „Vektor" $\mathfrak{x} \in X$ durch $a\mathfrak{x} = \mathfrak{o}$ (neutrales Element von X), so sind mit Ausnahme von (III) alle Axiome des Vektorraums erfüllt.

Die Bedeutung von Axiom (III) soll durch folgende Aufgabe beleuchtet werden: X erfülle alle Axiome eines Vektorraums über K mit Ausnahme von (III). Es existiere also ein „Vektor" $\mathfrak{a} \in X$ mit $1\mathfrak{a} \neq \mathfrak{a}$.

Aufgabe:

1). Für einen „Vektor" $\mathfrak{x} \in X$ gilt $1\mathfrak{x} = \mathfrak{x}$ genau dann, wenn $\mathfrak{x}$ sich in der Form $\mathfrak{x} = 1\mathfrak{y}$ mit einem geeigneten „Vektor" $\mathfrak{y} \in X$ darstellen läßt.

2). Für jeden „Vektor" $\mathfrak{x}$ der Form $\mathfrak{x} = \mathfrak{y} - 1\mathfrak{y}$ gilt $1\mathfrak{x} = \mathfrak{o}$.

3). Es werde

$$U = \{\mathfrak{x}\colon \mathfrak{x} \in X,\ 1\mathfrak{x} = \mathfrak{x}\} \quad \text{und} \quad V = \{\mathfrak{x}\colon \mathfrak{x} \in X,\ 1\mathfrak{x} = \mathfrak{o}\}$$

gesetzt. Zeige, daß sich jeder „Vektor" $\mathfrak{x} \in X$ auf genau eine Weise in der Form $\mathfrak{x} = \mathfrak{u} + \mathfrak{v}$ mit $\mathfrak{u} \in U$ und $\mathfrak{v} \in V$ darstellen läßt.

4). Wendet man die linearen Operationen auf „Vektoren" aus U an, so erhält man stets wieder „Vektoren" aus U. Die Teilmenge U von X erfüllt alle Axiome eines Vektorraums.

4C Ersetzt man in Beispiel 4. II den Körper K durch einen Ring R mit Einselement, so erhält man entsprechend einen R-Modul R^n. Speziell kann R selbst als R-Modul aufgefaßt werden. Wenn hierbei R Nullteiler enthält, ist dies ein Beispiel dafür, daß der zweite Teil von 4. 1 in Moduln im allgemeinen nicht richtig ist. Der erste Teil von 4. 1 und 4. 2 sind hingegen auch in beliebigen Moduln gültig.

4D Es sei R ein kommutativer, nullteilerfreier Ring mit Einselement. Dann kann R zu seinem **Quotientenkörper** $Q(R)$ erweitert werden, dessen Elemente sich in der Form $\frac{a}{b}$ mit $a, b \in R$ und $b \neq 0$ schreiben lassen und mit denen nach den üblichen Regeln für „Brüche" gerechnet wird. Speziell ist der Körper $\mathbb{Q}$ der rationalen Zahlen der Quotientenkörper von $\mathbb{Z}$. Weiter sei nun X ein R-Modul. Dann liegt die Frage nahe, ob sich X zu einem $Q(R)$-Modul, also zu einem $Q(R)$-Vektorraum, erweitern läßt.

Aufgabe: Man zeige, daß X genau dann zu einem $Q(R)$-Vektorraum $\overline{X}$ erweitert werden kann, wenn in X auch der zweite Teil von 4. 1 erfüllt ist. Hierzu erkläre man in der Menge $\left\{\frac{1}{a}\mathfrak{x} : a \in R,\ \mathfrak{x} \in X,\ a \neq 0\right\}$ die Relation $\frac{1}{a}\mathfrak{x} \sim \frac{1}{b}\mathfrak{y}$ durch $b\mathfrak{x} = a\mathfrak{y}$ und beweise zunächst, daß es sich um eine Äquivalenzrelation handelt (vgl. 11C). Als $\overline{X}$ verwende man dann die Menge der Äquivalenzklassen $\overline{\frac{1}{a}\mathfrak{x}}$.

Zweites Kapitel

Unterräume, Basis, Koordinaten

In diesem Kapitel werden zunächst Begriffsbildungen behandelt, die unmittelbar an die Definition des Vektorraums anschließen und sich auf nur einen Vektorraum beziehen. Im Mittelpunkt dieser Betrachtungen steht der Begriff der Basis eines Vektorraums und der mit ihm eng zusammenhängende Begriff der linearen Unabhängigkeit von Vektoren. Mit diesen Hilfsmitteln ist es dann auch möglich, die Dimension eines Vektorraums zu definieren. Hierbei ergibt sich eine Aufteilung der Vektorräume in endlich-dimensionale und solche unendlicher Dimension. Wesentlich für das konkrete Rechnen mit Vektoren ist schließlich, daß man in endlich-dimensionalen Vektorräumen hinsichtlich einer Basis jeden Vektor durch endlich viele Skalare, seine Koordinaten, beschreiben kann. Der Koordinatenbegriff gestattet es, das Rechnen mit Vektoren auf das Rechnen im Skalarenkörper zurückzuführen.

§ 5 Unterräume

Es sei U eine nicht-leere Teilmenge eines Vektorraums X. Mit zwei Vektoren $\mathfrak{a}$ und $\mathfrak{b}$ aus U wird dann im allgemeinen nicht auch ihr Summenvektor $\mathfrak{a} + \mathfrak{b}$ in U liegen; und entsprechend wird aus $c \in K$ und $\mathfrak{a} \in U$ im allgemeinen auch nicht $c\mathfrak{a} \in U$ folgen. Wenn dies jedoch der Fall ist, wenn also aus $\mathfrak{a}, \mathfrak{b} \in U$ und $c \in K$ stets $\mathfrak{a} + \mathfrak{b} \in U$ und $c\mathfrak{a} \in U$ folgt, so sind die linearen Operationen auch in der Teilmenge U definiert. Man sagt dann, daß U gegenüber den linearen Operationen abgeschlossen ist.

Definition 5a: *Eine Teilmenge U eines Vektorraums X heißt ein* **Unterraum** *von X (in Zeichen: $U \leq | X$), wenn sie gegenüber den linearen Operationen abgeschlossen und selbst ein Vektorraum ist.*

Diese Definition des Unterraums enthält neben der Forderung der Abgeschlossenheit noch die weitere Forderung, daß auch alle an einen Vektorraum gestellten Bedingungen erfüllt sein sollen. Daß hierbei in Wirklichkeit keine zusätzliche Forderung vorliegt, sondern daß sich die Gültigkeit der Axiome automatisch überträgt, zeigt der folgende Satz.

5.1 *Eine nicht-leere Teilmenge U eines Vektorraums X ist genau dann ein Unterraum von X, wenn sie gegenüber den linearen Operationen abgeschlossen ist, wenn also aus $\mathfrak{a}, \mathfrak{b} \in U$ und $c \in K$ stets $\mathfrak{a} + \mathfrak{b} \in U$ und $c\mathfrak{a} \in U$ folgt.*

Beweis: Es ist lediglich zu zeigen, daß sich die Gültigkeit der Axiome von X auf U überträgt. Von den Axiomen (I)—(III) aus 4a ist dies unmittelbar klar und ebenso auch von der Assoziativität und Kommutativität der Vektoraddition, weil diese Bedingungen ja in X, erst recht also in der Teilmenge U erfüllt sind. Eine Ausnahme machen lediglich die Existenzforderungen, die sich auf die Existenz des neutralen und des negativen Vektors beziehen. Nun ist aber U nicht leer, enthält also mindestens einen Vektor $\mathfrak{a}$. Nach Voraussetzung gilt dann auch $\mathfrak{o} = 0\mathfrak{a} \in U$. Die Menge U enthält also den Nullvektor von X, der dann auch neutrales Element in U ist. Außerdem enthält U nach Voraussetzung mit dem Vektor $\mathfrak{x}$ auch den Vektor $(-1)\,\mathfrak{x}$, wegen 4. 2 also den Vektor $-\mathfrak{x}$. ◆

Da ein Unterraum, für sich betrachtet, selbst ein Vektorraum ist, muß er jedenfalls den Nullvektor enthalten. Die leere Menge ist daher kein Unterraum. Unmittelbar ergibt sich außerdem: Ist U ein Unterraum von X und V ein Unterraum von U, so ist V auch ein Unterraum von X.

Beispiele:

5. I Die nur aus dem Nullvektor bestehende Teilmenge $\{\mathfrak{o}\}$ eines Vektorraums X ist ein Unterraum von X; und zwar ist $\{\mathfrak{o}\}$ offenbar der kleinste Unterraum von X. Man nennt ihn den **Nullraum**. Außerdem ist jeder Vektorraum X ein Unterraum von sich selbst.

5. II In dem reellen Vektorraum der ebenen Ortsvektoren bezüglich eines Anfangspunktes a erhält man Unterräume auf folgende Weise: Es sei G eine durch a gehende Gerade. Dann bilden die zu den Punkten von G gehörenden Ortsvektoren einen Unterraum. Außer dem Nullraum und der ganzen Ebene sind diese durch a gehenden Geraden auch die einzigen Unterräume. Bei den räumlichen Ortsvektoren treten als weitere Unterräume noch die Ebenen durch den Anfangspunkt auf.

5. III Die Menge aller n-Tupel der Form $(0, a_2, \ldots, a_n)$ ist ein Unterraum des arithmetischen Voktorraums K^n (vgl. 4. II).

5. IV In dem Funktionenraum F (vgl. 4. III) bilden die Teilmengen aller integrierbaren, aller stetigen oder aller differenzierbaren Funktionen je einen Unterraum. Ebenso ist die Teilmenge aller Polynome ein Unterraum von F. In der angegebenen Reihenfolge sind sie sogar Unterräume voneinander.

5.2 *Der Durchschnitt beliebig vieler Unterräume eines Vektorraums ist selbst wieder ein Unterraum.*

Beweis: Es sei $\mathfrak{S}$ ein System von Unterräumen, und

$$D = \bigcap \{U : U \in \mathfrak{S}\}$$

sei ihr Durchschnitt. Aus $\mathfrak{a}, \mathfrak{b} \in D$ folgt $\mathfrak{a}, \mathfrak{b} \in U$ für alle $U \in \mathfrak{S}$. Wegen 5.1 gilt dann auch $\mathfrak{a} + \mathfrak{b} \in U$ für alle $U \in \mathfrak{S}$ und somit $\mathfrak{a} + \mathfrak{b} \in D$. Ebenso folgt aus $c \in K$, $\mathfrak{a} \in D$ zunächst $c\mathfrak{a} \in U$ für alle $U \in \mathfrak{S}$ und weiter $c\mathfrak{a} \in D$. Wieder wegen 5.1 und wegen $\mathfrak{o} \in D$, also $D \neq \emptyset$, ist daher D ein Unterraum. ◆

Es sei jetzt M eine beliebige Teilmenge eines Vektorraums X. Dann ist das System $\mathfrak{S}$ aller Unterräume U von X mit $M \leq U$ wegen $X \in \mathfrak{S}$ nicht leer, und der Durchschnitt von $\mathfrak{S}$ ist nach dem letzten Satz wieder ein Unterraum von X. Er ist offenbar der kleinste Unterraum von X, der die Menge M enthält. Man bezeichnet ihn mit $[M]$ und nennt ihn den von der Menge M **erzeugten** oder **aufgespannten** Unterraum. Es gilt also

Definition 5b:

$$[M] = \bigcap \{U : M \leq U, U \leq | X\}.$$

Ist M eine endliche Teilmenge von X, gilt also etwa $M = \{\mathfrak{a}_1, \ldots, \mathfrak{a}_n\}$, so soll statt $[M]$ auch $[\mathfrak{a}_1, \ldots, \mathfrak{a}_n]$ geschrieben werden. Eine Teilmenge M von X ist genau dann ein Unterraum von X, wenn $M = [M]$ gilt. Aus $M \leq N \leq X$ folgt außerdem $[M] \leq | [N] \leq | X$. Da die leere Menge Teilmenge jedes Unterraums und insbesondere des Nullraums ist, gilt $[\emptyset] = \{\mathfrak{o}\}$. Da der Nullvektor ebenfalls den Nullraum erzeugt, kann statt $\{\mathfrak{o}\}$ auch $[\mathfrak{o}]$ geschrieben werden.

Definition 5c: *Es seien $\mathfrak{a}_1, \ldots, \mathfrak{a}_n$ endlich viele Vektoren eines Vektorraums X. Jeder Vektor der Form $c_1\mathfrak{a}_1 + \cdots + c_n\mathfrak{a}_n$ mit beliebigen Skalaren $c_1, \ldots, c_n$ wird dann eine* **Linearkombination** *der Vektoren $\mathfrak{a}_1, \ldots, \mathfrak{a}_n$ genannt. Ein Vektor heißt eine Linearkombination einer nicht-leeren Teilmenge M von X, wenn er eine Linearkombination endlich vieler Vektoren aus M ist.*

5.3 *Der von einer nicht-leeren Teilmenge M eines Vektorraums X aufgespannte Unterraum $[M]$ besteht aus genau allen Linearkombinationen von M.*

Beweis: Addiert man zwei Linearkombinationen von M oder multipliziert man eine Linearkombination von M mit einem Skalar, so erhält man offenbar wieder eine Linearkombination von M. Wegen 5.1 ist daher die Menge M^* aller Linearkombinationen von M ein Unterraum von X. Jeder Vektor $\mathfrak{a} \in M$ ist wegen $\mathfrak{a} = 1\mathfrak{a}$ eine Linearkombination von M. Daher gilt $M \leq M^*$, und es folgt $[M] \leq M^*$. Andererseits muß $[M]$ als Unterraum mit je endlich vielen Vektoren aus M auch jede ihrer Linearkombinationen enthalten; d. h. es gilt umgekehrt $M^* \leq [M]$. Zusammen ergibt dies die behauptete Gleichung $[M] = M^*$. ◆

Ist wieder $\mathfrak{S}$ ein System von Unterräumen eines Vektorraums X, so ist die Vereinigungsmenge dieses Systems im allgemeinen kein Unterraum von X. Jedoch wird von dieser Vereinigungsmenge ein Unterraum aufgespannt, den man die **Summe** der Unterräume des Systems nennt und mit $\Sigma\{U: U \in \mathfrak{S}\}$, oder bei endlich vielen Unterräumen auch mit $U_1 + \cdots + U_n$ bezeichnet. Es gilt also

Definition 5d:

$$\Sigma\{U: U \in \mathfrak{S}\} = [\bigcup\{U: U \in \mathfrak{S}\}].$$

Der Summenraum $\Sigma\{U: U \in \mathfrak{S}\}$ besteht nach 5.3 aus genau den Vektoren der Form $c_1\mathfrak{a}_1 + \cdots + c_n\mathfrak{a}_n$, wobei jeder der Vektoren $\mathfrak{a}_\nu (\nu = 1, \ldots, n)$ in einem Unterraum U_ν des Systems $\mathfrak{S}$ liegt. Dann aber gilt auch $c_\nu\mathfrak{a}_\nu \in U_\nu$. Sind außerdem gewisse der Unterräume U_ν gleich, gilt also etwa $U_{\nu_1} = \cdots = U_{\nu_k} = U$, so folgt sogar $c_{\nu_1}\mathfrak{a}_{\nu_1} + \cdots + c_{\nu_k}\mathfrak{a}_{\nu_k} \in U$. Nach geeigneter Zusammenfassung läßt sich daher die Linearkombination $c_1\mathfrak{a}_1 + \cdots + c_n\mathfrak{a}_n$ auch in der Form $\mathfrak{u}_1 + \cdots + \mathfrak{u}_r$ darstellen, wobei die Vektoren $\mathfrak{u}_1, \ldots, \mathfrak{u}_r$ in verschiedenen Unterräumen $U_1, \ldots, U_r$ des Systems $\mathfrak{S}$ liegen. Unmittelbar ergibt sich hieraus:

5.4 *Der Summenraum $\Sigma\{U: U \in \mathfrak{S}\}$ besteht aus genau denjenigen Vektoren $\mathfrak{x}$, die sich in der Form $\mathfrak{x} = \mathfrak{u}_1 + \cdots + \mathfrak{u}_r$ darstellen lassen, wobei die Vektoren $\mathfrak{u}_1, \ldots, \mathfrak{u}_r$ in verschiedenen Unterräumen $U_1, \ldots, U_r$ des Systems $\mathfrak{S}$ liegen.*

Ergänzungen und Aufgaben

5A Aufgabe: Man bestimme alle Unterräume des arithmetischen Vektorraums $(\mathbb{Z}_2)^3$ (vgl. 3. II).

5B Eine Teilmenge L eines Vektorraums X heißt eine **lineare Mannigfaltigkeit**, wenn es zu ihr einen Unterraum U_L von X mit folgender Eigenschaft gibt: Aus $\mathfrak{a}, \mathfrak{b} \in L$ folgt stets $\mathfrak{a} - \mathfrak{b} \in U_L$ und aus $\mathfrak{a} \in L$, $\mathfrak{u} \in U_L$ umgekehrt $\mathfrak{a} + \mathfrak{u} \in L$. Als spezielle lineare Mannigfaltigkeit ordnet sich in diese Definition auch die leere Menge ein.

Jeder Unterraum von X ist eine lineare Mannigfaltigkeit. Aber z. B. ist auch jede einelementige Teilmenge $\{\mathfrak{a}\}$ von X eine lineare Mannigfaltigkeit, jedoch nur im Fall $\mathfrak{a} = \mathfrak{o}$ ein Unterraum.

Aufgabe:

1). Der zu einer nicht-leeren linearen Mannigfaltigkeit L gehörende Unterraum U_L ist durch L eindeutig bestimmt. Ist $\mathfrak{a}$ ein fester Vektor aus L, so gilt $U_L = \{\mathfrak{a} - \mathfrak{x}: \mathfrak{x} \in L\}$.

2). Eine Teilmenge M von X ist genau dann eine lineare Mannigfaltigkeit, wenn sie mit je endlich vielen Vektoren $\mathfrak{a}_1, \cdots, \mathfrak{a}_n$ auch jeden Vektor der Form $c_1\mathfrak{a}_1 + \cdots + c_n\mathfrak{a}_n$ mit $c_1 + \cdots + c_n = 1$ enthält.

3). Eine lineare Mannigfaltigkeit ist genau dann ein Unterraum, wenn sie den Nullvektor enthält.

4). Der Durchschnitt von beliebig vielen linearen Mannigfaltigkeiten ist wieder eine lineare Mannigfaltigkeit.

5). Es seien L und M zwei nicht-leere lineare Mannigfaltigkeiten, und N sei die kleinste lineare Mannigfaltigkeit, die L und M enthält. Dann gilt $U_N = U_L + U_M$ im Fall $L \cap M \neq \emptyset$. Im Fall $L \cap M = \emptyset$ gilt jedoch $U_N = U_L + U_M + [\mathfrak{a}]$ mit $\mathfrak{a} = \mathfrak{b} - \mathfrak{c}$, wobei $\mathfrak{b}$ ein beliebiger Vektor aus L und $\mathfrak{c}$ ein beliebiger Vektor aus M ist.

5C Sämtliche Definitionen und Sätze dieses Paragraphen können für Moduln übernommen werden. Sinngemäß spricht man dann von Untermoduln, vom Nullmodul und von Summenmoduln.

Ein Modul X heißt **einfach** oder **minimal**, wenn X nicht der Nullmodul, dieser aber der einzige von X verschiedene Untermodul von X ist. Z. B. ist in einem Vektorraum ein Unterraum U genau dann minimal, wenn $U = [\mathfrak{a}]$ mit $\mathfrak{a} \neq \mathfrak{o}$ gilt. Ein Modul X heißt **zyklisch**, wenn er von einem seiner Elemente erzeugt wird.

Aufgabe: 1). Man zeige, daß jeder minimale Modul zyklisch ist.

2). Umgekehrt zeige man am Beispiel des $\mathbb{Z}$-Moduls $\mathbb{Z}$, daß unendliche, echt absteigende Ketten zyklischer Untermoduln existieren können, daß es aber keine minimalen Untermoduln zu geben braucht.

5D Ein Modul heißt **endlich erzeugt**, wenn er von einer endlichen Teilmenge aufgespannt wird.

Aufgabe: 1). Man zeige, daß $\mathbb{Q}$, aufgefaßt als $\mathbb{Z}$-Modul, nicht endlich erzeugt ist.

2). Man beweise, daß ein Modul X genau dann endlich erzeugt ist, wenn er folgende Eigenschaft hinsichtlich beliebiger Systeme $\mathfrak{S}$ von Untermoduln besitzt:

(*) *Aus* $X = \sum \{U : U \in \mathfrak{S}\}$ *folgt* $X = \sum \{U : U \in \mathfrak{S}_0\}$ *mit einem endlichen Teilsystem* $\mathfrak{S}_0$ *von* $\mathfrak{S}$.

3). Im Fall eines Vektorraums X zeige man die Gleichwertigkeit von (*) mit folgender Eigenschaft:

(**) *Aus* $\bigcap \{U : U \in \mathfrak{S}\} = [\mathfrak{o}]$ *folgt* $\bigcap \{U : U \in \mathfrak{S}_0\} = [\mathfrak{o}]$ *mit einem endlichen Teilsystem* $\mathfrak{S}_0$ *von* $\mathfrak{S}$.

4). Man zeige jedoch, daß $\mathbb{Z}$, aufgefaßt als $\mathbb{Z}$-Modul, zwar (*), nicht aber (**) erfüllt.

§ 6 Basis und Dimension

Es seien $\mathfrak{a}_1, \ldots, \mathfrak{a}_n$ endlich viele Vektoren eines Vektorraums X. Diese Vektoren spannen dann einen Unterraum U von X auf, und nach 5. 3 läßt sich jeder Vektor aus U als eine Linearkombination von $\mathfrak{a}_1, \ldots, \mathfrak{a}_n$ darstellen. Dies gilt insbesondere für den Nullvektor. Eine mögliche Darstellung des Nullvektors ist $\mathfrak{o} = 0\mathfrak{a}_1 + \cdots + 0\mathfrak{a}_n$; sie wird die **triviale Darstellung** genannt. Daneben können aber auch nicht-triviale Darstellungen $\mathfrak{o} = c_1\mathfrak{a}_1 + \cdots + c_n\mathfrak{a}_n$ mit $c_\nu \neq 0$ für mindestens einen Index ν existieren. Die folgende Definition betrifft den Sonderfall, in dem dies nicht möglich ist.

Definition 6a: *Endlich viele Vektoren* $\mathfrak{a}_1, \ldots, \mathfrak{a}_n$ *eines Vektorraums heißen* **linear unabhängig**, *wenn der Nullvektor nur die triviale Darstellung als Linearkombination von* $\mathfrak{a}_1, \ldots, \mathfrak{a}_n$ *zuläßt; wenn also aus* $c_1\mathfrak{a}_1 + \cdots + c_n\mathfrak{a}_n = \mathfrak{o}$ *stets* $c_1 = \cdots = c_n = 0$ *folgt. Wenn die Vektoren* $\mathfrak{a}_1, \ldots, \mathfrak{a}_n$ *nicht linear unabhängig sind, werden sie* **linear abhängig** *genannt.*

Wenn die Vektoren $\mathfrak{a}_1, \ldots, \mathfrak{a}_n$ linear unabhängig sind, gilt $\mathfrak{a}_\nu \neq \mathfrak{o}$ $(\nu = 1, \ldots, n)$, weil z. B. aus $\mathfrak{a}_1 = \mathfrak{o}$ die nicht-triviale Darstellung $\mathfrak{o} = 1\mathfrak{a}_1 + 0\mathfrak{a}_2 + \cdots + 0\mathfrak{a}_n$ folgen würde. Insbesondere ist also ein einzelner Vektor genau dann linear unabhängig, wenn er vom Nullvektor verschieden ist.

Definition 6b: *Eine Teilmenge M eines Vektorraums X heißt* **linear unabhängig**, *wenn je endlich viele verschiedene Vektoren aus M linear unabhängig sind. Andernfalls heißt die Menge M* **linear abhängig**.

Als Spezialfall dieser Definition ist die leere Menge linear unabhängig. Außerdem ergibt sich unmittelbar: Jede Teilmenge einer linear unabhängigen Menge ist selbst linear unabhängig; jede Obermenge einer linear abhängigen Menge ist wieder linear abhängig.

6.1 *Eine aus mindestens zwei Vektoren bestehende Menge M ist genau dann linear abhängig, wenn sich mindestens ein Vektor* $\mathfrak{x} \in M$ *als Linearkombination verschiedener Vektoren* $\mathfrak{a}_1, \ldots, \mathfrak{a}_n \in M$ *mit* $\mathfrak{a}_\nu \neq \mathfrak{x}$ $(\nu = 1, \ldots, n)$ *darstellen läßt.*

Beweis: Gilt $\mathfrak{x} = c_1\mathfrak{a}_1 + \cdots + c_n\mathfrak{a}_n$ mit verschiedenen Vektoren $\mathfrak{x}, \mathfrak{a}_1, \ldots, \mathfrak{a}_n \in M$, so ist $\mathfrak{o} = 1\mathfrak{x} - c_1\mathfrak{a}_1 - \cdots - c_n\mathfrak{a}_n$ eine nicht-triviale Darstellung des Nullvektors, und M ist linear abhängig. Umgekehrt sei M linear abhängig. Dann gibt es verschiedene Vektoren $\mathfrak{a}_0, \ldots, \mathfrak{a}_n \in M$ und Skalare $c_0, \ldots, c_n$ mit $c_0\mathfrak{a}_0 + \cdots + c_n\mathfrak{a}_n = \mathfrak{o}$ und $c_\nu \neq 0$ für mindestens einen Index ν. Ohne Beschränkung der Allgemeinheit kann $c_0 \neq 0$ und $n \geqq 1$ angenommen werden. Es folgt $\mathfrak{a}_0 = -c_0^{-1}c_1\mathfrak{a}_1 - \cdots - c_0^{-1}c_n\mathfrak{a}_n$; d. h. $\mathfrak{a}_0$ kann als Linearkombination von $\mathfrak{a}_1, \ldots, \mathfrak{a}_n$ dargestellt werden. ◆

Definition 6c: *Eine Teilmenge B eines Vektorraums X heißt eine* **Basis** *von X, wenn B linear unabhängig ist und den ganzen Raum X aufspannt (d. h.* $[B] = X$*).*

Unmittelbar folgt hieraus: Eine Teilmenge M von X ist genau dann linear unabhängig, wenn sie eine Basis des von ihr aufgespannten Unterraums $[M]$ ist.

Beispiele:

6. I Die leere Menge ist eine Basis des Nullraums; und zwar ist sie auch die einzige Basis, weil die Menge $\{\mathfrak{o}\}$ selbst linear abhängig ist.

6. II In dem reellen Vektorraum der ebenen Ortsvektoren bilden je zwei Ortsvektoren, deren Spitzen nicht mit dem Anfangspunkt auf einer Geraden liegen, eine Basis. Entsprechend bilden je drei Ortsvektoren, deren Spitzen nicht mit dem Anfangspunkt in einer Ebene liegen, eine Basis des Vektorraums der räumlichen Ortsvektoren.

6. III In dem arithmetischen Vektorraum K^n (vgl. 4. II) bilden die n-Tupel

$$\mathfrak{e}_1 = (1, 0, \ldots, 0), \quad \mathfrak{e}_2 = (0, 1, 0, \ldots, 0), \ldots, \quad \mathfrak{e}_n = (0, \ldots, 0, 1),$$

die an genau einer Stelle eine 1 und sonst lauter Nullen aufweisen, eine Basis. Diese Basis wird auch die **kanonische Basis** von K^n genannt. Sie ist jedoch nicht die einzige Basis von K^n. So bilden z. B. die Tripel

$$\mathfrak{a}_1 = (1, 1, 0), \quad \mathfrak{a}_2 = (1, 0, 1), \quad \mathfrak{a}_3 = (0, 1, 1)$$

ebenfalls eine Basis von K^3, sofern K nicht die Charakteristik 2 besitzt. Wenn jedoch K ein Körper der Charakteristik 2 ist, gilt wegen $1 + 1 = 0$ auch $\mathfrak{a}_1 + \mathfrak{a}_2 + \mathfrak{a}_3 = \mathfrak{o}$; in diesem Fall sind also die Vektoren $\mathfrak{a}_1, \mathfrak{a}_2, \mathfrak{a}_3$ linear abhängig.

6. IV In dem Funktionenraum F (vgl. 4. III) bilden die Polynome $f_n(t) = t^n$ $(n = 0, 1, 2, \ldots)$ eine (aus unendlich vielen Vektoren bestehende) Basis des Unterraums aller Polynome.

Daß jeder Vektorraum überhaupt mindestens eine Basis besitzt, kann nur mittels transfiniter Methoden der Mengenlehre, etwa mit Hilfe des ZORNschen Lemmas (vgl. p. 13) bewiesen werden. Der folgende Satz zeigt, daß man sogar jede linear unabhängige Teilmenge eines Vektorraums X zu einer Basis von X erweitern kann.

6. 2 *Es sei M eine linear unabhängige Teilmenge eines Vektorraums X. Dann gibt es eine Basis B von X mit $M \leq B$.*

Beweis: Es sei $\mathfrak{S}$ das System aller linear unabhängigen Teilmengen von X, die die Menge M enthalten. Dann gilt jedenfalls $M \in \mathfrak{S}$; d. h. $\mathfrak{S}$ ist nicht leer. Weiter sei jetzt $\mathfrak{K}$ eine beliebige Kette von $\mathfrak{S}$, und $V = \bigcup \{K\colon K \in \mathfrak{K}\}$ sei ihre Vereinigungsmenge. Sind nun $\mathfrak{a}_1, \ldots, \mathfrak{a}_n$ endlich viele verschiedene Vektoren aus V, so gibt es Mengen $K_1, \ldots, K_n$ in $\mathfrak{K}$ mit $\mathfrak{a}_\nu \in K_\nu (\nu = 1, \ldots, n)$. Da aber $\mathfrak{K}$ eine Kette ist, existiert unter diesen Mengen eine — etwa K_1 —, die alle anderen enthält. Es gilt dann sogar $\mathfrak{a}_1, \ldots, \mathfrak{a}_n \in K_1$. Wegen $K_1 \in \mathfrak{K}$ und $\mathfrak{K} \leq \mathfrak{S}$ ist K_1 eine linear unabhängige Menge. Deshalb sind die Vektoren $\mathfrak{a}_1, \ldots, \mathfrak{a}_n$ und weiter auch die Menge V linear unabhängig. Es folgt $V \in \mathfrak{S}$, und nach dem ZORNschen Lemma gibt es in $\mathfrak{S}$ eine maximale Menge B. Jede echte Obermenge von B muß also linear abhängig sein.

Als linear unabhängige Menge ist B eine Basis des Unterraums $[B]$ von X. Um zu zeigen, daß B eine Basis von X ist, muß also nur $[B] = X$ nachgewiesen werden. Hierzu werde $[B] \neq X$ angenommen. Dann gibt es einen Vektor $\mathfrak{x} \in X$ mit $\mathfrak{x} \notin [B]$, insbesondere also mit $\mathfrak{x} \neq \mathfrak{o}$. Durch Hinzunahme von $\mathfrak{x}$ wird B zu der echten Obermenge $B^* = B \cup \{\mathfrak{x}\}$ erweitert. Gilt $B = \emptyset$, so erhält man wegen $\mathfrak{x} \neq \mathfrak{o}$ den Widerspruch, daß $B^* = \{\mathfrak{x}\}$ linear unabhängig ist. Zweitens gelte $B \neq \emptyset$, und mit verschiedenen Vektoren $\mathfrak{a}_1, \ldots, \mathfrak{a}_n \in B$ bestehe eine Gleichung der Form $c\mathfrak{x} + c_1\mathfrak{a}_1 + \cdots + c_n\mathfrak{a}_n = \mathfrak{o}$. Aus $c \neq 0$ würde $\mathfrak{x} = -c^{-1}c_1\mathfrak{a}_1 - \cdots - c^{-1}c_n\mathfrak{a}_n$ und daher der Widerspruch $\mathfrak{x} \in [B]$ folgen. Man erhält also zunächst $c = 0$ und dann wegen der linearen Unabhängigkeit von B weiter auch $c_1 = \cdots = c_n = 0$. Dies besagt aber, daß jetzt auch B^* linear unabhängig ist im Widerspruch dazu, daß B^* als echte Obermenge von B linear abhängig sein muß. Die Annahme $[B] \neq X$ ist damit widerlegt. ◆

Wählt man in diesem Satz für M die leere Menge, so besagt er gerade, daß jeder Vektorraum mindestens eine Basis besitzt.

6.3 *Für Teilmengen B eines Vektorraums X sind folgende Aussagen paarweise gleichwertig:*

(1) *B ist eine Basis von X.*

(2) *B ist eine minimale Menge, die X erzeugt; d. h. es gilt $[B] = X$, für jede echte Teilmenge C von B jedoch $[C] \neq X$.*

(3) *B ist eine maximale linear unabhängige Teilmenge von X.*

Ist X nicht der Nullraum, so ist außerdem gleichwertig:

(4) *Jeder Vektor aus X kann auf genau eine Weise als Linearkombination von B dargestellt werden; d. h. aus $\mathfrak{x} = x_1\mathfrak{a}_1 + \ldots + x_n\mathfrak{a}_n = x_1'\mathfrak{a}_1 + \ldots + x_n'\mathfrak{a}_n$ mit verschiedenen Vektoren $\mathfrak{a}_1, \ldots, \mathfrak{a}_n \in B$ folgt $x_1 = x_1', \ldots, x_n = x_n'$.*

Beweis: Wenn X der Nullraum ist, ergibt sich die Gleichwertigkeit von (1)—(3) unmittelbar. Weiterhin gelte daher $X \neq [\mathfrak{o}]$. Der Beweis folgt dem Schema (1) → (4) → (2) → (3) → (1).

(1) → (4): Wegen $[B] = X$ kann jeder Vektor $\mathfrak{x} \in X$ auf mindestens eine Art als Linearkombination von B dargestellt werden. Es seien nun

$$\mathfrak{x} = x_1\mathfrak{a}_1 + \cdots + x_n\mathfrak{a}_n \quad \text{und} \quad \mathfrak{x} = x_1'\mathfrak{a}_1 + \cdots + x_n'\mathfrak{a}_n$$

zwei solche Darstellungen. (Daß in beiden Darstellungen dieselben Vektoren auftreten, bedeutet keine Einschränkung der Allgemeinheit, da man fehlende Vektoren mit dem Koeffizienten 0 in die Summe aufnehmen kann.) Dann folgt

$$(x_1 - x_1')\,\mathfrak{a}_1 + \cdots + (x_n - x_n')\,\mathfrak{a}_n = \mathfrak{o}$$

und wegen der linearen Unabhängigkeit von B weiter $x_\nu - x_\nu' = 0$, also $x_\nu = x_\nu'$ für $\nu = 1, \ldots, n$. Die beiden Darstellungen sind also gleich.

(4)→(2): Wegen (4) gilt $[B] = X$. Weiter sei C eine echte Teilmenge von B, und es werde auch $[C] = X$ angenommen. Wegen $X \neq [\mathfrak{o}]$ gilt $C \neq \emptyset$. Ferner gibt es einen Vektor $\mathfrak{x} \in B$ mit $\mathfrak{x} \notin C$. Wegen $\mathfrak{x} \in [C]$ gilt $\mathfrak{x} = x_1\mathfrak{a}_1 + \cdots + x_n\mathfrak{a}_n$ mit Vektoren $\mathfrak{a}_1, \ldots, \mathfrak{a}_n \in C$; andererseits gilt aber auch $\mathfrak{x} = 1\,\mathfrak{x}$. Dies sind im Widerspruch zu (4) zwei verschiedene Darstellungen von $\mathfrak{x}$ als Linearkombination von B.

(2)→(3): Wegen $[B] = X \neq [\mathfrak{o}]$ ist B nicht leer. Gilt $B = \{\mathfrak{a}\}$, so folgt $\mathfrak{a} \neq \mathfrak{o}$ und damit die lineare Unabhängigkeit von B. Im anderen Fall enthält B mindestens zwei Vektoren. Wäre B linear abhängig, so gäbe es nach 6. 1 einen Vektor $\mathfrak{x} \in B$, der als Linearkombination von weiteren Vektoren aus B darstellbar wäre. Die aus B durch Herausnahme von $\mathfrak{x}$ entstehende Menge C wäre dann eine echte Teilmenge von B, es würde $\mathfrak{x} \in [C]$ und daher auch $B \leq [C]$ und weiter $X = [B] \leq [C]$, also $X = [C]$ gelten. Dies widerspricht der Minimalitätsbedingung aus (2). Daher ist B in jedem Fall linear unabhängig. Weil andererseits jeder nicht in B liegende Vektor aus X eine Linearkombination von B ist, kann wieder wegen 6. 1 keine echte Obermenge von B linear unabhängig sein.

(3)→(1): Da B linear unabhängig ist, gibt es nach 6. 2 eine Basis B^* von X mit $B \leq B^*$. Da B^* als Basis ebenfalls linear unabhängig ist, muß wegen der Maximalität von B sogar $B^* = B$ gelten. Es ist also B eine Basis von X. ◆

Die folgenden Sätze werden nur für solche Vektorräume bewiesen, die sogar eine endliche Basis besitzen. Auf den allgemeinen Fall wird am Ende dieses Paragraphen kurz eingegangen (6 A).

6. 4 *Es sei $B = \{\mathfrak{a}_1, \ldots, \mathfrak{a}_n\}$ eine Basis des Vektorraums X, und der Vektor $\mathfrak{b} \in X$ besitze die Darstellung $\mathfrak{b} = b_1\mathfrak{a}_1 + \cdots + b_n\mathfrak{a}_n$. Gilt dann $b_k \neq 0$ für ein k mit $1 \leqq k \leqq n$, so ist auch die Menge $B' = \{\mathfrak{a}_1, \ldots, \mathfrak{a}_{k-1}, \mathfrak{b}, \mathfrak{a}_{k+1}, \ldots, \mathfrak{a}_n\}$ eine Basis von X. Man kann also in B den Vektor $\mathfrak{a}_k$ gegen den Vektor $\mathfrak{b}$ austauschen und erhält wieder eine Basis von X.*

Beweis: Ohne Beschränkung der Allgemeinheit kann $k = 1$ angenommen werden. Jeder Vektor $\mathfrak{x} \in X$ besitzt eine Darstellung $\mathfrak{x} = x_1\mathfrak{a}_1 + \cdots + x_n\mathfrak{a}_n$.

Wegen $b_1 \neq 0$ gilt $\mathfrak{a}_1 = b_1^{-1}(\mathfrak{b} - b_2\mathfrak{a}_2 - \cdots - b_n\mathfrak{a}_n)$, und es folgt $\mathfrak{x} = b_1^{-1}x_1\mathfrak{b} + (x_2 - x_1 b_1^{-1} b_2)\mathfrak{a}_2 + \cdots + (x_n - x_1 b_1^{-1} b_n)\mathfrak{a}_n$. Daher erzeugt die Menge B' den ganzen Raum X. Weiter ist aber B' auch linear unabhängig: Aus $c\mathfrak{b} + c_2\mathfrak{a}_2 + \cdots + c_n\mathfrak{a}_n = \mathfrak{o}$ folgt nämlich zunächst $cb_1\mathfrak{a}_1 + (cb_2 + c_2)\mathfrak{a}_2 + \cdots + (cb_n + c_n)\mathfrak{a}_n = \mathfrak{o}$ und wegen der linearen Unabhängigkeit von B dann $cb_1 = cb_2 + c_2 = \cdots = cb_n + c_n = 0$. Wegen $b_1 \neq 0$ ergibt sich $c = 0$ und weiter aus den übrigen Gleichungen $c_2 = \cdots = c_n = 0$. ◆

Der folgende Satz enthält eine wichtige Verallgemeinerung dieses Austauschprinzips.

6.5 (Austauschsatz von Steinitz). *Es sei $\{\mathfrak{a}_1, \ldots, \mathfrak{a}_n\}$ eine Basis des Vektorraums X, und die Vektoren $\mathfrak{b}_1, \ldots, \mathfrak{b}_k \in X$ seien linear unabhängig. Dann gilt $k \leqq n$, und bei geeigneter Numerierung der Vektoren $\mathfrak{a}_1, \ldots, \mathfrak{a}_n$ ist auch $\{\mathfrak{b}_1, \ldots, \mathfrak{b}_k, \mathfrak{a}_{k+1}, \ldots, \mathfrak{a}_n\}$ eine Basis von X. Man erhält also wieder eine Basis, wenn man k geeignete unter den Vektoren $\mathfrak{a}_1, \ldots, \mathfrak{a}_n$ gegen die Vektoren $\mathfrak{b}_1, \ldots, \mathfrak{b}_k$ austauscht.*

Beweis: Der Beweis erfolgt durch Induktion über k. Als Induktionsbeginn kann man den Fall $k = 0$ zulassen, in dem überhaupt keine Vektoren auszutauschen sind und in dem der Satz trivial ist.

Im allgemeinen Fall sind auch die Vektoren $\mathfrak{b}_1, \ldots, \mathfrak{b}_{k-1}$ linear unabhängig. Nach Induktionsannahme folgt daher $k - 1 \leqq n$, und bei geeigneter Numerierung ist $B^* = \{\mathfrak{b}_1, \ldots, \mathfrak{b}_{k-1}, \mathfrak{a}_k, \ldots, \mathfrak{a}_n\}$ ebenfalls eine Basis von X. Würde $k - 1 = n$ gelten, so wäre bereits $\{\mathfrak{b}_1, \ldots, \mathfrak{b}_{k-1}\}$ eine Basis von X, und $\mathfrak{b}_k$ müßte sich als Linearkombination von $\mathfrak{b}_1, \ldots, \mathfrak{b}_{k-1}$ darstellen lassen. Dies widerspricht der linearen Unabhängigkeit der Vektoren $\mathfrak{b}_1, \ldots, \mathfrak{b}_k$. Daher gilt sogar $k - 1 < n$, also $k \leqq n$. Da B^* eine Basis von X ist, gilt weiter

$$\mathfrak{b}_k = c_1\mathfrak{b}_1 + \cdots + c_{k-1}\mathfrak{b}_{k-1} + c_k\mathfrak{a}_k + \cdots + c_n\mathfrak{a}_n.$$

Würde hierbei $c_k = \cdots = c_n = 0$ gelten, so würde dies wieder der linearen Unabhängigkeit der Vektoren $\mathfrak{b}_1, \ldots, \mathfrak{b}_k$ widersprechen. Bei geeigneter Numerierung kann daher $c_k \neq 0$ angenommen werden, und nach 6.4 ist auch $B' = \{\mathfrak{b}_1, \ldots, \mathfrak{b}_k, \mathfrak{a}_{k+1}, \ldots, \mathfrak{a}_n\}$ eine Basis von X. Damit ist der Induktionsbeweis abgeschlossen. ◆

Der Austauschsatz gestattet eine wichtige Folgerung: Wenn $\{\mathfrak{a}_1, \ldots, \mathfrak{a}_n\}$ und $\{\mathfrak{b}_1, \ldots, \mathfrak{b}_k\}$ zwei Basen von X sind, muß einerseits $k \leqq n$, wegen der Gleichberechtigung der Basen aber auch $n \leqq k$, insgesamt also $k = n$ gelten. Wenn daher ein Vektorraum überhaupt eine endliche Basis besitzt, dann bestehen alle seine Basen aus gleichviel Vektoren. Besitzt aber ein Vektorraum eine unendliche Basis, so müssen auch alle anderen Basen unendlich sein.

Definition 6d: *Wenn ein Vektorraum X eine endliche Basis besitzt, wird die allen Basen von X gemeinsame Anzahl der Basisvektoren die* **Dimension** *von X genannt (in Zeichen:* Dim X). *Besitzt X jedoch keine endliche Basis, so heißt X* **unendlich-dimensional** (*in Zeichen:* Dim $X = \infty$). *Die Dimension des Nullraums wird gleich* 0 *gesetzt.*

Beispiele:

6. V Aus 6. II entnimmt man unmittelbar, daß der Vektorraum der ebenen Ortsvektoren die Dimension 2, der der räumlichen Ortsvektoren die Dimension 3 besitzt. In diesem anschaulichen Beispiel stimmt also der abstrakte Dimensionsbegriff mit der üblichen Dimensionsbezeichnung überein.

6. VI Da die Vektoren $\mathfrak{e}_1, \ldots, \mathfrak{e}_n$ aus 6. III eine Basis von K^n bilden, gilt Dim $K^n = n$. Dies rechtfertigt nachträglich die Bezeichnung „n-dimensionaler" arithmetischer Vektorraum.

6. VII Da die Polynome $f_n (n = 0, 1, 2, \ldots)$ aus 6. IV linear unabhängig sind, können sie nach 6. 2 durch Hinzunahme weiterer Funktionen zu einer Basis des Funktionenraums F erweitert werden. Daher gilt Dim $F = \infty$.

6. 6 *Es gelte* Dim $X = n < \infty$.

(1) *Eine linear unabhängige Teilmenge B von X ist genau dann eine Basis von X, wenn B aus n Vektoren besteht.*

(2) *Für jeden Unterraum U von X gilt* Dim $U \leqq$ Dim X. *Aus* Dim $U =$ Dim X *folgt* $U = X$.

Beweis:

(1) Jede linear unabhängige Teilmenge B von X kann nach 6. 2 zu einer Basis B^* von X erweitert werden, die dann wegen Dim $X = n$ aus genau n Vektoren besteht. Wenn nun bereits B aus n Vektoren besteht, folgt $B^* = B$.

(2) Ist $\{\mathfrak{a}_1, \ldots, \mathfrak{a}_n\}$ eine Basis von X und $\{\mathfrak{b}_1, \ldots, \mathfrak{b}_k\}$ eine Basis von U, so folgt aus 6. 5 sofort Dim $U = k \leqq n =$ Dim X. Gilt $k = n$, so ist nach dem ersten Teil dieses Satzes $\{\mathfrak{b}_1, \ldots, \mathfrak{b}_k\}$ bereits eine Basis von X; d. h. es gilt $U = X$. ◆

6. 7 (Dimensionssatz). *Es seien U und V zwei endlich-dimensionale Unterräume eines Vektorraumes X. Dann gilt*

$$\text{Dim } U + \text{Dim } V = \text{Dim } (U \cap V) + \text{Dim } (U + V).$$

Beweis: Es sei $B_d = \{\mathfrak{d}_1, \ldots, \mathfrak{d}_r\}$ eine Basis von $U \cap V$. (Hierbei ist auch $r = 0$ zugelassen, wenn $U \cap V$ der Nullraum, die Basis also die leere Menge ist.) Nach 6.2 kann B_d einerseits zu einer Basis $B_1 = \{\mathfrak{d}_1, \ldots, \mathfrak{d}_r, \mathfrak{a}_1, \ldots, \mathfrak{a}_s\}$

von U, andererseits auch zu einer Basis $B_2 = \{\mathfrak{d}_1, \ldots, \mathfrak{d}_r, \mathfrak{b}_1, \ldots, \mathfrak{b}_t\}$ von V erweitert werden. Zunächst soll jetzt gezeigt werden, daß $B = \{\mathfrak{d}_1, \ldots, \mathfrak{d}_r, \mathfrak{a}_1, \ldots, \mathfrak{a}_s, \mathfrak{b}_1, \ldots, \mathfrak{b}_t\}$ eine Basis des Summenraumes $U + V$ ist.

Jeder Vektor $\mathfrak{x} \in U + V$ kann nach 5. 4 in der Form $\mathfrak{x} = \mathfrak{u} + \mathfrak{v}$ mit $\mathfrak{u} \in U$ und $\mathfrak{v} \in V$ dargestellt werden. Da sich $\mathfrak{u}$ als Linearkombination von B_1 und $\mathfrak{v}$ als Linearkombination von B_2 darstellen läßt, ist $\mathfrak{x}$ eine Linearkombination von B. Es gilt daher jedenfalls $[B] = U + V$. Zum Nachweis der linearen Unabhängigkeit von B werde

$$x_1\mathfrak{d}_1 + \cdots + x_r\mathfrak{d}_r + y_1\mathfrak{a}_1 + \cdots + y_s\mathfrak{a}_s + z_1\mathfrak{b}_1 + \cdots + z_t\mathfrak{b}_t = \mathfrak{o},$$

also

$$x_1\mathfrak{d}_1 + \cdots + x_r\mathfrak{d}_r + y_1\mathfrak{a}_1 + \cdots + y_s\mathfrak{a}_s = -z_1\mathfrak{b}_1 - \cdots - z_t\mathfrak{b}_t$$

vorausgesetzt. Da in der letzten Gleichung die linke Seite ein Vektor aus U, die rechte Seite aber ein Vektor aus V ist, müssen beide Seiten ein Vektor aus $U \cap V$ sein, der sich somit als Linearkombination von $\mathfrak{d}_1, \ldots, \mathfrak{d}_r$ darstellen lassen muß. Wegen der linearen Unabhängigkeit von B_1 und B_2 ergibt sich hieraus unmittelbar $x_1 = \cdots = x_r = y_1 = \cdots = y_s = z_1 = \cdots = z_t = 0$.

Es folgt jetzt

$\operatorname{Dim} U + \operatorname{Dim} V = (r+s) + (r+t) = r + (r+s+t) = \operatorname{Dim}(U \cap V) + \operatorname{Dim}(U+V)$. ◆

Ergänzungen und Aufgaben

6A Der Austauschsatz kann auch auf den Fall unendlicher Basen ausgedehnt werden und zeigt dann, daß je zwei Basen eines Vektorraums X dieselbe Mächtigkeit (Kardinalzahl) besitzen. Man kann daher die Dimension von X als die gemeinsame Kardinalzahl aller Basen von X definieren. Im Fall endlicher Dimension stimmt diese Festsetzung mit 6d überein. Bei unendlicher Dimension ergibt sich jetzt jedoch eine Verfeinerung des Dimensionsbegriffs. So hat z. B. der Raum aller Polynome die Dimension $\aleph_0$ (Mächtigkeit des Abzählbaren), während der ganze Funktionenraum F überabzählbare Dimension besitzt.

Der Satz 6. 6 bleibt bei unendlicher Dimension nicht allgemein gültig: Die Polynome f_n aus 6. IV mit geradem Index bilden eine Basis für einen echten Unterraum des Raumes aller Polynome. Teil (1) von 6. 6 gilt daher bei unendlicher Dimension nicht, und aus $\operatorname{Dim} U = \operatorname{Dim} X$ folgt auch nicht mehr $U = X$.

6B Beim Beweis von 6. 2 wurde das Zornsche Lemma, also ein transfinites Hilfsmittel benutzt. Im Fall endlich-dimensionaler Vektorräume kann dies vermieden werden. Beim Beweis des Austauschsatzes wurde nämlich 6. 2 nicht benutzt. Aus dem Austauschsatz kann aber 6. 2 für Vektorräume endlicher Dimension unmittelbar gefolgert werden (Beweis als Aufgabe!).

6C Es sei L eine lineare Mannigfaltigkeit des Vektorraums X (vgl. 5B). Die Dimension von L wird dann durch $\operatorname{Dim} L = \operatorname{Dim} U_L$ definiert; außerdem wird $\operatorname{Dim} \emptyset = -1$ gesetzt.

Aufgabe: Es seien L und M zwei endlich-dimensionale, nicht-leere lineare Mannigfaltigkeiten, und N sei die kleinste lineare Mannigfaltigkeit mit $L \leq N$ und $M \leq N$. Dann gilt

$$\operatorname{Dim} L + \operatorname{Dim} M = \operatorname{Dim} N + \operatorname{Dim} (L \cap M),$$

wenn $L \cap M \neq \emptyset$. Anderfalls gilt jedoch

$$\operatorname{Dim} L + \operatorname{Dim} M = \operatorname{Dim} N + \operatorname{Dim}(L \cap M) + \operatorname{Dim}(U_L \cap U_M).$$

6D Die Definitionen 6a, 6b und 6c können sinngemäß für Moduln übernommen werden. Linear unabhängige Teilmengen von Moduln werden auch **frei** genannt. Die Sätze dieses Paragraphen verlieren in Moduln jedoch zum Teil ihre Gültigkeit. So ist z. B. zwar der erste Teil des Beweises von 6. 1 noch in Moduln richtig, die Umkehrung aber gilt nicht mehr: In $\mathbb{Z}$ als $\mathbb{Z}$-Modul ist $\{2, 3\}$ wegen $3 \cdot 2 + (-2) \cdot 3 = 0$ eine linear abhängige Teilmenge; es ist jedoch 2 kein ganzzahliges Vielfaches von 3 und 3 auch keines von 2. Auch von dem Beweis zu 6. 2 ist nur die erste Hälfte auf Moduln übertragbar, während eine maximale linear unabhängige Teilmenge nicht mehr den Modul zu erzeugen braucht.

Aufgabe: 1). Man zeige, daß jede additiv geschriebene abelsche Gruppe X hinsichtlich der Produktbildung

$$nx = \begin{cases} x + \dots + x & (n \text{ Summanden}) \quad n > 0 \\ 0 & \text{für } n = 0 \ (n \in \mathbb{Z}, x \in X) \\ (-x) + \dots + (-x) & (n \text{ Summanden}) \quad n < 0 \end{cases}$$

als $\mathbb{Z}$-Modul aufgefaßt werden kann.

2). Bei festem $k \geq 2$ sei X die additive Gruppe von $\mathbb{Z}_k$ (vgl. 3. II), aufgefaßt als $\mathbb{Z}$-Modul. Man zeige, daß die leere Menge die einzige linear unabhängige Teilmenge von X ist.

Hiernach gilt auch 6. 3 nur zum Teil in Moduln: Richtig bleibt lediglich die Äquivalenz von (1) und (4). Der Beweis von (1) → (4) kann übernommen werden.

Aufgabe: 3). Man beweise (4) → (1) für beliebige Moduln.

Ein Modul X braucht keine Basis zu besitzen. Ist dies jedoch der Fall, so wird X ein **freier Modul** genannt.

6E Satz 6. 4 und sein Beweis können für Moduln übernommen werden, wenn man die Voraussetzung „Gilt dann $b_k \neq 0$" zu „Ist dann b_k eine Einheit" verschärft.

Aufgabe: Man zeige, daß in dem $\mathbb{Z}_6$-Modul $\mathbb{Z}_6^2$ (vgl. 3. II, 4C) die Mengen $B_1 = \{(1, 0), (0, 1)\}$ und $B_2 = \{(2, 3), (3, 2)\}$ je eine Basis bilden, daß aber nach Austausch eines Elements von B_1 gegen (2, 3) die Basiseigenschaft stets verlorengeht.

Die folgenden Sätze können nicht unmittelbar für Moduln übernommen werden. Z. B. ist $\{1\}$ eine Basis von $\mathbb{Z}$ als $\mathbb{Z}$-Modul und $\{2\}$ eine Basis eines echten Untermoduls, so daß 6. 6 nicht sinngemäß übertragen werden kann.

§ 7 Koordinaten

In diesem Paragraphen bedeute X immer einen endlich-dimensionalen Vektorraum. Es gelte $\operatorname{Dim} X = n \geqq 1$.

Es sei jetzt $B = \{\mathfrak{a}_1, \ldots, \mathfrak{a}_n\}$ eine Basis von X. Dann besitzt jeder Vektor $\mathfrak{x} \in X$ nach 6.3 eine eindeutige Darstellung $\mathfrak{x} = x_1\mathfrak{a}_1 + \cdots + x_n\mathfrak{a}_n$. Die hierbei auftretenden, durch $\mathfrak{x}$ und die Basis eindeutig bestimmten Koeffizienten $x_1, \ldots, x_n$ werden die **Koordinaten** des Vektors $\mathfrak{x}$ bezüglich der Basis B genannt. Die Numerierung der Koordinaten setzt allerdings die entsprechende Numerierung der Basisvektoren voraus. Basen sollen daher weiterhin immer als numerierte Basen, also als geordnete Mengen, aufgefaßt werden, so daß z. B. die Vertauschung zweier Basisvektoren eine neue Basis ergibt. Besitzt ein zweiter Vektor $\mathfrak{y} \in X$ die Basisdarstellung $\mathfrak{y} = y_1\mathfrak{a}_1 + \ldots + y_n\mathfrak{a}_n$, so folgt

$$\mathfrak{x} \pm \mathfrak{y} = (x_1 \pm y_1)\,\mathfrak{a}_1 + \cdots + (x_n \pm y_n)\,\mathfrak{a}_n \quad \text{und}$$

$$c\mathfrak{x} = (cx_1)\,\mathfrak{a}_1 + \cdots + (cx_n)\,\mathfrak{a}_n .$$

Man erhält also die Koordinaten des Summen- bzw. Differenzvektors, indem man entsprechende Koordinaten einzeln addiert bzw. subtrahiert. Ebenso gewinnt man die Koordinaten des Vektors $c\mathfrak{x}$, indem man jede Koordinate von $\mathfrak{x}$ mit c multipliziert.

Hinsichtlich einer festen Basis ist somit jedem Vektor $\mathfrak{x} \in X$ umkehrbar eindeutig das n-Tupel $(x_1, \ldots, x_n)$ seiner Koordinaten zugeordnet. Dieses Koordinaten-n-Tupel kann man auch als Vektor des arithmetischen Vektorraums K^n auffassen. Man spricht dann von dem zu $\mathfrak{x}$ gehörenden **Koordinatenvektor**. Nach dem Vorangehenden entspricht einem Summenvektor die (in K^n gebildete) Summe der Koordinatenvektoren, und dem Vektor $c\mathfrak{x}$ entspricht der mit c multiplizierte Koordinatenvektor von $\mathfrak{x}$. Der Koordinatenvektor des Nullvektors ist (hinsichtlich jeder Basis) das aus lauter Nullen bestehende n-Tupel $(0, \ldots, 0)$. Da sich die linearen Operationen von X in der angegebenen Weise auf die Koordinatenvektoren übertragen, folgt unmittelbar:

7.1 *Vektoren $\mathfrak{x}_1, \ldots, \mathfrak{x}_k \in X$ sind genau dann linear unabhängig, wenn ihre (hinsichtlich irgendeiner Basis von X gebildeten) Koordinatenvektoren als Vektoren aus K^n linear unabhängig sind.*

Es seien jetzt $\{\mathfrak{a}_1, \ldots, \mathfrak{a}_n\}$ und $\{\mathfrak{a}_1^*, \ldots, \mathfrak{a}_n^*\}$ zwei verschiedene Basen von X. Demselben Vektor $\mathfrak{x} \in X$ werden dann im allgemeinen hinsichtlich dieser beiden Basen verschiedene Koordinaten entsprechen. Es gelte etwa

$$\mathfrak{x} = x_1\mathfrak{a}_1 + \cdots + x_n\mathfrak{a}_n \quad \text{und} \quad \mathfrak{x} = x_1^*\mathfrak{a}_1^* + \cdots + x_n^*\mathfrak{a}_n^* .$$

Es erhebt sich dann die Frage, welcher Zusammenhang zwischen den beiden Koordinaten-n-Tupeln $(x_1, \ldots, x_n)$ und $(x_1^*, \ldots, x_n^*)$ besteht.

Zunächst läßt sich jedenfalls jeder Vektor $\mathfrak{a}_\nu^*$ der zweiten Basis als eine Linearkombination der ersten Basis darstellen. Es gelte etwa

$$\mathfrak{a}_\nu^* = a_{\nu,1}\mathfrak{a}_1 + \cdots + a_{\nu,n}\mathfrak{a}_n \quad \text{für } \nu = 1, \ldots, n.$$

Die rechte Seite dieser Gleichung kann einfacher mit Hilfe des Summenzeichens geschrieben werden:

$$\text{(T)} \qquad \mathfrak{a}_\nu^* = \sum_{\mu=1}^{n} a_{\nu,\mu}\mathfrak{a}_\mu \qquad (\nu = 1, \ldots, n).$$

Man nennt den Übergang von der ersten Basis zur zweiten Basis eine **Basistransformation**. Diese wird durch die Gleichungen (T) oder auch nur durch die in diesen Gleichungen auftretenden Koeffizienten $a_{\nu,\mu}$ $(\nu, \mu = 1, \ldots, n)$ eindeutig beschrieben. Das quadratische Schema

$$\begin{pmatrix} a_{1,1} \cdots a_{1,n} \\ \cdots\cdots\cdots \\ a_{n,1} \cdots a_{n,n} \end{pmatrix}$$

dieser Koeffizienten heißt die zu der Basistransformation gehörende **Transformationsmatrix**. Die waagrechten Reihen dieser Matrix werden ihre **Zeilen**, die senkrechten ihre **Spalten** genannt. Die ν-te Zeile der Transformationsmatrix besteht gerade aus dem Koordinaten-n-Tupel des Vektors $\mathfrak{a}_\nu^*$ hinsichtlich der Basis $\{\mathfrak{a}_1, \ldots, \mathfrak{a}_n\}$.

Da die Vektoren $\mathfrak{a}_1^*, \ldots, \mathfrak{a}_n^*$ eine Basis von X bilden, müssen sie linear unabhängig sein. Wegen 7.1 sind daher auch die Zeilen der Transformationsmatrix (aufgefaßt als Koordinatenvektoren) linear unabhängig. Schreibt man umgekehrt die Elemente $a_{\nu,\mu}$ der Matrix willkürlich vor, jedoch so, daß die Zeilen linear unabhängig sind, so ist diese Matrix dann auch die Transformationsmatrix einer Basistransformation: Durch die Gleichungen (T) werden nämlich hinsichtlich einer gegebenen Basis $\{\mathfrak{a}_1, \ldots, \mathfrak{a}_n\}$ neue Vektoren $\mathfrak{a}_1^*, \ldots, \mathfrak{a}_n^*$ definiert. Diese sind wegen der vorausgesetzten linearen Unabhängigkeit der Zeilen der Matrix nach 7.1 linear unabhängig, bilden also ihrerseits eine Basis von X. Damit hat sich zunächst folgendes Resultat ergeben:

7.2 *Eine aus n Zeilen und Spalten bestehende quadratische Matrix ist genau dann die Transformationsmatrix einer Basistransformation, wenn ihre Zeilen (aufgefaßt als Vektoren aus K^n) linear unabhängig sind. Die zugehörige Basistransformation lautet dann*

$$\mathfrak{a}_\nu^* = \sum_{\mu=1}^{n} a_{\nu,\mu}\mathfrak{a}_\mu \qquad (\nu = 1, \ldots, n).$$

Es seien jetzt $x_1, \ldots, x_n$ die Koordinaten eines Vektors $\mathfrak{x}$ bezüglich der Basis $\{\mathfrak{a}_1, \ldots, \mathfrak{a}_n\}$ und $x_1^*, \ldots, x_n^*$ die Koordinaten desselben Vektors hinsichtlich der Basis $\{\mathfrak{a}_1^*, \ldots, \mathfrak{a}_n^*\}$. Dann gilt einerseits

$$\mathfrak{x} = \sum_{\mu=1}^{n} x_\mu \mathfrak{a}_\mu,$$

andererseits aber auch

$$\mathfrak{x} = \sum_{\nu=1}^{n} x_\nu^* \mathfrak{a}_\nu^* = \sum_{\nu=1}^{n} x_\nu^* \left(\sum_{\mu=1}^{n} a_{\nu,\mu} \mathfrak{a}_\mu \right) = \sum_{\mu=1}^{n} \left(\sum_{\nu=1}^{n} x_\nu^* a_{\nu,\mu} \right) \mathfrak{a}_\mu.$$

Wegen der Eindeutigkeit der Basisdarstellung müssen die auf den rechten Seiten dieser Gleichungen auftretenden Koeffizienten einzeln gleich sein. Es folgt somit

$$x_\mu = \sum_{\nu=1}^{n} x_\nu^* a_{\nu,\mu} \qquad (\mu = 1, \ldots, n).$$

Den Übergang von den Koordinaten eines Vektors hinsichtlich einer Basis zu den Koordinaten hinsichtlich einer anderen Basis bezeichnet man als **Koordinatentransformation**. Der soeben abgeleitete Sachverhalt besagt nun:

7.3 *Einer durch die Gleichungen*

$$\mathfrak{a}_\nu^* = \sum_{\mu=1}^{n} a_{\nu,\mu} \mathfrak{a}_\mu \qquad (\nu = 1, \ldots, n)$$

bestimmten Basistransformation entspricht die durch die Gleichungen

$$x_\mu = \sum_{\nu=1}^{n} x_\nu^* a_{\nu,\mu} \qquad (\mu = 1, \ldots, n)$$

beschriebene Koordinatentransformation.

Man beachte, daß bei diesen Transformationen die Vektoren $\mathfrak{a}_\nu^*$ durch die Vektoren $\mathfrak{a}_\mu$, hingegen die Koordinaten x_μ durch die Koordinaten x_ν^* ausgedrückt werden. Dem entspricht, daß bei der Basistransformation über den zweiten Index μ, den Spaltenindex der Matrix, summiert wird, während bei der Koordinatentransformation die Summation über den ersten Index ν, den Zeilenindex der Matrix, erfolgt.

Die Frage danach, ob eine gegebene quadratische Matrix Transformationsmatrix einer Basistransformation ist, wird nach 7.2 durch die Bestimmung der linear unabhängigen Zeilen der Matrix entschieden. Allgemeiner führt die Frage danach, wie viele unter gegebenen Vektoren $\mathfrak{x}_1, \ldots, \mathfrak{x}_k \in X$ linear unabhängig sind, wegen 7.1 auf die Bestimmung der Maximalzahl linear unabhängiger Koordinatenvektoren. Der letzte Teil dieses Paragraphen dient nun der Aufstellung eines Rechenverfahrens, das eine solche Bestimmung in endlich vielen Schritten schematisch ermöglicht. Aber nicht nur für die vorliegenden Fragen wird dieses Rechenverfahren wesentlich sein; auch weiterhin wird es mehrfach entscheidend benutzt werden.

Gegeben seien also k Koordinaten-n-Tupel $(x_{\varkappa,1}, \ldots, x_{\varkappa,n})$ $(\varkappa = 1, \ldots, k)$. Diese kann man wieder in Form einer, jetzt allerdings im allgemeinen nicht mehr quadratischen, Matrix

$$A = \begin{pmatrix} x_{1,1} \cdots x_{1,n} \\ x_{2,1} \cdots x_{2,n} \\ \cdots\cdots\cdots \\ x_{k,1} \cdots x_{k,n} \end{pmatrix}$$

mit k Zeilen und n Spalten anordnen. Die Zeilen dieser Matrix sollen auch **Zeilenvektoren** genannt und mit $\mathfrak{x}_1, \ldots, \mathfrak{x}_k$ bezeichnet werden. Entsprechend seien $\bar{\mathfrak{x}}_1, \ldots, \bar{\mathfrak{x}}_n$ die **Spaltenvektoren** der Matrix. Die wesentliche Methode des angestrebten Rechenverfahrens wird nun darin bestehen, daß die Matrix A gewissen Umformungen unterworfen wird, die man als **elementare Umformungen** bezeichnet. Diese gliedern sich in folgende vier Typen:

(a) *Vertauschung zweier Zeilen der Matrix.*

(b) *Vertauschung zweier Spalten der Matrix.*

(c) *Für $s \neq t$ Ersetzung des Zeilenvektors $\mathfrak{x}_s$ durch den Vektor $\mathfrak{x}'_s = \mathfrak{x}_s + c\mathfrak{x}_t$, wobei c ein beliebiger Skalar ist.*

(d) *Für $s \neq t$ Ersetzung des Spaltenvektors $\bar{\mathfrak{x}}_s$ durch den Vektor $\bar{\mathfrak{x}}'_s = \bar{\mathfrak{x}}_s + c\bar{\mathfrak{x}}_t$, wobei c ein beliebiger Skalar ist.*

Für diese elementaren Umformungen gilt nun

7.4 *Die Maximalzahl linear unabhängiger Zeilenvektoren einer Matrix wird durch die elementaren Umformungen (a) — (d) nicht geändert.*

Beweis: Hinsichtlich der beiden ersten Umformungstypen ist die Behauptung trivial: Im Fall (a) handelt es sich lediglich um eine Umnumerierung der Zeilen, im Fall (b) um eine Umnumerierung der Koordinaten der Zeilenvektoren. Für den Typ (c) ergibt sich die Behauptung folgendermaßen: Die Zeilenvektoren der Matrix spannen einen Unterraum U von K^n auf, und die Maximalzahl linear unabhängiger Zeilenvektoren ist gerade die Dimension von U. Wegen $\mathfrak{x}'_s = \mathfrak{x}_s + c\mathfrak{x}_t$ und $\mathfrak{x}_s = \mathfrak{x}'_s - c\mathfrak{x}_t$ ergibt sich aber unmittelbar, daß die Zeilenvektoren der umgeformten Matrix denselben Unterraum U aufspannen. Schließlich kann der Typ (d) auf einen Basiswechsel zurückgeführt werden: Es sei $\{\mathfrak{e}_1, \ldots, \mathfrak{e}_n\}$ die kanonische Basis von K^n. Setzt man $\mathfrak{e}^*_t = \mathfrak{e}_t + c\mathfrak{e}_s$ und $\mathfrak{e}^*_\nu = \mathfrak{e}_\nu$ für $\nu \neq t$, so ist wegen 6.4 auch $\{\mathfrak{e}^*_1, \ldots, \mathfrak{e}^*_n\}$ eine Basis von K^n. Die

Spaltenumformung (d) führt nun den Zeilenvektor $\mathfrak{x}_\varkappa = x_{\varkappa,1}\mathfrak{e}_1 + \dots + x_{\varkappa,n}\mathfrak{e}_n$ in den neuen Zeilenvektor

$$\begin{aligned}\mathfrak{x}^*_\varkappa &= x_{\varkappa,1}\mathfrak{e}_1 + \dots + (x_{\varkappa,s} + c x_{\varkappa,t})\mathfrak{e}_s + \dots + x_{\varkappa,t}\mathfrak{e}_t + \dots + x_{\varkappa,n}\mathfrak{e}_n \\ &= x_{\varkappa,1}\mathfrak{e}_1 + \dots + x_{\varkappa,s}\mathfrak{e}_s + \dots + x_{\varkappa,t}(\mathfrak{e}_t + c\mathfrak{e}_s) + \dots + x_{\varkappa,n}\mathfrak{e}_n \\ &= x_{\varkappa,1}\mathfrak{e}^*_1 + \dots + x_{\varkappa,s}\mathfrak{e}^*_s + \dots + x_{\varkappa,t}\mathfrak{e}^*_t + \dots + x_{\varkappa,n}\mathfrak{e}^*_n\end{aligned}$$

über, und dieser besitzt hinsichtlich der Basis $\{\mathfrak{e}^*_1, \dots, \mathfrak{e}^*_n\}$ dieselben Koordinaten wie $\mathfrak{x}_\varkappa$ hinsichtlich der Basis $\{\mathfrak{e}_1, \dots, \mathfrak{e}_n\}$. Die Wirkung der Umformung (d) kann also so gedeutet werden, daß die Zeilenvektoren nur hinsichtlich einer anderen Basis beschrieben werden. ◆

Ziel des Rechenverfahrens wird es sein, die gegebene Matrix A durch endlich viele elementare Umformungen nur der Typen (a), (b), (c) in eine Matrix B folgenden Typs überzuführen:

$$B = \begin{pmatrix} b_{1,1} & \cdots & \cdots & \cdots & b_{1,n} \\ 0 & b_{2,2} & \cdots & \cdots & b_{2,n} \\ \cdots & & \ddots & & \cdots \\ 0 & \cdots & 0 \quad b_{r,r} & \cdots & b_{r,n} \\ 0 & \cdots & \cdots & \cdots & 0 \\ \cdots & \cdots & \cdots & \cdots & \cdots \\ 0 & \cdots & \cdots & \cdots & 0 \end{pmatrix}$$

In dieser Matrix bestehen die letzten $(k - r)$ Zeilen aus lauter Nullen. Die Elemente $b_{1,1}, b_{2,2}, \dots, b_{r,r}$ sind von Null verschieden. Links von ihnen stehen lauter Nullen, rechts von ihnen beliebige Skalare. Zugelassen ist hierbei auch $r = k$, wobei dann die aus lauter Nullen bestehenden Zeilen nicht auftreten. Die aus von Null verschiedenen Skalaren $b_{1,1}, b_{2,2}, \cdots$ bestehende Diagonale läuft dann bis zum unteren Rand durch. Dies ist allerdings nur möglich, wenn $k \leqq n$ gilt, wenn also die Matrix mindestens so viele Spalten wie Zeilen besitzt.

Die Überführung der Matrix A in die Matrix B erfolgt in mehreren Schritten. Es werde angenommen, daß nach p Schritten eine Matrix der Form

$$B_p = \begin{pmatrix} b_{1,1} & \cdots & \cdots & \cdots & b_{1,n} \\ 0 & \ddots & & \cdots & \cdots \\ 0 \cdots 0 & b_{p,p} & & \cdots & b_{p,n} \\ 0 \cdots\cdots 0 & & \boxed{} & & \\ \cdots\cdots & & & & \\ 0 \cdots\cdots 0 & & & & \end{pmatrix}$$

erreicht ist. In ihr sollen die Elemente $b_{1,1}, b_{2,2}, \ldots, b_{p,p}$ wieder von Null verschieden sein. Links und unterhalb von ihnen sollen lauter Nullen stehen. Der eingerahmte Teil enthält beliebige Skalare. Zugelassen ist auch $p = 0$. Da dann die Matrix B_0 keinerlei Bedingungen unterliegt, kann $B_0 = A$ gesetzt werden.

Wenn der eingerahmte Teil von B_p aus lauter Nullen besteht, besitzt bereits B_p die oben angegebene Form B mit $r = p$. Das Verfahren wird dann abgebrochen. Ist dies jedoch nicht der Fall, so gibt es in dem eingerahmten Teil ein von Null verschiedenes Element. Durch elementare Umformungen der Typen (a) und (b) kann dann erreicht werden, daß dieses Element in die linke obere Ecke des eingerahmten Teils rückt. Man erhält so eine Matrix der Form

$$\begin{pmatrix} b_{1,1} & \cdots & & \cdots & & b_{1,n} \\ 0 & \ddots & & \cdots & & \\ 0 \cdots 0 & & b_{p,p} & \cdots & & b_{p,n} \\ 0 \cdots\cdots & 0 & & \boxed{b_{p+1,p+1} \cdots b_{p+1,n}} & & \\ \cdots\cdots & \cdot & & \cdots\cdots & & \\ 0 \cdots\cdots & 0 & & b_{k,p+1} \cdots b_{k,n} & & \end{pmatrix}$$

mit $b_{p+1,p+1} \neq 0$. Wendet man auf diese Matrix noch Umformungen des Typs (c) mit $t = p + 1$ und $c = -b^{-1}_{p+1,p+1} b_{s,p+1}$ für $s = p + 2, \ldots, k$ an, so gewinnt man gerade eine Matrix der Form B_{p+1}.

In jedem Fall wird nach spätestens k Schritten eine Matrix der Form B erreicht. An ihr kann aber, wie der folgende Satz zeigt, die Maximalzahl linear unabhängiger Zeilen und auch linear unabhängiger Spalten unmittelbar abgelesn werden.

7.5 *In der Matrix B sind die ersten r Zeilen (Spalten) linear unabhängig, und r ist auch die Maximalzahl linear unabhängiger Zeilen (Spalten).*

Beweis: Unter mehr als r Zeilen der Matrix B tritt mindestens eine Zeile auf, die aus lauter Nullen besteht, die also der Nullvektor von K^n ist. Diese Zeilen können daher nicht linear unabhängig sein. Es braucht daher nur noch die lineare Unabhängigkeit der ersten r Zeilenvektoren $\mathfrak{z}_1, \ldots, \mathfrak{z}_r$ bewiesen zu werden. Nun folgt aber aus $c_1\mathfrak{z}_1 + \cdots + c_r\mathfrak{z}_r = \mathfrak{o}$ das Gleichungssystem

$$\begin{aligned} &c_1 b_{1,1} = 0 \\ &c_1 b_{1,2} + c_2 b_{2,2} = 0 \\ &\cdots\cdots\cdots\cdots \\ &c_1 b_{1,r} + \cdots + c_r b_{r,r} = 0. \end{aligned}$$

Wegen $b_{1,1} \neq 0$ liefert die erste Gleichung $c_1 = 0$. Aus der zweiten Gleichung folgt dann wegen $b_{2,2} \neq 0$ ebenso $c_2 = 0$. So fortfahrend erhält man schließlich $c_1 = \cdots = c_r = 0$. Analog ergibt sich die lineare Unabhängigkeit der ersten r Spaltenvektoren. Da aber bei allen Spaltenvektoren die Koordinaten ab der $(r + 1)$-ten sämtlich Null sind, liegen alle Spaltenvektoren in einem r-dimensionalen Unterraum des K^k. Daher kann es nicht mehr als r linear unabhängige Spalten geben. ◆

Da die Maximalzahl linear unabhängiger Zeilen nach 7. 4 bei den Matrizen A und B dieselbe ist, kann das Ergebnis folgendermaßen zusammengefaßt werden:

7. 6 *Jede Matrix A kann durch endlich viele elementare Umformungen der Typen* (a), (b), (c) *in eine Matrix der Form B überführt werden. Die Maximalzahl linear unabhängiger Zeilen ist bei den Matrizen A und B dieselbe und gleich der Anzahl der Zeilen der Matrix B, die nicht aus lauter Nullen bestehen.*

Obwohl man bei den Umformungen mit den Typen (a), (b), (c) auskommt, können manchmal Umformungen des Typs (d), die wegen 7. 4 ebenfalls verwandt werden dürfen, den Rechengang erleichtern. Nützlich ist bisweilen auch die Multiplikation einer Zeile mit einem von Null verschiedenen Skalar, die offenbar ebenfalls eine zulässige Umformung darstellt. Das geschilderte Verfahren soll jetzt an einem numerischen Beispiel erläutert werden: Im $\mathbb{R}^4$ seien folgende Vektoren gegeben

$$\mathfrak{x}_1 = (1, 3, -2, 4),\quad \mathfrak{x}_2 = (-1, -1, 5, -9),\quad \mathfrak{x}_3 = (2, 0, -13, 23),$$
$$\mathfrak{x}_4 = (1, 5, 1, -2).$$

Das Verfahren besteht dann in folgenden Schritten, die hier nur aus Platzgründen honrizontal angeordnet sind. Beim praktischen Rechnen wird man die Matrizen B_ν untereinander schreiben.

$A = B_0$				B_1				B_2				$B_3 = B$			
1	3	−2	4	1	3	−2	4	1	3	−2	4	1	3	4	−2
−1	−1	5	−9	0	2	3	−5	0	2	3	−5	0	2	−5	3
2	0	−13	23	0	−6	−9	15	0	0	0	0	0	0	−1	0
1	5	1	−2	0	2	3	−6	0	0	0	−1	0	0	0	0.

Da in der Matrix A links oben bereits eine 1 steht, brauchen nur die Umformungen des Typs (c) vorgenommen zu werden. Multiplikation der ersten Zeile mit 1, −2, −1 und nachfolgende Addition zur 2., 3. und 4. Zeile liefert die Matrix B_1. Von ihr gelangt man analog zu B_2. Vertauschung der letzten beiden Zeilen und Spalten von B_2 führt schließlich zur Matrix B. Unter den gegebenen Vektoren gibt es drei linear unabhängige. Der von den Vektoren $\mathfrak{x}_1, \mathfrak{x}_2, \mathfrak{x}_3, \mathfrak{x}_4$ aufgespannte Unterraum U besitzt daher die Dimension 3. Da in B die ersten drei Zeilen linear unabhängig sind, bei den Umformungen aber die letzten beiden Zeilen vertauscht wurden, bilden die Vektoren $\mathfrak{x}_1, \mathfrak{x}_2, \mathfrak{x}_4$ eine Basis von U.

In manchen Fällen wird es später nützlich sein, die vorgenommenen Zeilen- und Spaltenumformungen mit zu erfassen (vgl. auch 7D). Hierzu kann das folgende erweiterte Rechenschema dienen.

$$\begin{array}{cccc|ccc|cccc}
1 & 0 & \ldots & 0 & a_{1,1} & \ldots & a_{1,n} & 1 & 0 & \ldots & 0 \\
0 & 1 & \ldots & 0 & a_{2,1} & \ldots & a_{2,n} & 0 & 1 & \ldots & 0 \\
\ldots & & & & \ldots & & & \ldots & & & \\
0 & \ldots & 0 & 1 & a_{k,1} & \ldots & a_{k,n} & 0 & \ldots & 0 & 1\,.
\end{array}$$

In der Mitte steht die Ausgangsmatrix A, links eine k-reihige quadratische Matrix mit Einsen in der Diagonale und sonst lauter Nullen (Einheitsmatrix), und rechts steht eine entsprechende n-reihige quadratische Matrix. Alle an der Matrix A vorgenommenen Zeilenumformungen (Typen (a) und (c)) führe man nun gleichzeitig an der linken Matrix durch, alle Spaltenumformungen (Typen (b) und (d)) gleichzeitig an der rechten Matrix. Dieses erweiterte Rechenschema wird durch **Mitführen der Einheitsmatrizen** bezeichnet. Je nach Bedarf wird es bisweilen auch nur einseitig verwandt.

Da bei den elementaren Umformungen Zeilen und Spalten gleichberechtigt auftreten, gilt Satz 7. 4 ebenso hinsichtlich der Maximalzahl linear unabhängiger Spaltenvektoren, die somit für die Matrizen A und B aus 7. 6 dieselbe ist. Nun wurde aber in 7. 5 gezeigt, daß bei der Matrix B die Maximalzahl linear unabhängiger Spalten mit der Maximalzahl linear unabhängiger Zeilen übereinstimmt. Es folgt

7. 7 *In einer beliebigen Matrix ist die Maximalzahl linear unabhängiger Zeilen gleich der Maximalzahl linear unabhängiger Spalten.*

Definition 7a: *Die gemeinsame Maximalzahl linear unabhängiger Zeilen und Spalten einer Matrix A heißt der* **Rang** *von A und wird mit $Rg\,A$ bezeichnet.*

Satz 7. 4 bleibt richtig, wenn die Elemente der Matrix nicht mehr einem Körper, sondern lediglich einem Ring R entstammen und wenn bei den Umformungen (c) und (d) entsprechend $c \in R$ vorausgesetzt wird: Daß auch in diesem Fall bei den Umformungen (c) und (d) die lineare Unabhängigkeit erhalten bleibt, folgt mit Hilfe von 6. 4 und 6E. Satz 7. 5 und sein Beweis bleiben im Fall eines nullteilerfreien Rings R erhalten. Satz 7. 6 hingegen gilt im allgemeinen auch dann nicht, wohl aber, wenn R ein euklidischer Ring ist (vgl. 3d). Da dieser Fall später auch in der Theorie der Vektorräume auftreten wird, soll hier noch kurz auf seine Besonderheiten eingegangen werden.

Es sei also wie vorher A eine Matrix, deren Elemente $x_{\varkappa,\nu}$ jetzt jedoch aus einem euklidischen Ring R stammen sollen. Wenn A nicht aus lauter Nullen besteht, kann man durch Zeilen- und Spaltenvertauschungen erreichen, daß das wieder mit $x_{1,1}$ bezeichnete linke obere Element von Null verschieden ist und daß sogar $\varrho(x_{1,1}) \leq \varrho(x_{\varkappa,\nu})$ für alle von Null verschiedenen Matrixelemente gilt. Ziel des Verfahrens ist es wieder, unterhalb von $x_{1,1}$ Nullen zu erzeugen. Im Fall $x_{2,1} \neq 0$ gilt mit geeigneten Ringelementen $x_{2,1} = q \cdot x_{1,1} + r$ und $\varrho(r) < \varrho(x_{1,1})$ oder $r = 0$. Subtrahiert man nun die mit q multiplizierte erste Zeile von der zweiten Zeile, so beginnt die neue zweite Zeile mit dem Element r. Im Fall $r = 0$ hat man sein Ziel erreicht und kann zur nächsten Zeile übergehen. Gilt jedoch $r \neq 0$, so vertausche man die beiden ersten Zeilen: Das dann links oben stehende Element r hat nun eine kleinere Norm als das alte $x_{1,1}$, und man kann den Prozeß wiederholen. Da eine echt fallende Folge von Normwerten nach endlich vielen Schritten abbricht, erreicht man schließlich, daß am Anfang der zweiten Zeile eine Null steht. Man kann nun entsprechend mit den übrigen Zeilen und dann weiter wie bei dem früheren Vorgehen verfahren, um mit Hilfe der Umformungen (a), (b) und (c) eine Matrix der Form B zu erreichen. Zur Erläuterung diene das folgende Beispiel einer Matrix mit Elementen aus $\mathbb{Z}$, das wegen seiner ausführlichen Darstellung leicht nachvollzogen werden kann.

$$\begin{array}{rrr|rrr|rrr|rrr}
4 & 3 & 3 & 3 & 4 & 3 & 3 & 4 & 3 & 1 & -2 & 4 \\
14 & 13 & 16 & 13 & 14 & 16 & 1 & -2 & 4 & 3 & 4 & 3 \\
6 & 14 & 26 & 14 & 6 & 26 & 14 & 6 & 26 & 14 & 6 & 26 \\
\hline
1 & -2 & 4 & 1 & 4 & -2 & 1 & 4 & -2 & 1 & 4 & -2 \\
0 & 10 & -9 & 0 & -9 & 10 & 0 & -9 & 10 & 0 & -3 & 4 \\
0 & 34 & -30 & 0 & -30 & 34 & 0 & -3 & 4 & 0 & -9 & 10 \\
\hline
\end{array}$$

$$\begin{array}{rrr}
1 & 4 & -2 \\
0 & -3 & 4 \\
0 & 0 & -2.
\end{array}$$

Ergänzungen und Aufgaben

7A Der Koordinatenbegriff kann auch in unendlich-dimensionalen Vektorräumen eingeführt werden: Es sei X ein beliebiger Vektorraum, und B sei eine Basis von X. Jeder Vektor $\mathfrak{x} \in X$ kann dann auf genau eine Weise als Linearkombination von B dargestellt werden, d. h. in der Form $\mathfrak{x} = x_1\mathfrak{a}_1 + \cdots + x_n\mathfrak{a}_n$ mit endlich vielen Vektoren $\mathfrak{a}_1, \ldots, \mathfrak{a}_n \in B$. Jedem Vektor $\mathfrak{a} \in B$ wird nun auf folgende Weise ein Skalar $x_\mathfrak{a}$ zugeordnet: Ist $\mathfrak{a}$ einer der Vektoren $\mathfrak{a}_1, \ldots, \mathfrak{a}_n$, gilt etwa $\mathfrak{a} = \mathfrak{a}_\nu$, so werde $x_\mathfrak{a} = x_\nu$ gesetzt. Ist jedoch $\mathfrak{a}$ von allen Vektoren $\mathfrak{a}_1, \ldots, \mathfrak{a}_n$ verschieden, so sei $x_\mathfrak{a} = 0$. Die so erhaltenen Skalare $x_\mathfrak{a}$ werden die Koordinaten des Vektors $\mathfrak{x}$ bezüglich der Basis B genannt. Sie sind durch die Basis und den Vektor $\mathfrak{x}$ eindeutig bestimmt. Unter ihnen sind jedoch höchstens endlich viele von Null verschieden. Ordnet man umgekehrt jedem Vektor $\mathfrak{a} \in B$ einen Skalar $x_\mathfrak{a}$ beliebig zu, jedoch so, daß höchstens endlich viele von ihnen von Null verschieden sind, so sind diese Skalare die Koordinaten eines eindeutig bestimmten Vektors $\mathfrak{x}$: Es seien nämlich $\mathfrak{a}_1, \ldots, \mathfrak{a}_n$ diejenigen unter den Vektoren $\mathfrak{a} \in B$ mit $x_\mathfrak{a} \neq 0$. Dann gilt $\mathfrak{x} = x_{\mathfrak{a}_1}\mathfrak{a}_1 + \cdots + x_{\mathfrak{a}_n}\mathfrak{a}_n$ bzw. $\mathfrak{x} = \mathfrak{o}$, falls $x_\mathfrak{a} = 0$ für alle $\mathfrak{a} \in B$ gilt.

7 B Aufgabe: Zeige, daß die Zeilen der reellen Matrix

$$\begin{pmatrix} 2 & 3 & -1 & 0 \\ -4 & 5 & 0 & 1 \\ 6 & -2 & 2 & -2 \\ -2 & 8 & 1 & 3 \end{pmatrix}$$

linear unabhängig sind. Bei der durch diese Matrix vermittelten Basistransformation eines reellen 4-dimensionalen Vektorraums X besitze der Vektor $\mathfrak{x} \in X$ hinsichtlich der neuen Basis die Koordinaten $(2, -3, 4, -1)$. Welches sind die Koordinaten von $\mathfrak{x}$ hinsichtlich der alten Basis?

7 C Aufgabe: In dem arithmetischen Vektorraum K^5 spannen die Vektoren

$$\mathfrak{x}_1 = (1, 1, 0, 1, 1),\ \mathfrak{x}_2 = (0, 0, 1, 1, 0),\ \mathfrak{x}_3 = (0, 1, 0, 0, 0),$$
$$\mathfrak{x}_4 = (1, 0, 0, 1, 1),\ \mathfrak{x}_5 = (1, 0, 1, 0, 1)$$

einen Unterraum U auf. Man bestimme die Dimension und eine Basis von U, wenn K einerseits der Körper der reellen Zahlen und andererseits der aus genau zwei Elementen bestehende Körper aus 3. IV ist.

7 D Es sei $\{\mathfrak{a}_1, \ldots, \mathfrak{a}_r\}$ eine Basis des Unterraums U und $\{\mathfrak{b}_1, \ldots, \mathfrak{b}_s\}$ eine Basis des Unterraums V von X, so daß also die Vektoren $\mathfrak{a}_1, \ldots, \mathfrak{a}_r, \mathfrak{b}_1, \ldots, \mathfrak{b}_s$ zusammen den Summenraum $U + V$ erzeugen. Hinsichtlich einer Basis von X schreibe man zunächst die Koordinaten von $\mathfrak{a}_1, \ldots, \mathfrak{a}_r$ und dann von $\mathfrak{b}_1, \ldots, \mathfrak{b}_s$ als Zeilen einer Matrix. Diese forme man mit Hilfe elementarer Umformungen bei gleichzeitiger linksseitiger Mitführung der Einheitsmatrix so um, daß man schließlich ein Schema folgender Form erhält:

$$\begin{array}{cccccc|cccc}
u_{1,1} & \cdots & u_{1,r} & v_{1,1} & \cdots & v_{1,s} & c_{1,1} & \cdots & \cdots & c_{1,n} \\
\cdots & \cdots & \cdots & \cdots & \cdots & \cdots & \cdots & \cdots & \cdots & \cdots \\
u_{k,1} & \cdots & u_{k,r} & v_{k,1} & \cdots & v_{k,s} & 0 \ldots 0 & c_{k,k} & \cdots & c_{k,n} \\
u_{k+1,1} & \cdots & u_{k+1,r} & v_{k+1,1} & \cdots & v_{k+1,s} & 0 & \cdots & \cdots & 0 \\
\cdots & \cdots & \cdots & \cdots & \cdots & \cdots & \cdots & \cdots & \cdots & \cdots \\
u_{r+s,1} & \cdots & u_{r+s,r} & v_{r+s,1} & \cdots & v_{r+s,s} & 0 & \cdots & \cdots & 0\,.
\end{array}$$

Die rechts stehenden ersten k Zeilen liefern eine Basis von $U + V$, und es gilt $\operatorname{Dim}(U + V) = k$. Nach dem Dimensionssatz 6. 7 folgt $\operatorname{Dim}(U \cap V) = r + s - k$. Aus den letzten Zeilen des Gesamtschemas ergibt sich

$$u_{k+\lambda,1}\mathfrak{a}_1 + \ldots + u_{k+\lambda,r}\mathfrak{a}_r + v_{k+\lambda,1}\mathfrak{b}_1 + \ldots + v_{k+\lambda,s}\mathfrak{b}_s = \mathfrak{o}\,,$$

also

$$u_{k+\lambda,1}\mathfrak{a}_1 + \ldots + u_{k+\lambda,r}\mathfrak{a}_r = -v_{k+\lambda,1}\mathfrak{b}_1 - \ldots - v_{k+\lambda,s}\mathfrak{b}_s \text{ für } \lambda = 1, \ldots, r+s-k.$$

In jeder dieser Gleichungen ist die linke Seite ein Vektor $\mathfrak{u}_\lambda$ aus U, die rechte Seite ein Vektor aus V. Es folgt $\mathfrak{u}_\lambda \in U \cap V$, und $\{\mathfrak{u}_1, \ldots, \mathfrak{u}_{r+s-k}\}$ ist eine Basis von $U \cap V$.

Aufgabe: Im $\mathbb{R}^4$ sei U der von den Vektoren

$$(1, 3, 5, -4), \quad (2, 6, 7, -7), \quad (0, 0, 1, -1), \quad (1, 3, -1, 2)$$

und V der von den Vektoren

$$(1, 0, 2, -2), \quad (0, 3, 3, -5), \quad (5, -3, 6, -3), \quad (6, -6, 5, 0)$$

aufgespannte Unterraum. Man berechne je eine Basis von U, V, $U + V$ und $U \cap V$.

7E Es sei R ein euklidischer Ring, und X sei ein freier R-Modul mit einer endlichen Basis $\{\mathfrak{a}_1, \ldots, \mathfrak{a}_n\}$. Aus dem auch hinsichtlich euklidischer Ringe geltenden Satz 7. 6 folgt, daß dann alle Basen von X aus n Elementen bestehen. Weiter sei U ein Untermodul von X. Wenn es in U ein $\mathfrak{u} = u_1\mathfrak{a}_1 + \ldots + u_n\mathfrak{a}_n$ mit $u_1 \neq 0$ gibt, so sei $\mathfrak{u}$ sogar so gewählt, daß die Norm $\varrho(u_1)$ minimal ausfällt. Für beliebiges $\mathfrak{v} = v_1\mathfrak{a}_1 + \ldots + v_n\mathfrak{a}_n \in U$ gilt $v_1 = q \cdot u_1 + r$ mit $\varrho(r) < \varrho(u_1)$ oder $r = 0$. Der erste Fall kann aber wegen der Minimalität von $\varrho(u_1)$ nicht eintreten. Es folgt $v_1 = q \cdot u_1$ mit einem eindeutig bestimmten q, also $\mathfrak{v} - q\,\mathfrak{u} \in [\mathfrak{a}_2, \ldots, \mathfrak{a}_n]$ bzw. $\mathfrak{v} = q\mathfrak{u}$ im Fall $n = 1$. Gilt $n = 1$, so ist also $\{\mathfrak{u}\}$ eine Basis von U. Im Fall $n > 1$ folgt, daß sich jedes $\mathfrak{v}$ eindeutig in der Form $\mathfrak{v} = q\mathfrak{u} + \mathfrak{v}^*$ mit $\mathfrak{v}^* \in U \cap [\mathfrak{a}_2, \ldots, \mathfrak{a}_n]$ darstellen läßt. Durch Induktion über n ergibt sich hiermit unmittelbar:

Jeder Untermodul eines freien Moduls über einem euklidischen Ring mit endlicher Basis besitzt ebenfalls eine endliche Basis, ist also selbst ein freier Modul.

7F Satz 7. 7 braucht für Matrizen mit Elementen aus einem Ring nicht zu gelten. Bezüglich $\mathbb{Z}_6$ (vgl. 3. II) besitzt die einzeilige Matrix $(2, 3)$ eine linear unabhängige Zeile, aber keine linear unabhängige Spalte.

Drittes Kapitel

Abbildungen

Bisher wurden Begriffe und Eigenschaften untersucht, die sich auf nur einen Vektorraum bezogen. Demgegenüber sollen jetzt die Beziehungen zwischen zwei Vektorräumen X und Y behandelt werden. Derartige Beziehungen werden durch Abbildungen des einen Raums in den anderen vermittelt. Dabei interessieren allerdings in der linearen Algebra nur solche Abbildungen, die mit den linearen Operationen in geeigneter Weise gekoppelt sind. Eine solche Verträglichkeitsbedingung besteht in der Vertauschbarkeit der Abbildungen mit den linearen Operationen, die in § 8 zu den linearen Abbildungen führt. In § 9 wird gezeigt, daß die linearen Abbildungen eines Vektorraums in einen zweiten selbst einen Vektorraum bilden. Im Fall endlich-dimensionaler Räume können dabei die linearen Abbildungen hinsichtlich einer geeignet gewählten Basis dieses Abbildungsraumes wieder durch Koordinaten beschrieben werden, die in diesem Fall allerdings in Form von Matrizen angeordnet werden. In § 10 werden die Produkte linearer Abbildungen untersucht und ihre Beschreibung durch Matrizen behandelt. Der letzte Paragraph dieses Kapitels bezieht sich schließlich auf den Spezialfall linearer Abbildungen eines Vektorraums in sich.

§ 8 Lineare Abbildungen

Es seien X und Y zwei beliebige Vektorräume mit dem gemeinsamen Skalarenkörper K. Wie schon in der Vorrede bemerkt wurde, sollen jetzt solche Abbildungen von X in Y betrachtet werden, die mit den linearen Operationen vertauschbar sind.

Definition 8a: *Eine Abbildung $\varphi: X \to Y$ heißt eine* **lineare Abbildung,** *wenn sie folgende Eigenschaften besitzt:*

(1) $$\varphi(\mathfrak{x}_1 + \mathfrak{x}_2) = \varphi\mathfrak{x}_1 + \varphi\mathfrak{x}_2 \qquad (\mathfrak{x}_1, \mathfrak{x}_2 \in X).$$

(2) $$\varphi(c\mathfrak{x}) = c(\varphi\mathfrak{x}) \qquad (c \in K, \mathfrak{x} \in X).$$

Eine lineare Abbildung ist also dadurch gekennzeichnet, daß das Bild eines Summenvektors gleich der Summe der Bildvektoren ist und daß das Bild von $c\mathfrak{x}$ durch Multiplikation des Bildvektors $\varphi\mathfrak{x}$ mit c erhalten wird. Auf den jeweils linken Seiten der **Linearitätseigenschaften** (1) und (2) stehen die linearen Operationen des Vektorraums X, während auf den rechten Seiten diejenigen von Y auftreten. Die Linearitätseigenschaften können zu einer Bedingung zusammengefaßt werden, die mit (1) und (2) gleichwertig ist: Für je zwei Vektoren $\mathfrak{x}_1, \mathfrak{x}_2 \in X$ und Skalare $a, b \in K$ gilt

$$\varphi(a\mathfrak{x}_1 + b\mathfrak{x}_2) = a(\varphi\mathfrak{x}_1) + b(\varphi\mathfrak{x}_2).$$

Bei einer linearen Abbildung $\varphi : X \to Y$ wird X der **Ursprungsraum** von φ und Y der **Zielraum** genannt. Die manchmal benutzte Bezeichnung „Bildraum" für Y kann zu Verwechslungen mit der Bildmenge $Im\ \varphi = \varphi X$ führen. Da Ursprungs- und Zielraum im allgemeinen verschiedene Vektorräume sind, müßten eigentlich auch die zugehörigen Nullvektoren unterschiedlich bezeichnet werden. Da aber Verwechslungen nicht zu befürchten sind, pflegt man auf eine solche Unterscheidung zu verzichten.

8.1 *Für jede lineare Abbildung φ gilt*

$$\varphi\mathfrak{o} = \mathfrak{o} \quad \textit{und} \quad \varphi(-\mathfrak{x}) = -(\varphi\mathfrak{x}).$$

Beweis: Wegen der zweiten Linearitätseigenschaft erhält man

$$\varphi\mathfrak{o} = \varphi(0\mathfrak{o}) = 0(\varphi\mathfrak{o}) = \mathfrak{o} \qquad \text{und}$$
$$\varphi(-\mathfrak{x}) = \varphi((-1)\mathfrak{x}) = (-1)(\varphi\mathfrak{x}) = -(\varphi\mathfrak{x}).$$

Die Behauptungen ergeben sich aber auch aus der ersten Linearitätseigenschaft: Wegen $\varphi\mathfrak{o} + \varphi\mathfrak{o} = \varphi(\mathfrak{o} + \mathfrak{o}) = \varphi\mathfrak{o}$ erhält man zunächst $\varphi\mathfrak{o} = \mathfrak{o}$, und wegen $\varphi\mathfrak{x} + \varphi(-\mathfrak{x}) = \varphi(\mathfrak{x} + (-\mathfrak{x})) = \varphi\mathfrak{o} = \mathfrak{o}$ dann weiter auch $\varphi(-\mathfrak{x}) = -(\varphi\mathfrak{x})$. ◆

Die im ersten Paragraphen allgemein für Abbildungen erklärten Begriffe *injektiv* und *surjektiv* werden auch bei linearen Abbildungen verwandt. Lediglich bei Bijektionen ist im Fall linearer Abbildungen eine Abweichung üblich.

Definition 8b: *Eine lineare Abbildung $\varphi : X \to Y$, die bijektiv, also gleichzeitig injektiv und surjektiv ist, wird ein* **Isomorphismus** *von X auf Y genannt.*

Beispiele:

8.I Die Identität eines Vektorraums X ist eine lineare Abbildung und sogar ein Isomorphismus von X auf sich. Bildet man andererseits jeden Vektor

$\mathfrak{x} \in X$ auf den Nullvektor eines Vektorraums Y ab, so erhält man eine lineare Abbildung von X in Y, die die **Nullabbildung** genannt und mit 0 bezeichnet wird.

8. II Bei fest gewähltem Skalar c wird durch $\varphi\mathfrak{x} = c\mathfrak{x}$ eine lineare Abbildung von X in sich definiert. Ist $c \neq 0$, so ist φ sogar ein Isomorphismus; der Fall $c = 0$ liefert die Nullabbildung. Bei diesem Beispiel wird die Kommutativität des Skalarenkörpers ausgenutzt oder zumindest die Vertauschbarkeit von a mit allen Skalaren: Wegen der zweiten Linearitätseigenschaft muß nämlich für alle Skalare c und alle Vektoren $\mathfrak{x}$ die Gleichung

$$ac\mathfrak{x} = \varphi_a(c\mathfrak{x}) = c(\varphi_a\mathfrak{x}) = ca\mathfrak{x}$$

erfüllt sein, woraus nach 4. 1 im Fall $\mathfrak{x} \neq \mathfrak{o}$ gerade $ac = ca$ folgt.

8. III In dem Funktionenraum F (vgl. 4. III) sei D der Unterraum aller beliebig oft differenzierbaren Funktionen. Ordnet man jeder Funktion $f \in D$ als Bild ihre Ableitung f' zu, so wird hierdurch eine lineare Abbildung von D auf sich, also eine Surjektion definiert. Diese ist jedoch nicht injektiv.

Hinsichtlich der Existenz linearer Abbildungen besagt der folgende Satz, daß man den Vektoren einer Basis die Bilder beliebig vorschreiben darf, um dadurch eine lineare Abbildung eindeutig zu bestimmen.

8. 2 *Es sei B eine Basis des Vektorraums X. Jedem Vektor $\mathfrak{a} \in B$ sei ferner ein Vektor $\mathfrak{a}^*$ aus einem zweiten Vektorraum Y zugeordnet. (Hierbei brauchen die Vektoren $\mathfrak{a}^*$ nicht verschieden zu sein.) Dann gibt es genau eine lineare Abbildung $\varphi: X \to Y$ mit $\varphi\mathfrak{a} = \mathfrak{a}^*$ für alle $\mathfrak{a} \in B$.*

Beweis: Jeder Vektor $\mathfrak{x} \in X$ besitzt eine eindeutige Basisdarstellung $\mathfrak{x} = x_1\mathfrak{a}_1 + \cdots + x_n\mathfrak{a}_n$ mit endlich vielen Vektoren $\mathfrak{a}_1, \ldots, \mathfrak{a}_n \in B$. Ist nun $\varphi: X \to Y$ eine lineare Abbildung der behaupteten Art, so folgt wegen der Linearitätseigenschaften

$$\varphi\mathfrak{x} = x_1(\varphi\mathfrak{a}_1) + \cdots + x_n(\varphi\mathfrak{a}_n) = x_1\mathfrak{a}_1^* + \cdots + x_n\mathfrak{a}_n^*.$$

Der Bildvektor $\varphi\mathfrak{x}$ ist also bereits durch die Koordinaten von $\mathfrak{x}$ und durch die Bilder der Basisvektoren eindeutig bestimmt. Umgekehrt wird aber durch die äußeren Seiten der letzten Gleichung eine lineare Abbildung $\varphi: X \to Y$ definiert, die die behaupteten Eigenschaften besitzt. ◆

8. 3 *Es sei φ eine lineare Abbildung von X in Y.*

Für jede Teilmenge M von X gilt dann $\varphi[M] = [\varphi M]$.

Ist U ein Unterraum von X, so ist φU ein Unterraum von Y, und es gilt $\mathrm{Dim}\,(\varphi U) \leqq \mathrm{Dim}\, U$.

Beweis: Gilt $M = \emptyset$, so ist die Behauptung trivial. Gilt jedoch $M \neq \emptyset$, so wird wegen $\varphi(c_1\mathfrak{a}_1 + \cdots + c_n\mathfrak{a}_n) = c_1(\varphi\mathfrak{a}_1) + \cdots + c_n(\varphi\mathfrak{a}_n)$ jede Linearkombination von M auf eine Linearkombination von φM abgebildet; und umgekehrt werden auch alle Linearkombinationen von φM auf diese Weise gewonnen. Wegen 5. 3 folgt daher $\varphi\,[M] = [\varphi M]$. Ist U ein Unterraum von X, so gilt $[U] = U$, also $[\varphi U] = \varphi[U] = \varphi U$, und φU ist somit ein Unterraum von Y. Schließlich sei B eine Basis von U. Wegen $[\varphi B] = \varphi[B] = \varphi U$ spannt dann die Menge φB den Unterraum φU auf und enthält somit eine Basis von φU. Ist φB eine unendliche Menge, so muß auch B unendlich sein. Ist φB jedoch endlich, so besteht B aus mindestens so vielen Vektoren wie φB. Zusammen folgt hieraus die Ungleichung $\operatorname{Dim}(\varphi U) \leqq \operatorname{Dim} U$. ◆

Nach diesem Satz ist speziell $\operatorname{Im}\varphi = \varphi X$ ein Unterraum von Y, dessen Dimension man den **Rang** von φ nennt und mit $\operatorname{Rg}\varphi$ bezeichnet. Der Zusammenhang mit dem bereits definierten Rang einer Matrix wird im nächsten Paragraphen behandelt.

Definition 8c: $\operatorname{Rg}\varphi = \operatorname{Dim}(\operatorname{Im}\varphi) = \operatorname{Dim}(\varphi X)$.

8. 4 *Für eine lineare Abbildung $\varphi: X \to Y$ sind folgende Aussagen paarweise gleichwertig:*

(1) *φ ist surjektiv.*

(2) *Ist B eine Basis von X, so spannt die Menge φB den Raum Y auf.*

Besitzt Y endliche Dimension, so ist außerdem gleichwertig:

(3) $\operatorname{Rg}\varphi = \operatorname{Dim} Y$.

Beweis: Wegen 8. 3 gilt $[\varphi B] = \varphi[B] = \varphi X$. Daher spannt φB genau dann den Raum Y auf, wenn $\varphi X = Y$ gilt, wenn also φ surjektiv ist. Besitzt Y endliche Dimension, so ist $\operatorname{Dim} Y = \operatorname{Rg}\varphi = \operatorname{Dim}(\varphi X)$ wegen 6. 6 gleichwertig mit $Y = \varphi X$, also wieder damit, daß φ eine Surjektion ist. ◆

8. 5 *Es sei V ein Unterraum von Y. Für jede lineare Abbildung $\varphi: X \to Y$ ist dann das Urbild $\varphi^-(V)$ ein Unterraum von X.*

Beweis: Aus $\mathfrak{x}_1, \mathfrak{x}_2 \in \varphi^-(V)$ folgt $\varphi\mathfrak{x}_1, \varphi\mathfrak{x}_2 \in V$. Daher ist $\varphi(\mathfrak{x}_1 + \mathfrak{x}_2) = \varphi\mathfrak{x}_1 + \varphi\mathfrak{x}_2$ ebenfalls ein Vektor aus V, und man erhält $\mathfrak{x}_1 + \mathfrak{x}_2 \in \varphi^-(V)$. Ebenso folgt aus $\mathfrak{x} \in \varphi^-(V)$ auch $\varphi(c\mathfrak{x}) = c(\varphi\mathfrak{x}) \in V$, also $c\mathfrak{x} \in \varphi^-(V)$. Wegen $\mathfrak{o} \in \varphi^-(V)$ gilt außerdem $\varphi^-(V) \neq \emptyset$. ◆

Nach diesem Satz ist insbesondere $\varphi^-[\mathfrak{o}]$, das Urbild des Nullraums, ein Unterraum von X. Man nennt ihn den **Kern** der linearen Abbildung φ und bezeichnet seine Dimension als den **Defekt** von φ.

Definition 8d: Kern $\varphi = \varphi^{-}[\mathfrak{o}]$, Def φ = Dim (Kern φ).

8.6 *Es sei $\varphi: X \to Y$ eine lineare Abbildung, und B' sei eine Basis von* Kern φ, *die durch eine linear unabhängige Menge B'' zu einer Basis $B = B' \cup B''$ von X ergänzt sei. Dann bildet φ verschiedene Vektorn aus B'' auf verschiedene Bildvektoren ab, und $\varphi B''$ ist eine Basis von* Im φ. (Satz und Beweis gelten sinngemäß auch im Fall $B' = \emptyset$ oder $B'' = \emptyset$.)

Beweis: Wegen $B' \leq$ Kern φ, also $[\varphi B'] = [\mathfrak{o}]$, und 8.3 gilt

$$[\varphi B''] = [\varphi B] = \varphi[B] = \varphi X.$$

Es seien jetzt $\mathfrak{a}_1'', \ldots, \mathfrak{a}_n''$ verschiedene Vektoren aus B'', und es werde

$$c_1(\varphi\mathfrak{a}_1'') + \cdots + c_n(\varphi\mathfrak{a}_n'') = \varphi(c_1\mathfrak{a}_1'' + \cdots + c_n\mathfrak{a}_n'') = \mathfrak{o}$$

vorausgesetzt. Dann ist $c_1\mathfrak{a}_1'' + \cdots + c_n\mathfrak{a}_n''$ ein Vektor aus Kern φ. Da aber B' eine Basis von Kern φ ist, muß

$$c_1\mathfrak{a}_1'' + \cdots + c_n\mathfrak{a}_n'' = d_1\mathfrak{a}_1' + \cdots + d_k\mathfrak{a}_k'$$

mit geeigneten Skalaren $d_1, \ldots, d_k$ und verschiedenen Vektoren $\mathfrak{a}_1', \ldots, \mathfrak{a}_k' \in B'$ gelten. Weil aber die Vektoren $\mathfrak{a}_1', \ldots, \mathfrak{a}_k', \mathfrak{a}_1'', \ldots, \mathfrak{a}_n''$ als verschiedene Vektoren aus der Basis B von X linear unabhängig sein müssen, folgt $c_1 = \cdots = c_n = d_1 = \cdots = d_k = 0$. Daher sind die Vektoren $\varphi\mathfrak{a}_1'', \ldots, \varphi\mathfrak{a}_n''$ ebenfalls linear unabhängig und insbesondere paarweise verschieden. Somit ist auch die Menge $\varphi B''$ linear unabhängig und wegen $[\varphi B''] = \varphi X$ sogar eine Basis von φX. ◆

8.7 *Es sei X ein endlich-dimensionaler Vektorraum. Für jede lineare Abbildung $\varphi: X \to Y$ gilt dann*

$$\text{Rg}\,\varphi + \text{Def}\,\varphi = \text{Dim}\,X.$$

Beweis: Als Unterraum von X besitzt auch Kern φ endliche Dimension. Es sei $B' = \{\mathfrak{a}_1', \ldots, \mathfrak{a}_k'\}$ eine Basis von Kern φ. Nach 6.2 kann B' durch Hinzunahme einer Menge $B'' = \{\mathfrak{a}_1'', \ldots, \mathfrak{a}_n''\}$ weiterer Vektoren zu einer Basis $B = B' \cup B''$ von X erweitert werden. Da $\varphi B'' = \{\varphi\mathfrak{a}_1'', \ldots, \varphi\mathfrak{a}_n''\}$ dann nach 8.6 eine Basis von φX ist, folgt

$$\text{Rg}\,\varphi = \text{Dim}\,(\varphi X) = n = (n+k) - k = \text{Dim}\,X - \text{Dim}\,(\text{Kern}\,\varphi) = \text{Dim}\,X - \text{Def}\,\varphi$$

und hieraus die behauptete Gleichung. ◆

8.8 *Für eine lineare Abbildung $\varphi: X \to Y$ sind folgende Aussagen paarweise gleichwertig:*

(1) *φ ist injektiv.*

(2) Kern $\varphi = [\mathfrak{o}]$.

(3) Def $\varphi = 0$.

(4) *Wenn B eine Basis von X ist, dann sind die Vektoren $\varphi\mathfrak{a}$ mit $\mathfrak{a} \in B$ paarweise verschieden, und die Menge φB ist linear unabhängig.*

Besitzt X endliche Dimension, so ist außerdem gleichwertig:

(5) Rg $\varphi =$ Dim X.

Beweis: Die Gleichwertigkeit von (2) und (3) folgt unmittelbar aus der Definition.

(1)→(2): Wegen der Injektivität von φ gilt $\varphi\mathfrak{x} = \mathfrak{o}$ nur genau für $\mathfrak{x} = \mathfrak{o}$. Es folgt Kern $\varphi = [\mathfrak{o}]$.

(2)→(4): Es sei B eine Basis von X, und es gelte $\mathfrak{a}_1, \ldots, \mathfrak{a}_n \in B$. Aus

$$c_1(\varphi\mathfrak{a}_1) + \cdots + c_n(\varphi\mathfrak{a}_n) = \varphi(c_1\mathfrak{a}_1 + \cdots + c_n\mathfrak{a}_n) = \mathfrak{o}$$

folgt dann $c_1\mathfrak{a}_1 + \cdots + c_n\mathfrak{a}_n \in$ Kern φ, wegen Kern $\varphi = [\mathfrak{o}]$ also $c_1\mathfrak{a}_1 + \cdots + c_n\mathfrak{a}_n = \mathfrak{o}$. Da aber B als Basis linear unabhängig ist, erhält man weiter $c_1 = \cdots = c_n = 0$. Die Vektoren $\varphi\mathfrak{a}_1, \ldots, \varphi\mathfrak{a}_n$ sind somit linear unabhängig, also auch paarweise verschieden, und die Menge φB ist ebenfalls linear unabhängig. (Folgt auch aus 8.6 mit $B' = \emptyset$ und $B'' = B$.)

(4)→(1): Es sei B eine Basis von X. Zwei Vektoren $\mathfrak{x}', \mathfrak{x}'' \in X$ besitzen dann mit geeigneten Vektoren $\mathfrak{a}_\nu \in B (\nu = 1, \ldots, n)$ Darstellungen

$$\mathfrak{x}' = \sum_{\nu=1}^{n} x'_\nu \mathfrak{a}_\nu \quad \text{und} \quad \mathfrak{x}'' = \sum_{\nu=1}^{n} x''_\nu \mathfrak{a}_\nu .$$

Gilt nun $\varphi\mathfrak{x}' = \varphi\mathfrak{x}''$, so folgt

$$\sum_{\nu=1}^{n} x'_\nu(\varphi\mathfrak{a}_\nu) = \varphi\mathfrak{x}' = \varphi\mathfrak{x}'' = \sum_{\nu=1}^{n} x''_\nu(\varphi\mathfrak{a}_\nu),$$

also

$$\sum_{\nu=1}^{n} (x'_\nu - x''_\nu)(\varphi\mathfrak{a}_\nu) = \mathfrak{o}.$$

Da aber die Vektoren $\varphi\mathfrak{a}_\nu$ nach Voraussetzung linear unabhängig sind, erhält man $x'_\nu - x''_\nu = 0$, also $x'_\nu = x''_\nu$ für $\nu = 1, \ldots, n$ und damit $\mathfrak{x}' = \mathfrak{x}''$. Daher ist φ eine Injektion.

(5)⟷(3): Bei endlich-dimensionalem X ist Rg $\varphi =$ Dim X wegen 8.7 gleichwertig mit Def $\varphi = 0$. ◆

Aus 8.4 und 8.8 zusammen ergibt sich noch folgende Kennzeichnung der Isomorphismen:

8.9 *Für eine lineare Abbildung $\varphi: X \to Y$ sind folgende Aussagen paarweise gleichwertig:*

(1) *φ ist ein Isomorphismus.*

(2) *Wenn B eine Basis von X ist, dann sind die Vektoren $\varphi\mathfrak{a}$ mit $\mathfrak{a} \in B$ paarweise verschieden, und φB ist eine Basis von Y.*

Besitzen X und Y endliche Dimension, so ist außerdem gleichwertig:

(3) $\operatorname{Dim} X = \operatorname{Rg} \varphi = \operatorname{Dim} Y$.

Definition 8c: *Zwei Vektorräume X, Y (mit demselben Skalarenkörper) heißen* **isomorph** *(in Zeichen: $X \cong Y$), wenn es einen Isomorphismus φ von X auf Y gibt.*

Der Beweis, daß die Isomorphie von Vektorräumen eine Äquivalenzrelation ist, wird später nachgeholt (vgl. 11.2). Da isomorphe Vektorräume offenbar dieselbe rechnerische Struktur besitzen, können sie als Realisierungen derselben abstrakten Rechenstruktur angesehen werden.

8.10 *Isomorphe Vektorräume besitzen dieselbe Dimension. Gilt umgekehrt $\operatorname{Dim} X = \operatorname{Dim} Y < \infty$, so sind die Vektorräume X und Y isomorph.*

Beweis: Es sei $\varphi: X \to Y$ ein Isomorphismus. Ist dann B eine Basis von X, so sind nach 8.9 die Vektoren $\varphi\mathfrak{a}$ mit $\mathfrak{a} \in B$ paarweise verschieden, und φB ist eine Basis von Y. Hieraus folgt unmittelbar $\operatorname{Dim} X = \operatorname{Dim} Y$.

Umgekehrt gelte $\operatorname{Dim} X = \operatorname{Dim} Y = n < \infty$. Es sei dann $\{\mathfrak{a}_1, \ldots, \mathfrak{a}_n\}$ eine Basis von X und $\{\mathfrak{a}_1^*, \ldots, \mathfrak{a}_n^*\}$ eine Basis von Y. Nach 8.2 gibt es eine linerare Abbildung $\varphi: X \to Y$ mit $\varphi\mathfrak{a}_\nu = \mathfrak{a}_\nu^*$ für $\nu = 1, \ldots, n$. Wegen 8.9 ist φ aber sogar ein Isomorphismus. ◆

Über einem gegebenen Skalarenkörper K sind daher alle Vektorräume der endlichen Dimension n untereinander und insbesondere zu dem arithmetischen Vektorraum K^n isomorph. Ist $B = \{\mathfrak{a}_1, \ldots, \mathfrak{a}_n\}$ eine Basis von X, so erhält man einen Isomorphismus von X auf K^n, wenn man jedem Vektor aus X als Bild sein Koordinaten-n-Tupel hinsichtlich der Basis B zuordnet. Diese Isomorphie wurde bereits im vorangehenden Paragraphen weitgehend ausgenutzt.

Ergänzungen und Aufgaben

8A Der zweite Teil von 8.10 gilt auch bei unendlicher Dimension, wenn man die Dimension als Kardinalzahl definiert (vgl. 6A). Der Beweis kann dann analog geführt werden. Unendlich-dimensionale Vektorräume können zu echten Unterräumen von sich selbst isomorph sein: Ist z. B. X der Raum aller Polynome und Y der Raum aller Polynome, in denen die Unbestimmte nur in gerader Potenz auftritt, so ist Y ein echter Unterraum von X. Ordnet man jedem der Polynome f_n (vgl. 6. IV) das Polynom f_{2n} als Bild zu, so wird hierdurch ein Isomorphismus von X auf Y bestimmt.

8B Aufgabe: Bestimme den Kern der linearen Abbildung aus 8. III.

8C Es seien $\varphi: X \to Y$ eine lineare Abbildung und $\mathfrak{S}$, $\mathfrak{S}^*$ Systeme aus Unterräumen von X bzw. Y.

Aufgabe: Man beweise
(1) $\sum \{\varphi U : U \in \mathfrak{S}\} = \varphi(\sum \{U : U \in \mathfrak{S}\})$.
(2) $\sum \{\varphi^-(V) : V \in \mathfrak{S}^*\} \subseteq \varphi^-(\sum \{V : V \in \mathfrak{S}^*\})$.
(3) Gilt $V \subset \operatorname{Im} \varphi$ für alle $V \in \mathfrak{S}^*$, so ist (2) mit dem Gleichheitszeichen erfüllt.
(4) $\varphi(\bigcap \{U : U \in \mathfrak{S}\}) \subseteq \bigcap \{\varphi U : U \in \mathfrak{S}\}$.
(5) $\varphi^-(\bigcap \{V : V \in \mathfrak{S}^*\} = \bigcap \{\varphi^-(V) : V \in \mathfrak{S}^*\}$.
(6) Gilt $U \supset \operatorname{Kern} \varphi$ für alle $U \in \mathfrak{S}$, so ist (4) mit dem Gleichheitszeichen erfüllt.

8D Die Definitionen 8a, 8b und die Definition des Kerns können für Moduln übernommen werden. Statt von linearen Abbildungen spricht man bei Moduln von **Homomorphismen** oder genauer von **Modulhomomorphismen**. Für sie gelten ebenfalls die Sätze 8. 1, 8. 2, 8. 3, 8. 5 und der erste Teil von 8. 8. Definiert man wie in 8. II einen Modulhomomorphismus $\varphi_a: X \to X$, so braucht dieser für $a \neq 0$ kein Isomorphismus zu sein: Z. B. bildet $\varphi_2: \mathbb{Z} \to \mathbb{Z}$ den $\mathbb{Z}$-Modul $\mathbb{Z}$ injektiv auf den echten Untermodul der geraden ganzen Zahlen ab. Als Homomorphismus $\varphi_2: \mathbb{Z}_4 \to \mathbb{Z}_4$ ist φ_2 wegen $\varphi_2(2) = 2 \cdot 2 = 0$ nicht einmal injektiv.

§ 9 Abbildungsräume, Matrizen

Wie in dem vorangehenden Paragraphen seien X und Y zwei Vektorräume mit gemeinsamem Skalarenkörper. Mit $L(X, Y)$ soll dann die Menge aller linearen Abbildungen von X in Y bezeichnet werden. In $L(X, Y)$ können auf folgende Weise ebenfalls die linearen Operationen definiert werden: Für je zwei Abbildungen $\varphi, \psi \in L(X, Y)$ sei $\varphi + \psi$ diejenige Abbildung von X in Y, die jeden Vektor $\mathfrak{x} \in X$ auf die Summe der Bildvektoren $\varphi\mathfrak{x}$ und $\psi\mathfrak{x}$ abbildet. Es soll also gelten

$$(\varphi + \psi)\,\mathfrak{x} = \varphi\mathfrak{x} + \psi\mathfrak{x}.$$

Die so definierte Summenabbildung ist selbst eine lineare Abbildung, also eine Abbildung aus $L(X, Y)$: Es gilt nämlich

$$\begin{aligned}(\varphi + \psi)\,(\mathfrak{x}_1 + \mathfrak{x}_2) &= \varphi(\mathfrak{x}_1 + \mathfrak{x}_2) + \psi(\mathfrak{x}_1 + \mathfrak{x}_2) = (\varphi\mathfrak{x}_1 + \varphi\mathfrak{x}_2) + (\psi\mathfrak{x}_1 + \psi\mathfrak{x}_2)\\ &= (\varphi\mathfrak{x}_1 + \psi\mathfrak{x}_1) + (\varphi\mathfrak{x}_2 + \psi\mathfrak{x}_2) = (\varphi + \psi)\,\mathfrak{x}_1 + (\varphi + \psi)\,\mathfrak{x}_2,\end{aligned}$$

$$\begin{aligned}(\varphi + \psi)\,(c\mathfrak{x}) &= \varphi(c\mathfrak{x}) + \psi(c\mathfrak{x}) = c(\varphi\mathfrak{x}) + c(\psi\mathfrak{x}) = c(\varphi\mathfrak{x} + \psi\mathfrak{x})\\ &= c\,((\varphi + \psi)\,\mathfrak{x}).\end{aligned}$$

Entsprechend wird die Abbildung $c\varphi$ durch

$$(c\varphi)\,\mathfrak{x} = c(\varphi\mathfrak{x})$$

definiert. Eine analoge Rechnung zeigt, daß mit φ auch $c\varphi$ zu $L(X, Y)$ gehört und daß $L(X, Y)$ hinsichtlich der so erklärten linearen Operationen selbst ein Vektorraum ist. Der Nullvektor dieses **Abbildungsraumes** ist die Nullabbildung.

An dieser Stelle wird entscheidend benutzt, daß der Skalarenkörper kommutativ ist: Wie schon in 8. II bemerkt, wird diese Voraussetzung beim Nachweis der zweiten Linearitätseigenschaft bei der Abbildung $c\varphi$ gebraucht.

Weiter sei jetzt B eine Basis von X und B^* eine Basis von Y. Bei fester Wahl eines Vektors $\mathfrak{a} \in B$ und eines Vektors $\mathfrak{a}^* \in B^*$ wird nach 8. 2 durch

(*) $$\omega_{\mathfrak{a},\mathfrak{a}^*}\mathfrak{x} = \begin{cases} \mathfrak{a}^* & \text{für} \quad \mathfrak{x} = \mathfrak{a} \\ \mathfrak{o} & \phantom{\text{für}} \quad \mathfrak{x} \neq \mathfrak{a} \end{cases} \quad (\mathfrak{x} \in B)$$

eine lineare Abbildung $\omega_{\mathfrak{a},\mathfrak{a}^*}: X \to Y$ eindeutig definiert. Für die Menge $\Omega = \{\omega_{\mathfrak{a},\mathfrak{a}^*} : \mathfrak{a} \in B,\ \mathfrak{a}^* \in B^*\}$ gilt dann:

9. 1 *Ω ist eine linear unabhängige Teilmenge von $L(X, Y)$. Besitzt X endliche Dimension, so ist Ω sogar eine Basis von $L(X, Y)$. Besitzt außerdem noch Y endliche Dimension, so gilt*

$$\operatorname{Dim} L(X, Y) = (\operatorname{Dim} X)\,(\operatorname{Dim} Y).$$

Beweis: Es seien $\mathfrak{a}_1, \ldots, \mathfrak{a}_n$ verschiedene Vektoren aus B und $\mathfrak{a}_1^*, \ldots, \mathfrak{a}_r^*$ verschiedene Vektoren aus B^*. Aus

$$\sum_{\nu=1}^{n} \sum_{\varrho=1}^{r} c_{\nu,\varrho}\,\omega_{\mathfrak{a}_\nu,\mathfrak{a}_\varrho^*} = 0 \qquad \text{(Nullabbildung)}$$

folgt dann wegen (*) für $\mu = 1, \ldots, n$

$$\mathfrak{o} = 0\mathfrak{a}_\mu = \left(\sum_{\nu=1}^{n} \sum_{\varrho=1}^{r} c_{\nu,\varrho}\omega_{\mathfrak{a}_\nu,\mathfrak{a}_\varrho^*}\right)\mathfrak{a}_\mu = \sum_{\nu=1}^{n} \sum_{\varrho=1}^{r} c_{\nu,\varrho}(\omega_{\mathfrak{a}_\nu,\mathfrak{a}_\varrho^*}\,\mathfrak{a}_\mu) = \sum_{\varrho=1}^{r} c_{\mu,\varrho}\mathfrak{a}_\varrho^*.$$

Da $\mathfrak{a}_1^*, \ldots, \mathfrak{a}_r^*$ als Vektoren der Basis B^* linear unabhängig sind, ergibt sich hieraus $c_{\mu,\varrho} = 0$ für $\varrho = 1, \ldots, r$ und auch für $\mu = 1, \ldots, n$. Daher ist Ω linear unabhängig.

Weiter besitze jetzt X die endliche Dimension n; d. h. es gilt $B = \{\mathfrak{a}_1, \ldots, \mathfrak{a}_n\}$. Ist nun φ eine beliebige Abbildung aus $L(X, Y)$, so läßt sich für $\nu = 1, \ldots, n$ der Bildvektor $\varphi\mathfrak{a}_\nu$ eindeutig als Linearkombination der Basis B^* darstellen. Es gelte etwa

(**) $$\varphi\mathfrak{a}_\nu = \sum_{\varrho=1}^{r} a_{\nu,\varrho}\,\mathfrak{a}_\varrho^* \qquad (\nu = 1, \ldots, n).$$

Durch

$$\psi = \sum_{\nu=1}^{n} \sum_{\varrho=1}^{r} a_{\nu,\varrho}\, \omega_{\mathfrak{a}_\nu, \mathfrak{a}^*_\varrho}$$

wird dann eine neue Abbildung ψ aus $L(X, Y)$ definiert. Da jedoch für $\mu = 1, \ldots, n$

$$\psi \mathfrak{a}_\mu = \sum_{\nu=1}^{n} \sum_{\varrho=1}^{r} a_{\nu,\varrho} (\omega_{\mathfrak{a}_\nu, \mathfrak{a}^*_\varrho}\, \mathfrak{a}_\mu) = \sum_{\varrho=1}^{r} a_{\mu,\varrho}\, \mathfrak{a}^*_\varrho = \varphi \mathfrak{a}_\mu$$

gilt, folgt wegen 8. 2 hieraus $\psi = \varphi$. Jede Abbildung aus $L(X, Y)$ ist somit jetzt als eine Linearkombination von Ω darstellbar; d. h. Ω ist sogar eine Basis von $L(X, Y)$.

Schließlich besitze auch noch Y die endliche Dimension r, und es gelte $B^* = \{\mathfrak{a}^*_1, \ldots, \mathfrak{a}^*_r\}$. Dann besteht die Basis Ω aus genau $n \cdot r$ Abbildungen, und es folgt

$$\operatorname{Dim} L(X, Y) = n \cdot r = (\operatorname{Dim} X)\,(\operatorname{Dim} Y). \quad \blacklozenge$$

Für den Rest dieses Paragraphen seien jetzt X und Y immer endlichdimensionale Vektorräume mit Basen $B = \{\mathfrak{a}_1, \ldots, \mathfrak{a}_n\}$ und $B^* = \{\mathfrak{a}^*_1, \ldots, \mathfrak{a}^*_r\}$. Die Basisabbildungen $\omega_{\mathfrak{a}_\nu, \mathfrak{a}^*_\varrho}$ sollen dann auch kürzer mit $\omega_{\nu,\varrho}$ bezeichnet werden. Man nennt $\Omega = \{\omega_{\nu,\varrho} : \nu = 1, \ldots, n;\ \varrho = 1, \ldots, r\}$ die zu den gegebenen Basen B und B^* gehörende **kanonische Basis** von $L(X, Y)$.

Jede Abbildung φ aus $L(X, Y)$ kann auf genau eine Weise als Linearkombination der kanonischen Basis Ω dargestellt werden:

$$\varphi = \sum_{\nu=1}^{n} \sum_{\varrho=1}^{r} a_{\nu,\varrho}\, \omega_{\nu,\varrho}.$$

Der Abbildung φ entsprechen somit umkehrbar eindeutig $n \cdot r$ Koordinaten $a_{\nu,\varrho}$. Diese pflegt man in Form einer rechteckigen Matrix anzuordnen:

$$A = (a_{\nu,\varrho}) = \begin{pmatrix} a_{1,1} & \cdots & a_{1,r} \\ a_{2,1} & \cdots & a_{2,r} \\ \cdot & \cdots & \cdot \\ a_{n,1} & \cdots & a_{n,r} \end{pmatrix}.$$

Man nennt A die der linearen Abbildung φ hinsichtlich der Basen B und B^* zugeordnete **Matrix.** Sie stellt jedoch nur eine spezielle Schreibweise des Koordinaten-$(n \cdot r)$-Tupels von φ hinsichtlich der kanonischen Basis Ω dar. Die Zeilenzahl der Matrix A ist gleich der Dimension von X, die Spaltenzahl gleich der Dimension von Y. Allgemein bezeichnet man eine Matrix mit n Zeilen und r Spalten auch als eine (n, r)-Matrix.

Ist der linearen Abbildung φ hinsichtlich der Basen B und B^* die Matrix A zugeordnet, so berechnen sich ihre Elemente $a_{\nu,\varrho}$ mit Hilfe der Gleichung (**)

aus dem Beweis von 9. 1: Man wendet die Abbildung φ auf die Vektoren $\mathfrak{a}_\nu$ der Basis B an und stellt die Bildvektoren $\varphi\mathfrak{a}_\nu$ als Linearkombinationen

$$\varphi\mathfrak{a}_\nu = \sum_{\varrho=1}^{r} a_{\nu,\varrho}\mathfrak{a}_\varrho^* \qquad (\nu = 1, \ldots, n)$$

der Basis B^* dar. Die dabei auftretenden Koeffizienten $a_{\nu,\varrho}$ sind gerade die Elemente der Matrix A. Diese Gleichungen stimmen bis auf das Auftreten der mit einem Stern gekennzeichneten Koordinaten mit den Gleichungen einer Koordinatentransformation (7. 3) überein. Tatsächlich kann man die Basistransformation aus 7. 3 als diejenige lineare Abbildung $\varphi: X \to X$ auffassen, die durch $\varphi\mathfrak{a}_\nu = \mathfrak{a}_\nu^*$ $(\nu = 1, \ldots, n)$ definiert wird. Bei ihr sind Ursprungs- und Zielraum gleich, weswegen man auch nur mit der einen Basis $\{\mathfrak{a}_1, \ldots, \mathfrak{a}_n\}$ auskommt. Die φ hinsichtlich dieser gemeinsamen Basis von Ursprungs- und Zielraum zugeordnete Matrix A ist dann gerade die zu der Basistransformation gehörende Transformationsmatrix. Man überlege sich jedoch, daß bei dieser Auffassung die Rollen der Koordinaten vertauscht werden.

Mit Hilfe der einer linearen Abbildung $\varphi: X \to Y$ zugeordneten Matrix A lassen sich die Koordinaten des Bildvektors $\varphi\mathfrak{x}$ eines Vektors $\mathfrak{x} \in X$ in einfacher Weise berechnen: Es gelte etwa $\mathfrak{x} = x_1\mathfrak{a}_1 + \cdots + x_n\mathfrak{a}_n$. Dann folgt

$$\varphi\mathfrak{x} = \sum_{\nu=1}^{n} x_\nu(\varphi\mathfrak{a}_\nu) = \sum_{\nu=1}^{n} x_\nu \left(\sum_{\varrho=1}^{r} a_{\nu,\varrho}\mathfrak{a}_\varrho^*\right) = \sum_{\varrho=1}^{r}\left(\sum_{\nu=1}^{n} x_\nu a_{\nu,\varrho}\right)\mathfrak{a}_\varrho^*,$$

und man erhält somit:

9. 2 *Hinsichtlich der Basen B von X und B^* von Y sei einer linearen Abbildung $\varphi: X \to Y$ die Matrix $A = (a_{\nu,\varrho})$ zugeordnet. Der Vektor $\mathfrak{x} \in X$ besitze hinsichtlich der Basis B die Koordinaten $x_1, \ldots, x_n$; entsprechend seien $x_1^*, \ldots, x_r^*$ die Koordinaten des Bildvektors $\varphi\mathfrak{x}$ hinsichtlich der Basis B^*. Dann gilt*

$$x_\varrho^* = \sum_{\nu=1}^{n} x_\nu a_{\nu,\varrho} \qquad (\varrho = 1, \ldots, r).$$

Der Begriff „Rang“ wurde in 8c für lineare Abbildungen, aber bereits in 7a für Matrizen definiert. Der folgende Satz zeigt die Zusammengehörigkeit beider Begriffe.

9. 3 *Einer linearen Abbildung $\varphi: X \to Y$ sei hinsichtlich der Basen $\{\mathfrak{a}_1, \ldots, \mathfrak{a}_n\}$ von X und $\{\mathfrak{a}_1^*, \ldots, \mathfrak{a}_r^*\}$ von Y die Matrix A zugeordnet. Dann gilt* $\operatorname{Rg}\varphi = \operatorname{Rg} A$.

Beweis: Für die Elemente $a_{\nu,\varrho}$ der Matrix A gilt

$$\varphi\mathfrak{a}_\nu = \sum_{\varrho=1}^{r} a_{\nu,\varrho}\mathfrak{a}_\varrho^* \qquad (\nu = 1, \ldots, n).$$

Die Zeilen von A sind daher die Koordinaten-r-Tupel der Vektoren $\varphi\mathfrak{a}_\nu$ hinsichtlich der Basis $\{\mathfrak{a}_1^*, \ldots, \mathfrak{a}_r^*\}$. Die Maximalzahl linear unabhängiger Zeilen, nämlich der Rang von A, ist somit gleich der Dimension des von den Vektoren $\varphi\mathfrak{a}_1, \ldots, \varphi\mathfrak{a}_n$ aufgespannten Unterraums φX von Y, also gleich dem Rang von φ. ◆

Zur Berechnung von $\operatorname{Rg}\varphi$ wird man die Matrix A mit Hilfe elementarer Umformungen in eine Matrix der Form B aus § 7 überführen. Bei linksseitiger Mitführung der Einheitsmatrix (§ 7) kann man hierbei auch eine Basis von Kern φ gewinnen: Es sei

$$\begin{array}{ccc|ccccc}
u_{1,1} & \ldots & u_{1,n} & b_{1,1} & \ldots & \ldots & \ldots & b_{1,r} \\
\ldots & \ldots & \ldots & 0 & \ldots & \ldots & \ldots & \ldots \\
u_{k,1} & \ldots & u_{k,n} & 0 & \ldots & 0 & b_{k,k} \ldots & b_{k,r} \\
u_{k+1,1} & \ldots & u_{k+1,n} & 0 & \ldots & \ldots & \ldots & 0 \\
\ldots & \ldots & \ldots & \ldots & \ldots & \ldots & \ldots & \ldots \\
u_{n,1} & \ldots & u_{n,n} & 0 & \ldots & \ldots & \ldots & 0
\end{array}$$

das Endschema der Rechnung. Dann gilt $\operatorname{Rg}\varphi = k$ und $\operatorname{Def}\varphi = n - k$. Die letzten $n - k$ Zeilen besagen, daß

$$\varphi(u_{\nu,1}\mathfrak{a}_1 + \ldots + u_{\nu,n}\mathfrak{a}_n) = u_{\nu,1}(\varphi\mathfrak{a}_1) + \ldots + u_{\nu,n}(\varphi\mathfrak{a}_n) = \mathfrak{o}$$

und daher

$$\mathfrak{b}_\nu = u_{\nu,1}\mathfrak{a}_1 + \ldots + u_{\nu,n}\mathfrak{a}_n \in \operatorname{Kern}\varphi \quad (\nu = k+1, \ldots, n)$$

gilt. Da die Zeilen der linken Matrix außerdem linear unabhängig sind, ist $\{\mathfrak{b}_{k+1}, \ldots, \mathfrak{b}_n\}$ eine Basis von Kern φ.

Da die (n, r)-Matrizen nur eine spezielle Schreibweise der $(n \cdot r)$-Tupel darstellen, sind für sie die linearen Operationen definiert: Man erhält die Summenmatrix $A + B$ zweier (n, r)-Matrizen $A = (a_{\nu,\varrho})$ und $B = (b_{\nu,\varrho})$, indem man entsprechende Elemente einzeln addiert; und man multipliziert A mit einem Skalar c, indem man jedes Element von A einzeln mit c multipliziert. Es gilt also

$$A + B = \begin{pmatrix} a_{1,1} + b_{1,1} & \cdots & a_{1,r} + b_{1,r} \\ \cdots & \cdots & \cdots \\ a_{n,1} + b_{n,1} & \cdots & a_{n,r} + b_{n,r} \end{pmatrix}, \quad cA = \begin{pmatrix} ca_{1,1} & \cdots & ca_{1,r} \\ \cdots & \cdots & \cdots \\ ca_{n,1} & \cdots & ca_{n,r} \end{pmatrix},$$

und die (n, r)-Matrizen bilden hinsichtlich dieser linearen Operationen einen Vektorraum. Der Nullvektor dieses Matrizenraumes ist die aus lauter Nullen bestehende (n, r)-Matrix. Sie wird die **Nullmatrix** genannt und mit 0 bezeichnet. Die Zuordnung, die jeder linearen Abbildung $\varphi: X \to Y$ die ihr hinsichtlich fester Basen von X und Y entsprechende Matrix zuordnet, ist ein Isomorphismus von $L(X, Y)$ auf den Vektorraum der (n, r)-Matrizen. Insbesondere gilt also:

9.4 *Hinsichtlich fester Basen von X und Y entspreche der linearen Abbildung $\varphi : X \to Y$ die Matrix A und der linearen Abbildung $\psi : X \to Y$ die Matrix B. Dann entspricht der Summenabbildung $\varphi + \psi$ die Summenmatrix $A + B$ und der Abbildung $c\varphi$ die Matrix cA. Speziell entspricht der Nullabbildung die Nullmatrix.*

Ergänzungen und Aufgaben

9A Die Bezeichnungen seien wie in 9. 1. Besitzt X unendliche Dimension, so ist Ω (auch bei endlicher Dimension von Y) keine Basis von $L(X, Y)$. Ordnet man z. B. jedem Vektor $\mathfrak{a} \in B$ als Bild denselben Vektor $\mathfrak{b}_0^* \in B^*$ zu, so wird hierdurch eine lineare Abbildung $\varphi : X \to Y$ definiert. Diese ist jedoch nicht als Linearkombination von Ω (nämlich als Linearkombination endlich vieler Abbildungen aus Ω) darstellbar.

9B Es seien φ und ψ zwei lineare Abbildungen mit $\mathrm{Rg}\,\varphi = m$ und $\mathrm{Rg}\,\psi = n$.

Aufgabe: Es gilt $|m - n| \leqq \mathrm{Rg}\,(\varphi + \psi) \leqq m + n$.

9C Es seien X und Y zwei endlich-dimensionale, reelle Vektorräume. Hinsichtlich je einer Basis von X und Y sei der linearen Abbildung $\varphi : X \to Y$ die Matrix

$$\begin{pmatrix} 2 & -1 & 5 \\ -1 & 6 & -12 \\ 3 & 4 & -2 \\ 4 & 9 & -9 \end{pmatrix}$$

zugeordnet. Ferner seien

$$(3, 2, 1, 1), \; (1, 0, -2, -3), \; (-2, 5, 5, 0)$$

die Koordinaten von Vektoren $\mathfrak{x}_1, \mathfrak{x}_2, \mathfrak{x}_3$ aus X.

Aufgabe: 1.) Man berechne $\mathrm{Rg}\,\varphi$, $\mathrm{Def}\,\varphi$ und eine Basis von $\mathrm{Kern}\,\varphi$.

2). Wie lauten die Koordinaten der Bildvektoren $\varphi\mathfrak{x}_1, \varphi\mathfrak{x}_2, \varphi\mathfrak{x}_3$ hinsichtlich der gegebenen Basis von Y?

3). Welche Dimension besitzt der von $\mathfrak{x}_1, \mathfrak{x}_2, \mathfrak{x}_3$ aufgespannte Unterraum U von X, und welche Dimension besitzt sein Bild φU?

§ 10 Produkte von Abbildungen und Matrizen

Es seien X, Y, Z drei Vektorräume mit gemeinsamem Skalarenkörper, und $\varphi : X \to Y$, $\psi : Y \to Z$ seien zwei lineare Abbildungen. Dann ist die Produktabbildung $\psi \circ \varphi : X \to Z$ definiert (vgl. § 1). Wegen

$$(\psi \circ \varphi)(\mathfrak{x}_1 + \mathfrak{x}_2) = \psi(\varphi(\mathfrak{x}_1 + \mathfrak{x}_2)) = \psi(\varphi\mathfrak{x}_1 + \varphi\mathfrak{x}_2) = \psi(\varphi\mathfrak{x}_1) + \psi(\varphi\mathfrak{x}_2)$$
$$= (\psi \circ \varphi)\mathfrak{x}_1 + (\psi \circ \varphi)\mathfrak{x}_2,$$
$$(\psi \circ \varphi)(c\mathfrak{x}) = \psi(\varphi(c\mathfrak{x})) = \psi(c(\varphi\mathfrak{x})) = c(\psi(\varphi\mathfrak{x}))$$
$$= c((\psi \circ \varphi)\mathfrak{x})$$

ist $\psi \circ \varphi$ eine ebenfalls lineare Abbildung von X in Z. Unter der Voraussetzung, daß alle auftretenden Produktabbildungen definiert sind, bestätigt man außerdem unmittelbar folgende Rechenregeln:

10. 1
$$(\chi \circ \psi) \circ \varphi = \chi \circ (\psi \circ \varphi). \qquad (\textit{Assoziativität})$$
$$\psi \circ (\varphi_1 + \varphi_2) = \psi \circ \varphi_1 + \psi \circ \varphi_2, \qquad (\textit{Distributivität})$$
$$(\psi_1 + \psi_2) \circ \varphi = \psi_1 \circ \varphi + \psi_2 \circ \varphi.$$
$$(c\psi) \circ \varphi = \psi \circ (c\varphi) = c(\psi \circ \varphi).$$

Ebenso einfach zeigt man

10. 2 *Die Produktabbildung zweier Injektionen (Surjektionen, Isomorphismen) ist wieder eine Injektion (Surjektion, ein Isomorphismus).*

10. 3 *Die Vektorräume X und Y seien endlich-dimensional. Für den Rang der Produktabbildung zweier linearer Abbildungen $\varphi : X \to Y$ und $\psi : Y \to Z$ gilt dann*

$$\operatorname{Rg} \varphi + \operatorname{Rg} \psi - \operatorname{Dim} Y \leqq \operatorname{Rg}(\psi \circ \varphi) \leqq \min\{\operatorname{Rg} \varphi, \operatorname{Rg} \psi\}.$$

Beweis: Wegen 8. 3 gilt $\operatorname{Dim}(\psi(\varphi X)) \leqq \operatorname{Dim}(\varphi X)$ und daher

$$\operatorname{Rg}(\psi \circ \varphi) = \operatorname{Dim}(\psi(\varphi X)) \leqq \operatorname{Dim}(\varphi X) = \operatorname{Rg} \varphi.$$

Wegen $\varphi X \leq| Y$, also $\psi(\varphi X) \leq| \psi Y$, folgt entsprechend

$$\operatorname{Rg}(\psi \circ \varphi) = \operatorname{Dim}(\psi(\varphi X)) \leqq \operatorname{Dim}(\psi Y) = \operatorname{Rg} \psi$$

und damit insgesamt die rechte Abschätzung. Faßt man ψ nur als lineare Abbildung des Unterraums φX von Y auf und bezeichnet man diese **Restriktion** von ψ mit ψ', so gilt offenbar $\operatorname{Def} \psi' \leqq \operatorname{Def} \psi$, wegen 8. 7 also

$$\operatorname{Rg}(\psi \circ \varphi) = \operatorname{Dim}(\psi(\varphi X)) = \operatorname{Dim}(\psi'(\varphi X)) = \operatorname{Rg} \psi'$$
$$= \operatorname{Dim}(\varphi X) - \operatorname{Def} \psi' \geqq \operatorname{Dim}(\varphi X) - \operatorname{Def} \psi = \operatorname{Rg} \varphi - (\operatorname{Dim} Y - \operatorname{Rg} \psi)$$
$$= \operatorname{Rg} \varphi + \operatorname{Rg} \psi - \operatorname{Dim} Y. \quad \blacklozenge$$

Weiter seien jetzt X, Y, Z endlich-dimensionale Vektorräume mit entsprechenden Basen $B_X = \{\mathfrak{a}_1, \ldots, \mathfrak{a}_n\}$, $B_Y = \{\mathfrak{b}_1, \ldots, \mathfrak{b}_r\}$ und $B_Z = \{\mathfrak{c}_1, \ldots, \mathfrak{c}_s\}$. Einer linearen Abbildung $\varphi : X \to Y$ ist dann hinsichtlich B_X und B_Y eine

(n, r)-Matrix $A = (a_{\nu,\varrho})$ zugeordnet. Ebenso entspricht einer linearen Abbildung $\psi: Y \to Z$ hinsichtlich B_Y und B_Z eine (r, s)-Matrix $B = (b_{\varrho,\sigma})$. Für die Elemente dieser Matrizen gelten die Gleichungen

$$\varphi\mathfrak{a}_\nu = \sum_{\varrho=1}^{r} a_{\nu,\varrho}\mathfrak{b}_\varrho \qquad (\nu = 1, \ldots, n),$$

$$\psi\mathfrak{b}_\varrho = \sum_{\sigma=1}^{s} b_{\varrho,\sigma}\mathfrak{c}_\sigma \qquad (\varrho = 1, \ldots, r).$$

Auch der Produktabbildung $\psi \circ \varphi: X \to Z$ ist hinsichtlich B_X und B_Z eine (n, s)-Matrix $C = (c_{\nu,\sigma})$ zugeordnet. Für deren Elemente gilt

$$(\psi \circ \varphi)\,\mathfrak{a}_\nu = \sum_{\sigma=1}^{s} c_{\nu,\sigma}\mathfrak{c}_\sigma \qquad (\nu = 1, \ldots, n).$$

Andererseits gilt aber auch

$$\begin{aligned}(\psi \circ \varphi)\,\mathfrak{a}_\nu &= \psi(\varphi\mathfrak{a}_\nu) = \psi\left(\sum_{\varrho=1}^{r} a_{\nu,\varrho}\mathfrak{b}_\varrho\right) = \sum_{\varrho=1}^{r} a_{\nu,\varrho}(\psi\mathfrak{b}_\varrho)\\ &= \sum_{\varrho=1}^{r} a_{\nu,\varrho}\left(\sum_{\sigma=1}^{s} b_{\varrho,\sigma}\mathfrak{c}_\sigma\right) = \sum_{\sigma=1}^{s}\left(\sum_{\varrho=1}^{r} a_{\nu,\varrho}b_{\varrho,\sigma}\right)\mathfrak{c}_\sigma \qquad (\nu = 1, \ldots, n).\end{aligned}$$

Wegen der Eindeutigkeit der Basisdarstellungen der Vektoren $(\psi \circ \varphi)\,\mathfrak{a}_\nu$ müssen die auf den rechten Seiten der beiden letzten Gleichungen auftretenden Koeffizienten übereinstimmen. Durch Vergleich erhält man daher folgende Darstellung der Elemente der Matrix C durch die Elemente von A und B:

$$(*) \qquad c_{\nu,\sigma} = \sum_{\varrho=1}^{r} a_{\nu,\varrho}b_{\varrho,\sigma} \qquad (\nu = 1, \ldots, n;\ \sigma = 1, \ldots, s).$$

Die Matrix C wird die **Produktmatrix** der Matrizen A und B genannt und mit AB bezeichnet. Der Produktabbildung $\psi \circ \varphi$ entspricht somit hinsichtlich der Basen B_X und B_Z das Produkt AB der den einzelnen Abbildungen zugeordneten Matrizen. Man beachte jedoch, daß in dem Matrizenprodukt die Faktoren in der umgekehrten Reihenfolge auftreten! Diesem Nachteil könnte man begegnen, wenn man die Abbildungen von rechts an die Vektoren schreibt, also $\mathfrak{x}\varphi$ statt $\varphi\mathfrak{x}$, weil dann auch die zuerst angewandte Abbildung links steht. Wegen anderer Nachteile wurde hiervon jedoch abgesehen. Die Elemente der Produktmatrix AB gewinnt man gemäß den Gleichungen (*) auf folgende Weise: Wenn man entsprechende Elemente der ν-ten Zeile von A und der σ-ten Spalte von B multipliziert und danach die erhaltenen Produkte summiert, so erhält man das im Kreuzungspunkt der ν-ten Zeile und der σ-ten Spalte stehende Element der Produktmatrix. Den beschriebenen Rechenvorgang bezeichnet man auch als **Kombination** der ν-ten Zeile von A mit der σ-ten Spalte von B.

Das Produkt $\psi \circ \varphi$ zweier linearer Abbildungen ist nur genau dann definiert, wenn der Ursprungsraum von ψ mit dem Zielraum von φ übereinstimmt. Dem entspricht, daß ein Matrizenprodukt AB nur genau dann definiert ist, wenn die Spaltenzahl der Matrix A gleich der Zeilenzahl der Matrix B ist.

Beispiele:

10. I Die Produktmatrix der reellen Matrizen

$$A = \begin{pmatrix} 1 & -2 & 3 & 1 \\ 2 & 4 & -5 & 0 \\ -1 & 3 & -2 & 2 \end{pmatrix} \quad \text{und} \quad B = \begin{pmatrix} 1 & 1 \\ 3 & -2 \\ -1 & 0 \\ 4 & -3 \end{pmatrix}$$

ist

$$AB = \begin{pmatrix} -4 & 2 \\ 19 & -6 \\ 18 & -13 \end{pmatrix}.$$

10. II Ein n-Tupel kann auch als einzeilige Matrix aufgefaßt werden. Bei dieser Deutung der n-Tupel können z. B. die Gleichungen aus 9. 2 in einer Matrizengleichung zusammengefaßt werden:

Der linearen Abbildung $\varphi: X \to Y$ entspreche hinsichtlich zweier Basen von X und Y die Matrix A. Ist dann $(x_1, \ldots, x_n)$ das Koordinaten-n-Tupel eines Vektors $\mathfrak{x} \in X$, so ist im Sinn der Matrizenmultiplikation

$$(x_1^*, \ldots, x_r^*) = (x_1, \ldots, x_n)\, A$$

das Koordinaten-r-Tupel des Bildvektors $\varphi\mathfrak{x}$. Entspricht z. B. φ die Matrix A aus 10. I und besitzt der Vektor $\mathfrak{x}$ die Koordinaten $(1, 2, -3)$, so ergeben sich die Koordinaten des Bildvektors zu

$$(1, 2, -3) \begin{pmatrix} 1 & -2 & 3 & 1 \\ 2 & 4 & -5 & 0 \\ -1 & 3 & -2 & 2 \end{pmatrix} = (8, -3, -1, -5).$$

10. III Auch die Gleichungen aus 7. 3 lassen sich als eine Matrizengleichung schreiben:

Ist A die Transformationsmatrix einer Basistransformation und besitzt der Vektor $\mathfrak{x}$ hinsichtlich der alten Basis die Koordinaten $(x_1, \ldots, x_n)$, hinsichtlich der neuen Basis aber die Koordinaten $(x_1^*, \ldots, x_n^*)$, so gilt

$$(x_1, \ldots, x_n) = (x_1^*, \ldots, x_n^*)\, A.$$

Da Skalare von links an Vektoren geschrieben werden, ist es konsequent, wie in 10. II und 10. III mit Koordinatenzeilen zu arbeiten, die von links an die Matrizen multipliziert werden. Man achte jedoch darauf, daß in der Literatur sehr unterschiedliche Auffassungen und Schreibweisen auftreten! Vielfach werden Koordinatenspalten benutzt, die dann von rechts an die Matrizen multipliziert werden, wobei dann allerdings auch die Matrizen anders zu bestimmen sind (Transposition, vgl. § 12).

Die einer linearen Abbildung $\varphi: X \to Y$ zugeordnete Matrix hängt wesentlich von der Wahl der Basen in den Räumen X und Y ab. Am Schluß dieses Paragraphen soll daher noch die Frage untersucht werden, wie sich die der Abbildung φ zugeordnete Matrix bei einem Wechsel der Basen ändert.

Es seien also $B_X = \{\mathfrak{a}_1, \ldots, \mathfrak{a}_n\}$ und $B_X^* = \{\mathfrak{a}_1^*, \ldots, \mathfrak{a}_n^*\}$ zwei Basen von X, und entsprechend seien $B_Y = \{\mathfrak{b}_1, \ldots, \mathfrak{b}_r\}$ und $B_Y^* = \{\mathfrak{b}_1^*, \ldots, \mathfrak{b}_r^*\}$ zwei Basen von Y. Weiter sei der linearen Abbildung $\varphi: X \to Y$ hinsichtlich B_X, B_Y die Matrix $A = (a_{\nu,\varrho})$ und hinsichtlich B_X^*, B_Y^* die Matrix $A^* = (a_{\nu,\varrho}^*)$ zugeordnet. Es gilt also

$$\varphi\mathfrak{a}_\nu = \sum_{\varrho=1}^{r} a_{\nu,\varrho}\mathfrak{b}_\varrho, \qquad \varphi\mathfrak{a}_\nu^* = \sum_{\varrho=1}^{r} a_{\nu,\varrho}^*\mathfrak{b}_\varrho^* \qquad (\nu = 1, \ldots, n).$$

Dem Übergang von B_X zu B_X^* entspreche die Transformationsmatrix $S = (s_{\mu,\nu})$:

$$\mathfrak{a}_\mu^* = \sum_{\nu=1}^{n} s_{\mu,\nu}\mathfrak{a}_\nu \qquad (\mu = 1, \ldots, n).$$

Im Raum Y soll dagegen der Übergang von B_Y^* zu B_Y betrachtet werden. Er werde durch die Transformationsmatrix $T^* = (t_{\varrho,\sigma}^*)$ vermittelt:

$$\mathfrak{b}_\varrho = \sum_{\sigma=1}^{r} t_{\varrho,\sigma}^*\mathfrak{b}_\sigma^* \qquad (\varrho = 1, \ldots, r).$$

Dann folgt einerseits

$$\varphi\mathfrak{a}_\mu^* = \sum_{\sigma=1}^{r} a_{\mu,\sigma}^*\mathfrak{b}_\sigma^* \qquad (\mu = 1, \ldots, n),$$

andererseits aber auch

$$\begin{aligned}\varphi\mathfrak{a}_\mu^* &= \varphi\left(\sum_{\nu=1}^{n} s_{\mu,\nu}\mathfrak{a}_\nu\right) = \sum_{\nu=1}^{n} s_{\mu,\nu}(\varphi\mathfrak{a}_\nu) = \sum_{\nu=1}^{n} s_{\mu,\nu}\left(\sum_{\varrho=1}^{r} a_{\nu,\varrho}\mathfrak{b}_\varrho\right)\\ &= \sum_{\nu=1}^{n} s_{\mu,\nu}\left(\sum_{\varrho=1}^{r} a_{\nu,\varrho}\left(\sum_{\sigma=1}^{r} t_{\varrho,\sigma}^*\mathfrak{b}_\sigma^*\right)\right) = \sum_{\sigma=1}^{r}\left[\sum_{\nu=1}^{n}\sum_{\varrho=1}^{r} s_{\mu,\nu}a_{\nu,\varrho}t_{\varrho,\sigma}^*\right]\mathfrak{b}_\sigma^*.\end{aligned}$$

Koeffizientenvergleich auf den rechten Seiten liefert

$$a_{\mu,\sigma}^* = \sum_{\nu=1}^{n}\sum_{\varrho=1}^{r} s_{\mu,\nu}a_{\nu,\varrho}t_{\varrho,\sigma}^* \qquad (\mu = 1, \ldots, n;\ \sigma = 1, \ldots, r).$$

Diese Gleichungen können wieder in einer Matrizengleichung zusammengefaßt werden: Sie besagen nämlich gerade, daß die $a_{\mu,\sigma}^*$ die Elemente der Produktmatrix SAT^* sind.

10. 4 *Einer linearen Abbildung* $\varphi: X \to Y$ *entspreche hinsichtlich der Basen* B_X, B_Y *die Matrix* A *und hinsichtlich der Basen* B_X^*, B_Y^* *die Matrix* A^*. *Der Übergang von* B_X *zu* B_X^* *werde durch die Transformationsmatrix* S, *der Übergang von* B_Y^* *zu* B_Y *durch die Transformationsmatrix* T^* *vermittelt. Dann gilt*

$$A^* = S\,A\,T^*.$$

Ergänzungen und Aufgaben

10A Aufgabe: 1). Zeige, daß in den reellen arithmetischen Vektorräumen $\mathbb{R}^3$ und $\mathbb{R}^2$ durch die Vektoren

$$\mathfrak{a}_1 = (2, 1, -1), \quad \mathfrak{a}_2 = (1, 0, 3), \quad \mathfrak{a}_3 = (-1, 2, 1) \quad \text{und}$$
$$\mathfrak{b}_1 = (1, 1), \quad \mathfrak{b}_2 = (1, -1)$$

je eine Basis definiert wird.

2). Hinsichtlich der kanonischen Basen von $\mathbb{R}^3$ und $\mathbb{R}^2$ (vgl. 6. III) sei der linearen Abbildung $\varphi: \mathbb{R}^3 \to \mathbb{R}^2$ die Matrix

$$A = \begin{pmatrix} 0 & 1 \\ 2 & -2 \\ 3 & 0 \end{pmatrix}$$

zugeordnet. Welche Matrix entspricht φ hinsichtlich der Basen $\{\mathfrak{a}_1, \mathfrak{a}_2, \mathfrak{a}_3\}$ und $\{\mathfrak{b}_1, \mathfrak{b}_2\}$? Welche Koordinaten hat der Bildvektor des Vektors $(4, 1, 3)$ hinsichtlich der Basis $\{\mathfrak{b}_1, \mathfrak{b}_2\}$?

10B Es seien X, Y, Z drei Vektorräume, es gelte $X \neq [\mathfrak{o}]$ und es werde $L_Y = L(X, Y)$ und $L_Z = L(X, Z)$ gesetzt. Jede lineare Abbildung $\varphi: Y \to Z$ definiert dann auf folgende Weise eine Abbildung $\hat{\varphi}$ von L_Y in L_Z: Jeder linearen Abbildung $\alpha: X \to Y$ werde nämlich als Bild die durch $\beta = \varphi \circ \alpha$ definierte lineare Abbildung $\beta: X \to Z$ zugeordnet. Es gilt also $\hat{\varphi}(\alpha) = \varphi \circ \alpha$.

Aufgabe: 1). Für jedes $\varphi \in L(Y, Z)$ ist auch $\hat{\varphi}$ eine lineare Abbildung von L_Y in L_Z.

2). $\hat{\varphi}$ ist genau dann eine Surjektion, wenn φ eine Surjektion ist.

3). $\hat{\varphi}$ ist genau dann eine Injektion, wenn φ eine Injektion ist.

4). Ordnet man jeder Abbildung $\varphi \in L(Y, Z)$ die Abbildung $\hat{\varphi}$ als Bild zu, so erhält man eine Injektion von $L(Y, Z)$ in $L(L_Y, L_Z)$.

10C Aufgabe: 1). Eine lineare Abbildung $\varphi: X \to Y$ ist genau dann injektiv, wenn für jeden Vektorraum Z und für je zwei lineare Abbildungen $\alpha, \beta: Z \to X$ aus $\varphi \circ \alpha = \varphi \circ \beta$ stets $\alpha = \beta$ folgt.

2). Eine lineare Abbildung $\varphi: X \to Y$ ist genau dann surjektiv, wenn für jeden Vektorraum Z und für je zwei lineare Abbildungen $\alpha, \beta: Y \to Z$ aus $\alpha \circ \varphi = \beta \circ \varphi$ stets $\alpha = \beta$ folgt.

3). Ist $\psi \circ \varphi$ injektiv (surjektiv), so ist φ injektiv (ψ surjektiv).

Diese Ergebnisse zeigen, daß die Begriffe „Injektion“ und „Surjektion“ allein durch die linearen Abbildungen und ihre Verknüpfung ohne Bezugnahme auf die Vektoren definiert werden können, daß sie also in der sogenannten **Kategorie** aller Vektorräume und linearen Abbildungen definierbar sind.

10 D Zur Veranschaulichung der Hintereinanderschaltung linearer Abbildungen bedient man sich häufig einer Diagrammschreibweise. Ein Diagramm der Form

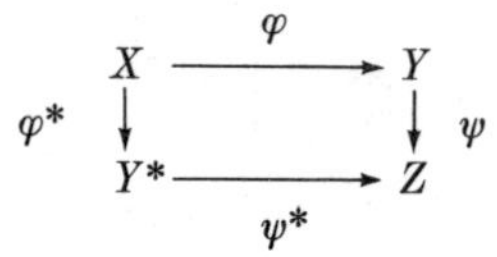

$$\begin{array}{ccc} X & \xrightarrow{\ \varphi\ } & Y \\ {\scriptstyle\varphi^*}\downarrow & & \downarrow{\scriptstyle\psi} \\ Y^* & \xrightarrow[\ \psi^*\ ]{} & Z \end{array}$$

heißt **kommutativ**, wenn $\psi \circ \varphi = \psi^* \circ \varphi^*$ gilt.

Aufgabe: 1). Das obige Diagramm sei kommutativ, φ^* sei surjektiv, und ψ sei injektiv. Man beweise

$$\operatorname{Im} \varphi = \psi^{-1}(\operatorname{Im} \psi^*) \quad \text{und} \quad \operatorname{Kern} \psi^* = \varphi^*(\operatorname{Kern} \varphi).$$

2). Man zeige, daß es zu gegebenen φ, ψ genau dann ein χ gibt, mit dem das Diagramm

(a) $\begin{array}{ccc} X & \xrightarrow{\ \varphi\ } & Y \\ {\scriptstyle\psi}\downarrow & \swarrow{\scriptstyle\chi} & \\ Z & & \end{array}$ (b) $\begin{array}{ccc} & & X \\ & \swarrow{\scriptstyle\chi} & \downarrow{\scriptstyle\varphi} \\ Y & \xrightarrow[\ \psi\ ]{} & Z \end{array}$

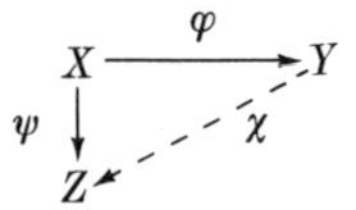

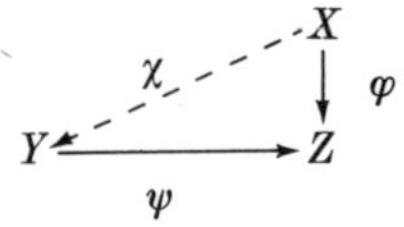

kommutativ ergänzt wird, wenn

(a) $\operatorname{Kern} \varphi \subset \operatorname{Kern} \psi$, (b) $\operatorname{Im} \varphi \subset \operatorname{Im} \psi$

erfüllt ist.

10 E Die Menge aller Modulhomomorphismen eines R-Moduls X in einen R-Modul Y wird mit $\operatorname{Hom}(X, Y)$ bezeichnet. Im allgemeinen ist $\operatorname{Hom}(X, Y)$ nur eine additive Gruppe. Wenn R jedoch kommutativ ist, kann $\operatorname{Hom}(X, Y)$ wieder als R-Modul aufgefaßt werden. Die Sätze 10. 1, 10. 2 und ebenso die Ergebnisse aus 10C und 10D gelten auch für Modulhomomorphismen. 10B läßt sich ebenfalls sinngemäß übertragen.

§ 11 Lineare Selbstabbildungen

Die Ergebnisse des vorangehenden Paragraphen können auf den Spezialfall angewandt werden, daß die bei den betrachteten linearen Abbildungen $\varphi: X \to Y$ auftretenden Räume X und Y zusammenfallen, daß man also lineare Abbildungen eines Vektorraums in sich betrachtet. Derartige Abbildungen werden auch **lineare Selbstabbildungen** oder **Endomorphismen** von X genannt. Die Menge $L(X, X)$ aller Endomorphismen des Vektorraums X ist nach den früheren Ergebnissen selbst ein Vektorraum. Daneben können aber jetzt auch je zwei Endomorphismen aus $L(X, X)$ multipliziert werden, und die Produktabbildung ist wieder ein Endomorphismus von X. Wegen 10. 1 ergibt sich außerdem sofort, daß $L(X, X)$ hinsichtlich der Addition und Multiplikation der Endomorphismen ein Ring mit der Identität ε von X als Einselement ist. Dieser **Endomorphismenring** von X ist allerdings im allgemeinen nicht kommutativ, wie das folgende Beispiel zeigt.

11. I Es sei X ein Vektorraum mit Dim $X \geqq 2$. Ferner sei B eine Basis von X, und $\mathfrak{a}_1$ sei ein fester Vektor aus B. Durch

$$\varphi\mathfrak{a} = \mathfrak{a}_1 \quad \text{und} \quad \psi\mathfrak{a} = \begin{cases} \mathfrak{a} & \text{für } \mathfrak{a} \neq \mathfrak{a}_1 \\ \mathfrak{o} & \phantom{\text{für }} \mathfrak{a} = \mathfrak{a}_1 \end{cases} \quad (\mathfrak{a} \in B)$$

werden dann nach 8.2 zwei Endomorphismen φ und ψ von X definiert. Für jeden Vektor $\mathfrak{a} \in B$ gilt $(\psi \circ \varphi)\mathfrak{a} = \mathfrak{o}$. Daher ist $\psi \circ \varphi$ die Nullabbildung. Ist $\mathfrak{a}_2$ ein von $\mathfrak{a}_1$ verschiedener Vektor aus B, so gilt andererseits $(\varphi \circ \psi)\,\mathfrak{a}_2 = \varphi\mathfrak{a}_2 = \mathfrak{a}_1 \neq \mathfrak{o}$, weswegen $\varphi \circ \psi$ nicht die Nullabbildung ist. Der Endomorphismenring von X ist daher nicht kommutativ. Wegen $\psi \circ \varphi = 0$ ist ψ ein linker und φ ein rechter Nullteiler.

Besondere Bedeutung kommt unter den Endomorphismen von X den Isomorphismen zu. Allgemeiner besitzt jeder Isomorphismus $\varphi: X \to Y$ als Bijektion von X auf Y eine Umkehrabbildung φ^{-1} (vgl. § 1). Für sie gilt:

11. 1 *Die Umkehrabbildung φ^{-1} eines Isomorphismus $\varphi: X \to Y$ ist ein Isomorphismus von Y auf X.*

Beweis: Es müssen lediglich die Linearitätseigenschaften nachgewiesen werden. Wegen $\varphi^{-1}(\varphi\mathfrak{x}) = \mathfrak{x}$ und $\varphi(\varphi^{-1}\mathfrak{y}) = \mathfrak{y}$ gilt für Vektoren $\mathfrak{y}_1, \mathfrak{y}_2 \in Y$

$$\begin{aligned} \varphi^{-1}(\mathfrak{y}_1 + \mathfrak{y}_2) &= \varphi^{-1}(\varphi(\varphi^{-1}\mathfrak{y}_1) + \varphi(\varphi^{-1}\mathfrak{y}_2)) \\ &= \varphi^{-1}(\varphi(\varphi^{-1}\mathfrak{y}_1 + \varphi^{-1}\mathfrak{y}_2)) = \varphi^{-1}\mathfrak{y}_1 + \varphi^{-1}\mathfrak{y}_2. \end{aligned}$$

Analog erhält man

$$\varphi^{-1}(c\mathfrak{y}) = \varphi^{-1}(c\varphi(\varphi^{-1}\mathfrak{y})) = \varphi^{-1}(\varphi(c(\varphi^{-1}\mathfrak{y}))) = c(\varphi^{-1}\mathfrak{y}). \ \blacklozenge$$

An dieser Stelle kann sogleich noch der Beweis dafür nachgeholt werden, daß die Isomorphie von Vektorräumen (vgl. 8e) eine Äquivalenzrelation (vgl. 11C) ist.

11. 2 *Die Isomorphie von Vektorräumen ist eine Äquivalenzrelation; d. h. es gilt:*

$X \cong X$ für jeden Vektorraum X.
Aus $X \cong Y$ folgt $Y \cong X$.
Aus $X \cong Y$ und $Y \cong Z$ folgt $X \cong Z$.

Beweis: Da die Identität ein Isomorphismus von X auf sich ist, gilt $X \cong X$. Aus $X \cong Y$ folgt die Existenz eines Isomorphismus $\varphi: X \to Y$. Dann aber ist nach 11. 1 auch $\varphi^{-1}: Y \to X$ ein Isomorphismus, und es folgt $Y \cong X$. Schließlich gelte $X \cong Y$ und $Y \cong Z$; es gibt also Isomorphismen $\varphi: X \to Y$ und $\psi: Y \to Z$. Nach 10. 2 ist dann $\psi \circ \varphi$ ein Isomorphismus von X auf Z; d. h. es folgt $X \cong Z$. ◆

11. 3 *Die Menge aller Isomorphismen eines Vektorraumes X auf sich ist hinsichtlich der Abbildungsmultiplikation eine Gruppe.*

Beweis: Da das Produkt zweier Isomorphismen von X wieder ein Isomorphismus von X ist, führt die Multiplikation nicht aus der Menge der Isomorphismen hinaus. Das Assoziativgesetz gilt bei der Multiplikation von Abbildungen allgemein. Die Identität ε von X ist ein Isomorphismus von X und neutrales Element gegenüber der Multiplikation. Schließlich existiert zu jedem Isomorphismus φ von X auf sich wegen **11. 1** ein inverser Isomorphismus, nämlich die Umkehrabbildung φ^{-1}. ◆

Ein Isomorphismus von X auf sich wird auch ein **Automorphismus** von X genannt. Die Gruppe aller Automorphismen von X heißt die **lineare Gruppe** des Vektorraums X und wird mit $GL(X)$ bezeichnet.

Weiterhin sei jetzt X ein endlich-dimensionaler Vektorraum.

11. 4 *Für die Endomorphismen eines endlich-dimensionalen Vektorraums sind die Begriffe „Injektion“, „Surjektion“ und „Isomorphismus“ gleichbedeutend.*

Beweis: Nach dem jeweils letzten Teil der Sätze 8.4, 8.8, 8.9 sind alle drei Begriffe damit gleichwertig, daß der Rang des Endomorphismus gleich der Dimension von X ist. ◆

In unendlich-dimensionalen Räumen gilt dieser Satz jedoch nicht!

Im Fall endlich-dimensionaler Vektorräume X, Y konnte man jeder linearen Abbildung aus $L(X, Y)$ umkehrbar eindeutig eine Matrix zuordnen, wenn man in X und Y je eine Basis ausgezeichnet hatte. Im Fall der Endomorphismen eines endlich-dimensionalen Vektorraums X braucht man für eine solche Zuordnung nur eine Basis festzulegen, weil man es ja jetzt auch mit nur einem Raum zu tun hat: Es seien nämlich $B = \{\mathfrak{a}_1, \ldots, \mathfrak{a}_n\}$ eine Basis und φ ein Endomorphismus von X. Dann lassen sich die Bilder der Basisvektoren als Linearkombinationen von B darstellen:

$$\varphi\mathfrak{a}_\mu = \sum_{\nu=1}^{n} a_{\mu,\nu}\mathfrak{a}_\nu \qquad (\mu = 1, \ldots, n).$$

Die hierbei auftretenden Koeffizienten $a_{\mu,\nu}$ bilden dann die dem Endomorphismus φ hinsichtlich der Basis B zugeordnete Matrix $A = (a_{\mu,\nu})$. Sie ist eine n-reihige quadratische Matrix; d. h. eine Matrix mit n Zeilen und n Spalten. Umgekehrt entspricht auch jede solche Matrix hinsichtlich der Basis B einem Endomorphismus von X. Die von links oben nach rechts unten verlaufende Diagonale der Matrix A (sie besteht aus den Elementen $a_{\nu,\nu}$) wird die **Hauptdiagonale** genannt.

Definition 11a: *Eine n-reihige quadratische Matrix A heißt* **regulär,** *wenn* $\operatorname{Rg} A = n$ *gilt; andernfalls wird sie eine* **singuläre** *Matrix genannt.*

11. 5 *Ein Endomorphismus φ eines endlich-dimensionalen Vektorraums X ist genau dann ein Automorphismus, wenn die ihm hinsichtlich irgendeiner Basis zugeordnete Matrix A regulär ist.*

Beweis: Es gelte $\text{Dim } X = n$. Dann ist A eine n-reihige quadratische Matrix. Wegen 8. 9 ist φ genau dann ein Automorphismus, wenn $\text{Rg } \varphi = n$ gilt. Dies aber ist nach 9. 3 gleichwertig mit $\text{Rg } A = n$. ◆

Da dem Produkt zweier Endomorphismen umkehrbar eindeutig das Produkt der zugeordneten Matrizen entspricht, bilden die regulären n-reihigen quadratischen Matrizen hinsichtlich der Matrizenmultiplikation ebenso wie $GL(X)$ eine im allgemeinen nicht kommutative Gruppe. Das neutrale Element dieser **Matrizengruppe** ist die der Identität ε von X entsprechende Matrix E. Unabhängig von der Wahl der Basis $\{\mathfrak{a}_1, \ldots, \mathfrak{a}_n\}$ hat sie wegen $\varepsilon\mathfrak{a}_\nu = \mathfrak{a}_\nu$ $(\nu = 1, \ldots, n)$ stets die Form

$$E = \begin{pmatrix} 1 & & & \\ & 1 & & \\ & & \ddots & \\ & & & 1 \end{pmatrix},$$

wobei in der Hauptdiagonale lauter Einsen, sonst aber lauter Nullen auftreten. Man nennt E die **Einheitsmatrix**. Wenn ihre Reihenzahl n hervorgehoben werden soll, wird statt E genauer E_n geschrieben.

Entspricht einem Automorphismus φ von X hinsichtlich einer Basis B die Matrix A, so entspricht dem inversen Automorphismus φ^{-1} eine Matrix, die man mit A^{-1} bezeichnet und die zu A **inverse Matrix** nennt. Sie ist das zu A inverse Element in der Matrizengruppe. Es gilt daher

$$A^{-1}A = AA^{-1} = E, \ (AB)^{-1} = B^{-1}A^{-1}, \ (A^{-1})^{-1} = A.$$

Die inverse Matrix A^{-1} existiert nur genau dann, wenn A eine reguläre quadratische Matrix ist. Wie man bei gegebener Matrix A die inverse Matrix A^{-1} berechnen kann, wird im nächsten Paragraphen behandelt.

Einer Basistransformation, die die Basis $\{\mathfrak{a}_1, \ldots, \mathfrak{a}_n\}$ von X in die Basis $\{\mathfrak{a}_1^*, \ldots, \mathfrak{a}_n^*\}$ überführt, entspricht die durch

$$\mathfrak{a}_\mu^* = \sum_{\nu=1}^{n} t_{\mu,\nu}\mathfrak{a}_\nu \qquad (\mu = 1, \ldots, n)$$

bestimmte Transformationsmatrix $T = (t_{\mu,\nu})$. Wegen 7. 2 ist T eine reguläre Matrix. Zu der umgekehrten Transformation, die $\{\mathfrak{a}_1^*, \ldots, \mathfrak{a}_n^*\}$ in $\{\mathfrak{a}_1, \ldots, \mathfrak{a}_n\}$ überführt, gehört dann die zu T inverse Matrix T^{-1}. Die in der Formulierung von 10. 4 enthaltene Asymmetrie hinsichtlich der Richtung der Basistransformationen kann daher folgendermaßen behoben werden:

11. 6 *Der linearen Abbildung* $\varphi: X \to Y$ *entspreche hinsichtlich der Basen* B_X, B_Y *die Matrix* A *und hinsichtlich der Basen* B_X^*, B_Y^* *die Matrix* A^*. *Der Übergang von* B_X *zu* B_X^* *werde durch die Transformationsmatrix* S, *der Übergang von* B_Y *zu* B_Y^* *durch die Transformationsmatrix* T *vermittelt. Dann gilt*

$$A^* = S\,A\,T^{-1}.$$

Bei der einem Endomorphismus zugeordneten Matrix gestaltet sich diese Transformationsformel deswegen einfacher, weil man es dann mit nur einer Basis, also auch nur mit einer Basistransformation zu tun hat. Aus dem vorangehenden Satz folgt unmittelbar:

11. 7 *Dem Endomorphismus* φ *von* X *sei hinsichtlich der Basis* B *die Matrix* A, *hinsichtlich der Basis* B^* *die Matrix* A^* *zugeordnet. Der Übergang von* B *zu* B^* *werde durch die Transformationsmatrix* S *vermittelt. Dann gilt*

$$A^* = S\,A\,S^{-1}.$$

Für den Rest dieses Paragraphen gelte $\operatorname{Dim} X = n \geq 1$, und $\varphi: X \to X$ sei ein fester Endomorphismus. Dann ist auch $\varphi^n = \varphi \circ \ldots \circ \varphi$ (n Faktoren) ein Endomorphismus, und diese Potenzbildung kann noch durch $\varphi^0 = \varepsilon$ ergänzt werden. Jedem Polynom $f(t) = a_n t^n + \ldots + a_1 t + a_0$ aus $K[t]$ kann man nun durch formales Einsetzen den Endomorphismus

$$f(\varphi) = a_n \varphi^n + \ldots + a_1 \varphi + a_0\, \varepsilon$$

zuordnen. Dabei verhalten sich diese Endomorphismen hinsichtlich Addition und Multiplikation wie die erzeugenden Polynome: Mit Polynomen f und g gilt

$$(f + g)\varphi = f(\varphi) + g(\varphi), \quad f(\varphi) \circ g(\varphi) = (f \cdot g)\varphi = (g \cdot f)\varphi = g(\varphi) \circ f(\varphi),$$

so daß also insbesondere je zwei solche Endomorphismen vertauschbare sind. Wegen $\operatorname{Dim} L(X, X) = n^2$ (9. 1) sind die $n^2 + 1$ Endomorphismen $\varepsilon = \varphi^0$, φ, $\varphi^2, \ldots, \varphi^{n2}$ linear abhängig. Mit geeigneten, nicht sämtlich verschwindenden Skalaren gilt also

$$a_{n2}\varphi^{n^2} + \ldots a_1 \varphi + a_0\, \varepsilon = 0 \text{ (Nullabbildung)}$$

und mit dem Polynom $f(t) = a_{n2} t^{n^2} + \ldots + a_1 t + a_0$ daher $f(\varphi) = 0$. Weiter sei jetzt g ein vom Nullpolynom verschiedenes Polynom kleinsten Grades mit $g(\varphi) = 0$.

11. 8 *Ist* h *ein Polynom mit* $h(\varphi) = 0$, *so ist* g *ein Teiler von* h.

Beweis: Mit Polynomen q und r gilt $h = q \cdot g + r$ und Grad $r <$ Grad g oder $r = 0$. Es folgt

$$0 = h(\varphi) = q(\varphi) g(\varphi) + r(\varphi),$$

wegen $g(\varphi) = 0$ also auch $r(\varphi) = 0$. Da aber g ein Polynom kleinsten Grades mit $g(\varphi) = 0$ ist, kann Grad $r <$ Grad g nicht erfüllt sein. Es folgt $r = 0$ und damit $h = q \cdot g$. ◆

Aus $g^*(\varphi) = 0$ und Grad $g^* =$ Grad g folgt nach dem soeben bewiesenen Satz, daß g und g^* sich gegenseitig teilen müssen, sich also nur um einen konstanten Faktor unterscheiden können. Es gibt daher nur genau ein solches **normiertes Polynom**, das nämlich bei der höchsten t-Potenz den Koeffizienten Eins besitzt.

Definition 11b: *Das eindeutig bestimmte normierte Polynom g niedrigsten Grades mit $g(\varphi) = 0$ heißt das* **Minimalpolynom** *des Endomorphismus φ und soll weiterhin mit g_φ bezeichnet werden.*

Nach der Vorbemerkung kann g_φ höchstens den Grad n^2 besitzen. Bewiesen werden soll, daß sogar Grad $g_\varphi \leq n$ erfüllt ist. Der Beweis hierfür soll so angelegt werden, daß er gleichzeitig ein Berechnungsverfahren liefert.

Ist U ein Unterraum von X mit $\varphi U \subset U$, so kann man φ auch als Endomorphismus von U auffassen, zu dem dann ein Minimalpolynom g_U gehört. Es gilt offenbar $g_X = g_\varphi$, und das zum Nullraum gehörende Minimalpolynom $g_{[\mathfrak{o}]}$ ist das konstante Polynom 1.

Vorausgesetzt sei jetzt Dim $U = k < n$ und außerdem, daß g_U schon berechnet wurde und daß Grad $g_U \leq k$ gilt. (Für $U = [\mathfrak{o}]$ ist diese Voraussetzung erfüllt, so daß die Rechnung mit dem Nullraum begonnen werden kann.) Das folgende Rechenschema dient der Berechnung des Polynoms g_V für einen echten Oberraum V von U mit $\varphi V \subset V$. In diesem Schema bedeuten Sterne von Null verschiedene Zahlen, und Leerstellen sind durch Nullen zu ersetzen. Hinsichtlich einer Basis von X sei φ die Matrix A zugeordnet, die rechts oben am Anfang des Schemas steht. Zeile I des Schemas entfällt am Anfang der Rechnung ($U = [\mathfrak{o}]$). Im Fall $U \neq [\mathfrak{o}]$ wurde in der vorangehenden Rechnung eine Basis $\{\mathfrak{a}_1, \ldots, \mathfrak{a}_k\}$ von U durch elementare Umformungen so abgeändert, daß die neuen Koordinatenzeilen eine Matrix der in der dritten Spalte von Zeile I angegebenen Form bilden. Da allerdings hier nur Zeilenumformungen (Typen (a) und (c)) zugelassen werden, können die Nullen auch auf andere Spalten verteilt sein. Die Matrix S ist bei den Umformungen durch linksseitiges Mitführen der Einheitsmatrix entstanden.

Im nächsten Schritt wählt man nun einen nicht in U liegenden Vektor $\mathfrak{b}$ beliebig aus. Multiplikation seiner Koordinatenzeile $(b_{0,1}, \ldots, b_{0,n})$ mit der Matrix A liefert die Koordinatenzeile $(b_{1,1}, \ldots, b_{1,n})$ von $\varphi\mathfrak{b}$, deren Produkt mit A die Koordinaten $(b_{2,1}, \ldots, b_{2,n})$ von $\varphi^2\mathfrak{b}$ usw. (Zeile II). Hier werden jedoch nach jeder Multiplikation unter gleichzeitiger Mitführung der Einheits-

				A
I	S		$*$ .... $*$	
II		E	$b_{0,1}$ .... $b_{0,n}$ $b_{1,1}$ .... $b_{1,n}$ .... $b_{r,1}$ .... $b_{r,n}$	
III	.... a_1 ...... a_k	1 .... 1 c_0 .. c_{r-1} 1	$*$ .... $*$ 0 0	

matrix E und der Matrix S mit Hilfe der bereits umgeformten Zeilen weitere Nullen erzeugt, so daß das Schema in Zeile III entsteht. Man bricht ab, wenn beim r-ten Schritt erstmalig eine Null-Zeile auftritt. Mit $f(t) = t^r + c_{r-1}t^{r-1} + \ldots + c_1 t + c_0$ gilt dann

$$f(\varphi)\mathfrak{b} = -a_1\mathfrak{a}_1 - \ldots - a_k\mathfrak{a}_k = \mathfrak{u} \in U,$$

während die Vektoren $\mathfrak{a}_1, \ldots, \mathfrak{a}_k, \mathfrak{b}, \varphi\mathfrak{b}, \ldots, \varphi^{r-1}\mathfrak{b}$ linear unabhängig sind und einen Oberraum V von U mit Dim $V = k + r$ aufspannen. Wegen $\varphi\mathfrak{a}_1, \ldots, \varphi\mathfrak{a}_k \in U \subset V$ und

$$\varphi^r\mathfrak{b} = -\mathfrak{u} - c_0\mathfrak{b} - \ldots - c_{r-1}(\varphi^{r-1}\mathfrak{b}) \in V$$

gilt $\varphi V \subset V$. Außerdem ist $g_U(\varphi) \circ f(\varphi)$ wegen
$g_U(\varphi)\,(f(\varphi)\,(\varphi^\varrho\mathfrak{b})) = \varphi^\varrho\,(g_U(\varphi)\,(f(\varphi)\mathfrak{b})) = \varphi^\varrho\,(g_U(\varphi)\mathfrak{u}) = \mathfrak{o}$ $(\varrho = 0, \ldots, r-1)$ die Nullabbildung von V. Nach 11.8 muß daher das Minimalpolynom g_V ein Teiler von $g_U \cdot f$ sein, und es folgt

$$\text{Grad}\, g_V \leq \text{Grad}\, g_U + \text{Grad}\, f \leq k + r = \text{Dim}\, V.$$

Wenn g_U und f teilerfremd sind, gilt sogar $g_V = g_U \cdot f$. Andernfalls ist $g_V = g_U \cdot f^*$, wobei f^* aus f durch Kürzen eines gemeinsamen Teilers h von g_U und f entsteht, so daß dann gerade noch die Gleichung $g_U(\varphi)\,(f^*(\varphi)\mathfrak{b}) = \mathfrak{o}$ erfüllt ist. Dieser Teiler h kann auch folgendermaßen bestimmt werden: Der Vektor $\mathfrak{u} = f(\varphi)\mathfrak{b}$ besitzt selbst die Form $\mathfrak{u} = f_1(\varphi)\mathfrak{b}_1 + \ldots + f_s(\varphi)\mathfrak{b}_s$, wobei die Koeffizienten der Polynome $f_1, \ldots, f_s$ gerade die Zahlen $a_1, \ldots, a_k$ aus Zeile III sind und den Vektoren $\mathfrak{b}_1, \ldots, \mathfrak{b}_s$ Minimalpolynome $g_{U1}, \ldots, g_{Us}$ hinsichtlich schon konstruierter Unterräume entsprechen. Es ist dann h der größte Teiler von f, mit dem für $\sigma = 1, \ldots, s$ der größte gemeinsame Teiler von h und g_{U_σ} auch Teiler von f_σ ist.

Setzt man das Verfahren mit V statt U fort, so gelangt man nach höchstens n Schritten zu $g_X = g_\varphi$. Die Konstruktion hat dabei den schon vorher erwähnten Satz ergeben:

11. 9 *Für das Minimalpolynom g_φ eines Endomorphismus $\varphi : X \to X$ gilt*

$$\text{Grad}\, g_\varphi \leq \text{Dim}\, X.$$

Das beschriebene Verfahren sei abschließend noch an einem einfachen numerischen Beispiel erläutert.

11. II

$\mathfrak{a}$	$\varphi\mathfrak{a}$	$\varphi^2\mathfrak{a}$	$\mathfrak{b}$	$\varphi\mathfrak{b}$	$\mathfrak{c}$	$\varphi\mathfrak{c}$					1 0 2 0 1 —1 1 0 —2 0 —3 0 —5 3 —2 2
1							1	0	0	0	
0	1						1	0	2	0	
0	0	1					—3	0	—4	0	
1							1	0	0	0	
—1	1						0	0	2	0	$g_1(t) = t^2 + 2t + 1 = (t+1)^2$
1	2	1					0	0	0	0	
			1				0	1	0	0	$f(t) = t + 1$ teilt g_1, aber auch
			0	1			1	—1	1	0	$-\frac{1}{2}(t+1)$.
			1				0	1	0	0	Daher kann $t + 1$ gekürzt werden:
$-\frac{1}{2}$	$-\frac{1}{2}$	0	1	1			0	0	0	0	$g_2(t) = g_1(t)$.
					1		0	0	0	1	$f(t) = t - 2$ ist teilerfremd zu g_2.
					0	1	—5	3	—2	2	Daher
					1		0	0	0	1	$g_\varphi(t) = (t+1)^2 (t-2)$.
4	1	0	—3	0	—2	1	0	0	0	0	

Ergänzungen und Aufgaben

11 A Aufgabe: Zeige, daß die lineare Gruppe $GL(X)$ im Fall Dim $X \geqq 2$ nicht abelsch ist.

11 B Unter dem **Zentrum** einer Gruppe G versteht man die Menge aller Gruppenelemente z, die mit jedem anderen Gruppenelement vertauschbar sind, die also die Gleichung $a \circ z = z \circ a$ für alle $a \in G$ erfüllen.

Aufgabe: Das Zentrum der linearen Gruppe $GL(X)$ besteht genau aus den Automorphismen $c\varepsilon$ mit $c \neq 0$ (ε Identität von X). Entsprechend besteht das Zentrum der Gruppe der n-reihigen regulären Matrizen genau aus den Matrizen der Form

$$cE = \begin{pmatrix} c & & & & \\ & c & & & \\ & & \cdot & & \\ & & & \cdot & \\ & & & & c \end{pmatrix}.$$

11 C Es sei M eine beliebige Menge. Eine Menge R geordneter Paare (a, b) von Elementen $a, b \in M$ wird dann eine (zweistellige) **Relation** von M genannt. Statt $(a, b) \in R$ schreibt man auch aRb und sagt, daß a und b in der Relation R stehen. Eine Relation R von M wird speziell eine **Äquivalenzrelation** genannt, wenn sie folgende Eigenschaften besitzt:

Reflexivität: *Für alle* $a \in M$ *gilt* aRa.
Symmetrie: *Aus* aRb *folgt* bRa.
Transitivität: *Aus* aRb *und* bRc *folgt* aRc.

Gilt dann aRb, so werden a und b äquivalente Elemente genannt. Hinsichtlich einer Äquivalenzrelation R von M bestimmt jedes Element $a \in M$ die Menge

$$\overline{a} = \{b : b \in M,\ bRa\}$$

aller zu a äquivalenten Elemente, die man die von a erzeugte **Äquivalenzklasse** nennt. Die Elemente einer Äquivalenzklasse werden auch die **Repräsentanten** dieser Klasse genannt. Es ist $b \in \overline{a}$ gleichwertig mit $\overline{a} = \overline{b}$. Je zwei Äquivalenzklassen sind entweder identisch oder elementfremd. Schließlich ist jedes Element von M in genau einer Äquivalenzklasse enthalten.

11 D Aufgabe: Man berechne das Minimalpolynom des durch die Matrix

$$A = \begin{pmatrix} -5 & 0 & -4 & -1 & 2 \\ 7 & 2 & 4 & 1 & -2 \\ 7 & 0 & 6 & 1 & -2 \\ 11 & 18 & -7 & 1 & -4 \\ 7 & 9 & -2 & 1 & -3 \end{pmatrix}$$

beschriebenen Endomorphismus.

Viertes Kapitel

Lineare Gleichungssysteme, Determinanten

Die in dem letzten Kapitel gewonnenen Resultate über lineare Abbildungen gestatten eine erste Anwendung in der Theorie der linearen Gleichungssysteme. Mit ihrer Hilfe kann in § 12 diese Theorie sehr übersichtlich und knapp behandelt werden. Daneben wird aber auch auf Fragen der praktischen Auflösung linearer Gleichungssysteme eingegangen. Anknüpfend an die elementaren Umformungen wird ein Lösungsverfahren entwickelt, das auch zur Berechnung der Inversen einer Matrix benutzt werden kann. Die weiteren Paragraphen dieses Kapitels befassen sich mit einem für alles Folgende besonders wichtigen Begriff, nämlich mit dem der Determinante eines Endomorphismus. Während in § 13 auf die Definition der Determinanten und ihre wichtigsten Eigenschaften eingegangen wird, behandelt § 14 einige Verfahren zu ihrer Berechnung. Schließlich werden in § 15 die Determinanten zur Rangbestimmung, zur Inversenbildung und zur Auflösung linearer Gleichungssysteme herangezogen. Vornehmlich besitzen diese Anwendungen allerdings theoretisches Interesse; für die praktische Rechnung sind die Determinanten nur von geringer Bedeutung.

§ 12 Lineare Gleichungssysteme

Ein Gleichungssystem der Form

$$(*)\qquad \begin{aligned} a_{1,1}x_1 + \cdots + a_{1,n}x_n &= b_1 \\ a_{2,1}x_1 + \cdots + a_{2,n}x_n &= b_2 \\ \cdots\cdots\cdots&\cdots\cdots \\ a_{k,1}x_1 + \cdots + a_{k,n}x_n &= b_k \end{aligned}$$

oder kürzer

$$\sum_{\nu=1}^{n} a_{\varkappa,\nu}x_\nu = b_\varkappa \qquad (\varkappa = 1, \ldots, k),$$

in dem die Koeffizienten $a_{\varkappa,\nu}$ und $b_\varkappa$ gegebene Elemente eines Körpers K sind, nennt man ein **lineares Gleichungssystem** über K. Die Aufgabe, ein solches System zu lösen, besteht darin, für die zunächst unbekannten Größen $x_1, \ldots, x_n$ Werte in K zu finden, die die Gleichungen des Systems erfüllen. Im Zusammenhang mit dieser Aufgabe ergeben sich folgende Fragestellungen, die anschließend behandelt werden sollen:

1. *Existenzproblem:* Unter welchen Bedingungen besitzt ein lineares Gleichungssystem überhaupt Lösungen? Gesucht sind Lösbarkeitskriterien.

2. *Allgemeine Lösung, Eindeutigkeit:* Das lineare Gleichungssystem besitze mindestens eine Lösung. Welche Struktur besitzt dann die Menge aller Lösungen des Systems? Unter welchen Bedingungen besitzt das System nur genau eine Lösung?

3. *Lösungsverfahren:* Wie kann man die Lösungen eines gegebenen linearen Gleichungssystems praktisch berechnen?

Der Behandlung dieser Fragen sei eine kurze Vorbemerkung vorausgeschickt: Gegeben sei eine (k, n)-Matrix

$$A = \begin{pmatrix} a_{1,1} & \cdots & a_{1,n} \\ a_{2,1} & \cdots & a_{2,n} \\ \cdot\;\cdot & \cdot\;\cdot & \cdot\;\cdot \\ a_{k,1} & \cdots & a_{k,n} \end{pmatrix}.$$

Schreibt man die Spalten dieser Matrix als Zeilen einer neuen Matrix (und damit auch ihre Zeilen als Spalten), so erhält man eine (n, k)-Matrix

$$A^T = \begin{pmatrix} a_{1,1} & a_{2,1} & \cdots & a_{k,1} \\ \cdot\;\cdot & \cdot\;\cdot & \cdot\;\cdot & \cdot\;\cdot \\ a_{1,n} & a_{2,n} & \cdots & a_{k,n} \end{pmatrix},$$

die man die zu A **transponierte Matrix** nennt. Bezeichnet man die Elemente der Matrix A^T mit $a'_{\nu,\varkappa}$, so gilt also $a'_{\nu,\varkappa} = a_{\varkappa,\nu}$. Die Bedeutung der Transposition einer Matrix für die linearen Abbildungen wird später behandelt werden (vgl. § 21). Hier interessieren im Augenblick nur folgende zwei Eigenschaften:

12.1 *Für die Transposition einer Produktmatrix gilt:*

$$(AB)^T = B^T A^T.$$

Der Rang einer Matrix bleibt bei Transposition erhalten:

$$\text{Rg } A^T = \text{Rg } A.$$

Beweis: Es gelte $A = (a_{\nu,\varkappa})$, $B = (b_{\varkappa,\varrho})$ und $AB = (c_{\nu,\varrho})$. Für das in der ϱ-ten Zeile und ν-ten Spalte der transponierten Produktmatrix $(AB)^T$ stehende Element $c'_{\varrho,\nu}$ gilt $c'_{\varrho,\nu} = c_{\nu,\varrho}$ und daher weiter

$$c'_{\varrho,\nu} = \sum_{\varkappa=1}^{k} a_{\nu,\varkappa} b_{\varkappa,\varrho} = \sum_{\varkappa=1}^{k} b'_{\varrho,\varkappa} a'_{\varkappa,\nu},$$

wobei $a'_{\varkappa,\nu}$ und $b'_{\varrho,\varkappa}$ die entsprechenden Elemente der transponierten Matrizen A^T und B^T sind. Der in dieser Gleichung ganz rechts stehende Ausdruck besagt aber gerade, daß $c'_{\varrho,\nu}$ auch das entsprechende Element der Produktmatrix $B^T A^T$ ist. Dies ist die erste Behauptung. Die zweite Behauptung folgt unmittelbar aus 7. 7. und 7a. ◆

Um jetzt die oben aufgeworfenen Fragen einfach behandeln zu können, ist es zweckmäßig, die Problemstellung etwas umzuformen: Die Koeffizienten $a_{\varkappa,\nu}$ des Gleichungssystems (*) bilden eine (k, n)-Matrix $A = (a_{\varkappa,\nu})$, die man die **Koeffizientenmatrix** des linearen Gleichungssystems nennt. Mit ihrer Hilfe können die Gleichungen aus (*) in einer Matrizengleichung zusammengefaßt werden:

$$A \begin{pmatrix} x_1 \\ \vdots \\ x_n \end{pmatrix} = \begin{pmatrix} b_1 \\ \vdots \\ b_k \end{pmatrix}.$$

Dabei sind die gesuchten Größen $x_1, \ldots, x_n$ und die auf den rechten Seiten von (*) stehenden Körperelemente $b_1, \ldots, b_k$ je in einer einspaltigen Matrix angeordnet. Transponiert man diese Matrizengleichung, so werden aus den Spalten Zeilen, und wegen 12. 1 erhält man

$$(x_1, \ldots, x_n)\, A^T = (b_1, \ldots, b_k).$$

Hinsichtlich der kanonischen Basen der arithmetischen Vektorräume K^n und K^k ist die Matrix A^T einer linearen Abbildung $\varphi : K^n \to K^k$ zugeordnet. Faßt man jetzt noch $(x_1, \ldots, x_n)$ und $(b_1, \ldots, b_k)$ als Koordinatenzeilen zweier Vektoren $\mathfrak{x} \in K^n$ und $\mathfrak{b} \in K^k$ auf, so ist die letzte Gleichung wegen 9. 2 gleichbedeutend mit der Gleichung

$$(**) \qquad \varphi \mathfrak{x} = \mathfrak{b}.$$

Diese Gleichung ist so aufzufassen, daß in ihr die lineare Abbildung φ und der Vektor $\mathfrak{b}$ gegeben sind. Gesucht ist ein Vektor $\mathfrak{x}$, der durch φ auf $\mathfrak{b}$ abgebildet wird. Die Koordinaten eines Lösungsvektors von (**) bilden eine Lösung von (*); und umgekehrt ist jede Lösung von (*) das Koordinaten-n-Tupel eines Lösungsvektors von (**).

Nach dieser Umformung des Problems können die oben gestellten Fragen in einfacher Weise beantwortet werden.

Wenn überhaupt ein Vektor $\mathfrak{x} \in K^n$ durch φ auf den Vektor $\mathfrak{b}$ abgebildet wird, so muß jedenfalls $\mathfrak{b} \in \varphi K^n$ gelten. Umgekehrt folgt aus dieser Bedingung auch die Existenz eines Vektors $\mathfrak{x} \in K^n$ mit $\varphi\mathfrak{x} = \mathfrak{b}$. Nun wird aber der Unterraum φK^n von K^k gerade durch die Zeilen der Matrix A^T, also durch die Spalten der Matrix A aufgespannt. Die Bedingung $\mathfrak{b} \in \varphi K^n$ ist daher gleichwertig damit, daß die Spalte der Elemente $b_1, \ldots, b_k$ eine Linearkombination der Spalten von A ist.

Erweitert man die Matrix A, indem man als $(n+1)$-te Spalte noch die Spalte der Elemente $b_1, \ldots, b_k$ hinzufügt, so erhält man eine $(k, n+1)$-Matrix, die man die **erweiterte Koeffizientenmatrix** des linearen Gleichungssystems (*) nennt. Sie soll mit A_{erw} bezeichnet werden. Es gilt also

$$A_{\text{erw}} = \begin{pmatrix} a_{1,1} & \cdots & a_{1,n} & b_1 \\ \cdot & \cdot\cdot\cdot & \cdot & \cdot \\ a_{k,1} & \cdots & a_{k,n} & b_k \end{pmatrix}.$$

Die Bedingung, daß die Spalte der $b_1, \ldots, b_k$ eine Linearkombination der Spalten von A ist, kann mit Hilfe dieser Begriffsbildung nun gleichwertig auch so formuliert werden: Es muß der Rang von A gleich dem Rang der erweiterten Koeffizientenmatrix A_{erw} sein. Die Frage nach der Existenz von Lösungen wird somit durch den folgenden Satz beantwortet:

12.2 *Das lineare Gleichungssystem* (*) *ist genau dann lösbar, wenn seine Koeffizientenmatrix und seine erweiterte Koeffizientenmatrix denselben Rang besitzen:* $\operatorname{Rg} A = \operatorname{Rg} A_{\text{erw}}$.

Wenn in dem Gleichungssystem (*) die Anzahl k der Gleichungen höchstens gleich der Anzahl n der Unbekannten ist, gilt $\operatorname{Rg} A \leqq k$. Gilt sogar $\operatorname{Rg} A = k$, so ist die Lösbarkeitsbedingung aus 12.2 automatisch erfüllt: Da nämlich die erweiterte Koeffizientenmatrix auch nur aus k Zeilen besteht, gilt dann ebenfalls $\operatorname{Rg} A_{\text{erw}} = k$.

Bei der Behandlung der zweiten Frage soll zunächst ein Spezialfall betrachtet werden: Man nennt (*) ein **homogenes** lineares Gleichungssystem, wenn $b_1 = \cdots = b_k = 0$ gilt. Gleichwertig hiermit ist $\mathfrak{b} = \mathfrak{o}$ in (**). Bei einem homogenen linearen Gleichungssystem ist die Lösbarkeitsbedingung aus 12.2 immer erfüllt. Es besitzt stets die sogenannte **triviale Lösung** $x_1 = \cdots = x_n = 0$ bzw. $\mathfrak{x} = \mathfrak{o}$. Eine von ihr verschiedene Lösung wird als nicht-triviale Lösung bezeichnet.

Aus der Gleichung $\varphi\mathfrak{x} = \mathfrak{o}$ folgt sofort, daß die Menge aller Lösungen des homogenen Gleichungssystems gerade der Kern der linearen Abbildung φ ist.

Die Lösungen bilden also einen Unterraum U von K^n, den man den **Lösungsraum** nennt. Für seine Dimension gilt wegen 8. 7

$$\text{Dim } U = \text{Def } \varphi = n - \text{Rg } \varphi = n - \text{Rg } A .$$

Das homogene Gleichungssystem besitzt danach genau dann nur die triviale Lösung, wenn Dim $U = 0$, also Rg $A = n$ gilt. Im anderen Fall gibt es $r = n - \text{Rg } A$ linear unabhängige Lösungsvektoren $\mathfrak{x}_1, \ldots, \mathfrak{x}_r$, und ein beliebiger Lösungsvektor $\mathfrak{x}$ besitzt die Form $\mathfrak{x} = c_1\mathfrak{x}_1 + \cdots + c_r\mathfrak{x}_r$. Faßt man in dieser Linearkombination die Koeffizienten $c_1, \ldots, c_r$ als noch willkürliche Konstanten, also als Unbestimmte auf, so nennt man sie die **allgemeine Lösung** des homogenen Gleichungssystems. Als Spezialfall der zweiten Frage hat sich somit ergeben:

12. 3 *Die Menge aller Lösungen eines homogenen linearen Gleichungssystems in n Unbekannten mit der Koeffizientenmatrix A ist ein Unterraum U von K^n mit* Dim $U = n - \text{Rg } A$. *Das Gleichungssystem besitzt genau dann nur die triviale Lösung, wenn* Rg $A = n$ *gilt. Im anderen Fall gibt es genau* $r = n - \text{Rg} A$ *linear unabhängige Lösungsvektoren* $\mathfrak{x}_1, \ldots, \mathfrak{x}_r$, *und* $\mathfrak{x} = c_1\mathfrak{x}_1 + \cdots + c_r\mathfrak{x}_r$ *mit unbestimmten Koeffizienten* $c_1, \ldots, c_r$ *ist die allgemeine Lösung.*

Der Fall Rg $A = n$ kann offenbar nur eintreten, wenn die Anzahl der Gleichungen mindestens so groß wie die Anzahl n der Unbekannten ist.

Im allgemeinen Fall, bei dem in (*) mindestens eine der Größen $b_1, \ldots, b_k$ von Null verschieden ist bzw. $\mathfrak{b} \neq \mathfrak{o}$ in (**) gilt, wird das Gleichungssystem **inhomogen** genannt. Ersetzt man in ihm die Größen $b_1, \ldots, b_k$ durch lauter Nullen bzw. $\mathfrak{b}$ durch den Nullvektor, so nennt man das so entstehende Gleichungssystem das **zugehörige homogene System**. Sind $\mathfrak{x}$ und $\mathfrak{x}'$ zwei Lösungsvektoren des inhomogenen Systems, gilt also $\varphi\mathfrak{x} = \mathfrak{b}$ und $\varphi\mathfrak{x}' = \mathfrak{b}$, so folgt $\varphi(\mathfrak{x} - \mathfrak{x}') = \mathfrak{o}$. Der Differenzvektor $\mathfrak{x} - \mathfrak{x}'$ ist also eine Lösung des zugehörigen homogenen Systems. Ist andererseits $\mathfrak{x}_0$ eine Lösung des inhomogenen und $\mathfrak{x}^*$ eine Lösung des zugehörigen homogenen Systems, gilt also $\varphi\mathfrak{x}_0 = \mathfrak{b}$ und $\varphi\mathfrak{x}^* = \mathfrak{o}$, so folgt $\varphi(\mathfrak{x}_0 + \mathfrak{x}^*) = \mathfrak{b}$; d. h. $\mathfrak{x}_0 + \mathfrak{x}^*$ ist wieder eine Lösung des inhomogenen Systems. Zusammen besagt dies: Die Lösungsvektoren $\mathfrak{x}$ des inhomogenen Systems sind genau die Vektoren der Form $\mathfrak{x} = \mathfrak{x}_0 + \mathfrak{x}^*$, wobei $\mathfrak{x}_0$ eine spezielle Lösung des inhomogenen Systems und $\mathfrak{x}^*$ eine beliebige Lösung des zugehörigen homogenen Systems ist. Damit kann die zweite Frage jetzt vollständig beantwortet werden:

12. 4 *Wenn ein inhomogenes lineares Gleichungssystem in n Unbekannten mit der Koeffizientenmatrix A überhaupt lösbar ist, dann besitzt die allgemeine Lösung des Systems die Form $\mathfrak{x} = \mathfrak{x}_0 + \mathfrak{x}^*$, wobei $\mathfrak{x}_0$ eine feste, spezielle Lösung des inhomogenen Systems und $\mathfrak{x}^*$ die allgemeine Lösung des zugehörigen homo-*

genen Systems ist. Notwendig und hinreichend dafür, daß das inhomogene System nur genau eine Lösung besitzt, ist Rg $A = n$. *Gilt jedoch* $r = n - \text{Rg}\, A > 0$ *und ist* $\mathfrak{x}_1, \ldots, \mathfrak{x}_r$ *eine Basis des Lösungsraums des zugehörigen homogenen Systems, so lautet die allgemeine Lösung des inhomogenen Systems*

$$\mathfrak{x} = \mathfrak{x}_0 + c_1\mathfrak{x}_1 + \cdots + c_r\mathfrak{x}_r.$$

Die Gesamtheit aller Lösungen eines inhomogenen linearen Gleichungssystems ist hiernach kein Unterraum von K^n, sondern entsteht aus einem solchen durch Addition eines festen Lösungsvektors $\mathfrak{x}_0$. Im Sinn von 5B ist die Lösungsmenge also eine lineare Mannigfaltigkeit. Dies gilt auch noch dann, wenn das Gleichungssystem überhaupt nicht lösbar ist: Die Lösungsmenge ist dann die leere Menge, die ja auch eine lineare Mannigfaltigkeit ist.

Um schließlich ein numerisch brauchbares Auflösungsverfahren zu gewinnen, greift man zweckmäßig auf die elementaren Umformungen (vgl. § 7) zurück. Zunächst schreibt man die erweiterte Koeffizientenmatrix des Gleichungssystems hin, indem man etwa die Spalte der rechten Seite durch einen senkrechten Strich abtrennt:

$$\text{(I)} \qquad \begin{array}{ccc|c} a_{1,1} & \cdots & a_{1,n} & b_1 \\ a_{2,1} & \cdots & a_{2,n} & b_2 \\ \cdot & \cdot\;\cdot\;\cdot & \cdot & \cdot\;\cdot \\ a_{k,1} & \cdots & a_{k,n} & b_k \end{array}.$$

Auf dieses Schema werden nun die elementaren Umformungen (a), (b) und (c) angewandt. Zunächst ändern Zeilenvertauschungen offenbar nicht die Lösungen des Systems, da sie ja nur eine Vertauschung der Gleichungen bedeuten. Aber auch Umformungen des Typs (c) an der erweiterten Koeffizientenmatrix ändern die Lösungen nicht, weil sie nur die Ersetzung einer Gleichung des Systems durch eine gleichwertige bewirken. Hingegen sollen Spaltenvertauschungen höchstens links vom Strich, also nur an der nicht-erweiterten Koeffizientenmatrix vorgenommen werden: Bei solchen Spaltenvertauschungen unterscheiden sich die Lösungen des ursprünglichen und des umgeformten Systems nur dadurch, daß in ihnen die Unbekannten umnumeriert wurden. Etwa auftretende Spaltenvertauschungen müssen daher angemerkt werden, damit nachträglich die Vertauschungen bei den Lösungen rückgängig gemacht werden können. Eine weitere zulässige, zwar nicht erforderliche, aber manchmal nützliche Umformung besteht in der Multiplikation einer Zeile der erweiterten Matrix, also einer Gleichung, mit einem von Null verschiedenen Faktor.

Ziel des Verfahrens ist, durch derartige Umformungen links vom Strich eine möglichst einfache Matrix zu erzeugen. Jedenfalls kann man nach 7. 6

den Typ (B) erreichen. Bei einer geringfügigen Erweiterung des Verfahrens kann man jedoch eine noch einfachere Form erzielen: Führt man nämlich die Umformungen des Typs (c) beim p-ten Schritt mit der p-ten Zeile nicht nur an den darunter stehenden Zeilen, sondern auch an den vorangehenden Zeilen durch, so kann man auch oberhalb des p-ten Diagonalelements lauter Nullen erzeugen. Man gelangt auf diese Art nach endlich vielen Schritten zu einem neuen Gleichungssystem folgender Form:

$$\text{(II)} \qquad \begin{array}{cccccc|c} a'_{1,1} & 0 \cdots 0 & a'_{1,q+1} & \cdots & a'_{1,n} & & b'_1 \\ 0 & \ddots & \vdots & & \vdots & & \vdots \\ \vdots & \ddots & 0 & & \vdots & & \vdots \\ 0 \cdots 0 & & a'_{q,q} & a'_{q,q+1} \cdots & a'_{q,n} & & b'_q \\ 0 & \cdots & \cdots & \cdots & 0 & & b'_{q+1} \\ \cdots & \cdots & \cdots & \cdots & \cdots & & \cdots \\ 0 & \cdots & \cdots & \cdots & 0 & & b'_k \end{array} .$$

Die Diagonalelemente $a'_{1,1}, \ldots, a'_{q,q}$ sind von Null verschieden. Links und oberhalb von ihnen stehen lauter Nullen. Ebenso treten links vom Strich in den letzten $(k - q)$ Zeilen lauter Nullen auf. Für die links vom Strich stehende neue Koeffizientenmatrix A' gilt wegen 7.4 außerdem $\operatorname{Rg} A' = \operatorname{Rg} A$. Schließlich stimmen die Lösungen von (I) und (II) bis auf eventuelle Umnumerierung der Unbekannten überein. Man braucht also nur das System (II) zu lösen.

Zunächst kann man an dem System (II) unmittelbar die Lösbarkeitsbedingung aus 12.2 nachprüfen: Sie ist genau dann erfüllt, wenn $b'_{q+1} = \cdots = b'_k = 0$ gilt. Diese Bedingung sei jetzt erfüllt. Dann kann man weiter sofort eine spezielle Lösung von (II) angeben. Man setze nämlich

$$x_1 = a'^{-1}_{1,1} b'_1, \ldots, x_q = a'^{-1}_{q,q} b'_q \quad \text{und} \quad x_{q+1} = \cdots = x_n = 0.$$

Zur Aufstellung der allgemeinen Lösung von (II) müssen gemäß 12.4 nun noch $r = n - q$ linear unabhängige Lösungen des zugehörigen homogenen Systems angegeben werden. Zu diesem Zweck setze man bei fest gewähltem ϱ mit $1 \leqq \varrho \leqq r$ zunächst

$$x_{q+\varrho} = 1 \quad \text{und} \quad x_{q+\sigma} = 0 \quad \text{für} \quad \sigma \neq \varrho \quad (\sigma = 1, \cdots, r).$$

Aus den ersten q Gleichungen von (II) folgt dann weiter sofort

$$x_1 = -a'^{-1}_{1,1} a'_{1,q+\varrho}, \ldots, x_q = -a'^{-1}_{q,q} a'_{q,q+\varrho}.$$

Führt man dies für $\varrho = 1, \ldots, r$ durch, so erhält man r Lösungs-n-Tupel des zugehörigen homogenen Systems der Form

$$\mathfrak{x}_1 = (*, \ldots, *, 1, 0, \ldots, 0),$$
$$\mathfrak{x}_2 = (*, \ldots, *, 0, 1, \ldots, 0),$$
$$\ldots\ldots\ldots\ldots\ldots\ldots$$
$$\mathfrak{x}_r = (*, \ldots, *, 0, 0, \ldots, 1),$$

wobei die Sterne die vorher bestimmten jeweiligen Werte von $x_1, \ldots, x_q$ bedeuten. Aus der speziellen Gestalt der letzten Koordinaten ergibt sich unmittelbar, daß die Vektoren $\mathfrak{x}_1, \ldots, \mathfrak{x}_r$ linear unabhängig sind, also eine Basis des Lösungsraums des homogenen Systems bilden. Damit ist die allgemeine Lösung von (II), also auch die von (I) bestimmt. Das folgende numerische Beispiel möge zur Erläuterung des geschilderten Verfahrens dienen.

12. I Gegeben sei das reelle lineare Gleichungssystem

$$\begin{aligned} x_1 + 3x_2 - 4x_3 + 3x_4 &= 9 \\ 3x_1 + 9x_2 - 2x_3 - 11x_4 &= -3 \\ 4x_1 + 12x_2 - 6x_3 - 8x_4 &= 6 \\ 2x_1 + 6x_2 + 2x_3 - 14x_4 &= -12. \end{aligned}$$

Das Lösungsverfahren liefert dann das folgende Schema:

1	3	−4	3	9
3	9	−2	−11	−3
4	12	−6	−8	6
2	6	2	−14	−12
1	3	−4	3	9
0	0	10	−20	−30
0	0	10	−20	−30
0	0	10	−20	−30
1	0	3	−5	−3
0	10	0	−20	−30
0	0	0	0	0
0	0	0	0	0

Beim letzten Schritt wurde die zweite mit der dritten Spalte vertauscht. Als spezielle Lösung des inhomogenen Endsystems ergibt sich (−3, −3, 0, 0). Als zwei linear unabhängige Lösungen des zugehörigen homogenen Systems erhält man (−3, 0, 1, 0) und (5, 2, 0, 1). Macht man jetzt noch die Vertauschung der zweiten und dritten Spalte rückgängig, so lautet die allgemeine Lösung des ursprünglichen Gleichungssystems:

$$\begin{aligned} x_1 &= -3 \quad -3c_1 \quad +5c_2, \\ x_2 &= \qquad\quad c_1 \qquad\quad , \\ x_3 &= -3 \qquad\qquad +2c_2, \\ x_4 &= \qquad\qquad\qquad c_2. \end{aligned}$$

Das beschriebene Auflösungsverfahren ist besonders nützlich, wenn mehrere Gleichungssysteme mit gleicher Koeffizientenmatrix, aber verschiedenen rechten Seiten gelöst werden müssen. Mit Hilfe des hier beschriebenen Verfahrens kann man dann die Auflösung in einem Rechengang gleichzeitig für alle Systeme durchführen. Diese Aufgabe tritt z. B. bei der Berechnung der Inversen einer quadratischen regulären Matrix auf, die jetzt noch kurz besprochen werden soll.

Gegeben sei eine quadratische Matrix $A = (a_{\mu,\nu})$ $(\mu, \nu = 1, \ldots, n)$. Bezeichnet man die Elemente der ϱ-ten Spalte der gesuchten inversen Matrix A^{-1} mit $x_1, \ldots, x_n$, so müssen diese wegen $AA^{-1} = E$ Lösungen des Gleichungssystems

$$\text{(III)} \qquad \sum_{\nu=1}^{n} a_{\mu,\nu} x_\nu = \begin{cases} 1 & \text{für } \mu = \varrho \\ 0 & \text{für } \mu \neq \varrho \end{cases} \qquad (\mu = 1, \ldots, n)$$

sein. Die Bestimmung der inversen Matrix erfordert also die Auflösung dieser linearen Gleichungssysteme für $\varrho = 1, \ldots, n$. Ihre simultane Behandlung kann nach folgendem Schema durchgeführt werden: Links von einem senkrechten Strich schreibt man die Matrix A hin. Rechts vom Strich die Spalten der rechten Seiten der Systeme (III). Diese ergeben gerade die Einheitsmatrix. Nun werden in der oben angegebenen Weise die elementaren Umformungen durchgeführt, wobei jetzt natürlich auf der rechten Seite alle Spalten gleichzeitig umgeformt werden müssen (rechtsseitiges Mitführen der Einheitsmatrix). Im Endsystem treten dann links höchstens in der Hauptdiagonale von Null verschiedene Elemente auf. Die Matrix A ist genau dann regulär, besitzt also überhaupt eine Inverse, wenn im Endschema alle Diagonalelemente von Null verschieden sind. Dividiert man nun noch alle Elemente jeder im Endsystem rechts vom Strich stehenden Zeile durch das entsprechende Diagonalelement der linken Seite, so erhält man gerade die gesuchte inverse Matrix A^{-1}. Zur Erläuterung diene das folgende Beispiel:

12. II Gegeben sei die reelle Matrix

$$A = \begin{pmatrix} 1 & 0 & -1 \\ 3 & 1 & -3 \\ 1 & 2 & -2 \end{pmatrix}.$$

Die Berechnung der inversen Matrix erfolgt dann nach folgendem Schema:

$$\begin{array}{rrr|rrr}
1 & 0 & -1 & 1 & 0 & 0 \\
3 & 1 & -3 & 0 & 1 & 0 \\
1 & 2 & -2 & 0 & 0 & 1 \\
\hline
1 & 0 & -1 & 1 & 0 & 0 \\
0 & 1 & 0 & -3 & 1 & 0 \\
0 & 2 & -1 & -1 & 0 & 1 \\
\hline
1 & 0 & -1 & 1 & 0 & 0 \\
0 & 1 & 0 & -3 & 1 & 0 \\
0 & 0 & -1 & 5 & -2 & 1 \\
\hline
1 & 0 & 0 & -4 & 2 & -1 \\
0 & 1 & 0 & -3 & 1 & 0 \\
0 & 0 & -1 & 5 & -2 & 1
\end{array}$$

Nach Division durch die Diagonalelemente ergibt sich die inverse Matrix:

$$A^{-1} = \begin{pmatrix} -4 & 2 & -1 \\ -3 & 1 & 0 \\ -5 & 2 & -1 \end{pmatrix}.$$

Ergänzungen und Aufgaben

12A Einem Endomorphismus φ des $\mathbb{R}^4$ sei hinsichtlich der kanonischen Basis folgende Matrix zugeordnet:

$$\begin{pmatrix} 2 & 0 & 1 & -1 \\ -7 & 3 & 1 & 5 \\ -4 & -6 & -11 & -1 \\ 4 & -6 & -7 & -5 \end{pmatrix}.$$

Aufgabe: Bestimme den Kern von φ.

12B **Aufgabe:** Zeige, daß die reelle Matrix

$$\begin{pmatrix} 1 & 3 & -1 & 4 \\ 2 & 5 & -1 & 3 \\ 0 & 4 & -3 & 1 \\ -3 & 1 & -5 & -2 \end{pmatrix}$$

regulär ist, und berechne ihre Inverse.

12C Im $\mathbb{R}^4$ wird durch die Vektoren

$$\mathfrak{a}_1 = (2, -1, 3, 5), \quad \mathfrak{a}_2 = (5, -2, 5, 8), \quad \mathfrak{a}_3 = (-5, 3, -8, -13)$$

ein Unterraum U und durch die Vektoren

$$\mathfrak{b}_1 = (4, 1, -2, -4), \quad \mathfrak{b}_2 = (-7, 2, -6, -9), \quad \mathfrak{b}_3 = (3, 0, 0, -1)$$

ein Unterraum V aufgespannt.

Aufgabe: Berechne eine Basis des Durchschnitts von U und V.

12 D Es sei $\{\mathfrak{a}_1, \ldots, \mathfrak{a}_n\}$ eine feste Basis von X, auf die alle Koordinaten bezogen werden. Die Lösungsmenge eines homogenen linearen Gleichungssystems ist nach 12. 3 ein Unterraum von X.

Aufgabe: 1). Man zeige, daß umgekehrt jeder Unterraum U von X Lösungsmenge eines homogenen linearen Gleichungssystems ist.

Für jeden Vektor $\mathfrak{x} = x_1\mathfrak{a}_1 + \ldots + x_n\mathfrak{a}_n$ sei $I(\mathfrak{x}) = \{\nu : x_\nu \neq 0\}$. $I(\mathfrak{x}) = \emptyset$ ist gleichwertig mit $\mathfrak{x} = \mathfrak{o}$. Ist U ein Unterraum von X, so soll ein Vektor $\mathfrak{u} \in U$ **Grundvektor** von U (bezüglich der gegebenen Basis) heißen, wenn $\mathfrak{u} \neq \mathfrak{o}$ gilt und aus $\mathfrak{x} \in U$ und $I(\mathfrak{x}) \subset I(\mathfrak{u})$ stets $I(\mathfrak{x}) = \emptyset$ oder $I(\mathfrak{x}) = I(\mathfrak{u})$ folgt.

Aufgabe: 2). Ist $\mathfrak{u}$ ein Grundvektor von U, so ist $\mathfrak{x} \in U$ und $I(\mathfrak{x}) \subset I(\mathfrak{u})$ gleichwertig damit, daß $\mathfrak{x} = c\mathfrak{u}$ mit einem geeigneten Skalar c gilt.
3). Man zeige, daß jeder vom Nullraum verschiedene Unterraum eine Basis aus Grundvektoren besitzt.

§ 13 Determinanten

Es sei X ein Vektorraum über K, und Φ sei eine Zuordnung, die jedem n-Tupel $(\mathfrak{x}_1, \ldots, \mathfrak{x}_n)$ von Vektoren aus X eindeutig einen mit $\Phi(\mathfrak{x}_1, \ldots, \mathfrak{x}_n)$ bezeichneten Skalar aus K zuordnet. Faßt man hierbei nur einen der Vektoren $\mathfrak{x}_1, \ldots, \mathfrak{x}_n$ — etwa den ν-ten — als variabel auf, während man alle übrigen Vektoren fest hält, so gewinnt man eine durch

$$\Phi_\nu \mathfrak{x} = \Phi(\ldots, \mathfrak{x}, \ldots) \quad (\mathfrak{x} \text{ steht an der } \nu\text{-ten Stelle})$$

definierte Abbildung Φ_ν von X in K. Dabei kann K (vgl. 4. II) als Vektorraum über sich selbst angesehen werden. Wenn nun alle diese Abbildungen Φ_ν lineare Abbildungen von X in K sind, nennt man Φ eine ***n*-fache Linearform** von X. Eine solche Linearform besitzt also hinsichtlich jeder Argumentstelle die Linearitätseigenschaften:

$$\Phi(\ldots, \mathfrak{x} + \mathfrak{x}', \ldots) = \Phi(\ldots, \mathfrak{x}, \ldots) + \Phi(\ldots, \mathfrak{x}', \ldots),$$

$$\Phi(\ldots, c\mathfrak{x}, \ldots) = c\Phi(\ldots, \mathfrak{x}, \ldots).$$

Weiterhin sei jetzt X in diesem Paragraphen immer ein endlich-dimensionaler Vektorraum mit $\operatorname{Dim} X = n > 0$.

Definition 13a: *Eine n-fache Linearform Δ von X heißt eine* **Determinantenform,** *wenn sie folgende Eigenschaften besitzt:*

(a) *Für linear abhängige Vektoren $\mathfrak{x}_1, \ldots, \mathfrak{x}_n$ gilt*

$$\Delta(\mathfrak{x}_1, \ldots, \mathfrak{x}_n) = 0.$$

(b) *Es gibt Vektoren $\mathfrak{x}_1, \ldots, \mathfrak{x}_n \in X$ mit $\Delta(\mathfrak{x}_1, \ldots, \mathfrak{x}_n) \neq 0$.*

Aus der Eigenschaft (a) folgt speziell, daß $\Delta(\mathfrak{x}_1, \ldots, \mathfrak{x}_n) = 0$ gilt, wenn zwei unter den Vektoren $\mathfrak{x}_1, \ldots, \mathfrak{x}_n$ gleich sind.

13. 1 *Es sei Δ eine Determinantenform von X. Ferner seien i und k zwei verschiedene Indizes, und c sei ein beliebiger Skalar. Dann gilt*

$$\Delta(\ldots, \mathfrak{x}_i, \ldots, \mathfrak{x}_k, \ldots) = \Delta(\ldots, \mathfrak{x}_i + c\mathfrak{x}_k, \ldots, \mathfrak{x}_k, \ldots).$$

Beweis: Mit Hilfe der Linearitätseigenschaften ergibt sich

$$\Delta(\ldots, \mathfrak{x}_i + c\mathfrak{x}_k, \ldots, \mathfrak{x}_k, \ldots) = \Delta(\ldots, \mathfrak{x}_i, \ldots, \mathfrak{x}_k, \ldots) + c\Delta(\ldots, \mathfrak{x}_k, \ldots, \mathfrak{x}_k, \ldots).$$

Der zweite Summand der rechten Seite verschwindet jedoch, weil in ihm zwei Vektoren gleich sind. ◆

Mit Hilfe dieses Satzes kann das Verhalten von Δ beschrieben werden, wenn man die Argumentvektoren in beliebiger Weise vertauscht. Eine solche Vertauschung kann dadurch ausgedrückt werden, daß man die Indizes dieser Vektoren einer Permutation unterwirft (vgl. 2. III und 2B).

13. 2 *Es sei Δ eine Determinantenform von X, und π sei eine Permutation der Zahlen $1, \ldots, n$. Dann gilt*

$$\Delta(\mathfrak{x}_{\pi 1}, \ldots, \mathfrak{x}_{\pi n}) = (\operatorname{sgn} \pi)\, \Delta(\mathfrak{x}_1, \ldots, \mathfrak{x}_n).$$

Insbesondere wechselt Δ bei Vertauschung von zwei Vektoren das Vorzeichen.

Beweis: Wegen 2B genügt es, die zweite Behauptung zu beweisen. Die erste folgt aus ihr durch mehrfache Anwendung. Wegen 13. 1 gilt nun

$$\begin{aligned}\Delta(\ldots, \mathfrak{x}_i, \ldots, \mathfrak{x}_k, \ldots) &= \Delta(\ldots, \mathfrak{x}_i + \mathfrak{x}_k, \ldots, \mathfrak{x}_k, \ldots)\\ &= \Delta(\ldots, \mathfrak{x}_i + \mathfrak{x}_k, \ldots, \mathfrak{x}_k - (\mathfrak{x}_i + \mathfrak{x}_k), \ldots)\\ &= \Delta(\ldots, \mathfrak{x}_i + \mathfrak{x}_k, \ldots, -\mathfrak{x}_i, \ldots)\\ &= -\Delta(\ldots, \mathfrak{x}_k, \ldots, \mathfrak{x}_i, \ldots).\end{aligned}$$ ◆

Für eine Determinantenform gilt auch die Umkehrung der Eigenschaft (a):

13. 3 *Bei einer Determinantenform Δ von X ist $\Delta(\mathfrak{x}_1, \ldots, \mathfrak{x}_n) = 0$ gleichwertig mit der linearen Abhängigkeit der Vektoren $\mathfrak{x}_1, \ldots, \mathfrak{x}_n$.*

Beweis: Es seien $\mathfrak{a}_1, \ldots, \mathfrak{a}_n$ linear unabhängige Vektoren; es werde jedoch $\Delta(\mathfrak{a}_1, \ldots, \mathfrak{a}_n) = 0$ angenommen. Für beliebige Vektoren $\mathfrak{x}_1, \ldots, \mathfrak{x}_n$ gilt

$$\mathfrak{x}_\mu = \sum_{\nu_\mu = 1}^{n} x_{\mu,\nu_\mu} \mathfrak{a}_{\nu_\mu} \qquad (\mu = 1, \ldots, n),$$

weil $\{\mathfrak{a}_1, \ldots, \mathfrak{a}_n\}$ eine Basis von X ist. Wegen der Linearitätseigenschaften von Δ folgt

$$\Delta(\mathfrak{x}_1, \ldots, \mathfrak{x}_n) = \sum_{\nu_1 = 1}^{n} \cdots \sum_{\nu_n = 1}^{n} x_{1,\nu_1} \cdots x_{n,\nu_n} \Delta(\mathfrak{a}_{\nu_1}, \ldots, \mathfrak{a}_{\nu_n}).$$

Wenn in einem Summanden dieser n-fachen Summe zwei der Indizes $\nu_1, \ldots, \nu_n$ gleich sind, verschwindet dieser Summand, weil dann $\Delta(\mathfrak{a}_{\nu_1}, \ldots, \mathfrak{a}_{\nu_n}) = 0$ gilt. Wenn aber die Indizes $\nu_1, \ldots, \nu_n$ paarweise verschieden sind, stellen sie eine Permutation π der Zahlen $1, \ldots, n$ dar. Man erhält somit bei Berücksichtigung von 13. 2 weiter

$$(*) \qquad \Delta(\mathfrak{x}_1, \ldots, \mathfrak{x}_n) = \Big[\sum_{\pi \in \mathfrak{S}_n} (\operatorname{sgn} \pi)\, x_{1,\pi 1} \cdots x_{n,\pi n}\Big] \Delta(\mathfrak{a}_1, \ldots, \mathfrak{a}_n).$$

Summiert wird dabei über alle Permutationen aus der symmetrischen Gruppe $\mathfrak{S}_n$ (vgl. 2. III). Wegen $\Delta(\mathfrak{a}_1, \ldots, \mathfrak{a}_n) = 0$ folgt hieraus $\Delta(\mathfrak{x}_1, \ldots, \mathfrak{x}_n) = 0$ für beliebige Vektoren $\mathfrak{x}_1, \ldots, \mathfrak{x}_n$, was der Eigenschaft (b) der Determinantenformen widerspricht. ◆

Die in diesem Beweis hergeleitete Gleichung (*) zeigt, daß eine Determinantenform bereits eindeutig durch den Wert bestimmt ist, den sie auf einer Basis von X annimmt.

13. 4 *Es sei $\{\mathfrak{a}_1, \ldots, \mathfrak{a}_n\}$ eine Basis und Δ eine Determinantenform von X. Für beliebige Vektoren*

$$\mathfrak{x}_\mu = \sum_{\nu_\mu = 1}^{n} x_{\mu,\nu_\mu} \mathfrak{a}_{\nu_\mu} \qquad (\mu = 1, \ldots, n)$$

von X gilt dann

$$\Delta(\mathfrak{x}_1, \ldots, \mathfrak{x}_n) = \Big[\sum_{\pi \in \mathfrak{S}_n} (\operatorname{sgn} \pi)\, x_{1,\pi 1} \cdots x_{n,\pi n}\Big] \Delta(\mathfrak{a}_1, \ldots, \mathfrak{a}_n).$$

Ersetzt man hier auf der rechten Seite $\Delta(\mathfrak{a}_1, \ldots, \mathfrak{a}_n)$ durch einen beliebigen Skalar $a \neq 0$, so wird durch diese Gleichung umgekehrt eine Determinantenform von X definiert.

Beweis: Es ist nur noch die zweite Behauptung zu beweisen: Die Linearitätseigenschaften ergeben sich unmittelbar aus der Definitionsgleichung. Setzt man für $\mathfrak{x}_1, \ldots, \mathfrak{x}_n$ speziell die Vektoren $\mathfrak{a}_1, \ldots, \mathfrak{a}_n$ ein, so verschwinden auf der rechten Seite alle Summanden bis auf denjenigen, der der Identität aus $\mathfrak{S}_n$

entspricht. Man erhält $\Delta(\mathfrak{a}_1, \ldots, \mathfrak{a}_n) = a \neq 0$ und somit Eigenschaft (b). Um schließlich die Eigenschaft (a) nachzuweisen, seien die Vektoren $\mathfrak{x}_1, \ldots, \mathfrak{x}_n$ linear abhängig. Dann ist einer unter ihnen eine Linearkombination der übrigen. (Es kann $n > 1$ angenommen werden, weil im Fall $n = 1$ die Behauptung trivial ist.) Ohne Einschränkung der Allgemeinheit gelte etwa

$$\mathfrak{x}_1 = c_2\mathfrak{x}_2 + \cdots + c_n\mathfrak{x}_n.$$

Dann folgt

$$\Delta(\mathfrak{x}_1, \ldots, \mathfrak{x}_n) = c_2\Delta(\mathfrak{x}_2, \mathfrak{x}_2, \ldots) + \cdots + c_n\Delta(\mathfrak{x}_n, \ldots, \mathfrak{x}_n).$$

Zum Nachweis von $\Delta(\mathfrak{x}_1, \ldots, \mathfrak{x}_n) = 0$ genügt es daher, $\Delta(\mathfrak{x}_k, \ldots, \mathfrak{x}_k, \ldots) = 0$ für $k = 2, \ldots, n$ zu beweisen.

Es sei nun π_0 diejenige Permutation, die die Indizes 1 und k vertauscht, alle übrigen aber einzeln fest läßt. Durchläuft dann π die Menge aller geraden Permutationen (vgl. 2B), so durchlaufen die Produkte $\pi \circ \pi_0$ alle ungeraden Permutationen, und es gilt $\operatorname{sgn}(\pi \circ \pi_0) = -\operatorname{sgn}\pi$. Andererseits ändern sich aber die bei der Berechnung von $\Delta(\mathfrak{x}_k, \ldots, \mathfrak{x}_k, \ldots)$ auftretenden Produkte $x_{k,\pi 1} \cdot x_{2,\pi 2} \cdots x_{k,\pi k} \cdots x_{n,\pi n}$ nicht, wenn man in ihnen π durch $\pi \circ \pi_0$ ersetzt. Zusammen folgt hieraus, daß sich in der Definitionsgleichung von $\Delta(\mathfrak{x}_k, \ldots, \mathfrak{x}_k, \ldots)$ je zwei Summanden gegenseitig aufheben, daß also $\Delta(\mathfrak{x}_k, \ldots, \mathfrak{x}_k, \ldots) = 0$ gilt. ◆

Durch den zweiten Teil dieses Satzes ist gesichert, daß es zu einem endlichdimensionalen Vektorraum überhaupt Determinantenformen gibt.

13.5 *Es seien Δ_1 und Δ_2 zwei Determinantenformen von X, und $\{\mathfrak{a}_1, \ldots, \mathfrak{a}_n\}$ sei eine Basis von X. Dann ist der Quotient*

$$c = \frac{\Delta_1(\mathfrak{a}_1, \ldots, \mathfrak{a}_n)}{\Delta_2(\mathfrak{a}_1, \ldots, \mathfrak{a}_n)}$$

unabhängig von der Wahl der Basis, und für beliebige Vektoren $\mathfrak{x}_1, \ldots, \mathfrak{x}_n$ gilt

$$\Delta_1(\mathfrak{x}_1, \ldots, \mathfrak{x}_n) = c\Delta_2(\mathfrak{x}_1, \ldots, \mathfrak{x}_n).$$

Beweis: Wegen 13.3 gilt $\Delta_2(\mathfrak{a}_1, \ldots, \mathfrak{a}_n) \neq 0$. Die Definition von c ist daher überhaupt sinnvoll. Wegen 13.4 erhält man

$$\begin{aligned}\Delta_1(\mathfrak{x}_1, \ldots, \mathfrak{x}_n) &= [\sum_{\pi \in \mathfrak{S}_n} (\operatorname{sgn}\pi)\, x_{1,\pi 1} \cdots x_{n,\pi n}]\, \Delta_1(\mathfrak{a}_1, \ldots, \mathfrak{a}_n)\\ &= c\,[\sum_{\pi \in \mathfrak{S}_n} (\operatorname{sgn}\pi)\, x_{1,\pi 1} \cdots x_{n,\pi n}]\, \Delta_2(\mathfrak{a}_1, \ldots, \mathfrak{a}_n)\\ &= c\Delta_2(\mathfrak{x}_1, \ldots, \mathfrak{x}_n).\end{aligned}$$

Wählt man hierbei für $\mathfrak{x}_1, \ldots, \mathfrak{x}_n$ speziell eine zweite Basis von X, so folgt

$$\frac{\Delta_1(\mathfrak{x}_1, \ldots, \mathfrak{x}_n)}{\Delta_2(\mathfrak{x}_1, \ldots, \mathfrak{x}_n)} = c;$$

d. h. dieser Quotient ist unabhängig von der Wahl der Basis. ◆

13. 6 *Es sei $\varphi: X \to Y$ ein Isomorphismus. Ist dann Δ eine Determinantenform von Y, so wird durch*

$$\Delta_\varphi(\mathfrak{x}_1, \ldots, \mathfrak{x}_n) = \Delta(\varphi\mathfrak{x}_1, \ldots, \varphi\mathfrak{x}_n)$$

eine Determinantenform Δ_φ von X definiert.

Beweis: Aus den Linearitätseigenschaften von Δ und φ ergibt sich unmittelbar, daß Δ_φ eine n-fache Linearform von X ist. Wenn die Vektoren $\mathfrak{x}_1, \ldots, \mathfrak{x}_n$ linear abhängig sind, so sind es auch ihre Bildvektoren $\varphi\mathfrak{x}_1, \ldots, \varphi\mathfrak{x}_n$, und man erhält

$$\Delta_\varphi(\mathfrak{x}_1, \ldots, \mathfrak{x}_n) = \Delta(\varphi\mathfrak{x}_1, \ldots, \varphi\mathfrak{x}_n) = 0.$$

Ist schließlich $\{\mathfrak{a}_1, \ldots, \mathfrak{a}_n\}$ eine Basis von X, so sind auch die Vektoren $\varphi\mathfrak{a}_1, \ldots, \varphi\mathfrak{a}_n$ linear unabhängig, und wegen 13. 3 folgt

$$\Delta_\varphi(\mathfrak{a}_1, \ldots, \mathfrak{a}_n) = \Delta(\varphi\mathfrak{a}_1, \ldots, \varphi\mathfrak{a}_n) \neq 0. \; ◆$$

Es sei jetzt φ ein Automorphismus von X. Der mit einer Basis $\{\mathfrak{a}_1, \ldots, \mathfrak{a}_n\}$ und einer Determinantenform Δ von X gebildete Quotient

$$\frac{\Delta_\varphi(\mathfrak{a}_1, \ldots, \mathfrak{a}_n)}{\Delta(\mathfrak{a}_1, \ldots, \mathfrak{a}_n)}$$

hängt dann wegen 13. 5 nicht von der Wahl der Basis ab. Er hängt aber auch nicht von der Wahl der Determinantenform Δ ab: Ist nämlich Δ^* eine zweite Determinantenform von X, so gilt nach 13. 5 zunächst

$$\Delta(\mathfrak{a}_1, \ldots, \mathfrak{a}_n) = c\Delta^*(\mathfrak{a}_1,, \ldots, \mathfrak{a}_n)$$

und dann weiter auch

$$\begin{aligned}\Delta_\varphi(\mathfrak{a}_1, \ldots, \mathfrak{a}_n) &= \Delta(\varphi\mathfrak{a}_1, \ldots, \varphi\mathfrak{a}_n) = c\Delta^*(\varphi\mathfrak{a}_1, \ldots, \varphi\mathfrak{a}_n)\\ &= c\Delta^*_\varphi(\mathfrak{a}_1, \ldots, \mathfrak{a}_n),\end{aligned}$$

also

$$\frac{\Delta_\varphi(\mathfrak{a}_1, \ldots, \mathfrak{a}_n)}{\Delta(\mathfrak{a}_1, \ldots, \mathfrak{a}_n)} = \frac{\Delta^*_\varphi(\mathfrak{a}_1, \ldots, \mathfrak{a}_n)}{\Delta^*(\mathfrak{a}_1, \ldots, \mathfrak{a}_n)}.$$

Dieser Quotient ist somit allein durch den Automorphismus φ von X bestimmt.

Definition 13b: *Es sei X ein endlich-dimensionaler Vektorraum, und φ sei ein Endomorphismus von X. Dann wird der mit einer beliebigen Determinantenform Δ und einer beliebigen Basis $\{\mathfrak{a}_1, \ldots, \mathfrak{a}_n\}$ von X gebildete Quotient*

$$\operatorname{Det} \varphi = \frac{\Delta(\varphi\mathfrak{a}_1, \ldots, \varphi\mathfrak{a}_n)}{\Delta(\mathfrak{a}_1, \ldots, \mathfrak{a}_n)}$$

die **Determinante** *von φ genannt.*

In dieser Form hat die Definition der Determinante auch für Endomorphismen φ von X einen Sinn, die keine Automorphismen sind: Dann sind nämlich bei beliebiger Basis $\{\mathfrak{a}_1, \ldots, \mathfrak{a}_n\}$ die Vektoren $\varphi\mathfrak{a}_1, \ldots, \varphi\mathfrak{a}_n$ linear abhängig, bei beliebiger Wahl von Δ gilt $\Delta(\varphi\mathfrak{a}_1, \ldots, \varphi\mathfrak{a}_n) = 0$, und man erhält somit $\operatorname{Det} \varphi = 0$.

13. 7 *Ein Endomorphismus φ von X ist genau dann ein Automorphismus, wenn* $\operatorname{Det} \varphi \neq 0$ *gilt.*

Für je zwei Endomorphismen φ und ψ von X gilt

$$\operatorname{Det}(\psi \circ \varphi) = (\operatorname{Det} \psi)(\operatorname{Det} \varphi).$$

Für die Identität ε und für beliebige Automorphismen φ von X gilt

$$\operatorname{Det} \varepsilon = 1, \quad \operatorname{Det}(\varphi^{-1}) = (\operatorname{Det} \varphi)^{-1}.$$

Beweis: Wie oben gezeigt wurde, gilt $\operatorname{Det} \varphi = 0$, wenn φ kein Automorphismus ist. Umgekehrt sei jetzt φ ein Automorphismus von X. Mit $\{\mathfrak{a}_1, \ldots, \mathfrak{a}_n\}$ ist dann auch $\{\varphi\mathfrak{a}_1, \ldots, \varphi\mathfrak{a}_n\}$ eine Basis von X. Wegen 13.3 gilt $\Delta(\varphi\mathfrak{a}_1, \ldots, \varphi\mathfrak{a}_n) \neq 0$ und somit $\operatorname{Det} \varphi \neq 0$.

Zum Nachweis der zweiten Behauptung sei φ zunächst ein Automorphismus. Da dann mit $\{\mathfrak{a}_1, \ldots, \mathfrak{a}_n\}$ auch $\{\varphi\mathfrak{a}_1, \ldots, \varphi\mathfrak{a}_n\}$ eine Basis von X ist, erhält man wegen der Unabhängigkeit der Determinante von der Basiswahl

$$\begin{aligned}\operatorname{Det}(\psi \circ \varphi) &= \frac{\Delta((\psi \circ \varphi)\mathfrak{a}_1, \ldots, (\psi \circ \varphi)\mathfrak{a}_n)}{\Delta(\mathfrak{a}_1, \ldots, \mathfrak{a}_n)} \\ &= \frac{\Delta(\psi(\varphi\mathfrak{a}_1), \ldots, \psi(\varphi\mathfrak{a}_n))}{\Delta(\varphi\mathfrak{a}_1, \ldots, \varphi\mathfrak{a}_n)} \, \frac{\Delta(\varphi\mathfrak{a}_1, \ldots, \varphi\mathfrak{a}_n)}{\Delta(\mathfrak{a}_1, \ldots, \mathfrak{a}_n)} \\ &= (\operatorname{Det} \psi)(\operatorname{Det} \varphi).\end{aligned}$$

Ist φ jedoch kein Automorphismus, so ist die behauptete Gleichung trivial, weil dann auch $\psi \circ \varphi$ kein Automorphismus ist und auf beiden Seiten eine Null steht.

Es gilt

$$\operatorname{Det} \varepsilon = \frac{\Delta(\varepsilon\mathfrak{a}_1, \ldots, \varepsilon\mathfrak{a}_n)}{\Delta(\mathfrak{a}_1, \ldots, \mathfrak{a}_n)} = \frac{\Delta(\mathfrak{a}_1, \ldots, \mathfrak{a}_n)}{\Delta(\mathfrak{a}_1, \ldots, \mathfrak{a}_n)} = 1.$$

Wegen der bereits bewiesenen Behauptungen folgt jetzt für einen beliebigen Automorphismus

$$(\operatorname{Det}(\varphi^{-1}))\,(\operatorname{Det}\varphi) = \operatorname{Det}(\varphi^{-1}\circ\varphi) = \operatorname{Det}\varepsilon = 1$$

und somit

$$\operatorname{Det}(\varphi^{-1}) = (\operatorname{Det}\varphi)^{-1}. \quad ◆$$

Wieder sei jetzt φ ein Endomorphismus von X. Hinsichtlich einer festen Basis $\{\mathfrak{a}_1, \ldots, \mathfrak{a}_n\}$ ist ihm dann eine quadratische Matrix $A = (a_{\mu,\nu})$ zugeordnet vermöge der Gleichungen

$$\varphi\mathfrak{a}_\mu = \sum_{\nu=1}^{n} a_{\mu,\nu}\mathfrak{a}_\nu \qquad (\mu = 1, \ldots, n).$$

Wegen **13.4** erhält man

$$\Delta(\varphi\mathfrak{a}_1, \ldots, \varphi\mathfrak{a}_n) = \Big[\sum_{\pi\in\mathfrak{S}_n} (\operatorname{sgn}\pi)\, a_{1,\pi 1}\cdots a_{n,\pi n}\Big]\, \Delta(\mathfrak{a}_1, \ldots, \mathfrak{a}_n)$$

und somit

(**) $$\operatorname{Det}\varphi = \sum_{\pi\in\mathfrak{S}_n} (\operatorname{sgn}\pi)\, a_{1,\pi 1}\cdots a_{n,\pi n}.$$

Diese Gleichung gestattet es, die Determinante eines Endomorphismus mit Hilfe der ihm zugeordneten Matrix explizit zu berechnen.

Definition 13c: *Als* **Determinante** *einer n-reihigen quadratischen Matrix $A = (a_{\mu,\nu})$ bezeichnet man den Ausdruck*

$$\operatorname{Det} A = \sum_{\pi\in\mathfrak{S}_n} (\operatorname{sgn}\pi)\, a_{1,\pi 1}\cdots a_{n,\pi n}.$$

13.8 *Wenn einem Endomorphismus φ von X hinsichtlich einer Basis die Matrix A zugeordnet ist, gilt* $\operatorname{Det}\varphi = \operatorname{Det} A$.

Quadratische Matrizen, die hinsichtlich verschiedener Basen demselben Endomorphismus zugeordnet sind, besitzen dieselbe Determinante.

Beweis: Die erste Behauptung ist die bereits bewiesene Gleichung (**). Die zweite Behauptung ist eine unmittelbare Folge der ersten. ◆

13.9 *Die Determinante einer n-reihigen quadratischen Matrix A besitzt folgende Eigenschaften:*

(1) *Die Matrix A und ihre Transponierte A^T besitzen dieselbe Determinante:* $\operatorname{Det} A^T = \operatorname{Det} A$.

(2) *Vertauscht man in A zwei Zeilen oder Spalten, so ändert die Determinante ihr Vorzeichen.*

(3) *Addiert man zu einer Zeile (Spalte) eine Linearkombination der übrigen Zeilen (Spalten), so ändert sich die Determinante nicht.*

(4) *Multipliziert man die Elemente einer Zeile (Spalte) mit einem Skalar c, so wird die Determinante mit c multipliziert.*

(5) *Sind in A zwei Zeilen (Spalten) gleich, so gilt* $\operatorname{Det} A = 0$.

(6) $\operatorname{Det}(cA) = c^n(\operatorname{Det} A)$.

(7) $\operatorname{Det} A^{-1} = (\operatorname{Det} A)^{-1}$.

(8) *Ist B eine zweite n-reihige quadratische Matrix, so gilt*
$\operatorname{Det}(AB) = (\operatorname{Det} A)(\operatorname{Det} B)$.

(9) *Für die Einheitsmatrix E gilt:* $\operatorname{Det} E = 1$.

Beweis: Es sei π^{-1} die zu π inverse Permutation. Da die Multiplikation im Skalarenkörper kommutativ ist, gilt für die in 13c auftretenden Produkte

$$a_{1,\pi 1} \cdots a_{n,\pi n} = a_{\pi^{-1}1,1} \cdots a_{\pi^{-1}n,n}.$$

Da weiter mit π auch π^{-1} alle Permutationen aus $\mathfrak{S}_n$ durchläuft und $\operatorname{sgn} \pi^{-1} = \operatorname{sgn} \pi$ gilt, erhält man

$$\operatorname{Det} A = \sum_{\pi \in \mathfrak{S}_n} (\operatorname{sgn} \pi)\, a_{\pi 1,1} \cdots a_{\pi n,n}.$$

Der hier auf der rechten Seite stehende Ausdruck ist aber gerade die Determinante von A^T. Damit ist die Behauptung (1) bewiesen. Aus ihr folgt, daß alle Ergebnisse über Determinanten richtig bleiben, wenn man in ihnen die Begriffe „Zeile" und „Spalte" vertauscht. Die Behauptungen (2)—(5) brauchen daher nur für Zeilen bewiesen zu werden.

Entspricht die Matrix A hinsichtlich einer Basis $\{\mathfrak{a}_1, \ldots, \mathfrak{a}_n\}$ dem Endomorphismus φ von X, so sind die Zeilen von A gerade die Koordinaten der Bildvektoren $\varphi\mathfrak{a}_1, \ldots, \varphi\mathfrak{a}_n$. Wegen 13.8 gilt

$$\operatorname{Det} A = \frac{\Delta(\varphi\mathfrak{a}_1, \ldots, \varphi\mathfrak{a}_n)}{\Delta(\mathfrak{a}_1, \ldots, \mathfrak{a}_n)}.$$

Deswegen folgt (2) aus 13.2, (3) aus 13.1, (4) aus der Linearität der Determinantenformen und (5) aus 13.3.

Da bei der Bildung der Matrix cA jede Zeile von A mit c multipliziert wird, folgt (6) durch n-malige Anwendung von (4). Schließlich sind (7), (8) und (9) eine unmittelbare Folge aus 13.7 und 13.8. ◆

Wenn man bei der Determinante einer quadratischen Matrix $A = (a_{\mu,\nu})$ die Elemente der Matrix explizit angeben will, schreibt man statt Det A ausführlicher Det $(a_{\mu,\nu})$ oder

$$\begin{vmatrix} a_{1,1} & \cdots & a_{1,n} \\ \cdot & \cdots & \cdot \\ a_{n,1} & \cdots & a_{n,n} \end{vmatrix},$$

indem man das Matrix-Schema in senkrechte Striche einschließt.

Ergänzungen und Aufgaben

13 A Es sei δ eine Abbildung der Menge aller n-reihigen quadratischen Matrizen über K in den Körper K mit folgenden Eigenschaften:

a) δ ist eine n-fache Linearform der Zeilen der Matrizen.

b) Vertauscht man in einer Matrix zwei Zeilen, so ändert der Wert von δ sein Vorzeichen.

c) Für die Einheitsmatrix E gilt: $\delta(E) = 1$.

Aufgabe: 1). Durch die Eigenschaften a)—c) ist δ eindeutig bestimmt. Für jede Matrix A gilt $\delta(A) = \text{Det } A$.

2). Es sei A_0 eine feste reguläre Matrix. Dann gilt $\delta(A_0) \neq 0$, und durch

$$\delta^*(A) = \frac{\delta(AA_0)}{\delta(A_0)}$$

wird eine Abbildung δ^* definiert, die ebenfalls die Eigenschaften a), b) und c) besitzt.

3). Folgere hieraus den Multiplikationssatz $\delta(AB) = \delta(A)\,\delta(B)$.

13 B Es sei $C_{\mu,\nu}$ diejenige n-reihige quadratische Matrix über einem Körper K, die im Kreuzungspunkt der μ-ten Zeile und der ν-ten Spalte eine 1 und sonst lauter Nullen aufweist. Ferner sei $\mathfrak{M}$ die Menge aller Matrizen der Form $E + aC_{\mu,\nu}$ mit $\mu \neq \nu$ und beliebigem $a \in K$.

Aufgabe:

1). Die Matrizen aus $\mathfrak{M}$ besitzen die Determinante 1.

2). Jede n-reihige quadratische Matrix über K, die die Determinante 1 besitzt, kann als Produkt endlich vieler Matrizen aus $\mathfrak{M}$ dargestellt werden.

13 C Die Definition 13c der Determinante einer quadratischen Matrix kann auch für solche Matrizen übernommen werden, deren Elemente aus einem kommutativen Ring stammen. Auch in diesem allgemeineren Fall bleiben die in 13.9 formulierten Eigenschaften erhalten. Lediglich Eigenschaft (7) bedarf noch einer später nachgeholten Erläuterung (vgl. 15D).

§ 14 Berechnung von Determinanten, Entwicklungssatz

Die Determinante einer n-reihigen quadratischen Matrix $A = (a_{\mu,\nu})$ kann mit Hilfe ihrer Definitionsgleichung

$$\operatorname{Det} A = \sum_{\pi \in \mathfrak{S}_n} (\operatorname{sgn} \pi)\, a_{1,\pi 1} \cdots a_{n,\pi n}$$

explizit berechnet werden. Praktisch brauchbar ist diese Gleichung indes nur in den einfachsten Fällen $n = 1, 2, 3$. Im Fall $n = 1$ besteht die Matrix A aus nur einem Element a, und es gilt $\operatorname{Det} A = a$. Im Fall $n = 2$ liefert die Formel sofort

$$\begin{vmatrix} a_{1,1} & a_{1,2} \\ a_{2,1} & a_{2,2} \end{vmatrix} = a_{1,1}\, a_{2,2} - a_{1,2}\, a_{2,1}\,.$$

Im Fall $n = 3$ hat man es mit folgenden 6 Permutationen zu tun:

$$\langle 1, 2, 3\rangle,\ \langle 2, 3, 1\rangle,\ \langle 3, 1, 2\rangle \text{ und } \langle 3, 2, 1\rangle,\ \langle 2, 1, 3\rangle,\ \langle 1, 3, 2\rangle.$$

Unter ihnen sind die ersten drei gerade, die letzten drei ungerade. Es folgt

$$\begin{vmatrix} a_{1,1} & a_{1,2} & a_{1,3} \\ a_{2,1} & a_{2,2} & a_{2,3} \\ a_{3,1} & a_{3,2} & a_{3,3} \end{vmatrix} = \begin{array}{l} a_{1,1}\, a_{2,2}\, a_{3,3} + a_{1,2}\, a_{2,3}\, a_{3,1} + a_{1,3}\, a_{2,1}\, a_{3,2} \\ - a_{1,3}\, a_{2,2}\, a_{3,1} - a_{1,2}\, a_{2,1}\, a_{3,3} - a_{1,1}\, a_{2,3}\, a_{3,2}\,. \end{array}$$

Als Merkregel für diesen Ausdruck ist folgende Vorschrift nützlich (Regel von SARRUS): Man schreibe die erste und zweite Spalte der Matrix nochmals als vierte und fünfte Spalte hin. Dann bilde man die Produkte längs der ausgezogenen Linien, addiere sie und ziehe die Produkte längs der gestrichelten Linien ab:

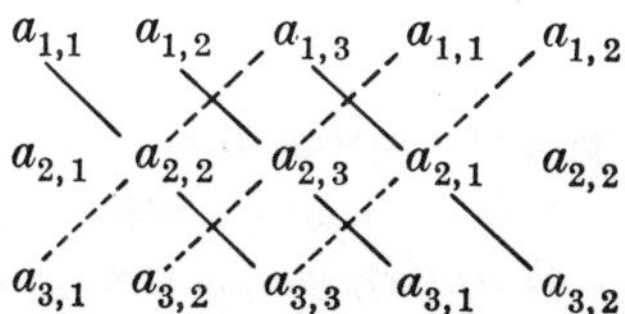

Für $n \geqq 4$ wird die Definitionsgleichung recht umfangreich und unübersichtlich, so daß sie für die praktische Rechnung im allgemeinen unbrauchbar ist. Hier hilft ein anderer Weg, der wieder an die elementaren Umformungen aus § 7 anknüpft.

Eigenschaft (3) aus 13.9 besagt, daß die Determinante durch elementare Umformungen der Typen (c) und (d) nicht geändert wird. Weiter besagt die Eigenschaft (2), daß Zeilen- und Spaltenvertauschungen, also die elementaren Umformungen der Typen (a) und (b), bei der Determinante lediglich einen Vorzeichenwechsel bewirken. Nun kann man nach 7. 6 eine n-reihige quadratische Matrix A mit Hilfe elementarer Umformungen immer in eine Matrix B folgender Gestalt überführen:

$$B = \begin{pmatrix} b_{1,1} & \cdots & & b_{1,n} \\ 0 & b_{2,2} & & \vdots \\ \vdots & & \ddots & \vdots \\ 0 & \cdots & 0 & b_{n,n} \end{pmatrix},$$

bei der unterhalb der Hauptdiagonale lauter Nullen stehen. (Daß noch weitere Nullen auftreten können, interessiert in diesem Zusammenhang nicht.) Nach den vorangehenden Bemerkungen gilt dann

$$\text{Det } A = (-1)^k \text{ Det } B,$$

wobei k die Anzahl der bei den Umformungen vorgenommenen Zeilen- und Spaltenvertauschungen ist. Die Determinante der Matrix B kann aber sofort angegeben werden:

Für die Elemente $b_{\mu,\nu}$ von B gilt zunächst $b_{\mu,\nu} = 0$ für $\mu > \nu$. Ist nun π eine von der Identität verschiedene Permutation aus $\mathfrak{S}_n$, so gibt es mindestens ein μ mit $\mu > \pi\mu$. Wegen $b_{\mu,\pi\mu} = 0$ verschwindet daher der zu dieser Permutation gehörende Summand in der Definitionsgleichung der Determinante. Die Summe reduziert sich somit auf den zur identischen Permutation gehörenden Summanden, und man erhält

$$\text{Det } B = b_{1,1} b_{2,2} \cdots b_{n,n}.$$

Damit hat sich für die Berechnung von Determinanten folgende allgemeine Vorschrift ergeben:

14. 1 *Es sei A eine n-reihige quadratische Matrix. Diese werde durch elementare Umformungen, unter denen k Zeilen- oder Spaltenvertauschungen vorkommen, in eine Matrix $B = (b_{\mu,\nu})$ überführt, bei der unterhalb der Hauptdiagonale lauter Nullen auftreten. Dann gilt*

$$\text{Det } A = (-1)^k b_{1,1} b_{2,2} \cdots b_{n,n}.$$

In Spezialfällen ist für die Berechnung der Determinante einer Matrix bisweilen noch ein anderes Verfahren nützlich, das überdies für theoretische Untersuchungen wichtig ist.

Es sei wieder $A = (a_{\mu,\nu})$ eine n-reihige quadratische Matrix. Die Menge $\{1, \ldots, n\}$ werde nun in zwei elementfremde Teilmengen $\{i_1, \ldots, i_p\}$ und

$\{k_1, \ldots, k_q\}$ mit $p + q = n$ zerlegt. Dabei sei die Bezeichnung noch so gewählt, daß

$$i_1 < i_2 < \cdots < i_p \quad \text{und} \quad k_1 < k_2 < \cdots < k_q$$

gilt. Weiter bedeute Γ die Menge aller Permutationen $\gamma \in \mathfrak{S}_n$ mit

$$\gamma i_1 < \gamma i_2 < \cdots < \gamma i_p \quad \text{und} \quad \gamma k_1 < \gamma k_2 < \cdots < \gamma k_q.$$

Eine einfache Überlegung zeigt, daß für jede Permutation $\gamma \in \Gamma$

$$\operatorname{sgn} \gamma = (-1)^{i_1 + \cdots + i_p + \gamma i_1 + \cdots + \gamma i_p}$$

gilt. Für jedes $\gamma \in \Gamma$ sei schließlich Π_γ die Menge aller Permutationen $\alpha \in \mathfrak{S}_n$ mit $\alpha(\gamma k_1) = \gamma k_1, \ldots, \alpha(\gamma k_q) = \gamma k_q$ und entsprechend Π_γ^* die Menge aller $\beta \in \mathfrak{S}_n$ mit $\beta(\gamma i_1) = \gamma i_1, \ldots, \beta(\gamma i_p) = \gamma i_p$. Man erkennt dann unmittelbar, daß sich jede Permutation $\pi \in \mathfrak{S}_n$ auf genau eine Weise in der Form

$$\pi = \alpha \circ \beta \circ \gamma \quad \text{mit} \quad \gamma \in \Gamma \quad \text{und} \quad \alpha \in \Pi_\gamma, \ \beta \in \Pi_\gamma^*$$

darstellen läßt. Für die Determinante der Matrix A folgt hieraus

$$\begin{aligned} \operatorname{Det} A &= \sum_{\pi \in \mathfrak{S}_n} (\operatorname{sgn} \pi)\, a_{1,\pi 1} \cdots a_{n,\pi n} \\ &= \sum_{\gamma \in \Gamma} (\operatorname{sgn} \gamma) \Big[\sum_{\alpha \in \Pi} (\operatorname{sgn} \alpha)\, a_{i_1,\alpha(\gamma i_1)} \cdots a_{i_p,\alpha(\gamma i_p)} \Big] \cdot \\ &\qquad \Big[\sum_{\beta \in \Pi_\gamma^*} (\operatorname{sgn} \beta)\, a_{k_1,\beta(\gamma k_1)} \cdots a_{k_q,\beta(\gamma k_q)} \Big]. \end{aligned}$$

Die hier in den eckigen Klammern stehenden Summen können jetzt aber ihrerseits als Determinanten gewisser Matrizen gedeutet werden: Es bedeute nämlich A_γ diejenige Untermatrix, die aus A durch Streichen der Zeilen mit den Nummern $k_1, \ldots, k_q$ und den Spalten mit den Nummern $\gamma k_1, \ldots, \gamma k_q$ entsteht. Dann ist die erste eckige Klammer gerade die Determinante der Matrix A_γ. Ebenso sei A_γ^* die zu A_γ komplementäre Untermatrix, die aus A durch Streichung der Zeilen $i_1, \ldots, i_p$ und der Spalten $\gamma i_1, \ldots, \gamma i_p$ entsteht. Die zweite eckige Klammer ist dann die Determinante von A_γ^*. Damit hat sich folgender Satz ergeben:

14. 2 (*Entwicklungssatz von* LAPLACE)

$$\operatorname{Det} A = \sum_{\gamma \in \Gamma} (\operatorname{sgn} \gamma)\, (\operatorname{Det} A_\gamma)\, (\operatorname{Det} A_\gamma^*).$$

Dieser Entwicklungssatz führt die Berechnung einer n-reihigen Determinante auf die Berechnung von Determinanten der kleineren Reihenzahlen p und q zurück. Inhaltlich enthält er folgende Vorschrift: Man wähle in der

Matrix A zunächst p Zeilen fest aus. In der so bestimmten p-zeiligen Untermatrix wähle man nun auch irgendwelche p Spalten aus. Man erhält dann eine p-reihige quadratische Untermatrix, deren Determinante man mit der Determinante der komplementären Untermatrix zu multiplizieren hat. Trifft man die Auswahl der Spalten auf alle möglichen Weisen und addiert man die mit dem richtigen Vorzeichen versehenen entsprechenden Determinantenprodukte, so erhält man gerade die Determinante von A. Zur Erläuterung des Verfahrens diene folgendes Beispiel:

14. I Gegeben sei die reelle Matrix

$$A = \begin{pmatrix} 1 & 3 & 4 & 0 \\ 2 & 5 & 7 & 1 \\ -1 & 2 & -3 & 0 \\ 0 & 0 & 1 & 4 \end{pmatrix}.$$

Ausgezeichnet werden sollen die zweite und dritte Zeile; d. h. es wird $i_1 = 2$, $i_2 = 3$ und somit $k_1 = 1$, $k_2 = 4$ gesetzt. Den verschiedenen Auswahlmöglichkeiten für die Spalten entsprechen folgende Permutationen γ aus Γ:

$$\langle 3, 1, 2, 4\rangle,\ \langle 2, 1, 4, 3\rangle,\ \langle 1, 2, 3, 4\rangle,\ \langle 1, 3, 4, 2\rangle,$$
$$\langle 2, 1, 3, 4\rangle,\ \langle 1, 2, 4, 3\rangle.$$

Unter ihnen besitzen die Permutationen der ersten Zeile das Vorzeichen $+1$, die der zweiten Zeile das Vorzeichen -1. Es ergibt sich somit folgende Entwicklung:

$$\begin{aligned}\operatorname{Det} A = & \begin{vmatrix} 2 & 5 \\ -1 & 2 \end{vmatrix} \begin{vmatrix} 4 & 0 \\ 1 & 4 \end{vmatrix} + \begin{vmatrix} 2 & 1 \\ -1 & 0 \end{vmatrix} \begin{vmatrix} 3 & 4 \\ 0 & 1 \end{vmatrix} + \begin{vmatrix} 5 & 7 \\ 2 & -3 \end{vmatrix} \begin{vmatrix} 1 & 0 \\ 0 & 4 \end{vmatrix} \\ & + \begin{vmatrix} 7 & 1 \\ -3 & 0 \end{vmatrix} \begin{vmatrix} 1 & 3 \\ 0 & 0 \end{vmatrix} - \begin{vmatrix} 2 & 7 \\ -1 & -3 \end{vmatrix} \begin{vmatrix} 3 & 0 \\ 0 & 4 \end{vmatrix} - \begin{vmatrix} 5 & 1 \\ 2 & 0 \end{vmatrix} \begin{vmatrix} 1 & 4 \\ 0 & 1 \end{vmatrix} \\ & = 9 \cdot 16 + 1 \cdot 3 + (-29) \cdot 4 + 3 \cdot 0 - 1 \cdot 12 - (-2) \cdot 1 = 21.\end{aligned}$$

Kürzer und übersichtlicher gestaltet sich allerdings die Berechnung dieser Determinante nach 14. 1. Man erhält dann folgendes Rechenschema

$$\begin{array}{rrrr} 1 & 3 & 4 & 0 \\ 2 & 5 & 7 & 1 \\ -1 & 2 & -3 & 0 \\ 0 & 0 & 1 & 4 \\ \hline \end{array}$$

$$\begin{array}{rrrr} 1 & 3 & 4 & 0 \\ 0 & -1 & -1 & 1 \\ 0 & 5 & 1 & 0 \\ 0 & 0 & 1 & 4 \\ \hline 1 & 3 & 4 & 0 \\ 0 & -1 & -1 & 1 \\ 0 & 0 & -4 & 5 \\ 0 & 0 & 1 & 4 \\ \hline 1 & 3 & 4 & 0 \\ 0 & -1 & -1 & 1 \\ 0 & 0 & -4 & 5 \\ 0 & 0 & 0 & \frac{21}{4}. \end{array}$$

Da keine Vertauschungen vorgenommen wurden, ergibt sich

$$\operatorname{Det} A = (-1)(-4)\frac{21}{4} = 21.$$

Bei dem Entwicklungssatz wurden in der angegebenen Form gewisse Zeilen ausgezeichnet. Man spricht daher auch von einer Entwicklung der Determinante nach Zeilen. Da aber nach 13. 9 (1) die Determinante einer Matrix durch Transposition nicht geändert wird, kann man die Entwicklung auch nach Spalten durchführen. Man hat dazu nur bei allen Prozessen die Bedeutung von „Zeile“ und „Spalte“ zu vertauschen.

Besondere Bedeutung besitzt der Entwicklungssatz in dem Spezialfall $p = 1$, in dem man nach nur einer Zeile entwickelt. Statt i_1 soll dann einfacher i geschrieben werden. Eine Permutation $\gamma \in \Gamma$ ist jetzt bereits eindeutig durch den Index $\nu = \gamma i$ gekennzeichnet, und es gilt $\operatorname{sgn} \gamma = (-1)^{i+\nu}$. Die Matrix A_γ besteht nur aus dem einen Element $a_{i,\nu}$. Die zu ihr komplementäre Matrix A_γ^*, die jetzt sinngemäß mit $A_{i,\nu}^*$ bezeichnet werden soll, entsteht aus A durch Streichung der i-ten Zeile und der ν-ten Spalte. Man nennt $A_{i,\nu}^*$ das **algebraische Komplement** von $a_{i,\nu}$. Der Entwicklungssatz nimmt jetzt folgende Form an:

$$\operatorname{Det} A = \sum_{\nu=1}^{n} (-1)^{i+\nu} a_{i,\nu} \operatorname{Det} A_{i,\nu}^*.$$

Den Ausdruck $(-1)^{i+\nu} \operatorname{Det} A_{i,\nu}^*$ bezeichnet man auch als die **Adjunkte** von $a_{i,\nu}$ und schreibt dafür $\operatorname{Adj} a_{i,\nu}$. Es gilt somit

$$\operatorname{Det} A = \sum_{\nu=1}^{n} a_{i,\nu} (\operatorname{Adj} a_{i,\nu}).$$

Diese Darstellung wird die Entwicklung der Determinante nach der i-ten Zeile genannt. Die nach der obigen Bemerkung ebenfalls gültige Entwicklung nach der i-ten Spalte lautet

$$\operatorname{Det} A = \sum_{\nu=1}^{n} a_{\nu,i} (\operatorname{Adj} a_{\nu,i}).$$

Multipliziert man die Elemente $a_{i,\nu}$ der i-ten Zeile von A nicht mit ihren eigenen Adjunkten, sondern mit den Adjunkten der entsprechenden Elemente $a_{k,\nu}$ einer anderen Zeile ($i \neq k$), so liefert die analoge Summe

$$\sum_{\nu=1}^{n} a_{i,\nu} (\operatorname{Adj} a_{k,\nu})$$

den Wert Null: Nach dem Entwicklungssatz ist sie nämlich die Determinante derjenigen Matrix, die aus A durch Ersetzung der k-ten Zeile durch die i-te entsteht. Da aber in dieser Matrix zwei Zeilen gleich sind, ist ihre Determinante gleich Null. Damit hat sich folgender Satz ergeben, der natürlich auch hinsichtlich der Spalten gilt:

14. 3

$$\sum_{\nu=1}^{n} a_{i,\nu} (\operatorname{Adj} a_{k,\nu}) = \sum_{\nu=1}^{n} a_{\nu,i} (\operatorname{Adj} a_{\nu,k}) = \begin{cases} \operatorname{Det} A & \text{für} \quad i = k \\ 0 & \phantom{\text{für}} \quad i \neq k. \end{cases}$$

Ergänzungen und Aufgaben

14A Aufgabe: Man berechne die Determinante der Matrix aus 12B

a) mit Hilfe elementarer Umformungen,

b) durch Entwicklung nach der ersten Spalte,

c) durch Entwicklung nach den ersten zwei Zeilen.

14B Aufgabe: Für eine Matrix der Form

$$A = \left(\begin{array}{c|c} A_1 & B \\ \hline 0 & A_2 \end{array}\right),$$

in der links unten lauter Nullen stehen, gilt

$$\operatorname{Det} A = (\operatorname{Det} A_1)(\operatorname{Det} A_2).$$

Wie lautet die entsprechende Gleichung für eine Matrix der Form

$$\left(\begin{array}{c|c} 0 & A_1 \\ \hline A_2 & B \end{array}\right) ?$$

14C Aufgabe: (VANDERMONDEsche Determinante) Man beweise die Gleichung

$$\begin{vmatrix} 1 & x_1 & x_1^2 & \cdots & x_1^{n-1} \\ 1 & x_2 & x_2^2 & \cdots & x_2^{n-1} \\ \cdots & \cdots & \cdots & \cdots & \cdots \\ 1 & x_n & x_n^2 & \cdots & x_n^{n-1} \end{vmatrix} = \prod_{\mu > \nu} (x_\mu - x_\nu).$$

14 D Alle Ergebnisse dieses Paragraphen gelten ebenso für die Determinanten von Matrizen, deren Elemente aus einem kommutativen Ring R stammen. Lediglich die Umformungen zu 14. 1 sind nicht immer durchführbar, wohl aber nach § 7, wenn R ein euklidischer Ring ist.

§ 15 Anwendungen

Obwohl die Determinanten nur für quadratische Matrizen definiert sind, können sie doch zur Rangbestimmung beliebiger Matrizen herangezogen werden. Es sei $A = (a_{\mu,\nu})$ eine beliebige (m, n)-Matrix. Wählt man in ihr k Zeilen und auch k Spalten beliebig aus, so bilden die gleichzeitig in diesen Zeilen und Spalten stehenden Elemente eine quadratische Untermatrix von A. Ihre Determinante bezeichnet man als eine k-reihige **Unterdeterminante** oder als einen k-reihigen **Minor** der Matrix A.

15. 1 *Es sei A eine von der Nullmatrix verschiedene Matrix, und r_A sei die größte natürliche Zahl, zu der es eine von Null verschiedene r_A-reihige Unterdeterminante von A gibt. (D. h. es gibt eine r_A-reihige Unterdeterminante $\neq 0$, während alle r-reihigen Unterdeterminanten mit $r > r_A$ verschwinden.) Dann gilt* $\operatorname{Rg} A = r_A$.

Beweis: Es gelte $\operatorname{Rg} A = r$, wegen $A \neq 0$ also $r > 0$. Dann gibt es r linear unabhängige Zeilen von A, die eine r-zeilige Untermatrix A_1 von A bestimmen. Da dann auch $\operatorname{Rg} A_1 = r$ gilt, gibt es wegen 9. 3 in A_1 weiter r linear unabhängige Spalten, die ihrerseits eine r-reihige quadratische Untermatrix A_2 von A_1, also auch von A bestimmen. Wegen $\operatorname{Rg} A_2 = r$ und wegen 11. 5, 13. 7 gilt $\operatorname{Det} A_2 \neq 0$ und daher $r \leqq r_A$. Umgekehrt existiert wegen der Bestimmung von r_A eine r_A-reihige quadratische Untermatrix A_0 von A mit $\operatorname{Det} A_0 \neq 0$. Daher ist A_0 eine reguläre Matrix, und die Zeilen von A_0 sind linear unabhängig. Erst recht sind dann aber die r_A Zeilen von A, aus denen die Zeilen von A_0 entnommen sind, linear unabhängig. Es folgt $r_A \leqq r$, insgesamt also $r_A = r$. ◆

Eine zweite Anwendung bezieht sich auf die Auflösung spezieller linearer Gleichungssysteme; nämlich solcher Gleichungssysteme, deren Koeffizientenmatrix quadratisch und regulär ist.

15. 2 (Cramersche Regel) *Gegeben sei ein lineares Gleichungssystem*

$$\begin{array}{c} a_{1,1}x_1 + \cdots + a_{1,n}x_n = b_1 \\ \cdots\cdots\cdots\cdots\cdots \\ a_{n,1}x_1 + \cdots + a_{n,n}x_n = b_n \end{array}$$

mit der quadratischen Koeffizientenmatrix $A = (a_{\mu,\nu})$. *Ferner gelte* $D = \text{Det } A \neq 0$. *Dann besitzt dieses Gleichungssystem genau eine Lösung* $x_1, \ldots, x_n$, *und für diese gilt*

$$x_i = \frac{1}{D} \sum_{\nu=1}^{n} b_\nu (\text{Adj } a_{\nu,i}) = \frac{1}{D} \begin{vmatrix} a_{1,1} & \cdots & b_1 & \cdots & a_{1,n} \\ \vdots & & \vdots & & \vdots \\ \cdots & \cdots & \cdots & \cdots & \cdots \\ \vdots & & \vdots & & \vdots \\ a_{n,1} & \cdots & b_n & \cdots & a_{n,n} \end{vmatrix}$$

$$(i = 1, \ldots, n).$$

(*Die rechts stehende Determinante ist so zu verstehen, daß in der Matrix* A *die* i*-te Spalte durch die Spalte der* b_ν *ersetzt wurde.*)

Beweis: Wegen $\text{Det } A \neq 0$ und wegen 15. 1 gilt $\text{Rg } A = n$. Nach 12. 4 besitzt das Gleichungssystem eine eindeutig bestimmte Lösung. Daher muß nur noch gezeigt werden, daß die angegebenen Werte für die x_i tatsächlich eine Lösung darstellen. Setzt man nun aber diese Werte in die k-te Gleichung ein, so erhält man wegen 14. 3

$$\sum_{i=1}^{n} a_{k,i} x_i = \sum_{i=1}^{n} a_{k,i} \left(\frac{1}{D} \sum_{\nu=1}^{n} b_\nu (\text{Adj } a_{\nu,i}) \right)$$

$$= \frac{1}{D} \sum_{\nu=1}^{n} b_\nu \left(\sum_{i=1}^{n} a_{k,i} (\text{Adj } a_{\nu,i}) \right) = b_k. \quad \blacklozenge$$

Für die numerische Auflösung linearer Gleichungssysteme ist die Cramersche Regel allerdings nur von untergeordneter Bedeutung. Da nämlich die Berechnung von Determinanten recht mühevoll und unübersichtlich ist, ist auch die Cramersche Regel für die praktische Rechnung weitgehend unbrauchbar. Für theoretische Untersuchungen ist sie jedoch vielfach deswegen wesentlich, weil sie die explizite Angabe der Lösungen ermöglicht. So kann man die Cramersche Regel z. B. dazu benutzen, um die Inversenbildung von Matrizen explizit zu beschreiben.

Es sei $A = (a_{\mu,\nu})$ eine reguläre, n-reihige quadratische Matrix; es gilt also $\text{Det } A \neq 0$. Dann existiert die inverse Matrix A^{-1}, deren Elemente mit $a'_{i,k}$ bezeichnet werden sollen. Wegen $AA^{-1} = E$ sind die Elemente $a'_{1,k}, \ldots, a'_{n,k}$ der k-ten Spalte von A^{-1} gerade die Lösungen des linearen Gleichungssystems aus 15. 2, wenn man dort $b_k = 1$ und $b_\nu = 0$ für $\nu \neq k$ setzt. Mit Hilfe der Cramerschen Regel ergibt sich daher unmittelbar folgender Satz:

15. 3 *Es sei $A = (a_{\mu,\nu})$ eine n-reihige quadratische Matrix mit $D = \operatorname{Det} A \neq 0$. Für die Elemente $a'_{i,k}$ der inversen Matrix A^{-1} gilt dann*

$$a'_{i,k} = \frac{1}{D}\,(\operatorname{Adj} a_{k,i}).$$

Anders ausgedrückt besagt dieser Satz: Ersetzt man jedes Element von A durch seine Adjunkte, so erhält man eine neue Matrix B. Es gilt dann mit der zu B transponierten Matrix B^T (vgl. § 12)

$$A^{-1} = \frac{1}{\operatorname{Det} A}\,B^T$$

Die CRAMERsche Regel gestattet lediglich die Auflösung spezieller linearer Gleichungssysteme. In modifizierter Form kann sie jedoch auch zur Bestimmung der allgemeinen Lösung eines beliebigen linearen Gleichungssystems herangezogen werden. Es sei nämlich

$$(*) \qquad \begin{array}{c} a_{1,1}x_1 + \cdots + a_{1,n}x_n = b_1 \\ \cdots\cdots\cdots\cdots\cdots\cdots \\ a_{k,1}x_1 + \cdots + a_{k,n}x_n = b_k \end{array}$$

ein lineares Gleichungssystem, von dem lediglich vorausgesetzt werden soll, daß es überhaupt lösbar ist (vgl. 12. 2). Außerdem kann angenommen werden, daß die Koeffizientenmatrix $A = (a_{\mu,\nu})$ nicht die Nullmatrix ist. Dann gilt $\operatorname{Rg} A = r > 0$, und wegen 15. 1 existiert eine r-reihige quadratische Untermatrix A_0 von A mit $\operatorname{Det} A_0 \neq 0$. Ohne Beschränkung der Allgemeinheit kann angenommen werden, daß A_0 gerade durch die ersten r Zeilen und Spalten von A bestimmt wird. Die allgemeine Lösung des Gleichungssystems (*) ist dann auch die allgemeine Lösung des verkürzten Systems

$$(**) \qquad \begin{array}{c} a_{1,1}x_1 + \cdots + a_{1,n}x_n = b_1 \\ \cdots\cdots\cdots\cdots\cdots\cdots \\ a_{r,1}x_1 + \cdots + a_{r,n}x_n = b_r, \end{array}$$

das man auch in der Form

$$(***) \qquad \begin{array}{c} a_{1,1}x_1 + \cdots + a_{1,r}x_r = b_1 - a_{1,r+1}x_{r+1} - \cdots - a_{1,n}x_n \\ \cdots\cdots\cdots\cdots\cdots\cdots\cdots\cdots\cdots\cdots \\ a_{r,1}x_1 + \cdots + a_{r,r}x_r = b_r - a_{r,r+1}x_{r+1} - \cdots - a_{r,n}x_n \end{array}$$

schreiben kann. Setzt man hier auf der rechten Seite für $x_{r+1}, \ldots, x_n$ beliebige Werte $c_{r+1}, \ldots, c_n$ ein, so erhält man ein lineares Gleichungssystem mit quadratischer Koeffizientenmatrix, auf das man 15. 2 anwenden kann.

Man gewinnt als eindeutig bestimmte Lösung

$$x_i = \frac{1}{\operatorname{Det} A_0} \sum_{\varrho=1}^{r} (b_\varrho - a_{\varrho,r+1} c_{r+1} - \cdots - a_{\varrho,n} c_n) (\operatorname{Adj} a_{\varrho,i}) \quad (i = 1, \ldots, r).$$

Zusammen mit $x_{r+1} = c_{r+1}, \ldots, x_n = c_n$ ist dies die allgemeine Lösung von (*).

Als Beispiel für diese Methode diene nochmals das Beispiel aus 12. I:

$$\begin{aligned} x_1 + 3x_2 - 4x_3 + 3x_4 &= 9 \\ 3x_1 + 9x_2 - 2x_3 - 11x_4 &= -3 \\ 4x_1 + 12x_2 - 6x_3 - 8x_4 &= 6 \\ 2x_1 + 6x_2 + 2x_3 - 14x_4 &= -12 \,. \end{aligned}$$

Vorausgesetzt werden soll bereits die Kenntnis, daß die Koeffizientenmatrix den Rang 2 besitzt. Als reguläre Untermatrix kann dann die aus den ersten beiden Zeilen und der ersten und dritten Spalte entnommene Matrix

$$A_0 = \begin{pmatrix} 1 & -4 \\ 3 & -2 \end{pmatrix}$$

mit Det $A_0 = 10$ dienen. Es muß jetzt allerdings $x_2 = c_1$ und $x_4 = c_2$ gesetzt werden. Das verkürzte Gleichungssystem lautet nun

$$\begin{aligned} x_1 - 4x_3 &= 9 - 3c_1 - 3c_2 \\ 3x_1 - 2x_3 &= -3 - 9c_1 + 11c_2 . \end{aligned}$$

Die CRAMERsche Regel liefert

$$x_1 = \frac{1}{10} \begin{vmatrix} (9 - 3c_1 - 3c_2) & -4 \\ (-3 - 9c_1 + 11c_2) & -2 \end{vmatrix} = \frac{1}{10}(-30 - 30c_1 + 50c_2)$$

$$= -3 - 3c_1 + 5c_2,$$

$$x_3 = \frac{1}{10} \begin{vmatrix} 1 & (9 - 3c_1 - 3c_2) \\ 3 & (-3 - 9c_1 + 11c_2) \end{vmatrix} = \frac{1}{10}(-30 + 20c_2)$$

$$= -3 + 2c_2 .$$

Diese Lösung stimmt mit der in 12. 1 gewonnenen überein.

Ergänzungen und Aufgaben

15 A Aufgabe: Bestimme den Rang der reellen Matrix

$$\begin{pmatrix} 2 & -3 & 1 & 5 \\ -1 & 3 & 1 & -7 \\ 1 & -2 & 0 & 4 \end{pmatrix}$$

mit Hilfe von 15. 1.

15B **Aufgabe:** Berechne die Inverse der Matrix aus 12. II mit Hilfe von 15. 3.

15C Für die reguläre quadratische Matrix $A = (a_{\mu,\nu})$ gelte

$$\sum_{\nu=1}^{n} a_{i,\nu}\, a_{k,\nu} = \begin{cases} 1 & \text{für } i = k \\ 0 & \text{für } i \neq k. \end{cases}$$

Aufgabe: Folgere, daß Det $A = \pm 1$ und $a_{k,i} =$ (Det A) (Adj $a_{k,i}$) gilt.

15D Es sei A eine quadratische Matrix, deren Elemente aus einem kommutativen Ring R stammen. Wenn A invertierbar ist, muß wegen der aus dem Multiplikationssatz folgenden Eigenschaft (7) aus 13. 9 auch Det A in R invertierbar, also eine Einheit sein.

Aufgabe: Man zeige, daß A umgekehrt invertierbar ist, wenn Det A eine Einheit in R ist.

Eine Matrix, deren Determinante eine Einheit ist, wird als **unimodulare Matrix** bezeichnet. In einem freien Modul mit endlicher Basis gilt Satz 7. 2 in der abgeänderten Form, daß genau die unimodularen Matrizen die Transformationsmatrizen von Basistransformationen sind.

Fünftes Kapitel

Äquivalenz und Ähnlichkeit von Matrizen

Ein und derselben linearen Abbildung $\varphi: X \to Y$ endlich-dimensionaler Räume sind hinsichtlich verschiedener Basen von X und Y im allgemeinen auch verschiedene Matrizen zugeordnet. Die Eigenschaft zweier Matrizen, hinsichtlich geeigneter Basen dieselbe lineare Abbildung zu beschreiben, wird als Äquivalenz dieser beiden Matrizen bezeichnet. Im ersten Paragraphen dieses Kapitels wird nun die Frage untersucht, ob sich die einer gegebenen linearen Abbildung zugeordnete Matrix durch geeignete Wahl der Basen möglichst einfach gestalten läßt; d. h. ob es zu jeder Matrix eine äquivalente Matrix möglichst einfacher Normalgestalt gibt. Im zweiten Paragraphen des Kapitels wird sodann die entsprechende Frage für die Endomorphismen eines Vektorraums untersucht, die hier zu dem Begriff der Ähnlichkeit quadratischer Matrizen führt. Sie wird jedoch an dieser Stelle nur für einen einfachen Spezialfall gelöst; nämlich für solche Matrizen, die sich auf Diagonalform transformieren lassen. In diesem Zusammenhang wird ausführlich auf die wichtigen Begriffe „Eigenvektor", „Eigenwert" und „charakteristisches Polynom" eingegangen.

§ 16 Äquivalenz von Matrizen

In diesem Paragraphen seien X und Y zwei endlich-dimensionale Vektorräume mit Dim $X = n$ und Dim $Y = r$.

Gegeben sei jetzt eine lineare Abbildung $\varphi: X \to Y$. Hinsichtlich einer Basis B_X von X und einer Basis B_Y von Y entspricht ihr dann umkehrbar eindeutig eine (n, r)-Matrix A. Die folgenden Untersuchungen beziehen sich auf die Frage, ob durch geeignete Wahl der Basen B_X und B_Y eine möglichst einfache Gestalt der Matrix A erzielt werden kann. Zunächst soll jedoch gezeigt werden, wie diese Frage auch noch anders gefaßt werden kann.

Definition 16a: *Zwei (n, r)-Matrizen A und B heißen* **äquivalent** *(in Zeichen: $A \sim B$), wenn es reguläre Matrizen S und T mit $B = SAT$ gibt.*

Entsprechend der Zeilen- und Spaltenzahl ist hierbei S eine n-reihige und T eine r-reihige quadratische Matrix.

Die so zwischen Matrizen gleicher Zeilen- und Spaltenzahl definierte Relation ist tatsächlich eine Äquivalenzrelation (vgl. 11 C): Wegen $A = E_n A E_r$ gilt $A \sim A$. Aus $A \sim B$, also aus $B = SAT$, folgt $A = S^{-1} B T^{-1}$ und somit $B \sim A$. Schließlich folgt aus $A \sim B$ und $B \sim C$, also aus $B = SAT$ und $C = S' B T'$, auch $C = (S'S) A (TT')$. Da die Produktmatrizen $S'S$ und TT' wieder regulär sind, erhält man $A \sim C$. Hinsichtlich dieser Äquivalenzrelation zerfällt die Menge aller (n, r)-Matrizen in paarweise fremde Äquivalenzklassen.

Mit der oben aufgeworfenen Frage steht der soeben eingeführte Äquivalenzbegriff in unmittelbarem Zusammenhang: Nach 10. 4 ist nämlich die Gleichung $B = SAT$ gleichbedeutend damit, daß die Matrizen A und B hinsichtlich geeigneter Basen dieselbe lineare Abbildung $\varphi: X \to Y$ beschreiben. Das oben formulierte Problem ist daher gleichwertig mit der Frage, ob man in jeder Äquivalenzklasse von (n, r)-Matrizen einen möglichst einfachen Repräsentanten auszeichnen kann. Daß dies tatsächlich möglich ist, zeigt der nachstehende Satz. Als einfache Normalformen treten dabei folgende Matrizen auf: Für jede natürliche Zahl k mit $0 \leqq k \leqq \min(n, r)$ sei D_k diejenige (n, r)-Matrix, die an den ersten k Stellen der Hauptdiagonale eine Eins, sonst aber lauter Nullen aufweist:

$$D_k = \begin{pmatrix} 1 & & & & & \\ & 1 & & & & \\ & & \ddots & & & \\ & & & 1 & & \\ & & & & 0 & \\ & & & & & \ddots \\ & & & & & & 0 \end{pmatrix} \quad (k \text{ Einsen}).$$

Speziell ist D_0 die Nullmatrix.

16. 1 *Zwei (n, r)-Matrizen sind genau dann äquivalent, wenn sie denselben Rang besitzen. Jede (n, r)-Matrix A ist zu genau einer der Matrizen D_k äquivalent, und zwar zu derjenigen, für die $k = \operatorname{Rg} A$ gilt.*

Beweis: Einer gegebenen (n, r)-Matrix A entspricht hinsichtlich fester Basen von X und Y eindeutig eine lineare Abbildung $\varphi: X \to Y$. Es gelte $\operatorname{Rg} \varphi = \operatorname{Rg} A = k$, also $\operatorname{Def} \varphi = n - k$. Dann sei $\{\mathfrak{a}_{k+1}, \ldots, \mathfrak{a}_n\}$ eine Basis von Kern φ, und diese werde durch weitere Vektoren $\mathfrak{a}_1, \ldots, \mathfrak{a}_k$ zu einer Basis von X ergänzt. Wegen 8. 6 bilden dann die Vektoren $\mathfrak{b}_1 = \varphi\mathfrak{a}_1, \ldots, \mathfrak{b}_k = \varphi\mathfrak{a}_k$ eine Basis von φX, die schließlich durch Vektoren $\mathfrak{b}_{k+1}, \ldots, \mathfrak{b}_r$ zu einer Basis von Y erweitert werden kann. Hinsichtlich der so gewonnenen Basen $\{\mathfrak{a}_1, \ldots, \mathfrak{a}_n\}$ von X und $\{\mathfrak{b}_1, \ldots, \mathfrak{b}_r\}$ von Y entspricht der Abbildung φ gerade die Matrix D_k. Es gilt also $A \sim D_k$ mit $k = \operatorname{Rg} A$.

Da äquivalente Matrizen hinsichtlich geeigneter Basen dieselbe lineare Abbildung beschreiben, müssen ihre Ränge mit dem Rang dieser Abbildung übereinstimmen (vgl. 9. 3), also gleich sein. Gilt für die (n,r)-Matrizen A und B umgekehrt $\operatorname{Rg} A = \operatorname{Rg} B = k$, so folgt nach dem vorher Bewiesenen $A \sim D_k$ und $B \sim D_k$, also auch $A \sim B$. Schließlich sind wegen $\operatorname{Rg} D_k = k$ die Matrizen D_k untereinander nicht äquivalent. Eine beliebige (n, r)-Matrix kann daher auch nur zu genau einer der Matrizen D_k äquivalent sein. ◆

Nach diesem Satz wird die von einer (n, r)-Matrix A erzeugte Äquivalenzklasse eindeutig durch den Rang der Matrix A gekennzeichnet. Wegen $0 \leqq \operatorname{Rg} A \leqq \min(n, r)$ gibt es daher nur endlich viele Äquivalenzklassen von (n, r)-Matrizen; nämlich genau $1 + \min(n, r)$.

Über den bisher behandelten Fall hinaus spielt die Äquivalenz gerade bei solchen Matrizen eine Rolle, bei denen die Elemente lediglich aus einem Ring stammen. Wegen seiner grundsätzlichen Bedeutung soll hier noch auf den Fall eines euklidischen Ringes R eingegangen werden. Für Matrizen mit Elementen aus R kann die Äquivalenzdefinition 16a in dem Sinn übernommen werden, daß man jetzt von den Matrizen S und T sogar die Invertierbarkeit zu fordern hat. Gleichwertig hiermit ist, daß S und T unimodulare Matrizen sind, daß also ihre Determinanten Einheiten in R sind (vgl. 15D).

Spezielle unimodulare Matrizen sind

$$V_{i,k} = \begin{pmatrix} 1 & & & & & & \\ & \ddots & & & & & \\ & & 1 & & & & \\ & & & 0 \cdots 1 & & & \\ & & & \vdots \; 1 \; \vdots & & & \\ & & & \quad \ddots & & & \\ & & & 1 \cdots 0 & & & \\ & & & & 1 & & \\ & & & & & \ddots & \\ & & & & & & 1 \end{pmatrix}, \quad W_{i,k,c} = \begin{pmatrix} 1 & & & & \\ & \ddots & & & \\ & & 1 \cdots c & & \\ & & \ddots & & \\ & & & 1 & \\ & & & & \ddots \\ & & & & & 1 \end{pmatrix} \quad (i \neq k,\ c \in R).$$

(Die Spalten i und k sind jeweils unter den Matrizen markiert.)

Linksmultiplikation einer Matrix A mit $V_{i,k}$ bewirkt in A die Vertauschung der i-ten mit der k-ten Zeile, Linksmultiplikation mit $W_{i,k,c}$ hingegen Multiplikation der k-ten Zeile mit c und nachfolgende Addition zur i-ten Zeile. Analog liefert Rechtsmultiplikation die entsprechenden Spaltenumformungen. Der Durchführung der elementaren Umformungen (a)—(d) aus § 7 entspricht also die Links- bzw. Rechtsmultiplikation mit diesen speziellen unimodularen Matrizen und damit der Übergang zu einer äquivalenten Matrix.

16. 2 (Elementarteiler-Satz.) *Es sei A eine (n, r)-Matrix mit Elementen aus einem euklidischen Ring R. Dann ist A äquivalent zu einer Matrix der Form*

$$B = \begin{pmatrix} b_1 & & & & & \\ & \ddots & & & & \\ & & b_k & & & \\ & & & 0 & & \\ & & & & \ddots & \\ & & & & & 0 \end{pmatrix},$$

in der außer den Elementen $b_1, \ldots, b_k$ *nur Nullen auftreten und in der außerdem für* $\varkappa = 1, \ldots, k-1$ *stets* $b_\varkappa$ *ein Teiler von* $b_{\varkappa+1}$ *ist. Die* **Elementarteiler** $b_1, \ldots, b_k$ *sind durch die Matrix A bis auf Einheiten eindeutig bestimmt.*

Beweis: Nach der Vorbemerkung ist zu zeigen, daß A durch elementare Umformungen in B überführt werden kann. Wendet man auf A das am Ende von § 7 besprochene Umformungsverfahren an, so kann man bei entsprechender zusätzlicher Verwendung der Spaltenumformungen vom Typ (d) zunächst die Form

$$\begin{pmatrix} b_1 & 0 \ldots 0 \\ 0 & \\ \vdots & \boxed{A_1} \\ 0 & \end{pmatrix}$$

erreichen. Wenn hier sogar b_1 ein Teiler aller Elemente von A_1 ist, geht man zu einer entsprechenden Umformung von A_1 über. Ist jedoch b_1 kein Teiler des Elements $a_{\nu,\varrho}$ von A_1, so gilt $a_{\nu,\varrho} = qb_1 + s$ mit $s \neq 0$ und $\varrho(s) < \varrho(b_1)$. In diesem Fall addiere man die erste Spalte zur ϱ-ten Spalte, multipliziere dann die erste Zeile mit q und subtrahiere sie von der ν-ten Zeile. Anstelle von $a_{\nu,\varrho}$ erhält man so das Element s, das man durch Zeilen- und Spaltenvertauschung in die linke obere Position bringen kann. Damit ist b_1 durch ein Element kleinerer Norm ersetzt worden. Man wiederhole nun das Verfahren, bis man nach endlich vielen Schritten erreicht hat, daß b_1 ein Teiler aller Elemente von A_1 ist. Da die einmal erreichten Teilbarkeitsbeziehungen bei den weiteren Umformungen erhalten bleiben, gelangt man schließlich zu einer Matrix der behaupteten Form B, in der k die Maximalzahl linear unabhängiger Zeilen von A ist.

Für $\varkappa = 1, \ldots, k$ besitzen die Determinanten $\varkappa$-reihiger quadratischer Untermatrizen von A einen größten gemeinsamen Teiler $d_\varkappa$ in R, der bis auf Einheiten durch A eindeutig bestimmt ist. Da diese Determinanten insgesamt durch elementare Umformungen höchstens bis aufs Vorzeichen, also bis auf Einheiten geändert werden, ist $d_\varkappa$ auch größter gemeinsamer Teiler der entsprechenden Unterdeterminanten von B, nämlich $d_\varkappa = b_1 \ldots b_\varkappa$. Es folgt $b_1 = d_1$ und $b_{\varkappa+1} \cdot d_\varkappa = d_{\varkappa+1}$ ($\varkappa = 1, \ldots, k-1$), so daß also die Ringelemente

$b_1, \ldots, b_k$ durch $d_1, \ldots, d_k$ und damit durch A bis auf Einheiten eindeutig bestimmt sind. ◆

Der soeben bewiesene Satz enthält 16. 1 als Spezialfall: Ist nämlich R ein Körper, so kann man die Matrix B aus 16. 2 zum Schluß noch mit der regulären Matrix

$$\begin{pmatrix} b_1^{-1} & & & & & \\ & \ddots & & & & \\ & & b_k^{-1} & & & \\ & & & 1 & & \\ & & & & \ddots & \\ & & & & & 1 \end{pmatrix}$$

multiplizieren. Der erste Teil des Beweises von 16. 2 hat gleichzeitig ein Verfahren geliefert, um zu gegebener Matrix A die Normalform B herzustellen. Will man hierbei auch die transformierenden Matrizen S und T mit bestim-

	E_3			A				E_4		
1	0	0	15	12	15	6	1	0	0	0
0	1	0	9	6	15	12	0	1	0	0
0	0	1	18	12	18	12	0	0	1	0
							0	0	0	1
			3	12	15	6	1	0	0	0
			3	6	15	12	−1	1	0	0
			6	12	18	12	0	0	1	0
							0	0	0	1
1	0	0	3	12	15	6				
−1	1	0	0	−6	0	6				
−2	0	1	0	−12	−12	0				
			3	0	0	0	1	−4	−5	−2
			0	−6	0	6	−1	5	5	2
			0	−12	−12	0	0	0	1	0
							0	0	0	1
1	0	0	3	0	0	0				
−1	1	0	0	−6	0	6				
0	−2	1	0	0	−12	−12				
1	0	0	3	0	0	0	1	−4	−5	−1
−1	1	0	0	−6	0	0	−1	5	5	2
0	−2	1	0	0	−12	0	0	0	1	−1
							0	0	0	1
	S			B				T		

men, so kann man dies nach dem in § 7 besprochenen Verfahren durch links- und rechtsseitiges Mitführen der entsprechenden Einheitsmatrizen erreichen. Wenn man dann zum Schluß in der Mitte die Matrix B gewonnen hat, steht links die Matrix S und rechts die Matrix T, mit denen $B = SAT$ gilt. Das Verfahren soll abschließend an einer Matrix mit Elementen aus $\mathbb{Z}$ erläutert werden, wobei also die Umformungen auch nicht aus $\mathbb{Z}$ hinausführen dürfen.

Im ersten Schritt wurde nicht die Sechs als Element kleinsten Betrages nach links oben gebracht: Man sieht unmittelbar, daß Subtraktion der zweiten Spalte von der ersten sofort eine Drei und damit einen kleineren Betrag liefert. Man überzeuge sich durch Ausmultiplizieren von der Richtigkeit der Gleichung $B = SAT$.

Ergänzungen und Aufgaben

16 A Aufgabe: Man wende das soeben beschriebene Verfahren auf die reelle Matrix

$$\begin{pmatrix} 1 & -2 & 2 & 0 \\ 4 & -7 & 10 & -1 \\ -2 & 4 & -5 & 2 \\ 3 & -5 & 7 & 1 \end{pmatrix}$$

an und bestimme die Normalform aus 16. 1.

16 B Aufgabe: Es gelte $SAT = D_k$ mit regulären Matrizen S und T. Man bestimme alle weiteren regulären Matrizen S' und T', für die ebenfalls $S'AT' = D_k$ gilt.

16 C Aufgabe: Man zeige, daß sich jede unimodulare Matrix als Produkt von endlich vielen Matrizen $V_{i,k}$, $W_{i,k,c}$ und einer Matrix darstellen läßt, die außer Nullen nur in der Hauptdiagonale Einheiten enthält.

16 D Aufgabe: Man berechne zu der Matrix

$$A = \begin{pmatrix} t^2+2 & t^2 & t^2+1 \\ 3t^3 & t^3+t+1 & 3t^3-t \\ 2t^2+1 & t^2 & 2t^2 \end{pmatrix}$$

mit Elementen aus $\mathbb{Q}[t]$ die Normalform aus 16. 2.

§ 17 Ähnlichkeit, Eigenvektoren, Eigenwerte

Zu einer entsprechenden Fragestellung wie im vorangehenden Paragraphen gelangt man, wenn man jetzt speziell Endomorphismen eines endlich-dimensionalen Vektorraums X betrachtet. Einem solchen Endomorphismus $\varphi: X \to X$ ist bereits hinsichtlich einer Basis B von X eine quadratische Matrix A zugeordnet. Man kann sich dann wieder fragen, ob man durch geeignete Wahl der Basis B die Matrix A möglichst einfach gestalten kann.

Ebenso wie vorher führt diese Frage dazu, zwischen den n-reihigen quadratischen Matrizen eine entsprechende Äquivalenzbeziehung einzuführen.

Definition 17a: *Zwei n-reihige quadratische Matrizen A und B heißen* **ähnlich** *(in Zeichen: $A \approx B$), wenn es eine reguläre Matrix S mit $B = SAS^{-1}$ gibt.*

Wie im vorangehenden Paragraphen zeigt man, daß die so definierte Ähnlichkeit tatsächlich eine Äquivalenzrelation ist. Die Menge aller n-reihigen quadratischen Matrizen zerfällt somit in paarweise fremde Ähnlichkeitsklassen. Außerdem stellt Satz 11. 7 eine Verbindung zwischen der Ähnlichkeit und den Endomorphismen her: Der Vektorraum X besitze die Dimension n. Dann ist die Ähnlichkeit zweier n-reihiger quadratischer Matrizen A und B gleichwertig damit, daß A und B hinsichtlich geeigneter Basen demselben Endomorphismus von X zugeordnet sind. Die oben gestellte Frage kann daher auch so formuliert werden: Kann man in jeder Ähnlichkeitsklasse eine Matrix möglichst einfacher Gestalt auszeichnen?

Im Fall der Äquivalenz konnte dieses Problem in recht einfacher Weise gelöst werden. Insbesondere gab es dort nur endlich viele Äquivalenzklassen. Im Fall der Ähnlichkeit sind die Verhältnisse wesentlich komplizierter. Zunächst sind ähnliche Matrizen offenbar auch äquivalent. Die Äquivalenzklassen werden daher durch die Ähnlichkeitsklassen weiter aufgegliedert. Der folgende Satz zeigt, daß es im Fall eines unendlichen Skalarenkörpers sogar unendlich viele Ähnlichkeitsklassen gibt.

17. 1 *Ähnliche Matrizen besitzen denselben Rang und dieselbe Determinante.*

Beweis: Aus $A \approx B$ folgt $A \sim B$ und daher wegen 16. 1 auch $\operatorname{Rg} A = \operatorname{Rg} B$. Außerdem gilt dann $B = SAS^{-1}$ und somit

$$\operatorname{Det} B = (\operatorname{Det} S)\ (\operatorname{Det} A)\ (\operatorname{Det} S)^{-1} = \operatorname{Det} A\,. \ \blacklozenge$$

Zu jedem Skalar c gibt es nun aber auch eine n-reihige quadratische Matrix A mit $\operatorname{Det} A = c$; z. B. die Matrix

$$\begin{pmatrix} 1 & & & \\ & \ddots & & \\ & & 1 & \\ & & & c \end{pmatrix} \text{ (sonst lauter Nullen).}$$

Wenn daher der Skalarenkörper aus unendlich vielen Elementen besteht, muß es auch unendlich viele Ähnlichkeitsklassen geben. Insbesondere zerfällt dann die Äquivalenzklasse aller regulären Matrizen in unendlich viele Ähnlichkeitsklassen. Da die Behandlung des allgemeinen Normalformenproblems für die Ähnlichkeitsklassen verhältnismäßig umfangreiche Vorbereitungen erfordert, soll sie erst später durchgeführt werden (vgl. § 35). Hier soll es sich lediglich um die Untersuchung eines wichtigen Spezialfalls handeln.

Man nennt eine quadratische Matrix eine **Diagonalmatrix**, wenn sie höchstens in der Hauptdiagonale von Null verschiedene Elemente besitzt. Hier soll nun nur die Frage behandelt werden, wann eine quadratische Matrix zu einer Diagonalmatrix ähnlich ist. Aus den gewonnenen Resultaten wird insbesondere folgen, daß hiermit nicht etwa schon der allgemeine Fall erfaßt wird, daß es nämlich Matrizen gibt, die zu keiner Diagonalmatrix ähnlich sind.

Definition 17b: *Es sei φ ein Endomorphismus des Vektorraums X. Ein Vektor $\mathfrak{x} \in X$ heißt dann ein* **Eigenvektor** *von φ, wenn $\mathfrak{x} \neq \mathfrak{o}$ und $\varphi\mathfrak{x} = c\mathfrak{x}$ mit einem geeigneten Skalar c gilt. Es wird dann c der zu diesem Eigenvektor gehörende* **Eigenwert** *von φ genannt.*

Mit $\mathfrak{x}$ ist natürlich auch jeder Vektor $a\mathfrak{x}$ mit $a \neq 0$ Eigenvektor zum selben Eigenwert. Der Zusammenhang dieser Begriffsbildung mit dem gestellten Problem wird durch den folgenden Satz hergestellt.

17.2 *Einem Endomorphismus φ von X entspricht hinsichtlich einer Basis $\{\mathfrak{a}_1, \ldots, \mathfrak{a}_n\}$ genau dann eine Diagonalmatrix D, wenn die Basisvektoren $\mathfrak{a}_1, \ldots, \mathfrak{a}_n$ Eigenvektoren von φ sind. Ist dies der Fall und sind $c_1, \ldots, c_n$ die entsprechenden Eigenwerte, so gilt*

$$D = \begin{pmatrix} c_1 & & & \\ & c_2 & & \\ & & \ddots & \\ & & & c_n \end{pmatrix}.$$

Beweis: Wenn φ hinsichtlich der Basis $\{\mathfrak{a}_1, \ldots, \mathfrak{a}_n\}$ die Diagonalmatrix D zugeordnet ist, gilt $\varphi\mathfrak{a}_\nu = c_\nu\mathfrak{a}_\nu$ für $\nu = 1, \ldots, n$. Die Basisvektoren sind dann also Eigenvektoren. Umgekehrt seien die Basisvektoren $\mathfrak{a}_1, \ldots, \mathfrak{a}_n$ Eigenvektoren von φ mit den Eigenwerten $c_1, \ldots, c_n$. Dann gilt wieder $\varphi\mathfrak{a}_\nu = c_\nu\mathfrak{a}_\nu$ $(\nu = 1, \ldots, n)$, und die φ zugeordnete Matrix D besitzt gerade die angegebene Form. ◆

Dieser Satz besagt: Ein Endomorphismus φ von X ist genau dann durch eine Diagonalmatrix darstellbar, wenn es eine Basis von X gibt, die aus lauter Eigenvektoren von φ besteht. Die ganze Problemstellung ist hierdurch auf die Frage zurückgeführt, wie man die Eigenvektoren und Eigenwerte eines Endomorphismus bestimmen kann.

Es sei also jetzt φ ein Endomorphismus des n-dimensionalen Vektorraums X, und $\mathfrak{x}$ sei ein Eigenvektor von φ mit dem Eigenwert c. Dann gilt $\varphi\mathfrak{x} = c\mathfrak{x}$ oder gleichwertig $\varphi\mathfrak{x} - c\mathfrak{x} = \mathfrak{o}$. Diese Gleichung kann auch in der Form $(\varphi - c\varepsilon)\,\mathfrak{x} = \mathfrak{o}$ (ε ist die Identität von X) geschrieben werden. Da $\mathfrak{x}$

als Eigenvektor nicht der Nullvektor ist, besagt diese Gleichung aber, daß der Endomorphismus $\varphi - c\varepsilon$ einen positiven Defekt hat und daß infolgedessen $\text{Det}\,(\varphi - c\varepsilon) = 0$ gelten muß.

17. 3 *Die Determinante des Endomorphismus $\varphi - c\varepsilon$ besitzt die Form*

$$\text{Det}\,(\varphi - c\varepsilon) = (-1)^n c^n + q_{n-1}c^{n-1} + \cdots + q_1 c + q_0$$

mit geeigneten Skalaren $q_0, \ldots, q_{n-1}$. Speziell gilt $q_0 = \text{Det}\,\varphi$.

Beweis: Es sei $\{\mathfrak{a}_1, \ldots, \mathfrak{a}_n\}$ eine Basis und Δ eine beliebige Determinantenform von X. Wegen der Linearitätseigenschaften von Δ erhält man dann

$$\Delta((\varphi - c\varepsilon)\,\mathfrak{a}_1, \ldots, (\varphi - c\varepsilon)\,\mathfrak{a}_n) = \Delta(\varphi\mathfrak{a}_1, \ldots, \varphi\mathfrak{a}_n) + p_1 c + \cdots + \\ + p_{n-1}c^{n-1} + (-c)^n \Delta(\varepsilon\mathfrak{a}_1, \ldots, \varepsilon\mathfrak{a}_n).$$

Die Skalare p_ν ergeben sich dabei auf folgende Weise: Berücksichtigt man auf der linken Seite von der Differenz $\varphi - c\varepsilon$ an ν Argumentstellen nur den Bestandteil $-c\varepsilon$, an den übrigen Argumentstellen jedoch den Bestandteil φ, so kann man wegen der zweiten Linearitätseigenschaft gerade den Faktor c^ν vorziehen. Tut man dies auf alle möglichen Weisen und addiert die erhaltenen Werte, so ergibt sich als Summe ein Ausdruck der Form $p_\nu c^\nu$. Setzt man jetzt noch $q_\nu = p_\nu / \Delta(\mathfrak{a}_1, \ldots, \mathfrak{a}_n)$, so folgt

$$\text{Det}\,(\varphi - c\varepsilon) = \frac{\Delta((\varphi - c\varepsilon)\,\mathfrak{a}_1, \ldots, (\varphi - c\varepsilon)\,\mathfrak{a}_n)}{\Delta(\mathfrak{a}_1, \ldots, \mathfrak{a}_n)}$$

$$= \text{Det}\,\varphi + q_1 c + \cdots + q_{n-1}c^{n-1} + (-1)^n c^n$$

und damit die Behauptung. ◆

Ersetzt man in dieser Darstellung von $\text{Det}\,(\varphi - c\varepsilon)$ den Eigenwert c durch eine Unbestimmte t, so erhält man ein Polynom $f(t)$ vom Grad n, dessen höchster Koeffizient $(-1)^n$ und dessen absolutes Glied die Determinante von φ ist.

Definition 17c: *Das Polynom $f(t) = \text{Det}\,(\varphi - t\varepsilon)$ heißt das* **charakteristische Polynom** *des Endomorphismus φ von X. Sein Grad ist gleich der Dimension von X.*

17. 4 *Es sei φ ein Endomorphismus des endlich-dimensionalen Vektorraums X, und f sei sein charakteristisches Polynom. Dann gilt: Ein Skalar c ist genau dann Eigenwert von φ (d. h. c ist Eigenwert zu mindestens einem Eigenvektor von φ), wenn c eine Nullstelle von f ist (d. h. wenn $f(c) = 0$ gilt). Ist dies der*

Fall, so besitzt der Endomorphismus $\varphi - c\varepsilon$ positiven Defekt, und die vom Nullvektor verschiedenen Vektoren aus Kern $(\varphi - c\varepsilon)$ *sind genau die Eigenvektoren von φ mit dem Eigenwert c.*

Beweis: Es sei c ein Eigenwert von φ zu dem Eigenvektor $\mathfrak{x}$. Wie vorher gezeigt wurde, gilt dann $f(c) = \text{Det}(\varphi - c\varepsilon) = 0$ und außerdem $(\varphi - c\varepsilon)\mathfrak{x} = \mathfrak{o}$, also $\mathfrak{x} \in \text{Kern}(\varphi - c\varepsilon)$. Umgekehrt sei c eine Nullstelle von f; es gilt also $\text{Det}(\varphi - c\varepsilon) = 0$. Dann ist der Endomorphismus $\varphi - c\varepsilon$ wegen 13. 7 kein Automorphismus, und sein Defekt ist daher positiv. Der Kern von $\varphi - c\varepsilon$ enthält somit mindestens einen von $\mathfrak{o}$ verschiedenen Vektor $\mathfrak{x}$. Für jeden solchen Vektor $\mathfrak{x}$ gilt aber $(\varphi - c\varepsilon)\mathfrak{x} = \mathfrak{o}$, also $\varphi\mathfrak{x} = c\mathfrak{x}$. Die von $\mathfrak{o}$ verschiedenen Vektoren aus Kern $(\varphi - c\varepsilon)$ sind somit Eigenvektoren mit c als Eigenwert. ◆

Die praktische Berechnung der Eigenwerte und Eigenvektoren eines Endomorphismus kann mit Hilfe der diesem Endomorphismus hinsichtlich einer Basis zugeordneten Matrix durchgeführt werden: Es sei $\{\mathfrak{a}_1, \ldots, \mathfrak{a}_n\}$ eine Basis von X, und dem Endomorphismus φ von X sei hinsichtlich dieser Basis die quadratische Matrix $A = (a_{\mu,\nu})$ zugeordnet. Das charakteristische Polynom f von φ lautet dann

$$f(t) = \text{Det}(\varphi - t\varepsilon) = \text{Det}(A - tE) = \begin{vmatrix} a_{1,1} - t & a_{1,2} & \cdots & a_{1,n} \\ a_{2,1} & a_{2,2} - t & \cdots & a_{2,n} \\ \cdots & \cdots & \cdots & \cdots \\ a_{n,1} & a_{n,2} & \cdots & a_{n,n} - t \end{vmatrix},$$

wobei die rechts stehende Determinante formal auszurechnen und nach Potenzen von t zu ordnen ist. Ist dann der Skalar c eine Nullstelle dieses Polynoms, so erhält man die Koordinaten $x_1, \ldots, x_n$ aller zu c gehörenden Eigenvektoren als die nicht-trivialen Lösungen des homogenen linearen Gleichungssystems

$$(x_1, \ldots, x_n)(A - cE) = (0, \ldots, 0)$$

oder ausführlich

$$\begin{aligned} (a_{1,1} - c)x_1 + a_{2,1}x_2 + \cdots + a_{n,1}x_n &= 0 \\ a_{1,2}x_1 + (a_{2,2} - c)x_2 + \cdots + a_{n,2}x_n &= 0 \\ \cdots\cdots\cdots\cdots\cdots\cdots\cdots\cdots \\ a_{1,n}x_1 + a_{2,n}x_2 + \cdots + (a_{n,n} - c)x_n &= 0. \end{aligned}$$

(Man beachte, daß die Koeffizientenmatrix die Matrix $(A - cE)^T$ ist!) Zur Orientierung diene das folgende Beispiel.

17. I Das charakteristische Polynom der reellen Matrix

$$\begin{pmatrix} 2 & 0 & 0 & 0 \\ 0 & 2 & 0 & 0 \\ 1 & -2 & 0 & -1 \\ 2 & -4 & 1 & 0 \end{pmatrix}$$

ist

$$\begin{vmatrix} 2-t & 0 & 0 & 0 \\ 0 & 2-t & 0 & 0 \\ 1 & -2 & -t & -1 \\ 2 & -4 & 1 & -t \end{vmatrix} = (2-t)^2(t^2+1) = t^4 - 4t^3 + 5t^2 - 4t + 4.$$

Es besitzt nur die eine reelle Nullstelle 2. Für die Koordinaten der Eigenvektoren zu diesem Eigenwert gilt folgendes Gleichungssystem:

$$\begin{aligned} x_3 + 2x_4 &= 0 & \qquad -2x_3 + x_4 &= 0 \\ -2x_3 - 4x_4 &= 0 & \qquad -x_3 - 2x_4 &= 0. \end{aligned}$$

Es besitzt den Rang 2. Zwei linear unabhängige Lösungen sind $(1, 0, 0, 0)$ und $(0, 1, 0, 0)$. Eigenvektoren zum Eigenwert 2 sind daher alle Vektoren, deren Koordinaten die Form $(a, b, 0, 0)$ besitzen, wobei a und b nicht gleichzeitig verschwinden.

Faßt man jedoch in diesem Beispiel als Skalarenkörper nicht den Körper der reellen Zahlen, sondern den Körper der komplexen Zahlen auf, so besitzt in ihm das charakteristische Polynom außerdem noch die Nullstellen $+i$ und $-i$. Die Berechnung der Eigenvektoren möge dem Leser überlassen bleiben. Das Ergebnis lautet: Eigenvektoren zum Eigenwert $+i$ bzw. $-i$ sind alle von Null verschiedenen Vielfachen des Vektors mit den Koordinaten $(-1, 2, -i, 1)$ bzw. $(-1, 2, +i, 1)$.

Das Polynom Det $(A - tE)$ nennt man auch das charakteristische Polynom der Matrix A. Offenbar haben Matrizen, die demselben Endomorphismus zugeordnet sind, auch dasselbe charakteristische Polynom. Es gilt daher:

17. 5 *Ähnliche Matrizen besitzen dasselbe charakteristische Polynom.*

Infolgedessen stimmen auch die Koeffizienten der charakteristischen Polynome ähnlicher Matrizen überein. Von dem absoluten Glied, der Determinante, wurde dies bereits festgestellt. Den bei $(-t)^{n-1}$ stehenden Koeffizienten bezeichnet man als die **Spur** des Endomorphismus bzw. der Matrix (in Zeichen: Sp φ, Sp A). Für die Spur einer quadratischen Matrix $A = (a_{\mu,\nu})$

erhält man unmittelbar durch Entwicklung der Determinante Det $(A - tE)$ nach Potenzen von t

$$\operatorname{Sp} A = a_{1,1} + \cdots + a_{n,n}.$$

Die Spur einer Matrix ist also die Summe ihrer Hauptdiagonalelemente. Ähnliche Matrizen besitzen dieselbe Spur.

Für Diagonalmatrizen gilt auch die Umkehrung des letzten Satzes:

17.6 *Zwei Diagonalmatrizen sind genau dann ähnlich, wenn sie dasselbe charakteristische Polynom besitzen. Gleichwertig hiermit ist, daß sich die beiden Diagonalmatrizen nur in der Reihenfolge ihrer Diagonalelemente unterscheiden.*

Beweis: Die Diagonalelemente einer Diagonalmatrix sind nach 17.2 gerade ihre Eigenwerte. Da ihre Anzahl gleich dem Grad des charakteristischen Polynoms ist, folgt: Zwei Diagonalmatrizen besitzen genau dann dasselbe charakteristische Polynom, wenn sie sich nur in der Reihenfolge ihrer Diagonalelemente unterscheiden. Mit der im vorangehenden Paragraphen benutzten Matrix $V_{i,k}$ erhält man eine zu der Diagonalmatrix D ähnliche Matrix $V_{i,k} D V_{i,k}^{-1}$, die aus D durch Vertauschen des i-ten mit dem k-ten Diagonalelement entsteht und somit selbst wieder eine Diagonalmatrix ist. Daher sind auch alle Diagonalmatrizen mit gleichen Diagonalelementen ähnlich. ◆

17.7 *Es seien $\mathfrak{a}_1, \ldots, \mathfrak{a}_r$ Eigenvektoren des Endomorphismus φ von X, deren zugehörige Eigenwerte $c_1, \ldots, c_r$ paarweise verschieden sind. Dann sind die Vektoren $\mathfrak{a}_1, \ldots, \mathfrak{a}_r$ linear unabhängig.*

Beweis: Wendet man den Endomorphismus $\varphi - c_\varrho \varepsilon$ $(\varrho = 1, \ldots, r)$ auf den Vektor $\mathfrak{a}_\sigma$ an, so erhält man

$$(\varphi - c_\varrho \varepsilon)\, \mathfrak{a}_\sigma = \begin{cases} (c_\sigma - c_\varrho)\, \mathfrak{a}_\sigma & \text{für} \quad \sigma \neq \varrho \\ \mathfrak{o} & \phantom{\text{für}} \quad \sigma = \varrho. \end{cases}$$

Aus $d_1 \mathfrak{a}_1 + \cdots + d_r \mathfrak{a}_r = \mathfrak{o}$ folgt daher durch sukzessive Anwendung aller Endomorphismen $\varphi - c_\varrho \varepsilon$ mit $\varrho \neq \sigma$

$$d_\sigma (c_1 - c_\sigma) \cdots (c_{\sigma-1} - c_\sigma)(c_{\sigma+1} - c_\sigma) \cdots (c_r - c_\sigma)\, \mathfrak{a}_\sigma = \mathfrak{o}$$

für $\sigma = 1, \ldots, r$. Da hier die Klammern wegen der Verschiedenheit der Eigenwerte nicht verschwinden, ergibt sich $d_1 = \cdots = d_r = 0$. ◆

Das charakteristische Polynom eines Endomorphismus braucht in dem betreffenden Skalarenkörper überhaupt keine Nullstellen zu besitzen, oder die Anzahl der Nullstellen kann geringer als der Grad des Polynoms sein (vgl. 17. I). Lediglich wenn der Skalarenkörper (wie z. B. der Körper der komplexen

Zahlen) algebraisch abgeschlossen ist, zerfällt das charakteristische Polynom stets in lauter Linearfaktoren. Auch dann können aber noch mehrere Nullstellen des Polynoms gleich sein. Man nennt eine Nullstelle c des Polynoms f eine **k-fache Nullstelle**, wenn sich f in der Form

$$f(t) = (t - c)^k \, g(t)$$

darstellen läßt, wobei g ein Polynom mit $g(c) \neq 0$ ist. Die natürliche Zahl k heißt dann die **Vielfachheit** der Nullstelle c. So besitzt z. B. in 17. I die Nullstelle 2 die Vielfachheit 2.

17. 8 *Ein Endomorphismus φ des n-dimensionalen Vektorraums X kann genau dann durch eine Diagonalmatrix beschrieben werden, wenn sein charakteristisches Polynom in lauter Linearfaktoren zerfällt und wenn für jeden Eigenwert c mit der Vielfachheit k gilt:* $\operatorname{Rg}(\varphi - c\varepsilon) = n - k$.

Beweis: Es seien $c_1, \ldots, c_r$ die verschiedenen Eigenwerte von φ mit den entsprechenden Vielfachheiten $k_1, \ldots, k_r$. Gleichwertig mit dem Zerfall des charakteristischen Polynoms f in lauter Linearfaktoren ist dann $k_1 + \cdots + k_r = n$. Ist dies der Fall und gilt $\operatorname{Rg}(\varphi - c_\varrho \varepsilon) = n - k_\varrho$ $(\varrho = 1, \ldots, r)$, so besitzt die Gleichung $(\varphi - c_\varrho \varepsilon)\,\mathfrak{x} = \mathfrak{o}$ nach 12. 3 genau k_ϱ linear unabhängige Lösungsvektoren $\mathfrak{a}_{\varrho,1}, \ldots, \mathfrak{a}_{\varrho,k_\varrho}$, die somit Eigenvektoren von φ sind. Für alle diese Eigenvektoren gelte nun

$$\sum_{\varrho=1}^{r} \sum_{\varkappa=1}^{k_\varrho} d_{\varrho,\varkappa}\, \mathfrak{a}_{\varrho,\varkappa} = \mathfrak{o}.$$

Weiter werde

$$\mathfrak{b}_\varrho = \sum_{\varkappa=1}^{k_\varrho} d_{\varrho,\varkappa}\, \mathfrak{a}_{\varrho,\varkappa} \quad (\varrho = 1, \ldots, r)$$

gesetzt, und $\mathfrak{b}_{\varrho_1}, \ldots, \mathfrak{b}_{\varrho_s}$ seien diejenigen unter diesen Vektoren, die vom Nullvektor verschieden sind. Es gilt dann $\mathfrak{b}_{\varrho_1} + \ldots + \mathfrak{b}_{\varrho_s} = \mathfrak{o}$ und $(\varphi - c_{\varrho_\sigma}\varepsilon)\,\mathfrak{b}_{\varrho_\sigma} = \mathfrak{o}$ $(\sigma = 1, \ldots, s)$. Wegen der zweiten Beziehung ist $\mathfrak{b}_{\varrho_\sigma}$ ein Eigenvektor mit dem Eigenwert c_{ϱ_σ}. Da diese Eigenwerte aber paarweise verschieden sind, stellt die erste Beziehung einen Widerspruch zu 17. 7 dar. Daher muß

$$\mathfrak{b}_\varrho = \sum_{\varkappa=1}^{k_\varrho} d_{\varrho,\varkappa}\, \mathfrak{a}_{\varrho,\varkappa} = \mathfrak{o} \text{ für } \varrho = 1, \ldots, r$$

gelten. Da aber bei festem ϱ die Vektoren $\mathfrak{a}_{\varrho,1}, \ldots, \mathfrak{a}_{\varrho,k_\varrho}$ linear unabhängig sind, folgt weiter $d_{\varrho,\varkappa} = 0$ für alle ϱ und $\varkappa$. Es sind also sogar alle Vektoren $\mathfrak{a}_{\varrho,\varkappa}$ linear unabhängig. Und da ihre Anzahl $k_1 + \cdots + k_r = n$ ist, bilden sie eine aus Eigenvektoren bestehende Basis von X. Wegen 17. 2 ist daher φ hinsichtlich dieser Basis eine Diagonalmatrix zugeordnet.

Umgekehrt sei jetzt φ hinsichtlich einer Basis von X eine Diagonalmatrix D zugeordnet. Weiter seien $c_1, \ldots, c_r$ die verschiedenen Diagonalelemente von D, und jedes c_ϱ trete genau k_ϱ-mal in der Diagonale auf. Für das charakteristische Polynom f bedeutet das

$$f(t) = \text{Det}\,(\varphi - t\varepsilon) = \text{Det}\,(D - tE) = (c_1 - t)^{k_1} \cdots (c_r - t)^{k_r};$$

d.h. f zerfällt in lauter Linearfaktoren, und die Vielfachheit von c_ϱ ist k_ϱ. Weiter steht in der Diagonalmatrix $D - c_\varrho E$ an genau k_ϱ Stellen der Hauptdiagonale eine Null. Daher ergibt sich auch $\text{Rg}\,(\varphi - c_\varrho \varepsilon) = \text{Rg}\,(D - c_\varrho E) = n - k_\varrho$. ◆

Matrizentheoretisch ausgedrückt besagt der letzte Satz:

17. 9 *Eine n-reihige quadratische Matrix A ist genau dann zu einer Diagonalmatrix ähnlich, wenn ihr charakteristisches Polynom in lauter Linearfaktoren zerfällt und wenn für jeden Eigenwert c von A mit der Vielfachheit k gilt:* $\text{Rg}\,(A - cE) = n - k$.

Mit Hilfe dieses Satzes kann sofort an Beispielen gezeigt werden, daß nicht jede quadratische Matrix zu einer Diagonalmatrix ähnlich ist.

17. II Die in dem letzten Paragraphen angegebene n-reihige Matrix $W_{i,k,c}$ mit $i \neq k$, $c \neq 0$ und $n > 1$ besitzt das charakteristische Polynom $f(t) = (1 - t)^n$. Dieses zerfällt also in lauter Linearfaktoren unabhängig davon, welches der Skalarenkörper ist. Der einzige Eigenwert Eins besitzt die Vielfachheit n. Die Matrix $W_{i,k,c} - 1E$ enthält das Element $c \neq 0$, sonst aber lauter Nullen. Ihr Rang ist daher Eins. Wegen 17. 9 kann somit $W_{i,k,c}$ zu keiner Diagonalmatrix ähnlich sein.

Die praktische Durchführung der Transformation einer gegebenen n-reihigen quadratischen Matrix A auf Diagonalform gestaltet sich nach dem Vorangehenden folgendermaßen: Zunächst bestimmt man das charakteristische Polynom f von A und berechnet seine Nullstellen, also die Eigenwerte von A. Zerfällt f nicht in Linearfaktoren, so kann A nicht auf Diagonalform transformiert werden. Zerfällt jedoch f, so berechnet man zu jedem Eigenwert c die allgemeine Lösung des homogenen linearen Gleichungssystems

$$(x_1, \ldots, x_n)\,(A - cE) = (0, \ldots, 0).$$

Man gewinnt so die Koordinaten linear unabhängiger Eigenvektoren zu diesem Eigenwert. Alle diese Eigenvektoren zusammen sind (vgl. Beweis von 17. 8) ebenfalls linear unabhängig. Ist ihre Gesamtzahl gleich n, so bilden sie sogar eine Basis, und A ist dann wegen 17. 2 zu einer Diagonalmatrix D ähnlich. Es gilt also $D = SAS^{-1}$. Die hierbei auftretende Transformationsmatrix S muß die kanonische Basis von K^n in die Basis der Eigenvektoren überführen.

Ihre Zeilen sind daher gerade die schon berechneten Koordinaten der Eigenvektoren. So ist z. B. die Matrix aus 17. I (aufgefaßt als komplexe Matrix) auf Diagonalform transformierbar. Die Transformationsmatrix S und ihre Inverse sind in diesem Fall

$$S = \begin{pmatrix} 1 & 0 & 0 & 0 \\ 0 & 1 & 0 & 0 \\ -1 & 2 & -i & 1 \\ -1 & 2 & i & 1 \end{pmatrix} \quad \text{und} \quad S^{-1} = \begin{pmatrix} 1 & 0 & 0 & 0 \\ 0 & 1 & 0 & 0 \\ 0 & 0 & \frac{i}{2} & -\frac{i}{2} \\ 1 & -2 & \frac{1}{2} & \frac{1}{2} \end{pmatrix}.$$

Der Leser führe die Berechnung von S^{-1} selbst durch und überzeuge sich davon, daß SAS^{-1} die Diagonalmatrix mit den Diagonalelementen $2, 2, i, -i$ ist.

Die Berechnung des charakteristischen Polynoms gestaltet sich bei großen Matrizen wegen der Schwierigkeit der Determinantenberechnung im allgemeinen recht mühsam. Vereinfachungen können sich im Anschluß an den folgenden Satz ergeben, der einen Zusammenhang zwischen dem charakteristischen Polynom eines Endomorphismus und dessen Minimalpolynom (11b) herstellt.

17. 10 *Das Minimalpolynom g des Endomorphismus $\varphi: X \to X$ ist ein Teiler seines charakteristischen Polynoms f. Beide Polynome besitzen dieselben Nullstellen und unterscheiden sich höchstens hinsichtlich deren Vielfachheit.*

Beweis: Zur Vereinfachung des Beweises soll vorausgesetzt werden, daß der Skalarenkörper algebraisch abgeschlossen ist, daß also jedes Polynom in Linearfaktoren zerfällt. Dies bedeutet keine Einschränkung der Allgemeinheit, da jeder Körper zu einem algebraisch abgeschlossenen Körper erweitert werden kann (wie z. B. $\mathbb{R}$ zum Körper $\mathbb{C}$). Der Beweis erfolgt durch Induktion über $n = \text{Dim}\, X$.

Im Fall $n = 1$ ist die Behauptung trivial: Es gibt nur die Endomorphismen φ_a aus 8. II, bei denen $f(t) = g(t) = t - a$ gilt. Weiter sei $n > 1$. Da der Skalarenkörper algebraisch abgeschlossen ist, besitzt f mindestens eine Nullstelle c, die also Eigenwert von φ ist und zu der es einen Eigenvektor $\mathfrak{a}$ gibt. Wegen $(\varphi - c\varepsilon)\mathfrak{a} = \mathfrak{o}$ besitzt dann der Unterraum $U = (\varphi - c\varepsilon)X$ eine kleinere Dimension als X. Im Fall $U = [\mathfrak{o}]$ ist $g(t) = t - c$ das Minimalpolynom und $f(t) = (t - c)^n$ das charakteristische Polynom von φ, womit dann die Behauptung bewiesen ist. Im Fall $U \neq [\mathfrak{o}]$ gilt außerdem

$$\varphi U = \varphi((\varphi - c\varepsilon)X) = (\varphi - c\varepsilon)(\varphi X) \subset (\varphi - c\varepsilon)X = U,$$

so daß φ auch als Endomorphismus von U aufgefaßt werden kann. Bezeichnet man die Restriktion von φ auf U mit φ', so ist wegen $\text{Dim}\, U < \text{Dim}\, X$ nach

Induktionsvoraussetzung das Minimalpolynom g' von φ' ein Teiler des charakteristischen Polynoms f' von φ', und beide Polynome besitzen dieselben Nullstellen.

Es sei nun $\{\mathfrak{a}_{k+1}, \ldots, \mathfrak{a}_n\}$ eine Basis von U, die zu einer Basis $\{\mathfrak{a}_1, \ldots, \mathfrak{a}_n\}$ von X erweitert sei $(1 \leq k < n)$. Wegen $\varphi\mathfrak{a}_\nu \in U$ für $\nu = k+1, \ldots, n$ und $(\varphi - c\varepsilon)\mathfrak{a}_\nu = \mathfrak{u}_\nu \in U$, also $\varphi\mathfrak{a}_\nu = c\mathfrak{a}_\nu + \mathfrak{u}_\nu$, für $\nu = 1, \ldots, k$ entspricht φ hinsichtlich dieser Basis eine Matrix der Form

$$A = \left(\begin{array}{ccc|c} c & & & \\ & \ddots & & B \\ & & c & \\ \hline & 0 & & A' \end{array}\right),$$

wobei A' die φ' zugeordnete Matrix ist. Es folgt (vgl. 14B)

$$f(t) = \operatorname{Det}(A - tE) = (c - t)^k \operatorname{Det}(A' - tE) = (c - t)^k f'(t).$$

Wegen

$$g'(\varphi) \circ (\varphi - c\varepsilon) X = g'(\varphi) U = [\mathfrak{o}]$$

gilt andererseits $g(t) = (t - c) g'(t)$, womit die Behauptung auch in diesem Fall bewiesen ist. Wenn hierbei $k > 1$ ist, hat c als Nullstelle von f eine größere Vielfachheit, als es sie als Nullstelle von g besitzt. ◆

In diesem Beweis war $n - k = \operatorname{Dim} U = \operatorname{Rg}(\varphi - c\varepsilon)$. Daher ist die Bedingung aus 17. 8 gleichwertig damit, daß k die genaue Vielfachheit des Eigenwerts c ist, daß c also nicht mehr Nullstelle von f' ist. Dies aber ist wieder gleichwertig damit, daß c auch keine Nullstelle von g' und daher einfache Nullstelle von g ist. Damit hat sich eine weitere Charakterisierung der durch Diagonalmatrizen beschreibbaren Endomorphismen ergeben.

17. 11 *Ein Endomorphismus eines endlich-dimensionalen Vektorraums kann genau dann durch eine Diagonalmatrix beschrieben werden, wenn sein Minimalpolynom in Linearfaktoren zerfällt und nur lauter einfache Nullstellen besitzt.*

Da wegen 17. 10 die Eigenwerte eines Endomorphismus φ auch genau die Nullstellen seines Minimalpolynoms sind, kommt man häufig einfacher zum Ziel, wenn man statt des charakteristischen Polynoms von φ dessen Minimalpolynom g nach dem in § 11 geschilderten Verfahren berechnet, besonders wenn es sich um größere Matrizen handelt. Man muß dabei nicht einmal wirklich entscheiden, ob man tatsächlich das Polynom kleinsten Grades bestimmt hat. Außerdem kann man häufig ohne zusätzliche Rechnung gleich noch Eigenvektoren mit ermitteln: Ist $g_\varphi(t) = (t - c) g^*(t)$ und liegt $\mathfrak{b}$ nicht im Kern von $g^*(\varphi)$, so ist $\mathfrak{a} = g^*(\varphi)\mathfrak{b}$ ein Eigenvektor zum Eigenwert c, da ja

$$(\varphi - c\varepsilon)\mathfrak{a} = (\varphi - c\varepsilon)\,(g^*(\varphi)\mathfrak{b}) = g(\varphi)\mathfrak{b} = \mathfrak{o}$$

gilt. Derartige Vektoren $\mathfrak{b}$ stehen aber im allgemeinen samt ihren Bildvektoren $\varphi\mathfrak{b}$, $\varphi^2\mathfrak{b}$ usw. bereits aus der vorangehenden Rechnung zur Verfügung. Zur Erläuterung diene abschließend das folgende Beispiel.

17. III

$\mathfrak{a}$	$\varphi\mathfrak{a}$	$\varphi^2\mathfrak{a}$	$\varphi^3\mathfrak{a}$	$\mathfrak{b}$	$\varphi\mathfrak{b}$					
						3	—2	2	4	
						1	—1	0	1	
						4	—2	1	4	
						—5	2	—2	—6	
1						1	0	0	0	
0	1					3	—2	2	4	
0	0	1				—5	0	0	—6	
0	0	0	1			15	—2	2	16	
1						1	0	0	0	
$\frac{1}{3}$	1	$\frac{2}{3}$				0	—2	2	0	$g_1(t) = t^3 + 2t^2 - t - 2$
5	0	1				0	0	0	—6	$= (t-1)\,(t+1)\,(t+2)$
—2	—1	2	1			0	0	0	0	
				1		0	1	0	0	$f(t) = 6(t+1)$ teilt g_1 und auch $t^2 - 1$.
				0	1	1	—1	0	1	Daher
				1		0	1	0	0	$g_\varphi(t) = g_1(t) = (t-1)\,(t+1)\,(t+2)$.
—1	0	1	0	6	6	0	0	0	0	

Zu den Eigenwerten 1, —1 und —2 erhält man folgende Eigenvektoren

$$\begin{aligned} c = 1 &: \quad (\varphi + \varepsilon) \circ (\varphi + 2\varepsilon)\mathfrak{a} = 6(1, -1, 1, 1). \\ c = -1 &: \quad (\varphi - \varepsilon) \circ (\varphi + 2\varepsilon)\mathfrak{a} = 2(-2, -1, 1, -1). \\ c = -2 &: \quad (\varphi^2 - \varepsilon)\mathfrak{a} = (-6)\,(1, 0, 0, 1) \text{ und} \\ & \quad (\varphi + 2\varepsilon)\mathfrak{b} = (1, 1, 0, 1). \end{aligned}$$

Der letzte Eigenvektor ergibt sich deswegen, weil $6(\varphi + \varepsilon)\mathfrak{b} = (\varphi^2 - \varepsilon)\mathfrak{a}$ gilt, so daß von dem Minimalpolynom nur noch der Faktor $t + 2$ zu berücksichtigen ist.

Ergänzungen und Aufgaben

17A Aufgabe: Zeige, daß die reelle Matrix

$$\begin{pmatrix} 3 & 2 & -1 \\ 2 & 6 & -2 \\ 0 & 0 & 2 \end{pmatrix}$$

zu einer Diagonalmatrix ähnlich ist. Bestimme diese, die Transformationsmatrix S und ihre Inverse S^{-1}.

17B Aufgabe: Es sei c ein Eigenwert der n-reihigen quadratischen Matrix A mit der Vielfachheit k. Zeige: In jedem Fall gilt $\text{Rg}(A - cE) \geqq n - k$.

17C Aufgabe: 1). Eine quadratische Matrix A ist genau dann regulär, wenn 0 kein Eigenwert von A ist.

2). Eine n-reihige quadratische Matrix, die n paarweise verschiedene Eigenwerte besitzt, ist zu einer Diagonalmatrix ähnlich.

17D Es sei φ ein Endomorphismus eines komplexen Vektorraums. Für jede natürliche Zahl r werde ferner $\varphi^r = \varphi \circ \cdots \circ \varphi$ (φ tritt r-mal als Faktor auf) gesetzt.

Aufgabe: Zeige, daß eine komplexe Zahl a genau dann Eigenwert von φ^r ist, wenn es einen Eigenwert c von φ mit $a = c^r$ gibt. Zeige jedoch an einem Beispiel, daß die Vielfachheit von c^r als Eigenwert von φ^r größer sein kann als die Vielfachheit von c als Eigenwert von φ.

Sechstes Kapitel

Euklidische und unitäre Vektorräume

In diesem Kapitel wird in reellen und komplexen Vektorräumen eine zusätzliche Struktur definiert, die die Einführung einer Maßbestimmung gestattet; die es nämlich ermöglicht, die Länge eines Vektors und den Winkel zwischen zwei Vektoren zu definieren. Diese zusätzliche Struktur wird durch das skalare Produkt bestimmt, das in § 18 behandelt wird und zu dem Begriff des euklidischen bzw. unitären Vektorraums führt. Dabei handelt es sich tatsächlich um eine den Vektorräumen aufgeprägte neue Struktur, die nicht etwa durch den Vektorraum schon vorbestimmt ist. Skalare Produkte können in reellen und komplexen Vektorräumen auf mannigfache Art definiert werden und führen zu verschiedenen Maßbestimmungen. Die Begriffe „Länge" und „Winkel" erweisen sich also als Relativbegriffe, die von der Wahl des skalaren Produkts abhängen. Sie werden in § 19 behandelt. Wesentlich ist besonders der Begriff der Orthogonalität, auf den ausführlich in § 20 eingegangen wird. In den folgenden vier Paragraphen handelt es sich um die Untersuchung linearer Abbildungen, die mit den durch die skalaren Produkte bestimmten Strukturen in gewisser Weise gekoppelt sind. Unter ihnen sind die selbstadjungierten und die orthogonalen bzw. unitären Abbildungen von besonderem Interesse. Spezielle orthogonale Abbildungen sind schließlich die Drehungen, auf die sich der letzte Paragraph des Kapitels bezieht.

§ 18 Das skalare Produkt

Zunächst sei in diesem Paragraphen X ein beliebiger reeller Vektorraum; der Skalarenkörper ist also der Körper $\mathbb{R}$ der reellen Zahlen.

Weiter sei nun β eine Bilinearform (2-fache Linearform) von X: Jedem geordneten Paar $(\mathfrak{x}, \mathfrak{y})$ von Vektoren aus X wird also durch β eindeutig eine reelle Zahl $\beta(\mathfrak{x}, \mathfrak{y})$ als Wert zugeordnet, und es gelten die Linearitätseigenschaften

$$\beta(\mathfrak{x}_1 + \mathfrak{x}_2, \mathfrak{y}) = \beta(\mathfrak{x}_1, \mathfrak{y}) + \beta(\mathfrak{x}_2, \mathfrak{y}),$$
$$\beta(\mathfrak{x}, \mathfrak{y}_1 + \mathfrak{y}_2) = \beta(\mathfrak{x}, \mathfrak{y}_1) + \beta(\mathfrak{x}, \mathfrak{y}_2),$$
$$\beta(c\mathfrak{x}, \mathfrak{y}) = c\beta(\mathfrak{x}, \mathfrak{y}) = \beta(\mathfrak{x}, c\mathfrak{y}).$$

Definition 18a: *Eine Bilinearform β von X heißt ein* **skalares Produkt** *von X, wenn sie folgende Eigenschaften besitzt:*

(1) β *ist* **symmetrisch**: *Für beliebige Vektoren gilt*

$$\beta(\mathfrak{x}, \mathfrak{y}) = \beta(\mathfrak{y}, \mathfrak{x}).$$

(2) β ist **positiv definit**: Für jeden von $\mathfrak{o}$ verschiedenen Vektor $\mathfrak{x}$ gilt

$$\beta(\mathfrak{x}, \mathfrak{x}) > 0.$$

Ein skalares Produkt ist somit eine positiv definite, symmetrische Bilinearform β von X. Wegen $\beta(\mathfrak{o}, \mathfrak{y}) = \beta(0\mathfrak{o}, \mathfrak{y}) = 0\beta(\mathfrak{o}, \mathfrak{y}) = 0$ gilt $\beta(\mathfrak{o}, \mathfrak{o}) = 0$. Wegen (2) folgt aber aus $\beta(\mathfrak{x}, \mathfrak{x}) = 0$ umgekehrt auch $\mathfrak{x} = \mathfrak{o}$. Es ist also $\beta(\mathfrak{x}, \mathfrak{x}) = 0$ gleichwertig mit $\mathfrak{x} = \mathfrak{o}$, und für jeden Vektor $\mathfrak{x}$ gilt $\beta(\mathfrak{x}, \mathfrak{x}) \geq 0$.

Beispiele:

18. I Es sei $\{\mathfrak{a}_1, \ldots, \mathfrak{a}_n\}$ eine Basis von X. Hinsichtlich dieser Basis entsprechen Vektoren $\mathfrak{x}, \mathfrak{y} \in X$ umkehrbar eindeutig Koordinaten-n-Tupel $(x_1, \ldots, x_n)$ bzw. $(y_1, \ldots, y_n)$. Durch

$$\beta(\mathfrak{x}, \mathfrak{y}) = x_1 y_1 + \cdots + x_n y_n$$

wird dann ein skalares Produkt definiert. Es gibt aber auch andere skalare Produkte von X: z. B. gelte $n = 2$ und

$$\beta(\mathfrak{x}, \mathfrak{y}) = 4x_1 y_1 - 2x_1 y_2 - 2x_2 y_1 + 3x_2 y_2.$$

Die Linearitätseigenschaften und die Symmetrie ergeben sich unmittelbar. Wegen

$$\beta(\mathfrak{x}, \mathfrak{x}) = (2x_1 - x_2)^2 + 2x_2^2$$

ist β jedoch auch positiv definit.

18. II Es sei X unendlich-dimensional, und B sei eine Basis von X. Je zwei Vektoren $\mathfrak{x}, \mathfrak{y}$ besitzen dann eindeutige Basisdarstellungen

$$\mathfrak{x} = \Sigma \, \{x_\mathfrak{a} \mathfrak{a} : \mathfrak{a} \in B\} \quad \text{und} \quad \mathfrak{y} = \Sigma \, \{y_\mathfrak{a} \mathfrak{a} : \mathfrak{a} \in B\},$$

wobei jedoch nur höchstens endlich viele der Skalare $x_\mathfrak{a}$ bzw. $y_\mathfrak{a}$ von Null verschieden sind (vgl. 7A). In

$$\beta(\mathfrak{x}, \mathfrak{y}) = \Sigma \, \{x_\mathfrak{a} y_\mathfrak{a} : \mathfrak{a} \in B\}$$

sind daher ebenfalls nur endlich viele Summanden von Null verschieden, und wie vorher wird hierdurch ein skalares Produkt von X definiert.

18. III Es seien a und b zwei reelle Zahlen mit $a < b$, und X sei der Vektorraum aller auf dem Intervall $[a, b]$ definierten und stetigen reellen Funktionen. Schließlich sei h eine stetige reelle Funktion mit $h(t) > 0$ für $a \leqq t \leqq b$. Setzt man für je zwei Funktionen $f, g \in X$

$$\beta(f, g) = \int_a^b h(t) f(t) g(t)\, dt,$$

so ist β ein skalares Produkt von X. (Dies gilt nicht mehr, wenn X sogar aus allen in $[a, b]$ integrierbaren Funktionen besteht; dann ist nämlich β nicht mehr positiv definit.)

Ein reeller Vektorraum, in dem zusätzlich ein skalares Produkt β ausgezeichnet ist, wird ein **euklidischer Vektorraum** genannt. Da in einem euklidischen Vektorraum das skalare Produkt fest gegeben ist, kann man auf das unterscheidende Funktionszeichen β verzichten. Man schreibt daher statt $\beta(\mathfrak{x}, \mathfrak{y})$ kürzer nur $\mathfrak{x} \cdot \mathfrak{y}$ oder bisweilen auch $(\mathfrak{x}, \mathfrak{y})$. Die zweite Bezeichnungsweise ist besonders in den Fällen üblich, in denen die Schreibweise $\mathfrak{x} \cdot \mathfrak{y}$ zu Verwechslungen führen kann. Dies gilt z. B. für Funktionenräume, in denen ja neben dem skalaren Produkt auch noch die gewöhnliche Produktbildung für Funktionen definiert ist. In einem euklidischen Vektorraum ist hiernach das skalare Produkt durch folgende Eigenschaften gekennzeichnet:

$$(\mathfrak{x}_1 + \mathfrak{x}_2) \cdot \mathfrak{y} = \mathfrak{x}_1 \cdot \mathfrak{y} + \mathfrak{x}_2 \cdot \mathfrak{y},$$
$$(c\mathfrak{x}) \cdot \mathfrak{y} = c(\mathfrak{x} \cdot \mathfrak{y}),$$
$$\mathfrak{x} \cdot \mathfrak{y} = \mathfrak{y} \cdot \mathfrak{x},$$
$$\mathfrak{x} \cdot \mathfrak{x} > 0 \text{ für } \mathfrak{x} \neq \mathfrak{o}.$$

Die jeweils zweiten Linearitätseigenschaften

$$\mathfrak{x} \cdot (\mathfrak{y}_1 + \mathfrak{y}_2) = \mathfrak{x} \cdot \mathfrak{y}_1 + \mathfrak{x} \cdot \mathfrak{y}_2 \quad \text{und} \quad \mathfrak{x} \cdot (c\mathfrak{y}) = c(\mathfrak{x} \cdot \mathfrak{y})$$

folgen aus den ersten Linearitätseigenschaften und aus der Symmetrie; sie brauchen daher nicht gesondert aufgeführt zu werden.

Der Begriff des skalaren Produkts kann auch auf komplexe Vektorräume übertragen werden. Zuvor soll jedoch an das Rechnen mit komplexen Zahlen erinnert werden.

Eine **komplexe Zahl** a besitzt die Form $a = a_1 + a_2 i$ mit reellen Zahlen a_1, a_2 und der imaginären Einheit i. Es heißt a_1 der **Realteil** und a_2 der **Imaginärteil** der komplexen Zahl a. Man schreibt

$$a_1 = \operatorname{Re} a \quad \text{und} \quad a_2 = \operatorname{Im} a.$$

Ist $b = b_1 + b_2 i$ eine zweite komplexe Zahl, so gilt

$$a \pm b = (a_1 \pm b_1) + (a_2 \pm b_2)\, i,$$

$$ab = (a_1 b_1 - a_2 b_2) + (a_1 b_2 + a_2 b_1)\, i.$$

Insbesondere erhält man für die imaginäre Einheit: $i^2 = -1$. Die zu einer komplexen Zahl a **konjugierte Zahl** $\bar{a}$ ist durch $\bar{a} = a_1 - a_2 i$ definiert. Unmittelbar ergibt sich:

$$\overline{a \pm b} = \bar{a} \pm \bar{b}, \quad \overline{ab} = \bar{a} \cdot \bar{b}, \quad \overline{(\bar{a})} = a.$$

$$a + \bar{a} = 2 \operatorname{Re} a, \quad a - \bar{a} = 2i \operatorname{Im} a.$$

Die reellen Zahlen sind spezielle komplexe Zahlen; nämlich diejenigen, deren Imaginärteil verschwindet. Dies kann auch so ausgedrückt werden: Die komplexe Zahl a ist genau dann eine reelle Zahl, wenn $a = \bar{a}$ gilt. Während die reellen Zahlen durch die $\leqq$-Beziehung geordnet werden können, ist eine entsprechende, mit den algebraischen Operationen verträgliche Ordnung der komplexen Zahlen nicht möglich. Die Schreibweise $a \leqq b$ soll daher stets beinhalten, daß a und b speziell reelle Zahlen sind.

Für eine beliebige komplexe Zahl a gilt

$$a\bar{a} = (\operatorname{Re} a)^2 + (\operatorname{Im} a)^2.$$

Daher ist $a\bar{a}$ stets eine nicht-negative reelle Zahl, und $a\bar{a} = 0$ ist gleichwertig mit $a = 0$. Man nennt

$$|a| = {}_{+}\sqrt{a\bar{a}}$$

den **Betrag** der komplexen Zahl a. Er besitzt folgende Eigenschaften:

$$|a| \geqq 0; \quad |a| = 0 \text{ ist gleichwertig mit } a = 0.$$

$$|ab| = |a|\,|b|.$$

$$|a + b| \leqq |a| + |b|.$$

Speziell für reelle Zahlen stimmt diese Betragsdefinition mit der üblichen überein. Insbesondere gilt $|-a| = |a|$, $|\bar{a}| = |a|$, $|i| = 1$. Schließlich kann die Inversenbildung jetzt folgendermaßen beschrieben werden: Ist a eine von Null verschiedene komplexe Zahl, so ist $a\bar{a}$ eine positive reelle Zahl, und es gilt

$$\frac{1}{a} = \frac{\bar{a}}{a\bar{a}} = \frac{\bar{a}}{|a|^2}.$$

Weiterhin sei X ein komplexer Vektorraum; der Skalarenkörper ist also jetzt der Körper $\mathbb{C}$ der komplexen Zahlen. Um auch hier den Begriff des skalaren Produkts erklären zu können, muß zuvor der Begriff der Bilinearform modifiziert werden:

Definition 18b: *Unter einer* **Hermiteschen Form** β *von* X *versteht man eine Zuordnung, die jedem geordneten Paar* $(\mathfrak{x}, \mathfrak{y})$ *von Vektoren aus* X *eindeutig eine komplexe Zahl* $\beta(\mathfrak{x}, \mathfrak{y})$ *so zuordnet, daß folgende Eigenschaften erfüllt sind:*

(1) $$\beta(\mathfrak{x}_1 + \mathfrak{x}_2, \mathfrak{y}) = \beta(\mathfrak{x}_1, \mathfrak{y}) + \beta(\mathfrak{x}_2, \mathfrak{y}).$$

(2) $$\beta(c\mathfrak{x}, \mathfrak{y}) = c\beta(\mathfrak{x}, \mathfrak{y}).$$

(3) $$\beta(\mathfrak{y}, \mathfrak{x}) = \overline{\beta(\mathfrak{x}, \mathfrak{y})}.$$

Die ersten zwei Forderungen sind die Linearitätseigenschaften hinsichtlich des ersten Arguments. Forderung (3) tritt an die Stelle der Symmetrie bei reellen Bilinearformen. Sie besagt, daß bei Vertauschung der Argumente der Wert von β in die konjugiert komplexe Zahl übergeht.

18.1 *Für eine* Hermite*sche Form* β *gilt:*

$$\beta(\mathfrak{x}, \mathfrak{y}_1 + \mathfrak{y}_2) = \beta(\mathfrak{x}, \mathfrak{y}_1) + \beta(\mathfrak{x}, \mathfrak{y}_2).$$

$$\beta(\mathfrak{x}, c\mathfrak{y}) = \bar{c}\,\beta(\mathfrak{x}, \mathfrak{y}).$$

$\beta(\mathfrak{x}, \mathfrak{x})$ *ist eine reelle Zahl.*

Beweis: Aus (1) und (3) folgt

$$\beta(\mathfrak{x}, \mathfrak{y}_1 + \mathfrak{y}_2) = \overline{\beta(\mathfrak{y}_1 + \mathfrak{y}_2, \mathfrak{x})} = \overline{\beta(\mathfrak{y}_1, \mathfrak{x})} + \overline{\beta(\mathfrak{y}_2, \mathfrak{x})} = \beta(\mathfrak{x}, \mathfrak{y}_1) + \beta(\mathfrak{x}, \mathfrak{y}_2).$$

Ebenso ergibt sich aus (2) und (3)

$$\beta(\mathfrak{x}, c\mathfrak{y}) = \overline{\beta(c\mathfrak{y}, \mathfrak{x})} = \overline{c\beta(\mathfrak{y}, \mathfrak{x})} = \bar{c}\;\overline{\beta(\mathfrak{y}, \mathfrak{x})} = \bar{c}\;\beta(\mathfrak{x}, \mathfrak{y}).$$

Wegen (3) gilt schließlich $\beta(\mathfrak{x}, \mathfrak{x}) = \overline{\beta(\mathfrak{x}, \mathfrak{x})}$, weswegen $\beta(\mathfrak{x}, \mathfrak{x})$ eine reelle Zahl ist. ◆

Hinsichtlich der zweiten Linearitätseigenschaft und des zweiten Arguments zeigen also die Hermiteschen Formen ein abweichendes Verhalten: Ein skalarer Faktor beim zweiten Argument tritt vor die Form als konjugiert-komplexe Zahl.

Da bei einer Hermiteschen Form nach dem letzten Satz $\beta(\mathfrak{x}, \mathfrak{x})$ stets eine reelle Zahl ist, kann die Definition von „positiv definit" übernommen werden.

Definition 18c: *Eine* HERMITE*sche Form* β *heißt* **positiv definit,** *wenn aus* $\mathfrak{x} \neq \mathfrak{o}$ *stets* $\beta(\mathfrak{x}, \mathfrak{x}) > 0$ *folgt.*

Unter einem **skalaren Produkt** *eines komplexen Vektorraums* X *versteht man eine positiv definite* HERMITE*sche Form von* X.

Ein komplexer Vektorraum, in dem ein skalares Produkt ausgezeichnet ist, wird ein **unitärer Raum** *genannt.*

Ebenso wie vorher verzichtet man bei dem skalaren Produkt eines unitären Raumes auf das unterscheidende Funktionszeichen und bezeichnet es wieder mit $\mathfrak{x} \cdot \mathfrak{y}$ bzw. $(\mathfrak{x}, \mathfrak{y})$.

Ein zu 18. I analoges Beispiel eines unitären Raumes erhält man folgendermaßen: Es sei $\{\mathfrak{a}_1, \ldots, \mathfrak{a}_n\}$ eine Basis des komplexen Vektorraumes X. Je zwei Vektoren $\mathfrak{x}, \mathfrak{y} \in X$ entsprechen dann komplexe Koordinaten $x_1, \ldots, x_n$ bzw. $y_1, \ldots, y_n$, und durch

$$\mathfrak{x} \cdot \mathfrak{y} = x_1\overline{y_1} + \cdots + x_n\overline{y_n}$$

wird ein skalares Produkt definiert. Ebenso ist im Fall $n = 2$ auch

$$\mathfrak{x} \cdot \mathfrak{y} = 4x_1\overline{y_1} - 2x_1\overline{y_2} - 2x_2\overline{y_1} + 3x_2\overline{y_2}$$

ein skalares Produkt.

Abschließend soll nun noch untersucht werden, in welchem Zusammenhang die euklidischen und die unitären Vektorräume stehen. Trotz der verschiedenartigen Definition der skalaren Produkte wird sich nämlich zeigen, daß die unitären Räume als Verallgemeinerung der euklidischen Räume aufgefaßt werden können.

Es sei wieder X ein reeller Vektorraum. Dieser soll nun zunächst in einen komplexen Raum eingebettet werden: Die Menge Z bestehe aus allen geordneten Paaren von Vektoren aus X; jedes Element $\mathfrak{z} \in Z$ besitzt also die Form $\mathfrak{z} = (\mathfrak{x}, \mathfrak{y})$ mit Vektoren $\mathfrak{x}, \mathfrak{y} \in X$. Ist $\mathfrak{z}' = (\mathfrak{x}', \mathfrak{y}')$ ein zweites Element von Z, so gelte

(a) $$\mathfrak{z} + \mathfrak{z}' = (\mathfrak{x} + \mathfrak{x}', \mathfrak{y} + \mathfrak{y}').$$

Ist ferner $a = a_1 + a_2 i$ eine komplexe Zahl, so werde

(b) $$a\mathfrak{z} = (a_1\mathfrak{x} - a_2\mathfrak{y}, a_1\mathfrak{y} + a_2\mathfrak{x})$$

gesetzt. Man überzeugt sich nun unmittelbar davon, daß Z hinsichtlich der so definierten linearen Operationen ein komplexer Vektorraum mit dem Paar

$(\mathfrak{o}, \mathfrak{o})$ als Nullvektor ist. In ihn kann der Vektorraum X in folgendem Sinn eingebettet werden: Jedem Vektor $\mathfrak{x} \in X$ werde als Bild das Paar $\varphi\mathfrak{x} = (\mathfrak{x}, \mathfrak{o})$ aus Z zugeordnet. Dann gilt

$$\varphi(\mathfrak{x}_1 + \mathfrak{x}_2) = (\mathfrak{x}_1 + \mathfrak{x}_2, \mathfrak{o}) = (\mathfrak{x}_1, \mathfrak{o}) + (\mathfrak{x}_2, \mathfrak{o}) = \varphi\mathfrak{x}_1 + \varphi\mathfrak{x}_2.$$

Ist außerdem c eine reelle Zahl, so kann man sie auch als komplexe Zahl $c = c + 0i$ auffassen und erhält wegen (b)

$$\varphi(c\mathfrak{x}) = (c\mathfrak{x}, \mathfrak{o}) = c(\mathfrak{x}, \mathfrak{o}) = c(\varphi\mathfrak{x}).$$

Da φ außerdem eine Injektion ist, wird der Vektorraum X durch φ isomorph in Z eingebettet, und man kann einfacher die Paare $(\mathfrak{x}, \mathfrak{o})$ direkt mit den entsprechenden Vektoren $\mathfrak{x} \in X$ identifizieren. Wegen $i(\mathfrak{y}, \mathfrak{o}) = (\mathfrak{o}, \mathfrak{y})$ gilt dann im Sinn dieser Identifikation $(\mathfrak{x}, \mathfrak{y}) = \mathfrak{x} + i\mathfrak{y}$. Der so konstruierte Vektorraum Z soll die **komplexe Erweiterung** des reellen Vektorraums X genannt werden.

18. 2 *Es sei $\varphi: X \to X'$ eine lineare Abbildung der reellen Vektorräume X und X'. Ferner seien Z und Z' die komplexen Erweiterungen von X und X'. Dann kann φ auf genau eine Weise zu einer linearen Abbildung $\hat{\varphi}: Z \to Z'$ fortgesetzt werden (d. h. es gilt $\hat{\varphi}\mathfrak{x} = \varphi\mathfrak{x}$ für alle $\mathfrak{x} \in X$).*

Beweis: Wenn $\hat{\varphi}$ eine solche Fortsetzung ist, muß für jeden Vektor $\mathfrak{z} = \mathfrak{x} + i\mathfrak{y}$ aus Z gelten

$$\hat{\varphi}\mathfrak{z} = \varphi(\mathfrak{x} + i\mathfrak{y}) = \hat{\varphi}\mathfrak{x} + i\hat{\varphi}\mathfrak{y} = \varphi\mathfrak{x} + i\varphi\mathfrak{y}.$$

$\hat{\varphi}$ ist somit durch φ eindeutig bestimmt. Umgekehrt wird aber durch die äußeren Seiten dieser Gleichung auch eine Fortsetzung $\hat{\varphi}$ der behaupteten Art definiert. ◆

In X sei nun ein skalares Produkt gegeben, das wie oben mit $\mathfrak{x} \cdot \mathfrak{y}$ bezeichnet werden soll. Außerdem sei β ein skalares Produkt der komplexen Erweiterung Z von X. Man nennt dann β eine Fortsetzung des skalaren Produkts von X auf Z, wenn $\beta(\mathfrak{x}_1, \mathfrak{x}_2) = \mathfrak{x}_1 \cdot \mathfrak{x}_2$ für alle Vektoren $\mathfrak{x}_1, \mathfrak{x}_2 \in X$ gilt.

18. 3 *Jedes in X gegebene skalare Produkt kann auf genau eine Weise auf die komplexe Erweiterung Z von X fortgesetzt werden.*

Beweis: Es sei β eine solche Fortsetzung. Da sich Vektoren $\mathfrak{z}, \mathfrak{z}' \in Z$ eindeutig in der Form

$$\mathfrak{z} = \mathfrak{x} + i\mathfrak{y} \quad \text{bzw.} \quad \mathfrak{z}' = \mathfrak{x}' + i\mathfrak{y}' \quad \text{mit} \quad \mathfrak{x}, \mathfrak{y}, \mathfrak{x}', \mathfrak{y}' \in X$$

darstellen lassen, erhält man

$$\beta(\mathfrak{z}, \mathfrak{z}') = \beta(\mathfrak{x} + i\mathfrak{y}, \mathfrak{x}' + i\mathfrak{y}') = \beta(\mathfrak{x}, \mathfrak{x}') + i\beta(\mathfrak{y}, \mathfrak{x}') - i\beta(\mathfrak{x}, \mathfrak{y}') + \beta(\mathfrak{y}, \mathfrak{y}')$$

und wegen $\beta(\mathfrak{x}, \mathfrak{x}') = \mathfrak{x} \cdot \mathfrak{x}'$ usw.

$$\beta(\mathfrak{z}, \mathfrak{z}') = (\mathfrak{x} \cdot \mathfrak{x}' + \mathfrak{y} \cdot \mathfrak{y}') + (\mathfrak{y} \cdot \mathfrak{x}' - \mathfrak{x} \cdot \mathfrak{y}')\,i.$$

Daher ist β durch das in X gegebene skalare Produkt eindeutig bestimmt. Andererseits rechnet man unmittelbar nach, daß durch die letzte Gleichung umgekehrt ein skalares Produkt β von Z definiert wird, das tatsächlich eine Fortsetzung des skalaren Produkts von X ist. ◆

Dieser Satz besagt, daß sich jeder euklidische Raum in einen unitären Raum einbetten läßt. Sätze über skalare Produkte brauchen daher im allgemeinen nur für unitäre Räume bewiesen zu werden und können auf den reellen Fall übertragen werden.

Ergänzungen und Aufgaben

18A Aufgabe: In einem 2-dimensionalen unitären Raum mit der Basis $\{\mathfrak{a}_1, \mathfrak{a}_2\}$ gelte $\mathfrak{a}_1 \cdot \mathfrak{a}_1 = 4$ und $\mathfrak{a}_2 \cdot \mathfrak{a}_2 = 1$. Welche Werte kann dann das skalare Produkt $\mathfrak{a}_1 \cdot \mathfrak{a}_2$ besitzen?

18B Es seien β_1 und β_2 zwei skalare Produkte eines komplexen Vektorraums X. **Aufgabe:** 1). Zeige, daß aus $\beta_1(\mathfrak{x}, \mathfrak{x}) = \beta_2(\mathfrak{x}, \mathfrak{x})$ für alle Vektoren $\mathfrak{x}$ sogar $\beta_1 = \beta_2$ folgt.

2). Welche Bedingung müssen die komplexen Zahlen a und b erfüllen, damit durch

$$\beta(\mathfrak{x}, \mathfrak{y}) = a\beta_1(\mathfrak{x}, \mathfrak{y}) + b\beta_2(\mathfrak{x}, \mathfrak{y})$$

wieder ein skalares Produkt definiert wird?

§ 19 Betrag und Orthogonalität

In diesem Paragraphen ist X stets ein euklidischer oder unitärer Vektorraum. Das skalare Produkt zweier Vektoren $\mathfrak{x}, \mathfrak{y} \in X$ wird wieder mit $\mathfrak{x} \cdot \mathfrak{y}$ bezeichnet.

19. 1 (SCHWARZsche Ungleichung) *Für je zwei Vektoren $\mathfrak{x}, \mathfrak{y} \in X$ gilt*

$$|\mathfrak{x} \cdot \mathfrak{y}|^2 \leqq (\mathfrak{x} \cdot \mathfrak{x})\,(\mathfrak{y} \cdot \mathfrak{y}).$$

Das Gleichheitszeichen gilt genau dann, wenn die Vektoren $\mathfrak{x}$ und $\mathfrak{y}$ linear abhängig sind.

Beweis: Im Fall $\mathfrak{y} = \mathfrak{o}$ gilt $\mathfrak{x} \cdot \mathfrak{y} = \mathfrak{y} \cdot \mathfrak{y} = 0$, und die behauptete Beziehung ist mit dem Gleichheitszeichen erfüllt. Es kann daher weiter $\mathfrak{y} \neq \mathfrak{o}$ und damit auch $\mathfrak{y} \cdot \mathfrak{y} > 0$ vorausgesetzt werden. Für einen beliebigen Skalar c gilt dann

$$\begin{aligned} 0 \leqq (\mathfrak{x} - c\mathfrak{y}) \cdot (\mathfrak{x} - c\mathfrak{y}) &= \mathfrak{x} \cdot \mathfrak{x} - c(\mathfrak{y} \cdot \mathfrak{x}) - \bar{c}(\mathfrak{x} \cdot \mathfrak{y}) + c\bar{c}(\mathfrak{y} \cdot \mathfrak{y}) \\ &= \mathfrak{x} \cdot \mathfrak{x} - c(\overline{\mathfrak{x} \cdot \mathfrak{y}}) - \bar{c}(\mathfrak{x} \cdot \mathfrak{y}) + c\bar{c}(\mathfrak{y} \cdot \mathfrak{y}). \end{aligned}$$

Setzt man hierin

$$c = \frac{\mathfrak{x} \cdot \mathfrak{y}}{\mathfrak{y} \cdot \mathfrak{y}}, \quad \text{also} \quad \bar{c} = \frac{\overline{\mathfrak{x} \cdot \mathfrak{y}}}{\mathfrak{y} \cdot \mathfrak{y}},$$

so erhält man nach Multiplikation mit $\mathfrak{y} \cdot \mathfrak{y}$ wegen $\mathfrak{y} \cdot \mathfrak{y} > 0$

$$0 \leqq (\mathfrak{x} \cdot \mathfrak{x})\,(\mathfrak{y} \cdot \mathfrak{y}) - (\mathfrak{x} \cdot \mathfrak{y})\,(\overline{\mathfrak{x} \cdot \mathfrak{y}}) = (\mathfrak{x} \cdot \mathfrak{x})\,(\mathfrak{y} \cdot \mathfrak{y}) - |\,\mathfrak{x} \cdot \mathfrak{y}\,|^2$$

und hieraus weiter die behauptete Ungleichung. Das Gleichheitszeichen gilt jetzt genau dann, wenn $\mathfrak{x} - c\mathfrak{y} = \mathfrak{o}$ erfüllt ist. Zusammen mit dem Fall $\mathfrak{y} = \mathfrak{o}$ ergibt dies die zweite Behauptung. ◆

Für jeden Vektor $\mathfrak{x} \in X$ gilt $\mathfrak{x} \cdot \mathfrak{x} \geqq 0$. Daher ist

$$|\,\mathfrak{x}\,| = {}_+\sqrt{\mathfrak{x} \cdot \mathfrak{x}}$$

eine nicht-negative reelle Zahl, die man die **Länge** oder den **Betrag** des Vektors $\mathfrak{x}$ nennt. Man beachte jedoch, daß die Länge eines Vektors noch von dem skalaren Produkt abhängt. Im allgemeinen kann man in einem Vektorraum verschiedene skalare Produkte definieren, hinsichtlich derer dann ein Vektor auch verschiedene Längen besitzen kann.

19. 2 *Die Länge besitzt folgende Eigenschaften:*

(1) $|\,\mathfrak{x}\,| \geqq 0$.

(2) $|\,\mathfrak{x}\,| = 0$ *ist gleichwertig mit* $\mathfrak{x} = \mathfrak{o}$.

(3) $|\,c\mathfrak{x}\,| = |\,c\,|\;|\,\mathfrak{x}\,|$.

(4) $|\,\mathfrak{x} + \mathfrak{y}\,| \leqq |\,\mathfrak{x}\,| + |\,\mathfrak{y}\,|$. (*Dreiecksungleichung*)

Beweis: Unmittelbar aus der Definition folgt (1). Weiter gilt (2), weil $|\,\mathfrak{x}\,| = 0$ gleichwertig mit $\mathfrak{x} \cdot \mathfrak{x} = 0$, dies aber wieder gleichwertig mit $\mathfrak{x} = \mathfrak{o}$ ist. Eigenschaft (3) ergibt sich wegen

$$|\,c\mathfrak{x}\,| = {}_+\sqrt{c(\mathfrak{x}) \cdot (c\mathfrak{x})} = {}_+\sqrt{c\bar{c}}\;{}_+\sqrt{\mathfrak{x} \cdot \mathfrak{x}} = |\,c\,|\;|\,\mathfrak{x}\,|.$$

Schließlich erhält man zunächst

$$\begin{aligned} |\,\mathfrak{x} + \mathfrak{y}\,|^2 = (\mathfrak{x} + \mathfrak{y}) \cdot (\mathfrak{x} + \mathfrak{y}) &= \mathfrak{x} \cdot \mathfrak{x} + \mathfrak{x} \cdot \mathfrak{y} + \mathfrak{y} \cdot \mathfrak{x} + \mathfrak{y} \cdot \mathfrak{y} \\ &= \mathfrak{x} \cdot \mathfrak{x} + \mathfrak{x} \cdot \mathfrak{y} + \overline{\mathfrak{x} \cdot \mathfrak{y}} + \mathfrak{y} \cdot \mathfrak{y} \\ &= |\,\mathfrak{x}\,|^2 + 2\,\mathrm{Re}\,(\mathfrak{x} \cdot \mathfrak{y}) + |\,\mathfrak{y}\,|^2. \end{aligned}$$

Nun gilt aber $\mathrm{Re}(\mathfrak{x}\cdot\mathfrak{y}) \leqq |\mathfrak{x}\cdot\mathfrak{y}|$, und aus 19. 1 folgt durch Wurzelziehen $|\mathfrak{x}\cdot\mathfrak{y}| \leqq |\mathfrak{x}|\,|\mathfrak{y}|$. Somit ergibt sich weiter

$$|\mathfrak{x}+\mathfrak{y}|^2 \leqq |\mathfrak{x}|^2 + 2\,|\mathfrak{x}|\,|\mathfrak{y}| + |\mathfrak{y}|^2 = (|\mathfrak{x}| + |\mathfrak{y}|)^2$$

und damit (4). ◆

Ersetzt man in der Dreiecksungleichung (4) einerseits $\mathfrak{x}$ durch $\mathfrak{x}-\mathfrak{y}$ und andererseits $\mathfrak{y}$ durch $\mathfrak{y}-\mathfrak{x}$ und beachtet man $|\mathfrak{x}-\mathfrak{y}| = |\mathfrak{y}-\mathfrak{x}|$, so erhält man zusammen die Ungleichung

$$||\mathfrak{x}| - |\mathfrak{y}|| \leqq |\mathfrak{x}-\mathfrak{y}|.$$

Ein Vektor $\mathfrak{x}$ heißt **normiert** oder ein **Einheitsvektor**, wenn $|\mathfrak{x}| = 1$ gilt. Ist $\mathfrak{x}$ vom Nullvektor verschieden, so ist $\dfrac{1}{|\mathfrak{x}|}\mathfrak{x}$ ein normierter Vektor.

Aus dem Beweis der Dreiecksungleichung folgt unmittelbar, daß in ihr das Gleichheitszeichen genau dann gilt, wenn $\mathrm{Re}\,(\mathfrak{x}\cdot\mathfrak{y}) = |\mathfrak{x}|\,|\mathfrak{y}|$ erfüllt ist. Wegen $\mathrm{Re}\,(\mathfrak{x}\cdot\mathfrak{y}) \leqq |\mathfrak{x}\cdot\mathfrak{y}| \leqq |\mathfrak{x}|\,|\mathfrak{y}|$ folgt aus dieser Gleichung auch $|\mathfrak{x}\cdot\mathfrak{y}| = |\mathfrak{x}|\,|\mathfrak{y}|$ und daher nach 19. 1 die lineare Abhängigkeit der Vektoren $\mathfrak{x}$ und $\mathfrak{y}$. Setzt man $\mathfrak{y} \neq \mathfrak{o}$ voraus, so muß $\mathfrak{x} = c\mathfrak{y}$ und weiter

$$(\mathrm{Re}\,c)\,|\mathfrak{y}|^2 = \mathrm{Re}\,(c\mathfrak{y}\cdot\mathfrak{y}) = \mathrm{Re}\,(\mathfrak{x}\cdot\mathfrak{y}) = |\mathfrak{x}|\,|\mathfrak{y}| = |c|\,|\mathfrak{y}|^2,$$

also $\mathrm{Re}\,c = |c|$ gelten. Dies ist aber nur für $c \geqq 0$ möglich. Gilt umgekehrt $\mathfrak{x} = c\mathfrak{y}$ mit $c \geqq 0$ oder $\mathfrak{y} = \mathfrak{o}$, so erhält man durch Einsetzen sofort $\mathrm{Re}\,(\mathfrak{x}\cdot\mathfrak{y}) = |\mathfrak{x}|\,|\mathfrak{y}|$. Damit hat sich ergeben:

19. 3 $|\mathfrak{x}+\mathfrak{y}| = |\mathfrak{x}| + |\mathfrak{y}|$ *ist gleichwertig damit, daß* $\mathfrak{y} = \mathfrak{o}$ *oder* $\mathfrak{x} = c\mathfrak{y}$ *mit* $c \geqq 0$ *gilt.*

Für zwei vom Nullvektor verschiedene Vektoren $\mathfrak{x}, \mathfrak{y}$ definiert man den **Kosinus** des Winkels zwischen diesen Vektoren durch

$$(*) \qquad \cos(\mathfrak{x}, \mathfrak{y}) = \frac{\mathfrak{x}\cdot\mathfrak{y}}{|\mathfrak{x}|\,|\mathfrak{y}|}.$$

Wegen $|\mathfrak{x}\cdot\mathfrak{y}| \leqq |\mathfrak{x}|\,|\mathfrak{y}|$ (vgl. 19. 1) gilt im Fall eines euklidischen (reellen) Vektorraums $-1 \leqq \cos(\mathfrak{x}, \mathfrak{y}) \leqq +1$. Durch (*) wird daher tatsächlich der Kosinus eines reellen Winkels definiert. Multiplikation von (*) mit dem Nenner liefert

$$\mathfrak{x}\cdot\mathfrak{y} = |\mathfrak{x}|\,|\mathfrak{y}|\cos(\mathfrak{x}, \mathfrak{y}).$$

Ausrechnung des skalaren Produkts $(\mathfrak{x} - \mathfrak{y}) \cdot (\mathfrak{x} - \mathfrak{y})$ und Ersetzung von $\mathfrak{x} \cdot \mathfrak{y}$ durch den vorangehenden Ausdruck ergibt im reellen Fall die Gleichung

$$|\mathfrak{x} - \mathfrak{y}|^2 = |\mathfrak{x}|^2 + |\mathfrak{y}|^2 - 2\,|\mathfrak{x}|\,|\mathfrak{y}|\cos(\mathfrak{x}, \mathfrak{y}).$$

Dies ist der bekannte Kosinussatz für Dreiecke: Zwei Seiten des Dreiecks werden durch die Vektoren $\mathfrak{x}$ und $\mathfrak{y}$ repräsentiert. Die Länge der dem Winkel zwischen $\mathfrak{x}$ und $\mathfrak{y}$ gegenüberliegenden Seite ist dann gerade $|\mathfrak{x} - \mathfrak{y}|$. Im Fall eines rechtwinkligen Dreiecks gilt $\cos(\mathfrak{x}, \mathfrak{y}) = 0$, und der Kosinussatz geht in den Pythagoräischen Lehrsatz über.

Der wichtige Spezialfall, daß $\mathfrak{x}$ und $\mathfrak{y}$ einen rechten Winkel einschließen, ist offenbar gleichwertig mit $\mathfrak{x} \cdot \mathfrak{y} = 0$.

Definition 19a: *Zwei Vektoren $\mathfrak{x}, \mathfrak{y}$ heißen* **orthogonal**, *wenn $\mathfrak{x} \cdot \mathfrak{y} = 0$ gilt.*

Eine nicht-leere Teilmenge M von X heißt ein **Orthogonalsystem**, *wenn $\mathfrak{o} \notin M$ gilt und wenn je zwei verschiedene Vektoren aus M orthogonal sind.*

Ein Orthogonalsystem, das aus lauter normierten Vektoren besteht, wird ein **Orthonormalsystem** *genannt.*

Unter einer **Orthonormalbasis** *von X versteht man ein Orthonormalsystem, das gleichzeitig eine Basis von X ist.*

19. 4 *Jedes Orthogonalsystem ist linear unabhängig.*

Beweis: Es sei M ein Orthogonalsystem, und für die paarweise verschiedenen Vektoren $\mathfrak{a}_1, \ldots, \mathfrak{a}_n \in M$ gelte $c_1\mathfrak{a}_1 + \cdots + c_n\mathfrak{a}_n = \mathfrak{o}$. Für jeden festen Index k mit $1 \leqq k \leqq n$ folgt hieraus

$$c_1(\mathfrak{a}_1 \cdot \mathfrak{a}_k) + \cdots + c_k(\mathfrak{a}_k \cdot \mathfrak{a}_k) + \cdots + c_n(\mathfrak{a}_n \cdot \mathfrak{a}_k) = \mathfrak{o} \cdot \mathfrak{a}_k = 0.$$

Wegen $\mathfrak{a}_\nu \cdot \mathfrak{a}_k = 0$ für $\nu \neq k$ erhält man weiter $c_k(\mathfrak{a}_k \cdot \mathfrak{a}_k) = 0$ und wegen $\mathfrak{a}_k \neq \mathfrak{o}$, also $\mathfrak{a}_k \cdot \mathfrak{a}_k > 0$ schließlich $c_k = 0$. ◆

Wenn $\{\mathfrak{e}_1, \ldots, \mathfrak{e}_n\}$ ein Orthonormalsystem ist, gilt $\mathfrak{e}_\mu \cdot \mathfrak{e}_\nu = 0$ für $\mu \neq \nu$ und $\mathfrak{e}_\mu \cdot \mathfrak{e}_\mu = 1$. Um diesen Tatbestand bequemer ausdrücken zu können, führt man folgende Bezeichnungsweise ein:

Definition 19b:

$$\delta_{\mu,\nu} = \begin{cases} 0 & \text{für } \mu \neq \nu \\ 1 & \phantom{\text{für }} \mu = \nu. \end{cases}$$

Die so definierte Funktion der Indizes μ und ν heißt das **Kronecker-Symbol**.

19. 5 *Es sei* $\{\mathfrak{e}_1, \ldots, \mathfrak{e}_n\}$ *eine Orthonormalbasis von* X. *Sind dann* $x_1, \ldots, x_n$ *bzw.* $y_1, \ldots, y_n$ *die Koordinaten der Vektoren* $\mathfrak{x}$ *und* $\mathfrak{y}$ *bezüglich dieser Basis, so gilt*

$$\mathfrak{x} \cdot \mathfrak{y} = x_1 \bar{y}_1 + \cdots + x_n \bar{y}_n$$

und für die Koordinaten selbst $x_\nu = \mathfrak{x} \cdot \mathfrak{e}_\nu$ $(\nu = 1, \ldots, n)$.

Beweis: Wegen $\mathfrak{e}_\nu \cdot \mathfrak{e}_\mu = \delta_{\nu,\mu}$ erhält man

$$\mathfrak{x} \cdot \mathfrak{y} = \left(\sum_{\nu=1}^{n} x_\nu \mathfrak{e}_\nu\right) \cdot \left(\sum_{\mu=1}^{n} y_\mu \mathfrak{e}_\mu\right) = \sum_{\nu,\mu=1}^{n} x_\nu \bar{y}_\mu \, (\mathfrak{e}_\nu \cdot \mathfrak{e}_\mu) = \sum_{\nu=1}^{n} x_\nu \bar{y}_\nu$$

und

$$\mathfrak{x} \cdot \mathfrak{e}_\nu = \left(\sum_{\mu=1}^{n} x_\mu \mathfrak{e}_\mu\right) \cdot \mathfrak{e}_\nu = \sum_{\mu=1}^{n} x_\mu \delta_{\mu,\nu} = x_\nu . \;\blacklozenge$$

Dieser Satz gilt sinngemäß auch bei unendlicher Dimension und kann dann ebenso bewiesen werden.

Im nächsten Paragraphen wird gezeigt werden, daß man in einem endlichdimensionalen euklidischen bzw. unitären Vektorraum stets eine Orthonormalbasis finden kann. Hinsichtlich einer solchen Basis nimmt dann das in dem Raum gegebene skalare Produkt die in 19. 5 angegebene einfache Form an. Umgekehrt kann 19. 5 aber auch dazu benutzt werden, um in einem beliebigen reellen oder komplexen Vektorraum (endlicher Dimension) ein skalares Produkt zu definieren: Man wähle eine beliebige Basis des Raumes und definiere das skalare Produkt durch die Gleichung aus 19. 5. Hinsichtlich dieses skalaren Produkts ist dann die gewählte Basis eine Orthonormalbasis.

Beispiele:

19. I Für je zwei Vektoren $\mathfrak{x} = (x_1, x_2)$ und $\mathfrak{y} = (y_1, y_2)$ des reellen arithmetischen Vektorraums $\mathbb{R}^2$ sei das skalare Produkt durch

$$\mathfrak{x} \cdot \mathfrak{y} = 4x_1 y_1 - 2x_1 y_2 - 2\, x_2 y_1 + 3\, x_2 y_2$$

definiert (vgl. 18. I). Dann bilden die Vektoren

$$\mathfrak{e}_1^* = \left(\frac{1}{2}, 0\right) \text{ und}$$

$$\mathfrak{e}_2^* = \left(\frac{1}{2\sqrt{2}}, \frac{1}{\sqrt{2}}\right)$$

eine Orthonormalbasis. Es gilt nämlich

$$\mathfrak{e}_1^* \cdot \mathfrak{e}_1^* = 4 \cdot \frac{1}{2} \cdot \frac{1}{2} = 1,$$

$$\mathfrak{e}_1^* \cdot \mathfrak{e}_2^* = 4 \cdot \frac{1}{2} \cdot \frac{1}{2\sqrt{2}} - 2 \cdot \frac{1}{2} \cdot \frac{1}{\sqrt{2}} = 0,$$

$$\mathfrak{e}_2^* \cdot \mathfrak{e}_2^* = 4 \cdot \frac{1}{2\sqrt{2}} \cdot \frac{1}{2\sqrt{2}} - 2 \cdot \frac{1}{2\sqrt{2}} \cdot \frac{1}{\sqrt{2}} - 2 \cdot \frac{1}{\sqrt{2}} \cdot \frac{1}{2\sqrt{2}} + 3 \cdot \frac{1}{\sqrt{2}} \cdot \frac{1}{\sqrt{2}} = 1.$$

Zwischen den Koordinaten x_1, x_2 hinsichtlich der kanonischen Basis $\mathfrak{e}_1 = (1, 0)$, $\mathfrak{e}_2 = (0, 1)$ und den Koordinaten x_1^*, x_2^* hinsichtlich $\{\mathfrak{e}_1^*, \mathfrak{e}_2^*\}$ besteht wegen

$$\mathfrak{e}_1^* = \frac{1}{2}\mathfrak{e}_1,$$

$$\mathfrak{e}_2^* = \frac{1}{2\sqrt{2}}\mathfrak{e}_1 + \frac{1}{\sqrt{2}}\mathfrak{e}_2$$

die Beziehung

$$x_1 = \frac{1}{2}x_1^* + \frac{1}{2\sqrt{2}}x_2^*, \qquad x_2 = \frac{1}{\sqrt{2}}x_2^*.$$

Einsetzen dieser Werte liefert in der Tat

$$\mathfrak{x} \cdot \mathfrak{y} = 4\left(\frac{1}{2}x_1^* + \frac{1}{2\sqrt{2}}x_2^*\right)\left(\frac{1}{2}y_1^* + \frac{1}{2\sqrt{2}}y_2^*\right) - 2\left(\frac{1}{2}x_1^* + \frac{1}{2\sqrt{2}}x_2^*\right)\left(\frac{1}{\sqrt{2}}y_2^*\right)$$
$$- 2\left(\frac{1}{\sqrt{2}}x_2^*\right)\left(\frac{1}{2}y_1^* + \frac{1}{2\sqrt{2}}y_2^*\right) + 3\left(\frac{1}{\sqrt{2}}x_2^*\right)\left(\frac{1}{\sqrt{2}}y_2^*\right) = x_1^* y_1^* + x_2^* y_2^*.$$

19. II In dem Vektorraum aller in dem Intervall $[-\pi, +\pi]$ stetigen reellen Funktionen wird durch

$$(f, g) = \frac{1}{\pi}\int_{-\pi}^{+\pi} f(t)\, g(t)\, dt$$

ein skalares Produkt definiert. Hinsichtlich dieses skalaren Produkts bilden die Funktionen

$$\frac{1}{\sqrt{2}}, \quad \cos(nt), \quad \sin(nt) \qquad (n = 1, 2, 3, \ldots)$$

ein unendliches Orthonormalsystem.

Ergänzungen und Aufgaben

19 A Unabhängig von dem Vorhandensein eines skalaren Produkts kann man in reellen oder komplexen Vektorräumen auf mannigfache Art die Länge eines Vektors so definieren, daß ebenfalls die Eigenschaften (1)—(4) aus 19. 2 erfüllt sind. Jedoch lassen sich derartige Längendefinitionen im allgemeinen nicht auf ein skalares Produkt zurückführen.

Aufgabe: 1). Die durch ein skalares Produkt definierte Länge erfüllt die **Parallelogrammgleichung**

$$|\mathfrak{x} + \mathfrak{y}|^2 + |\mathfrak{x} - \mathfrak{y}|^2 = 2(|\mathfrak{x}|^2 + |\mathfrak{y}|^2).$$

2). Es sei X ein n-dimensionaler reeller oder komplexer Vektorraum ($n \geqq 2$). Hinsichtlich einer Basis von X seien $x_1, \ldots, x_n$ die Koordinaten eines Vektors $\mathfrak{x}$. Durch

$$\text{(a)} \quad w_1(\mathfrak{x}) = |x_1| + \cdots + |x_n|, \quad \text{(b)} \; w_2(\mathfrak{x}) = \max\{|x_1|, \ldots, |x_n|\}$$

wird dann jedem Vektor $\mathfrak{x}$ eine „Länge" $w_1(\mathfrak{x})$ bzw. $w_2(\mathfrak{x})$ zugeordnet, die die Eigenschaften (1)—(4) aus 19. 2 besitzt.

3). w_1 und w_2 stimmen jedoch mit keinem Längenbegriff überein, der einem skalaren Produkt von X entstammt.

19 B Es seien $\mathfrak{a}_1, \ldots, \mathfrak{a}_k$ linear unabhängige Vektoren eines euklidischen Vektorraums X. Die Menge aller Vektoren

$$\mathfrak{x} = x_1\mathfrak{a}_1 + \cdots + x_k\mathfrak{a}_k \quad \text{mit } 0 \leqq x_\varkappa \leqq 1 \qquad (\varkappa = 1, \ldots, k)$$

wird dann das von den Vektoren $\mathfrak{a}_1, \ldots, \mathfrak{a}_k$ aufgespannte **Parallelotop** genannt. Es sei nun $\{\mathfrak{e}_1, \ldots, \mathfrak{e}_k\}$ eine Orthonormalbasis des von den Vektoren $\mathfrak{a}_1, \ldots, \mathfrak{a}_k$ aufgespannten Unterraums von X (zur Existenz vgl. § 20). Gilt dann

$$\mathfrak{a}_\varkappa = \sum_{\lambda=1}^{k} a_{\varkappa,\lambda}\, \mathfrak{e}_\lambda \qquad (\varkappa = 1, \ldots, k),$$

so nennt man den Betrag der Determinante

$$\begin{vmatrix} a_{1,1} \cdots a_{1,k} \\ \cdots\cdots\cdots\cdots \\ a_{k,1} \cdots a_{k,k} \end{vmatrix}$$

das **Volumen** dieses Parallelotops.

Aufgabe: 1). Man beweise die Gleichung

$$\begin{vmatrix} (\mathfrak{a}_1 \cdot \mathfrak{e}_1) \cdots (\mathfrak{a}_1 \cdot \mathfrak{e}_k) \\ \cdots\cdots\cdots \\ (\mathfrak{a}_k \cdot \mathfrak{e}_1) \cdots (\mathfrak{a}_k \cdot \mathfrak{e}_k) \end{vmatrix}^2 = \begin{vmatrix} (\mathfrak{a}_1 \cdot \mathfrak{a}_1) \cdots (\mathfrak{a}_1 \cdot \mathfrak{a}_k) \\ \cdots\cdots\cdots \\ (\mathfrak{a}_k \cdot \mathfrak{a}_1) \cdots (\mathfrak{a}_k \cdot \mathfrak{a}_k) \end{vmatrix}.$$

2). Folgere, daß die Definition des Volumens unabhängig von der Wahl der Orthonormalbasis ist und daß die in 1) rechts stehende Determinante das Quadrat des Volumens ist.

3). In dem reellen arithmetischen Vektorraum $\mathbb{R}^4$ sei das skalare Produkt so definiert, daß die kanonische Basis eine Orthonormalbasis ist. Berechne das Volumen des von den Vektoren

$$(2, 1, 0, -1), \; (1, 0, 1, 0), \; (-2, 1, 1, 0)$$

aufgespannten Parallelotops.

§ 20 Orthogonalisierung

X bedeute stets einen euklidischen oder unitären Vektorraum. Die Sätze dieses Paragraphen beziehen sich vorwiegend auf den Fall endlicher oder höchstens abzählbar-unendlicher Dimension. Daß sich die Ergebnisse im allgemeinen nicht auf höhere Dimensionen übertragen lassen, wird am Schluß in den Ergänzungen gezeigt.

20. 1 *Zu jedem endlichen oder höchstens abzählbar-unendlichen System* $\{\mathfrak{a}_1, \mathfrak{a}_2, \ldots\}$ *linear unabhängiger Vektoren aus* X *gibt es genau ein entsprechendes Orthonormalsystem* $\{\mathfrak{e}_1, \mathfrak{e}_2, \ldots\}$ *mit folgenden Eigenschaften:*

(1) *Für* $k = 1, 2, \ldots$ *spannen die Vektoren* $\mathfrak{a}_1, \ldots, \mathfrak{a}_k$ *und* $\mathfrak{e}_1, \ldots, \mathfrak{e}_k$ *denselben Unterraum* U_k *von* X *auf.*

(2) *Die zu der Basistransformation* $\{\mathfrak{a}_1, \ldots, \mathfrak{a}_k\} \to \{\mathfrak{e}_1, \ldots, \mathfrak{e}_k\}$ *von* U_k *gehörende Transformationsmatrix besitzt eine positive Determinante* D_k $(k = 1, 2, \ldots)$.

Beweis: Die Vektoren $\mathfrak{e}_1, \mathfrak{e}_2, \ldots$ werden induktiv definiert. Bei einem endlichen System $\{\mathfrak{a}_1, \ldots, \mathfrak{a}_n\}$ bricht das Verfahren nach n Schritten ab.

Wegen der vorausgesetzten linearen Unabhängigkeit gilt $\mathfrak{a}_1 \neq \mathfrak{o}$. Daher ist

$$\mathfrak{e}_1 = \frac{1}{|\mathfrak{a}_1|}\mathfrak{a}_1$$

ein Einheitsvektor, die Vektoren $\mathfrak{a}_1$ und $\mathfrak{e}_1$ spannen denselben Unterraum U_1 auf, und es gilt $D_1 = \dfrac{1}{|\mathfrak{a}_1|} > 0$. Ist umgekehrt $\mathfrak{e}_1'$ ein Einheitsvektor, der ebenfalls U_1 erzeugt, so gilt $\mathfrak{e}_1' = c\,\mathfrak{a}_1$. Und da jetzt c die Determinante der Transformationsmatrix ist, muß bei Gültigkeit von (2) außerdem $c > 0$ gelten. Man erhält

$$1 = \mathfrak{e}_1' \cdot \mathfrak{e}_1' = (c\bar{c})\ (\mathfrak{a}_1 \cdot \mathfrak{a}_1) = |\,c\,|^2\,|\,\mathfrak{a}_1\,|^2.$$

Wegen $c > 0$ folgt hieraus $c = 1/|\,\mathfrak{a}_1\,|$, also $\mathfrak{e}_1' = \mathfrak{e}_1$. Somit ist $\mathfrak{e}_1$ auch eindeutig bestimmt.

Es seien jetzt bereits die Vektoren $\mathfrak{e}_1, \ldots, \mathfrak{e}_n$ so konstruiert, daß (1) und (2) für $k = 1, \ldots, n$ erfüllt sind. Dann werde zunächst

$$\mathfrak{b}_{n+1} = \mathfrak{a}_{n+1} - \sum_{\nu=1}^{n} (\mathfrak{a}_{n+1} \cdot \mathfrak{e}_\nu)\,\mathfrak{e}_\nu$$

gesetzt. Wegen 6. 4 sind die Vektoren $\mathfrak{e}_1, \ldots, \mathfrak{e}_n, \mathfrak{b}_{n+1}$ linear unabhängig und spannen denselben Unterraum auf wie die Vektoren $\mathfrak{e}_1, \ldots, \mathfrak{e}_n, \mathfrak{a}_{n+1}$, nämlich U_{n+1}. Insbesondere gilt $\mathfrak{b}_{n+1} \neq \mathfrak{o}$. Wegen $\mathfrak{e}_\nu \cdot \mathfrak{e}_\mu = \delta_{\nu,\mu}$ ergibt sich außerdem für $\mu = 1, \ldots, n$

$$\mathfrak{b}_{n+1} \cdot \mathfrak{e}_\mu = \mathfrak{a}_{n+1} \cdot \mathfrak{e}_\mu - \sum_{\nu=1}^{n} (\mathfrak{a}_{n+1} \cdot \mathfrak{e}_\nu)\,\delta_{\nu,\mu} = 0.$$

Setzt man daher

$$\mathfrak{e}_{n+1} = \frac{1}{|\mathfrak{b}_{n+1}|}\mathfrak{b}_{n+1},$$

so bilden die Vektoren $\mathfrak{e}_1, \ldots, \mathfrak{e}_{n+1}$ ein Orthonormalsystem mit der Eigenschaft (1) für $k = 1, \ldots, n+1$. Die Transformation der $\mathfrak{a}_\nu$ in die $\mathfrak{e}_\nu$ hat die Form

$$\begin{aligned}
\mathfrak{e}_1 &= a_{1,1}\mathfrak{a}_1 \\
\mathfrak{e}_2 &= a_{2,1}\mathfrak{a}_1 + a_{2,2}\mathfrak{a}_2 \\
&\ldots\ldots\ldots\ldots\ldots\ldots \\
\mathfrak{e}_n &= a_{n,1}\mathfrak{a}_1 + \cdots + a_{n,n}\mathfrak{a}_n \\
\mathfrak{e}_{n+1} &= a_{n+1,1}\mathfrak{a}_1 + \cdots + \frac{1}{|\mathfrak{b}_{n+1}|}\mathfrak{a}_{n+1}.
\end{aligned}$$

Es folgt $D_n = a_{1,1}\cdots a_{n,n}$ und wegen $D_n > 0$ daher ebenfalls $D_{n+1} = \dfrac{1}{|\mathfrak{b}_{n+1}|}D_n > 0$.
Somit ist auch (2) erfüllt.

Ist umgekehrt $\mathfrak{e}'_{n+1}$ ein Vektor, für den $\{\mathfrak{e}_1, \ldots, \mathfrak{e}_n, \mathfrak{e}'_{n+1}\}$ ebenfalls ein Orthonormalsystem mit den Eigenschaften (1) und (2) ist, so muß wegen (1)

$$\mathfrak{e}'_{n+1} = \sum_{\nu=1}^{n} a_\nu\mathfrak{e}_\nu + c\mathfrak{a}_{n+1}$$

mit $c \neq 0$ gelten. Man kann daher $\mathfrak{e}'_{n+1}$ auch in der Form

$$\mathfrak{e}'_{n+1} = c\,[\mathfrak{a}_{n+1} - \sum_{\nu=1}^{n} b_\nu\mathfrak{e}_\nu]$$

schreiben. Für $\mu = 1, \ldots, n$ erhält man

$$0 = \mathfrak{e}'_{n+1}\cdot\mathfrak{e}_\mu = c\,[\mathfrak{a}_{n+1}\cdot\mathfrak{e}_\mu - b_\mu],$$

wegen $c \neq 0$ also $b_\mu = \mathfrak{a}_{n+1}\cdot\mathfrak{e}_\mu$. Es folgt $\mathfrak{e}'_{n+1} = c\mathfrak{b}_{n+1}$ und wegen (2) ebenso wie oben $c = \dfrac{1}{|\mathfrak{b}_{n+1}|}$. Somit gilt $\mathfrak{e}'_{n+1} = \mathfrak{e}_{n+1}$, womit auch die behauptete Eindeutigkeit bewiesen ist. ◆

Das in diesem Beweis entwickelte Konstruktionsverfahren für die Vektoren $\mathfrak{e}_\nu$ heißt das **Orthonormalisierungsverfahren** von E. Schmidt.

20. 2 *X besitze endliche oder höchstens abzählbar-unendliche Dimension. Dann kann jede Orthonormalbasis eines endlich-dimensionalen Unterraums von X zu einer Orthonormalbasis von X verlängert werden. Speziell besitzt X selbst eine Orthonormalbasis.*

Beweis: Es sei U ein n-dimensionaler Unterraum von X, und $\{\mathfrak{e}_1, \ldots, \mathfrak{e}_n\}$ sei eine Orthonormalbasis von U. (Im Fall $n = 0$ ist die Orthonormalbasis durch die leere Menge zu ersetzen.) Diese Basis kann zu einer Basis $\{\mathfrak{e}_1, \ldots, \mathfrak{e}_n, \mathfrak{a}_{n+1}, \mathfrak{a}_{n+2}, \ldots\}$ von X verlängert werden. Wendet man auf sie das Orthonormalisierungsverfahren an, so bleiben die Vektoren $\mathfrak{e}_1, \ldots, \mathfrak{e}_n$ erhalten, und man gewinnt eine Orthonormalbasis $\{\mathfrak{e}_1, \ldots, \mathfrak{e}_n, \mathfrak{e}_{n+1}, \ldots\}$ von X. Der Fall $U = [\mathfrak{o}]$ liefert die Existenz einer Orthonormalbasis von X. ◆

Beispiele:

20. I In dem reellen arithmetischen Vektorraum $\mathbb{R}^4$ sei das skalare Produkt je zweier Vektoren $\mathfrak{x} = (x_1, \ldots, x_4)$ und $\mathfrak{y} = (y_1, \ldots, y_4)$ durch $\mathfrak{x} \cdot \mathfrak{y} = x_1 y_1 + \cdots + x_4 y_4$ definiert. Das Orthonormalisierungsverfahren werde auf die Vektoren

$$\mathfrak{a}_1 = (4, 2, -2, -1), \quad \mathfrak{a}_2 = (2, 2, -4, -5), \quad \mathfrak{a}_3 = (0, 8, -2, -5)$$

angewandt. Man erhält:

$$\mathfrak{e}_1 = \frac{1}{|\mathfrak{a}_1|}\mathfrak{a}_1 = \frac{1}{5}(4, 2, -2, -1).$$

$$\mathfrak{e}_2' = \mathfrak{a}_2 - (\mathfrak{a}_2 \cdot \mathfrak{e}_1)\,\mathfrak{e}_1 = (2, 2, -4, -5) - \frac{25}{5} \cdot \frac{1}{5}(4, 2, -2, -1)$$

$$= (-2, 0, -2, -4),$$

$$\mathfrak{e}_2 = \frac{1}{\sqrt{24}}(-2, 0, -2, -4).$$

$$\mathfrak{e}_3' = \mathfrak{a}_3 - (\mathfrak{a}_3 \cdot \mathfrak{e}_1)\,\mathfrak{e}_1 - (\mathfrak{a}_3 \cdot \mathfrak{e}_2)\,\mathfrak{e}_2$$

$$= (0, 8, -2, -5) - \frac{25}{5} \cdot \frac{1}{5}(4, 2, -2, -1) - \frac{24}{\sqrt{24}} \cdot \frac{1}{\sqrt{24}}(-2, 0, -2, -4)$$

$$= (-2, 6, 2, 0),$$

$$\mathfrak{e}_3 = \frac{1}{\sqrt{44}}(-2, 6, 2, 0).$$

20. II In dem reellen Vektorraum aller in $[0, 1]$ stetigen reellen Funktionen sei das skalare Produkt durch

$$(f, g) = \int_0^1 f(t)\, g(t)\, dt$$

definiert. Das Orthogonalisierungsverfahren soll auf die Polynome $1 = t^0$, t, $t^2, \ldots$ angewandt werden. Die Funktionen des entstehenden Orthonormalsystems sollen hier mit $e_0, e_1, e_2, \ldots$ bezeichnet werden. Die ersten Schritte lauten:

$$(1, 1) = \int_0^1 dt = 1, \text{ also } e_0(t) = 1.$$

$$(t, e_0) = \int_0^1 t\, dt = \frac{1}{2}, \qquad e_1'(t) = t - (t, e_0)\, e_0(t) = t - \frac{1}{2};$$

$$(e_1', e_1') = \int_0^1 \left(t - \frac{1}{2}\right)^2 dt = \frac{1}{12}, \text{ also } e_1(t) = \sqrt{12}\left(t - \frac{1}{2}\right).$$

$$(t^2, e_0) = \int_0^1 t^2\, dt = \frac{1}{3}, \quad (t^2, e_1) = \sqrt{12}\int_0^1 t^2 \left(t - \frac{1}{2}\right) dt = \frac{1}{\sqrt{12}},$$

$$\begin{aligned} e_2'(t) &= t^2 - (t^2, e_0)\, e_0(t) - (t^2, e_1)\, e_1(t) \\ &= t^2 - \frac{1}{3} - \left(t - \frac{1}{2}\right) = t^2 - t + \frac{1}{6}; \end{aligned}$$

$$(e_2', e_2') = \int_0^1 \left(t^2 - t + \frac{1}{6}\right)^2 dt = \frac{1}{180}, \text{ also } e_2(t) = 6\sqrt{5}\left(t^2 - t + \frac{1}{6}\right).$$

Definition 20a: *Zwei Teilmengen M und N von X heißen* **orthogonal** *(in Zeichen: $M \perp N$), wenn $\mathfrak{x} \cdot \mathfrak{y} = 0$ für alle Vektoren $\mathfrak{x} \in M$ und $\mathfrak{y} \in N$ erfüllt ist, wenn also alle Vektoren aus M auf allen Vektoren aus N senkrecht stehen und umgekehrt.*

Wenn hierbei z. B. die Menge M aus nur einem Vektor $\mathfrak{x}$ besteht, wird statt $\{\mathfrak{x}\} \perp N$ einfacher $\mathfrak{x} \perp N$ geschrieben. Die leere Menge und der Nullraum sind zu jeder Teilmenge von X orthogonal.

20. 3 *Zwei Teilmengen von X sind genau dann orthogonal, wenn die von ihnen erzeugten Unterräume orthogonal sind: $M \perp N$ ist gleichwertig mit $[M] \perp [N]$.*

Beweis: Es kann angenommen werden, daß M und N von der leeren Menge und vom Nullraum verschieden sind, da in diesen Fällen die Behauptung trivial ist. Aus $[M] \perp [N]$ folgt $M \perp N$ unmittelbar. Umgekehrt werde $M \perp N$ vorausgesetzt. Ein beliebiger Vektor $\mathfrak{x} \in [M]$ bzw. $\mathfrak{y} \in [N]$ besitzt die Form $\mathfrak{x} = x_1\mathfrak{a}_1 + \cdots + x_r\mathfrak{a}_r$ bzw. $\mathfrak{y} = y_1\mathfrak{b}_1 + \cdots + y_s\mathfrak{b}_s$ mit Vektoren $\mathfrak{a}_1, \ldots, \mathfrak{a}_r \in M$ bzw. $\mathfrak{b}_1, \ldots, \mathfrak{b}_s \in N$. Wegen $M \perp N$ gilt $\mathfrak{a}_\varrho \cdot \mathfrak{b}_\sigma = 0$ für alle Indizes ϱ und σ und daher

$$\mathfrak{x} \cdot \mathfrak{y} = \sum_{\varrho=1}^{r} \sum_{\sigma=1}^{s} x_\varrho \bar{y}_\sigma (\mathfrak{a}_\varrho \cdot \mathfrak{b}_\sigma) = 0.$$

Es folgt $[M] \perp [N]$. ◆

Wegen dieses Satzes ist mit $M \perp N$ auch $M \perp [N]$ und ebenso $[M] \perp N$ gleichwertig. Spezieller folgt noch: Ein Vektor ist genau dann zu einem Unterraum U orthogonal, wenn er auf allen Vektoren einer Basis von U senkrecht steht.

Definition 20b: *Die Menge aller Vektoren, die auf einer Teilmenge M von X senkrecht stehen, wird das* **orthogonale Komplement** *von M in X genannt und mit $M^\perp$ bezeichnet:*

$$M^\perp = \{\mathfrak{x}\colon \mathfrak{x} \perp M\}.$$

20. 4 *$M^\perp$ ist ein Unterraum von X, und es gilt $M^\perp = [M]^\perp$.*

Beweis: Unmittelbar aus der Definition ergibt sich $M^\perp \perp M$, und aus $N \perp M$ folgt $N \leq M^\perp$. Aus der ersten Beziehung folgt wegen 20. 3 einerseits $[M^\perp] \perp M$ und daher $[M^\perp] = M^\perp$; d. h. $M^\perp$ ist ein Unterraum. Andererseits folgt aber auch $M^\perp \perp [M]$, also $M^\perp \leq [M]^\perp$. Da sich aus der Definition umgekehrt $[M]^\perp \leq M^\perp$ ergibt, folgt die behauptete Gleichheit. ◆

Wegen dieses Satzes kann man sich bei der Behandlung orthogonaler Komplemente auf Unterräume von X beschränken.

Definition 20c: *Es seien U ein Unterraum und $\mathfrak{x}$ ein beliebiger Vektor von X. Ein Vektor $\mathfrak{u} \in U$ heißt dann* **orthogonale Projektion** *von $\mathfrak{x}$ in U, wenn $\mathfrak{x} = \mathfrak{u} + \mathfrak{v}$ mit $\mathfrak{v} \perp U$ gilt.*

20. 5 *Wenn eine orthogonale Projektion von $\mathfrak{x}$ in U existiert, so ist sie eindeutig bestimmt.*

Beweis: Es gelte $\mathfrak{x} = \mathfrak{u} + \mathfrak{v} = \mathfrak{u}' + \mathfrak{v}'$ mit $\mathfrak{u}, \mathfrak{u}' \in U$ und $\mathfrak{v} \perp U$, $\mathfrak{v}' \perp U$. Mit $\mathfrak{u}^* = \mathfrak{u} - \mathfrak{u}'$ und $\mathfrak{v}^* = \mathfrak{v}' - \mathfrak{v}$ gilt daher $\mathfrak{u}^* = \mathfrak{v}^*$, $\mathfrak{u}^* \in U$ und $\mathfrak{v}^* \perp U$. Es folgt $\mathfrak{u}^* \cdot \mathfrak{u}^* = \mathfrak{v}^* \cdot \mathfrak{u}^* = 0$ und daher $\mathfrak{u}^* = \mathfrak{o}$, also $\mathfrak{u} = \mathfrak{u}'$. ◆

Die orthogonale Projektion eines Vektors in einen Unterraum U braucht nicht zu existieren. Nur wenn U endliche Dimension besitzt, kann ihre Existenz allgemein nachgewiesen werden.

20. 6 *Es sei U ein endlich-dimensionaler Unterraum von X. Zu jedem Vektor $\mathfrak{x} \in X$ existiert dann die orthogonale Projektion $\mathfrak{x}_U$ in U. Ist $\{\mathfrak{e}_1, \ldots, \mathfrak{e}_n\}$ eine Orthonormalbasis von U, so gilt $\mathfrak{x}_U = \sum_{\nu=1}^{n} (\mathfrak{x} \cdot \mathfrak{e}_\nu)\, \mathfrak{e}_\nu$.*

Beweis: Wegen 20. 2 besitzt U eine Orthonormalbasis $\{\mathfrak{e}_1, \ldots, \mathfrak{e}_n\}$. Für den Vektor $\mathfrak{x}_U = \sum_{\nu=1}^{n} (\mathfrak{x} \cdot \mathfrak{e}_\nu)\, \mathfrak{e}_\nu$ gilt dann $\mathfrak{x}_U \in U$ und für $\mu = 1, \ldots, n$

$$(\mathfrak{x} - \mathfrak{x}_U) \cdot \mathfrak{e}_\mu = \mathfrak{x} \cdot \mathfrak{e}_\mu - \sum_{\nu=1}^{n} (\mathfrak{x} \cdot \mathfrak{e}_\nu)\, \delta_{\nu,\mu} = 0.$$

Es folgt $(\mathfrak{x} - \mathfrak{x}_U) \perp U$. Daher ist $\mathfrak{x}_U$ die orthogonale Projektion von $\mathfrak{x}$ in U. ◆

Mit Hilfe dieses Satzes läßt sich das Orthonormalisierungsverfahren geometrisch interpretieren: Der Vektor $\mathfrak{b}_{n+1}$ entstand gerade als Differenzvektor des Vektors $\mathfrak{a}_{n+1}$ und seiner orthogonalen Projektion in den Unterraum U_n.

20. 7 *Es sei U ein beliebiger Unterraum und $\mathfrak{x}$ ein beliebiger Vektor von X. Für Vektoren $\mathfrak{a} \in U$ sind dann folgende Aussagen gleichwertig:*

(1) *$\mathfrak{a}$ ist orthogonale Projektion von $\mathfrak{x}$ in U.*

(2) *Für jeden Vektor $\mathfrak{u} \in U$ gilt $|\mathfrak{x} - \mathfrak{a}| \leqq |\mathfrak{x} - \mathfrak{u}|$.*

Beweis: Zunächst sei $\mathfrak{a}$ die orthogonale Projektion von $\mathfrak{x}$ in U. Es gilt also $\mathfrak{x} - \mathfrak{a} \perp U$. Setzt man $\mathfrak{v} = \mathfrak{a} - \mathfrak{u}$, so gilt weiter $\mathfrak{v} \in U$ und $\mathfrak{x} - \mathfrak{u} = (\mathfrak{x} - \mathfrak{a}) + \mathfrak{v}$. Man erhält

$$|\mathfrak{x} - \mathfrak{u}|^2 = [(\mathfrak{x} - \mathfrak{a}) + \mathfrak{v}] \cdot [(\mathfrak{x} - \mathfrak{a}) + \mathfrak{v}] = |\mathfrak{x} - \mathfrak{a}|^2 + |\mathfrak{v}|^2 + 2 \operatorname{Re} [(\mathfrak{x} - \mathfrak{a}) \cdot \mathfrak{v}].$$

Wegen $\mathfrak{v} \in U$ und $\mathfrak{x} - \mathfrak{a} \perp U$ verschwindet der letzte Summand. Daher gilt

$$|\mathfrak{x} - \mathfrak{u}|^2 = |\mathfrak{x} - \mathfrak{a}|^2 + |\mathfrak{v}|^2 \geqq |\mathfrak{x} - \mathfrak{a}|^2,$$

woraus (2) folgt.

Umgekehrt sei (2) erfüllt. Zu beweisen ist $\mathfrak{x} - \mathfrak{a} \perp U$. Wäre dies nicht der Fall, so würde es einen Vektor $\mathfrak{v} \in U$ mit $(\mathfrak{x} - \mathfrak{a}) \cdot \mathfrak{v} = c \neq 0$ geben. Ohne Einschränkung der Allgemeinheit kann $|\mathfrak{v}| = 1$ angenommen werden. Setzt man dann $\mathfrak{u} = \mathfrak{a} + c\mathfrak{v}$, so gilt $\mathfrak{u} \in U$ und

$$\begin{aligned} |\mathfrak{x} - \mathfrak{u}|^2 &= [(\mathfrak{x} - \mathfrak{a}) - c\mathfrak{v}] \cdot [(\mathfrak{x} - \mathfrak{a}) - c\mathfrak{v}] \\ &= |\mathfrak{x} - \mathfrak{a}|^2 + |c|^2 - 2 \operatorname{Re} [\bar{c} (\mathfrak{x} - \mathfrak{a}) \cdot \mathfrak{v}] \\ &= |\mathfrak{x} - \mathfrak{a}|^2 + |c|^2 - 2 |c|^2 < |\mathfrak{x} - \mathfrak{a}|^2 \end{aligned}$$

im Widerspruch zu (2). ◆

20. 8 *Für endlichdimensionale Unterräume U von X gilt* $(U^\perp)^\perp = U$. *Besitzt auch X endliche Dimension, so gilt weiter* $\operatorname{Dim} U^\perp = \operatorname{Dim} X - \operatorname{Dim} U$.

Beweis: Allgemein folgt aus der Definition $U \leq (U^\perp)^\perp$. Es gelte nun $\mathfrak{x} \in (U^\perp)^\perp$. Da U endliche Dimension besitzt, existiert nach 20. 6 die orthogonale Projektion $\mathfrak{x}_U$ von $\mathfrak{x}$ in U, und es gilt $(\mathfrak{x} - \mathfrak{x}_U) \in U^\perp$. Wegen $\mathfrak{x} \in (U^\perp)^\perp$ erhält man $(\mathfrak{x} - \mathfrak{x}_U) \cdot \mathfrak{x} = 0$ und wegen $\mathfrak{x}_U \in U$ auch $(\mathfrak{x} - \mathfrak{x}_U) \cdot \mathfrak{x}_U = 0$. Es folgt

$$|\mathfrak{x} - \mathfrak{x}_U|^2 = (\mathfrak{x} - \mathfrak{x}_U) \cdot \mathfrak{x} - (\mathfrak{x} - \mathfrak{x}_U) \cdot \mathfrak{x}_U = 0,$$

also $\mathfrak{x} = \mathfrak{x}_U$ und somit $\mathfrak{x} \in U$. Damit ist $(U^\perp)^\perp = U$ bewiesen. Besitzt nun sogar X endliche Dimension, so existiert wegen 20. 2 eine Orthonormalbasis $\{\mathfrak{e}_1, \ldots, \mathfrak{e}_r\}$ von U, und diese kann zu einer Orthonormalbasis $\{\mathfrak{e}_1, \ldots, \mathfrak{e}_r, \mathfrak{e}_{r+1}, \ldots, \mathfrak{e}_n\}$ von X verlängert werden. Da $U^\perp$ offenbar aus genau denjenigen Vektoren besteht, deren orthogonale Projektion in U der Nullvektor ist, ergibt sich wegen 20. 6 jetzt $U^\perp = [\mathfrak{e}_{r+1}, \ldots, \mathfrak{e}_n]$ und damit die behauptete Dimensionsbeziehung. ◆

Ergänzungen und Aufgaben

20 A Es sei F der reelle Vektorraum aller in $[0, 1]$ stetigen reellen Funktionen mit dem skalaren Produkt

$$(f, g) = \int_0^1 f(t)\, g(t)\, dt.$$

Der Unterraum U aller Polynome besitzt abzählbar-unendliche Dimension. Daher existiert nach 20. 2 eine Orthonormalbasis von U. Es sei nun f eine von der Nullfunktion verschiedene Funktion aus F. Dann gilt $(f, f) = a > 0$ und $|f(t)| < b$ für alle $t \in [0, 1]$. Nach dem Approximationssatz von Weierstrass kann f in $[0, 1]$ gleichmäßig durch Polynome approximiert werden. Es gibt also ein Polynom $g \in U$ mit $|f(t) - g(t)| < \frac{a}{2b}$, und man erhält

$$(f, g) = \int_0^1 f(t)\, [f(t) - (f(t) - g(t))]\, dt$$

$$\geqq \int_0^1 f^2(t)\, dt - \int_0^1 |f(t)|\, |f(t) - g(t)|\, dt \geqq (f, f) - b\, \frac{a}{2b} = \frac{a}{2} > 0.$$

Daher ist außer der Nullfunktion keine Funktion aus F zu U orthogonal; d. h. $U^\perp$ ist der Nullraum und $(U^\perp)^\perp$ daher der ganze Raum F. Satz 20. 8 gilt somit nicht mehr für unendlich-dimensionale Unterräume. Ebenso gilt auch 20. 2 nicht mehr, weil eine Orthonormalbasis von U nicht zu einer Orthonormalbasis von F erweitert werden kann.

Aufgabe: Die Polynome selbst sind die einzigen Funktionen aus F, die eine orthogonale Projektion in U besitzen.

20B In dem komplexen arithmetischen Vektorraum $\mathbb{C}^4$ sei das skalare Produkt zweier Vektoren $\mathfrak{x} = (x_1, \ldots, x_4)$ und $\mathfrak{y} = (y_1, \ldots, y_4)$ durch $\mathfrak{x} \cdot \mathfrak{y} = x_1\bar{y}_1 + \cdots + x_4\bar{y}_4$ definiert.

Aufgabe: Man bestimme eine Basis des orthogonalen Komplements des von den Vektoren $\mathfrak{a}_1 = (-1, i, 0, 1)$ und $\mathfrak{a}_2 = (i, 0, 2, 0)$ aufgespannten Unterraums.

§ 21 Adjungierte Abbildungen

Es seien X und Y zwei euklidische oder unitäre Räume, und φ sei eine lineare Abbildung von X in Y.

Definition 21a: *Eine lineare Abbildung* $\varphi^*: Y \to X$ *heißt eine zu* φ **adjungierte Abbildung**, *wenn für alle Vektoren* $\mathfrak{x} \in X$ *und* $\mathfrak{y} \in Y$

$$\varphi\mathfrak{x} \cdot \mathfrak{y} = \mathfrak{x} \cdot \varphi^*\mathfrak{y}$$

(*und damit auch* $\mathfrak{y} \cdot \varphi\mathfrak{x} = \varphi^*\mathfrak{y} \cdot \mathfrak{x}$) *gilt.*

Im allgemeinen braucht es zu einer linearen Abbildung $\varphi: X \to Y$ keine adjungierte Abbildung zu geben. Wenn jedoch eine adjungierte Abbildung φ^* existiert, so ist sie auch eindeutig bestimmt: Ist nämlich φ' ebenfalls eine zu φ adjungierte Abbildung, so gilt

$$\mathfrak{x} \cdot (\varphi^*\mathfrak{y} - \varphi'\mathfrak{y}) = \mathfrak{x} \cdot \varphi^*\mathfrak{y} - \mathfrak{x} \cdot \varphi'\mathfrak{y} = \varphi\mathfrak{x} \cdot \mathfrak{y} - \varphi\mathfrak{x} \cdot \mathfrak{y} = 0.$$

Da dies für jeden Vektor $\mathfrak{x} \in X$ gilt, folgt $\varphi^*\mathfrak{y} - \varphi'\mathfrak{y} = \mathfrak{o}$, also $\varphi^*\mathfrak{y} = \varphi'\mathfrak{y}$ für jeden Vektor $\mathfrak{y} \in Y$ und damit $\varphi' = \varphi^*$.

21.1 *Wenn* X *endliche Dimension besitzt, existiert zu jeder linearen Abbildung* $\varphi: X \to Y$ *die adjungierte Abbildung* φ^*. *Ist* $\{\mathfrak{e}_1, \ldots, \mathfrak{e}_n\}$ *eine Orthonormalbasis von* X, *so gilt*

$$\varphi^*\mathfrak{y} = \sum_{\nu=1}^{n} (\mathfrak{y} \cdot \varphi\mathfrak{e}_\nu)\, \mathfrak{e}_\nu.$$

Beweis: Wegen 20.2 besitzt X jedenfalls eine Orthonormalbasis $\{\mathfrak{e}_1, \ldots, \mathfrak{e}_n\}$. Für jeden Vektor $\mathfrak{x} \in X$ gilt wegen 19.5 dann $\mathfrak{x} = \sum_{\nu=1}^{n} (\mathfrak{x} \cdot \mathfrak{e}_\nu)\, \mathfrak{e}_\nu$. Definiert man nun die Abbildung φ^* durch $\varphi^*\mathfrak{y} = \sum_{\nu=1}^{n} (\mathfrak{y} \cdot \varphi\mathfrak{e}_\nu)\, \mathfrak{e}_\nu$, so ist φ^* wegen der Linearitätseigenschaften des skalaren Produkts jedenfalls eine lineare Abbildung und wegen

$$\varphi\,\mathfrak{x} \cdot \mathfrak{y} = \sum_{\nu=1}^{n} x_\nu(\varphi\mathfrak{e}_\nu \cdot \mathfrak{y}) = \sum_{\nu=1}^{n} x_\nu\overline{(\mathfrak{y} \cdot \varphi\mathfrak{e}_\nu)} = \mathfrak{x} \cdot \varphi^*\mathfrak{y} \qquad (x_\nu = \mathfrak{x} \cdot \mathfrak{e}_\nu)$$

sogar die zu φ adjungierte Abbildung. ◆

21. 2 *Zu $\varphi: X \to Y$ existiere die adjungierte Abbildung φ^*. Dann existiert auch die zu φ^* adjungierte Abbildung $\varphi^{**}: X \to Y$, und es gilt $\varphi^{**} = \varphi$. Ferner gilt*

$$\text{Kern } \varphi^* = (\varphi X)^\perp \quad \textit{und} \quad \text{Kern } \varphi = (\varphi^* Y)^\perp.$$

Ist φ surjektiv, so ist φ^* injektiv; ist φ^* surjektiv, so ist φ injektiv.

Beweis: Es gilt

$$\varphi^* \mathfrak{y} \cdot \mathfrak{x} = \overline{\mathfrak{x} \cdot \varphi^* \mathfrak{y}} = \overline{\varphi \mathfrak{x} \cdot \mathfrak{y}} = \mathfrak{y} \cdot \varphi \mathfrak{x}.$$

Daher ist φ die zu φ^* adjungierte Abbildung φ^{**}.

Gleichwertig mit $\mathfrak{y} \in \text{Kern } \varphi^*$ ist $\varphi^* \mathfrak{y} = \mathfrak{o}$, also $\varphi \mathfrak{x} \cdot \mathfrak{y} = \mathfrak{x} \cdot \varphi^* \mathfrak{y} = 0$ für alle $\mathfrak{x} \in X$. Dies aber ist wiederum gleichbedeutend mit $\mathfrak{y} \in (\varphi X)^\perp$. Weiter folgt wegen $\varphi = \varphi^{**}$ auch $\text{Kern } \varphi = \text{Kern } \varphi^{**} = (\varphi^* Y)^\perp$.

Ist φ surjektiv, so gilt $\text{Kern } \varphi^* = (\varphi X)^\perp = [\mathfrak{o}]$, und φ^* ist daher injektiv. Ebenso ergibt sich die letzte Behauptung. ◆

21. 3 *Zu $\varphi: X \to Y$ existiere die adjungierte Abbildung φ^*. Besitzt φ endlichen Rang, so gilt: φ^* ist genau dann injektiv, wenn φ surjektiv ist. Besitzt φ^* endlichen Rang, so gilt entsprechend: φ^* ist genau dann surjektiv, wenn φ injektiv ist.*

Beweis: Wegen 21. 2 ist nur noch jeweils eine Richtung zu beweisen. Wenn φ^* injektiv ist, gilt $(\varphi X)^\perp = \text{Kern } \varphi^* = [\mathfrak{o}]$. Besitzt nun φ endlichen Rang, so erhält man wegen 20. 8 weiter $\varphi X = ((\varphi X)^\perp)^\perp = [\mathfrak{o}]^\perp = Y$; d. h. φ ist surjektiv. Analog ergibt sich die zweite Behauptung. ◆

21. 4 *Die Vektorräume X und Y seien endlich-dimensional. Für jede lineare Abbildung $\varphi: X \to Y$ und ihre adjungierte Abbildung φ^* gilt dann:* $\text{Rg } \varphi^* = \text{Rg } \varphi$.

Beweis: Wegen 21. 2 und 20. 8 erhält man

$$\text{Rg}\, \varphi^* = \text{Dim } Y - \text{Dim}(\text{Kern } \varphi^*) = \text{Dim } Y - \text{Dim}(\varphi X)^\perp = \text{Dim}(\varphi X) = \text{Rg}\, \varphi. \; ◆$$

Wenn A eine komplexe Matrix ist, bedeute $\bar{A}$ diejenige Matrix, die aus A entsteht, wenn man alle Elemente $a_{\mu,\nu}$ durch die konjugierten Zahlen $\overline{a_{\mu,\nu}}$ ersetzt. Sind die Elemente der Matrix A speziell reelle Zahlen, so ist der Querstrich wirkungslos, und es gilt einfach $\bar{A} = A$. Weiter werde allgemein

$$A^* = (\bar{A})^T$$

gesetzt. Im Fall einer reellen Matrix A ist demnach A^* gleich der transponierten Matrix A^T. Im Fall einer komplexen Matrix tritt jedoch neben die

Transposition noch der Übergang zum konjugiert Komplexen. Unmittelbar verifiziert man (vgl. 12. 1, 13. 9):

$$(A^*)^* = A, \ (A+B)^* = A^* + B^*, \ (cA)^* = \bar{c}\, A^*, \ (AB)^* = B^*A^*,$$
$$\operatorname{Det} A^* = \overline{\operatorname{Det} A}$$

und die entsprechenden Gleichungen für Endomorphismen.

21. 5 *Es seien X und Y endlich-dimensional. Ferner sei $\{\mathfrak{e}_1, \ldots, \mathfrak{e}_n\}$ eine Orthonormalbasis von X und $\{\mathfrak{f}_1, \ldots, \mathfrak{f}_r\}$ eine Orthonormalbasis von Y. Wenn dann der linearen Abbildung $\varphi: X \to Y$ hinsichtlich dieser beiden Basen die Matrix A entspricht, dann ist der adjungierten Abbildung φ^* hinsichtlich dieser Basen die Matrix A^* zugeordnet. Es gilt* $\operatorname{Det} \varphi^* = \overline{\operatorname{Det} \varphi}$.

Beweis: Die Elemente der Matrix $A = (a_{\nu,\varrho})$ sind durch die Gleichungen

$$\varphi \mathfrak{e}_\nu = \sum_{\varrho=1}^{r} a_{\nu,\varrho} \mathfrak{f}_\varrho \qquad (\nu = 1, \ldots, n)$$

bestimmt. Aus ihnen folgt, weil $\{\mathfrak{f}_1, \ldots, \mathfrak{f}_r\}$ eine Orthonormalbasis ist, $a_{\nu,\varrho} = \varphi \mathfrak{e}_\nu \cdot \mathfrak{f}_\varrho$ $(\nu = 1, \ldots, n;\ \varrho = 1, \ldots, r)$. Bezeichnet man die φ^* zugeordnete Matrix mit $B = (b_{\varrho,\nu})$, so gilt entsprechend

$$\varphi^* \mathfrak{f}_\varrho = \sum_{\nu=1}^{n} b_{\varrho,\nu} \mathfrak{e}_\nu \qquad (\varrho = 1, \ldots, r)$$

und $b_{\varrho,\nu} = \varphi^* \mathfrak{f}_\varrho \cdot \mathfrak{e}_\nu$ $(\varrho = 1, \ldots, r;\ \nu = 1, \ldots, n)$. Hieraus folgt aber

$$b_{\varrho,\nu} = \varphi^* \mathfrak{f}_\varrho \cdot \mathfrak{e}_\nu = \overline{\mathfrak{e}_\nu \cdot \varphi^* \mathfrak{f}_\varrho} = \overline{\varphi \mathfrak{e}_\nu \cdot \mathfrak{f}_\varrho} = \overline{a_{\nu,\varrho}}$$

und somit $B = \bar{A}^T = A^*$. Die letzte Behauptung folgt aus $\operatorname{Det} A^* = \overline{\operatorname{Det} A}$. ◆

Aus 21. 4 und 21. 5 folgt als Spezialfall das in 12. 1 gewonnene Resultat $\operatorname{Rg} A^T = \operatorname{Rg} A$.

Alle bisherigen Resultate gelten natürlich auch dann, wenn X und Y zusammenfallen. Man hat es dann mit Endomorphismen von X und ihren adjungierten Endomorphismen zu tun.

Definition 21b: *Ein Endomorphismus φ eines unitären oder euklidischen Raumes heißt* **normal**, *wenn der zu ihm adjungierte Endomorphismus φ^* existiert und wenn φ und φ^* vertauschbar sind: $\varphi \circ \varphi^* = \varphi^* \circ \varphi$.*

21. 6 *Ein Endomorphismus φ eines unitären oder euklidischen Raumes X ist genau dann normal, wenn sein adjungierter Endomorphismus φ^* existiert und wenn für alle Vektoren $\mathfrak{x}, \mathfrak{y} \in X$ gilt*

$$\varphi \mathfrak{x} \cdot \varphi \mathfrak{y} = \varphi^* \mathfrak{x} \cdot \varphi^* \mathfrak{y}.$$

Beweis: Aus $\varphi \circ \varphi^* = \varphi^* \circ \varphi$ folgt

$$\varphi\mathfrak{x} \cdot \varphi\mathfrak{y} = \mathfrak{x} \cdot \varphi^*(\varphi\mathfrak{y}) = \mathfrak{x} \cdot \varphi(\varphi^*\mathfrak{y}) = \varphi^*\mathfrak{x} \cdot \varphi^*\mathfrak{y}.$$

Umgekehrt gelte $\varphi\mathfrak{x} \cdot \varphi\mathfrak{y} = \varphi^*\mathfrak{x} \cdot \varphi^*\mathfrak{y}$ für alle Vektoren $\mathfrak{x}, \mathfrak{y} \in X$. Man erhält

$$(\varphi(\varphi^*\mathfrak{x})) \cdot \mathfrak{y} = \varphi^*\mathfrak{x} \cdot \varphi^*\mathfrak{y} = \varphi\mathfrak{x} \cdot \varphi\mathfrak{y} = (\varphi^*(\varphi\mathfrak{x})) \cdot \mathfrak{y},$$

also $((\varphi \circ \varphi^*)\,\mathfrak{x} - (\varphi^* \circ \varphi)\,\mathfrak{x}) \cdot \mathfrak{y} = 0$. Da diese Gleichung bei festem $\mathfrak{x}$ für alle Vektoren $\mathfrak{y} \in X$ gilt, folgt $(\varphi \circ \varphi^*)\,\mathfrak{x} = (\varphi^* \circ \varphi)\,\mathfrak{x}$. Und da dies für beliebige Vektoren $\mathfrak{x} \in X$ gilt, ergibt sich schließlich $\varphi \circ \varphi^* = \varphi^* \circ \varphi$. ◆

21. 7 *Für einen normalen Endomorphismus φ gilt* Kern φ = Kern φ^*.

Beweis: Wegen 21. 6 gilt für jeden Vektor $\mathfrak{x}$

$$|\varphi\mathfrak{x}|^2 = \varphi\mathfrak{x} \cdot \varphi\mathfrak{x} = \varphi^*\mathfrak{x} \cdot \varphi^*\mathfrak{x} = |\varphi^*\mathfrak{x}|^2.$$

Daher ist $\varphi\mathfrak{x} = \mathfrak{o}$ gleichwertig mit $\varphi^*\mathfrak{x} = \mathfrak{o}$. ◆

21. 8 *Es sei φ ein normaler Endomorphismus. Dann besitzen φ und φ^* dieselben Eigenvektoren. Ist $\mathfrak{a}$ Eigenvektor von φ mit dem Eigenwert c, so gehört zu $\mathfrak{a}$ als Eigenvektor von φ^* der Eigenwert $\bar{c}$.*

Beweis: Es gilt wegen 21. 6

$$\begin{aligned}(\varphi\mathfrak{a} - c\mathfrak{a}) \cdot (\varphi\mathfrak{a} - c\mathfrak{a}) &= \varphi\mathfrak{a} \cdot \varphi\mathfrak{a} - c(\mathfrak{a} \cdot \varphi\mathfrak{a}) - \bar{c}(\varphi\mathfrak{a} \cdot \mathfrak{a}) + c\bar{c}(\mathfrak{a} \cdot \mathfrak{a})\\ &= \varphi^*\mathfrak{a} \cdot \varphi^*\mathfrak{a} - c(\varphi^*\mathfrak{a} \cdot \mathfrak{a}) - \bar{c}(\mathfrak{a} \cdot \varphi^*\mathfrak{a}) + c\bar{c}(\mathfrak{a} \cdot \mathfrak{a})\\ &= (\varphi^*\mathfrak{a} - \bar{c}\mathfrak{a}) \cdot (\varphi^*\mathfrak{a} - \bar{c}\mathfrak{a}).\end{aligned}$$

Daher ist $\varphi\mathfrak{a} = c\mathfrak{a}$ gleichwertig mit $\varphi^*\mathfrak{a} = \bar{c}\mathfrak{a}$. ◆

Der folgende Satz zeigt, daß die normalen Endomorphismen endlichdimensionaler unitärer Räume genau diejenigen Endomorphismen sind, die sich hinsichtlich einer Orthonormalbasis durch eine Diagonalmatrix beschreiben lassen.

21. 9 *Es sei X ein endlich-dimensionaler unitärer Raum mit* Dim $X = n$. *Dann gilt: Ein Endomorphismus φ von X ist genau dann normal, wenn es zu ihm eine Orthonormalbasis von X gibt, die aus lauter Eigenvektoren von φ besteht.*

Beweis: Zunächst sei φ normal. Da X ein komplexer Vektorraum ist, existiert mindestens ein Eigenwert c_1 von φ und zu ihm ein Eigenvektor $\mathfrak{e}_1$. Ohne Beschränkung der Allgemeinheit kann $\mathfrak{e}_1$ als Einheitsvektor angenommen werden. Im Fall $n = 1$ ist die Behauptung damit bereits bewiesen. Es gelte nun $n > 1$, und die Behauptung sei für die Dimension $n - 1$ vorausgesetzt.

Weiter sei U der zu $\mathfrak{e}_1$ orthogonale Unterraum von X. Wegen 20. 8 gilt $\operatorname{Dim} U = n - 1$. Aus $\mathfrak{x} \in U$, also $\mathfrak{x} \cdot \mathfrak{e}_1 = 0$, folgt wegen 21. 8

$$\varphi\mathfrak{x} \cdot \mathfrak{e}_1 = \mathfrak{x} \cdot \varphi^*\mathfrak{e}_1 = \mathfrak{x} \cdot (\bar{c}_1\mathfrak{e}_1) = c_1(\mathfrak{x} \cdot \mathfrak{e}_1) = 0.$$

Daher gilt auch $\varphi\mathfrak{x} \in U$ und weiter $\varphi U \leq U$. Somit induziert φ einen normalen Endomorphismus von U, zu dem es nach Voraussetzung eine Orthonormalbasis $\{\mathfrak{e}_2, \ldots, \mathfrak{e}_n\}$ von U gibt, die aus lauter Eigenvektoren von φ besteht. Es ist dann schließlich $\{\mathfrak{e}_1, \ldots, \mathfrak{e}_n\}$ eine Orthonormalbasis von X der behaupteten Art.

Umgekehrt sei $\{\mathfrak{e}_1, \ldots, \mathfrak{e}_n\}$ eine Orthonormalbasis von X, die aus lauter Eigenvektoren des Endomorphismus φ besteht; es gelte also $\varphi\mathfrak{e}_\nu = c_\nu\mathfrak{e}_\nu$. Durch $\psi\mathfrak{e}_\nu = \bar{c}_\nu\mathfrak{e}_\nu$ wird dann ein Endomorphismus ψ von X definiert. Für $\mu, \nu = 1, \ldots, n$ gilt

$$\varphi\mathfrak{e}_\nu \cdot \mathfrak{e}_\mu = (c_\nu\mathfrak{e}_\nu) \cdot \mathfrak{e}_\mu = c_\nu\delta_{\nu,\mu} = c_\mu\delta_{\nu,\mu} = \mathfrak{e}_\nu \cdot (\bar{c}_\mu\mathfrak{e}_\mu) = \mathfrak{e}_\nu \cdot \psi\mathfrak{e}_\mu$$

und daher allgemein $\varphi\mathfrak{x} \cdot \mathfrak{y} = \mathfrak{x} \cdot \psi\mathfrak{y}$. Somit ist ψ der zu φ adjungierte Endomorphismus φ^*. Wegen

$$\varphi^*(\varphi\mathfrak{e}_\nu) = \psi(c_\nu\mathfrak{e}_\nu) = c_\nu\bar{c}_\nu\mathfrak{e}_\nu = \varphi(\bar{c}_\nu\mathfrak{e}_\nu) = \varphi(\psi\mathfrak{e}_\nu) = \varphi(\varphi^*\mathfrak{e}_\nu)$$
$$(\nu = 1, \ldots, n)$$

folgt schließlich $\varphi^* \circ \varphi = \varphi \circ \varphi^*$; d. h. φ ist normal. ◆

Der Beweis dieses Satzes läßt sich im allgemeinen nicht auf Endomorphismen eines euklidischen (also reellen) Vektorraums übertragen, weil dort nicht die Existenz von (reellen) Eigenwerten gesichert ist. Der Beweis gilt jedoch wörtlich auch im reellen Fall, wenn der Endomorphismus lauter reelle Eigenwerte besitzt:

21. 10 *In einem endlich-dimensionalen euklidischen Raum existiert zu einem Endomorphismus φ genau dann eine Orthonormalbasis aus Eigenvektoren von φ, wenn φ ein normaler Endomorphismus mit lauter reellen Eigenwerten ist.*

Um auch den allgemeinen Fall zu erfassen, kann man folgendermaßen vorgehen: Es sei X ein endlich-dimensionaler euklidischer Raum. Dann kann man X nach § 18 in einen unitären Raum Z (gleicher Dimension) einbetten. Die Vektoren von Z besitzen die Form $\mathfrak{a} + i\mathfrak{b}$ mit $\mathfrak{a}, \mathfrak{b} \in X$, und das skalare Produkt wird durch $(\mathfrak{a} + i\mathfrak{b}) \cdot (\mathfrak{c} + i\mathfrak{d}) = \mathfrak{a} \cdot \mathfrak{c} + \mathfrak{b} \cdot \mathfrak{d} + i(\mathfrak{b} \cdot \mathfrak{c} - \mathfrak{a} \cdot \mathfrak{d})$ gegeben. Ferner wird φ nach 18. 2 durch $\hat{\varphi}(\mathfrak{a} + i\mathfrak{b}) = \varphi\mathfrak{a} + i\varphi\mathfrak{b}$ zu einem Endomorphismus $\hat{\varphi}$ von Z fortgesetzt.

21. 11 *Mit φ ist auch $\hat{\varphi}$ normal.*

Beweis: Wegen

$$\begin{aligned}\hat{\varphi}(\mathfrak{a} + i\mathfrak{b}) \cdot (\mathfrak{c} + i\mathfrak{d}) &= \varphi\mathfrak{a} \cdot \mathfrak{c} + \varphi\mathfrak{b} \cdot \mathfrak{d} + i(\varphi\mathfrak{b} \cdot \mathfrak{c} - \varphi\mathfrak{a} \cdot \mathfrak{d}) \\ &= \mathfrak{a} \cdot \varphi^*\mathfrak{c} + \mathfrak{b} \cdot \varphi^*\mathfrak{d} + i(\mathfrak{b} \cdot \varphi^*\mathfrak{c} - \mathfrak{a} \cdot \varphi^*\mathfrak{d}) \\ &= (\mathfrak{a} + i\mathfrak{b}) \cdot (\varphi^*\mathfrak{c} + i\varphi^*\mathfrak{d})\end{aligned}$$

gilt für den zu $\hat{\varphi}$ adjungierten Endomorphismus $\hat{\varphi}^*(\mathfrak{c} + i\mathfrak{d}) = \varphi^*\mathfrak{c} + i\varphi^*\mathfrak{d}$. Hieraus ergibt sich aber unmittelbar $\hat{\varphi}^* \circ \hat{\varphi} = \hat{\varphi} \circ \hat{\varphi}^*$. ◆

21. 12 *Es sei φ ein normaler Endomorphismus von X. Ferner sei $\mathfrak{e} = \mathfrak{a} + i\mathfrak{b}$ ein normierter Eigenvektor von $\hat{\varphi}$ mit dem nicht-reellen Eigenwert c. Dann ist $\mathfrak{e}' = \mathfrak{a} - i\mathfrak{b}$ ebenfalls ein normierter Eigenvektor von $\hat{\varphi}$ mit dem Eigenwert $\bar{c}$. Ferner sind $\mathfrak{e}$ und $\mathfrak{e}'$ orthogonal.*

Beweis: Da $\mathfrak{a}$ und $\mathfrak{b}$ aus dem euklidischen Raum X stammen, gilt $\mathfrak{a} \cdot \mathfrak{b} = \mathfrak{b} \cdot \mathfrak{a}$. Man erhält $\mathfrak{e}' \cdot \mathfrak{e}' = \mathfrak{a} \cdot \mathfrak{a} + \mathfrak{b} \cdot \mathfrak{b} + i(\mathfrak{a} \cdot \mathfrak{b} - \mathfrak{b} \cdot \mathfrak{a}) = \mathfrak{e} \cdot \mathfrak{e}$. Mit $\mathfrak{e}$ ist daher auch $\mathfrak{e}'$ normiert. Ferner gilt mit $c = c_1 + ic_2$ (c_1, c_2 reell) wegen

$$\varphi\mathfrak{a} + i\varphi\mathfrak{b} = \hat{\varphi}\mathfrak{e} = c\mathfrak{e} = c_1\mathfrak{a} - c_2\mathfrak{b} + i(c_1\mathfrak{b} + c_2\mathfrak{a})$$

zunächst $\varphi\mathfrak{a} = c_1\mathfrak{a} - c_2\mathfrak{b}$, $\varphi\mathfrak{b} = c_1\mathfrak{b} + c_2\mathfrak{a}$ und daher weiter

$$\hat{\varphi}\mathfrak{e}' = \varphi\mathfrak{a} - i\varphi\mathfrak{b} = c_1\mathfrak{a} - c_2\mathfrak{b} - i(c_1\mathfrak{b} + c_2\mathfrak{a}) = (c_1 - ic_2)\,(\mathfrak{a} - i\mathfrak{b}) = \bar{c}\mathfrak{e}';$$

d. h. $\mathfrak{e}'$ ist Eigenvektor von $\hat{\varphi}$ mit dem Eigenwert $\bar{c}$. Schließlich ist wegen 21. 8 außerdem $\mathfrak{e}'$ Eigenvektor von $\hat{\varphi}^*$ zum Eigenwert $\bar{\bar{c}} = c$. Es folgt

$$c(\mathfrak{e} \cdot \mathfrak{e}') = (c\mathfrak{e}) \cdot \mathfrak{e}' = \hat{\varphi}\mathfrak{e} \cdot \mathfrak{e}' = \mathfrak{e} \cdot \hat{\varphi}^*\mathfrak{e}' = \bar{c}(\mathfrak{e} \cdot \mathfrak{e}')$$

und wegen $c \neq \bar{c}$ (c ist nicht reell) weiter $\mathfrak{e} \cdot \mathfrak{e}' = 0$. ◆

Nach diesen Vorbereitungen kann jetzt der allgemeine Fall normaler Endomorphismen in euklidischen Räumen behandelt werden.

21. 13 *Es sei X ein euklidischer Raum mit* Dim $X = n < \infty$. *Ein Endomorphismus φ von X ist genau dann normal, wenn es eine Orthonormalbasis von X gibt, hinsichtlich derer φ eine (reelle) Matrix A folgender Gestalt zugeordnet ist:*

$$A = \begin{pmatrix} c_1 & & & & & \\ & \ddots & & & & \\ & & c_k & & & \\ & & & \square & & \\ & & & & \ddots & \\ & & & & & \square \end{pmatrix},$$

wobei $c_1, \ldots, c_k$ *die reellen Eigenwerte von* φ *sind und jedes Kästchen die folgende Form besitzt:*

$$\boxed{\begin{matrix} a & -b \\ b & a \end{matrix}}\,.$$

Jedem solchen Zweierkästchen entspricht dabei ein Paar c, $\bar{c}$ *konjugiert-komplexer Eigenwerte von* $\hat{\varphi}$, *und es gilt*

$$a = \operatorname{Re} c, \; b = \operatorname{Im} c.$$

Beweis: Im Fall $n = 1$ ist die Behauptung trivial. Es gelte jetzt $n > 1$, und für kleinere Dimensionen sei die Behauptung vorausgesetzt. Besitzt φ einen reellen Eigenwert, so kann man ebenso wie im Beweis von 21. 9 schließen. Besitzt aber φ keinen reellen Eigenwert, so werde X in seine komplexe Erweiterung Z eingebettet und φ zu dem Endomorphismus $\hat{\varphi}$ von Z fortgesetzt. Weiter sei c ein (nicht-reeller) Eigenwert von $\hat{\varphi}$. Zu ihm gibt es dann einen normierten Eigenvektor $\mathfrak{e}_1$ in Z. Es gelte $\mathfrak{e}_1 = \mathfrak{a}_1 + i\mathfrak{b}_1$ mit $\mathfrak{a}_1, \mathfrak{b}_1 \in X$. Nach 21. 12 ist dann auch $\mathfrak{e}_1' = \mathfrak{a}_1 - i\mathfrak{b}_1$ ein normierter und zu $\mathfrak{e}_1$ orthogonaler Eigenvektor von $\hat{\varphi}$ mit dem Eigenwert $\bar{c}$. Setzt man nun

$$\mathfrak{f}_1 = \frac{1}{\sqrt{2}}(\mathfrak{e}_1 + \mathfrak{e}_1') = \sqrt{2}\,\mathfrak{a}_1 \quad \text{und} \quad \mathfrak{f}_2 = \frac{1}{i\sqrt{2}}(\mathfrak{e}_1 - \mathfrak{e}_1') = \sqrt{2}\,\mathfrak{b}_1,$$

so gilt $\mathfrak{f}_1, \mathfrak{f}_2 \in X$. Wegen $\mathfrak{f}_1 \cdot \mathfrak{f}_1 = \mathfrak{f}_2 \cdot \mathfrak{f}_2 = \frac{1}{2}(\mathfrak{e}_1 \cdot \mathfrak{e}_1 + \mathfrak{e}_1' \cdot \mathfrak{e}_1') = 1$ sind die Vektoren $\mathfrak{f}_1, \mathfrak{f}_2$ normiert und wegen

$$\mathfrak{f}_1 \cdot \mathfrak{f}_2 = \frac{-1}{2i}\;(\mathfrak{e}_1 \cdot \mathfrak{e}_1 - \mathfrak{e}_1 \cdot \mathfrak{e}_1' + \mathfrak{e}_1' \cdot \mathfrak{e}_1 - \mathfrak{e}_1' \cdot \mathfrak{e}_1') = 0$$

auch orthogonal. Weiter gilt

$$\begin{aligned}
\varphi\mathfrak{f}_1 &= \frac{1}{\sqrt{2}}(\hat{\varphi}\,\mathfrak{e}_1 + \hat{\varphi}\mathfrak{e}_1') = \frac{1}{\sqrt{2}}(c\mathfrak{e}_1 + \bar{c}\mathfrak{e}_1') \\
&= \frac{1}{2}(c + \bar{c})\,\frac{\mathfrak{e}_1 + \mathfrak{e}_1'}{\sqrt{2}} + \frac{i}{2}\,(c - \bar{c})\,\frac{\mathfrak{e}_1 - \mathfrak{e}_1'}{i\sqrt{2}} = (\operatorname{Re} c)\,\mathfrak{f}_1 - (\operatorname{Im} c)\,\mathfrak{f}_2, \\
\varphi\mathfrak{f}_2 &= \frac{1}{i\sqrt{2}}(\hat{\varphi}\mathfrak{e}_1 - \hat{\varphi}\mathfrak{e}_1') = \frac{1}{i\sqrt{2}}(c\mathfrak{e}_1 - \bar{c}\mathfrak{e}_1') \\
&= \frac{1}{2i}\,(c - \bar{c})\,\frac{\mathfrak{e}_1 + \mathfrak{e}_1'}{\sqrt{2}} + \frac{1}{2}\,(c + \bar{c})\,\frac{\mathfrak{e}_1 - \mathfrak{e}_1'}{i\sqrt{2}} = (\operatorname{Im} c)\,\mathfrak{f}_1 + (\operatorname{Re} c)\,\mathfrak{f}_2.
\end{aligned}$$

Hinsichtlich $\mathfrak{f}_1, \mathfrak{f}_2$ entspricht also φ ein Zweierkästchen der behaupteten Art. Weiter verläuft der Beweis wie bei 21.9 mit $U = [\mathfrak{f}_1, \mathfrak{f}_2]^\perp$. Wie dort folgt $\varphi U \leq U$, so daß φ einen normalen Endomorphismus von U induziert, auf den die Induktionsvoraussetzung angewandt werden kann.

Der Beweis der umgekehrten Behauptung soll dem Leser als Übung überlassen bleiben. ◆

Ergänzungen und Aufgaben

21 A Die Bezeichnungen seien aus 20 A übernommen. Weiter sei $\{p_1(t), p_2(t), \ldots\}$ eine Orthonormalbasis des Unterraums U aller Polynome, die ja nach 20.2 existiert. Die Identität von U kann als eine lineare Abbildung $\varphi: U \to F$ aufgefaßt werden. Schließlich werde angenommen, daß ihre adjungierte Abbildung $\varphi^*: F \to U$ existiert.

Aufgabe:

1). Zu dem Polynom $\varphi^*(e^t) \in U$ existiert ein Index n mit $(\varphi^*(e^t), p_\nu(t)) = 0$ für alle $\nu \geqq n$.

2). Es gibt ein $k \geqq n$ mit $(e^t, p_k(t)) \neq 0$.

3). Folgere hieraus einen Widerspruch und schließe, daß zu φ keine adjungierte Abbildung existiert.

21 B Aufgabe: In welcher Beziehung stehen die Koeffizienten der charakteristischen Polynome eines Endomorphismus und seines adjungierten Endomorphismus?

21 C Aufgabe: Wenn die adjungierten Abbildungen von $\varphi: X \to Y$ und $\psi: Y \to Z$ existieren, dann existiert auch die adjungierte Abbildung zu $\psi \circ \varphi$ und es gilt $(\psi \circ \varphi)^* = \varphi^* \circ \psi^*$.

21 D Es sei φ ein normaler Endomorphismus eines unitären oder euklidischen Raumes X endlicher Dimension.

Aufgabe:

1). Jeder Vektor $\mathfrak{x} \in X$ kann auf genau eine Weise in der Form $\mathfrak{x} = \mathfrak{x}' + \mathfrak{x}''$ mit $\mathfrak{x}' \in \varphi X$ und $\mathfrak{x}'' \in \text{Kern}\, \varphi$ dargestellt werden. Die Vektoren $\mathfrak{x}'$ und $\mathfrak{x}''$ sind dann orthogonal.

2). Es gilt $\text{Rg}\, \varphi = \text{Rg}\, (\varphi \circ \varphi)$.

§ 22 Selbstadjungierte Abbildungen

Unter den Endomorphismen eines unitären oder euklidischen Raumes besitzen diejenigen ein besonderes Interesse, die mit ihrem adjungierten Endomorphismus zusammenfallen. Geht man auf die Definition der adjungierten Abbildung (21a) zurück, so kann man sie folgendermaßen kennzeichnen:

Definition 22a: *Ein Endomorphismus* φ *eines unitären oder euklidischen Raumes* X *heißt* **selbstadjungiert**, *wenn für beliebige Vektoren* $\mathfrak{x}, \mathfrak{y} \in X$ *gilt:*

$$\varphi\mathfrak{x} \cdot \mathfrak{y} = \mathfrak{x} \cdot \varphi\mathfrak{y}.$$

Da ein selbstadjungierter Endomorphismus sein eigener adjungierter Endomorphismus ist, ist er trivialerweise mit diesem vertauschbar. Daher gilt (vgl. 21b)

22. 1 *Jeder selbstadjungierte Endomorphismus ist normal.*

Es sei φ ein selbstadjungierter Endomorphismus eines euklidischen Raumes X. Man kann dann wieder X in einen unitären Raum Z, nämlich die komplexe Erweiterung, einbetten und φ zu einem Endomorphismus $\hat{\varphi}$ von Z fortsetzen. Es gilt dann

$$\begin{aligned}\hat{\varphi}(\mathfrak{a}+i\mathfrak{b})\cdot(\mathfrak{c}+i\mathfrak{d}) &= (\varphi\mathfrak{a}+i\varphi\mathfrak{b})\cdot(\mathfrak{c}+i\mathfrak{d}) = \varphi\mathfrak{a}\cdot\mathfrak{c}+\varphi\mathfrak{b}\cdot\mathfrak{d}+i(\varphi\mathfrak{b}\cdot\mathfrak{c}-\varphi\mathfrak{a}\cdot\mathfrak{d})\\ &= \mathfrak{a}\cdot\varphi\mathfrak{c}+\mathfrak{b}\cdot\varphi\mathfrak{d}+i(\mathfrak{b}\cdot\varphi\mathfrak{c}-\mathfrak{a}\cdot\varphi\mathfrak{d}) = (\mathfrak{a}+i\mathfrak{b})\cdot(\varphi\mathfrak{c}+i\varphi\mathfrak{d})\\ &= (\mathfrak{a}+i\mathfrak{b})\cdot\hat{\varphi}(\mathfrak{c}+i\mathfrak{d}).\end{aligned}$$

Daher ist auch $\hat{\varphi}$ ein selbstadjungierter Endomorphismus von Z.

Für die etwa vorhandenen Eigenwerte selbstadjungierter Endomorphismen gilt nun (auch in unitären Räumen) der wichtige Satz:

22. 2 *Das charakteristische Polynom eines selbstadjungierten Endomorphismus* φ *besitzt lauter reelle Nullstellen. Insbesondere besitzt also ein selbstadjungierter Endomorphismus nur reelle Eigenwerte.*

Beweis: Zunächst sei φ ein selbstadjungierter Endomorphismus eines unitären Raumes. Ist dann c eine Nullstelle des charakteristischen Polynoms, also ein Eigenwert von φ, und ist $\mathfrak{a}$ ein zugehöriger Eigenvektor, so gilt

$$c(\mathfrak{a}\cdot\mathfrak{a}) = (c\mathfrak{a})\cdot\mathfrak{a} = \varphi\mathfrak{a}\cdot\mathfrak{a} = \mathfrak{a}\cdot\varphi\mathfrak{a} = \mathfrak{a}\cdot(c\mathfrak{a}) = \bar{c}(\mathfrak{a}\cdot\mathfrak{a}).$$

Wegen $\mathfrak{a}\cdot\mathfrak{a} \neq 0$ folgt hieraus $c = \bar{c}$; d. h. c ist reell. Zweitens sei φ ein selbstadjungierter Endomorphismus eines euklidischen Raumes. Dann ist der komplexen Fortsetzung $\hat{\varphi}$ von φ hinsichtlich einer Basis aus Vektoren von X dieselbe Matrix zugeordnet wie φ, so daß φ und $\hat{\varphi}$ dasselbe charakteristische Polynom besitzen, dessen Nullstellen ja nach dem Vorangehenden sämtlich reell sind. ◆

Der hier durchgeführte Beweis benutzt im Fall eines euklidischen Raumes entscheidend dessen Einbettung in einen unitären Raum. Zu einem vollständig im Reellen verlaufenden Beweis vgl. 22 A.

Aus der Realität aller Eigenwerte folgt, daß im Fall endlicher Dimension das charakteristische Polynom eines selbstadjungierten Endomorphismus reelle Koeffizienten besitzt, daß also insbesondere die Determinante und die Spur des Endomorphismus reell sind. Außerdem ergibt sich jetzt wegen 22. 1 mit Hilfe von 21. 9 bzw. 21. 10:

22. 3 *Zu jedem selbstadjungierten Endomorphismus φ eines endlich-dimensionalen euklidischen oder unitären Raumes existiert eine Orthonormalbasis, die aus lauter Eigenvektoren von φ besteht. Hinsichtlich dieser Basis entspricht φ eine reelle Diagonalmatrix.*

22. 4 *Es sei φ ein beliebiger Endomorphismus eines euklidischen oder unitären Raumes X, zu dem jedoch der adjungierte Endomorphismus φ^* existiert. Dann sind $\varphi^* \circ \varphi$ und $\varphi \circ \varphi^*$ selbstadjungierte Endomorphismen, deren etwaige Eigenwerte sämtlich (reell und) nicht negativ sind.*

Beweis: Für beliebige Vektoren $\mathfrak{x}, \mathfrak{y} \in X$ gilt

$$(\varphi^* \circ \varphi\mathfrak{x}) \cdot \mathfrak{y} = \varphi\mathfrak{x} \cdot \varphi\mathfrak{y} = \mathfrak{x} \cdot (\varphi^* \circ \varphi\mathfrak{y}).$$

Daher ist $\varphi^* \circ \varphi$ selbstadjungiert. Weiter sei c ein Eigenwert von $\varphi^* \circ \varphi$ mit dem Eigenvektor $\mathfrak{a}$. Man erhält

$$c(\mathfrak{a} \cdot \mathfrak{a}) = (\varphi^* \circ \varphi\mathfrak{a}) \cdot \mathfrak{a} = \varphi\mathfrak{a} \cdot \varphi\mathfrak{a} \geqq 0.$$

Wegen $\mathfrak{a} \cdot \mathfrak{a} > 0$ folgt hieraus $c \geqq 0$. Analog ergeben sich die Behauptungen für $\varphi \circ \varphi^*$. ◆

Definition 22b: *Eine komplexe quadratische Matrix A heißt eine* **Hermitesche Matrix**, *wenn $A^* = \overline{A}^T = A$ gilt. Ist hierbei A speziell eine reelle Matrix, so erübrigt sich die Konjugiertenbildung: Eine reelle quadratische Matrix A wird* **symmetrisch** *genannt, wenn $A = A^T$ gilt.*

Die symmetrischen Matrizen sind hiernach genau die reellen Hermiteschen Matrizen. Da bei Transposition die Elemente der Hauptdiagonale nicht geändert werden, müssen sie in Hermiteschen Matrizen mit ihren konjugierten Zahlen übereinstimmen. Daher gilt: Eine Hermitesche Matrix besitzt reelle Hauptdiagonal-Elemente.

22. 5 *Es sei X ein endlich-dimensionaler unitärer (euklidischer) Raum, und $\{\mathfrak{e}_1, \ldots, \mathfrak{e}_n\}$ sei eine Orthonormalbasis von X: Ein Endomorphismus φ von X ist genau dann selbstadjungiert, wenn ihm hinsichtlich dieser Basis eine Hermitesche (symmetrische) Matrix entspricht.*

Beweis: Die Behauptung folgt unmittelbar aus 21. 5: $A = A^*$ gilt genau dann, wenn $\varphi = \varphi^*$, wenn also φ selbstadjungiert ist. ◆

Wegen dieses Satzes und wegen 22. 2, 22. 3 erhält man:

22. 6 *Alle Eigenwerte einer* HERMITE*schen oder symmetrischen Matrix sind reell. Insbesondere besitzt das charakteristische Polynom einer* HERMITE*schen Matrix reelle Koeffizienten; speziell sind die Determinante und die Spur einer* HERMITE*schen Matrix reell.*

Jede HERMITE*sche oder symmetrische Matrix ist zu einer reellen Diagonalmatrix ähnlich.*

Eine mit den selbstadjungierten Endomorphismen verwandte Art wird durch die folgende Definition charakterisiert.

Definition 22c: *Ein Endomorphismus φ eines euklidischen oder unitären Raumes X heißt* **anti-selbstadjungiert,** *wenn für alle Vektoren $\mathfrak{x}, \mathfrak{y} \in X$ gilt:*

$$\varphi\mathfrak{x} \cdot \mathfrak{y} = -(\mathfrak{x} \cdot \varphi\mathfrak{y}).$$

Gleichwertig mit dieser Eigenschaft ist offenbar $\varphi^* = -\varphi$.

22. 7 *Jeder anti-selbstadjungierte Endomorphismus ist normal.*

Beweis: Wegen $\varphi^* = -\varphi$ ist φ^* mit φ vertauschbar. ◆

22. 8 *Es sei φ ein anti-selbstadjungierter Endomorphismus von X. Für jeden Vektor $\mathfrak{x} \in X$ gilt dann* $\mathrm{Re}\,(\varphi\mathfrak{x} \cdot \mathfrak{x}) = 0$. *Ist X ein euklidischer Raum, so ist ein Endomorphismus φ genau dann anti-selbstadjungiert, wenn $\varphi\mathfrak{x} \cdot \mathfrak{x} = 0$ für alle $\mathfrak{x} \in X$ gilt; d. h. wenn $\mathfrak{x}$ stets auf seinem Bildvektor $\varphi\mathfrak{x}$ senkrecht steht.*

Beweis: Es gilt $\varphi\mathfrak{x} \cdot \mathfrak{x} = -\mathfrak{x} \cdot \varphi\mathfrak{x} = -\overline{\varphi\mathfrak{x} \cdot \mathfrak{x}}$ und daher

$$\mathrm{Re}\,(\varphi\mathfrak{x} \cdot \mathfrak{x}) = \frac{1}{2}(\varphi\mathfrak{x} \cdot \mathfrak{x} + \overline{\varphi\mathfrak{x} \cdot \mathfrak{x}}) = 0.$$

Speziell im Fall eines euklidischen (reellen) Raumes X ist dies gleichwertig mit $\varphi\mathfrak{x} \cdot \mathfrak{x} = 0$. Umgekehrt gelte im euklidischen Fall $\varphi\mathfrak{x} \cdot \mathfrak{x} = 0$ für alle $\mathfrak{x} \in X$. Ersetzt man hierin $\mathfrak{x}$ durch $\mathfrak{x} + \mathfrak{y}$, so erhält man

$$0 = (\varphi\mathfrak{x} + \varphi\mathfrak{y}) \cdot (\mathfrak{x} + \mathfrak{y}) = \varphi\mathfrak{x} \cdot \mathfrak{x} + \varphi\mathfrak{y} \cdot \mathfrak{x} + \varphi\mathfrak{x} \cdot \mathfrak{y} + \varphi\mathfrak{y} \cdot \mathfrak{y} = \mathfrak{x} \cdot \varphi\mathfrak{y} + \varphi\mathfrak{x} \cdot \mathfrak{y},$$

also $\varphi\mathfrak{x} \cdot \mathfrak{y} = -\mathfrak{x} \cdot \varphi\mathfrak{y}$; d. h. φ ist anti-selbstadjungiert. ◆

Speziell folgt aus diesem Satz noch:

22. 9 *Die Realteile aller Eigenwerte eines anti-selbstadjungierten Endomorphismus φ verschwinden.*

Beweis: Es sei c ein Eigenwert von φ und $\mathfrak{a}$ ein zugehöriger Eigenvektor. Dann gilt wegen des vorangehenden Satzes und wegen $\mathfrak{a} \cdot \mathfrak{a} > 0$

$$(\mathrm{Re}\, c)\ (\mathfrak{a} \cdot \mathfrak{a}) = \mathrm{Re}\,(c\mathfrak{a} \cdot \mathfrak{a}) = \mathrm{Re}\,(\varphi\mathfrak{a} \cdot \mathfrak{a}) = 0,$$

also $\mathrm{Re}\, c = 0$. ◆

Definition 22d: *Eine quadratische komplexe bzw. reelle Matrix A heißt eine* **schief-Hermitesche** *bzw.* **schiefsymmetrische** *Matrix wenn* $A^* = \overline{A}^T = -A$ *bzw.* $A^T = -A$ *gilt.*

Wie oben schließt man, daß die Hauptdiagonalelemente einer schief-Hermiteschen Matrix verschwindende Realteile besitzen und daß in der Hauptdiagonale einer schiefsymmetrischen Matrix lauter Nullen stehen müssen. Ebenso wie bei 22. 5 folgt unmittelbar mit Hilfe von 21. 5:

22. 10 *Es sei X ein endlich-dimensionaler unitärer (euklidischer) Raum, und* $\{e_1, \ldots, e_n\}$ *sei eine Orthonormalbasis von X: Ein Endomorphismus* φ *von X ist genau dann anti-selbstadjungiert, wenn ihm hinsichtlich dieser Basis eine schief-Hermitesche (schiefsymmetrische) Matrix entspricht.*

Wegen 22. 7, 22. 9 und 22. 10 ergibt sich mit Hilfe von 21. 9:

22. 11 *Zu jedem anti-selbstadjungierten Endomorphismus* φ *eines endlich-dimensionalen unitären Raumes existiert eine Orthonormalbasis aus lauter Eigenvektoren von* φ. *Hinsichtlich dieser Basis entspricht* φ *eine Diagonalmatrix, deren Hauptdiagonalelemente verschwindende Realteile besitzen. Jede schief-Hermitesche Matrix ist zu einer derartigen Diagonalmatrix ähnlich.*

Ebenso erhält man mit Hilfe von 21. 13:

22. 12 *Zu jedem anti-selbstadjungierten Endomorphismus* φ *eines endlich-dimensionalen euklidischen Raumes existiert eine Orthonormalbasis, hinsichtlich derer* φ *eine reelle Matrix folgender Gestalt entspricht:*

$$\begin{pmatrix} 0 & & & & & \\ & \ddots & & & & \\ & & 0 & & & \\ & & & \boxed{\begin{matrix} 0 & -a_1 \\ a_1 & 0 \end{matrix}} & & \\ & & & & \ddots & \\ & & & & & \boxed{\begin{matrix} 0 & -a_k \\ a_k & 0 \end{matrix}} \end{pmatrix}.$$

Jede schiefsymmetrische Matrix ist zu einer derartigen Matrix ähnlich.

Da die in diesem Satz angegebene spezielle Matrix offenbar geradzahligen Rang besitzt, ergibt sich noch: Anti-selbstadjungierte Endomorphismen endlich-dimensionaler euklidischer Räume besitzen stets einen geradzahligen Rang. In euklidischen Räumen ungerader Dimension ist daher jeder anti-selbstadjungierte Endomorphismus singulär.

Mit Hilfe der selbstadjungierten und anti-selbstadjungierten Endomorphismen ergibt sich schließlich noch ein Darstellungssatz für beliebige Endomorphismen:

22. 13 *Jeder beliebige Endomorphismus φ eines unitären oder euklidischen Raumes, zu dem der adjungierte Endomorphismus φ^* existiert, kann auf genau eine Weise in der Form $\varphi = \varphi_1 + \varphi_2$ mit einem selbstadjungierten Endomorphismus φ_1 und einem anti-selbstadjungierten Endomorphismus φ_2 dargestellt werden. Es gilt*

$$\varphi_1 = \frac{1}{2}(\varphi + \varphi^*) \quad \textit{und} \quad \varphi_2 = \frac{1}{2}(\varphi - \varphi^*).$$

Beweis: Definiert man φ_1 und φ_2 in der angegebenen Weise, so gilt offenbar $\varphi = \varphi_1 + \varphi_2$. Ferner ist φ_1 wegen

$$\varphi_1^* = \frac{1}{2}(\varphi + \varphi^*)^* = \frac{1}{2}(\varphi^* + \varphi) = \varphi_1$$

selbstadjungiert. Entsprechend ist φ_2 wegen

$$\varphi_2^* = \frac{1}{2}(\varphi - \varphi^*)^* = \frac{1}{2}(\varphi^* - \varphi) = -\varphi_2$$

anti-selbstadjungiert. Gilt umgekehrt $\varphi = \psi_1 + \psi_2$ mit einem selbstadjungierten Endomorphismus ψ_1 und einem anti-selbstadjungierten Endomorphismus ψ_2, so folgt $\varphi^* = \psi_1^* + \psi_2^* = \psi_1 - \psi_2$ und hieraus

$$\psi_1 = \frac{1}{2}(\varphi + \varphi^*) = \varphi_1 \quad \text{und} \quad \psi_2 = \frac{1}{2}(\varphi - \varphi^*) = \varphi_2.$$

Das ist die behauptete Eindeutigkeit der Darstellung. ◆

Ergänzungen und Aufgaben

22 A Die folgende Aufgabe enthält einen anderen Beweis für die Existenz reeller Eigenwerte selbstadjungierter Endomorphismen eines endlich-dimensionalen euklidischen Raumes. Er vermeidet die Einbettung in die komplexe Erweiterung, benutzt aber dafür Hilfsmittel aus der Analysis.

Es sei φ ein selbstadjungierter Endomorphismus eines endlich-dimensionalen euklidischen Raumes X. Durch

$$f(\mathfrak{x}) = \frac{\mathfrak{x} \cdot \varphi\mathfrak{x}}{\mathfrak{x} \cdot \mathfrak{x}}$$

wird dann für alle Vektoren $\mathfrak{x} \neq \mathfrak{o}$ eine reellwertige Funktion f definiert.

Aufgabe:

1). Mit $\mathfrak{e}_{\mathfrak{x}} = \frac{1}{|\mathfrak{x}|}\mathfrak{x}$ $(\mathfrak{x} \neq \mathfrak{o})$ gilt $f(\mathfrak{x}) = f(\mathfrak{e}_{\mathfrak{x}})$.

2). f ist eine stetige Funktion der Koordinaten von $\mathfrak{x}$ und besitzt daher nach einem bekannten Satz der Analysis auf der kompakten (d. h. beschränkten und abgeschlossenen) Einheitssphäre $\{\mathfrak{x}\colon |\mathfrak{x}| = 1\}$ ein Minimum. Dieses Minimum werde für den Einheitsvektor $\mathfrak{e}$ angenommen.

(Die Kompaktheit der Einheitssphäre ist eine Folge der endlichen Dimension.)

3). Es gilt $f(\mathfrak{x}) \geqq f(\mathfrak{e})$ für alle Vektoren $\mathfrak{x} \neq \mathfrak{o}$.

4). Bei beliebig gewähltem $\mathfrak{x} \neq \mathfrak{o}$ besitzt die Funktion

$$g(t) = f(\mathfrak{e} + t\mathfrak{x})$$

der reellen Veränderlichen t an der Stelle $t = 0$ ein relatives Minimum.

5). Für die erste Ableitung an der Stelle $t = 0$ gilt

$$g'(0) = 2\mathfrak{x} \cdot [\varphi\mathfrak{e} - (\mathfrak{e} \cdot \varphi\mathfrak{e})\, \mathfrak{e}].$$

6). Aus 4) und 5) folgt $\varphi\mathfrak{e} = (\mathfrak{e} \cdot \varphi\mathfrak{e})\, \mathfrak{e}$; d. h. $\mathfrak{e}$ ist ein Eigenvektor von φ mit dem reellen Eigenwert $c = \mathfrak{e} \cdot \varphi\mathfrak{e}$.

7). Für den zu $\mathfrak{e}$ orthogonalen Unterraum $U = [\mathfrak{e}]^{\perp}$ gilt $\varphi U \leqq U$; d. h. φ induziert einen selbstadjungierten Endomorphismus von U.

8). Folgere aus 6) und 7) durch vollständige Induktion über die Dimension, daß φ lauter reelle Eigenwerte besitzt und daß eine aus lauter Eigenvektoren von φ bestehende Orthonormalbasis von X existiert.

22 B Es sei φ ein selbstadjungierter Endomorphismus eines unitären oder euklidischen Raumes X, für den $\varphi \circ \varphi = \varphi$ gilt. Ferner werde $U = \varphi X$ gesetzt.

Aufgabe: Zu jedem Vektor $\mathfrak{x} \in X$ existiert die orthogonale Projektion $\mathfrak{x}_U$ in U, und es gilt $\mathfrak{x}_U = \varphi\mathfrak{x}$.

22 C Aufgabe: In dem charakteristischen Polynom $f(t)$ einer schiefsymmetrischen Matrix gerader Reihenzahl tritt t nur in geraden Potenzen auf.

22 D Aufgabe: Es sei φ ein selbstadjungierter Endomorphismus eines endlich-dimensionalen euklidischen oder unitären Raumes mit lauter positiven Eigenwerten. Zeige, daß dann φ und $\varphi \circ \varphi$ dieselben Eigenvektoren besitzen und daß die Eigenwerte von $\varphi \circ \varphi$ die Quadrate der Eigenwerte von φ sind.

§ 23 Orthogonale und unitäre Abbildungen

Mit die wichtigsten linearen Abbildungen zwischen unitären bzw. euklidischen Räumen sind diejenigen, die das skalare Produkt invariant lassen.

Definition 23a: *Es seien X und Y zwei unitäre bzw. euklidische Räume: Eine lineare Abbildung $\varphi: X \to Y$ wird eine* **unitäre** *bzw.* **orthogonale Abbildung** *genannt, wenn für je zwei Vektoren $\mathfrak{x}, \mathfrak{x}' \in X$ gilt:*

$$\varphi\mathfrak{x} \cdot \varphi\mathfrak{x}' = \mathfrak{x} \cdot \mathfrak{x}'.$$

Derartige Abbildungen können noch auf verschiedene andere Weisen gekennzeichnet werden.

23. 1 *Folgende Aussagen sind paarweise gleichwertig:*

(1) *$\varphi: X \to Y$ ist eine unitäre bzw. orthogonale Abbildung.*

(2) *Aus $|\mathfrak{x}| = 1$ folgt stets $|\varphi\mathfrak{x}| = 1$.*

(3) *Für alle* $\mathfrak{x} \in X$ *gilt* $|\mathfrak{x}| = |\varphi\mathfrak{x}|$.

(4) *Ist* $\{\mathfrak{e}_1, \ldots, \mathfrak{e}_n\}$ *ein Orthonormalsystem von* X, *so ist* $\{\varphi\mathfrak{e}_1, \ldots, \varphi\mathfrak{e}_n\}$ *ein Orthonormalsystem von* Y.

Beweis:

(1) → (2): Aus $|\mathfrak{x}| = 1$ folgt $\varphi\mathfrak{x} \cdot \varphi\mathfrak{x} = \mathfrak{x} \cdot \mathfrak{x} = 1$, also auch $|\varphi\mathfrak{x}| = 1$.

(2) → (3): Ohne Beschränkung der Allgemeinheit kann $\mathfrak{x} \neq \mathfrak{o}$ angenommen werden. Mit $\mathfrak{e} = \frac{1}{|\mathfrak{x}|}\mathfrak{x}$ gilt $\mathfrak{x} = |\mathfrak{x}|\mathfrak{e}$ und $|\mathfrak{e}| = 1$, also $|\varphi\mathfrak{x}| = |\mathfrak{x}|\,|\varphi\mathfrak{e}| = |\mathfrak{x}|$.

(3) → (4): Für $\nu \neq \mu$ $(\nu, \mu = 1, \ldots, n)$ gilt

$$\begin{aligned} 2\,\mathrm{Re}\,(\varphi\mathfrak{e}_\nu \cdot \varphi\mathfrak{e}_\mu) &= |\varphi(\mathfrak{e}_\nu + \mathfrak{e}_\mu)|^2 - |\varphi\mathfrak{e}_\nu|^2 - |\varphi\mathfrak{e}_\mu|^2 \\ &= |\mathfrak{e}_\nu + \mathfrak{e}_\mu|^2 - |\mathfrak{e}_\nu|^2 - |\mathfrak{e}_\mu|^2 = 0, \\ 2\,\mathrm{Im}\,(\varphi\mathfrak{e}_\nu \cdot \varphi\mathfrak{e}_\mu) &= |\varphi(\mathfrak{e}_\nu + i\mathfrak{e}_\mu)|^2 - |\varphi\mathfrak{e}_\nu|^2 - |\varphi\mathfrak{e}_\mu|^2 \\ &= |\mathfrak{e}_\nu + i\mathfrak{e}_\mu|^2 - |\mathfrak{e}_\nu|^2 - |\mathfrak{e}_\mu|^2 = 0. \end{aligned}$$

Es folgt $\varphi\mathfrak{e}_\nu \cdot \varphi\mathfrak{e}_\mu = 0$ für $\nu \neq \mu$ und nach Voraussetzung auch $|\varphi\mathfrak{e}_\nu| = |\mathfrak{e}_\nu| = 1$. Daher ist $\{\varphi\mathfrak{e}_1, \ldots, \varphi\mathfrak{e}_n\}$ ein Orthonormalsystem.

(4) → (1): Für beliebige Vektoren $\mathfrak{x}, \mathfrak{x}' \in X$ ist $\varphi\mathfrak{x} \cdot \varphi\mathfrak{x}' = \mathfrak{x} \cdot \mathfrak{x}'$ nachzuweisen. Es kann $\mathfrak{x} \neq \mathfrak{o}$ angenommen werden. Gilt nun erstens $\mathfrak{x}' = c\mathfrak{e}$ mit $\mathfrak{e} = \frac{1}{|\mathfrak{x}|}\mathfrak{x}$, so folgt $\mathfrak{x} \cdot \mathfrak{x}' = |\mathfrak{x}|\bar{c}(\mathfrak{e} \cdot \mathfrak{e}) = |\mathfrak{x}|\bar{c}$ und $\varphi\mathfrak{x} \cdot \varphi\mathfrak{x}' = |\mathfrak{x}|\bar{c}(\varphi\mathfrak{e} \cdot \varphi\mathfrak{e})$. Nach Voraussetzung ist aber mit $\{\mathfrak{e}\}$ auch $\{\varphi\mathfrak{e}\}$ ein Orthonormalsystem. Es gilt also $\varphi\mathfrak{e} \cdot \varphi\mathfrak{e} = 1$ und daher $\varphi\mathfrak{x} \cdot \varphi\mathfrak{x}' = \mathfrak{x} \cdot \mathfrak{x}'$. Zweitens seien die Vektoren $\mathfrak{x}, \mathfrak{x}'$ linear unabhängig. Wegen 20.1 gibt es dann eine Orthonormalbasis $\{\mathfrak{e}_1, \mathfrak{e}_2\}$ des von $\mathfrak{x}$ und $\mathfrak{x}'$ aufgespannten Unterraums. Es gelte $\mathfrak{x} = x_1\mathfrak{e}_1 + x_2\mathfrak{e}_2$ und $\mathfrak{x}' = x_1'\mathfrak{e}_1 + x_2'\mathfrak{e}_2$. Da auch $\{\varphi\mathfrak{e}_1, \varphi\mathfrak{e}_2\}$ ein Orthonormalsystem ist, folgt $\varphi\mathfrak{x} \cdot \varphi\mathfrak{x}' = x_1\bar{x}_1' + x_2\bar{x}_2' = \mathfrak{x} \cdot \mathfrak{x}'$. ◆

Wegen 23.1 (4) ergibt sich noch unmittelbar: Die komplexe Fortsetzung einer orthogonalen Abbildung ist eine unitäre Abbildung.

23.2 *Jede unitäre oder orthogonale Abbildung* φ *ist injektiv.*

Beweis: Aus $\varphi\mathfrak{x} = \mathfrak{o}$ folgt wegen 23.1 (3) auch $|\mathfrak{x}| = |\varphi\mathfrak{x}| = 0$, also $\mathfrak{x} = \mathfrak{o}$. Daher gilt Kern $\varphi = [\mathfrak{o}]$, und wegen 8.8 ist φ injektiv. ◆

23.3 *Es sei* φ *eine unitäre bzw. orthogonale Abbildung von* X *auf* Y. *Dann ist auch* φ^{-1} *eine unitäre bzw. orthogonale Abbildung. Es existiert die zu* φ *adjungierte Abbildung* φ^*, *und es gilt* $\varphi^* = \varphi^{-1}$. *Ist umgekehrt* φ *ein Isomorphismus von* X *auf* Y *mit* $\varphi^{-1} = \varphi^*$, *so ist* φ *eine unitäre bzw. orthogonale Abbildung.*

Beweis: Zu beliebigen Vektoren $\mathfrak{y}, \mathfrak{y}' \in Y$ gibt es Vektoren $\mathfrak{x}, \mathfrak{x}' \in X$ mit $\mathfrak{y} = \varphi\mathfrak{x}$ und $\mathfrak{y}' = \varphi\mathfrak{x}'$. Es folgt

$$\varphi^{-1}\mathfrak{y} \cdot \varphi^{-1}\mathfrak{y}' = (\varphi^{-1} \circ \varphi\mathfrak{x}) \cdot (\varphi^{-1} \circ \varphi\mathfrak{x}') = \mathfrak{x} \cdot \mathfrak{x}' = \varphi\mathfrak{x} \cdot \varphi\mathfrak{x}' = \mathfrak{y} \cdot \mathfrak{y}'.$$

Daher ist auch φ^{-1} unitär bzw. orthogonal. Weiter gilt

$$\varphi\mathfrak{x} \cdot \mathfrak{y}' = \varphi\mathfrak{x} \cdot \varphi\mathfrak{x}' = \mathfrak{x} \cdot \mathfrak{x}' = \mathfrak{x} \cdot \varphi^{-1}\mathfrak{y}'.$$

Somit ist φ^{-1} die zu φ adjungierte Abbildung.

Umgekehrt sei $\varphi : X \to Y$ ein Isomorphismus mit $\varphi^{-1} = \varphi^*$. Dann folgt $\varphi\mathfrak{x} \cdot \varphi\mathfrak{x}' = \mathfrak{x} \cdot (\varphi^* \circ \varphi\mathfrak{x}') = \mathfrak{x} \cdot \mathfrak{x}'$; d. h. φ ist eine unitäre bzw. orthogonale Abbildung. ◆

Definition 23 b: *Eine komplexe quadratische Matrix A heißt eine* **unitäre Matrix,** *wenn sie regulär ist und wenn gilt*

$$A^{-1} = A^* = \bar{A}^T.$$

Im Fall einer reellen Matrix geht die Bedingung in

$$A^{-1} = A^T$$

über; es wird dann A eine **orthogonale Matrix** *genannt.*

23. 4 *Es gelte* Dim X = Dim $Y < \infty$: *Eine lineare Abbildung $\varphi : X \to Y$ ist genau dann unitär (orthogonal), wenn ihr hinsichtlich beliebiger Orthonormalbasen von X und Y eine unitäre (orthogonale) Matrix entspricht. Ebenso ist ein Endomorphismus $\varphi : X \to X$ genau dann unitär (orthogonal), wenn ihm hinsichtlich einer Orthonormalbasis von X eine unitäre (orthogonale) Matrix entspricht.*

Beweis: Hinsichtlich zweier Orthonormalbasen von X und Y bzw. hinsichtlich einer Orthonormalbasis von X entspreche φ die Matrix A. Bezüglich derselben Basen ist dann der adjungierten Abbildung φ^* nach 21. 5 die Matrix A^* zugeordnet. Daher ist $A^{-1} = A^*$ gleichwertig mit $\varphi^{-1} = \varphi^*$. Die Behauptung ergibt sich hieraus wegen 23. 3. ◆

23. 5 *Für n-reihige quadratische Matrizen $A = (a_{\nu,\mu})$ sind folgende Aussagen paarweise gleichwertig:*

(1) *A ist eine unitäre (orthogonale) Matrix.*

(2) *Die Zeilen von A bilden ein Orthonormalsystem; d. h. es gilt*

$$\sum_{\varrho=1}^{n} a_{\nu,\varrho}\, \bar{a}_{\mu,\varrho} = \delta_{\nu,\mu}{}^{1)} \qquad (\nu, \mu = 1, \ldots, n).$$

[1]) Kronecker-Symbol.

(3) *Die Spalten von A bilden ein Orthonormalsystem; d. h. es gilt*

$$\sum_{\varrho=1}^{n} a_{\varrho,\nu}\,\bar{a}_{\varrho,\mu} = \delta_{\nu,\mu}{}^{1)} \qquad (\nu, \mu = 1, \ldots, n).$$

Beweis: Die Gleichungen aus (2) sind gleichwertig mit $AA^* = E$, die Gleichungen aus (3) mit $A^*A = E$. Jede dieser beiden Gleichungen ist aber gleichbedeutend mit $A^{-1} = A^*$. ◆

23. 6 *Jeder unitäre oder orthogonale Automorphismus φ ist normal, und alle Eigenwerte von φ besitzen den Betrag* 1. *Im Fall endlicher Dimension gilt insbesondere* $|\operatorname{Det} \varphi| = 1$ *und speziell für orthogonale Endomorphismen* $\operatorname{Det} \varphi = \pm 1$. *Ist umgekehrt φ ein normaler Endomorphismus eines endlich-dimensionalen unitären Raumes, dessen Eigenwerte sämtlich den Betrag* 1 *haben, so ist φ unitär.*

Beweis: φ sei unitär (orthogonal). Nach 23. 3 gilt $\varphi^* = \varphi^{-1}$. Daher ist φ^* mit φ vertauschbar; d. h. φ ist normal. Weiter sei c ein Eigenwert von φ mit $\mathfrak{a}$ als Eigenvektor. Wegen 23. 1 (3) folgt $|\mathfrak{a}| = |\varphi\mathfrak{a}| = |c|\,|\mathfrak{a}|$ und daher $|c| = 1$. Im Fall endlicher Dimension erhält man wegen 21. 5 weiter

$$|\operatorname{Det} \varphi| = |\operatorname{Det} \varphi^*| = |\operatorname{Det} \varphi^{-1}| = |\operatorname{Det} \varphi|^{-1}$$

und hieraus $|\operatorname{Det} \varphi| = 1$. Im Fall eines orthogonalen Endomorphismus ist die Determinante reell; es muß also $\operatorname{Det} \varphi = \pm 1$ gelten.

Weiter sei jetzt φ ein normaler Endomorphismus eines endlich-dimensionalen unitären Raumes X. Wegen 21. 9 gibt es dann eine Orthonormalbasis von X, die aus lauter Eigenvektoren von φ besteht. Hinsichtlich dieser Basis entspricht φ eine Diagonalmatrix A, deren Hauptdiagonalelemente gerade die Eigenwerte c_ν von φ sind. Wegen 21. 5 entspricht dem adjungierten Endomorphismus φ^* hinsichtlich derselben Basis die Diagonalmatrix A^* mit den Hauptdiagonalelementen $\bar{c}_\nu$. Wenn nun $|c_\nu| = 1$, also auch $c_\nu\bar{c}_\nu = 1$ für alle Eigenwerte gilt, folgt $AA^* = E$ und daher $\varphi^* = \varphi^{-1}$. Wegen 23. 3 ist somit φ unitär. ◆

23. 7 *Die Menge $\mathfrak{G}$ aller unitären (orthogonalen) Endomorphismen eines unitären (euklidischen) Raumes X auf sich ist hinsichtlich der Multiplikation der Endomorphismen eine Gruppe, die* **unitäre (orthogonale) Gruppe** *des Raumes.*

Beweis: Mit φ und ψ bildet auch $\psi \circ \varphi$ Orthonormalsysteme auf Orthonormalsysteme ab. Wegen 23. 1 folgt daher aus $\varphi, \psi \in \mathfrak{G}$ auch $\psi \circ \varphi \in \mathfrak{G}$. Trivialerweise enthält $\mathfrak{G}$ die Identität. Schließlich folgt aus $\varphi \in \mathfrak{G}$ wegen 23. 2 zunächst die Existenz von φ^{-1} und wegen 23. 3 weiter $\varphi^{-1} \in \mathfrak{G}$. ◆

---

[1]) Kronecker-Symbol.

Die unitären bzw. orthogonalen und die selbstadjungierten Endomorphismen ermöglichen eine bemerkenswerte Darstellung beliebiger Automorphismen endlich-dimensionaler Räume.

23. 8 *Es sei X ein endlich-dimensionaler unitärer (euklidischer) Raum, und φ sei ein beliebiger Automorphismus von X. Dann kann φ auf genau eine Weise in der Form $\varphi = \chi \circ \psi$ mit einem unitären (orthogonalen) Endomorphismus χ und einem selbstadjungierten Endomorphismus ψ mit lauter positiven Eigenwerten dargestellt werden.*

Beweis: Setzt man $\psi_0 = \varphi^* \circ \varphi$, so ist ψ_0 wegen 22. 4 selbstadjungiert und besitzt lauter nicht-negative, reelle Eigenwerte. Wegen 21. 3 ist mit φ auch φ^* und somit ebenfalls ψ_0 ein Automorphismus. Die Eigenwerte von ψ_0 sind daher sogar positiv. Nach 22. 3 existiert eine Orthonormalbasis $\{\mathfrak{e}_1, \ldots, \mathfrak{e}_n\}$ von X, die aus lauter Eigenvektoren von ψ_0 besteht. Es gilt also $\psi_0 \mathfrak{e}_\nu = c_\nu \mathfrak{e}_\nu$ mit $c_\nu > 0$ $(\nu = 1, \ldots, n)$. Durch $\psi \mathfrak{e}_\nu = {}_+\sqrt{c_\nu}\, \mathfrak{e}_\nu$ wird nun wieder ein selbstadjungierter Automorphismus von X mit lauter positiven Eigenwerten definiert. Für ihn gilt offenbar $\psi \circ \psi = \psi_0 = \varphi^* \circ \varphi$ und wegen der Selbstadjungiertheit auch $\psi = \psi^*$ und $\psi^{-1} = (\psi^{-1})^*$. Setzt man jetzt noch $\chi = \varphi \circ \psi^{-1}$, so erhält man

$$\chi^{-1} = \psi \circ \varphi^{-1} = \psi^{-1} \circ \psi \circ \psi \circ \varphi^{-1} = \psi^{-1} \circ \varphi^* \circ \varphi \circ \varphi^{-1} = (\psi^{-1})^* \circ \varphi^*$$
$$= (\varphi \circ \psi^{-1})^* = \chi^*.$$

Daher ist χ unitär (orthogonal), und es gilt $\varphi = \chi \circ \psi$ wegen der Definition von χ.

Damit ist die Möglichkeit der behaupteten Darstellung bewiesen. Zum Nachweis ihrer Eindeutigkeit gelte jetzt $\varphi = \chi' \circ \psi'$ mit einem unitären (orthogonalen) Endomorphismus χ' und einem selbstadjungierten Endomorphismus ψ', der lauter positive Eigenwerte besitzt. Wegen $\chi'^* = \chi'^{-1}$ und $\psi'^* = \psi'$ ergibt sich

$$\psi \circ \psi = \psi_0 = \varphi^* \circ \varphi = \psi' \circ \chi'^{-1} \circ \chi' \circ \psi' = \psi' \circ \psi'.$$

Nun besitzen ψ' und $\psi' \circ \psi'$ dieselben Eigenvektoren, und die Eigenwerte von $\psi' \circ \psi'$ sind die Quadrate der Eigenwerte von ψ' (vgl. 22 D). Nach der letzten Gleichung gilt $(\psi' \circ \psi')\, \mathfrak{e}_\nu = (\psi \circ \psi)\, \mathfrak{e}_\nu = c_\nu \mathfrak{e}_\nu$. Da aber die Eigenwerte von ψ' positiv sein sollten, folgt $\psi' \mathfrak{e}_\nu = {}_+\sqrt{c_\nu}\, \mathfrak{e}_\nu = \psi \mathfrak{e}_\nu$ $(\nu = 1, \ldots, n)$ und daher $\psi' = \psi$. Hieraus ergibt sich schließlich auch $\chi' = \varphi \circ \psi'^{-1} = \varphi \circ \psi^{-1} = \chi$. ◆

In 22. 6 wurde gezeigt, daß jede Hermitesche bzw. symmetrische Matrix A zu einer reellen Diagonalmatrix D ähnlich ist. Es gilt dann also $D = S^{-1}AS$

mit einer regulären Matrix S. Der folgende Satz zeigt, daß hierbei S sogar als unitäre bzw. orthogonale Matrix gewählt werden kann.

23.9 *Zu jeder* HERMITE*schen bzw. symmetrischen Matrix A gibt es eine unitäre bzw. orthogonale Matrix S derart, daß $S^{-1}AS$ eine reelle Diagonalmatrix D ist. Insbesondere gilt dann auch $D = S^*AS$.*

Beweis: Nach 22.5 entspricht A hinsichtlich einer Orthonormalbasis ein selbstadjungierter Endomorphismus φ. Zu φ existiert weiter nach 22.3 eine Orthonormalbasis aus Eigenvektoren von φ, hinsichtlich derer dann φ eine reelle Diagonalmatrix D zugeordnet ist. Zu der Transformation der neuen Orthonormalbasis in die alte gehört wegen 23.1 und 23.4 als Transformationsmatrix eine unitäre bzw. orthogonale Matrix S. Es gilt dann $D = S^{-1}AS$ und wegen $S^{-1} = S^*$ auch $D = S^*AS$. ◆

Abschließend kann jetzt auch die Frage untersucht werden, wie sich allgemein in endlich-dimensionalen reellen oder komplexen Vektorräumen ein skalares Produkt definieren läßt.

23.10 *Es sei X ein endlich-dimensionaler komplexer oder reeller Vektorraum, und $\{\mathfrak{a}_1, \ldots, \mathfrak{a}_n\}$ sei eine beliebige Basis von X. Für die Vektoren $\mathfrak{x}, \mathfrak{y} \in X$ gelte $\mathfrak{x} = x_1\mathfrak{a}_1 + \cdots + x_n\mathfrak{a}_n$ und $\mathfrak{y} = y_1\mathfrak{a}_1 + \cdots + y_n\mathfrak{a}_n$. Dann wird durch*

$$(*) \qquad \mathfrak{x} \cdot \mathfrak{y} = \sum_{\mu,\nu=1}^{n} x_\nu a_{\nu,\mu} \overline{y_\mu} = (x_1, \ldots, x_n)\, A \begin{pmatrix} \overline{y_1} \\ \vdots \\ \overline{y_n} \end{pmatrix}$$

in X genau dann ein skalares Produkt definiert, wenn $A = (a_{\nu,\mu})$ eine HERMITE*sche bzw. symmetrische Matrix mit lauter positiven Eigenwerten ist.*

Beweis: Zunächst sei durch (*) ein skalares Produkt definiert. Dann gilt $a_{\nu,\mu} = \mathfrak{a}_\nu \cdot \mathfrak{a}_\mu = \overline{\mathfrak{a}_\mu \cdot \mathfrak{a}_\nu} = \overline{a}_{\mu,\nu}$, also $A = A^*$; d. h. A ist eine HERMITEsche bzw. symmetrische Matrix. Weiter sei c ein Eigenwert von A und $\mathfrak{x}$ ein zugehöriger Eigenvektor. Dann gilt

$$\sum_{\nu=1}^{n} x_\nu a_{\nu,\mu} = c x_\mu \qquad (\mu = 1, \ldots n)$$

und daher

$$\mathfrak{x} \cdot \mathfrak{x} = \sum_{\nu,\mu=1}^{n} x_\nu a_{\nu,\mu} \overline{x}_\mu = c(x_1\overline{x}_1 + \cdots + x_n\overline{x}_n) = c(|x_1|^2 + \cdots + |x_n|^2).$$

Wegen $\mathfrak{x} \cdot \mathfrak{x} > 0$ und $|x_1|^2 + \cdots + |x_n|^2 > 0$ folgt hieraus $c > 0$.

Umgekehrt sei jetzt A eine HERMITEsche bzw. symmetrische Matrix mit lauter positiven Eigenwerten. Aus (*) folgt unmittelbar $(\mathfrak{x}_1 + \mathfrak{x}_2) \cdot \mathfrak{y} = \mathfrak{x}_1 \cdot \mathfrak{y} + \mathfrak{x}_2 \cdot \mathfrak{y}$ und $(c\mathfrak{x}) \cdot \mathfrak{y} = c(\mathfrak{x} \cdot \mathfrak{y})$. Weiter erhält man wegen $a_{\nu,\mu} = \overline{a}_{\mu,\nu}$

$$\mathfrak{x} \cdot \mathfrak{y} = \sum_{\nu,\mu=1}^{n} x_\nu a_{\nu,\mu} \overline{y}_\mu = \overline{\sum_{\nu,\mu=1}^{n} y_\mu a_{\mu,\nu} \overline{x}_\nu} = \overline{\mathfrak{y} \cdot \mathfrak{x}}.$$

Es muß also nur noch $\mathfrak{x} \cdot \mathfrak{x} > 0$ für jeden Vektor $\mathfrak{x} \neq \mathfrak{o}$ nachgewiesen werden. Zu A gibt es nun aber nach 23. 9 eine unitäre bzw. orthogonale Matrix S, für die $D = S^*AS$ eine Diagonalmatrix ist. Dabei sind die Hauptdiagonalelemente von D die positiven Eigenwerte $c_1, \ldots, c_n$ von A. Setzt man noch $(x'_1, \ldots, x'_n) = (x_1, \ldots, x_n)\, S$, so folgt wegen $SS^* = S^*S = E$

$$\mathfrak{x} \cdot \mathfrak{x} = (x_1, \ldots, x_n)\, A \begin{pmatrix} \overline{x}_1 \\ \vdots \\ \overline{x}_n \end{pmatrix} = (x_1, \ldots, x_n)\, SS^*ASS^* \begin{pmatrix} \overline{x}_1 \\ \vdots \\ \overline{x}_n \end{pmatrix}$$

$$= (x'_1, \ldots, x'_n)\, D \begin{pmatrix} \overline{x}'_1 \\ \vdots \\ \overline{x}'_n \end{pmatrix} = c_1 x'_1 \overline{x}'_1 + \cdots + c_n x'_n \overline{x}'_n$$

$$= c_1 \mid x'_1 \mid^2 + \cdots + c_n \mid x'_n \mid^2.$$

Gilt nun $\mathfrak{x} \neq \mathfrak{o}$, so folgt wegen der Regularität von S auch $x'_\nu \neq 0$ für mindestens einen Index ν und wegen der Positivität der c_ν schließlich $\mathfrak{x} \cdot \mathfrak{x} > 0$. Damit sind die kennzeichnenden Eigenschaften eines skalaren Produkts nachgewiesen. ◆

Ergänzungen und Aufgaben

23A Aufgabe: Ein unitärer Automorphismus φ ist genau dann selbstadjungiert, wenn $\varphi \circ \varphi$ die Identität ist.

23B Aufgabe: Man stelle die reelle Matrix

$$A = \begin{pmatrix} 2 & -1 & 0 \\ 1 & 2 & 1 \\ 1 & 0 & -1 \end{pmatrix}$$

in der Form $A = BC$ mit einer symmetrischen Matrix B und einer orthogonalen Matrix C dar.

23C Aufgabe: Für einen orthogonalen Endomorphismus φ eines n-dimensionalen euklidischen Raumes gilt $\mid \mathrm{Sp}\, \varphi \mid \leqq n$. Wann steht hier das Gleichheitszeichen?

§ 24 Drehungen

Wegen 23. 6 und 21. 9 gibt es zu jedem unitären Automorphismus φ eines endlich-dimensionalen unitären Raumes (wegen 23. 4 ist ja jeder unitäre Endomorphismus ein Automorphismus) eine Orthonormalbasis aus Eigenvektoren von φ, und φ entspricht hinsichtlich dieser Basis eine Diagonalmatrix, deren Diagonalelemente als Eigenwerte von φ sämtlich den Betrag 1 haben. Umgekehrt ist auch jede solche Diagonalmatrix unitär, und jede unitäre Matrix ist zu einer derartigen Diagonalmatrix ähnlich.

Da man hiernach die unitären Automorphismen und die unitären Matrizen vollständig übersieht, sollen weiterhin nur noch die orthogonalen Automorphismen eines endlich-dimensionalen euklidischen Raumes X untersucht werden.

Nach 21. 13 gibt es zu jedem orthogonalen Automorphismus φ von X eine Orthonormalbasis, hinsichtlich derer φ eine reelle Matrix A der Form

$$A = \begin{pmatrix} c_1 & & & & & & \\ & \ddots & & & & & \\ & & c_k & & & & \\ & & & \boxed{\begin{matrix} a_1 & -b_1 \\ b_1 & a_1 \end{matrix}} & & & \\ & & & & \ddots & & \\ & & & & & \boxed{\begin{matrix} a_r & -b_r \\ b_r & a_r \end{matrix}} \end{pmatrix}$$

entspricht. Die Diagonalelemente $c_1, \ldots, c_k$ müssen dabei als reelle Eigenwerte von φ wegen 23. 6 den Wert $+1$ oder -1 haben. Ferner gilt für die Elemente a_ϱ, b_ϱ eines Zweierkästchens $a_\varrho = \operatorname{Re} c'_\varrho$ und $b_\varrho = \operatorname{Im} c'_\varrho$, wobei c'_ϱ ein komplexer Eigenwert der komplexen Fortsetzung $\hat{\varphi}$ von φ ist. Auch für ihn muß $a_\varrho^2 + b_\varrho^2 = |c'_\varrho|^2 = 1$ gelten. Es gibt daher genau einen Winkel α_ϱ mit $-\pi < \alpha_\varrho \leqq +\pi$ und $\cos \alpha_\varrho = a_\varrho$, $\sin \alpha_\varrho = -b_\varrho$. Damit hat sich ergeben:

24. 1 *Jedem orthogonalen Automorphismus φ von X entspricht hinsichtlich einer geeigneten Orthonormalbasis eine Matrix A der Form*

$$A = \begin{pmatrix} +1 & & & & & & \\ & \ddots & & & & & \\ & & +1 & & & & \\ & & & -1 & & & \\ & & & & -1 & & \\ & & & & & \square & \\ & & & & & & \ddots \\ & & & & & & & \square \end{pmatrix},$$

wobei jedes Zweierkästchen seinerseits die Gestalt

$$\begin{array}{|cc|} \cos\alpha_\varrho & \sin\alpha_\varrho \\ -\sin\alpha_\varrho & \cos\alpha_\varrho \end{array}$$

besitzt. Jede orthogonale Matrix ist zu einer Matrix der Form A ähnlich.

Die allgemeine Form der Matrix A kann noch etwas einfacher beschrieben werden: Je zwei Diagonalelemente $+1$ können zu einem Zweierkästchen mit dem Winkel $\alpha = 0$, je zwei Diagonalelemente -1 zu einem Zweierkästchen mit dem Winkel $\alpha = \pi$ zusammengefaßt werden. Damit besitzt dann A folgende Form: Entweder treten nur Zweierkästchen der beschriebenen Art auf, oder außerdem noch höchstens eine $+1$ und höchstens eine -1.

Für einen orthogonalen Automorphismus φ von X gilt nach 23.6 stets $\operatorname{Det}\varphi = \pm 1$.

Definition 24a: *Ein orthogonaler Automorphismus φ von X heißt* **eigentlich orthogonal** *oder eine* **Drehung,** *wenn* $\operatorname{Det}\varphi = +1$ *gilt. Andernfalls wird φ* **uneigentlich orthogonal** *genannt.*

Offenbar bilden die Drehungen eine Untergruppe der orthogonalen Gruppe von X. Da in 24.1 jedes Zweierkästchen die Determinante $\cos^2\alpha_\varrho + \sin^2\alpha_\varrho = +1$ besitzt, folgt noch sofort:

24.2 *Ein orthogonaler Automorphismus ist genau dann eine Drehung, wenn -1 als Eigenwert eine geradzahlige Vielfachheit (einschließlich der Vielfachheit 0) besitzt.*

Ein Unterraum H von X heißt eine **Hyperebene**, wenn $X = H + [\mathfrak{a}]$ mit $\mathfrak{a} \notin H$ gilt. Im Fall $\operatorname{Dim} X = n$ sind die Hyperebenen von X genau die Unterräume der Dimension $n - 1$. Ist H eine Hyperebene eines euklidischen Raumes X, so gilt sogar $X = H + [\mathfrak{a}]$ mit einem zu H orthogonalen Vektor $\mathfrak{a}$. Jeder Vektor $\mathfrak{x} \in X$ besitzt dann eine eindeutige Darstellung der Form $\mathfrak{x} = \mathfrak{h}_\mathfrak{x} + c_\mathfrak{x}\mathfrak{a}$ mit $\mathfrak{h}_\mathfrak{x} \in H$. Durch $\varphi\mathfrak{x} = \mathfrak{h}_\mathfrak{x} - c_\mathfrak{x}\mathfrak{a}$ wird daher eine Abbildung $\varphi: X \to X$ definiert, die sich unmittelbar als ein Automorphismus erweist. Man nennt φ die **Spieglung** an der Hyperebene H.

24.3 *Jeder uneigentlich orthogonale Automorphismus φ kann in der Form $\varphi = \varphi_2 \circ \varphi_1$ dargestellt werden, wobei φ_1 eine Drehung und φ_2 eine Spieglung an einer Hyperebene ist. Die Hyperebene kann dabei noch beliebig vorgegeben werden.*

Beweis: Es gelte $\operatorname{Dim} X = n$, und H sei eine Hyperebene, also ein Unterraum der Dimension $n - 1$. Es sei dann weiter $\{\mathfrak{e}_1, \ldots, \mathfrak{e}_{n-1}\}$ eine Orthonormalbasis von H, die durch den Vektor $\mathfrak{e}_n$ zu einer Orthonormalbasis von X ergänzt wird. Durch $\varphi_2 \mathfrak{e}_\nu = \mathfrak{e}_\nu$ für $\nu = 1, \ldots, n-1$ und $\varphi_2 \mathfrak{e}_n = -\mathfrak{e}_n$ wird dann ein uneigentlich orthogonaler Automorphismus definiert, der eine Spieglung an der Hyperebene H darstellt. Wegen Det $\varphi = -1$ erhält man für den orthogonalen Automorphismus $\varphi_1 = \varphi_2^{-1} \circ \varphi$

$$\text{Det}\ \varphi_1 = (\text{Det}\ \varphi_2)^{-1}\ (\text{Det}\ \varphi) = (-1)\ (-1) = +1.$$

Daher ist φ_1 eine Drehung. ◆

Definition 24b: *Es seien* $\{\mathfrak{a}_1, \ldots, \mathfrak{a}_n\}$ *und* $\{\mathfrak{a}'_1, \ldots, \mathfrak{a}'_n\}$ *zwei Basen eines reellen Vektorraums. Weiter sei* T *die Transformationsmatrix der Basistransformation* $\{\mathfrak{a}_1, \ldots, \mathfrak{a}_n\} \to \{\mathfrak{a}'_1, \ldots, \mathfrak{a}'_n\}$. *Dann heißen diese beiden Basen* **gleich orientiert**, *wenn* Det $T > 0$ *gilt. Im andern Fall werden sie* **entgegengesetzt orientiert** *genannt.*

Die Beziehung „gleich orientiert" ist offenbar eine Äquivalenzrelation. Die Gesamtheit aller Basen eines endlich-dimensionalen reellen Vektorraums zerfällt daher in zwei Klassen: Je zwei Basen derselben Klasse sind gleich orientiert, während je eine Basis der einen und der anderen Klasse entgegengesetzt orientiert sind. Man nennt den Vektorraum **orientiert**, wenn in ihm eine der beiden Klassen als **positiv orientiert** ausgezeichnet ist. Die Basen aus dieser ausgezeichneten Klasse werden dann ebenfalls positiv orientiert, die aus der anderen Klasse negativ orientiert genannt. Der Orthonormalisierungssatz 20. 1 besagte z. B., daß die Orthonormalisierung einer beliebigen Basis unter Beibehaltung der Orientierung der Unterräume U_k möglich ist.

Es sollen nun zunächst die orthogonalen Automorphismen eines 2-dimensionalen, orientierten euklidischen Raumes untersucht werden.

24. 4 *Es sei* φ *eine Drehung eines 2-dimensionalen, orientierten euklidischen Raumes* X. *Dann gibt es genau einen Winkel* α *mit* $-\pi < \alpha \leqq +\pi$ *und folgender Eigenschaft: Hinsichtlich jeder positiv orientierten Orthonormalbasis ist* φ *dieselbe Matrix*

$$A = \begin{pmatrix} \cos\alpha & \sin\alpha \\ -\sin\alpha & \cos\alpha \end{pmatrix}$$

zugeordnet. Hinsichtlich jeder negativ orientierten Orthonormalbasis entspricht φ *die Matrix* A^T, *die aus* A *auch durch Ersetzung von* α *durch* $-\alpha$ *hervorgeht.*

Beweis: Es sei $\{\mathfrak{e}_1, \mathfrak{e}_2\}$ eine positiv orientierte Orthonormalbasis von X. Es gilt

$$\varphi\mathfrak{e}_1 = (\varphi\mathfrak{e}_1 \cdot \mathfrak{e}_1)\, \mathfrak{e}_1 + (\varphi\mathfrak{e}_1 \cdot \mathfrak{e}_2)\, \mathfrak{e}_2,$$
$$\varphi\mathfrak{e}_2 = (\varphi\mathfrak{e}_2 \cdot \mathfrak{e}_1)\, \mathfrak{e}_1 + (\varphi\mathfrak{e}_2 \cdot \mathfrak{e}_2)\, \mathfrak{e}_2.$$

Wegen $|\varphi e_1| = |e_1| = 1$ ergibt sich $(\varphi e_1 \cdot e_1)^2 + (\varphi e_1 \cdot e_2)^2 = |\varphi e_1|^2 = 1$, und es gibt daher genau einen Winkel α mit $-\pi < \alpha \leqq +\pi$ und $\cos\alpha = \varphi e_1 \cdot e_1$, $\sin\alpha = \varphi e_1 \cdot e_2$. Es folgt

$$\begin{aligned} \cos\alpha(\varphi e_2 \cdot e_1) + \sin\alpha(\varphi e_2 \cdot e_2) &= \varphi e_1 \cdot \varphi e_2 = e_1 \cdot e_2 = 0, \\ -\sin\alpha(\varphi e_2 \cdot e_1) + \cos\alpha(\varphi e_2 \cdot e_2) &= \operatorname{Det}\varphi \qquad\qquad = 1. \end{aligned}$$

Dieses lineare Gleichungssystem besitzt die eindeutig bestimmte Lösung $\varphi e_2 \cdot e_1 = -\sin\alpha$, $\varphi e_2 \cdot e_2 = \cos\alpha$. Die φ hinsichtlich $\{e_1, e_2\}$ zugeordnete Matrix A hat daher die behauptete Gestalt. Weiter sei jetzt $\{e_1', e_2'\}$ eine zweite Orthonormalbasis von X, und es gelte

$$\begin{aligned} e_1' &= t_{1,1}e_1 + t_{1,2}e_2 \\ e_2' &= t_{2,1}e_1 + t_{2,2}e_2. \end{aligned}$$

Die Transformationsmatrix $T = (t_{\nu,\mu})$ muß dabei nach 23.1 eine orthogonale Matrix sein. Es folgt

$$\begin{aligned} \varphi e_1' &= (t_{1,1}\cos\alpha - t_{1,2}\sin\alpha)\, e_1 + (t_{1,1}\sin\alpha + t_{1,2}\cos\alpha)\, e_2, \\ \varphi e_2' &= (t_{2,1}\cos\alpha - t_{2,2}\sin\alpha)\, e_1 + (t_{2,1}\sin\alpha + t_{2,2}\cos\alpha)\, e_2. \end{aligned}$$

Bei Berücksichtigung der Orthogonalitätsrelationen aus 23.5 erhält man jetzt

$$\begin{aligned} \varphi e_1' \cdot e_1' &= t_{1,1}^2 \cos\alpha - t_{1,1}t_{1,2}\sin\alpha + t_{1,2}t_{1,1}\sin\alpha + t_{1,2}^2\cos\alpha \\ &= (t_{1,1}^2 + t_{1,2}^2)\cos\alpha = \cos\alpha, \\ \varphi e_1' \cdot e_2' &= t_{2,1}t_{1,1}\cos\alpha - t_{2,1}t_{1,2}\sin\alpha + t_{2,2}t_{1,1}\sin\alpha + t_{2,2}t_{1,2}\cos\alpha \\ &= (t_{1,1}t_{2,2} - t_{1,2}t_{2,1})\sin\alpha = (\operatorname{Det} T)\sin\alpha, \\ \varphi e_2' \cdot e_1' &= t_{1,1}t_{2,1}\cos\alpha - t_{1,1}t_{2,2}\sin\alpha + t_{1,2}t_{2,1}\sin\alpha + t_{1,2}t_{2,2}\cos\alpha \\ &= -(t_{1,1}t_{2,2} - t_{1,2}t_{2,1})\sin\alpha = -(\operatorname{Det} T)\sin\alpha, \\ \varphi e_2' \cdot e_2' &= t_{2,1}^2\cos\alpha - t_{2,1}t_{2,2}\sin\alpha + t_{2,2}t_{2,1}\sin\alpha + t_{2,2}^2\cos\alpha \\ &= (t_{2,1}^2 + t_{2,2}^2)\cos\alpha = \cos\alpha. \end{aligned}$$

Für die φ hinsichtlich $\{e_1', e_2'\}$ zugeordnete Matrix folgt hieraus wegen $\operatorname{Det} T = \pm 1$ unmittelbar: Ist $\{e_1', e_2'\}$ positiv orientiert, gilt also $\operatorname{Det} T > 0$, so stimmt sie mit A überein; im anderen Fall mit A^T. Wegen $\cos(-\alpha) = \cos\alpha$, $\sin(-\alpha) = -\sin\alpha$ geht A^T aus A bei Ersetzung von α durch $-\alpha$ hervor. ◆

Man nennt α den zu der Drehung φ gehörenden **orientierten Drehwinkel.** Bei entgegengesetzter Orientierung geht α offenbar in $-\alpha$ über.

24.5 *Die Gruppe aller 2-dimensionalen Drehungen ist abelsch. Sind φ und ψ Drehungen mit den orientierten Drehwinkeln α und β, so ist der orientierte Drehwinkel von $\psi \circ \varphi$ der modulo 2π gerechnete Winkel $\alpha + \beta$.*

Beweis: Die zweite Behauptung folgt aus

$$\begin{pmatrix} \cos\alpha & \sin\alpha \\ -\sin\alpha & \cos\alpha \end{pmatrix} \begin{pmatrix} \cos\beta & \sin\beta \\ -\sin\beta & \cos\beta \end{pmatrix} =$$

$$\begin{pmatrix} \cos\alpha\cos\beta - \sin\alpha\sin\beta & \cos\alpha\sin\beta + \sin\alpha\cos\beta \\ -\sin\alpha\cos\beta - \cos\alpha\sin\beta & -\sin\alpha\sin\beta + \cos\alpha\cos\beta \end{pmatrix}$$

$$= \begin{pmatrix} \cos(\alpha+\beta) & \sin(\alpha+\beta) \\ -\sin(\alpha+\beta) & \cos(\alpha+\beta) \end{pmatrix}.$$

Hieraus folgt auch die erste Behauptung, weil ja die Addition der Winkel kommutativ ist. ◆

Über das Ergebnis von 24. 3 hinaus gilt im Fall der Dimension 2, daß man bei geeigneter Wahl der Hyperebene H, die ja jetzt eine Gerade ist, die Drehung φ_1 entbehren kann (vgl. 24B):

24. 6 *Ein uneigentlich orthogonaler Automorphismus φ eines 2-dimensionalen euklidischen Raumes ist eine Spieglung an einer eindeutig bestimmten Geraden.*

Beweis: Wegen 24. 2 muß φ die Eigenwerte $+1$ und -1 besitzen. Es ist dann φ eine Spieglung an demjenigen 1-dimensionalen Unterraum, der von dem Eigenvektor zum Eigenwert $+1$ aufgespannt wird. Dieser ist durch φ eindeutig bestimmt. ◆

Eine Drehung φ eines 3-dimensionalen euklidischen Raumes wird nach 24. 1 hinsichtlich einer geeigneten Orthonormalbasis durch eine Matrix der Form

$$A = \begin{pmatrix} 1 & 0 & 0 \\ 0 & \cos\alpha & \sin\alpha \\ 0 & -\sin\alpha & \cos\alpha \end{pmatrix}$$

beschrieben. Wenn φ nicht die Identität ist, erzeugen die Eigenvektoren zum Eigenwert $+1$ einen 1-dimensionalen Unterraum D, den man die **Drehachse** von φ nennt. Der zu D orthogonale, 2-dimensionale Unterraum heißt die **Drehebene** von φ. Die Drehebene wird durch φ auf sich abgebildet. Daher induziert φ in der Drehebene eine Drehung und bestimmt nach 24. 4 den Drehwinkel α. Dieser ist allerdings zunächst nur bis auf das Vorzeichen festgelegt, das erst durch Wahl einer Orientierung in der Drehebene eindeutig bestimmt wird. Der Kosinus des Drehwinkels kann einfach mit Hilfe der Spur ermittelt werden: Für die Spur der Matrix A gilt (vgl. p. 122) $\text{Sp}\, A = 1 + 2\cos\alpha$. Da aber ähnliche Matrizen dieselbe Spur besitzen, kann diese Gleichung auch dann zur Berechnung von $\cos\alpha$ herangezogen werden, wenn A eine Matrix ist, die φ hinsichtlich irgendeiner (nicht notwendig orthonormalen) Basis entspricht. Zusammenfassend gilt also:

24.7 *Eine von der Identität verschiedene Drehung eines 3-dimensionalen euklidischen Raumes bestimmt eindeutig eine Drehachse und (bis auf das Vorzeichen) einen Drehwinkel α. Die Drehachse wird von jedem zum Eigenwert $+1$ gehörenden Eigenvektor erzeugt. Für den Drehwinkel gilt* $\cos\alpha = \frac{1}{2}(\operatorname{Sp}\varphi - 1)$. *Ist φ hinsichtlich einer beliebigen Basis die Matrix $A = (a_{\nu,\mu})$ zugeordnet, so folgt*

$$\cos\alpha = \frac{1}{2}(\operatorname{Sp} A - 1) = \frac{1}{2}(a_{1,1} + a_{2,2} + a_{3,3} - 1).$$

Um zu einer normierten Darstellung der Drehungen eines 3-dimensionalen, orientierten euklidischen Raumes hinsichtlich einer vorgegebenen positiv orientierten Orthonormalbasis $\{\mathfrak{e}_1, \mathfrak{e}_2, \mathfrak{e}_3\}$ zu gelangen, kann man folgendermaßen vorgehen: Es sei φ eine beliebige Drehung. Wenn die Ebenen $[\mathfrak{e}_1, \mathfrak{e}_2]$ und $[\varphi\mathfrak{e}_1, \varphi\mathfrak{e}_2]$ zusammenfallen (d. h. wenn $\varphi\mathfrak{e}_3 = \pm\,\mathfrak{e}_3$ gilt), setze man $\mathfrak{e}_1' = \mathfrak{e}_1$. Im anderen Fall schneiden sich diese beiden Ebenen in einer Geraden G. Gilt $G = [\mathfrak{e}_2]$, so setze man $\mathfrak{e}_1' = \mathfrak{e}_2$. Sonst aber gibt es genau einen Einheitsvektor $\mathfrak{e}_1'$ mit $G = [\mathfrak{e}_1']$ derart, daß $\{\mathfrak{e}_1', \mathfrak{e}_2, \mathfrak{e}_3\}$ eine positiv orientierte Basis ist. Gilt $\varphi\mathfrak{e}_3 = c_1\mathfrak{e}_1 + c_2\mathfrak{e}_2 + c_3\mathfrak{e}_3$, so ist $\mathfrak{e}_1'$ der normierte Vektor $\mathfrak{e}_1 - \frac{c_1}{c_2}\mathfrak{e}_2$. Nun ist aber eine 3-dimensionale Drehung eindeutig bestimmt, wenn man zwei orthonormierten Vektoren wieder zwei orthonormierte Vektoren als Bilder vorschreibt, weil dann das Bild des dritten orthonormierten Vektors bereits mit festgelegt wird. Durch

$$\begin{array}{lll} \varphi_1\mathfrak{e}_1 = \mathfrak{e}_1', & \varphi_2\mathfrak{e}_1' = \mathfrak{e}_1', & \varphi_3\mathfrak{e}_1' = \varphi\mathfrak{e}_1, \\ \varphi_1\mathfrak{e}_3 = \mathfrak{e}_3, & \varphi_2\mathfrak{e}_3 = \varphi\mathfrak{e}_3, & \varphi_3(\varphi\mathfrak{e}_3) = \varphi\mathfrak{e}_3 \end{array}$$

werden daher eindeutig drei Drehungen $\varphi_1, \varphi_2, \varphi_3$ definiert. Und da $\varphi_3 \circ \varphi_2 \circ \varphi_1$ die Vektoren $\mathfrak{e}_1$ und $\mathfrak{e}_3$ auf die Vektoren $\varphi\mathfrak{e}_1$ und $\varphi\mathfrak{e}_3$ abbildet, muß $\varphi = \varphi_3 \circ \varphi_2 \circ \varphi_1$ gelten. Zu den Drehungen $\varphi_1, \varphi_2, \varphi_3$ gehören entsprechende Drehwinkel $\alpha_1, \alpha_2, \alpha_3$, die man die **Eulerschen Winkel** der Drehung φ bezüglich der Orthonormalbasis $\{\mathfrak{e}_1, \mathfrak{e}_2, \mathfrak{e}_3\}$ nennt. Man erhält

$$\begin{array}{ll} \varphi_1\mathfrak{e}_1 = \mathfrak{e}_1' = \cos\alpha_1\mathfrak{e}_1 + \sin\alpha_1\mathfrak{e}_2, & \varphi_2\mathfrak{e}_1' = \mathfrak{e}_1'' = \mathfrak{e}_1', \\ \varphi_1\mathfrak{e}_2 = \mathfrak{e}_2' = -\sin\alpha_1\mathfrak{e}_1 + \cos\alpha_1\mathfrak{e}_2, & \varphi_2\mathfrak{e}_2' = \mathfrak{e}_2'' = \cos\alpha_2\mathfrak{e}_2' + \sin\alpha_2\mathfrak{e}_3', \\ \varphi_1\mathfrak{e}_3 = \mathfrak{e}_3' = \mathfrak{e}_3, & \varphi_2\mathfrak{e}_3' = \mathfrak{e}_3'' = -\sin\alpha_2\mathfrak{e}_2' + \cos\alpha_2\mathfrak{e}_3', \end{array}$$

$$\varphi_3 e_1'' = \varphi e_1 = \cos\alpha_3 e_1'' + \sin\alpha_3 e_2'',$$
$$\varphi_3 e_2'' = \varphi e_2 = -\sin\alpha_3 e_1'' + \cos\alpha_3 e_2'',$$
$$\varphi_3 e_3'' = \varphi e_3 = e_3''$$

und hieraus

$$\cos\alpha_1 = e_1' \cdot e_1, \qquad \sin\alpha_1 = e_1' \cdot e_2;$$
$$\cos\alpha_2 = \varphi e_3 \cdot e_3, \qquad \sin\alpha_2 = -\varphi e_3 \cdot e_2' = \varphi e_3 \cdot ((e_1' \cdot e_2)\, e_1 - (e_1' \cdot e_1)\, e_2);$$
$$\cos\alpha_3 = \varphi e_1 \cdot e_1', \qquad \sin\alpha_3 = -\varphi e_2 \cdot e_1'.$$

Zusammenfassend folgt jetzt:

24. 8 *Einer 3-dimensionalen Drehung sei hinsichtlich einer Orthonormalbasis* $\{e_1, e_2, e_3\}$ *die Matrix A zugeordnet. Dann gilt*

$$A = \begin{pmatrix} \cos\alpha_3 & \sin\alpha_3 & 0 \\ -\sin\alpha_3 & \cos\alpha_3 & 0 \\ 0 & 0 & 1 \end{pmatrix} \begin{pmatrix} 1 & 0 & 0 \\ 0 & \cos\alpha_2 & \sin\alpha_2 \\ 0 & -\sin\alpha_2 & \cos\alpha_2 \end{pmatrix} \begin{pmatrix} \cos\alpha_1 & \sin\alpha_1 & 0 \\ -\sin\alpha_1 & \cos\alpha_1 & 0 \\ 0 & 0 & 1 \end{pmatrix},$$

wobei $\alpha_1, \alpha_2, \alpha_3$ *die* EULER*schen Winkel der Drehung bezüglich der gegebenen Basis sind.*

Der Leser beachte die Reihenfolge der Matrizen und mache sich die besonderen Verhältnisse klar: Die φ_2, φ_3 entsprechenden Matrizen sind nicht diejenigen Matrizen, die φ_2, φ_3, hinsichtlich der Basis $\{e_1, e_2, e_3\}$ zugeordnet sind!

Ein uneigentlich orthogonaler Automorphismus eines 3-dimensionalen euklidischen Raumes wird nach 24. 1 hinsichtlich einer geeigneten Orthonormalbasis durch eine Matrix der Form

$$\begin{pmatrix} -1 & 0 & 0 \\ 0 & \cos\alpha & \sin\alpha \\ 0 & -\sin\alpha & \cos\alpha \end{pmatrix} = \begin{pmatrix} -1 & 0 & 0 \\ 0 & 1 & 0 \\ 0 & 0 & 1 \end{pmatrix} \begin{pmatrix} 1 & 0 & 0 \\ 0 & \cos\alpha & \sin\alpha \\ 0 & -\sin\alpha & \cos\alpha \end{pmatrix}$$

beschrieben. Daher gilt noch

24. 9 *Ein uneigentlich orthogonaler Automorphismus eines 3-dimensionalen euklidischen Raumes setzt sich aus einer Drehung und einer Spieglung an der Drehebene zusammen.*

Ergänzungen und Aufgaben

24 A Im $\mathbb{R}^2$ sei φ eine Drehung und ψ eine Spieglung an einer Geraden.
Aufgabe: Zeige, daß $\psi \circ \varphi = \varphi^{-1} \circ \psi$ gilt.

24 B Es sei φ ein uneigentlich orthogonaler Automorphismus eines 2-dimensionalen euklidischen Raumes. Wegen 24. 6 ist φ also eine Spieglung an einer Geraden.

Aufgabe: Zeige, daß φ hinsichtlich einer gegebenen Orthonormalbasis $\{\mathfrak{e}_1, \mathfrak{e}_2\}$ eine Matrix der Form

$$\begin{pmatrix} \cos\alpha & \sin\alpha \\ \sin\alpha & -\cos\alpha \end{pmatrix}$$

zugeordnet ist. Bestimme die Spiegelgerade und drücke ihren Neigungswinkel gegen $\mathfrak{e}_1$ durch den Winkel α aus.

24 C Hinsichtlich einer Orthonormalbasis sei einem Endomorphismus φ die reelle Matrix

$$A = \begin{pmatrix} \frac{1}{4}\sqrt{3}+\frac{1}{2} & \frac{1}{4}\sqrt{3}-\frac{1}{2} & -\frac{1}{4}\sqrt{2} \\ \frac{1}{4}\sqrt{3}-\frac{1}{2} & \frac{1}{4}\sqrt{3}+\frac{1}{2} & -\frac{1}{4}\sqrt{2} \\ \frac{1}{4}\sqrt{2} & \frac{1}{4}\sqrt{2} & \frac{1}{2}\sqrt{3} \end{pmatrix}$$

zugeordnet.

Aufgabe: 1). Zeige, daß φ eine Drehung ist.
2). Bestimme die Drehachse und den Drehwinkel.
3). Berechne die Eulerschen Winkel und stelle A in der in 24. 8 angegebenen Form dar.

24 D Aufgabe: Zeige, daß zwei von der Identität verschiedene Drehungen eines 3-dimensionalen euklidischen Raumes genau dann vertauschbar sind, wenn sie dieselbe Drehachse besitzen oder wenn ihre Drehachsen orthogonal sind und beide Drehwinkel gleich π.

Siebentes Kapitel

Anwendungen in der Geometrie

Das Wesen der analytischen Geometrie besteht darin, geometrische Objekte und die Beziehungen zwischen ihnen rechnerisch zu charakterisieren. Dies wird z. B. in der Ebene oder in dem 3-dimensionalen Anschauungsraum durch die Festlegung eines Koordinatensystems ermöglicht: Die geometrischen Beziehungen gehen dann in rechnerische Beziehungen zwischen Zahlen, nämlich den Koordinaten, über. Die Wahl des Koordinatensystems ist dabei jedoch noch willkürlich und nicht durch die geometrische Struktur bedingt. Rechnerische Beziehungen zwischen den Koordinaten werden daher auch nur eine geometrische Bedeutung besitzen, wenn sie von der Willkür der Koordinatenbestimmung unabhängig sind. Statt nun solche „invarianten" Beziehungen aufzustellen, kann man auch versuchen, die geometrischen Objekte direkt der Rechnung zugänglich zu machen. Ein solches Vorgehen wurde bereits in § 4 angedeutet: Nach Festlegung eines Anfangspunktes konnte man die Punkte durch ihre Ortsvektoren kennzeichnen; mit Vektoren aber kann man direkt rechnen, ohne auf ihre Koordinaten zurückgreifen zu müssen. Indes bleibt auch hierbei noch die Willkür in der Wahl des Anfangspunkts bestehen. Erst der in diesem Kapitel behandelte Begriff des affinen Raumes gestattet eine Beschreibung geometrischer Sachverhalte, die frei von willkürlichen Bestimmungsstücken ist. Eine wichtige Erweiterung der affinen Räume stellen sodann die projektiven Räume dar, die eine wesentlich übersichtlichere und einheitlichere Behandlung geometrischer Fragen gestatten. Da es sich hier allerdings nicht um ein Lehrbuch der analytischen Geometrie handelt, wird die Theorie der affinen und projektiven Räume sehr knapp und nur in dem für die nachfolgende Anwendung erforderlichen Umfang entwickelt. Diese Anwendung bezieht sich auf die Klassifizierung der Hyperflächen zweiter Ordnung, die zunächst projektiv und danach affin durchgeführt wird.

§ 25 Affine Räume

In der nachstehenden Definition bedeutet K einen beliebigen kommutativen Körper.

Definition 25a: *Ein* **affiner Raum** *A über K besteht erstens aus einer Menge, die ebenfalls mit A bezeichnet werden soll und deren Elemente* **Punkte** *genannt werden, zweitens aus einem Vektorraum X_A über K und drittens aus einer Zuordnung, die jedem geordneten Paar (p, q) von Punkten aus A eindeutig einen mit $\overrightarrow{pq}$ bezeichneten Vektor aus X_A so zuordnet, daß folgende Axiome erfüllt sind:*

(1) *Zu jedem Punkt $p \in A$ und jedem Vektor $\mathfrak{a} \in X_A$ gibt es genau einen Punkt $q \in A$ mit $\mathfrak{a} = \overrightarrow{pq}$.*

(2) $\overrightarrow{pq} + \overrightarrow{qr} = \overrightarrow{pr}$.

Als **Dimension** *von A bezeichnet man die Dimension des zugeordneten Vektorraums X_A:* $\operatorname{Dim} A = \operatorname{Dim} X_A$.

Das Axiom (1) besagt gerade, daß bei fester Wahl des Punktes p die Vektoren aus X_A umkehrbar eindeutig den Punkten aus A zugeordnet sind. Mit p als Anfangspunkt kann man daher X_A als den Raum der Ortsvektoren von A auffassen. Als Anfangspunkt kann jedoch jeder beliebige Punkt p gewählt werden. Aus Zweckmäßigkeitsgründen wird auch die leere Menge als affiner Raum bezeichnet. Ihr wird kein Vektorraum zugeordnet. Die Dimension des **leeren affinen Raumes** wird gleich -1 gesetzt.

25. 1 *Für Punkte p, q eines affinen Raumes gilt $\overrightarrow{pp} = \mathfrak{o}$, $\overrightarrow{qp} = -\overrightarrow{pq}$.*

Beweis: Wegen (2) gilt $\overrightarrow{pp} + \overrightarrow{pp} = \overrightarrow{pp}$ und somit $\overrightarrow{pp} = \mathfrak{o}$. Weiter folgt $\overrightarrow{pq} + \overrightarrow{qp} = \overrightarrow{pp} = \mathfrak{o}$. Daher ist $\overrightarrow{qp}$ der zu $\overrightarrow{pq}$ negative Vektor. ◆

Definition 25b: *Eine Teilmenge U eines affinen Raumes A heißt ein* **Unterraum** *von A, wenn für einen beliebigen Punkt $p \in U$ die Menge $X_U = \{\overrightarrow{pq}: q \in U\}$ ein Unterraum von X_A ist oder wenn $U = \emptyset$ gilt.*

Eine nicht-leere Teilmenge U von A ist hiernach genau dann Unterraum, wenn sie hinsichtlich der in A gegebenen Vektorzuordnung selbst ein affiner Raum mit X_U als zugeordnetem Vektorraum ist. Die Definition von X_U ist dabei unabhängig von der Wahl des Punktes $p \in U$: Für einen anderen Punkt $p' \in U$ gilt wegen $\overrightarrow{p'q} = \overrightarrow{p'p} + \overrightarrow{pq} = -\overrightarrow{pp'} + \overrightarrow{pq}$ nämlich $\overrightarrow{p'q} \in X_U$ genau dann, wenn q ein Punkt aus U ist.

25. 2 *Der Durchschnitt $\mathcal{D} = \bigcap \{U: U \in \mathfrak{S}\}$ eines nicht-leeren Systems $\mathfrak{S}$ von Unterräumen eines affinen Raumes A ist selbst ein Unterraum von A. Im Fall $\mathcal{D} \neq \emptyset$ gilt $X_D = \bigcap \{X_U: U \in \mathfrak{S}\}$.*

Beweis: Im Fall $\mathcal{D} = \emptyset$ ist die Behauptung trivial. Andernfalls gelte $p \in \mathcal{D}$. Dann folgt

$$X_D = \{\overrightarrow{pq}: q \in \mathcal{D}\} = \bigcap_{U \in \mathfrak{S}} \{\overrightarrow{pq}: q \in U\} = \bigcap \{X_U: U \in \mathfrak{S}\},$$

und wegen 5. 2 ist X_D ein Unterraum von X_A. ◆

Wegen dieses Satzes existiert zu jeder Teilmenge M von A ein kleinster Unterraum von A, der die Menge M enthält; nämlich der Durchschnitt aller Unterräume U von A mit $M \leq U$. Man nennt ihn den von M **aufgespannten** oder **erzeugten Unterraum** und bezeichnet ihn wieder mit $[M]$. Der von der Vereinigungsmenge eines Systems $\mathfrak{S}$ von Unterräumen erzeugte Unterraum wird der **Verbindungsraum** dieses Systems genannt und mit $\bigvee\{U: U \in \mathfrak{S}\}$ bzw. bei endlich vielen Unterräumen mit $U_1 \vee \cdots \vee U_n$ bezeichnet.

Beispiele:

25. I Jede einpunktige Teilmenge $\{p\}$ eines affinen Raumes A ist ein Unterraum mit dem Nullraum $[\mathfrak{o}] = \{\overrightarrow{pp}\}$ als zugeordnetem Vektorraum. Es gilt daher $\operatorname{Dim}\{p\} = 0$. Umgekehrt besteht jeder Unterraum U mit $\operatorname{Dim} U = 0$ aus genau einem Punkt. Der Verbindungsraum $p \vee q$ zweier verschiedener Punkte (statt $\{p\} \vee \{q\}$ wird einfacher $p \vee q$ geschrieben) besitzt die Dimension 1. Umgekehrt ist auch jeder Unterraum der Dimension 1 Verbindungsraum von zwei verschiedenen Punkten. Unterräume der Dimension 1 werden **Geraden**, Unterräume der Dimension 2 **Ebenen** genannt. Gilt für einen Unterraum $U \neq A$ und $U \vee p = A$ mit einem Punkt p, so heißt U eine **Hyperebene** von A. Wenn A die endliche Dimension n besitzt, sind die Hyperebenen genau die Unterräume der Dimension $n - 1$.

25. II Jeder Vektorraum X kann als affiner Raum mit sich selbst als zugeordnetem Vektorraum aufgefaßt werden, wenn man für je zwei Vektoren $\mathfrak{a}, \mathfrak{b} \in X$ den Vektor $\overrightarrow{\mathfrak{a}\mathfrak{b}}$ durch $\overrightarrow{\mathfrak{a}\mathfrak{b}} = \mathfrak{b} - \mathfrak{a}$ definiert. Die affinen Unterräume von X sind dann gerade die linearen Mannigfaltigkeiten (vgl. 5B).

25. III Ein affiner Raum A, dessen zugeordneter Vektorraum X_A ein reeller oder komplexer Vektorraum ist, wird entsprechend ein reeller bzw. komplexer affiner Raum genannt. Ist zusätzlich in X_A ein skalares Produkt definiert, so heißt A ein **euklidisch-affiner** bzw. **unitär-affiner Raum.** Der **Abstand** $\overline{pq}$ zweier Punkte wird dann durch $\overline{pq} = |\overrightarrow{pq}|$ definiert. Entsprechend wird der **Kosinus** des von den verschiedenen Punkten p, q, r mit p als Scheitel bestimmten Winkels durch $\cos(p; q, r) = \cos(\overrightarrow{pq}, \overrightarrow{pr})$ erklärt.

25. 3 *Es seien $\mathcal{U}$ und $\mathcal{V}$ zwei endlich-dimensionale Unterräume eines affinen Raumes A. Im Fall $\mathcal{U} = \emptyset$ oder $\mathcal{V} = \emptyset$ oder $\mathcal{U} \cap \mathcal{V} \neq \emptyset$ gilt dann*

$$\operatorname{Dim} \mathcal{U} + \operatorname{Dim} \mathcal{V} = \operatorname{Dim} (\mathcal{U} \vee \mathcal{V}) + \operatorname{Dim} (\mathcal{U} \cap \mathcal{V});$$

im Fall $\mathcal{U} \neq \emptyset$, $\mathcal{V} \neq \emptyset$ und $\mathcal{U} \cap \mathcal{V} = \emptyset$ gilt jedoch

$$\operatorname{Dim} \mathcal{U} + \operatorname{Dim} \mathcal{V} = \operatorname{Dim} (\mathcal{U} \vee \mathcal{V}) + \operatorname{Dim} (\mathcal{U} \cap \mathcal{V}) + \operatorname{Dim} (X_U \cap X_V).$$

Beweis: Da die Fälle $\mathcal{U} = \emptyset$ bzw. $\mathcal{V} = \emptyset$ trivial sind, kann weiterhin $\mathcal{U} \neq \emptyset$, $\mathcal{V} \neq \emptyset$ und zunächst auch $\mathcal{U} \cap \mathcal{V} \neq \emptyset$, also die Existenz eines $p \in \mathcal{U} \cap \mathcal{V}$ angenommen werden. Es gilt dann $X_{U \cap V} = X_U \cap X_V$ wegen 25. 2. Unmittelbar ergibt sich $X_U \leq X_{U \vee V}$, $X_V \leq X_{U \vee V}$ und daher $X_U + X_V \leq X_{U \vee V}$. Da aber $\mathcal{W} = \{q: \overrightarrow{pq} \in X_U + X_V\}$ ein Unterraum von A mit $\mathcal{U} \leq \mathcal{W}$ und $\mathcal{V} \leq \mathcal{W}$ ist, folgt $\mathcal{W} = \mathcal{U} \vee \mathcal{V}$ und $X_{U \vee V} = X_U + X_V$. Wegen 6. 7 erhält man jetzt

$$\begin{aligned}\operatorname{Dim} (\mathcal{U} \vee \mathcal{V}) + \operatorname{Dim} (\mathcal{U} \cap \mathcal{V}) &= \operatorname{Dim} (X_U + X_V) + \operatorname{Dim} (X_U \cap X_V)\\ &= \operatorname{Dim} X_U + \operatorname{Dim} X_V = \operatorname{Dim} \mathcal{U} + \operatorname{Dim} \mathcal{V}.\end{aligned}$$

Zweitens werde $\mathcal{U} \neq \emptyset$, $\mathcal{V} \neq \emptyset$ und $\mathcal{U} \cap \mathcal{V} = \emptyset$ vorausgesetzt. Dann gilt $\operatorname{Dim} (\mathcal{U} \cap \mathcal{V}) = -1$. Weiter seien $p \in \mathcal{U}$ und $p' \in \mathcal{V}$ fest gewählt. Man erhält $X_U + X_V + [\overrightarrow{pp'}] \leq X_{U \vee V}$. Für den Unterraum $\mathcal{W} = \{q: \overrightarrow{pq} \in X_U + X_V + [\overrightarrow{pp'}]\}$ von A gilt offenbar $\mathcal{U} \leq \mathcal{W}$, wegen $\overrightarrow{pq} = \overrightarrow{pp'} + \overrightarrow{p'q}$ und $p' \in \mathcal{V}$ aber auch $\mathcal{V} \leq \mathcal{W}$. Daher folgt $\mathcal{W} = \mathcal{U} \vee \mathcal{V}$ und $X_{U \vee V} = X_U + X_V + [\overrightarrow{pp'}]$. Würde $\overrightarrow{pp'} \in X_U + X_V$ gelten, so gäbe es Punkte $q \in \mathcal{U}$ und $q' \in \mathcal{V}$ mit $\overrightarrow{pp'} = \overrightarrow{pq} + \overrightarrow{q'p'}$, also mit $\overrightarrow{qq'} = \overrightarrow{qp} + \overrightarrow{pp'} + \overrightarrow{p'q'} = \mathfrak{o}$. Es würde $q = q'$ und damit der Widerspruch $q \in \mathcal{U} \cap \mathcal{V}$ zu $\mathcal{U} \cap \mathcal{V} = \emptyset$ folgen. Daher gilt

$$\begin{aligned}\operatorname{Dim} (\mathcal{U} \vee \mathcal{V}) &= \operatorname{Dim} (X_U + X_V + [\overrightarrow{pp'}]) = \operatorname{Dim} (X_U + X_V) + 1\\ &= \operatorname{Dim} X_U + \operatorname{Dim} X_V - \operatorname{Dim} (X_U \cap X_V) - \operatorname{Dim} (\mathcal{U} \cap \mathcal{V}).\end{aligned}$$

Hieraus folgt die Behauptung im zweiten Fall. ◆

Definition 25c: *Zwei nicht-leere Unterräume $\mathcal{U}$ und $\mathcal{V}$ eines affinen Raumes heißen* **parallel** *(in Zeichen: $\mathcal{U} \,||\, \mathcal{V}$), wenn $X_U \subseteq X_V$ oder $X_V \subseteq X_U$ gilt. Ferner soll $\emptyset \,||\, \mathcal{U}$ für alle Unterräume $\mathcal{U}$ gelten.*

Zwei nicht-leere parallele Unterräume $\mathcal{U}$ und $\mathcal{V}$ sind entweder punktfremd, oder einer von ihnen ist ein Unterraum des anderen: Aus $p \in \mathcal{U} \cap \mathcal{V}$ und z. B. $X_U \subset X_V$ folgt nämlich für jedes $q \in \mathcal{U}$ zunächst $\overrightarrow{pq} \in X_U$, also $\overrightarrow{pq} \in X_V$, wegen $p \in \mathcal{V}$ daher auch $q \in \mathcal{V}$ und somit $\mathcal{U} \subset \mathcal{V}$.

25.4 *Es gelte* $\text{Dim}\, A = n \geq 1$. *Ferner seien* U *ein nicht-leerer Unterraum und* H *eine Hyperebene von* A. *Dann sind* U *und* H *parallel, oder es gilt* $\text{Dim}\,(U \cap H) = \text{Dim}\, U - 1$.

Beweis: Aus $U \leq H$ folgt $X_U \leq X_H$ und daher $U \parallel H$. Weiter sei jetzt U nicht in H enthalten. Dann gilt $U \vee H = A$ und im Fall $U \cap H \neq \emptyset$ wegen 25.3.

$$\text{Dim}\,(U \cap H) = \text{Dim}\, U + \text{Dim}\, H - \text{Dim}\,(U \vee H) = \text{Dim}\, U + (n-1) - n.$$

Im Fall $U \cap H = \emptyset$ liefert 25.3 jedoch

$$\text{Dim}\,(X_U \cap X_H) = \text{Dim}\, U + \text{Dim}\, H - \text{Dim}\,(U \vee H) - \text{Dim}\,(U \cap H) = \text{Dim}\, U + (n-1) - n - (-1) = \text{Dim}\, U = \text{Dim}\, X_U.$$

Es folgt $X_U \cap X_H = X_U$, also $X_U \leq X_H$ und daher wieder $U \parallel H$. ◆

Als Spezialfall dieses Satzes erhält man: Zwei Geraden einer affinen Ebene sind entweder parallel, oder sie besitzen genau einen Schnittpunkt. Daß sich die beiden Fälle gegenseitig ausschließen folgt aus der Bemerkung im Anschluß an 25c.

Weiterhin sei jetzt A stets ein affiner Raum über K mit der endlichen Dimension n.

Definition 25d: *Ein geordnetes* $(n+1)$*-Tupel* $(p_0, \ldots, p_n)$ *von Punkten aus* A *heißt ein* **Koordinatensystem** *von* A, *wenn die Vektoren* $\overrightarrow{p_0p_1}, \ldots, \overrightarrow{p_0p_n}$ *linear unabhängig sind und somit eine Basis von* X_A *bilden. Es heißt dann* p_0 *der* **Anfangspunkt** *des Koordinatensystems, und* $p_1, \ldots, p_n$ *werden seine* **Einheitspunkte** *genannt.*

Gleichwertig damit, daß die Punkte $p_0, \ldots, p_n$ ein Koordinatensystem von A bilden, ist offenbar $p_0 \vee \cdots \vee p_n = A$. Jedem Punkt $x \in A$ können hinsichtlich eines Koordinatensystems $(p_0, \ldots, p_n)$ umkehrbar eindeutig n Skalare $x_1, \ldots, x_n \in K$ als Koordinaten zugeordnet werden: Da nämlich $\{\overrightarrow{p_0p_1}, \ldots, \overrightarrow{p_0p_n}\}$ eine Basis von X_A ist, besitzt der Vektor $\overrightarrow{p_0x}$ eine eindeutige Basisdarstellung

$$\overrightarrow{p_0x} = x_1\, \overrightarrow{p_0p_1} + \cdots + x_n \overrightarrow{p_0p_n}.$$

Sind $y_1, \ldots, y_n$ die Koordinaten eines zweiten Punktes y, so gilt

$$\overrightarrow{xy} = \overrightarrow{p_0y} - \overrightarrow{p_0x} = (y_1 - x_1)\, \overrightarrow{p_0p_1} + \cdots + (y_n - x_n)\, \overrightarrow{p_0p_n}.$$

Der Vektor $\overrightarrow{xy}$ besitzt also hinsichtlich der Basis $\{\overrightarrow{p_0p_1}, \ldots, \overrightarrow{p_0p_n}\}$ die Koordinaten $y_1 - x_1, \ldots, y_n - x_n$.

Es seien jetzt $(p_0, \ldots, p_n)$ und $(p_0^*, \ldots, p_n^*)$ zwei Koordinatensysteme von A. Der Basistransformation $\{\overrightarrow{p_0p_1}, \ldots, \overrightarrow{p_0p_n}\} \to \{\overrightarrow{p_0^*p_1^*}, \ldots, \overrightarrow{p_0^*p_n^*}\}$ von X_A entspricht dann eine Transformationsmatrix $T = (t_{\nu,\mu})$, deren Elemente durch die Gleichungen

$$(*) \qquad \overrightarrow{p_0^*p_\nu^*} = \sum_{\mu=1}^{n} t_{\nu,\mu} \overrightarrow{p_0p_\mu} \qquad (\nu = 1, \ldots, n)$$

bestimmt sind. Außerdem besitzt p_0^* hinsichtlich des ersten Koordinatensystems n durch die Gleichung

$$(**) \qquad \overrightarrow{p_0p_0^*} = s_1\overrightarrow{p_0p_1} + \cdots + s_n\overrightarrow{p_0p_n}$$

bestimmte Koordinaten $s_1, \ldots, s_n$, die die Verschiebung des Anfangspunkts charakterisieren. Der Transformation $(p_0, \ldots, p_n) \to (p_0^*, \ldots, p_n^*)$ dieser Koordinatensysteme entspricht also eine reguläre Matrix T und ein n-Tupel $(s_1, \ldots, s_n)$. Sind umgekehrt eine reguläre Matrix T und ein n-Tupel $(s_1, \ldots, s_n)$ sowie ein Koordinatensystem $(p_0, \ldots, p_n)$ gegeben, so ist hierdurch ein neues Koordinatensystem $(p_0^*, \ldots, p_n^*)$ eindeutig festgelegt: Der Anfangspunkt p_0^* ergibt sich aus (**), und die Einheitspunkte $p_1^*, \ldots, p_n^*$ sind danach durch (*) bestimmt.

Ein fester Punkt $x \in A$ besitzt hinsichtlich der Koordinatensysteme $(p_0, \ldots, p_n)$ und $(p_0^*, \ldots, p_n^*)$ im allgemeinen verschiedene Koordinaten $x_1, \ldots, x_n$ bzw. $x_1^*, \ldots, x_n^*$. Es gilt dann einerseits

$$\overrightarrow{p_0x} = \sum_{\mu=1}^{n} x_\mu \overrightarrow{p_0p_\mu},$$

andererseits aber auch

$$\overrightarrow{p_0x} = \overrightarrow{p_0p_0^*} + \overrightarrow{p_0^*x} = \sum_{\mu=1}^{n} s_\mu \overrightarrow{p_0p_\mu} + \sum_{\nu=1}^{n} x_\nu^* \overrightarrow{p_0^*p_\nu^*} = \sum_{\mu=1}^{n} [s_\mu + \sum_{\nu=1}^{n} x_\nu^* t_{\nu,\mu}] \overrightarrow{p_0p_\mu}.$$

Hieraus ergibt sich durch Koeffizientenvergleich folgende Transformationsformel:

25.5 *Einer Transformation $(p_0, \ldots, p_n) \to (p_0^*, \ldots, p_n^*)$ zweier Koordinatensysteme von A entsprechen vermöge der Gleichungen* (*) *und* (**) *eindeutig eine Transformationsmatrix $T = (t_{\nu,\mu})$ und ein n-Tupel $(s_1, \ldots, s_n)$. Die zugehörige Koordinatentransformation lautet dann*

$$x_\mu = s_\mu + \sum_{\nu=1}^{n} x_\nu^* t_{\nu,\mu} \qquad (\mu = 1, \ldots, n)$$

oder in Matrizenschreibweise

$$(x_1, \ldots, x_n) = (s_1, \ldots, s_n) + (x_1^*, \ldots, x_n^*)\, T.$$

Wenn A sogar ein euklidisch-affiner bzw. unitär-affiner Raum ist, heißt ein Koordinatensystem $(p_0, \ldots, p_n)$ von A ein **kartesisches Koordinatensystem**, wenn $\{\overrightarrow{p_0p_1}, \ldots, \overrightarrow{p_0p_n}\}$ eine Orthonormalbasis von X_A ist.

25. 6 *Hinsichtlich eines Koordinatensystems $(p_0, \ldots, p_n)$ ist die Menge U aller Punkte $x \in A$, deren Koordinaten $x_1, \ldots, x_n$ Lösungen eines gegebenen linearen Gleichungssystems*

$$(***) \qquad \sum_{\nu=1}^{n} a_{\varrho,\nu} x_\nu = b_\varrho \qquad (\varrho = 1, \ldots, r)$$

sind, ein Unterraum von A. Im Fall $U \neq \emptyset$ gilt Dim $U = n - k$, *wobei k der Rang der Koeffizientenmatrix $(a_{\varrho,\nu})$ ist.*

Beweis: Wenn (***) nicht lösbar ist, gilt $U = \emptyset$. Andernfalls sei x ein fester Punkt aus U mit den Koordinaten $x_1, \ldots, x_n$. Dann ist $y \in U$ gleichwertig damit, daß die Koordinaten $y_1, \ldots, y_n$ von y Lösungen von (***), daß also die Koordinaten $y_1 - x_1, \ldots, y_n - x_n$ des Vektors $\overrightarrow{xy}$ Lösungen des zugehörigen homogenen Gleichungssystems sind. Wegen 12. 3 ist daher $X_U = \{\overrightarrow{xy}\colon y \in U\}$ ein $(n{-}k)$-dimensionaler Unterraum des Vektorraums X_A; d. h. U ist ein Unterraum von A mit Dim $U = n - k$. ◆

Speziell ist nach diesem Satz $a_1x_1 + \ldots + a_nx_n = b$ die Gleichung einer Hyperebene, wenn nicht alle Koeffizienten a_ν verschwinden.

Man nennt drei Punkte x, y, z eines affinen Raumes **kollinear**, wenn sie auf einer gemeinsamen Geraden liegen. Im Fall $x \neq y$ ist dies gleichwertig damit, daß $\overrightarrow{xz} = c\overrightarrow{xy}$ mit einem geeigneten Skalar c gilt. Man nennt dann c das **Teilverhältnis** der kollinearen Punkte x, y, z und schreibt $c = TV(x,y,z)$. Sind x_ν, y_ν, z_ν $(\nu = 1, \ldots, n)$ die Koordinaten von x, y, z hinsichtlich eines beliebigen Koordinatensystems, so gilt $z_\nu - x_\nu = c(y_\nu - x_\nu)$ für $\nu = 1, \ldots, n$ und $y_\nu \neq x_\nu$ für mindestens einen Index ν. Für jeden solchen Index erhält man daher

$$TV(x, y, z) = \frac{z_\nu - x_\nu}{y_\nu - x_\nu}.$$

Ergänzungen und Aufgaben

25A Aufgabe: Welche Dimension kann in einem n-dimensionalen affinen Raum der Durchschnitt eines r-dimensionalen und eines s-dimensionalen Unterraums besitzen?

25B Es sei A ein 3-dimensionaler affiner Raum über dem Körper K, der aus genau zwei Elementen besteht (vgl. 3. IV).

Aufgabe: Wie viele Punkte, Geraden und Ebenen enthält A? Wie viele Punkte enthält eine Gerade? Wie viele Punkte und Geraden enthält eine Ebene? Wie viele parallele Geraden gibt es zu einer gegebenen Geraden?

25 C Hinsichtlich eines Koordinatensystems $(p_0, \ldots, p_n)$ von A seien $x_{\varrho,1}, \ldots, x_{\varrho,n}$ die Koordinaten von Punkten x_ϱ $(\varrho = 0, \ldots, r)$.

Aufgabe: Ein Punkt y liegt genau dann in dem Verbindungsraum $x_0 \vee \cdots \vee x_r$, wenn sich seine Koordinaten $y_1, \ldots, y_n$ in der Form

$$y_\nu = c_0 x_{0,\nu} + \cdots + c_r x_{r,\nu} \quad \text{mit} \quad c_0 + \cdots + c_r = 1 \qquad (\nu = 1, \ldots, n)$$

darstellen lassen.

25 D Hinsichtlich eines Koordinatensystems des 4-dimensionalen reellen affinen Raumes seien folgende Punkte durch ihre Koordinaten gegeben:

$$q_0: (3, -4, 1, 6), \quad q_1: (3, -2, -10, 0), \quad q_2: (2, 0, -3, 2), \quad q_3: (1, 2, 4, 4).$$

Aufgabe: 1) Bestimme die Dimension des von den Punkten $q_0, \ldots, q_3$ aufgespannten Unterraums U.

2). Bestimme den Durchschnitt von U mit der durch die Gleichung

$$4x_1 + x_2 + x_3 - 2x_4 + 6 = 0$$

gegebenen Hyperebene.

25 E **Aufgabe:** Durch die Gleichungssysteme

$$\sum_{\nu=1}^{n} a_{\varrho,\nu} x_\nu = b_\varrho \qquad (\varrho = 1, \ldots, r)$$

und

$$\sum_{\nu=1}^{n} a'_{\sigma,\nu} x_\nu = b'_\sigma \qquad (\sigma = 1, \ldots, s)$$

seien zwei Unterräume U und V eines n-dimensionalen affinen Raumes gegeben. Man gebe eine notwendige und hinreichende Bedingung für die Koeffizienten an, unter der U und V parallel sind.

25 F In einem 2-dimensionalen affinen Raum seien G und H zwei verschiedene parallele Geraden. Ferner seien x, y, z drei verschiedene Punkte von G und ebenso x', y', z' verschiedene Punkte von H.

Aufgabe: Es gilt $TV(x, y, z) = TV(x', y', z')$ genau dann, wenn sich die Geraden $x \vee x'$, $y \vee y'$, $z \vee z'$ in einem Punkt schneiden oder alle parallel sind.

§ 26 Affine Abbildungen

Es seien A und $\mathcal{B}$ zwei nicht-leere affine Räume über K mit den zugehörigen Vektorräumen X_A und Y_B.

Definition 26a: *Eine Abbildung $\varphi: A \to \mathcal{B}$ heißt eine* **affine Abbildung,** *wenn es zu ihr eine lineare Abbildung $\hat{\varphi}: X_A \to Y_B$ mit $\hat{\varphi}\overrightarrow{pq} = \overrightarrow{\varphi p\, \varphi q}$ für alle Punkte $p, q \in A$ gibt.*

Jede affine Abbildung $\varphi: A \to \mathcal{B}$ bestimmt hiernach eindeutig eine lineare Abbildung $\hat{\varphi}: X_A \to Y_B$. Ist umgekehrt eine lineare Abbildung $\hat{\varphi}: X_A \to Y_B$

gegeben, so kann man noch einem Punkt $p \in A$ seinen Bildpunkt $p^* \in \mathcal{B}$ beliebig vorschreiben. Dann aber gibt es genau eine affine Abbildung $\varphi: A \to \mathcal{B}$ mit $\varphi p = p^*$ und mit $\hat{\varphi}$ als zugeordneter linearer Abbildung: Für jeden Punkt $x \in A$ muß dann nämlich $\overrightarrow{p^* \varphi x} = \overrightarrow{\varphi p\, \varphi x} = \hat{\varphi} \overrightarrow{px}$ gelten; und umgekehrt wird hierdurch eine affine Abbildung der behaupteten Art definiert. Es gilt also:

26. 1 *Bei festen Punkten $p \in A$ und $p^* \in \mathcal{B}$ entsprechen die linearen Abbildungen $\hat{\varphi}: X_A \to Y_B$ umkehrbar eindeutig den affinen Abbildungen $\varphi: A \to \mathcal{B}$ mit $\varphi p = p^*$.*

Die einfachen Beweise der folgenden Behauptungen können dem Leser als Übung überlassen bleiben.

26. 2 *Eine affine Abbildung $\varphi: A \to \mathcal{B}$ ist genau dann eine 1-1-Abbildung (eine Abbildung von A auf $\mathcal{B}$), wenn die zugeordnete lineare Abbildung $\hat{\varphi}$ injektiv (surjektiv) ist.*

Ist U ein Unterraum von A, so ist φU ein Unterraum von $\mathcal{B}$. Im Fall $U \neq \emptyset$ gilt $Y_{\varphi U} = \hat{\varphi} X_U$.

Ist $\mathcal{V}$ ein Unterraum von $\mathcal{B}$, so ist $\varphi^-(\mathcal{V})$ ein Unterraum von A. Im Fall $\varphi^-(\mathcal{V}) \neq \emptyset$ gilt $X_{\varphi^-(V)} = \hat{\varphi}^-(Y_V)$.

Mit φ und ψ ist auch $\psi \circ \varphi$ eine affine Abbildung, deren zugeordnete lineare Abbildung $\hat{\psi} \circ \hat{\varphi}$ ist.

Wenn φ eine affine Bijektion von A auf $\mathcal{B}$ ist, dann ist auch φ^{-1} eine affine Abbildung mit $\hat{\varphi}^{-1}$ als zugeordneter linearer Abbildung.

26. 3 *Es sei $\varphi: A \to \mathcal{B}$ eine affine Abbildung:*

Sind U und $\mathcal{V}$ parallele Unterräume von A, so sind φU und $\varphi \mathcal{V}$ ebenfalls parallel.

Sind U' und $\mathcal{V}'$ parallele Unterräume von $\mathcal{B}$, so sind auch $\varphi^-(U')$ und $\varphi^-(\mathcal{V}')$ parallel.

Mit x, y, z sind auch die Bildpunkte $\varphi x, \varphi y, \varphi z$ kollinear. Aus $x \neq y$ und $\varphi x \neq \varphi y$ folgt $TV(\varphi x, \varphi y, \varphi z) = TV(x, y, z)$.

Beweis: Zunächst kann von allen auftretenden Unterräumen vorausgesetzt werden, daß sie nicht leer sind, da sonst die Parallelitätsaussage trivial ist. Ohne Einschränkung der Allgemeinheit kann weiter $X_U \subset X_V$ angenommen werden. Nach 26. 2 sind $\hat{\varphi} X_U$ und $\hat{\varphi} X_V$ die zu φU und $\varphi \mathcal{V}$ gehörenden Vektorräume. Wegen $\hat{\varphi} X_U \leq \hat{\varphi} X_V$ sind daher φU und $\varphi \mathcal{V}$ parallel. Entsprechend ergibt sich die zweite Behauptung. Es seien jetzt x, y, z kollineare Punkte. Mit $U = x \vee y \vee z$ gilt dann $\operatorname{Dim} U \leqq 1$ und daher $\operatorname{Dim} (\varphi U) = \operatorname{Dim} (\hat{\varphi} X_U) \leqq \operatorname{Dim} X_U \leqq 1$ wegen 8. 3. Die Punkte $\varphi x, \varphi y, \varphi z \in \varphi U$ sind somit ebenfalls kollinear. Gilt weiter $x \neq y$ und $\vec{xz} = c\vec{xy}$, so folgt $\overrightarrow{\varphi x \varphi z} = \hat{\varphi}\vec{xz} = c(\hat{\varphi}\vec{xy}) = c\overrightarrow{\varphi x \varphi y}$ und im Fall $\varphi x \neq \varphi y$ hieraus die letzte Behauptung. ◆

26. 4 *Es sei* $(p_0, \ldots, p_n)$ *ein Koordinatensystem von* A, *und* $p_0^*, \ldots, p_n^*$ *seien beliebige Punkte von* $\mathcal{B}$. *Dann gibt es genau eine affine Abbildung* φ *mit* $\varphi p_\nu = p_\nu^*$ $(\nu = 0, \ldots, n)$ *von* A *auf den Unterraum* $\mathcal{U} = p_0^* \vee \cdots \vee p_n^*$ *von* $\mathcal{B}$. *Es ist* φ *genau dann eine Bijektion, wenn* $(p_0^*, \ldots, p_n^*)$ *ein Koordinatensystem von* $\mathcal{U}$ *ist.*

Beweis: Da die Vektoren $\overrightarrow{p_0 p_1}, \ldots, \overrightarrow{p_0 p_n}$ eine Basis von X_A bilden, gibt es nach 8. 2 genau eine lineare Abbildung $\hat{\varphi} : X_A \to Y_B$ mit $\hat{\varphi}\overrightarrow{p_0 p_\nu} = \overrightarrow{p_0^* p_\nu^*}$ $(\nu = 1, \ldots, n)$. Diese ist wegen 8. 8 genau dann injektiv, wenn auch die Vektoren $\overrightarrow{p_0^* p_1^*}, \ldots, \overrightarrow{p_0^* p_n^*}$ linear unabhängig sind, wenn also $(p_0^*, \ldots, p_n^*)$ ein Koordinatensystem von $\mathcal{U}$ ist. Der linearen Abbildung $\hat{\varphi}$ und den Punkten p_0, p_0^* entspricht aber nach 26. 1 umkehrbar eindeutig eine affine Abbildung $\varphi : A \to \mathcal{B}$ mit den behaupteten Eigenschaften: Es gilt ja $\overrightarrow{p_0^* \varphi p_\nu} = \hat{\varphi}\overrightarrow{p_0 p_\nu} = \overrightarrow{p_0^* p_\nu^*}$ und daher $\varphi p_\nu = p_\nu^*$ $(\nu = 0, \ldots, n)$. Die letzte Behauptung ergibt sich jetzt mit Hilfe von 26. 2. ◆

Wegen 26. 1 genügt zur Beschreibung einer affinen Abbildung φ nicht die zugeordnete lineare Abbildung $\hat{\varphi}$, sondern es muß auch noch der Bildpunkt p^* eines Punktes p angegeben werden. Bei der koordinatenmäßigen Darstellung einer affinen Abbildung wählt man dabei für p den Anfangspunkt eines Koordinatensystems. Es sei nämlich $(p_0, \ldots, p_n)$ ein Koordinatensystem von A und $(p_0^*, \ldots, p_r^*)$ ein Koordinatensystem von $\mathcal{B}$. Ist nun $\varphi : A \to \mathcal{B}$ eine affine Abbildung, so entspricht der zugeordneten linearen Abbildung $\hat{\varphi}$ hinsichtlich der Basen $\{\overrightarrow{p_0 p_1}, \ldots, \overrightarrow{p_0 p_n}\}$ und $\{\overrightarrow{p_0^* p_1^*}, \ldots, \overrightarrow{p_0^* p_r^*}\}$ von X_A und Y_B umkehrbar eindeutig eine Matrix $A = (a_{\nu,\varrho})$ vermöge der Gleichungen

$$(*) \qquad \hat{\varphi}\overrightarrow{p_0 p_\nu} = \sum_{\varrho=1}^{r} a_{\nu,\varrho}\overrightarrow{p_0^* p_\varrho^*} \qquad (\nu = 1, \ldots, n).$$

Außerdem besitzt der Bildpunkt von p_0 Koordinaten $t_1, \ldots, t_r$, die durch

$$(**) \qquad \overrightarrow{p_0^* \varphi p_0} = \sum_{\varrho=1}^{r} t_\varrho \overrightarrow{p_0^* p_\varrho^*}$$

bestimmt sind. Umgekehrt wird aber auch durch eine Matrix A und durch ein r-Tupel $(t_1, \ldots, t_r)$ hinsichtlich gegebener Koordinatensysteme eine affine Abbildung φ eindeutig durch (*) und (**) beschrieben. Sind nun weiter

$x_1, \ldots, x_n$ die Koordinaten eines Punktes $x \in A$, so erhält man

$$\overrightarrow{p_0^* \varphi x} = \overrightarrow{p_0^* \varphi p_0} + \overrightarrow{\varphi p_0 \varphi x} = \overrightarrow{p_0^* \varphi p_0} + \hat{\varphi}\overrightarrow{p_0 x} = \sum_{\varrho=1}^{r} t_\varrho \overrightarrow{p_0^* p_\varrho^*} + \hat{\varphi} \sum_{\nu=1}^{n} x_\nu \overrightarrow{p_0 p_\nu}$$

$$= \sum_{\varrho=1}^{r} \left[t_\varrho + \sum_{\nu=1}^{n} x_\nu a_{\nu,\varrho} \right] \overrightarrow{p_0^* p_\varrho^*}.$$

Die auf der rechten Seite stehende eckige Klammer ist gerade die ϱ-te Koordinate x_ϱ^* des Bildpunktes φx. Damit gilt:

26.5 *Hinsichtlich gegebener Koordinatensysteme entsprechen jeder affinen Abbildung $\varphi: A \to \mathfrak{B}$ umkehrbar eindeutig eine (n, r)-Matrix $A = (a_{\nu,\varrho})$ und ein r-Tupel $(t_1, \ldots, t_r)$, die durch die Gleichungen (*) und (**) bestimmt sind. Für die Koordinaten $x_1^*, \ldots, x_r^*$ des Bildpunktes φx eines Punktes $x \in A$ mit den Koordinaten $x_1, \ldots, x_n$ gilt dann*

$$x_\varrho^* = t_\varrho + \sum_{\nu=1}^{n} x_\nu a_{\nu,\varrho} \qquad (\varrho = 1, \ldots, r),$$

oder in Matrizenschreibweise

$$(x_1^*, \ldots, x_r^*) = (t_1, \ldots, t_r) + (x_1, \ldots, x_n)\, A.$$

Diese Gleichungen und die Gleichungen (*) und (**) gelten sinngemäß auch für affine Abbildungen eines affinen Raumes A in sich. Nur braucht man dann wie bei den Endomorphismen eines Vektorraums lediglich ein Koordinatensystem von A.

Affine Bijektionen eines affinen Raumes A auf sich werden **Affinitäten** genannt. Wegen 26.2 bilden die Affinitäten eines affinen Raumes A eine Gruppe, die **affine Gruppe** von A.

Definition 26b: *Eine Affinität φ von A heißt eine* **Translation,** *wenn $\overrightarrow{p\varphi p} = \overrightarrow{q\varphi q}$ für alle Punkte $p, q \in A$ gilt. Der dann von der Wahl des Punktes p unabhängige Vektor $\mathfrak{t} = \overrightarrow{p\varphi p}$ wird der* **Translationsvektor** *genannt.*

Eine Translation ist durch ihren Translationsvektor eindeutig bestimmt; und jeder Vektor $\mathfrak{t} \in X_A$ ist auch Translationsvektor der durch $\overrightarrow{p\varphi p} = \mathfrak{t}$ definierten Translation. Die Identität ist die Translation mit dem Nullvektor als Translationsvektor. Sind φ und ψ zwei Translationen mit den Translationsvektoren $\mathfrak{t}$ und $\mathfrak{t}'$, so sind auch $\psi \circ \varphi$ und $\varphi \circ \psi$ Translationen mit $\mathfrak{t} + \mathfrak{t}'$ als Translationsvektor. Es folgt $\psi \circ \varphi = \varphi \circ \psi$; d. h. je zwei Translationen sind vertauschbar. Schließlich ist $-\mathfrak{t}$ der Translationsvektor von φ^{-1}, wenn $\mathfrak{t}$ der Translationsvektor von φ ist. Die Translationen von A bilden daher eine abelsche Gruppe.

26. 6 *Für eine Affinität φ von A sind folgende Aussagen paarweise gleichwertig:*
(1) *φ ist eine Translation.*
(2) *Für je zwei Punkte $p, q \in A$ gilt $\overrightarrow{\varphi p\, \varphi q} = \overrightarrow{pq}$.*
(3) *Die φ zugeordnete lineare Abbildung $\hat{\varphi}$ ist die Identität.*

Beweis: Es ist $\overrightarrow{p\varphi p} = \overrightarrow{q\varphi q}$ gleichwertig mit $\overrightarrow{\varphi p\, p} = -\overrightarrow{q \varphi q}$, wegen $\overrightarrow{\varphi p\, \varphi q} = \overrightarrow{\varphi p\, p} + \overrightarrow{pq} + \overrightarrow{q\varphi q}$ also auch gleichwertig mit $\overrightarrow{\varphi p\, \varphi q} = \overrightarrow{pq}$. Die letzte Gleichung ist aber wegen $\hat{\varphi}\, \overrightarrow{pq} = \overrightarrow{\varphi p\, \varphi q}$ wieder gleichwertig damit, daß $\hat{\varphi}$ die Identität ist. ◆

Ein Punkt p heißt **Fixpunkt** einer Affinität φ, wenn $\varphi p = p$ gilt.

26. 7 *Bei gegebenem $p \in A$ kann jede Affinität φ von A auf genau eine Weise in der Form $\varphi = \varphi'' \circ \varphi'$ dargestellt werden, wobei φ'' eine Translation und φ' eine Affinität mit p als Fixpunkt ist.*

Beweis: Es sei φ'' die Translation mit dem Translationsvektor $\overrightarrow{p\varphi p}$. Dann gilt $\varphi'' p = \varphi p$, und für die Affinität $\varphi' = \varphi''^{-1} \circ \varphi$ folgt hieraus $\varphi' p = \varphi''^{-1}(\varphi p) = p$. Ist umgekehrt $\varphi = \varphi'' \circ \varphi'$ eine Darstellung der angegebenen Art, so folgt $\varphi'' p = \varphi''(\varphi' p) = \varphi p$. Daher muß $\overrightarrow{p\varphi p}$ der Translationsvektor von φ'' sein; d. h. φ'' und damit auch φ' sind eindeutig bestimmt. ◆

Da einer Translation von A nach 26. 6 als zugeordnete lineare Abbildung die Identität, dieser aber im Fall endlicher Dimension hinsichtlich einer beliebigen Basis von X_A die Einheitsmatrix entspricht, ergibt sich mit Hilfe von 26. 5:

26. 8 *Es sei $(p_0, \ldots, p_n)$ ein Koordinatensystem von A, und φ sei eine Translation von A mit dem Translationsvektor $\mathfrak{t}$. Für die Koordinaten $x_1, \ldots, x_n$ bzw. $x_1^*, \ldots, x_n^*$ eines Punktes $x \in A$ und seines Bildpunktes φx gilt dann*

$$(x_1^*, \ldots, x_n^*) = (t_1, \ldots, t_n) + (x_1, \ldots, x_n),$$

wobei $t_1, \ldots, t_n$ die Koordinaten von $\mathfrak{t}$ hinsichtlich der Basis $\{\overrightarrow{p_0 p_1}, \ldots, \overrightarrow{p_0 p_n}\}$ sind.

Weiterhin sei jetzt A sogar ein euklidisch-affiner bzw. unitär-affiner Raum.

Definition 26c: *Eine Affinität φ von A heißt eine* **Kongruenz**, *wenn sie den Abstand je zweier Punkte (vgl. 25. III) nicht ändert, wenn also $\overline{\varphi p\, \varphi q} = \overline{pq}$ für alle Punkte $p, q \in A$ gilt.*

Jede Translation φ ist eine Kongruenz; wegen 26.6 gilt nämlich $\overline{\varphi p\, \varphi q} = |\overrightarrow{\varphi p\, \varphi q}| = |\overrightarrow{pq}| = \overline{pq}$. Mit φ und ψ sind außerdem offenbar auch $\psi \circ \varphi$ und φ^{-1} Kongruenzen. Die Kongruenzen von A bilden daher ihrerseits eine Gruppe, die die Gruppe der Translationen als Untergruppe enthält.

26.9 *Eine Affinität φ von A ist genau dann eine Kongruenz, wenn die ihr zugeordnete lineare Abbildung $\hat{\varphi}$ eine orthogonale bzw. unitäre Abbildung ist.*

Beweis: Wegen $\overrightarrow{\varphi p \varphi q} = \hat{\varphi}\overrightarrow{pq}$ ist φ genau dann eine Kongruenz, wenn $|\hat{\varphi}\overrightarrow{pq}| = |\overrightarrow{pq}|$ für alle $p, q \in A$, also $|\hat{\varphi}\mathfrak{x}| = |\mathfrak{x}|$ für alle $\mathfrak{x} \in X_A$ gilt. Dies ist aber nach 23.1 gleichwertig damit, daß $\hat{\varphi}$ orthogonal bzw. unitär ist. ◆

Hieraus folgt noch, daß eine Kongruenz nicht nur die Abstände, sondern auch die Winkel (abgesehen von der Orientierung) ungeändert läßt.

Nach 26.5 entspricht einer Affinität φ im endlich-dimensionalen Fall hinsichtlich eines Koordinatensystems eine quadratische Matrix A. Aus 26.9 und 23.4 ergibt sich daher: φ ist genau dann eine Kongruenz, wenn φ hinsichtlich eines kartesischen Koordinatensystems (vgl. p. 185) eine orthogonale bzw. unitäre Matrix entspricht.

Definition 26d: *Eine Affinität φ von A heißt eine* **Ähnlichkeit**, *wenn es eine reelle Zahl $c > 0$ gibt, so daß $\overline{\varphi p\, \varphi q} = c\overline{pq}$ für alle $p, q \in A$ gilt. Es wird dann c der* **Ähnlichkeitsfaktor** *von φ genannt.*

Jede Kongruenz ist eine Ähnlichkeit mit dem Ähnlichkeitsfaktor 1. Sind φ und ψ Ähnlichkeiten mit den Ähnlichkeitsfaktoren c bzw. c', so ist $\psi \circ \varphi$ eine Ähnlichkeit mit dem Faktor cc' und φ^{-1} eine Ähnlichkeit mit dem Faktor $\frac{1}{c}$. Daher bilden auch die Ähnlichkeiten von A eine Gruppe, die die Gruppe der Kongruenzen als Untergruppe enthält.

26.10 *Eine Affinität φ von A ist genau dann eine Ähnlichkeit, wenn die ihr zugeordnete lineare Abbildung $\hat{\varphi}$ die Form $\hat{\varphi} = c\hat{\psi}$ mit einer reellen Zahl $c > 0$ und einer orthogonalen bzw. unitären Abbildung $\hat{\psi}$ besitzt.*

Beweis: Es ist φ genau dann eine Ähnlichkeit mit dem Ähnlichkeitsfaktor c, wenn $|\hat{\varphi}\overrightarrow{pq}| = c\,|\overrightarrow{pq}|$ für alle $p, q \in A$, also $|\hat{\varphi}\mathfrak{x}| = c\,|\mathfrak{x}|$ für alle $\mathfrak{x} \in X_A$ gilt. Dies ist aber gleichwertig mit $|\left(\frac{1}{c}\hat{\varphi}\right)\mathfrak{x}| = |\mathfrak{x}|$, wegen 23.1 also damit, daß $\hat{\psi} = \frac{1}{c}\hat{\varphi}$ eine orthogonale bzw. unitäre Abbildung ist. ◆

Ebenso wie bei den Kongruenzen folgt hieraus für den Fall endlicher Dimension: Eine Affinität ist genau dann eine Ähnlichkeit, wenn ihr hinsichtlich eines kartesischen Koordinatensystems eine Matrix der Form cA mit $c > 0$ und einer orthogonalen bzw. unitären Matrix A entspricht.

Ergänzungen und Aufgaben

26 A Man nennt eine Bijektion eines affinen Raumes auf sich eine **Kollineation**, wenn sie kollineare Punkte wieder auf kollineare Punkte abbildet. Jede Affinität ist nach 26. 3 eine Kollineation. Für reelle affine Räume A mit $2 \leqq \operatorname{Dim} A < \infty$ gilt hiervon auch die Umkehrung: Dort sind die Kollineationen genau die Affinitäten. Aber z. B. in komplexen affinen Räumen gilt dieser Satz nicht mehr.

Aufgabe: 1). In einer komplexen affinen Ebene werde hinsichtlich eines Koordinatensystems jedem Punkt x mit den Koordinaten x_1, x_2 als Bild φx der Punkt mit den konjugiert-komplexen Koordinaten $\overline{x_1}, \overline{x_2}$ zugeordnet. Zeige, daß φ eine Kollineation, aber keine Affinität ist.

2). Es sei φ eine Bijektion einer affinen Geraden auf sich. Zeige, daß φ genau dann eine Affinität ist, wenn für je drei Punkte $TV(\varphi x, \varphi y, \varphi z) = TV(x, y, z)$ gilt.

26 B Es sei A ein affiner Raum mit $\operatorname{Dim} A = n \geqq 2$. Eine Affinität φ von A heißt **perspektiv**, wenn $p \vee \varphi p \parallel q \vee \varphi q$ für je zwei Punkte $p, q \in A$ gilt.

Aufgabe: 1). Eine von der Identität verschiedene Affinität von A ist genau dann eine Translation, wenn sie perspektiv ist und keinen Fixpunkt besitzt.

2). Die Menge aller Fixpunkte einer von der Identität verschiedenen perspektiven Affinität ist entweder leer oder eine Hyperebene.

3). Zu jeder Hyperebene H von A und je zwei nicht in H liegenden Punkten p, p^* gibt es genau eine perspektive Affinität φ mit $\varphi p = p^*$ und $\varphi x = x$ für alle $x \in H$.

4). Im Fall $n = 2$ gibt es zu je zwei nicht-kollinearen Punktetripeln (p_0, p_1, p_2) und (p_0^*, p_1^*, p_2^*) mit paarweise parallelen Unterräumen $p_0 \vee p_0^*, p_1 \vee p_1^*, p_2 \vee p_2^*$ eine perspektive Affinität φ mit $\varphi p_\nu = p_\nu^*$ $(\nu = 0, 1, 2)$.

5). Man folgere, daß in der Ebene jede Affinität als Produkt von zwei perspektiven Affinitäten dargestellt werden kann.

26 C Es sei $\mathfrak{U}$ eine Untergruppe der Gruppe $\mathfrak{A}$ aller Affinitäten eines affinen Raumes A. Man nennt dann eine Aussage über Teilmengen von A eine **$\mathfrak{U}$-invariante** Aussage, wenn folgende Bedingung erfüllt ist: Trifft die Aussage auf Teilmengen $M_1, M_2, \ldots$ zu, so soll sie für beliebiges $\varphi \in \mathfrak{U}$ auch auf die Bildmengen $\varphi M_1, \varphi M_2, \ldots$ zutreffen. Die Menge aller $\mathfrak{U}$-invarianten Aussagen wird dann die zur Untergruppe $\mathfrak{U}$ gehörende **Geometrie** genannt. Die zu der Gruppe $\mathfrak{A}$ aller Affinitäten gehörende Geometrie heißt **affine Geometrie**; die zu der Gruppe aller Ähnlichkeiten bzw. Kongruenzen eines euklidisch- oder unitär-affinen Raumes gehörende Geometrie wird **Ähnlichkeitsgeometrie** bzw. **Kongruenzgeometrie (euklidische Geometrie)** genannt. Ist $\mathfrak{U}$ eine Untergruppe von $\mathfrak{U}'$, so ist jede Aussage der zu $\mathfrak{U}'$ gehörenden Geometrie auch eine Aussage der zu $\mathfrak{U}$ gehörenden Geometrie. Eine derartige gruppentheoretische Charakterisierung der Geometrien ist der Inhalt des **Erlanger Programms** von F. Klein.

Es sei wieder $\mathfrak{U}$ eine Untergruppe von $\mathfrak{A}$. Zwei Teilmengen M und M' von A heißen dann **$\mathfrak{U}$-äquivalent**, wenn es eine Affinität $\varphi \in \mathfrak{U}$ mit $\varphi M = M'$ gibt. Ist $\mathfrak{U}$ speziell die Gruppe aller Affinitäten, aller Ähnlichkeiten oder aller Kongruenzen, so werden $\mathfrak{U}$-äquivalente Mengen entsprechend **affin-äquivalent**, **ähnlich** oder **kongruent** genannt.

Aufgabe: 1). Die $\mathfrak{U}$-Äquivalenz ist eine Äquivalenzrelation (vgl. 11 C).

2). Man beweise die Kongruenzsätze für Dreiecke; d. h. man zeige, daß zwei Dreiecke der euklidisch-affinen Ebene genau dann durch eine Kongruenz auf einander abgebildet werden können, wenn sie in folgenden Stücken übereinstimmen:

(α) den Längen aller Seiten,

(β) den Längen zweier Seiten und dem eingeschlossenen Winkel,

(γ) der Länge einer Seite und den beiden anliegenden Winkeln,

(δ) den Längen zweier Seiten und dem der größeren Seite gegenüberliegenden Winkel.

§ 27 Projektive Räume

Die Sätze der affinen Geometrie enthalten vielfach störende Fallunterscheidungen. So gilt z. B. in einer affinen Ebene nicht allgemein, daß sich zwei Geraden in einem Punkt schneiden; eine Ausnahme bilden die parallelen Geraden. Man kann nun die affinen Räume zu Räumen erweitern, die man projektive Räume nennt und in denen derartige Ausnahmefälle nicht mehr auftreten.

Es sei X ein beliebiger Vektorraum. Das Hauptinteresse gilt jetzt jedoch nicht mehr den Vektoren, sondern den 1-dimensionalen Unterräumen von X, die als Punkte eines neuen Raumes aufgefaßt werden sollen.

Definition 27a: *Ein* **projektiver Raum** $\mathcal{P}$ *über einem kommutativen Körper* K *ist die Menge aller* 1*-dimensionalen Unterräume eines Vektorraums* X *über* K. *Eine Teilmenge* U *von* $\mathcal{P}$ *heißt ein (projektiver)* **Unterraum** *von* $\mathcal{P}$, *wenn sie aus genau den* 1*-dimensionalen Unterräumen eines Unterraums* X_U *von* X *besteht, wenn sie also selbst ein projektiver Raum ist. Als (projektive)* **Dimension** *eines Unterraums* U *von* $\mathcal{P}$ *(in Zeichen:* dim U*) wird die um Eins verminderte Dimension des Vektorraums* X_U *definiert:* $\dim U = \operatorname{Dim} X_U - 1$.

Zur Vermeidung von Mißverständnissen soll die projektive Dimension durch einen kleinen Anfangsbuchstaben gekennzeichnet werden. Projektive Unterräume der Dimension 0 werden **Punkte**, der Dimension 1 bzw. 2 **projektive Geraden** bzw. **Ebenen** genannt. Ein Punkt $p \in \mathcal{P}$ ist also der von einem Vektor $\mathfrak{a} \neq \mathfrak{o}$ aufgespannte Unterraum von X; es gilt also $p = [\mathfrak{a}]$. Die projektiven Geraden entsprechen umkehrbar eindeutig den 2-dimensionalen, die projektiven Ebenen den 3-dimensionalen Unterräumen von X. Auch die leere Menge ist ein projektiver Raum; als Vektorraum entspricht ihr der Nullraum, der ja keine 1-dimensionalen Unterräume besitzt. Es folgt $\dim \emptyset = \operatorname{Dim} [\mathfrak{o}] - 1 = -1$.

Der Begriff des projektiven Raumes unterscheidet sich hiernach von dem des Vektorraums nur durch die Art der Auffassung. Alle Sätze über Unterräume eines Vektorraums können daher auch unmittelbar in Sätze über projektive Unterräume übersetzt werden: Man braucht statt „k-dimensionaler

Vektorunterraum" nur „$(k-1)$-dimensionaler projektiver Unterraum" einzusetzen. So ist z. B. der Durchschnitt beliebig vieler projektiver Unterräume wieder ein projektiver Unterraum. Jedes System $\mathfrak{S}$ von Unterräumen eines projektiven Raumes erzeugt einen projektiven Unterraum, der wie im affinen Raum mit $\bigvee\{U: U \in \mathfrak{S}\}$ bzw. $U_1 \vee \cdots \vee U_n$ bezeichnet und der **Verbindungsraum** genannt werden soll. Offenbar gilt $X_{U \vee V} = X_U + X_V$. Ein Unterraum H eines projektiven Raumes $\mathcal{P}$ heißt eine **Hyperebene**, wenn $H \neq \mathcal{P}$, aber $H \vee p = \mathcal{P}$ mit einem Punkt $p \in \mathcal{P}$ gilt. Wenn $\mathcal{P}$ die endliche projektive Dimension n besitzt, sind die Hyperebenen genau die Unterräume H mit $\dim H = n-1$.

27. 1 *Für Unterräume U, $\mathcal{V}$ eines endlich-dimensionalen projektiven Raumes $\mathcal{P}$ gilt*

$$\dim U + \dim \mathcal{V} = \dim (U \vee \mathcal{V}) + \dim (U \cap \mathcal{V}).$$

Ist H eine Hyperebene und U ein nicht in H enthaltener Unterraum, so folgt $\dim (U \cap H) = \dim U - 1$. *Insbesondere besitzen in einer projektiven Ebene zwei verschiedene Geraden genau einen Schnittpunkt.*

Beweis: Wegen 6. 7 erhält man

$$\dim U + \dim \mathcal{V} = \operatorname{Dim} X_U - 1 + \operatorname{Dim} X_V - 1 = \operatorname{Dim} (X_U + X_V) - 1$$
$$+ \operatorname{Dim} (X_U \cap X_V) - 1 = \dim (U \vee \mathcal{V}) + \dim (U \cap \mathcal{V}).$$

Ist U nicht in H enthalten, so gilt $U \vee H = \mathcal{P}$, also

$$\dim (U \vee H) = \dim \mathcal{P} = \dim H + 1$$

und daher

$$\dim (U \cap H) = \dim U + \dim H - \dim (U \vee H) = \dim U - 1.$$

In einer projektiven Ebene sind die Hyperebenen genau die Geraden. Für zwei verschiedene Geraden $\mathcal{G}$ und H einer projektiven Ebene gilt daher nach dem Vorangehenden $\dim (\mathcal{G} \cap H) = \dim \mathcal{G} - 1 = 0$; d. h. $\mathcal{G} \cap H$ ist ein Punkt. ◆

Es sei jetzt $\mathcal{P}$ ein nicht-leerer projektiver Raum mit dem zugehörigen Vektorraum X. Weiter sei H eine Hyperebene von $\mathcal{P}$ und a ein nicht in H liegender Punkt; d. h. es gilt $H \vee a = \mathcal{P}$. Die Menge A aller nicht in H liegenden Punkte von $\mathcal{P}$ kann dann in folgender Weise als ein affiner Raum aufgefaßt werden: Zu a werde ein Vektor $\mathfrak{a} \in X$ mit $a = [\mathfrak{a}]$ fest gewählt. Zu jedem Punkt $p \in A$ gibt es dann genau einen Vektor $\mathfrak{x}_p \in X_H$ mit

$p = [\mathfrak{a} + \mathfrak{x}_p]$. Setzt man nun $\overrightarrow{pq} = \mathfrak{x}_q - \mathfrak{x}_p$ für je zwei Punkte $p, q \in A$, so ist A hinsichtlich dieser Zuordnung ein affiner Raum mit X_H als zugehörigem Vektorraum. Außerdem gilt Dim A = Dim X_H = dim $H + 1$ = dim $\mathcal{P}$.

Damit hat sich folgender Zusammenhang zwischen den projektiven und den affinen Räumen ergeben: Entfernt man aus einem projektiven Raum $\mathcal{P}$ eine beliebige Hyperebene H, so kann die Menge A aller übrigen Punkte als ein affiner Raum mit Dim A = dim $\mathcal{P}$ aufgefaßt werden. Bei dieser Erzeugungsweise bezeichnet man die Punkte von A als **eigentliche Punkte,** die von H als **uneigentliche Punkte**; entsprechend wird H die zu A gehörige **uneigentliche Hyperebene** genannt. Umgekehrt kann jeder affine Raum A durch Hinzunahme einer (uneigentlichen) Hyperebene zu einem projektiven Raum $\mathcal{P}$ erweitert werden. So entsteht aus einer affinen Geraden durch Adjunktion eines uneigentlichen Punktes eine projektive Gerade, aus einer affinen Ebene durch Hinzunahme einer uneigentlichen Geraden eine projektive Ebene.

In den folgenden beiden Sätzen mögen $\mathcal{P}$, H, A usw. die soeben benutzte Bedeutung haben.

27. 2 *Für jeden projektiven Unterraum U von $\mathcal{P}$ ist die Menge $U_0 = U \cap A$ der eigentlichen Punkte von U ein affiner Unterraum von A. Umgekehrt gibt es zu jedem nicht-leeren affinen Unterraum U_0 von A genau einen projektiven Unterraum U von $\mathcal{P}$ mit $U_0 = U \cap A$. Es gilt dann* Dim U_0 = dim U, *und der zu U_0 gehörende Vektorraum ist der Vektorraum $X_U \cap X_H$.*

Beweis: Es sei U ein Unterraum von $\mathcal{P}$. Im Fall $U \leq H$ gilt $U_0 = \emptyset$; d. h. U_0 ist der leere Unterraum von A. Andernfalls existiert ein Punkt $p \in U_0$, und man erhält unmittelbar $\{\overrightarrow{pq}\colon q \in U_0\} = X_U \cap X_H = X_{U \cap H}$. Es ist dann also U_0 ein affiner Unterraum von A mit $X_{U \cap H}$ als zugeordnetem Vektorraum. Zweitens sei U_0 ein nicht-leerer Unterraum von A mit dem Unterraum X^* von X_H als zugeordnetem Vektorraum. Ist nun p ein fester Punkt aus U_0, so gilt $p = [\mathfrak{p}]$ mit $\mathfrak{p} \notin X_H$. Der Unterraum $X_U = X^* + [\mathfrak{p}]$ von X bestimmt dann einen Unterraum U von $\mathcal{P}$, für den offenbar $U_0 = U \cap A$ gilt. Umgekehrt folgt aus $U_0 = U \cap A$ sofort $X_U = (X_U \cap X_H) + [\mathfrak{p}] = X^* + [\mathfrak{p}]$; d. h. U ist auch eindeutig bestimmt. Im Fall endlicher Dimension ergibt sich hieraus noch

$$\text{Dim } U_0 = \text{Dim } X^* = \text{Dim } X_U - 1 = \dim U. \ ◆$$

27. 3 *Eine Hyperebene U_0 von A und ein nicht-leerer und nicht in U_0 enthaltener echter Unterraum $\mathcal{V}_0$ von A sind genau dann parallel, wenn die zugehörigen projektiven Unterräume U und $\mathcal{V}$ von $\mathcal{P}$ die Bedingung $U \cap \mathcal{V} \leq H$ erfüllen, wenn also ihr Durchschnitt nur aus uneigentlichen Punkten besteht.*

Beweis: Da $\mathcal{V}_0$ nicht in U_0 enthalten ist, folgt aus $U_0 \,||\, \mathcal{V}_0$, daß U_0 und $\mathcal{V}_0$ keinen Schnittpunkt in A besitzen können. Daher kann $U \cap \mathcal{V}$ nur aus uneigentlichen Punkten bestehen. Umgekehrt gelte $U \cap \mathcal{V} \leq H$, also auch $X_U \cap X_V \leq X_H$. Da $\mathcal{V}_0$ nicht leer ist, enthält $\mathcal{V}$ einen eigentlichen Punkt und daher X_V einen Vektor $\mathfrak{v}$ mit $\mathfrak{v} \notin X_H$. Und weil U eine Hyperebene ist, gilt außerdem $X_U + [\mathfrak{v}] = X$. Es sei nun weiter $\mathfrak{x}$ ein beliebiger Vektor aus $X_V \cap X_H$. Dann gilt $\mathfrak{x} = \mathfrak{u} + c\mathfrak{v}$ mit einem Vektor $\mathfrak{u} \in X_U$. Wegen $\mathfrak{x} \in X_V$ und $\mathfrak{v} \in X_V$ folgt auch $\mathfrak{u} \in X_V$, also $\mathfrak{u} \in X_U \cap X_V$ und somit $\mathfrak{u} \in X_H$. Wegen $\mathfrak{x} \in X_H$ und $\mathfrak{u} \in X_H$ folgt jetzt aber $c\mathfrak{v} \in X_H$, wegen $\mathfrak{v} \notin X_H$ also $c = 0$ und $\mathfrak{x} = \mathfrak{u}$. Damit hat sich $X_V \cap X_H \leq X_U \cap X_H$ ergeben. Und weil dies die den affinen Unterräumen U_0 und $\mathcal{V}_0$ zugeordneten Vektorräume sind, erhält man schließlich $U_0 \,||\, \mathcal{V}_0$. ◆

Die letzten beiden Sätze können dazu benutzt werden, um aus projektiven Sätzen die entsprechenden affinen Sätze zu gewinnen. So folgt z. B. aus dem projektiven Satz, daß sich zwei verschiedene Geraden einer projektiven Ebene in genau einem Punkt schneiden, der affine Satz, daß zwei verschiedene Geraden U_0 und $\mathcal{V}_0$ einer affinen Ebene genau einen Schnittpunkt besitzen oder parallel sind: Wenn nämlich der Schnittpunkt p der entsprechenden projektiven Geraden U und $\mathcal{V}$ ein eigentlicher Punkt ist, so gilt auch $U_0 \cap \mathcal{V}_0 = \{p\}$. Ist aber p ein uneigentlicher Punkt, so folgt aus 27. 3 die Parallelität von U_0 und $\mathcal{V}_0$.

Definition 27b: *Je $k+1$ Punkte $p_0, \ldots, p_k$ eines projektiven Raumes heißen* **unabhängig,** *wenn* $\dim (p_0 \vee \ldots \vee p_k) = k$ *gilt.*

27. 4 *Für die Punkte $p_0, \ldots, p_k$ (aufgefaßt als 1-dimensionale Unterräume von X) gelte $p_\varkappa = [\mathfrak{a}_\varkappa]$ für $\varkappa = 0, \ldots, k$. Dann folgt: Die Punkte $p_0, \ldots, p_k$ sind genau dann unabhängig, wenn die Vektoren $\mathfrak{a}_0, \ldots, \mathfrak{a}_k$ linear unabhängig sind.*

Beweis: Es ist $\dim (p_0 \vee \cdots \vee p_k) = k$ gleichwertig mit $\operatorname{Dim} ([\mathfrak{a}_0] + \cdots + [\mathfrak{a}_k]) = k+1$, also damit, daß die Vektoren $\mathfrak{a}_0, \ldots, \mathfrak{a}_k$ einen $(k+1)$-dimensionalen Unterraum aufspannen und somit linear unabhängig sind. ◆

Es sei nun $\mathcal{P}$ ein n-dimensionaler projektiver Raum. Für den zugehörigen Vektorraum X gilt also $\operatorname{Dim} X = \dim \mathcal{P} + 1 = n + 1$. Weiter seien $n + 2$ Punkte $p_0, \ldots, p_n, e$ von $\mathcal{P}$ gegeben, unter denen je $n + 1$ Punkte unabhängig sind. Wählt man jetzt Vektoren $\mathfrak{a}'_0, \ldots, \mathfrak{a}'_n, \mathfrak{e} \in X$ mit $[\mathfrak{a}'_\nu] = p_\nu$ $(\nu = 0, \ldots, n)$ und $[\mathfrak{e}] = e$, so bilden je $n + 1$ unter diesen Vektoren nach dem letzten Satz eine Basis von X. Insbesondere gilt also $\mathfrak{e} = c_0\mathfrak{a}'_0 + \cdots + c_n\mathfrak{a}'_n$ mit geeigneten Skalaren c_ν. Für keinen Index ν kann dabei $c_\nu = 0$ gelten, weil sonst die $n+1$ Vektoren $\mathfrak{e}$ und $\mathfrak{a}'_\mu$ mit $\mu \neq \nu$ linear abhängig wären. Mit $\mathfrak{a}_\nu = c_\nu \mathfrak{a}'_\nu$ $(\nu = 0, \ldots, n)$ gilt daher ebenfalls $p_\nu = [\mathfrak{a}_\nu]$ und weiter auch $\mathfrak{e} = \mathfrak{a}_0 + \cdots + \mathfrak{a}_n$. Durch die Punkte $p_0, \ldots, p_n, e$ wird also bei fester Wahl von $\mathfrak{e}$ eindeutig eine Basis $\{\mathfrak{a}_0, \ldots, \mathfrak{a}_n\}$ von X bestimmt. Ist $\mathfrak{e}^*$ ein anderer Vektor mit $e = [\mathfrak{e}^*]$, so gibt es ebenfalls genau eine Basis $\{\mathfrak{a}_0^*, \ldots, \mathfrak{a}_n^*\}$ von X mit $[\mathfrak{a}_\nu^*] = p_\nu$ $(\nu = 0, \ldots, n)$ und $\mathfrak{e}^* = \mathfrak{a}_0^* + \cdots + \mathfrak{a}_n^*$. Da aber wegen $[\mathfrak{e}] = [\mathfrak{e}^*]$ jedenfalls $\mathfrak{e}^* = c\mathfrak{e}$ mit $c \neq 0$ gelten muß, folgt $\mathfrak{a}_\nu^* = c\mathfrak{a}_\nu$ $(\nu = 0, \ldots, n)$. Durch die Punkte $p_0, \ldots, p_n, e$ ist also in der beschriebenen Weise eine Basis $\{\mathfrak{a}_0, \ldots, \mathfrak{a}_n\}$ von X bis auf einen gemeinsamen Faktor $c \neq 0$ aller Vektoren eindeutig bestimmt. Wählt man nun zu einem gegebenen Punkt $x \in \mathcal{P}$ einen Vektor $\mathfrak{x} \in X$ mit $x = [\mathfrak{x}]$ beliebig aus, so entspricht ihm hinsichtlich der Basis $\{\mathfrak{a}_0, \ldots, \mathfrak{a}_n\}$ eindeutig ein Koordinaten-$(n+1)$-Tupel $(x_0, \ldots, x_n)$. Wegen $\mathfrak{x} \neq \mathfrak{o}$ sind hierbei nicht alle Koordinaten gleich Null. Ist $\mathfrak{x}'$ ein zweiter Vektor mit $x = [\mathfrak{x}']$, so gilt $\mathfrak{x}' = a\mathfrak{x}$ mit $a \neq 0$, und die Koordinaten von $\mathfrak{x}'$ unterscheiden sich von denen des Vektors $\mathfrak{x}$ nur um den gemeinsamen Faktor a. Ebenso ändern sich die Koordinaten nach dem Vorangehenden nur um einen gemeinsamen, von Null verschiedenen Faktor, wenn man statt der Basis $\{\mathfrak{a}_0, \ldots, \mathfrak{a}_n\}$ eine andere, durch die Punkte $p_0, \ldots, p_n, e$ bestimmte Basis benutzt.

Definition 27c: *Ein geordnetes $(n+2)$-Tupel $(p_0, \ldots, p_n, e)$ von Punkten eines n-dimensionalen projektiven Raumes $\mathcal{P}$ heißt ein* **Koordinatensystem** *von $\mathcal{P}$, wenn je $n+1$ unter diesen Punkten unabhängig sind. Es werden dann $p_0, \ldots, p_n$ die* **Grundpunkte** *und e der* **Einheitspunkt** *des Koordinatensystems genannt.*

Nach den vorangehenden Überlegungen kann jedem Punkt $x \in \mathcal{P}$ hinsichtlich eines Koordinatensystems $(p_0, \ldots, p_n, e)$ ein bis auf einen von Null verschiedenen Faktor eindeutig bestimmtes Koordinaten-$(n+1)$-Tupel $(x_0, \ldots, x_n)$ zugeordnet werden, in dem nicht sämtliche Koordinaten verschwinden. Umgekehrt bestimmt offenbar jedes von $(0, \ldots, 0)$ verschiedene $(n+1)$-Tupel genau einen Punkt x. Man bezeichnet diese Koordinaten als **homogene Koordinaten.** Die Grundpunkte $p_0, \ldots, p_n$ besitzen die Koordinaten $(1, 0, \ldots, 0), \ldots, (0, \ldots, 0, 1)$; die Koordinaten des Einheitspunktes sind $(1, 1, \ldots, 1)$.

Es sei jetzt $\mathcal{P}$ ein n-dimensionaler projektiver Raum, aus dem durch Herausnahme einer uneigentlichen Hyperebene H der n-dimensionale affine Raum A entstehen möge. Weiter sei $(p_0, \ldots, p_n)$ ein affines Koordinatensystem von A. Diesem kann man dann auf folgende Weise ein projektives Koordinatensystem $(p_0^*, \ldots, p_n^*, e^*)$ von $\mathcal{P}$ zuordnen: Nach 27.1 schneiden die projektiven Verbindungsgeraden von p_0 und p_ν die uneigentliche Hyperebene in genau einem

Punkt $p_\nu^* = (p_0 \vee p_\nu) \frown H$ $(\nu = 1, \ldots, n)$. Weiter sei e^* der durch $\overrightarrow{p_0 e^*} = \overrightarrow{p_0 p_1} + \cdots + \overrightarrow{p_0 p_n}$ bestimmte eigentliche Punkt, der also die affinen Koordinaten $(1, \ldots, 1)$ besitzt. Setzt man schließlich noch $p_0^* = p_0$, so zeigen einfache Überlegungen, daß $(p_0^*, \ldots, p_n^*, e^*)$ ein projektives Koordinatensystem von $\mathcal{P}$ ist. Eine zu diesem Koordinatensystem von $\mathcal{P}$ gehörende Basis von X gewinnt man folgendermaßen: Durch die weiter oben beschriebene Art der Einbettung von A in $\mathcal{P}$ ist durch p_0 eindeutig ein Vektor $\mathfrak{a}_0$ mit $p_0 = [\mathfrak{a}_0]$ bestimmt. Setzt man jetzt noch $\mathfrak{a}_\nu = \overrightarrow{p_0 p_\nu}$ $(\nu = 1, \ldots, n)$, so ist $\{\mathfrak{a}_0, \ldots, \mathfrak{a}_n\}$ eine Basis von X und $\{\mathfrak{a}_1, \ldots, \mathfrak{a}_n\}$ eine Basis von X_H. Außerdem gilt offenbar $e^* = [\mathfrak{a}_0 + \mathfrak{a}_1 + \cdots + \mathfrak{a}_n]$. Für einen beliebigen Punkt $x \in A$ mit den affinen Koordinaten $(x_1, \ldots, x_n)$ ist dann $\mathfrak{x} = \mathfrak{a}_0 + \overrightarrow{p_0 x} = 1\,\mathfrak{a}_0 + x_1 \mathfrak{a}_1 + \cdots + x_n \mathfrak{a}_n$ ein Vektor mit $x = [\mathfrak{x}]$. Dies bedeutet aber, daß $(1, x_1, \ldots, x_n)$ gerade die homogenen Koordinaten von x bezüglich des projektiven Koordinatensystems $(p_0^*, \ldots, p_n^*, e^*)$ sind. Umgekehrt seien $(x_0^*, \ldots, x_n^*)$ die homogenen Koordinaten eines Punktes $x \in \mathcal{P}$. Da $\{\mathfrak{a}_1, \ldots, \mathfrak{a}_n\}$ eine Basis von X_H ist, gilt $x \in H$ genau dann, wenn $x_0^* = 0$ ist. Speziell sei nun x ein eigentlicher Punkt, also ein Punkt aus A. Dann gilt $x_0^* \neq 0$, und auch $\left(1, \frac{x_1^*}{x_0^*}, \ldots, \frac{x_n^*}{x_0^*}\right)$ ist ein $(n+1)$-Tupel homogener Koordinaten von x. Es folgt

$$\overrightarrow{p_0 x} = 1 \cdot \mathfrak{a}_0 + \frac{x_1^*}{x_0^*}\mathfrak{a}_1 + \cdots + \frac{x_n^*}{x_0^*}\mathfrak{a}_n - \mathfrak{a}_0 = \frac{x_1^*}{x_0^*}\overrightarrow{p_0 p_1} + \cdots + \frac{x_n^*}{x_0^*}\overrightarrow{p_0 p_n};$$

d. h. $\frac{x_1^*}{x_0^*}, \ldots, \frac{x_n^*}{x_0^*}$ sind die affinen Koordinaten von x. Damit hat sich folgende einfache Beziehung zwischen den affinen und den projektiven Koordinaten hinsichtlich geeigneter Koordinatensysteme ergeben:

27. 5 *Jedes affine Koordinatensystem $(p_0, \ldots, p_n)$ eines affinen Raumes A bestimmt in der oben angegebenen Weise eindeutig ein projektives Koordinatensystem $(p_0^*, \ldots, p_n^*, e^*)$ des durch Hinzunahme einer uneigentlichen Hyperebene H entstehenden projektiven Raumes $\mathcal{P}$. Sind dann $(x_1, \ldots, x_n)$ die affinen Koordinaten eines Punktes $x \in A$, so sind $(1, x_1, \ldots, x_n)$ die homogenen Koordinaten von x bezüglich des projektiven Koordinatensystems. Sind umgekehrt $(x_0^*, \ldots, x_n^*)$ die homogenen Koordinaten eines Punktes $x \in \mathcal{P}$, so gilt $x \in H$ (d. h. x ist ein uneigentlicher Punkt) genau dann, wenn $x_0^* = 0$ ist. Im Fall eines eigentlichen Punktes sind $\left(\frac{x_1^*}{x_0^*}, \ldots, \frac{x_n^*}{x_0^*}\right)$ die affinen Koordinaten von x.*

Es seien jetzt x, y, z, u kollineare Punkte eines projektiven Raumes; d. h. diese vier Punkte sollen auf einer projektiven Geraden $\mathcal{G}$ liegen. Nimmt man noch an, daß x, y, z drei verschiedene Punkte sind, so sind sie zu je zweien unabhängig und bilden somit ein Koordinatensystem (x, y, z) von $\mathcal{G}$ mit x, y als Grundpunkten und z als Einheitspunkt. Der vierte kollineare Punkt u besitzt hinsichtlich dieses Koordinatensystems homogene Koordinaten (u_0^*, u_1^*). Nimmt man noch $u \neq y$ an, so gilt außerdem $u_0^* \neq 0$. Da u_0^* und u_1^* bis auf einen gemeinsamen Faktor eindeutig bestimmt sind, ist der Quotient $\frac{u_1^*}{u_0^*}$ sogar eindeutig durch die vier Punkte festgelegt. Man nennt ihn das **Doppelverhältnis** des geordneten Quadrupels (x, y, z, u) kollinearer Punkte und bezeichnet dieses mit $DV(x, y, z, u)$. Um auch den Fall $u = y$, also $u_0^* = 0$, zu erfassen, schreibt man formal $DV(x, y, z, y) = \infty$.

Wenn die kollinearen Punkte x, y, z, u hinsichtlich irgendeines Koordinatensystems durch die ihnen entsprechenden Koordinaten-$(n+1)$-Tupel $\mathfrak{x} = (x_0, \ldots, x_n), \ldots, \mathfrak{u} = (u_0, \ldots, u_n)$ gegeben sind, gestaltet sich die Berechnung des Doppelverhältnisses folgendermaßen: Zunächst hat man Skalare s und t mit $\mathfrak{z} = s\mathfrak{x} + t\mathfrak{y}$ zu bestimmen. Mit $\mathfrak{a}_0 = s\mathfrak{x}$ und $\mathfrak{a}_1 = t\mathfrak{y}$ ist danach $\mathfrak{u}$ in der Form $\mathfrak{u} = u_0^*\mathfrak{a}_0 + u_1^*\mathfrak{a}_1$ darzustellen. Dann gilt $DV(x,y,z,u) = \frac{u_1^*}{u_0^*}$. Die Kollinearität der Punkte ist gleichwertig damit, daß die Vektoren $\mathfrak{x}, \mathfrak{y}, \mathfrak{z}, \mathfrak{u}$ einen 2-dimensionalen Vektorraum aufspannen, daß also die Matrix

$$\begin{pmatrix} x_0 & \cdots & x_n \\ y_0 & \cdots & y_n \\ z_0 & \cdots & z_n \\ u_0 & \cdots & u_n \end{pmatrix}$$

den Rang 2 besitzt. Wegen $x \neq y$ gibt es sogar Indizes i und k mit

$$\begin{vmatrix} x_i & x_k \\ y_i & y_k \end{vmatrix} \neq 0.$$

Für s, t, u_0^*, u_1^* ergeben sich dann die linearen Gleichungssysteme

$$\begin{aligned} x_i s + y_i t &= z_i \\ x_k s + y_k t &= z_k \end{aligned} \quad \text{und} \quad \begin{aligned} x_i s u_0^* + y_i t u_1^* &= u_i \\ x_k s u_0^* + y_k t u_1^* &= u_k \end{aligned}.$$

Es folgt

$$\frac{s}{t} = \frac{z_i y_k - z_k y_i}{x_i z_k - x_k z_i} \quad \text{und} \quad \frac{u_1^*}{u_0^*} = \frac{x_i u_k - x_k u_i}{u_i y_k - u_k y_i} \cdot \frac{s}{t},$$

also

$$DV(x, y, z, u) = \frac{x_i u_k - x_k u_i}{u_i y_k - u_k y_i} \cdot \frac{z_i y_k - z_k y_i}{x_i z_k - x_k z_i}.$$

Wenn x, y, z, u speziell Punkte eines affinen Raumes mit den affinen Koordinaten $(x_1, \ldots, x_n), \ldots, (u_1, \ldots, u_n)$ sind, erhält man aus ihnen nach 27. 5 die zugehörigen homogenen Koordinaten, indem man $x_0 = y_0 = z_0 = u_0 = 1$ setzt. In der vorangehenden Rechnung kann man nun $i = 0$ annehmen und für k einen Index mit $x_k \neq y_k$ wählen. Man erhält dann als Wert für das Doppelverhältnis in affinen Koordinaten:

$$DV(x, y, z, u) = \frac{x_k - u_k}{y_k - u_k} \cdot \frac{y_k - z_k}{x_k - z_k} = \frac{TV(z, x, y)}{TV(u, x, y)},$$

also ein Verhältnis von Teilverhältnissen. Hierdurch ist der Name „Doppelverhältnis" begründet.

Besonders einfach gestaltet sich das Ergebnis, wenn einer der vier Punkte — etwa u — ein uneigentlicher Punkt ist. Dann kann man $i = 0$ setzen und $u_0 = 0$, $u_k = x_0 = y_0 = z_0 = 1$ annehmen. Man erhält:

$$DV(x, y, z, u) = \frac{y_k - z_k}{x_k - z_k} = TV(z, x, y).$$

Das Doppelverhältnis geht in diesem Fall also in das Teilverhältnis über.

Ergänzungen und Aufgaben

27 A Es sei (p_0, p_1, p_2, e) ein Koordinatensystem einer projektiven Ebene. Für einen von p_0, p_1, p_2 verschiedenen Punkt x werde dann (vgl. Fig.)

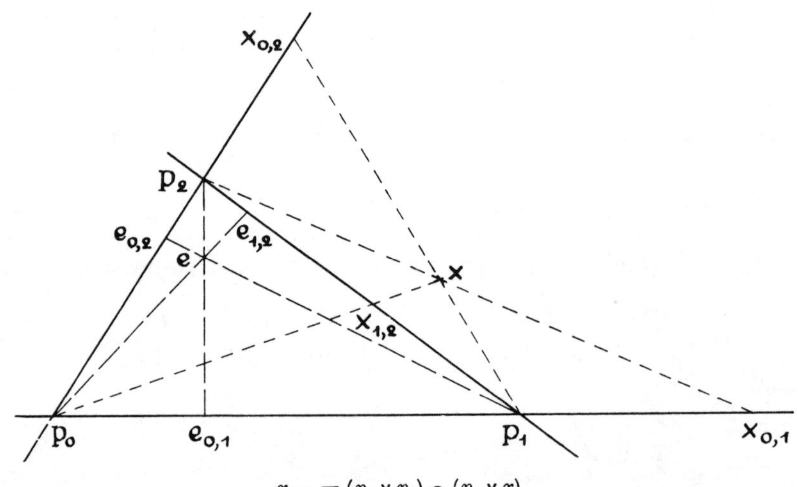

$$x_{0,1} = (p_0 \vee p_1) \frown (p_2 \vee x),$$
$$x_{0,2} = (p_0 \vee p_2) \frown (p_1 \vee x),$$
$$x_{1,2} = (p_1 \vee p_2) \frown (p_0 \vee x)$$

gesetzt.

Aufgabe: Es seien x_0^*, x_1^*, x_2^* die homogenen Koordinaten des Punktes x bezüglich des gegebenen Koordinatensystems. Zeige: Für je zwei Indizes i, k mit $i < k$ gilt $\frac{x_k^*}{x_i^*} = DV(p_i, p_k, e_{i,k}, x_{i,k})$.

27 B Das Doppelverhältnis von vier kollinearen Punkten p_1, p_2, p_3, p_4 hängt von der Reihenfolge dieser Punkte ab. Nachstehend bedeute π eine beliebige Permutation der Indizes.

Aufgabe: 1). Für welche Permutationen gilt $DV(p_1, p_2, p_3, p_4) = DV(p_{\pi 1}, p_{\pi 2}, p_{\pi 3}, p_{\pi 4})$?
2). Es gelte $DV(p_1, p_2, p_3, p_4) = c$. Man drücke für alle Permutationen π das Doppelverhältnis $DV(p_{\pi 1}, p_{\pi 2}, p_{\pi 3}, p_{\pi 4})$ durch c aus. Wie viele verschiedene Doppelverhältnisse treten auf?

27 C Eine reelle projektive Gerade G kann umkehrbar eindeutig (und stetig) auf eine Kreislinie abgebildet werden: Hinsichtlich eines Koordinatensystems von G seien nämlich (x_0, x_1) die homogenen Koordinaten eines Punktes $x \in G$. Durch $\alpha(x) = 2 \operatorname{arctg} \frac{x_1}{x_0}$ wird dann x umkehrbar eindeutig ein Winkel $\alpha(x)$ mit $-\pi < \alpha(x) \leqq +\pi$ zugeordnet. Jedem solchen Winkel $\alpha(x)$ kann aber wiederum in natürlicher Weise ein Punkt x^* einer Kreislinie zugeordnet werden. An diesem Modell erkennt man, daß die auf der reellen affinen Geraden sinnvolle Aussage „der Punkt p liegt zwischen den Punkten q und r“ auf G keinen Sinn mehr besitzt: Unter drei verschiedenen Punkten der Kreislinie ist keiner durch seine Lage ausgezeichnet. An die Stelle von „zwischen“ tritt in G der Begriff „trennen“: Man sagt, daß zwei Punktepaare (p_1, p_2) und (p_3, p_4) von G sich **trennen**, wenn die beiden die Punkte p_1^* und p_2^* verbindenden Bögen der Kreislinie je einen der beiden Punkte p_3^*, p_4^* enthalten.

Aufgabe: 1). Zeige: Zwei Punktepaare (p_1, p_2) und (p_3, p_4) von G trennen sich genau dann, wenn $DV(p_1, p_2, p_3, p_4) < 0$ gilt.
2). Der Punkt $u \in G$ sei als uneigentlicher Punkt ausgezeichnet. Zeige, daß der eigentliche Punkt z genau dann zwischen den eigentlichen Punkten x und y liegt, wenn $DV(x, y, z, u) < 0$ gilt. Zeige weiter, daß z genau dann Mittelpunkt der durch x und y bestimmten Strecke der affinen Geraden ist, wenn $DV(x, y, z, u) = -1$ erfüllt ist. (Man sagt in diesem Fall, daß sich die Punktepaare (x, y) und (z, u) **harmonisch** trennen.)

§ 28 Projektivitäten

Es sei $\mathcal{P}$ ein projektiver Raum mit dem zugehörigen Vektorraum X. Eine lineare Bijektion $\hat{\varphi}$ von X auf sich, also ein Automorphismus von X, bildet dann jeden 1-dimensionalen Unterraum wieder auf einen 1-dimensionalen Unterraum von X ab. Daher induziert $\hat{\varphi}$ eine Bijektion φ von $\mathcal{P}$ auf sich: Ist nämlich $x = [\mathfrak{x}]$ ein Punkt von $\mathcal{P}$, so ist sein Bildpunkt φx durch $\varphi x = [\hat{\varphi}\mathfrak{x}]$ eindeutig bestimmt; denn ist $\mathfrak{x}'$ ein anderer Vektor mit $x = [\mathfrak{x}']$, so folgt $\mathfrak{x}' = c\mathfrak{x}$ mit $c \neq 0$, also $\hat{\varphi}\mathfrak{x}' = c\hat{\varphi}\mathfrak{x}$ und somit $[\hat{\varphi}\mathfrak{x}'] = [\hat{\varphi}\mathfrak{x}]$.

Definition 28a: *Eine Bijektion φ von $\mathcal{P}$ auf sich heißt eine* **Projektivität** *von $\mathcal{P}$, wenn sie von einem Automorphismus $\hat{\varphi}$ von X induziert wird, wenn also $\varphi[\mathfrak{x}] = [\hat{\varphi}\mathfrak{x}]$ für jeden Punkt $x = [\mathfrak{x}]$ von $\mathcal{P}$ gilt.*

Verschiedene Automorphismen von X können dieselbe Projektivität von $\mathcal{P}$ induzieren. Man kann jedoch eine einfache Bedingung dafür angeben, wann zwei Automorphismen von X dieselbe Projektivität bestimmen.

28. 1 *Zwei Automorphismen $\hat{\varphi}$ und $\hat{\psi}$ von X induzieren genau dann dieselbe Projektivität von $\mathcal{P}$, wenn $\hat{\psi} = c\hat{\varphi}$ mit einem Skalar $c \neq 0$ gilt.*

Beweis: Aus $\hat{\psi} = c\hat{\varphi}$ mit $c \neq 0$ folgt $\hat{\psi}\mathfrak{x} = c\hat{\varphi}\mathfrak{x}$ und somit $[\hat{\psi}\mathfrak{x}] = [\hat{\varphi}\mathfrak{x}]$ für jeden Vektor $\mathfrak{x} \in X$. Für die induzierten Projektivitäten ψ und φ erhält man daher $\psi x = \varphi x$ bei beliebigem $x \in \mathcal{P}$, also $\psi = \varphi$. Umgekehrt gelte $\psi = \varphi$. Für jeden Vektor $\mathfrak{x} \in X$ mit $\mathfrak{x} \neq \mathfrak{o}$ muß dann $[\hat{\psi}\mathfrak{x}] = [\hat{\varphi}\mathfrak{x}]$ und folglich $\hat{\psi}\mathfrak{x} = c_{\mathfrak{x}}\hat{\varphi}\mathfrak{x}$ mit einem Skalar $c_{\mathfrak{x}} \neq 0$ erfüllt sein. Sind nun $x = [\mathfrak{x}]$ und $y = [\mathfrak{y}]$ zwei verschiedene Punkte, so sind die Vektoren $\mathfrak{x}$ und $\mathfrak{y}$ linear unabhängig, und mit $\mathfrak{z} = \mathfrak{x} + \mathfrak{y}$ muß einerseits $\hat{\psi}\mathfrak{z} = c_{\mathfrak{z}}\hat{\varphi}\mathfrak{z} = c_{\mathfrak{z}}\hat{\varphi}\mathfrak{x} + c_{\mathfrak{z}}\hat{\varphi}\mathfrak{y}$, andererseits aber auch $\hat{\psi}\mathfrak{z} = \hat{\psi}\mathfrak{x} + \hat{\psi}\mathfrak{y} = c_{\mathfrak{x}}\hat{\varphi}\mathfrak{x} + c_{\mathfrak{y}}\hat{\varphi}\mathfrak{y}$ gelten. Da aber $\hat{\varphi}$ ein Automorphismus ist, sind auch $\hat{\varphi}\mathfrak{x}$ und $\hat{\varphi}\mathfrak{y}$ linear unabhängig, und es folgt durch Koeffizientenvergleich $c_{\mathfrak{x}} = c_{\mathfrak{z}} = c_{\mathfrak{y}}$. Daher sind die Skalare $c_{\mathfrak{x}}$ in Wirklichkeit von $\mathfrak{x}$ unabhängig und gleich einem festen c. Man erhält $\hat{\psi}\mathfrak{x} = c\hat{\varphi}\mathfrak{x}$ für alle $\mathfrak{x} \in X$, also $\hat{\psi} = c\hat{\varphi}$. ◆

Unmittelbar aus der Definition ergibt sich:

28. 2 *Mit zwei Projektivitäten φ und ψ ist auch $\psi \circ \varphi$ eine Projektivität mit dem induzierenden Automorphismus $\hat{\psi} \circ \hat{\varphi}$. Mit φ ist auch φ^{-1} eine Projektivität, die von $\hat{\varphi}^{-1}$ induziert wird.*

28. 3 *Jede Projektivität bildet Unterräume auf Unterräume gleicher Dimension ab und läßt das Doppelverhältnis kollinearer Punkte ungeändert.*

Beweis: Die erste Behauptung folgt unmittelbar daraus, daß ein Automorphismus eines Vektorraums Unterräume auf Unterräume gleicher Dimension abbildet. Weiter sei φ eine Projektivität, und die Punkte x, y, z, u seien kollinear. Wegen der ersten Behauptung sind dann auch die Bildpunkte $\varphi x, \varphi y, \varphi z, \varphi u$ kollinear. Es gelte nun $x = [\mathfrak{x}]$, $y = [\mathfrak{y}]$, $z = [\mathfrak{z}]$ und $u = [\mathfrak{u}]$ mit $\mathfrak{x} + \mathfrak{y} = \mathfrak{z}$ und $\mathfrak{u} = u_0\mathfrak{x} + u_1\mathfrak{y}$. Es folgt $\varphi x = [\hat{\varphi}\mathfrak{x}]$, $\varphi y = [\hat{\varphi}\mathfrak{y}]$ usw.; außerdem aber auch $\hat{\varphi}\mathfrak{x} + \hat{\varphi}\mathfrak{y} = \hat{\varphi}\mathfrak{z}$ und $\hat{\varphi}\mathfrak{u} = u_0\hat{\varphi}\mathfrak{x} + u_1\hat{\varphi}\mathfrak{y}$. Daher gilt

$$DV(x, y, z, u) = \frac{u_1}{u_0} = DV(\varphi x, \varphi y, \varphi z, \varphi u). \quad ◆$$

Weiterhin sei jetzt $\mathcal{P}$ ein n-dimensionaler projektiver Raum mit dem zugehörigen Vektorraum X.

28. 4 *Es seien* $(p_0, \ldots, p_n, e)$ *und* $(p_0^*, \ldots, p_n^*, e^*)$ *zwei Koordinatensysteme von* $\mathcal{P}$. *Dann gibt es genau eine Projektivität* φ *von* $\mathcal{P}$ *mit* $\varphi p_\nu = p_\nu^*$ $(\nu = 0, \ldots, n)$ *und* $\varphi e = e^*$.

Beweis: Es sei $\{\mathfrak{a}_0, \ldots, \mathfrak{a}_n\}$ eine Basis von X mit $p_\nu = [\mathfrak{a}_\nu]$ $(\nu = 0, \ldots, n)$ und $e = [\mathfrak{a}_0 + \cdots + \mathfrak{a}_n]$. Ebenso sei $\{\mathfrak{a}_0^*, \ldots, \mathfrak{a}_n^*\}$ eine entsprechend zu dem zweiten Koordinatensystem gehörende Basis. Dann gibt es nach 8. 2 genau eine lineare Abbildung $\hat{\varphi}: X \to X$ mit $\hat{\varphi}\mathfrak{a}_\nu = \mathfrak{a}_\nu^* (\nu = 0, \ldots, n)$; und diese ist wegen 8. 9 sogar ein Automorphismus von X. Die von $\hat{\varphi}$ induzierte Projektivität φ besitzt offenbar die verlangten Eigenschaften. Ist weiter auch ψ eine Projektivität der behaupteten Art, so muß $[\hat{\psi}\mathfrak{a}_\nu] = [\mathfrak{a}_\nu^*] = [\hat{\varphi}\mathfrak{a}_\nu]$, also $\hat{\psi}\mathfrak{a}_\nu = c_\nu\hat{\varphi}\mathfrak{a}_\nu$ für $\nu = 0, \ldots, n$ gelten. Außerdem muß aber auch $[\hat{\psi}(\mathfrak{a}_0 + \cdots + \mathfrak{a}_n)] = [\mathfrak{a}_0^* + \cdots + \mathfrak{a}_n^*] = [\hat{\varphi}(\mathfrak{a}_0 + \cdots + \mathfrak{a}_n)]$ und somit $\hat{\psi}(\mathfrak{a}_0 + \cdots + \mathfrak{a}_n) = c\hat{\varphi}(\mathfrak{a}_0 + \cdots + \mathfrak{a}_n)$ erfüllt sein. Vergleich liefert $c_0 = \cdots = c_n = c$ und weiter $\hat{\psi} = c\hat{\varphi}$, wegen 28. 1 also $\psi = \varphi$. ◆

Hinsichtlich eines Koordinatensystems $(p_0, \ldots, p_n, e)$ kann jeder Projektivität φ eine reguläre quadratische Matrix zugeordnet werden: Es sei nämlich wieder $\{\mathfrak{a}_0, \ldots, \mathfrak{a}_n\}$ eine Basis von X mit $p_\nu = [\mathfrak{a}_\nu]$ $(\nu = 0, \ldots, n)$ und $e = [\mathfrak{a}_0 + \cdots + \mathfrak{a}_n]$. Die Projektivität φ werde durch den Automorphismus $\hat{\varphi}$ von X induziert. Dann entspricht $\hat{\varphi}$ hinsichtlich der Basis $\{\mathfrak{a}_0, \ldots, \mathfrak{a}_n\}$ umkehrbar eindeutig eine reguläre quadratische Matrix $A = (a_{\nu,\mu})$ vermöge der Gleichungen

$$\hat{\varphi}\mathfrak{a}_\nu = \sum_{\mu=0}^{n} a_{\nu,\mu}\, \mathfrak{a}_\mu \qquad (\nu = 0, \ldots, n).$$

Wählt man eine andere, zu dem Koordinatensystem gehörende Basis $\{\mathfrak{a}_0^*, \ldots, \mathfrak{a}_n^*\}$, so gilt (vgl. p. 197) $\mathfrak{a}_\nu^* = c\mathfrak{a}_\nu$ $(\nu = 0, \ldots, n)$, und $\hat{\varphi}$ ist hinsichtlich dieser Basis dieselbe Matrix A zugeordnet. Nun ist aber $\hat{\varphi}$ durch φ nicht eindeutig bestimmt. Nach 28. 1 besitzt jedoch jeder andere Automorphismus, der ebenfalls φ induziert, die Form $c\hat{\varphi}$ mit $c \neq 0$. Hinsichtlich jeder zu dem Koordinatensystem gehörenden Basis von X entspricht ihm daher die Matrix cA. Man kann auf diese Art also jeder Projektivität φ hinsichtlich eines Koordinatensystems eine reguläre quadratische Matrix A zuordnen, die allerdings nur bis auf einen skalaren Faktor $c \neq 0$ eindeutig bestimmt ist. Umgekehrt legt natürlich jede reguläre quadratische Matrix A auch einen Automorphismus von X und somit eine Projektivität von $\mathcal{P}$ fest; und zwei solche Matrizen A und B bestimmen genau dann dieselbe Projektivität, wenn $B = cA$ mit $c \neq 0$ gilt.

Unter Beibehaltung aller Bezeichnungen seien jetzt $(x_0, \ldots, x_n)$ die Koordinaten eines Punktes x; d. h. es gilt $x = [\mathfrak{x}]$ mit $\mathfrak{x} = \sum_{\nu=0}^{n} x_\nu \mathfrak{a}_\nu$. Für den Bildpunkt φx folgt hieraus $\varphi x = [\hat{\varphi}\mathfrak{x}]$ und

$$\hat{\varphi}\mathfrak{x} = \sum_{\nu=0}^{n} x_\nu \hat{\varphi}\mathfrak{a}_\nu = \sum_{\mu=0}^{n} \left(\sum_{\nu=0}^{n} x_\nu a_{\nu,\mu} \right) \mathfrak{a}_\mu .$$

Die rechts in den Klammern stehenden Summen sind daher gerade die homogenen Koordinaten x_μ^* des Bildpunktes, die ja ebenso wie die Koeffizienten $a_{\nu,\mu}$ der Matrix nur bis auf einen von Null verschiedenen Faktor eindeutig bestimmt sind. Zusammenfassend hat sich damit ergeben:

28.5 *Hinsichtlich eines Koordinatensystems* $(p_0, \ldots, p_n, e)$ *entspricht jeder Projektivität* φ *eine bis auf einen Faktor* $c \neq 0$ *eindeutig bestimmte reguläre quadratische Matrix* $A = (a_{\nu,\mu})$ *mit* $n+1$ *Zeilen und Spalten. Sind* $(x_0, \ldots, x_n)$ *und* $(x_0^*, \ldots, x_n^*)$ *die homogenen Koordinaten des Punktes* x *bzw. seines Bildpunktes* φx, *so gilt*

$$x_\mu^* = \sum_{\nu=0}^{n} x_\nu a_{\nu,\mu} \qquad (\mu = 0, \ldots, n),$$

oder in Matrizenschreibweise

$$(x_0^*, \ldots, x_n^*) = (x_0, \ldots, x_n)\, A .$$

Umgekehrt bestimmt jede reguläre quadratische Matrix auf diese Weise eindeutig eine Projektivität; und zwei Matrizen A *und* B *bestimmen genau dann dieselbe Projektivität, wenn* $B = cA$ *mit* $c \neq 0$ *gilt.*

Dem Übergang von einem Koordinatensystem zu einem zweiten entspricht auch hier eine reguläre, $(n+1)$-reihige quadratische Matrix S. Ist einer Projektivität hinsichtlich des einen Koordinatensystems die Matrix A, hinsichtlich des anderen die Matrix B zugeordnet, so gilt wieder $B = SAS^{-1}$, wobei jetzt allerdings alle Matrizen nur bis auf einen von Null verschiedenen Faktor bestimmt sind. Schließlich spiegeln sich auch die Produkt- und Inversenbildung bei Projektivitäten in den entsprechenden Operationen der zugeordneten Matrizen wider. Da die Beweise völlig analog zu den entsprechenden früheren Beweisen verlaufen, können sie hier übergangen werden.

Zum Schluß soll noch ein Zusammenhang zwischen den Affinitäten und den Projektivitäten hergestellt werden.

Es sei wieder $\mathcal{P}$ ein n-dimensionaler projektiver Raum, aus dem durch Auszeichnung einer uneigentlichen Hyperebene H der affine Raum A hervorgehe. Weiter sei $(p_0, \ldots, p_n)$ ein affines Koordinatensystem von A, das nach

27. 5 in eindeutiger Weise ein projektives Koordinatensystem $(p_0^*,\ldots,p_n^*,e^*)$ von $\mathcal{P}$ bestimmt. Einer Affinität φ_0 von A entspricht nun hinsichtlich $(p_0,\ldots,p_n)$ nach 26. 5 umkehrbar eindeutig eine reguläre quadratische Matrix $A_0 = (a_{\nu,\mu})$ $(\nu, \mu = 1,\ldots, n)$ und ein n-Tupel $(t_1,\ldots,t_n)$. Sind $(x_1,\ldots,x_n)$ die affinen Koordinaten eines Punktes $x \in A$, so sind die Koordinaten $(x_1',\ldots,x_n')$ seines Bildpunktes $\varphi_0 x$ durch die Gleichungen

$$(*) \qquad x_\mu' = t_\mu + \sum_{\nu=1}^{n} x_\nu a_{\nu,\mu} \qquad (\mu = 1,\ldots,n)$$

bestimmt. Die homogenen Koordinaten $(x_0^*,\ldots,x_n^*)$ von x und $(x_0'^*,\ldots,x_n'^*)$ von $\varphi_0 x$ bezüglich des Koordinatensystems $(p_0^*,\ldots,p_n^*,e^*)$ werden nach 27.5 durch $x_0^* = 1$ und $x_\nu^* = x_\nu$ $(\nu = 1,\ldots,n)$ bzw. durch $x_0'^* = 1$ und $x_\mu'^* = x_\mu'$ $(\mu = 1,\ldots,n)$ gegeben. Für sie ergibt sich daher mit Hilfe der Gleichungen (*)

$$x_0'^* = x_0^* \quad \text{und} \quad x_\mu'^* = x_0^* t_\mu + x_1^* a_{1,\mu} + \cdots + x_n^* a_{n,\mu} \qquad (\mu = 1,\ldots,n).$$

Diese Gleichungen können mit der Matrix

$$A = \begin{pmatrix} 1 & t_1 & \cdots & t_n \\ 0 & a_{1,1} & \cdots & a_{1,n} \\ \cdot & \cdot & \cdots & \cdot \\ 0 & a_{n,1} & \cdots & a_{n,n} \end{pmatrix}$$

auch in der einen Gleichung

$$(x_0'^*,\ldots,x_n'^*) = (x_0^*,\ldots,x_n^*)\,A$$

zusammengefaßt werden. Wegen $\operatorname{Det} A = \operatorname{Det} A_0 \neq 0$ (Entwicklung nach der ersten Spalte!) ist auch A eine reguläre Matrix. Sie bestimmt somit eindeutig eine Projektivität φ von P. Für die eigentlichen Punkte $x \in A$ gilt offenbar $\varphi x = \varphi_0 x$; d. h. φ ist eine Fortsetzung der Affinität φ_0 zu einer Projektivität von $\mathcal{P}$. Die uneigentlichen Punkte $x \in H$ sind durch $x_0^* = 0$ gekennzeichnet. Aus der speziellen Form der Matrix A folgt hieraus auch $x_0'^* = 0$; d. h. φx ist ebenfalls ein uneigentlicher Punkt. Es gilt also $\varphi H = H$. Aus der Konstruktion folgt außerdem unmittelbar, daß φ auch die einzige Fortsetzung von φ_0 zu einer Projektivität von $\mathcal{P}$ ist.

Umgekehrt sei jetzt φ eine Projektivität von $\mathcal{P}$, der hinsichtlich $(p_0^*,\ldots,p_n^*,e^*)$ die reguläre Matrix $A = (a_{\nu,\mu})$ $(\nu, \mu = 0,\ldots,n)$ entsprechen möge. Notwendig dafür, daß φ Fortsetzung einer Affinität φ_0 von A ist, ist offenbar, daß φ uneigentliche Punkte auf uneigentliche Punkte abbildet, daß also $\varphi H = H$ gilt. Da die Punkte $x \in H$ durch $x_0^* = 0$ gekennzeichnet sind, ist hiermit gleichwertig $a_{1,0} = \cdots = a_{n,0} = 0$. Wegen $\operatorname{Det} A \neq 0$ muß dann aber $a_{0,0} \neq 0$ gelten. Und da A ohnehin nur bis auf einen von Null verschiedenen Faktor durch φ bestimmt ist, kann $a_{0,0} = 1$ angenommen werden. Ist nun x ein eigentlicher Punkt mit den affinen Koordinaten $(x_1, \ldots, x_n)$, so folgt

$$(1, x_1, \ldots, x_n)\, A = (1, x'_1, \ldots, x'_n)$$

mit

$$x'_\mu = a_{0,\mu} + \sum_{\nu=1}^{n} x_\nu a_{\nu,\mu} \qquad (\mu = 1, \ldots, n).$$

Es sind also $(x'_1, \ldots, x'_n)$ die affinen Koordinaten des Bildpunktes φx, und φ ist tatsächlich Fortsetzung einer Affinität φ_0 von A, der hinsichtlich des affinen Koordinatensystems $(p_0, \ldots, p_n)$ die reguläre Matrix $A_0 = (a_{\nu,\mu})$ $(\nu, \mu = 1, \ldots, n)$ und das n-Tupel $(a_{0,1}, \ldots, a_{0,n})$ zugeordnet sind. Damit hat sich ergeben:

28.6 *Jede Affinität φ_0 von A kann auf genau eine Weise zu einer Projektivität φ von $\mathfrak{P}$ fortgesetzt werden. Umgekehrt induziert eine Projektivität φ von $\mathfrak{P}$ genau dann eine Affinität φ_0 von A, wenn $\varphi H = H$ gilt.*

Ergänzungen und Aufgaben

28 A Ebenso wie für die Affinitäten (vgl. 26 A) gilt auch in einem reellen projektiven Raum P mit $\dim P \geqq 2$: Eine Bijektion von P auf sich ist genau dann eine Projektivität, wenn sie eine Kollineation ist.

Aufgabe: Zeige, daß eine Bijektion einer projektiven Geraden auf sich genau dann eine Projektivität ist, wenn sie das Doppelverhältnis ungeändert läßt.

28 B Aus dem n-dimensionalen projektiven Raum P entstehe durch Herausnahme einer uneigentlichen Hyperebene H der affine Raum A.

Aufgabe: Zeige, daß eine Projektivität φ von P mit $\varphi H = H$ genau dann eine Translation von A induziert, wenn $\varphi x = x$ für alle $x \in H$ gilt, wenn also φ in H die Identität induziert, und wenn φ in A keinen Fixpunkt besitzt.

28 C Für den projektiven Raum P gelte $\dim P \geqq 2$. Eine Projektivität φ von P heißt eine **Perspektivität** mit dem Punkt z als **Zentrum**, wenn für jeden Punkt $x \in P$ die Punkte $z, x, \varphi x$ kollinear sind.

Aufgabe: 1). Für eine Perspektivität φ mit dem Zentrum z gilt $\varphi z = z$; außerdem gibt es eine Hyperebene U von P mit $\varphi x = x$ für alle $x \in U$.

2). Zu jeder Hyperebene U und gegebenen kollinearen Punkten z, p, p^* mit $p \neq z$, $p^* \neq z$, $p \notin U$, $p^* \notin U$ gibt es genau eine Perspektivität φ mit z als Zentrum, mit $\varphi p = p^*$ und mit $\varphi x = x$ für alle $x \in U$.

3). Es entstehe der affine Raum A aus P durch Auszeichnung einer uneigentlichen Hyperebene H. Zeige: Eine Perspektivität φ von P mit dem Zentrum z induziert in A genau dann eine perspektive Affinität φ_0 (vgl. 26 B), wenn $z \in H$ gilt. Wann ist φ_0 eine Translation?

§ 29 Projektive Hyperflächen 2. Ordnung

In diesem Paragraphen sei $\mathfrak{P}$ stets ein reeller projektiver Raum mit $\dim \mathfrak{P} = n$ und mit X als zugehörigem Vektorraum.

Wenn β eine Bilinearform von X ist, so wird durch $\Phi(\mathfrak{x}) = \beta(\mathfrak{x}, \mathfrak{x})$ eine Abbildung Φ von X in die reellen Zahlen definiert. Jede so aus einer Bilinearform β entstehende Abbildung Φ wird eine **quadratische Form** von X genannt. Gilt $\Phi(\mathfrak{x}) = 0$ für einen Vektor $\mathfrak{x} \neq \mathfrak{o}$, so folgt für jeden Vektor $\mathfrak{x}'$ mit $\mathfrak{x}' = c\mathfrak{x}$ ebenfalls

$$\Phi(\mathfrak{x}') = \beta(\mathfrak{x}', \mathfrak{x}') = \beta(c\mathfrak{x}, c\mathfrak{x}) = c^2\beta(\mathfrak{x}, \mathfrak{x}) = c^2\Phi(\mathfrak{x}) = 0.$$

Wenn also eine quadratische Form Φ für einen Vektor $\mathfrak{x} \neq \mathfrak{o}$ verschwindet, dann verschwindet sie auch für alle Vektoren des von $\mathfrak{x}$ aufgespannten 1-dimensionalen Unterraums $[\mathfrak{x}]$, also für alle Vektoren, die den Punkt $x = [\mathfrak{x}]$ von $\mathfrak{P}$ bestimmen. Man nennt in diesem Fall den Punkt x eine **Nullstelle** der quadratischen Form Φ.

Definition 29a: *Eine Teilmenge $\mathfrak{F}$ von $\mathfrak{P}$ heißt eine* **Hyperfläche 2. Ordnung,** *wenn sie genau aus den Nullstellen einer quadratischen Form von X besteht.*

Statt „Hyperfläche 2. Ordnung" soll weiterhin die abgekürzte Bezeichnung „Hyperfläche" benutzt werden. Jede quadratische Form bestimmt eindeutig eine Hyperfläche; nämlich die Menge aller ihrer Nullstellen in $\mathfrak{P}$. Umgekehrt können aber verschiedene quadratische Formen dieselbe Hyperfläche definieren.

29.1 *Es sei $A = (a_{\nu,\mu})$ eine $(n+1)$-reihige, reelle quadratische Matrix. Hinsichtlich eines gegebenen Koordinatensystems von $\mathfrak{P}$ ist dann die Menge aller Punkte $x \in \mathfrak{P}$, deren homogene Koordinaten $(x_0, \ldots, x_n)$ die Gleichung*

$$(*) \qquad (x_0, \ldots, x_n)\, A \begin{pmatrix} x_0 \\ \vdots \\ x_n \end{pmatrix} = \sum_{\nu,\mu=0}^{n} a_{\nu,\mu} x_\nu x_\mu = 0$$

erfüllen, eine Hyperfläche. Umgekehrt kann jede Hyperfläche auf diese Art mit einer sogar symmetrischen Matrix A dargestellt werden.

Beweis: Durch $\beta(\mathfrak{x}, \mathfrak{y}) = \sum_{\nu,\mu=0}^{n} a_{\nu,\mu} x_\nu y_\mu$ wird eine Bilinearform von X definiert, die eine quadratische Form Φ bestimmt. Die Gleichung (*) ist daher gleichwertig mit $\Phi(\mathfrak{x}) = 0$. Umgekehrt sei $\mathfrak{F}$ eine Hyperfläche, die aus den Nullstellen einer quadratischen Form Φ besteht. Es gelte $\Phi(\mathfrak{x}) = \beta(\mathfrak{x}, \mathfrak{x})$ mit einer Bilinearform β von X. Ist nun $\{\mathfrak{a}_0, \ldots, \mathfrak{a}_n\}$ eine zu dem gegebenen Koordinatensystem von $\mathfrak{P}$ gehörende Basis von X, so werden durch $a_{\nu,\mu} = \beta(\mathfrak{a}_\nu, \mathfrak{a}_\mu)$ die Elemente einer quadratischen Matrix $A = (a_{\nu,\mu})$ definiert. Für einen

Punkt $x \in \mathcal{P}$ mit den homogenen Koordinaten $(x_0, \ldots, x_n)$ gilt dann $x = [\mathfrak{x}]$ mit $\mathfrak{x} = x_0 \mathfrak{a}_0 + \cdots + x_n \mathfrak{a}_n$ und weiter

$$\Phi(\mathfrak{x}) = \beta(\mathfrak{x}, \mathfrak{x}) = \sum_{\nu,\mu=0}^{n} x_\nu x_\mu \beta(\mathfrak{a}_\nu, \mathfrak{a}_\mu) = \sum_{\nu,\mu=0}^{n} a_{\nu,\mu} x_\nu x_\mu .$$

Daher besteht $\mathcal{F}$ aus genau den Punkten, deren Koordinaten die Gleichung (*) erfüllen. Setzt man nun noch $b_{\nu,\mu} = a_{\nu,\mu} + a_{\mu,\nu}$, so folgt

$$\sum_{\nu,\mu=0}^{n} b_{\nu,\mu} x_\nu x_\mu = \sum_{\nu,\mu=0}^{n} a_{\nu,\mu} x_\nu x_\mu + \sum_{\nu,\mu=0}^{n} a_{\mu,\nu} x_\nu x_\mu = 2 \sum_{\nu,\mu=0}^{n} a_{\nu,\mu} x_\nu x_\mu ;$$

d. h. $\mathcal{F}$ wird auch durch die Gleichung $\sum_{\nu,\mu=0}^{n} b_{\nu,\mu} x_\nu x_\mu = 0$ beschrieben. Die Matrix $B = (b_{\nu,\mu})$ ist aber symmetrisch. ◆

Beispiele:

29. I Im Fall der reellen projektiven Ebene ($n = 2$) sind die Hyperflächen im allgemeinen Kurven. Eine anschauliche Vorstellung von der durch die Gleichung $x_0^2 + x_1^2 - x_2^2 = 0$ bestimmten Kurve $\mathcal{F}$ kann man folgendermaßen gewinnen: Zeichnet man die durch $x_0 = 0$ bestimmte Gerade als uneigentliche Gerade aus, so sind (x_1, x_2) die affinen Koordinaten der durch $x_0 = 1$ gekennzeichneten eigentlichen Punkte. Die affinen Koordinaten der eigentlichen Punkte von $\mathcal{F}$ erfüllen daher die Gleichung $x_1^2 - x_2^2 = 1$; der eigentliche Teil von $\mathcal{F}$ ist also eine Hyperbel. Zeichnet man andererseits die durch $x_2 = 0$ bestimmte Gerade aus, so sind (x_0, x_1) die affinen Koordinaten der durch $x_2 = 1$ charakterisierten eigentlichen Punkte. Für sie gilt die Gleichung $x_0^2 + x_1^2 = 1$; d. h. der eigentliche Teil von $\mathcal{F}$ ist jetzt ein Kreis.

29. II Die Gleichung $x_0^2 - x_1^2 = 0$ ist gleichwertig damit, daß eine der beiden linearen Gleichungen $x_0 + x_1 = 0$, $x_0 - x_1 = 0$ erfüllt ist. Die durch $x_0^2 - x_1^2 = 0$ bestimmte Hyperfläche besteht daher aus zwei verschiedenen Hyperebenen, die man ein **Hyperebenenpaar** nennt.

29. III Für $k \leq n$ ist $x_0^2 + \cdots + x_k^2 = 0$ gleichwertig mit $x_0 = \cdots = x_k = 0$. Die zugehörige Hyperfläche $\mathcal{F}$ ist ein $(n - k - 1)$-dimensionaler Unterraum von $\mathcal{P}$. Im Fall $k = n$ ist $\mathcal{F}$ die leere Menge. Auch der Fall $k = -1$ kann zugelassen werden, wenn man ihn so interpretiert, daß auf der linken Seite überhaupt keine Koordinaten auftreten, daß also die Gleichung $0 = 0$ lautet. Sie wird dann von allen $(n + 1)$-Tupeln erfüllt; die zugehörige Hyperfläche ist der ganze Raum $\mathcal{P}$.

Jede eine Hyperfläche $\mathcal{F}$ bestimmende Gleichung der Form (*) aus 29. 1 wird eine **homogene quadratische Gleichung**, die Matrix $A = (a_{\nu,\mu})$ ihrer

Koeffizienten eine zu $\mathcal{F}$ gehörende oder eine $\mathcal{F}$ bestimmende Matrix genannt. Jede Hyperfläche kann nach 29. 1 durch eine symmetrische Matrix bestimmt werden. Weiterhin soll daher immer vorausgesetzt werden, *daß alle zur Bestimmung von Hyperflächen benutzten Matrizen symmetrisch sind.*

Definition 29b: *Zwei Hyperflächen $\mathcal{F}$ und $\mathcal{F}'$ von $\mathcal{P}$ heißen* **projektiv äquivalent** *(in Zeichen: $\mathcal{F} \sim \mathcal{F}'$), wenn es eine Projektivität φ von $\mathcal{P}$ mit $\varphi\mathcal{F}' = \mathcal{F}$ gibt.*

Die so erklärte Beziehung zwischen Hyperflächen ist eine Äquivalenzrelation (vgl. 11C). Die Menge aller Hyperflächen von $\mathcal{P}$ zerfällt daher in Äquivalenzklassen. Ziel der weiteren Untersuchungen ist es, einen Überblick über alle Äquivalenzklassen zu gewinnen.

29. 2 *Es sei A eine zu der Hyperfläche $\mathcal{F}$ gehörende Matrix. Dann gilt: Eine Hyperfläche $\mathcal{F}'$ ist genau dann zu $\mathcal{F}$ projektiv äquivalent, wenn sie durch eine Matrix der Form $B = SAS^T$ mit einer regulären Matrix S bestimmt wird.*

Beweis: Es sei φ eine Projektivität mit $\varphi\mathcal{F}' = \mathcal{F}$. Hinsichtlich des gegebenen Koordinatensystems entspricht ihr nach 28. 5 eine reguläre Matrix S. Für einen Punkt x' mit den Koordinaten $(x'_0, \ldots, x'_n)$ und seinen Bildpunkt $x = \varphi x'$ mit den Koordinaten $(x_0, \ldots, x_n)$ gilt dann $(x_0, \ldots, x_n) = (x'_0, \ldots, x'_n)\, S$ und daher

$$(x_0, \ldots, x_n)\, A \begin{pmatrix} x_0 \\ \vdots \\ x_n \end{pmatrix} = (x'_0, \ldots, x'_n)\, SAS^T \begin{pmatrix} x'_0 \\ \vdots \\ x'_n \end{pmatrix}.$$

Da aber $x' \in \mathcal{F}'$ gleichwertig mit $x \in \mathcal{F}$ ist, gehört zu $\mathcal{F}'$ die Matrix SAS^T. Gehören umgekehrt zu $\mathcal{F}$ und $\mathcal{F}'$ die Matrizen A und SAS^T, so zeigen dieselben Überlegungen, daß die reguläre Matrix S eine Projektivität φ mit $\varphi\mathcal{F}' = \mathcal{F}$ bestimmt. Überdies ist mit A auch SAS^T eine symmetrische Matrix. ◆

Definition 29c: *Für eine Hyperfläche $\mathcal{F}$ von $\mathcal{P}$ sei $u(\mathcal{F})$ das Maximum aller Dimensionen von in $\mathcal{F}$ enthaltenen Unterräumen von $\mathcal{P}$.*

Die Kurve $\mathcal{F}$ aus 29. I enthält Punkte, aber keine Geraden. Für sie gilt daher $u(\mathcal{F}) = 0$. Für das Hyperebenenpaar $\mathcal{F}$ aus 29. II ist $u(\mathcal{F}) = n - 1$; für die Fläche $\mathcal{F}$ aus 29. III gilt $u(\mathcal{F}) = n - k - 1$.

29. 3 *Aus $\mathcal{F} \sim \mathcal{F}'$ folgt $u(\mathcal{F}) = u(\mathcal{F}')$.*

Beweis: Nach 28. 3 bildet eine Projektivität φ mit $\varphi\mathcal{F}' = \mathcal{F}$ Unterräume $U' \leq \mathcal{F}'$ auf Unterräume $U \leq \mathcal{F}$ gleicher Dimension ab. Umgekehrt wird auch jeder Unterraum $U \leq \mathcal{F}$ durch φ^{-1} auf einen Unterraum $U' \leq \mathcal{F}'$ gleicher Dimension abgebildet. Die Maxima der Dimensionen derartiger Unterräume müssen daher gleich sein. ◆

Definition 29d: *Ein Punkt x einer Hyperfläche $\mathcal{F}$ heißt ein* **Doppelpunkt** *von $\mathcal{F}$, wenn jede durch x gehende Gerade entweder ganz in $\mathcal{F}$ enthalten ist oder mit $\mathcal{F}$ nur den Punkt x selbst gemeinsam hat. Eine Hyperfläche, die Doppelpunkte besitzt, wird* **ausgeartet** *genannt.*

Die Kurve aus 29. I besitzt keine Doppelpunkte, ist also nicht ausgeartet. Ein aus den Hyperebenen H und H' bestehendes Hyperebenenpaar (vgl. 29. III) besitzt als Doppelpunkte genau die Punkte aus $H \cap H'$. Die in 29. III als Hyperflächen auftretenden Unterräume bestehen nur aus Doppelpunkten. Man bezeichnet sie daher in den Fällen der Dimension 0, 1, 2 als **Doppelpunkt, Doppelgerade** bzw. **Doppelebene.**

29. 4 *Die Menge $D(\mathcal{F})$ aller Doppelpunkte einer Hyperfläche $\mathcal{F}$ ist ein Unterraum von $\mathcal{P}$. Wird $\mathcal{F}$ durch die symmetrische Matrix A bestimmt, so liegt ein Punkt x genau dann in $D(\mathcal{F})$, wenn seine homogenen Koordinaten $(x_0, \ldots, x_n)$ die Gleichung*

$$(**) \qquad (x_0, \ldots, x_n)\, A = (0, \ldots, 0)$$

erfüllen.

Beweis: Es gelte (**), also $\sum_{\nu=0}^{n} a_{\nu,\mu} x_\nu = 0$ für $\mu = 0, \ldots, n$. Für die Koordinaten $(y_0, \ldots, y_n)$ eines von x verschiedenen Punktes $y \in \mathcal{F}$ gilt $\sum_{\nu,\mu=0}^{n} a_{\nu,\mu} y_\nu y_\mu = 0$.

Mit beliebigen Skalaren s und t folgt dann wegen $a_{\nu,\mu} = a_{\mu,\nu}$

$$\sum_{\nu,\mu=0}^{n} a_{\nu,\mu}(sx_\nu + ty_\nu)(sx_\mu + ty_\mu) = \sum_{\mu=0}^{n} \left(\sum_{\nu=0}^{n} a_{\nu,\mu} x_\nu \right)(s^2 x_\mu + 2sty_\mu)$$
$$+ t^2 \sum_{\nu,\mu=0}^{n} a_{\nu,\mu} y_\nu y_\mu = 0.$$

Dies bedeutet, daß alle Punkte mit Koordinaten der Form

$$s(x_0, \ldots, x_n) + t(y_0, \ldots, y_n),$$

also alle Punkte der Verbindungsgeraden von x und y in $\mathcal{F}$ liegen. Eine durch x gehende Gerade, die außerdem noch einen weiteren Punkt y von $\mathcal{F}$ enthält, liegt also ganz in $\mathcal{F}$; d. h. x ist Doppelpunkt.

Umgekehrt sei jetzt x ein Doppelpunkt von $\mathcal{F}$. Wegen $x \in \mathcal{F}$ gilt dann $\sum_{\nu,\mu=0}^{n} a_{\nu,\mu} x_\nu x_\mu = 0$. Für einen beliebigen Punkt y und für beliebige Skalare s

und t folgt jetzt

(***) $$\sum_{\nu,\mu=0}^{n} a_{\nu,\mu}(sx_\nu + ty_\nu)(sx_\mu + ty_\mu)$$

$$= 2st \sum_{\mu=0}^{n}\left(\sum_{\nu=0}^{n} a_{\nu,\mu}x_\nu\right)y_\mu + t^2 \sum_{\nu,\mu=0}^{n} a_{\nu,\mu}y_\nu y_\mu .$$

Ist hierbei auch y ein Punkt von $\mathcal{F}$, so gilt $\sum_{\nu,\mu=0}^{n} a_{\nu,\mu}y_\nu y_\mu = 0$. Außerdem verschwindet aber auch die linke Seite von (***) für alle Werte von s und t, weil dann die ganze Verbindungsgerade von x und y in $\mathcal{F}$ enthalten sein muß. Es folgt also $\sum_{\mu=0}^{n}\left(\sum_{\nu=0}^{n} a_{\nu,\mu}x_\nu\right)y_\mu = 0$. Gilt aber $y \notin \mathcal{F}$, so kann die Verbindungsgerade von x und y mit $\mathcal{F}$ nur den Punkt x gemeinsam haben; d. h. die linke Seite von (***) verschwindet nur für $t = 0$. Würde $\sum_{\mu=0}^{n}\left(\sum_{\nu=0}^{n} a_{\nu,\mu}x_\nu\right)y_\mu \neq 0$ gelten, so könnte man im Widerspruch hierzu für $t = 1$ einen Wert s so bestimmen, daß die rechte Seite von (***) verschwindet. Daher gilt $\sum_{\mu=0}^{n}\left(\sum_{\nu=0}^{n} a_{\nu,\mu}x_\nu\right)y_\mu = 0$ bei beliebiger Wahl von y. Und dies ist nur möglich, wenn sogar $\sum_{\nu=0}^{n} a_{\nu,\mu}x_\nu = 0$ für $\mu = 0,\ldots,n$, also (**) erfüllt ist. Durch (**) wird aber ein Unterraum von $\mathcal{P}$ definiert; d. h. $D(\mathcal{F})$ ist ein Unterraum. ◆

Definition 29c: *Die projektive Dimension von $D(\mathcal{F})$ werde mit $d(\mathcal{F})$ bezeichnet: $d(\mathcal{F}) = \dim D(\mathcal{F})$.*

Da $D(\mathcal{F})$ ein in $\mathcal{F}$ enthaltener Unterraum ist, gilt trivialerweise $d(\mathcal{F}) \leqq u(\mathcal{F})$. Die Hyperflächen $\mathcal{F}$ mit $d(\mathcal{F}) = -1$ sind genau die nichtausgearteten Hyperflächen.

29.5 *Aus $\mathcal{F} \sim \mathcal{F}'$ folgt $d(\mathcal{F}) = d(\mathcal{F}')$.*

Beweis: Die definierenden Eigenschaften eines Doppelpunkts bleiben bei Projektivitäten erhalten. Ist daher φ eine Projektivität mit $\varphi\mathcal{F}' = \mathcal{F}$, so folgt $\varphi D(\mathcal{F}') = D(\mathcal{F})$ und wegen 28.3 auch $d(\mathcal{F}') = d(\mathcal{F})$. ◆

Die für die projektive Äquivalenz von Hyperflächen notwendigen Bedingungen aus 29.3 und 29.5 erweisen sich nun aber auch als hinreichend:

29.6 *Zwei Hyperflächen $\mathcal{F}$ und $\mathcal{F}'$ sind genau dann projektiv äquivalent, wenn $u(\mathcal{F}) = u(\mathcal{F}')$ und $d(\mathcal{F}) = d(\mathcal{F}')$ gilt. Jede Hyperfläche $\mathcal{F}$ ist bei gegebenem Koordinatensystem von $\mathcal{P}$ zu genau einer der folgenden Hyperflächen $\mathcal{F}_{t,r}$ mit $-1 \leqq t \leqq r \leqq n$ und $t+1 \geqq r-t$ projektiv äquivalent. Dabei ist $\mathcal{F}_{t,r}$ durch die Gleichung*

$$x_0^2 + \cdots + x_t^2 - x_{t+1}^2 - \cdots - x_r^2 = 0$$

bestimmt, und es gilt $u(\mathcal{F}) = n - t - 1$, $d(\mathcal{F}) = n - r - 1$. *(Zu dem Fall* $t = r = -1$ *vergleiche man die entsprechende Bemerkung in* 29. III.)

Beweis: Die Hyperfläche $\mathcal{F}$ sei durch die symmetrische Matrix A bestimmt. Wegen 23. 9 gibt es dann eine orthogonale Matrix S, für die $B = SAS^{-1}$ eine reelle Diagonalmatrix ist. Ohne Einschränkung der Allgemeinheit kann angenommen werden, daß B die Form

$$B = \begin{pmatrix} b_0 & & & & & & & \\ & \ddots & & & & & & \\ & & b_t & & & & & \\ & & & b_{t+1} & & & & \\ & & & & \ddots & & & \\ & & & & & b_r & & \\ & & & & & & 0 & \\ & & & & & & & \ddots \\ & & & & & & & & 0 \end{pmatrix}$$

besitzt, wobei $b_0, \ldots, b_t$ positive und $b_{t+1}, \ldots, b_r$ negative Zahlen sind, sofern die Anzahl der negativen Diagonalelemente nicht größer ist als die der positiven. Im anderen Fall seien umgekehrt $b_0, \ldots, b_t$ negativ und $b_{t+1}, \ldots, b_r$ positiv. Es gilt also stets $t + 1 \geqq r - t$.

Da S eine orthogonale Matrix ist, gilt (vgl. 23b) $S^{-1} = S^T$ und somit $B = SAS^T$. Wegen 29. 2 ist daher die durch B bestimmte Hyperfläche $\mathcal{F}'$ zu $\mathcal{F}$ projektiv äquivalent Da aber $\mathcal{F}'$ auch durch die Matrix $-B$ bestimmt wird, kann man sich auf den Fall beschränken, daß $b_0, \ldots, b_t$ positive und $b_{t+1}, \ldots, b_r$ negative Zahlen sind. Setzt man nun noch

$$S' = \begin{pmatrix} \frac{1}{\sqrt{|b_0|}} & & & & & \\ & \ddots & & & & \\ & & \frac{1}{\sqrt{|b_r|}} & & & \\ & & & 1 & & \\ & & & & \ddots & \\ & & & & & 1 \end{pmatrix},$$

so ist $C = S'BS'^T$ eine Diagonalmatrix, in deren Hauptdiagonale zunächst $(t + 1)$-mal der Wert $+1$, dann $(r - t)$-mal der Wert -1 und danach lauter Nullen stehen. Wieder wegen 29. 2 ist $\mathcal{F}'$ und somit auch $\mathcal{F}$ zu der durch C bestimmten Hyperfläche $\mathcal{F}_{t,r}$ projektiv äquivalent. Dabei gilt nach Konstruktion $-1 \leqq t \leqq r \leqq n$ und $t + 1 \geqq r - t$. Der Fall $t = r = -1$ tritt genau dann ein, wenn B und damit auch A die Nullmatrix ist.

Die $(n+1)$-reihige Diagonalmatrix C hat den Rang $r + 1$. Die allgemeine Lösung des homogenen linearen Gleichungssystems $(x_0, \ldots, x_n)\, C = (0, \ldots, 0)$ besitzt daher nach 12. 3 die Dimension $(n + 1) - (r + 1) = n - r$. Wegen 29. 4 bestimmt sie gerade den Unterraum $D(\mathcal{F}_{t,r})$ der Doppelpunkte von

$\mathcal{F}_{t,r}$, dessen projektive Dimension somit $n - r - 1$ ist. Mit Hilfe von 29.5 erhält man daher $d(\mathcal{F}) = d(\mathcal{F}_{t,r}) = n - r - 1$.

Durch die Gleichungen $x_0 = x_{t+1}, \ldots, x_{r-t-1} = x_r$, $x_{r-t} = 0, \ldots, x_t = 0$ wird ein Unterraum U von $\mathcal{P}$ mit $\dim U = n - t - 1$ bestimmt. Da aus diesen Gleichungen auch $x_0^2 + \cdots + x_t^2 - x_{t+1}^2 - \cdots - x_r^2 = 0$ folgt, gilt $U \leq \mathcal{F}_{t,r}$. Weiter beschreiben die Gleichungen $x_{t+1} = 0, \ldots, x_n = 0$ einen Unterraum $\mathcal{V}$ von $\mathcal{P}$ mit $\dim \mathcal{V} = t$, der mit $\mathcal{F}_{t,r}$ keinen Punkt gemeinsam hat: Aus diesen Gleichungen und aus $x_0^2 + \cdots + x_t^2 - x_{t+1}^2 - \cdots - x_r^2 = 0$ würde nämlich außerdem $x_0 = \cdots = x_t = 0$ folgen. Die homogenen Koordinaten eines Punktes sind aber nicht alle gleich Null. Ist nun $\mathcal{W}$ ein in $\mathcal{F}_{t,r}$ enthaltener Unterraum, so gilt erst recht $\mathcal{V} \cap \mathcal{W} = \emptyset$ und jedenfalls $\dim(\mathcal{V} \vee \mathcal{W}) \leqq n$. Wegen 27.1 folgt daher

$$\dim \mathcal{W} = \dim(\mathcal{V} \vee \mathcal{W}) + \dim(\mathcal{V} \cap \mathcal{W}) - \dim \mathcal{V} \leqq n + (-1) - t.$$

Zusammen besagen diese Ergebnisse, daß die maximale Dimension der in $\mathcal{F}_{t,r}$ enthaltenen Unterräume $n - t - 1$ ist. Wegen 29.3 gilt daher $u(\mathcal{F}) = u(\mathcal{F}_{t,r}) = n - t - 1$.

Die Größen $u(\mathcal{F})$ und $d(\mathcal{F})$ bestimmen somit eindeutig die Indizes t und r. Daher ist $\mathcal{F}$ auch nur zu genau einer der Hyperflächen $\mathcal{F}_{t,r}$ projektiv äquivalent. Außerdem ergibt sich hieraus: Gilt für zwei Hyperflächen $\mathcal{F}$ und $\mathcal{F}'$ sowohl $u(\mathcal{F}) = u(\mathcal{F}')$ als auch $d(\mathcal{F}) = d(\mathcal{F}')$, so müssen $\mathcal{F}$ und $\mathcal{F}'$ zu derselben Hyperfläche $\mathcal{F}_{t,r}$, also auch zu einander projektiv äquivalent sein. ◆

Der letzte Satz ermöglicht eine vollständige Übersicht über die projektiven Äquivalenzklassen der Hyperflächen eines n-dimensionalen reellen projektiven Raumes. In den nachstehenden Tabellen sind die Äquivalenzklassen für die Dimensionen $n = 2$ und $n = 3$ zusammengestellt. Der Leser überzeuge sich von ihrer Vollständigkeit und von der Richtigkeit der Typenkennzeichnung.

$n = 2$: Es gibt sechs verschiedene Äquivalenzklassen.

r	t	d	u	Gleichung (Normalform)	Bezeichnung
-1	-1	2	2	$0 = 0$	projektive Ebene
0	0	1	1	$x_0^2 = 0$	Doppelgerade
1	0	0	1	$x_0^2 - x_1^2 = 0$	Geradenpaar
1	1	0	0	$x_0^2 + x_1^2 = 0$	Doppelpunkt
2	1	-1	0	$x_0^2 + x_1^2 - x_2^2 = 0$	nicht-ausgeartete Kurve
2	2	-1	-1	$x_0^2 + x_1^2 + x_2^2 = 0$	leere Menge

$n = 3$: Es gibt neun verschiedene Äquivalenzklassen.

r	t	d	u	Gleichung (Normalform)	Bezeichnung
-1	-1	3	3	$0 = 0$	3-dim. projektiver Raum
0	0	2	2	$x_0^2 = 0$	Doppelebene
1	0	1	2	$x_0^2 - x_1^2 = 0$	Ebenenpaar
1	1	1	1	$x_0^2 + x_1^2 = 0$	Doppelgerade
2	1	0	1	$x_0^2 + x_1^2 - x_2^2 = 0$	Kegel
2	2	0	0	$x_0^2 + x_1^2 + x_2^2 = 0$	Doppelpunkt
3	1	-1	1	$x_0^2 + x_1^2 - x_2^2 - x_3^2 = 0$	nicht-ausgeartete Fläche, die Geraden enthält (Ringfläche)
3	2	-1	0	$x_0^2 + x_1^2 + x_2^2 - x_3^2 = 0$	nicht-ausgeartete Fläche, die keine Geraden enthält (Ovalfläche)
3	3	-1	-1	$x_0^2 + x_1^2 + x_2^2 + x_3^2 = 0$	leere Menge

Wegen $t = n - u(\mathcal{F}) - 1$ und $r = n - d(\mathcal{F}) - 1$ sind auch die Zahlen t und r durch die Hyperfläche $\mathcal{F}$ eindeutig bestimmt und besitzen für projektiv äquivalente Hyperflächen denselben Wert. Man nennt t den **Trägheitsindex.** Ist A eine zu $\mathcal{F}$ gehörende (symmetrische) Matrix, so ist $t + 1$ das Maximum der Anzahl der positiven bzw. negativen Eigenwerte von A und $r + 1$ der Rang von A. Der Inhalt von 29. 6 kann auch noch folgendermaßen gedeutet werden: Ist eine Hyperfläche $\mathcal{F}$ hinsichtlich eines Koordinatensystems durch eine homogene quadratische Gleichung gegeben, so kann man durch einen geeigneten Wechsel des Koordinatensystems diese Gleichung auf die in 29. 6 angegebene Normalform transformieren.

Als Beispiel für die Klassifizierung einer Hyperfläche diene die durch die Gleichung

$$x_1^2 - 3x_2^2 + 5x_3^2 - 4x_0x_2 - 4x_0x_3 - 2x_1x_2 + 2x_1x_3 - 2x_2x_3 = 0$$

bestimmte Hyperfläche des 3-dimensionalen reellen projektiven Raumes. Zu ihr gehört die symmetrische Matrix

$$A = \begin{pmatrix} 0 & 0 & -2 & -2 \\ 0 & 1 & -1 & 1 \\ -2 & -1 & -3 & -1 \\ -2 & 1 & -1 & 5 \end{pmatrix}.$$

Ihr charakteristisches Polynom $f(t) = t^4 - 3t^3 - 24t^2 + 40t$ besitzt außer der Nullstelle 0 noch zwei positive und eine negative Nullstelle. Es folgt $t = 1$

und $r = 2$, also $d = 0$ und $u = 1$. Die Fläche ist daher ein Kegel, dessen Spitze der einzige Doppelpunkt ist. Für die Koordinaten des Doppelpunkts erhält man nach 29. 4 das Gleichungssystem

$$\begin{aligned} -2x_2 - 2x_3 &= 0 \\ x_1 - x_2 + x_3 &= 0 \\ -2x_0 - x_1 - 3x_2 - x_3 &= 0 \\ -2x_0 + x_1 - x_2 + 5x_3 &= 0, \end{aligned}$$

für das $(2, -2, -1, 1)$ eine Lösung ist.

Ergänzungen und Aufgaben

29A Um die projektive Äquivalenzklasse einer durch eine homogene quadratische Gleichung gegebenen Hyperfläche zu bestimmen, muß man zunächst eine zu ihr gehörende symmetrische Matrix A aufstellen. Sodann genügt es aber, von den Eigenwerten der Matrix A lediglich die Vorzeichen zu ermitteln. Hierzu müssen die Eigenwerte nicht numerisch berechnet werden. Ihre Vorzeichen bestimmen sich mit Hilfe der **Kartesischen Zeichenregel**: Bei einem Polynom

$$t^n + a_{n-1}t^{n-1} + \cdots + a_1 t + a_0 \qquad (a_0 \neq 0)$$

mit reellen Koeffizienten, das lauter reelle Nullstellen besitzt, ist die Anzahl der positiven Nullstellen gleich der Anzahl der Vorzeichenwechsel in der Folge der Koeffizienten, die Anzahl der negativen Nullstellen gleich der Anzahl der Vorzeichenerhaltungen. Dabei müssen jedoch alle Koeffizienten berücksichtigt werden; also auch Nullkoeffizienten. Dem Koeffizienten Null kann ein beliebiges Vorzeichen zugeordnet werden. Die Voraussetzung, daß das Polynom lauter reelle Nullstellen besitzen soll, ist bei dem charakteristischen Polynom einer symmetrischen Matrix nach 22. 6 stets erfüllt.

29B **Aufgabe:** Man klassifiziere die durch

$$5(x_1^2 + x_3^2) - 4x_0 x_2 + 2x_1 x_3 = 0$$

gegebene Hyperfläche und bestimme die Matrix einer Transformation, die diese Gleichung in die Normalform überführt.

29C Durch

$$c(x_1 - x_3)^2 + c(c-1)x_2^2 + 4x_0 x_1 + 2x_0 x_3 = 0$$

wird eine Schar von Hyperflächen mit c als Scharparameter bestimmt.

Aufgabe: Man klassifiziere die Hyperflächen in Abhängigkeit von c.

§ 30 Affine Hyperflächen 2. Ordnung

In diesem Paragraphen ist A stets ein n-dimensionaler, reeller affiner Raum. Dieser sei gemäß § 27 durch Hinzunahme einer uneigentlichen Hyperebene H zu dem n-dimensionalen, reellen projektiven Raum $\mathcal{P}$ erweitert.

Jedes affine Koordinatensystem $(p_0, \ldots, p_n)$ von A bestimmt dann eindeutig ein projektives Koordinatensystem $(p_0^*, \ldots, p_n^*; e^*)$ von $\mathcal{P}$, in dem die uneigentliche Hyperebene H durch $x_0 = 0$ gekennzeichnet ist.

Definition 30a: *Eine Teilmenge $\mathcal{F}_0$ von A heißt eine* **affine Hyperfläche 2. Ordnung** *(kurz: affine Hyperfläche), wenn sie aus den eigentlichen Punkten einer projektiven Hyperfläche $\mathcal{F}$ von $\mathcal{P}$ besteht; d. h. wenn $\mathcal{F}_0 = \mathcal{F} \cap A$ gilt. Die Menge $\mathcal{F}^* = \mathcal{F} \cap H$ der uneigentlichen Punkte von $\mathcal{F}$ wird der* **uneigentliche Teil** *von $\mathcal{F}$ genannt.*

Jede projektive Hyperfläche $\mathcal{F}$ bestimmt eindeutig die affine Hyperfläche $\mathcal{F}_0 = \mathcal{F} \cap A$. Es können aber sogar projektiv-inäquivalente Hyperflächen dieselbe affine Hyperfläche bestimmen: Im Fall $n = 2$ sei z. B. $\mathcal{F}$ durch die Gleichung $x_1^{*2} = 0$ und $\mathcal{F}'$ durch $x_0^* x_1^* = 0$ gegeben. Dann ist $\mathcal{F}$ eine Doppelgerade, $\mathcal{F}'$ hingegen ein Geradenpaar. Setzt man in diesen Gleichungen $x_0^* = 1$, so sind $x_1 = x_1^*$ und $x_2 = x_2^*$ die affinen Koordinaten der eigentlichen Punkte, die im ersten Fall durch die Gleichung $x_1^2 = 0$, im zweiten Fall durch $x_1 = 0$ charakterisiert sind. Daher bestimmen $\mathcal{F}$ und $\mathcal{F}'$ dieselbe affine Hyperfläche, nämlich die Gerade $x_1 = 0$. Allgemein gestaltet sich die koordinatenmäßige Beschreibung folgendermaßen:

Eine projektive Hyperfläche $\mathcal{F}$ wird durch eine homogene quadratische Gleichung

$$\sum_{\nu,\mu=0}^{n} a_{\nu,\mu} x_\nu^* x_\mu^* = 0$$

beschrieben, wobei die Koeffizientenmatrix $A = (a_{\nu,\mu})$ symmetrisch gewählt werden kann. Setzt man hierin $x_0^* = 1$ und $x_\nu^* = x_\nu$ $(\nu = 1, \ldots, n)$, so ergibt sich wegen $a_{\nu,\mu} = a_{\mu,\nu}$

$$\sum_{\nu,\mu=1}^{n} a_{\nu,\mu} x_\nu x_\mu + 2 \sum_{\nu=1}^{n} a_{\nu,0} x_\nu + a_{0,0} = 0$$

als Gleichung der affinen Hyperfläche $\mathcal{F}_0 = \mathcal{F} \cap A$ in den affinen Koordinaten $(x_1, \ldots, x_n)$. Umgekehrt bestimmt eine Gleichung der Form

$$(*) \qquad \sum_{\nu,\mu=1}^{n} b_{\nu,\mu} x_\nu x_\mu + \sum_{\nu=1}^{n} b_\nu x_\nu + b = 0$$

auch eine affine Hyperfläche: Setzt man $a_{\nu,\mu} = b_{\nu,\mu} + b_{\mu,\nu}$, $a_{\nu,0} = a_{0,\nu} = b_\nu$ $(\nu, \mu = 1, \ldots, n)$ und $a_{0,0} = 2b$, so erhält man als gleichwertige Gleichung

$$(**) \qquad \sum_{\nu,\mu=1}^{n} a_{\nu,\mu} x_\nu x_\mu + 2 \sum_{\nu=1}^{n} a_{\nu,0} x_\nu + a_{0,0} = 0.$$

Ersetzt man in ihr jetzt noch x_ν durch $\frac{x_\nu^*}{x_0^*}$ $(\nu = 1, \ldots, n)$ und multipliziert man mit x_0^{*2}, so ergibt sich

$$\sum_{\nu,\mu=0}^{n} a_{\nu,\mu} x_\nu^* x_\mu^* = 0$$

mit einer symmetrischen Matrix $A = (a_{\nu,\mu})$. Dies ist die Gleichung einer projektiven Hyperfläche $\mathcal{F}$, deren zugehörige affine Hyperfläche $\mathcal{F}_0 = \mathcal{F} \cap A$ offenbar gerade durch die Ausgangsgleichung (*) beschrieben wird. Weiterhin kann jedoch angenommen werden, daß die Gleichung einer affinen Hyperfläche in affinen Koordinaten stets in der Form (**) gegeben ist, bei der die Koeffizienten $a_{\nu,\mu}$ $(\nu, \mu = 1, \ldots, n)$ eine symmetrische Matrix bilden.

Definition 30b: *Zwei affine Hyperflächen $\mathcal{F}_0$ und $\mathcal{F}'_0$ von A heißen* **affin-äquivalent** *(in Zeichen: $\mathcal{F}_0 \approx \mathcal{F}'_0$), wenn es eine Affinität φ_0 von A mit $\varphi_0 \mathcal{F}'_0 = \mathcal{F}_0$ gibt.*

Hinsichtlich dieser Äquivalenzrelation (vgl. 11 C) zerfällt die Menge aller affinen Hyperflächen von A in affine Äquivalenzklassen, deren Bestimmung das Ziel dieses Paragraphen ist. Besonders übersichtlich gestalten sich die Verhältnisse, wenn man zunächst statt der affinen Hyperflächen die sie bestimmenden projektiven Hyperflächen hinsichtlich einer geeigneten neuen Äquivalenzrelation untersucht.

Definition 30c: *Zwei projektive Hyperflächen $\mathcal{F}$ und $\mathcal{F}'$ von $\mathcal{P}$ heißen* **affin-äquivalent** *(in Zeichen: $\mathcal{F} \approx \mathcal{F}'$), wenn es eine Projektivität φ von $\mathcal{P}$ mit $\varphi \mathcal{F}' = \mathcal{F}$ gibt, die außerdem noch die Bedingung $\varphi H = H$ erfüllt, die also nach* 28. 6 *eine Affinität φ_0 von A induziert. Derartige Projektivitäten sollen weiterhin* **affine Projektivitäten** *genannt werden.*

30. 1 *Aus $\mathcal{F} \approx \mathcal{F}'$ folgt, daß auch die affinen Hyperflächen $\mathcal{F}_0 = \mathcal{F} \cap A$ und $\mathcal{F}'_0 = \mathcal{F}' \cap A$ affin-äquivalent sind.*

Beweis: Aus $\varphi \mathcal{F}' = \mathcal{F}$ und $\varphi H = H$ folgt auch $\varphi A = A$ und für die induzierte Affinität φ_0

$$\varphi_0 \mathcal{F}'_0 = \varphi_0(\mathcal{F}' \cap A) = \varphi \mathcal{F}' \cap \varphi A = \mathcal{F} \cap A = \mathcal{F}_0. \ \blacklozenge$$

30. 2 *Aus $\mathcal{F} \approx \mathcal{F}'$ folgt die projektive Äquivalenz $\mathcal{F} \sim \mathcal{F}'$ und auch die projektive Äquivalenz $\mathcal{F}^* \sim \mathcal{F}'^*$ der uneigentlichen Teile von $\mathcal{F}$ und $\mathcal{F}'$.*

Beweis: Es gelte $\varphi \mathcal{F}' = \mathcal{F}$ und $\varphi H = H$. Wegen $\varphi \mathcal{F}' = \mathcal{F}$ folgt $\mathcal{F} \sim \mathcal{F}'$. Wegen $\varphi H = H$ induziert φ eine Projektivität φ^* von H, und es gilt

$$\varphi^* \mathcal{F}'^* = \varphi^*(\mathcal{F}' \cap H) = \varphi \mathcal{F}' \cap \varphi H = \mathcal{F} \cap H = \mathcal{F}^*,$$

also $\mathcal{F}^* \sim \mathcal{F}'^*$. $\blacklozenge$

Speziell folgt aus diesem Satz, daß die affine Äquivalenz eine Verschärfung der projektiven Äquivalenz darstellt, daß also die projektiven Äquivalenzklassen durch die affine Äquivalenz weiter unterteilt werden.

Jede projektive Hyperfläche $\mathcal{F}$ bestimmt eindeutig die Zahlen $u(\mathcal{F})$ und $d(\mathcal{F})$ (vgl. 29c und 29e). Da der uneigentliche Teil $\mathcal{F}^*$ eine Hyperfläche von H ist, sind für ihn bezüglich H ebenfalls die Größen $u(\mathcal{F}^*)$ und $d(\mathcal{F}^*)$ definiert. Setzt man nun $u^*(\mathcal{F}) = u(\mathcal{F}^*)$ und $d^*(\mathcal{F}) = d(\mathcal{F}^*)$, so erhält man aus 30. 2 wegen 29. 3 und 29. 5:

30. 3 *Aus $\mathcal{F} \approx \mathcal{F}'$ folgt $u(\mathcal{F}) = u(\mathcal{F}')$, $d(\mathcal{F}) = d(\mathcal{F}')$ und auch $u^*(\mathcal{F}) = u^*(\mathcal{F}')$, $d^*(\mathcal{F}) = d^*(\mathcal{F}')$.*

In dem nächsten Satz sollen die homogenen Koordinaten bezüglich eines festen, von einem affinen Koordinatensystem bestimmten projektiven Koordinatensystems einfach mit $(x_0, \ldots, x_n)$ bezeichnet werden; die vorher angefügten Sterne sollen also fortgelassen werden.

30. 4 *Die Hyperflächen $\tilde{\mathcal{F}}$ seien durch die in der nachstehenden Tabelle angegebenen Gleichungen definiert. Dann gilt: Jede projektive Hyperfläche $\mathcal{F}$ von $\mathcal{P}$ ist zu genau einer der Hyperflächen $\tilde{\mathcal{F}}$ affin-äquivalent. Die Größen u, d, u^*, d^* besitzen dabei die in der Tabelle angegebenen Werte.*

Zwei projektive Hyperflächen $\mathcal{F}$ und $\mathcal{F}'$ sind genau dann affin-äquivalent, wenn sie in den Größen u, d, u^*, d^* übereinstimmen.

Typ	Gleichung	Bedingungen für t und r	d	u	d^*	u^*
(1)	$x_1^2+\cdots+x_t^2-x_{t+1}^2-\cdots-x_r^2 = 0$	$0 \leqq t \leqq r \leqq n$, $r-t \leqq t$	$n-r$	$n-t$	$n-r-1$	$n-t-1$
(2)	$x_1^2+\cdots+x_t^2-x_{t+1}^2-\cdots-x_r^2 = x_0^2$	$0 \leqq t \leqq r \leqq n$, $r-t < t$	$n-r-1$	$n-t$	$n-r-1$	$n-t-1$
(3)	$x_1^2+\cdots+x_t^2-x_{t+1}^2-\cdots-x_r^2 = x_0^2$	$0 \leqq t \leqq r \leqq n$, $r-t \geqq t$	$n-r-1$	$n-(r-t)-1$	$n-r-1$	$n-(r-t)-1$
(4)	$x_1^2+\cdots+x_t^2-x_{t+1}^2-\cdots-x_r^2 = x_0 x_{r+1}$	$0 \leqq t \leqq r \leqq n-1$, $r-t \leqq t$	$n-r-2$	$n-t-1$	$n-r-1$	$n-t-1$

(Der Fall $t = 0$ besagt, daß auf der linken Seite der Gleichung keine positiven Glieder auftreten; im Fall $r = 0$ ist die linke Seite durch 0 zu ersetzen.)

Beweis: Die Hyperfläche $\mathcal{F}$ sei durch die Gleichung

$$\sum_{\nu,\mu=0}^{n} a_{\nu,\mu} x_\nu x_\mu = 0$$

mit einer symmetrischen Matrix $A = (a_{\nu,\mu})$ gegeben. Die Gleichung des uneigentlichen Teils $\mathcal{F}^*$ lautet dann in den Koordinaten $x_1, \ldots, x_n$ ($x_0 = 0$ gesetzt!)

$$\sum_{\nu,\mu=1}^{n} a_{\nu,\mu} x_\nu x_\mu = 0.$$

Nach 29. 6 ist $\mathcal{F}^*$ (als Hyperfläche von H) zu einer Hyperfläche $\mathcal{F}'^*$ von H projektiv äquivalent, die durch eine Gleichung der Form

$$x_1^2 + \cdots + x_t^2 - x_{t+1}^2 - \cdots - x_r^2 = 0 \text{ mit } 0 \leqq t \leqq r \leqq n \text{ und } r - t \leqq t$$

bestimmt ist. (Da in H die Indizes der Koordinaten erst mit 1 beginnen, ergeben sich die obigen Abweichungen gegenüber 29. 6.) Es gibt also eine Projektivität φ^* von H mit $\varphi^* \mathcal{F}^* = \mathcal{F}'^*$. Sie werde durch die Gleichungen

$$x'_\nu = \sum_{\mu=1}^{n} s_{\nu,\mu} x_\mu \qquad (\nu = 1, \ldots, n)$$

beschrieben. Nimmt man noch die Gleichung $x'_0 = x_0$ hinzu, so wird durch alle Gleichungen zusammen eine affine Projektivität von $\mathcal{P}$ bestimmt. Sie bildet $\mathcal{F}$ auf eine affin-äquivalente Hyperfläche $\mathcal{F}'$ mit $\mathcal{F}'^*$ als uneigentlichem Teil ab. Die Gleichung von $\mathcal{F}'$ besitzt daher die Form (statt x' wieder x geschrieben)

$$x_1^2 + \cdots + x_t^2 - x_{t+1}^2 - \cdots - x_r^2 = b x_0^2 + \sum_{\nu=1}^{n} b_\nu x_0 x_\nu$$
$$\text{mit } 0 \leqq t \leqq r \leqq n,\ r - t \leqq t.$$

Weiter definieren jetzt die Gleichungen

$$x'_0 = x_0,\ x'_\tau = x_\tau - \frac{b_\tau}{2} x_0 \quad (\tau = 1, \ldots, t),$$
$$x'_\varrho = x_\varrho + \frac{b_\varrho}{2} x_0 \qquad (\varrho = t+1, \ldots, r),$$
$$x'_\nu = x_\nu \qquad (\nu = r+1, \ldots, n)$$

wieder eine affine Projektivität, die $\mathcal{F}'$ auf eine affin-äquivalente Hyperfläche $\mathcal{F}''$ abbildet, deren Gleichung die folgende Form besitzt:

$$x_1^2 + \cdots + x_t^2 - x_{t+1}^2 - \cdots - x_r^2 = c x_0^2 + \sum_{\nu=r+1}^{n} b_\nu x_0 x_\nu$$
$$\text{mit } 0 \leqq t \leqq r \leqq n,\ r - t \leqq t.$$

Es werden nun folgende Fälle unterschieden:

Fall a: $c = 0$ und $b_\nu = 0$ für $\nu = r+1, \ldots, n$.

Dann ist bereits $\mathcal{F}''$ eine Hyperfläche $\tilde{\mathcal{F}}$ des Typs (1) der Tabelle. Die Werte von u und d ergeben sich mit Hilfe von 29. 6. Dabei ist jedoch zu beachten, daß die Gleichung mit x_1 statt mit x_0 beginnt. In den Formeln aus 29. 6 muß daher t durch $t-1$ und r durch $r-1$ ersetzt werden. Man erhält

$$u(\mathcal{F}'') = n-(t-1)-1 = n-t, \quad d(\mathcal{F}'') = n-(r-1)-1 = n-r.$$

Die Gleichung des uneigentlichen Teils $\mathcal{F}''^*$ ist dieselbe wie die von $\mathcal{F}''$. Bei der Bestimmung von u^* und d^* muß aber jetzt statt n die Dimension von H, also $n-1$, eingesetzt werden. Es gilt somit weiter

$$u^*(\mathcal{F}'') = n-t-1, \quad d^*(\mathcal{F}'') = n-r-1.$$

Fall b: $c > 0$ und $b_\nu = 0$ für $\nu = r+1, \ldots, n$.
Dann wird durch

$$x_0' = \sqrt{c}\, x_0, \quad x_\nu' = x_\nu \qquad (\nu = 1, \ldots, n)$$

eine affine Projektivität definiert, die $\mathcal{F}''$ auf eine affin-äquivalente Hyperfläche $\tilde{\mathcal{F}}$ mit der Gleichung

$$x_1^2 + \cdots + x_t^2 - x_{t+1}^2 - \cdots - x_r^2 = x_0^2 \quad (0 \leqq t \leqq r \leqq n,\ r-t \leqq t)$$

abbildet. Im Fall $r-t < t$ ist dies der Typ (2) der Tabelle, im Fall $r-t = t$ der Typ (3). In beiden Fällen stimmt die Gleichung des uneigentlichen Teils mit der entsprechenden Gleichung in Fall a überein. Daher gilt auch hier $u^*(\mathcal{F}) = n-t-1$ und $d^*(\mathcal{F}) = n-r-1$, wobei man allerdings im Fall $r-t=t$ ebenso auch $u^*(\mathcal{F}) = n-(r-t)-1$ schreiben kann. Zur Berechnung von u und d muß die Gleichung zunächst auf die Form

$$x_1^2 + \cdots + x_t^2 - x_{t+1}^2 - \cdots - x_r^2 - x_0^2 = 0$$

gebracht werden. Im Fall $r-t < t$ ist hier immer noch die Bedingung erfüllt, daß die Anzahl der positiven Glieder nicht kleiner ist als die der negativen Glieder. Man kann daher die Formeln aus 29. 6 anwenden, wobei nur t durch $t-1$ zu ersetzen ist, während r wegen des zusätzlichen Gliedes $-x_0^2$ nicht geändert zu werden braucht. Man erhält $u(\mathcal{F}) = n-t$ und $d(\mathcal{F}) = n-r-1$. Im Fall $r-t = t$ muß man jedoch zunächst die Gleichung mit (-1) multiplizieren. In den Formeln aus 29. 6 muß dann t durch $r-t$ ersetzt werden, während r wieder seine Bedeutung behält. Man erhält jetzt $u(\mathcal{F}) = n-(r-t)-1$ und $d(\mathcal{F}) = n-r-1$.

Fall c: $c < 0$ und $b_\nu = 0$ für $\nu = r+1, \ldots, n$.

Dann bildet die durch

$$x_0' = \sqrt{|c|}\, x_0,\; x_\nu' = x_\nu \qquad (\nu = 1, \ldots, n)$$

definierte affine Projektivität $\mathcal{F}''$ auf eine affin-äquivalente Hyperfläche mit der Gleichung

$$x_1^2 + \cdots + x_t^2 - x_{t+1}^2 - \cdots - x_r^2 = -x_0^2 \quad (0 \leqq t \leqq r \leqq n,\; r - t \leqq t)$$

ab. Multiplikation dieser Gleichung mit (-1) und nachfolgende Anwendung der durch

$$x_0' = x_0,\; x_\tau' = x_{t+\tau} (\tau = 1, \ldots, r - t),\; x_\varrho' = x_{\varrho-(r-t)} \; (\varrho = r - t + 1, \ldots, r),$$
$$x_\nu' = x_\nu \qquad (\nu = r + 1, \ldots, n)$$

definierten affinen Projektivität liefert eine affin-äquivalente Hyperfläche $\tilde{\mathcal{F}}$ mit der Gleichung

$$x_1^2 + \cdots + x_{r-t}^2 - x_{r-t+1}^2 - \cdots - x_r^2 = x_0^2 \quad (0 \leqq t \leqq r \leqq n,\; r - t \leqq t).$$

Ersetzt man hier noch $r - t$ durch t, so folgt

$$x_1^2 + \cdots + x_t^2 - x_{t+1}^2 - \cdots - x_r^2 = x_0^2 \quad (0 \leqq t \leqq r \leqq n,\; r - t \geqq t).$$

Man hat es also mit dem Typ (3) der Tabelle zu tun. Zur Berechnung von u, d, u^*, d^* hat man hier wieder zunächst die letzte Gleichung mit (-1) zu multiplizieren, um danach die Formeln aus 29. 6 anwenden zu können. Entsprechende Überlegungen wie vorher ergeben die behaupteten Werte, die der Leser selbst überprüfen möge.

Fall d: $b_\nu \neq 0$ für mindestens ein $\nu \geqq r + 1$.

Da eine Vertauschung der Koordinaten x_μ mit $\mu \neq 0$ eine affine Projektivität ist, kann ohne Einschränkung der Allgemeinheit $b_{r+1} \neq 0$ angenommen werden. Die durch

$$x_\nu' = x_\nu \; (\nu \neq r + 1),\; x_{r+1}' = c x_0 + \sum_{\nu=r+1}^{n} b_\nu x_\nu$$

definierte affine Projektivität bildet dann $\mathcal{F}''$ auf eine Hyperfläche $\tilde{\mathcal{F}}$ mit der Gleichung

$$x_1^2 + \cdots + x_t^2 - x_{t+1}^2 - \cdots - x_r^2 = x_0 x_{r+1} \quad (0 \leqq t \leqq r \leqq n - 1,\; r - t \leqq t)$$

ab. Es handelt sich also jetzt um den Typ (4) der Tabelle. Für u^* und d^* erhält man wieder dieselben Werte wie in Fall *a*. Zur Berechnung von u und d werde auf $\tilde{\mathcal{F}}$ noch die durch

$$x_0' = \frac{1}{2}(x_{r+1} - x_0),\; x_{r+1}' = \frac{1}{2}(x_{r+1} + x_0),\; x_\nu' = x_\nu \; (\nu \neq 0, r + 1)$$

definierte Projektivität (sie ist keine affine Projektivität!) ausgeübt, wobei ja u und d nicht geändert werden. Die Gleichung von $\tilde{\mathcal{F}}$ geht dann über in die Gleichung

$$x_0^2 + \cdots + x_t^2 - x_{t+1}^2 - \cdots - x_{r+1}^2 = 0,$$

aus der nach 29.6 unmittelbar $u(\mathcal{F}) = n - t - 1$ und $d(\mathcal{F}) = n - (r+1) - 1 = n - r - 2$ folgt.

Da die vorangehende Fallunterscheidung vollständig ist, muß jede Hyperfläche $\mathcal{F}$ zu mindestens einer Hyperfläche $\tilde{\mathcal{F}}$ der Tabelle affin-äquivalent sein. Nun bestimmt aber $\mathcal{F}$ eindeutig die Größen u, d, u^*, d^*, durch die weiter dann auch $\tilde{\mathcal{F}}$ eindeutig bestimmt wird: Innerhalb jedes der Typen (1)—(4) sind die Indizes t und r bereits durch u und d oder durch u^* und d^* festgelegt. Weiter aber ist der Typ (1) durch $d^* = d - 1$, der Typ (2) durch $d^* = d$, $u^* = u - 1$, der Typ (3) durch $d^* = d$, $u^* = u$ und schließlich der Typ (4) durch $d^* = d + 1$ gekennzeichnet. Daher ist eine Hyperfläche $\mathcal{F}$ auch nur zu genau einer der Hyperflächen $\tilde{\mathcal{F}}$ affin-äquivalent. Wenn also u, d, u^*, d^* für $\mathcal{F}$ und $\mathcal{F}'$ denselben Wert besitzen, dann müssen $\mathcal{F}$ und $\mathcal{F}'$ zu derselben Hyperfläche $\tilde{\mathcal{F}}$, also auch zueinander affin-äquivalent sein. ◆

Der soeben bewiesene Satz 30.4 gestattet eine systematische Aufstellung aller affinen Äquivalenzklassen projektiver Hyperflächen. In den folgenden beiden Tabellen ist sie wieder für die Dimensionen $n = 2$ und $n = 3$ durchgeführt.

Affine Klassen mit denselben Werten von u und d bilden zusammen eine projektive Klasse. Mit Hilfe dieser Tabellen kann man daher feststellen, welche projektiven Klassen weiter aufgeteilt werden.

Nach 30.1 bestimmen affin-äquivalente projektive Hyperflächen auch affin-äquivalente affine Hyperflächen. Bei dem Übergang von den affinen Klassen projektiver Hyperflächen zu den Klassen affiner Hyperflächen können jedoch noch Klassen zusammenfallen; nämlich dann, wenn sie sich nur in ihrem uneigentlichen Teil unterscheiden. Aus den Listen stellt man nun unmittelbar fest:

Im Fall $n = 2$ fallen beim Übergang zu den affinen Kurven die Klassen 7, 8 und 9 zusammen (der eigentliche Teil ist die leere Menge) und außerdem die Klassen 2 und 11 (der eigentliche Teil ist eine Gerade). Mehr Klassen fallen nicht zusammen. Es gibt also 9 verschiedene Klassen affiner Kurven 2. Ordnung.

Im Fall $n = 3$ fallen beim Übergang zu den affinen Flächen die Klassen 11—14 zusammen (der eigentliche Teil ist die leere Menge) und außerdem die Klassen 2 und 17 (der eigentliche Teil ist eine Ebene). Mehr Klassen fallen wieder nicht zusammen. Es gibt somit 16 verschiedene Klassen affiner Flächen 2. Ordnung.

Praktisch gestaltet sich die Klassifizierung folgendermaßen: Wenn eine affine Hyperfläche $\mathcal{F}_0$ im n-dimensionalen affinen Raum durch eine Gleichung

$$\sum_{\nu,\mu=1}^{n} b_{\nu,\mu} x_\nu x_\mu + \sum_{\nu=1}^{n} b_\nu x_\nu + b = 0$$

in affinen Koordinaten gegeben ist, gehe man zunächst zu projektiven Koordinaten über, indem man x_ν durch $\frac{x_\nu^*}{x_0^*}$ ersetzt und mit x_0^{*2} durchmultipliziert. Die so gewonnene homogene quadratische Gleichung bringe man auf die Form

$$\sum_{\nu,\mu=0}^{n} a_{\nu,\mu} x_\nu^* x_\mu^* = 0$$

$n=2$: Es gibt 12 verschiedene Klassen.

Nr.	Typ	t	r	d	u	d^*	u^*	Gleichung (Normalform)	Bezeichnung (affin)	uneigentlicher Teil
1	(1)	0	0	2	2	1	1	$0=0$	Ebene	Gerade
2		1	1	1	1	0	0	$x_1^2=0$	eigentliche Gerade	Punkt
3		1	2	0	1	—1	0	$x_1^2-x_2^2=0$	Geradenpaar mit eigentl. Schnittpunkt	Punktepaar
4		2	2	0	0	—1	—1	$x_1^2+x_2^2=0$	eigentl. Pkt.	Ø
5	(2)	1	1	0	1	0	0	$x_1^2=x_0^2$	Paar parall. Geraden	Punkt
6		2	2	—1	0	—1	—1	$x_1^2+x_2^2=x_0^2$	Ellipse	Ø
7	(3)	0	0	1	1	1	1	$0=x_0^2$	uneigentl. Gerade	Gerade
8		0	1	0	0	0	0	$-x_1^2=x_0^2$	uneigentl. Punkt	Punkt
9		0	2	—1	—1	—1	—1	$-x_1^2-x_2^2=x_0^2$	Ø	Ø
10		1	2	—1	0	—1	0	$x_1^2-x_2^2=x_0^2$	Hyperbel	Punktepaar
11	(4)	0	0	0	1	1	1	$0=x_0x_1$	eine eigentl. u. die uneigentl. Gerade	Gerade
12		1	1	—1	0	0	0	$x_1^2=x_0x_2$	Parabel	Punkt

$n=3$: Es gibt 20 verschiedene Klassen.

Nr.	Typ	t	r	d	u	d^*	u^*	Gleichung (Normalform)	Bezeichnung (affin)	uneigentlicher Teil
1	(1)	0	0	3	3	2	2	$0=0$	3-dim. Raum	Ebene
2		1	1	2	2	1	1	$x_1^2=0$	eigentl. Ebene	Gerade
3		1	2	1	2	0	1	$x_1^2-x_2^2=0$	Ebenenpaar mit eigentl. Schnittger.	Geradenpaar
4		2	2	1	1	0	0	$x_1^2+x_2^2=0$	eigentl. Gerade	Punkt
5		2	3	0	1	—1	0	$x_1^2+x_2^2-x_3^2=0$	Kegel	nicht-ausg. Kurve
6		3	3	0	0	—1	—1	$x_1^2+x_2^2+x_3^2=0$	eigentl. Pkt.	Ø
7	(2)	1	1	1	2	1	1	$x_1^2=x_0^2$	Paar parall. Ebenen	Gerade
8		2	2	0	1	0	0	$x_1^2+x_2^2=x_0^2$	ellipt. Zylinder	Punkt
9		2	3	—1	1	—1	0	$x_1^2+x_2^2-x_3^2=x_0^2$	einschalig. Hyperboloid	nicht-ausg. Kurve
10		3	3	—1	0	—1	—1	$x_1^2+x_2^2+x_3^2=x_0^2$	Ellipsoid	Ø
11	(3)	0	0	2	2	2	2	$0=x_0^2$	uneigentl. Ebene	Ebene
12		0	1	1	1	1	1	$-x_1^2=x_0^2$	uneigentl. Gerade	Gerade
13		0	2	0	0	0	0	$-x_1^2-x_2^2=x_0^2$	uneigentl. Punkt	Punkt
14		0	3	—1	—1	—1	—1	$-x_1^2-x_2^2-x_3^2=x_0^2$	Ø	Ø
15		1	2	0	1	0	1	$x_1^2-x_2^2=x_0^2$	hyperbol. Zylinder	Geradenpaar
16		1	3	—1	0	—1	0	$x_1^2-x_2^2-x_3^2=x_0^2$	zweischal. Hyperboloid	nicht-ausg. Kurve
17	(4)	0	0	1	2	2	2	$0=x_0x_1$	eigentl. Ebene u. die uneigentl. Ebene	Ebene
18		1	1	0	1	1	1	$x_1^2=x_0x_2$	parabol. Zylinder	Gerade
19		1	2	—1	1	0	1	$x_1^2-x_2^2=x_0x_3$	hyperbol. Paraboloid	Geradenpaar
20		2	2	—1	0	0	0	$x_1^2+x_2^2=x_0x_3$	ellipt. Paraboloid	Punkt

mit einer symmetrischen Matrix

$$A = \left(\begin{array}{c|ccc|} a_{0,0} & a_{0,1} & \cdots & a_{0,n} \\ \cline{2-4} a_{1,0} & a_{1,1} & \cdots & a_{1,n} \\ \cdot & \cdots & \cdots & \cdots \\ a_{n,0} & a_{n,1} & \cdots & a_{n,n} \\ \cline{2-4} \end{array}\right).$$

Die eingerahmte Untermatrix B gehört dann zu dem uneigentlichen Teil der projektiven Hyperfläche $\mathcal{F}$. Sodann berechne man die charakteristischen Polynome f_1 von A und f_2 von B und bestimme die Vorzeichen ihrer Nullstellen. Dies kann mit Hilfe der Kartesischen Zeichenregel geschehen (vgl. 29 A). Die Größen u, d, u^*, d^* können dann nach den Bemerkungen am Ende des vorangehenden Paragraphen und mit Hilfe von 29. 6 bestimmt werden. Bei der Bestimmung von u^* und d^* ist allerdings darauf zu achten, daß n durch $n - 1$ ersetzt werden muß.

Als Beispiel diene im Fall $n = 3$ die Gleichung

$$x_1^2 - 5x_2^2 - x_1x_2 + x_1x_3 + x_2x_3 - 4x_2 - 1 = 0.$$

In homogenen Koordinaten lautet sie

$$-x_0^{*2} + x_1^{*2} - 5x_2^{*2} - 4x_0^*x_2^* - x_1^*x_2^* + x_1^*x_3^* + x_2^*x_3^* = 0.$$

Nach Multiplikation mit 2 kann man

$$\left(\begin{array}{c|ccc|} -2 & 0 & -4 & 0 \\ \cline{2-4} 0 & 2 & -1 & 1 \\ -4 & -1 & -10 & 1 \\ 0 & 1 & 1 & 0 \\ \cline{2-4} \end{array}\right)$$

als zugehörige symmetrische Matrix wählen. Die charakteristischen Polynome sind

$$f_1(t) = t^4 + 10t^3 - 23t^2 - 20t + 4,$$
$$f_2(t) = -t^3 - 8t^2 + 23t + 6.$$

Nach der Kartesischen Zeichenregel besitzt f_1 zwei positive und zwei negative Nullstellen. Es folgt

$$u = 3 - 1 - 1 = 1, \ d = 3-3-1 = -1.$$

Weiter besitzt f_2 eine positive und zwei negative Nullstellen, und man erhält

$$u^* = 2-1-1 = 0, \ d^* = 2-2-1 = -1.$$

Die Fläche gehört somit zur Klasse Nr. 9, ist also ein einschaliges Hyperboloid.

Um die Transformation der Gleichung auf Normalform tatsächlich durchzuführen, muß man zunächst die zu dem uneigentlichen Teil gehörende Untermatrix B auf Diagonalform transformieren. Dies erfordert die numerische Berechnung der Eigenwerte und Eigenvektoren von B. Die weiteren Transformationen können dann wie im Beweis von 30. 4 durchgeführt werden.

Ergänzungen und Aufgaben

30 A Aufgabe: Zeige, daß durch die Gleichung (sie besitze mindestens eine Lösung)

$$a x_1^2 + b x_2^2 + 2 c x_1 x_2 + 2 d x_1 + 2 e x_2 + f = 0$$

genau dann ein nicht-ausgearteter Kegelschnitt (also eine Ellipse, Parabel oder Hyperbel) beschrieben wird, wenn

$$\begin{vmatrix} f & d & e \\ d & a & c \\ e & c & b \end{vmatrix} \neq 0$$

gilt. Und zwar handelt es sich um eine

$$\left.\begin{matrix} \text{Ellipse} \\ \text{Parabel} \\ \text{Hyperbel} \end{matrix}\right\}, \text{ wenn } \quad \begin{vmatrix} a & c \\ c & b \end{vmatrix} \quad \left\{\begin{matrix} > 0 \\ = 0 \\ < 0 \end{matrix}\right.$$

erfüllt ist.

30 B Statt der affinen Äquivalenz kann man bei den affinen Hyperflächen auch die schärfere Äquivalenzrelation der Kongruenz zugrunde legen: Zwei affine Hyperflächen F_0 und F_0' sind kongruent, wenn sie durch eine Kongruenz des euklidisch-affinen Raumes aufeinander abgebildet werden können.

Aufgabe: Die Hyperfläche F_0 sei hinsichtlich eines kartesischen Koordinatensystems durch die Gleichung

$$\sum_{\nu,\mu=1}^{n} a_{\nu,\mu} x_\nu x_\mu + 2 \sum_{\nu=1}^{n} a_{0,\nu} x_\nu + a_{0,0} = 0 \qquad (a_{\nu,\mu} = a_{\mu,\nu})$$

gegeben. Man gehe zu der entsprechenden Gleichung in homogenen Koordinaten über und untersuche, in welchem Umfang sich die Transformationen aus dem Beweis von 30. 4 durch solche affinen Projektivitäten bewerkstelligen lassen, die in dem affinen Raum sogar eine Kongruenz induzieren, die also die affinen Hyperflächen auf kongruente Hyperflächen abbilden. Welche Normaltypen ergeben sich für die Kongruenzklassen?

30 C Aufgabe: Man bestimme die affinen Klassen der Hyperflächen der Schar aus 29 C in Abhängigkeit vom Scharparameter c, wenn die uneigentliche Hyperebene durch $x_0 = 0$ bestimmt ist. Welche affinen Klassen erhält man, wenn die uneigentliche Hyperebene durch $x_2 = 0$ gegeben ist?

30 D Aufgabe: In der reellen affinen Ebene seien hinsichtlich eines kartesischen Koordinatensystems folgende Punkte gegeben:

$$p_1\colon (1, 2), \; p_2\colon (3, 0), \; p_3\colon (0, -1).$$

Man bestimme die Gleichung der Schar aller Kegelschnitte, die durch p_1 und p_2 gehen und die Geraden $p_1 \vee p_3$, $p_2 \vee p_3$ berühren. Man ermittle die affinen Klassen in Abhängigkeit vom Scharparameter. (Zweckmäßig bildet man die gesuchte Schar zunächst durch eine Projektivität so ab, daß die Gleichung der Bildschar unmittelbar angegeben werden kann. Ein Kegelschnitt K berührt eine Gerade G, wenn $K \cap G$ ein affiner Unterraum ist; ist K nicht entartet, so ist $K \cap G$ dann ein Punkt.)

Achtes Kapitel

Quotientenräume, direkte Summe und direktes Produkt

In diesem Kapitel werden einige Methoden behandelt, die es gestatten, aus gegebenen Vektorräumen neue Vektorräume zu gewinnen. Die erste Methode besteht, grob gesprochen, in einer Verkleinerung eines gegebenen Vektorraums X: Jeder Unterraum von X definiert in natürlicher Weise eine Äquivalenzrelation, hinsichtlich derer die Vektoren von X zu Klassen zusammengefaßt werden können. Diese Klassen bilden dann ihrerseits einen Vektorraum, den man als Quotientenraum bezeichnet. Die zweite Methode wirkt dagegen aufbauend. Aus endlich oder unendlich vielen Vektorräumen werden neue Vektorräume zusammengesetzt, die einerseits als direkte Summe und andererseits als direktes Produkt bezeichnet werden. Diese Unterscheidung wird allerdings hinfällig, wenn es sich bei dem Prozeß um nur endlich viele Vektorräume handelt.

§ 31 Quotientenräume

Es sei X ein beliebiger Vektorraum über einem beliebigen Skalarenkörper K. Ferner sei U ein Unterraum von X.

Definition 31a: *Zwei Vektoren* $\mathfrak{a}, \mathfrak{b} \in X$ *heißen* **U-äquivalent** (*in Zeichen:* $\mathfrak{a} \underset{U}{=} \mathfrak{b}$), *wenn* $\mathfrak{a} - \mathfrak{b} \in U$ *gilt.*

Die U-Äquivalenz ist tatsächlich eine Äquivalenzrelation (vgl. 11C): Wegen $\mathfrak{a} - \mathfrak{a} = \mathfrak{o} \in U$ gilt $\mathfrak{a} \underset{U}{=} \mathfrak{a}$. Aus $\mathfrak{a} \underset{U}{=} \mathfrak{b}$, also aus $\mathfrak{a} - \mathfrak{b} \in U$ folgt auch $\mathfrak{b} - \mathfrak{a} \in U$ und damit $\mathfrak{b} \underset{U}{=} \mathfrak{a}$. Schließlich werde $\mathfrak{a} \underset{U}{=} \mathfrak{b}$ und $\mathfrak{b} \underset{U}{=} \mathfrak{c}$ vorausgesetzt. Wegen $\mathfrak{a} - \mathfrak{b} \in U$ und $\mathfrak{b} - \mathfrak{c} \in U$ ist dann auch $\mathfrak{a} - \mathfrak{c} = (\mathfrak{a} - \mathfrak{b}) + (\mathfrak{b} - \mathfrak{c})$ ein Vektor aus U, und es folgt $\mathfrak{a} \underset{U}{=} \mathfrak{c}$.

31.1 *Aus* $\mathfrak{a} \underset{U}{=} \mathfrak{b}$ *und* $\mathfrak{a}' \underset{U}{=} \mathfrak{b}'$ *folgt* $\mathfrak{a} + \mathfrak{a}' \underset{U}{=} \mathfrak{b} + \mathfrak{b}'$ *und auch* $c\mathfrak{a} \underset{U}{=} c\mathfrak{b}$ *für einen beliebigen Skalar* c.

Beweis: Wegen $\mathfrak{a} - \mathfrak{b} \in U$ und $\mathfrak{a}' - \mathfrak{b}' \in U$ ist auch $(\mathfrak{a} + \mathfrak{a}') - (\mathfrak{b} + \mathfrak{b}') = (\mathfrak{a} - \mathfrak{b}) + (\mathfrak{a}' - \mathfrak{b}')$ und ebenso $c\mathfrak{a} - c\mathfrak{b} = c(\mathfrak{a} - \mathfrak{b})$ ein Vektor aus U. ◆

Hinsichtlich der U-Äquivalenz zerfällt X in paarweise fremde Äquivalenzklassen. Die von einem Vektor $\mathfrak{a}$ erzeugte Äquivalenzklasse soll mit $\overline{\mathfrak{a}}$ bezeichnet werden. Sie besteht aus allen Vektoren, die U-äquivalent zu $\mathfrak{a}$ sind; d. h. es gilt

$$\overline{\mathfrak{a}} = \{\mathfrak{x}\colon \mathfrak{x} \underset{U}{=} \mathfrak{a}\}.$$

Offenbar gehört ein Vektor $\mathfrak{x}$ genau dann zur Klasse $\overline{\mathfrak{a}}$, wenn er die Form $\mathfrak{x} = \mathfrak{a} + \mathfrak{u}$ mit $\mathfrak{u} \in U$ besitzt. Für die von dem Nullvektor erzeugte Klasse gilt $\overline{\mathfrak{o}} = U$. Weiter ist $\mathfrak{a} \underset{U}{=} \mathfrak{b}$ gleichwertig mit $\overline{\mathfrak{a}} = \overline{\mathfrak{b}}$.

Wegen 31. 1 erzeugen die Vektoren $\mathfrak{a} + \mathfrak{b}$ und $\mathfrak{a}' + \mathfrak{b}'$ dieselbe Klasse, wenn $\mathfrak{a} \underset{U}{=} \mathfrak{a}'$ und $\mathfrak{b} \underset{U}{=} \mathfrak{b}'$ gilt. Die Klasse $\overline{\mathfrak{a} + \mathfrak{b}}$ hängt daher nur von den Klassen $\overline{\mathfrak{a}}$ und $\overline{\mathfrak{b}}$, nicht aber von der Wahl der Repräsentanten $\mathfrak{a}$ und $\mathfrak{b}$ dieser Klassen ab. Durch

$$\overline{\mathfrak{a}} + \overline{\mathfrak{b}} = \overline{\mathfrak{a} + \mathfrak{b}}$$

wird somit in der Menge aller U-Äquivalenzklassen eine Addition definiert. Entsprechende Überlegungen zeigen, daß ebenso durch

$$c\overline{\mathfrak{a}} = \overline{c\mathfrak{a}}$$

eine Multiplikation der Klassen mit Skalaren definiert wird. Einfache Rechnungen, die dem Leser überlassen bleiben mögen, ergeben sodann, daß die Menge aller U-Äquivalenzklassen hinsichtlich der so erklärten linearen Operationen selbst ein Vektorraum über K mit der **Nullklasse** $\overline{\mathfrak{o}}$ als Nullvektor ist.

Definition 31b: *Der Vektorraum aller U-Äquivalenzklassen heißt der* **Quotientenraum** *von X nach dem Unterraum U. Er wird mit X/U bezeichnet.*

Ordnet man jedem Vektor $\mathfrak{x} \in X$ als Bild die von ihm erzeugte Klasse $\overline{\mathfrak{x}}$ zu, so wird hierdurch eine Abbildung $\omega: X \to X/U$ definiert, die die **natürliche Abbildung** von X auf X/U genannt wird. Für sie gilt:

31. 2 *Die natürliche Abbildung $\omega: X \to X/U$ ist eine Surjektion mit* Kern $\omega = U$.

Beweis: Wegen

$$\omega(\mathfrak{a} + \mathfrak{b}) = \overline{\mathfrak{a} + \mathfrak{b}} = \overline{\mathfrak{a}} + \overline{\mathfrak{b}} = \omega\mathfrak{a} + \omega\mathfrak{b} \quad \text{und}$$

$$\omega(c\mathfrak{a}) = \overline{c\mathfrak{a}} = c\overline{\mathfrak{a}} = c(\omega\mathfrak{a})$$

ist ω eine lineare Abbildung, die offenbar X auch auf den Quotientenraum abbildet. Weiter ist $\omega\mathfrak{x} = \overline{\mathfrak{o}}$ gleichwertig mit $\mathfrak{x} \underset{U}{=} \mathfrak{o}$, also mit $\mathfrak{x} \in U$. Daher gilt Kern $\omega = U$. ◆

31. 3 *Wenn X endliche Dimension besitzt, gilt*

$$\text{Dim}\, X/U = \text{Dim}\, X - \text{Dim}\, U.$$

Beweis: Wegen 31. 2, 8. 4 und 8. 7 erhält man

$$\begin{aligned}\text{Dim}\, X = \text{Rg}\, \omega + \text{Def}\, \omega &= \text{Dim}\,(\omega X) + \text{Dim}\,(\text{Kern}\, \omega)\\ &= \text{Dim}\, X/U + \text{Dim}\, U. \; \blacklozenge\end{aligned}$$

Die Dimension des Quotientenraums X/U wird auch die **Kodimension** des Unterraums U in X genannt (in Zeichen: $\text{Codim}_X\, U$). Wegen des letzten Satzes gilt $\text{Dim}\, U + \text{Codim}_X\, U = \text{Dim}\, X$. Auch wenn X und U unendliche Dimension besitzen, kann die Kodimension von U endlich sein. Unterräume U von X mit $\text{Codim}_X\, U = 1$ werden entsprechend der schon früher benutzten Bezeichnung **Hyperebenen** genannt.

31. 4 *Es sei U ein Unterraum von X, und ω sei die natürliche Abbildung von X auf X/U. Wenn für eine lineare Abbildung $\varphi: X \to Y$ dann $U \leq$ Kern φ gilt, so kann φ auf genau eine Weise in der Form $\varphi = \varphi_U \circ \omega$ mit einer linearen Abbildung $\varphi_U: X/U \to Y$ faktorisiert werden.*

φ_U ist genau dann injektiv, wenn Kern $\varphi = U$ *gilt.*
φ_U ist genau dann surjektiv, wenn φ surjektiv ist.

Schließlich gilt

$$\text{Kern}\, \varphi_U = (\text{Kern}\, \varphi)/U.$$

Beweis: Aus $\mathfrak{a} \underset{U}{=} \mathfrak{b}$, also aus $\mathfrak{a} - \mathfrak{b} \in U$ folgt wegen $U \leq \text{Kern}\, \varphi$ zunächst $\varphi\mathfrak{a} - \varphi\mathfrak{b} = \varphi(\mathfrak{a} - \mathfrak{b}) = \mathfrak{o}$ und daher $\varphi\mathfrak{a} = \varphi\mathfrak{b}$. Der Bildvektor $\varphi\mathfrak{a}$ hängt daher nur von der durch $\mathfrak{a}$ bestimmten Klasse $\overline{\mathfrak{a}}$ ab, und durch $\varphi_U \overline{\mathfrak{a}} = \varphi\mathfrak{a}$ wird eine Abbildung $\varphi_U: X/U \to Y$ definiert. Wegen

$$\begin{aligned}\varphi_U(\overline{\mathfrak{a}} + \overline{\mathfrak{b}}) &= \varphi_U(\overline{\mathfrak{a} + \mathfrak{b}}) = \varphi(\mathfrak{a} + \mathfrak{b}) = \varphi\mathfrak{a} + \varphi\mathfrak{b} = \varphi_U\overline{\mathfrak{a}} + \varphi_U\overline{\mathfrak{b}},\\ \varphi_U(c\overline{\mathfrak{a}}) &= \varphi_U(\overline{c\mathfrak{a}}) = \varphi(c\mathfrak{a}) = c(\varphi\mathfrak{a}) = c(\varphi_U\overline{\mathfrak{a}})\end{aligned}$$

ist φ_U eine lineare Abbildung. Und wegen $\varphi\mathfrak{x} = \varphi_U\overline{\mathfrak{x}} = \varphi_U(\omega\mathfrak{x})$ für beliebige $\mathfrak{x} \in X$ gilt außerdem $\varphi = \varphi_U \circ \omega$. Ist umgekehrt $\psi: X/U \to Y$ eine lineare Abbildung mit $\varphi = \psi \circ \omega$, so gilt für eine beliebige Klasse $\overline{\mathfrak{x}}$

$$\psi\overline{\mathfrak{x}} = \psi(\omega\mathfrak{x}) = (\psi \circ \omega)\,\mathfrak{x} = \varphi\mathfrak{x} = \varphi_U\overline{\mathfrak{x}}$$

und somit $\psi = \varphi_U$. Es ist also φ_U durch φ auch eindeutig bestimmt.

Wegen $\varphi_U(X/U) = \varphi_U(\omega X) = (\varphi_U \circ \omega)\, X = \varphi X$ ist φ_U genau dann surjektiv, wenn φ surjektiv ist.

Da Kern φ ein Unterraum von X und U nach Voraussetzung ein Unterraum von Kern φ ist, ist der Quotientenraum Kern φ/U definiert und offenbar ein Unterraum von X/U. Eine Klasse $\bar{\mathfrak{x}}$ aus X/U liegt genau dann in Kern φ/U, wenn $\mathfrak{x} \in$ Kern φ, wenn also $\varphi\mathfrak{x} = \mathfrak{o}$ gilt. Wegen $\varphi_U\bar{\mathfrak{x}} = \varphi\mathfrak{x}$ ist dies aber gleichwertig mit $\varphi_U\bar{\mathfrak{x}} = \mathfrak{o}$, also mit $\bar{\mathfrak{x}} \in$ Kern φ_U. Damit ist die letzte Behauptung bewiesen.

Schließlich ist φ_U nach 8. 8 genau dann injektiv, wenn Kern φ_U und damit Kern φ/U der Nullraum ist. Dies ist aber gleichwertig mit Kern $\varphi = U$. ◆

31. 5 *Für eine lineare Abbildung $\varphi: X \to Y$ gilt*

$$\varphi X \cong X/\text{Kern}\,\varphi.$$

Eine weitere lineare Abbildung $\psi: X \to Z$ ist genau dann in der Form $\psi = \chi \circ \varphi$ mit einer linearen Abbildung $\chi: Y \to Z$ faktorisierbar, wenn Kern $\varphi \subset$ Kern ψ *erfüllt ist. Im Fall $Z \neq [\mathfrak{o}]$ ist hierbei χ durch ψ genau dann eindeutig bestimmt, wenn φ surjektiv ist.*

Beweis:

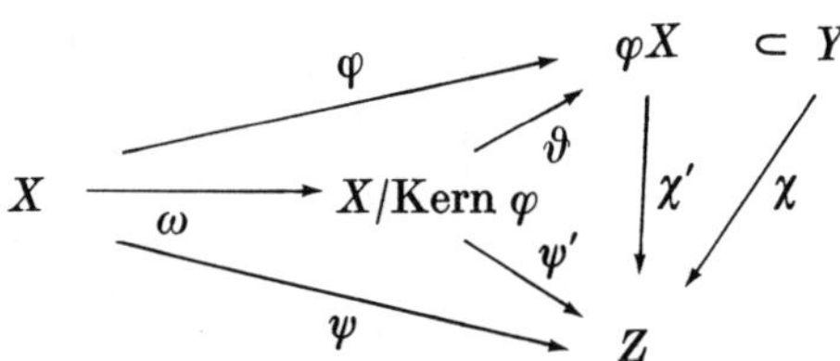

Mit $U =$ Kern φ ergibt sich wegen 31. 4 eine Faktorisierung $\varphi = \vartheta \circ \omega$ mit einer Injektion ϑ. Da φ aber eine Surjektion auf den Unterraum φX von Y ist, ist $\vartheta: X/\text{Kern}\,\varphi \to \varphi X$ wegen 31. 4 sogar ein Isomorphismus.

Gilt Kern $\varphi \subset$ Kern ψ, so ergibt sich wieder wegen 31. 4 eine Faktorisierung $\psi = \psi' \circ \omega$, und mit $\chi' = \psi' \circ \vartheta^{-1}: \varphi X \to Z$ erhält man die Faktorisierung $\psi = \psi' \circ \omega = (\psi' \circ \vartheta^{-1}) \circ (\vartheta \circ \omega) = \chi' \circ \varphi$.

Ist hierbei φ surjektiv, gilt also $\varphi X = Y$, so folgt die Behauptung mit $\chi = \chi'$, und χ ist offenbar durch ψ (und φ) auch eindeutig bestimmt. Ist φ jedoch nicht surjektiv, so ist Y ein echter Oberraum von φX, und eine Basis B von φX kann zu einer Basis $B^* = B \cup B'$ von Y erweitert werden, wobei B' jetzt nicht leer ist. Durch

$$\chi\mathfrak{a} = \begin{cases} \chi'\mathfrak{a} & \text{für } \mathfrak{a} \in B \\ \mathfrak{o} & \text{für } \mathfrak{a} \in B' \end{cases}$$

wird dann χ' wegen 8. 2 zu einer linearen Abbildung $\chi: Y \to Z$ fortgesetzt, mit der nun $\psi = \chi \circ \varphi$ gilt. Enthält Z aber einen Vektor $\mathfrak{b} \neq \mathfrak{o}$, so gilt auch mit der durch

$$\chi^*\mathfrak{a} = \begin{cases} \chi'\mathfrak{a} & \text{für } \mathfrak{a} \in B \\ \mathfrak{b} & \text{für } \mathfrak{a} \in B' \end{cases}$$

definierten Abbildung $\psi = \chi^* \circ \varphi$, so daß die Faktorisierung in diesem Fall nicht eindeutig ist. ◆

Durch die Faktorisierungseigenschaft aus 31. 4 können die Quotientenräume auch umgekehrt bis auf Isomorphie gekennzeichnet werden.

31. 6 *Es sei U ein Unterraum von X, und $\omega^* : X \to Z$ sei eine lineare Abbildung. Dann sind foglende Eigenschaften gleichwertig damit, daß es einen Isomorphismus $\vartheta : Z \to X/U$ mit $\omega = \vartheta \circ \omega^*$ gibt:*
(1) *Jede lineare Abbildung $\varphi : X \to Y$ mit $U \subset \operatorname{Kern} \varphi$ kann auf genau eine Weise in der Form $\varphi = \varphi^* \circ \omega^*$ faktorisiert werden.*
(2) *Gilt für $\omega' : X \to Z'$ ebenfalls, daß jede lineare Abbildung $\varphi : X \to Y$ mit $U \subset \operatorname{Kern} \varphi$ eine Faktorisierung $\varphi = \varphi' \circ \omega'$ gestattet, so existiert eine lineare Abbildung $\eta : Z' \to Z$ mit $\omega^* = \eta \circ \omega'$.*
Die Eindeutigkeitsaussage aus (1) *kann gleichwertig durch die Forderung ersetzt werden, daß ω^* surjektiv ist.*

Beweis:

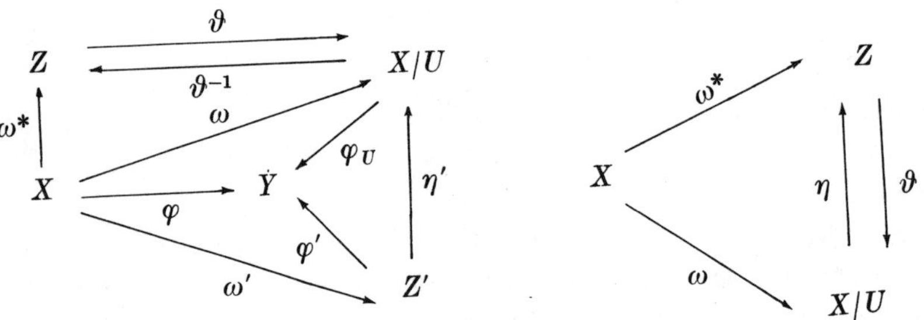

Die Gleichwertigkeit der Eindeutigkeitsaussage mit der Surjektivität von ω^* folgt aus 31. 5.

Zunächst existiere der Isomorphismus $\vartheta : Z \to X/U$ mit $\omega = \vartheta \circ \omega^*$. Zu gegebenem $\varphi : X \to Y$ mit $U \subset \operatorname{Kern} \varphi$ gibt es nach 31. 4 die Faktorisierung $\varphi = \varphi_U \circ \omega$, aus der mit $\varphi^* = \varphi_U \circ \vartheta$ die Faktorisierung

$$\varphi = \varphi_U \circ \omega = \varphi_U \circ \vartheta \circ \omega^* = \varphi^* \circ \omega^*$$

folgt. Wegen $\operatorname{Kern} \omega = U$ ergibt sich mit Hilfe der in (2) gemachten Voraussetzung die Existenz einer linearen Abbildung $\eta' : Z' \to X/U$ mit $\omega = \eta' \circ \omega'$, und mit $\eta = \vartheta^{-1} \circ \eta'$ folgt

$$\omega^* = \vartheta^{-1} \circ \omega = \vartheta^{-1} \circ \eta' \circ \omega' = \eta \circ \omega'.$$

Umgekehrt seien (1) und (2) erfüllt. Da $\omega' = \omega$, $Z' = X/U$ der Voraussetzung in (2) genügen, existiert eine lineare Abbildung $\eta : X/U \to Z$ mit $\omega^* = \eta \circ \omega$. Da aber auch ω und X/U die Eigenschaft (2) besitzen und wegen (1) $\omega' = \omega^*$

und $Z' = Z$ gesetzt werden darf, gibt es außerdem eine lineare Abbildung $\vartheta: Z \to X/U$ mit $\omega = \vartheta \circ \omega^*$. Es folgt $\varepsilon_{X/U} \circ \omega = \omega = \vartheta \circ \omega^* = \vartheta \circ \eta \circ \omega$ und $\varepsilon_Z \circ \omega^* = \omega^* = \eta \circ \omega = \eta \circ \vartheta \circ \omega^*$. Wegen der Eindeutigkeit der Faktorisierung in beiden Fällen erhält man $\vartheta \circ \eta = \varepsilon_{X/U}$ und $\eta \circ \vartheta = \varepsilon_Z$. Daher ist ϑ ein Isomorphismus mit $\vartheta^{-1} = \eta$. ◆

Definition 31c: *Eine (endliche, einseitig oder beidseitig unendliche) Folge*

$$\ldots \xrightarrow{\varphi_{n-1}} X_n \xrightarrow{\varphi_n} X_{n+1} \xrightarrow{\varphi_{n+1}} \ldots$$

von Vektorräumen und linearen Abbildungen heißt im Raum X_n **exakt,** *wenn* Bild φ_{n-1} = Kern φ_n *gilt. Die Folge wird eine* **exakte Sequenz** *genannt, wenn sie in jedem Raum exakt ist (ausgenommen ein etwaiger erster oder letzter Raum).*

So ist z. B. die Folge $[\mathfrak{o}] \to X \xrightarrow{\varphi} Y$, in der die erste Abbildung notwendig die Nullabbildung sein muß, genau dann exakt, wenn Kern $\varphi = [\mathfrak{o}]$ gilt, wenn also φ injektiv ist. Entsprechend ist die Exaktheit der Folge $X \xrightarrow{\varphi} Y \to [\mathfrak{o}]$ gleichwertig mit der Surjektivität von φ. Ferner ist stets

$$[\mathfrak{o}] \to U \xrightarrow{\iota} X \xrightarrow{\omega} X/U \to [\mathfrak{o}]$$

eine exakte Sequenz, wenn ω die natürliche Abbildung auf den Quotientenraum ist und ι die **natürliche Injektion** des Unterraums U in X, die jeden Vektor auf sich selbst abbildet.

31.7 *In dem Diagramm*

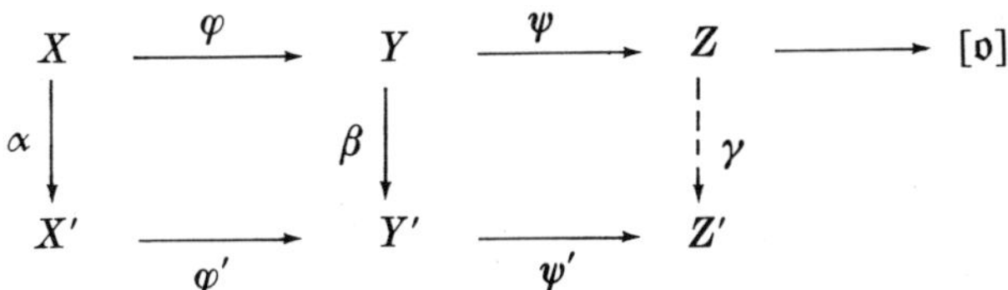

seien die Zeilen exakte Sequenzen, und es gelte $\beta \circ \varphi = \varphi' \circ \alpha$ (d. h. das Diagramm sei ohne die Abbildung γ kommutativ). Dann gibt es genau eine lineare Abbildung γ, die das Diagramm kommutativ ergänzt, für die also $\gamma \circ \psi = \psi' \circ \beta$ gilt.

γ ist genau dann injektiv, wenn β^-(Bild φ') $\subset$ Bild φ gilt.
γ ist genau dann surjektiv, wenn $\psi' \circ \beta$ surjektiv ist.

Beweis: Wegen Bild φ' = Kern ψ' ist $\psi' \circ \varphi'$ die Nullabbildung. Wegen φX = Bild φ = Kern ψ folgt

$$(\psi' \circ \beta) \operatorname{Kern} \psi = (\psi' \circ \beta \circ \varphi) X = \psi' \circ \varphi'(\alpha X) = [\mathfrak{o}]$$

und daher $\operatorname{Kern}\psi \subset \operatorname{Kern}(\psi' \circ \beta)$. Wegen 31. 5 gestattet daher $\psi' \circ \beta$ eine Faktorisierung $\psi' \circ \beta = \gamma \circ \psi$. Und da ψ wegen der Exaktheit der Sequenz in Z eine Surjektion ist, ist γ wieder nach 31. 5 auch eindeutig bestimmt.
Die Bedingung $\beta^-(\operatorname{Bild}\varphi') \subset \operatorname{Bild}\varphi$ ist wegen $\operatorname{Bild}\varphi = \operatorname{Kern}\psi$ und

$$\beta^-(\operatorname{Bild}\varphi') = \beta^-(\operatorname{Kern}\psi') = \operatorname{Kern}(\psi' \circ \beta) = \operatorname{Kern}(\gamma \circ \psi) = \psi^-(\operatorname{Kern}\gamma)$$

gleichwertig mit $\psi^-(\operatorname{Kern}\gamma) \subset \operatorname{Kern}\psi$, also mit $\operatorname{Kern}\gamma \subset \psi(\operatorname{Kern}\psi) = [\mathfrak{o}]$ und daher mit der Injektivität von γ.
Da ψ surjektiv ist, ist γ genau dann ebenfalls surjektiv, wenn $\gamma \circ \psi = \psi' \circ \beta$ surjektiv ist. ◆

31. 8 *Es seien U und V Unterräume von X. Dann gilt*

$$(U + V)/U \cong V/(U \cap V).$$

Beweis: In dem Diagramm

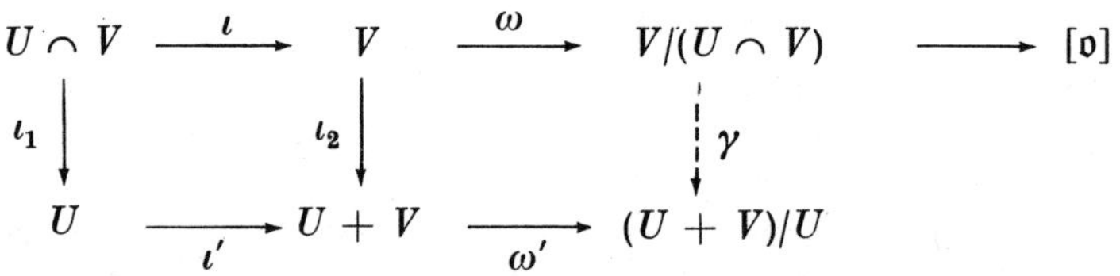

$$\begin{array}{ccccccc}
U \cap V & \xrightarrow{\iota} & V & \xrightarrow{\omega} & V/(U \cap V) & \longrightarrow & [\mathfrak{o}] \\
\downarrow{\scriptstyle \iota_1} & & \downarrow{\scriptstyle \iota_2} & & \downarrow{\scriptstyle \gamma} & & \\
U & \xrightarrow[\iota']{} & U + V & \xrightarrow[\omega']{} & (U + V)/U & &
\end{array}$$

mit den jeweils natürlichen Injektionen ι, ι', ι_1, ι_2 und den natürlichen Surjektionen ω, ω' auf die Quotientenräume bilden die Zeilen exakte Sequenzen, und der linke Diagrammteil ist kommutativ. Wegen 31. 7 existiert daher eine kommutative Ergänzung γ des Diagramms. Es gilt $\iota_2^-(\operatorname{Bild}\iota') = \iota_2^-(\iota' U) = U \cap V = \operatorname{Bild}\iota$, weswegen γ injektiv ist. Wegen $\omega' U = [\mathfrak{o}]$ gilt außerdem $\omega'(\iota_2 V) = \omega' V = (U + V)/U$, so daß $\omega' \circ \iota_2$ und damit auch γ surjektiv sind. Insgesamt ist γ also ein Isomorphismus. ◆

31. 9 *Es sei U ein Unterraum von X, und V sei ein Unterraum von U. Dann gilt*

$$X/U \cong (X/V)/(U/V).$$

Beweis: Das Diagramm

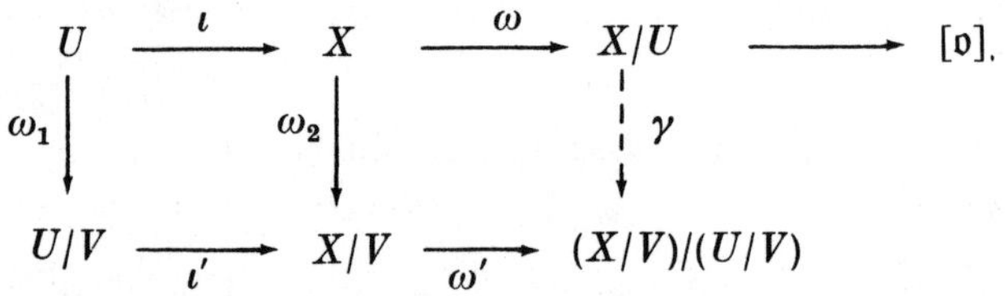

$$\begin{array}{ccccccc}
U & \xrightarrow{\iota} & X & \xrightarrow{\omega} & X/U & \longrightarrow & [\mathfrak{o}], \\
\downarrow{\scriptstyle \omega_1} & & \downarrow{\scriptstyle \omega_2} & & \downarrow{\scriptstyle \gamma} & & \\
U/V & \xrightarrow[\iota']{} & X/V & \xrightarrow[\omega']{} & (X/V)/(U/V) & &
\end{array}$$

mit den entsprechenden natürlichen Injektionen und natürlichen Surjektionen auf die Quotientenräume erfüllt die Voraussetzungen von 31. 7, so daß eine kommutative Ergänzung γ existiert. Es gilt $\omega_2^-(\iota(U/V)) = U = \iota U$, und mit ω_2, ω' ist auch $\omega' \circ \omega_2$ surjektiv. Daher ist γ sogar injektiv und surjektiv, also ein Isomorphismus. ◆

Ergänzungen und Aufgaben

31 A Aufgabe: Man beschreibe die in 31. 8 und 31. 9 bewiesenen Isomorphismen durch explizite Angabe der zugeordneten Klassen.

31 B Es sei $L(X, Y)$ der Vektorraum aller linearen Abbildungen von X in Y. Ferner sei U ein Unterraum von X.

Aufgabe: 1). Die Menge L_U aller $\varphi \in L(X, Y)$ mit $U \leq$ Kern φ ist ein Unterraum von $L(X, Y)$

2). Es gelten die Isomorphien

$$L(X, Y)/L_U \cong L(U, Y) \text{ und } L_U \cong L(X/U, Y).$$

31 C Aufgabe: Es sei

$$[\mathfrak{o}] \longrightarrow U \overset{\varphi}{\longrightarrow} X \overset{\psi}{\longrightarrow} Y \longrightarrow [\mathfrak{o}]$$

eine exakte Sequenz.

1). Man beweise die Isomorphie $Y \cong X/\varphi U$.

2.) Es sei Z ein beliebiger Vektorraum. Durch $\varphi^*(\alpha) = \varphi \circ \alpha$ bzw. ${}^*\varphi(\alpha) = \alpha \circ \varphi$ werden dann lineare Abbildungen $\varphi^* : L(Z, U) \to L(Z, X)$ bzw. ${}^*\varphi : L(X, Z) \to L(U, Z)$ definiert. Zeige, daß auch die Sequenzen

$$[\mathfrak{o}] \to L(Z, U) \overset{\varphi^*}{\longrightarrow} L(Z, X) \overset{\psi^*}{\longrightarrow} L(Z, Y) \to [\mathfrak{o}] \quad \text{und}$$

$$[\mathfrak{o}] \leftarrow L(U, Z) \overset{{}^*\varphi}{\longleftarrow} L(X, Z) \overset{{}^*\psi}{\longleftarrow} L(Y, Z) \leftarrow [\mathfrak{o}]$$

exakt sind.

31 D Aufgabe: Man beweise den folgenden zu 31. 7 „dualen" Satz, der durch Umkehr aller Abbildungspfeile entsteht.

Wenn in dem Diagramm

$$\begin{array}{ccccccc} & & Z' & \overset{\psi'}{\longrightarrow} & Y' & \overset{\varphi'}{\longrightarrow} & X' \\ & & \gamma \downarrow & & \beta \downarrow & & \alpha \downarrow \\ [\mathfrak{o}] & \longrightarrow & Z & \underset{\psi}{\longrightarrow} & Y & \underset{\varphi}{\longrightarrow} & X \end{array}$$

die Zeilen exakte Sequenzen sind und wenn der rechte Teil kommutativ ist, dann gibt es eine kommutative Ergänzung γ. Unter welchen Bedingungen ist γ injektiv bzw. surjektiv ?

31 E Alle Ergebnisse dieses Paragraphen gelten sinngemäß auch für Moduln. Nur sind jetzt die Eindeutigkeitsaussagen in 31. 5 und 31. 6 nicht mehr mit der Surjektivität des entsprechenden Modulhomomorphismus äquivalent.

Aufgabe: 1). Die durch $\varphi x = 2x$, $\psi x = 4x$ definierten Modulhomomorphismen des $\mathbb{Z}$-Moduls $\mathbb{Z}$ in sich gestatten die Faktorisierung $\psi = \varphi \circ \varphi$. Man zeige, daß sie eindeutig ist, obwohl φ nicht surjektiv ist.

2). Für $n \in \mathbb{Z}$ ist $n\mathbb{Z} = \{nx : x \in \mathbb{Z}\}$ ein Untermodul von $\mathbb{Z}$. Man verifiziere 31. 8 am Beispiel $U = 4\mathbb{Z}$, $V = 6\mathbb{Z}$ und 31. 9 am Beispiel $U = 3\mathbb{Z}$, $V = 6\mathbb{Z}$.

Aus 31. 5 folgt unmittelbar, daß sich jede beliebige lineare Abbildung $\psi : X \to Z$ durch eine beliebige Injektion $\varphi : X \to Y$ in der Form $\psi = \chi \circ \varphi$ faktorisieren läßt, weil ja Kern $\varphi = [\mathfrak{o}] \subset$ Kern ψ gilt.

Aufgabe: 3). Man zeige, daß sich jede lineare Abbildung $\psi : Z \to Y$ durch eine beliebige Surjektion $\varphi : X \to Y$ in der Form $\psi = \varphi \circ \chi$ faktorisieren läßt.

Homomorphismen zwischen Moduln besitzen diese Eigenschaften im allgemeinen nicht. Ein Modul Z wird ein **injektiver Modul** genannt, wenn sich jeder Homomorphismus $\psi : X \to Z$ durch einen beliebigen injektiven Homomorphismus $\varphi : X \to Y$ in der Form $\psi = \chi \circ \varphi$ faktorisieren läßt. Hingegen wird Z ein **projektiver Modul** genannt, wenn sich jeder Homomorphismus $\psi : Z \to Y$ durch einen beliebigen surjektiven Homomorphismus $\varphi : X \to Y$ in der Form $\psi = \varphi \circ \chi$ faktorisieren läßt.

Aufgabe: 4). Man zeige, daß $\mathbb{Z}$ als $\mathbb{Z}$-Modul nicht injektiv und $\mathbb{Z}_2$ als $\mathbb{Z}$-Modul nicht projektiv ist.

§ 32 Direkte Summe und direktes Produkt

Es sei X ein beliebiger Vektorraum. Für die folgenden Betrachtungen ist es zweckmäßig, Systeme von Unterräumen von X mit Hilfe sogenannter Indexmengen zu beschreiben: Es bedeute I stets eine nicht-leere (endliche oder unendliche) Menge, die **Indexmenge** genannt werden soll. Jedem „Index" $\iota \in I$ sei eindeutig ein Unterraum U_ι von X zugeordnet. Dann wird das aus diesen Unterräumen bestehende System mit $\{U_\iota : \iota \in I\}$ bezeichnet.

Definition 32a: *Es sei $\{U_\iota : \iota \in I\}$ ein System von Unterräumen $U_\iota \neq [\mathfrak{o}]$ des Vektorraums X. Dann heißt X die* **(interne) direkte Summe** *dieser Unterräume, wenn folgende Bedingungen erfüllt sind:*

(1) *X ist die Summe der Unterräume U_ι (vgl. 5d): $X = \Sigma \{U_\iota : \iota \in I\}$.*

(2) *Für jeden Index $\iota \in I$ gilt $U_\iota \cap \Sigma \{U_\varkappa : \varkappa \neq \iota\} = [\mathfrak{o}]$.*

Wenn X die direkte Summe der Unterräume U_ι ist, wird dieser Sachverhalt durch $X = \oplus \{U_\iota : \iota \in I\}$ oder bei endlicher Indexmenge durch $X = U_1 \oplus \cdots \oplus U_n$ gekennzeichnet.

Aus der Bedingung (2) folgt insbesondere, daß die Unterräume U_ι paarweise verschieden sein müssen. Ist U ein von $[\mathfrak{o}]$ und X verschiedener Unterraum, so gibt es stets einen Unterraum V von X mit $X = U \oplus V$: Es sei nämlich B eine Basis von U. Diese kann durch Hinzunahme einer linear unabhängigen Teilmenge B' zu einer Basis von X ergänzt werden. Der von B' aufgespannte Unterraum $V = [B']$ besitzt dann die behauptete Eigenschaft.

32. 1 *Es gilt* $X = \oplus \{U_\iota \colon \iota \in I\}$ *genau dann, wenn sich jeder Vektor* $\mathfrak{x} \neq \mathfrak{o}$ *von* X *auf genau eine Weise in der Form* $\mathfrak{x} = \mathfrak{u}_{\iota_1} + \cdots + \mathfrak{u}_{\iota_r}$ *mit* $\mathfrak{o} \neq \mathfrak{u}_{\iota_\varrho} \in U_{\iota_\varrho}$ $(\varrho = 1, \ldots, r)$ *und paarweise verschiedenen Indizes* $\iota_1, \ldots, \iota_r$ *darstellen läßt.*

Beweis: Wegen 5.4 ist die Bedingung (1) gleichwertig mit der Möglichkeit einer solchen Darstellung. Weiter sei jetzt (2) erfüllt, und $\mathfrak{x} = \mathfrak{u}_{\iota_1} + \cdots + \mathfrak{u}_{\iota_r}$ und $\mathfrak{x} = \mathfrak{u}'_{\varkappa_1} + \cdots + \mathfrak{u}'_{\varkappa_s}$ seien zwei Darstellungen der verlangten Art von $\mathfrak{x}$. Wäre hierbei z. B. ι_1 von allen Indizes $\varkappa_1, \ldots, \varkappa_s$ verschieden, so wäre $\mathfrak{u}_{\iota_1}$ wegen $\mathfrak{u}_{\iota_1} = \mathfrak{u}'_{\varkappa_1} + \cdots + \mathfrak{u}'_{\varkappa_s} - \mathfrak{u}_{\iota_2} - \cdots - \mathfrak{u}_{\iota_r}$ ein von $\mathfrak{o}$ verschiedener Vektor aus $U_{\iota_1} \cap \Sigma \{U_\varkappa \colon \varkappa \neq \iota_1\}$, was (2) widerspricht. Bei geeigneter Numerierung muß daher $r = s$ und $\iota_\varrho = \varkappa_\varrho$ $(\varrho = 1, \ldots, r)$ gelten. Würde nun etwa $\mathfrak{u}_{\iota_1} \neq \mathfrak{u}'_{\iota_1}$ gelten, so wäre wieder $\mathfrak{u}_{\iota_1} - \mathfrak{u}'_{\iota_1} = (\mathfrak{u}'_{\iota_2} - \mathfrak{u}_{\iota_2}) + \cdots + (\mathfrak{u}'_{\iota_r} - \mathfrak{u}_{\iota_r})$ ein von $\mathfrak{o}$ verschiedener Vektor aus $U_{\iota_1} \cap \Sigma \{U_\varkappa \colon \varkappa \neq \iota_1\}$. Es folgt $\mathfrak{u}_{\iota_\varrho} = \mathfrak{u}'_{\iota_\varrho}$ $(\varrho = 1, \ldots, r)$; d. h. die Darstellung ist eindeutig. Umgekehrt sei (2) nicht erfüllt. Es gibt dann also einen Index ι und einen Vektor $\mathfrak{x} \neq \mathfrak{o}$ mit $\mathfrak{x} \in U_\iota \cap \Sigma \{U_\varkappa \colon \varkappa \neq \iota\}$. Wegen $\mathfrak{x} \in \Sigma \{U_\varkappa \colon \varkappa \neq \iota\}$ kann $\mathfrak{x}$ in der Form $\mathfrak{x} = \mathfrak{u}_{\varkappa_1} + \cdots + \mathfrak{u}_{\varkappa_r}$ mit $\mathfrak{o} \neq \mathfrak{u}_{\varkappa_\varrho} \in U_{\varkappa_\varrho}$ $(\varrho = 1, \ldots, r)$ und mit von ι verschiedenen Indizes $\varkappa_1, \ldots, \varkappa_r$ dargestellt werden. Wegen $\mathfrak{x} \in U_\iota$ ist dann aber $\mathfrak{x} = \mathfrak{x}$ ebenfalls eine Darstellung der verlangten Art, die von der ersten Darstellung verschieden ist. ◆

32. 2 *Es gelte* $X = \oplus \{U_\iota \colon \iota \in I\}$. *Ist für jedes* $\iota \in I$ *dann* B_ι *eine Basis von* U_ι, *so ist* $B = \bigcup \{B_\iota \colon \iota \in I\}$ *eine Basis von* X. *Bei endlich-dimensionalem* X *ist auch die Indexmenge endlich, und mit* $I = \{1, \ldots, n\}$ *gilt*

$$\operatorname{Dim} X = \operatorname{Dim} U_1 + \cdots + \operatorname{Dim} U_n.$$

Beweis: Jeder Vektor $\mathfrak{x} \in X$ kann in der Form $\mathfrak{x} = \mathfrak{u}_{\iota_1} + \cdots + \mathfrak{u}_{\iota_r}$ mit $\mathfrak{u}_{\iota_\varrho} \in U_{\iota_\varrho}$ $(\varrho = 1, \ldots, r)$ dargestellt werden. Jeder Vektor $\mathfrak{u}_{\iota_\varrho}$ ist aber seinerseits eine Linearkombination der entsprechenden Basis B_{ι_ϱ}. Daher ist $\mathfrak{x}$ eine Linearkombination von B; d. h. es gilt $[B] = X$. Es seien nun $\mathfrak{a}_1, \ldots, \mathfrak{a}_k$ verschiedene Vektoren aus B, es gelte $c_1\mathfrak{a}_1 + \cdots + c_k\mathfrak{a}_k = \mathfrak{o}$ und es werde etwa $c_1 \neq 0$ angenommen. Bei geeigneter Numerierung kann außerdem vorausgesetzt werden, daß $\mathfrak{a}_1, \ldots, \mathfrak{a}_s$ genau diejenigen unter den Vektoren $\mathfrak{a}_1, \ldots, \mathfrak{a}_k$ sind, die in demselben Unterraum U_{ι_1} liegen. Wegen der linearen Unabhängigkeit von B_{ι_1} und wegen $c_1 \neq 0$ ist $\mathfrak{x} = c_1\mathfrak{a}_1 + \cdots + c_s\mathfrak{a}_s$ ein von $\mathfrak{o}$ verschiedener Vektor aus U_{ι_1}. Es muß daher $s < k$ gelten. Wegen $\mathfrak{x} = -c_{s+1}\mathfrak{a}_{s+1} - \cdots - c_k\mathfrak{a}_k$ folgt dann aber der Widerspruch $\mathfrak{x} \in U_{\iota_1} \cap \Sigma \{U_\varkappa \colon \varkappa \neq \iota_1\}$. Die Vektoren $\mathfrak{a}_1, \ldots, \mathfrak{a}_k$ sind daher linear unabhängig; d. h. B ist sogar eine Basis von X. Bei endlich-dimensionalem X muß B eine endliche Menge sein. Da aber die Basen B_ι wegen $U_\iota \neq [\mathfrak{o}]$

nicht leer sind, kann I keine unendliche Menge sein. Die letzte Behauptung ist eine unmittelbare Folge daraus, daß B eine Basis von X ist. ◆

Bisher wurde nur die direkte Summe von Vektorräumen U_ι erklärt, die von vornherein Unterräume eines gemeinsamen Vektorraums X waren. Man kann aber auch die direkte Summe von Vektorräumen definieren, die zunächst noch nicht in einem gemeinsamen Oberraum enthalten sind. Hierbei wird allerdings der Begriff der direkten Summe erneut definiert werden. Daß beide Definitionen mit einander verträglich sind, wird am Ende dieses Paragraphen gezeigt werden.

Es sei $\{X_\iota : \iota \in I\}$ ein System von Vektorräumen $X_\iota \neq [\mathfrak{o}]$. Diese Vektorräume sollen einen gemeinsamen Skalarenkörper K besitzen; sonst aber können sie völlig beliebig sein. Dann sei S die Menge aller Abbildungen $\sigma : I \to \bigcup \{X_\iota : \iota \in I\}$ der Indexmenge I in die Vereinigungsmenge der Vektorräume, die noch folgende Eigenschaften besitzen:

(a) *Für jeden Index $\iota \in I$ ist $\sigma(\iota)$ ein Vektor aus X_ι.*

(b) *Es gilt $\sigma(\iota) \neq \mathfrak{o}$ für höchstens endlich viele Indizes.*

Daneben werde sogleich noch die Menge P aller Abbildungen σ betrachtet, die lediglich die Eigenschaft (a) besitzen. Sind nun σ_1, σ_2 und σ Abbildungen aus S bzw. P, so ist bei festem Index ι sowohl $\sigma_1(\iota) + \sigma_2(\iota)$ als auch $c\sigma(\iota)$ wieder ein Vektor aus X_ι. Die durch

$$(\sigma_1 + \sigma_2)(\iota) = \sigma_1(\iota) + \sigma_2(\iota) \quad \text{und} \quad (c\sigma)(\iota) = c(\sigma(\iota))$$

definierten Abbildungen besitzen daher wieder die Eigenschaft (*a*). Sie erfüllen aber offenbar auch (b), wenn σ_1, σ_2 bzw. σ diese Eigenschaft besitzen. Durch diese Festsetzung werden also in S und P die linearen Operationen definiert, und hinsichtlich ihrer sind S und P je ein Vektorraum über K, wie man unmittelbar bestätigen kann. Der Nullvektor ist in beiden Fällen diejenige Abbildung 0, die alle Indizes auf den Nullvektor abbildet; d. h. $0(\iota) = \mathfrak{o}$ für alle $\iota \in I$.

Definition 32b: *Der Vektorraum S heißt die* **(externe) direkte Summe** *des Vektorraumsystems $\{X_\iota : \iota \in I\}$ und wird mit $\oplus \{X_\iota : \iota \in I\}$ bzw. bei endlicher Indexmenge mit $X_1 \oplus \ldots \oplus X_n$ bezeichnet.*

Der Vektorraum P heißt das **direkte Produkt** *des Vektorraumsystems $\{X_\iota : \iota \in I\}$ und wird mit $\times \{X_\iota : \iota \in I\}$ bzw. mit $X_1 \times \cdots \times X_n$ bezeichnet.*

Bei festliegender Indexmenge sollen die direkte Summe und das direkte Produkt auch kürzer mit $\oplus X_\iota$ bzw. $\times X_\iota$ bezeichnet werden. Offenbar ist

$S = \oplus X_\iota$ ein Unterraum von $P = \times X_\iota$; und sogar ein echter Unterraum, wenn die Indexmenge unendlich ist. Bei endlicher Indexmenge ist hingegen die Bedingung (b) automatisch erfüllt, so daß in diesem Fall $S = P$ gilt. Die Unterscheidung zwischen direkter Summe und direktem Produkt hat also nur bei unendlichen Vektorraumsystemen einen Sinn; bei endlichen Systemen fallen beide Begriffe zusammen.

Wenn man es mit einer endlichen Indexmenge $I = \{1, \ldots, n\}$ zu tun hat, können die Vektoren der direkten Summe $X_1 \oplus \cdots \oplus X_n$ auch noch auf eine andere Weise charakterisiert werden: Zunächst ist ein solcher Vektor ja eine Abbildung σ der Indexmenge. Ihr entspricht jetzt jedoch umkehrbar eindeutig das n-Tupel $(\mathfrak{x}_1, \ldots, \mathfrak{x}_n)$ der Bildvektoren $\mathfrak{x}_1 = \sigma(1), \ldots, \mathfrak{x}_n = \sigma(n)$. Gilt nämlich $\mathfrak{x}_1 \in X_1, \ldots, \mathfrak{x}_n \in X_n$, so bestimmt das n-Tupel $(\mathfrak{x}_1, \ldots, \mathfrak{x}_n)$ auch eindeutig die durch $\sigma(\nu) = \mathfrak{x}_\nu$ $(\nu = 1, \ldots, n)$ definierte Abbildung σ. In diesem Sinn kann man also $X_1 \oplus \cdots \oplus X_n$ auch als die Menge aller Vektor-n-Tupel $(\mathfrak{x}_1, \ldots, \mathfrak{x}_n)$ auffassen, bei denen $\mathfrak{x}_\nu \in X_\nu$ für $\nu = 1, \ldots, n$ gilt. Diese bequemere Beschreibung wird später bei endlichen direkten Summen vielfach verwandt werden. Die linearen Operationen drücken sich dabei wie folgt aus:

$$(\mathfrak{x}_1, \ldots, \mathfrak{x}_n) + (\mathfrak{y}_1, \ldots, \mathfrak{y}_n) = (\mathfrak{x}_1 + \mathfrak{y}_1, \ldots, \mathfrak{x}_n + \mathfrak{y}_n),$$

$$c(\mathfrak{x}_1, \ldots, \mathfrak{x}_n) = (c\mathfrak{x}_1, \ldots, c\mathfrak{x}_n).$$

Weiterhin werde wieder der allgemeine Fall betrachtet. Dabei sei stets $S = \oplus \{X_\iota : \iota \in I\}$ und $P = \times \{X_\iota : \iota \in I\}$. Bei festem Index ι und gegebenem Vektor $\mathfrak{a} \in X_\iota$ wird durch

$$\sigma_\mathfrak{a}(\varkappa) = \begin{cases} \mathfrak{o} & \varkappa \neq \iota \\ & \text{für} \\ \mathfrak{a} & \varkappa = \iota \end{cases}$$

eine Abbildung $\sigma_\mathfrak{a}$ aus S, erst recht also aus P bestimmt. Daher wird weiter durch $\beta_\iota \mathfrak{a} = \sigma_\mathfrak{a}$ eine Abbildung $\beta_\iota : X_\iota \to S$ $(\leq P)$ definiert. Da sie sich nachher als Injektion erweisen wird, nennt man sie die **natürliche Injektion** von X_ι in S bzw. P. Umgekehrt erhält man bei festem Index ι eine Abbildung $\pi_\iota : P \to X_\iota$, indem man den Bildvektor von $\sigma \in P$ durch $\pi_\iota(\sigma) = \sigma(\iota)$ definiert. Diese Abbildung π_ι wird die **natürliche Projektion** von P bzw. S auf X_ι genannt.

Bei der n-Tupel-Beschreibung endlicher direkter Summen besitzen diese Abbildungen folgende Bedeutung: Die natürliche Injektion β_ν ordnet jedem Vektor $\mathfrak{a} \in X_\nu$ das n-Tupel $(\mathfrak{o}, \ldots, \mathfrak{a}, \ldots, \mathfrak{o})$ zu, bei dem an der ν-ten Stelle der Vektor $\mathfrak{a}$, sonst aber nur der Nullvektor auftritt. Umgekehrt bildet π_ν das n-Tupel $(\mathfrak{x}_1, \ldots, \mathfrak{x}_n)$ auf den Vektor $\mathfrak{x}_\nu$ von X_ν ab.

32. 3 *Für jeden Index ι ist β_ι eine Injektion von X_ι in S bzw. P und π_ι eine Surjektion von P bzw. S auf X_ι. Es ist $\pi_\iota \circ \beta_\iota$ die Identität von X_ι und $\pi_\varkappa \circ \beta_\iota$ die Nullabbildung für $\varkappa \neq \iota$. Aus $\sigma \in \beta_\iota X_\iota$ folgt $(\beta_\iota \circ \pi_\iota)\,\sigma = \sigma$.*

Beweis: Es seien $\mathfrak{a}$ und $\mathfrak{b}$ Vektoren aus X_ι. Für das Bild $\sigma_{\mathfrak{a}+\mathfrak{b}} = \beta_\iota(\mathfrak{a} + \mathfrak{b})$ ihres Summenvektors gilt

$$\sigma_{\mathfrak{a}+\mathfrak{b}}(\iota) = \mathfrak{a} + \mathfrak{b} = \sigma_{\mathfrak{a}}(\iota) + \sigma_{\mathfrak{b}}(\iota) = (\sigma_{\mathfrak{a}} + \sigma_{\mathfrak{b}})\,(\iota)$$

und für $\varkappa \neq \iota$ ebenso

$$\sigma_{\mathfrak{a}+\mathfrak{b}}(\varkappa) = \mathfrak{o} = \mathfrak{o} + \mathfrak{o} = \sigma_{\mathfrak{a}}(\varkappa) + \sigma_{\mathfrak{b}}(\varkappa) = (\sigma_{\mathfrak{a}} + \sigma_{\mathfrak{b}})\,(\varkappa).$$

Es folgt $\sigma_{\mathfrak{a}+\mathfrak{b}} = \sigma_{\mathfrak{a}} + \sigma_{\mathfrak{b}}$, wegen $\sigma_{\mathfrak{a}} = \beta_\iota \mathfrak{a}$ und $\sigma_{\mathfrak{b}} = \beta_\iota \mathfrak{b}$ also $\beta_\iota(\mathfrak{a} + \mathfrak{b}) = \beta_\iota \mathfrak{a} + \beta_\iota \mathfrak{b}$. Entsprechend beweist man $\sigma_{c\mathfrak{a}} = c\sigma_{\mathfrak{a}}$, woraus $\beta_\iota(c\mathfrak{a}) = c(\beta_\iota \mathfrak{a})$ folgt. Daher ist β_ι eine lineare Abbildung. Aus $\mathfrak{a} \neq \mathfrak{b}$ folgt $\sigma_{\mathfrak{a}}(\iota) = \mathfrak{a} \neq \mathfrak{b} = \sigma_{\mathfrak{b}}(\iota)$, also $\beta_\iota \mathfrak{a} \neq \beta_\iota \mathfrak{b}$. Somit ist β_ι sogar eine Injektion. Weiter gelte $\sigma, \sigma_1, \sigma_2 \in P$. Man erhält

$$\pi_\iota(\sigma_1 + \sigma_2) = (\sigma_1 + \sigma_2)\,(\iota) = \sigma_1(\iota) + \sigma_2(\iota) = \pi_\iota(\sigma_1) + \pi_\iota(\sigma_2)$$

und

$$\pi_\iota(c\sigma) = (c\sigma)\,(\iota) = c(\sigma(\iota)) = c(\pi_\iota(\sigma)),$$

weswegen π_ι ebenfalls eine lineare Abbildung ist. Für einen Vektor $\mathfrak{a} \in X$ gilt $\beta_\iota \mathfrak{a} = \sigma_{\mathfrak{a}} \in S$. Es folgt $(\pi_\iota \circ \beta_\iota)\,\mathfrak{a} = \pi_\iota(\sigma_{\mathfrak{a}}) = \sigma_{\mathfrak{a}}(\iota) = \mathfrak{a}$. Daher ist $\pi_\iota \circ \beta_\iota$ die Identität ε von X_ι. Außerdem gilt bereits $\pi_\iota(\beta_\iota X_\iota) = X_\iota$, um so mehr also $\pi_\iota P = \pi_\iota S = X_\iota$; d. h. π_ι ist surjektiv. Im Fall $\iota \neq \varkappa$ gilt für jeden Vektor $\mathfrak{a} \in X_\iota$ weiter $(\pi_\varkappa \circ \beta_\iota)\,\mathfrak{a} = \pi_\varkappa(\sigma_{\mathfrak{a}}) = \sigma_{\mathfrak{a}}(\varkappa) = \mathfrak{o}$; d. h. $\pi_\varkappa \circ \beta_\iota$ ist die Nullabbildung. Gilt schließlich $\sigma \in \beta_\iota X_\iota$, also $\sigma = \beta_\iota \mathfrak{a}$ mit $\mathfrak{a} \in X_\iota$, so folgt wegen $\pi_\iota \circ \beta_\iota = \varepsilon$

$$(\beta_\iota \circ \pi_\iota)\,\sigma = (\beta_\iota \circ \pi_\iota \circ \beta_\iota)\,\mathfrak{a} = \beta_\iota \mathfrak{a} = \sigma. \quad ◆$$

Der folgende Satz enthält eine Aussage über die Verträglichkeit der Definitionen 32a und 32b.

32. 4 *Im Sinn von* 32b *gelte $S = \oplus\,\{X_\iota : \iota \in I\}$. Dann ist S im Sinn von* 32a *die direkte Summe der Unterräume $\beta_\iota X_\iota$.*

Beweis: Es sei σ ein beliebiger „Vektor" aus S. Dann gibt es wegen Eigenschaft (b) endlich viele Indizes $\iota_1, \ldots, \iota_n$, so daß $\sigma(\varkappa) = \mathfrak{o}$ für $\varkappa \neq \iota_1, \ldots, \iota_n$ gilt. Wegen (a) ist außerdem $\mathfrak{a}_{\iota_\nu} = \sigma(\iota_\nu)$ ein Vektor aus X_{ι_ν} $(\nu = 1, \ldots, n)$.

Setzt man nun $\sigma_{\iota_\nu} = \beta_{\iota_\nu} \mathfrak{a}_{\iota_\nu}$, so gilt $\sigma_{\iota_\nu} \in \beta_{\iota_\nu} X_{\iota_\nu}$, und für $\sigma^* = \sigma_{\iota_1} + \cdots + \sigma_{\iota_n}$ folgt

$$\sigma^*(\varkappa) = \pi_\varkappa(\sigma^*) = \pi_\varkappa(\sigma_{\iota_1} + \cdots + \sigma_{\iota_n}) = (\pi_\varkappa \circ \beta_{\iota_1})\,\mathfrak{a}_{\iota_1} + \cdots + (\pi_\varkappa \circ \beta_{\iota_n})\,\mathfrak{a}_{\iota_n}.$$

Wegen 32.3 gilt $\pi_\varkappa \circ \beta_{\iota_\nu} = \varepsilon$ für $\varkappa = \iota_\nu$, während $\pi_\varkappa \circ \beta_{\iota_\nu}$ die Nullabbildung im Fall $\varkappa \neq \iota_\nu$ ist. Im Fall $\varkappa \neq \iota_1, \ldots, \iota_n$ folgt daher weiter $\sigma^*(\varkappa) = \mathfrak{o} = \sigma(\varkappa)$, aber im Fall $\varkappa = \iota_\nu$ ebenso $\sigma^*(\varkappa) = \mathfrak{a}_{\iota_\nu} = \sigma(\varkappa)$. Daher gilt $\sigma = \sigma_{\iota_1} + \cdots + \sigma_{\iota_n}$. Es folgt $S = \Sigma\,\{\beta_\iota X_\iota : \iota \in I\}$. Es werde nun $\sigma \in \beta_\iota X_\iota \cap \Sigma\,\{\beta_\varkappa X_\varkappa : \varkappa \neq \iota\}$ und $\sigma \neq 0$ angenommen. Wegen $\sigma \in \beta_\iota X_\iota$ gilt $\sigma = \beta_\iota \mathfrak{a}$ mit $\mathfrak{a} \in X_\iota$ und wegen $\sigma \neq 0$ auch $\mathfrak{a} \neq \mathfrak{o}$. Es folgt $\pi_\iota \sigma = (\pi_\iota \circ \beta_\iota)\,\mathfrak{a} = \mathfrak{a}$, also $\pi_\iota \sigma \neq \mathfrak{o}$. Wegen $\sigma \in \Sigma\,\{\beta_\varkappa X_\varkappa : \varkappa \neq \iota\}$ gilt aber auch $\sigma = \beta_{\varkappa_1}\mathfrak{x}_{\varkappa_1} + \cdots + \beta_{\varkappa_n}\mathfrak{x}_{\varkappa_n}$ mit geeigneten Vektoren $\mathfrak{x}_{\varkappa_\nu} \in X_{\varkappa_\nu}$ und Indizes $\varkappa_1, \ldots, \varkappa_n \neq \iota$. Da aber dann $\pi_\iota \circ \beta_{\varkappa_\nu}$ nach 32.3 die Nullabbildung ist, folgt der Widerspruch $\pi_\iota \sigma = (\pi_\iota \circ \beta_{\varkappa_1})\,\mathfrak{x}_{\varkappa_1} + \cdots + (\pi_\iota \circ \beta_{\varkappa_n})\,\mathfrak{x}_{\varkappa_n} = \mathfrak{o}$. Damit ist S im Sinn von 32a die direkte Summe der Unterräume βX_ι. ◆

Da die natürliche Injektion β_ι ein Isomorphismus von X_ι auf den Unterraum $\beta_\iota X_\iota$ von S ist, kann man die Vektorräume X_ι mit ihren Bildern $\beta_\iota X_\iota$ identifizieren. Im Sinn dieser Identifikation ist dann S ein gemeinsamer Oberraum der Vektorräume X_ι, und zwar gerade die direkte Summe der Unterräume X_ι im Sinn der Definition 32a. Wenn man also isomorphe Vektorräume identifiziert, stellt 32b eine Verallgemeinerung von 32a dar. Sie geht insofern über die erste Definition hinaus, als bei dem Vektorraumsystem $\{X_\iota : \iota \in I\}$ zu verschiedenen Indizes ι, ι' nicht notwendig verschiedene Vektorräume X_ι und $X_{\iota'}$ gehören müssen. Es kann sogar für alle Indizes X_ι derselbe Vektorraum sein. Die Unterräume $\beta_\iota X_\iota$ von S sind dann zwar alle isomorph; sie stellen jedoch lauter verschiedene Unterräume von S dar. Wenn $X_\iota = X$ für alle $\iota \in I$ gilt, soll statt $\oplus\,\{X_\iota : \iota \in I\}$ auch $\oplus\,\{X : \iota \in I\}$ und bei dem direkten Produkt entsprechend $\times\,\{X : \iota \in I\}$ geschrieben werden.

Ergänzungen und Aufgaben

32A Aufgabe: 1). Es sei U ein Unterraum von X. Man beweise die Isomorphie

$$X \cong U \oplus (X/U).$$

2). Es sei $\varphi : X \to Y$ eine lineare Abbildung. Man beweise die Isomorphie

$$X \cong \varphi X \oplus \operatorname{Kern} \varphi.$$

32B Aufgabe: Es sei $\{X_\iota : \iota \in I\}$ ein Vektorraumsystem, und für jeden Index $\iota \in I$ sei U_ι ein Unterraum von X_ι. Man beweise die Isomorphien

$$\oplus\, X_\iota / \oplus\, U_\iota \cong \oplus\,(X_\iota/U_\iota) \quad \text{und} \quad \times\, X_\iota / \times\, U_\iota \cong \times\,(X_\iota/U_\iota).$$

32C Aufgabe: Bei beliebiger Indexmenge I sei für jeden Index X_ι ein euklidischer (unitärer) Vektorraum. Man zeige, daß es genau ein skalares Produkt der direkten Summe $\oplus\,\{X_\iota : \iota \in I\}$ gibt, bei dem die natürlichen Injektionen β_ι orthogonale (unitäre) Abbildungen und die Räume $\beta_\iota X_\iota$ paarweise orthogonal sind.

32D Die Definitionen und Sätze dieses Paragraphen können für Moduln übernommen werden.

Aufgabe: Man gebe eine notwendige und hinreichende Bedingung dafür an, daß mit den natürlichen Zahlen $m \geq 2$, $n \geq 2$ die $\mathbb{Z}$-Moduln $\mathbb{Z}_m$, $\mathbb{Z}_n$, $\mathbb{Z}_{m\cdot n}$ (vgl. 3. II, 6D) die Isomorphie $\mathbb{Z}_m \oplus \mathbb{Z}_n \cong \mathbb{Z}_{m\cdot n}$ erfüllen.

§ 33 Zusammenhang mit linearen Abbildungen

Der wesentliche Zusammenhang zwischen der Bildung der direkten Summe oder des direkten Produkts und den linearen Abbildungen wird durch die folgenden beiden Sätze beschrieben, deren Inhalt durch die beigefügten Diagramme veranschaulicht werden soll. Alle in ihnen auftretenden Vektorräume sollen einen gemeinsamen Skalarenkörper besitzen.

33. 1 *Zu jedem Vektorraum Y und zu jedem System $\{\varphi_\iota : \iota \in I\}$ linearer Abbildungen $\varphi_\iota : X_\iota \to Y$ gibt es genau eine lineare Abbildung $\varphi : \oplus X_\iota \to Y$ mit $\varphi \circ \beta_\iota = \varphi_\iota$ für alle $\iota \in I$. (β_ι ist die natürliche Injektion.) Durch diese Eigenschaft ist die direkte Summe $\oplus X_\iota$ in folgendem Sinn bis auf Isomorphie gekennzeichnet: Ein Vektorraum Z ist genau dann zu $\oplus X_\iota$ isomorph, wenn es lineare Abbildungen $\gamma_\iota : X_\iota \to Z$ so gibt, daß zu jedem System $\{\varphi_\iota : \iota \in I\}$ linearer Abbildungen $\varphi_\iota : X_\iota \to Y$ genau eine lineare Abbildung $\varphi^* : Z \to Y$ existiert mit $\varphi^* \circ \gamma_\iota = \varphi_\iota$ für alle $\iota \in I$. Die Abbildungen γ_ι sind dann automatisch Injektionen.*

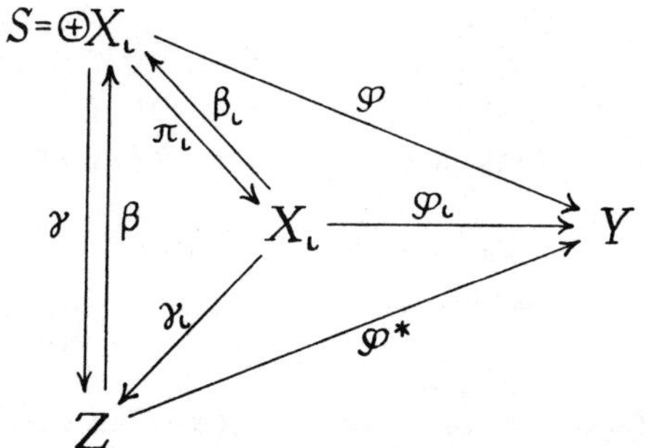

Beweis: Es sei σ ein beliebiger Vektor aus $S = \oplus X_\iota$. Dann gilt $\pi_\iota(\sigma) = \sigma(\iota) \neq \mathfrak{o}$ wegen Eigenschaft (b) aus § 32 für höchstens endlich viele Indizes $\iota_1, \ldots, \iota_n$. Durch

$$\varphi(\sigma) = \sum_{\nu=1}^{n} (\varphi_{\iota_\nu} \circ \pi_{\iota_\nu})\, \sigma$$

wird daher eine Abbildung $\varphi : S \to Y$ definiert. (Gilt $\pi_\iota(\sigma) = \mathfrak{o}$ für alle Indizes, so ist $\varphi(\sigma) = \mathfrak{o}$ zu setzen.) Wegen der Linearität der Abbildungen π_ι und φ_ι ergibt sich unmittelbar, daß φ eine lineare Abbildung ist. Weiter sei jetzt ι ein fester Index. Nach 32. 3 gilt dann $\pi_\iota \circ \beta_\iota = \varepsilon$, während $\pi_\varkappa \circ \beta_\iota$

für $\varkappa \neq \iota$ die Nullabbildung ist. Für einen beliebigen Vektor $\mathfrak{a} \in X_\iota$ folgt daher $\pi_\iota(\beta_\iota \mathfrak{a}) = \mathfrak{a}$ und $\pi_\varkappa(\beta_\iota \mathfrak{a}) = \mathfrak{o}$ im Fall $\varkappa \neq \iota$. Man erhält

$$(\varphi \circ \beta_\iota)\, \mathfrak{a} = \varphi(\beta_\iota \mathfrak{a}) = (\varphi_\iota \circ \pi_\iota)\, (\beta_\iota \mathfrak{a}) = \varphi_\iota \mathfrak{a}$$

und somit $\varphi \circ \beta_\iota = \varphi_\iota$. Weiter gelte für die lineare Abbildung $\psi: S \to Y$ ebenfalls $\psi \circ \beta_\iota = \varphi_\iota$ für alle $\iota \in I$. Mit den vorher benutzten Bezeichnungen erhält man (vgl. Beweis von 32. 4)

$$\sigma = \beta_{\iota_1}(\sigma(\iota_1)) + \cdots + \beta_{\iota_n}(\sigma(\iota_n)) = (\beta_{\iota_1} \circ \pi_{\iota_1})\, \sigma + \cdots + (\beta_{\iota_n} \circ \pi_{\iota_n})\, \sigma$$

und daher

$$\psi(\sigma) = \sum_{\nu=1}^{n} (\psi \circ \beta_{\iota_\nu} \circ \pi_{\iota_\nu})\, \sigma = \sum_{\nu=1}^{n} (\varphi_{\iota_\nu} \circ \pi_{\iota_\nu})\, \sigma = \varphi(\sigma).$$

Es gilt somit $\psi = \varphi$; d. h. φ ist eindeutig bestimmt.

Jeder zu $\oplus X_\iota$ isomorphe Vektorraum Z besitzt die in dem zweiten Teil angegebene Eigenschaft: Ist nämlich $\beta: Z \to S$ ein Isomorphismus, so braucht man nur $\gamma_\iota = \beta^{-1} \circ \beta_\iota$ zu setzen. Mit $\varphi^* = \varphi \circ \beta$ gilt dann $\varphi^* \circ \gamma_\iota = (\gamma \circ \beta) \circ (\beta^{-1} \circ \beta_\iota) = \varphi \circ \beta_\iota = \varphi_\iota$. Andererseits folgt aus $\varphi' \circ \gamma_\iota = \varphi_\iota$ zunächst $\varphi' \circ \beta^{-1} \circ \beta_\iota = \varphi_\iota$ und weiter nach dem ersten Teil des Satzes $\varphi' \circ \beta^{-1} = \varphi$, also $\varphi' = \varphi \circ \beta = \varphi^*$. Umgekehrt sei jetzt Z ein Vektorraum, zu dem es lineare Abbildungen $\gamma_\iota: X_\iota \to Z$ so gibt, daß die im zweiten Teil des Satzes formulierte Bedingung erfüllt ist. Setzt man dann $Y = S$, so gibt es zu den linearen Abbildungen $\beta_\iota: X_\iota \to S$ eine lineare Abbildung $\beta: Z \to S$ mit $\beta \circ \gamma_\iota = \beta_\iota$ für alle $\iota \in I$. Setzt man andererseits $Y = Z$, so gibt es nach dem ersten Teil des Satzes zu den linearen Abbildungen $\gamma_\iota: X_\iota \to Z$ eine lineare Abbildung $\gamma: S \to Z$ mit $\gamma \circ \beta_\iota = \gamma_\iota$ für alle $\iota \in I$. Für die lineare Abbildung $\gamma \circ \beta: Z \to Z$ gilt nun $\gamma \circ \beta \circ \gamma_\iota = \gamma \circ \beta_\iota = \gamma_\iota$. Aber für die Identität ε_Z von Z gilt ebenfalls $\varepsilon_Z \circ \gamma_\iota = \gamma_\iota$. Wegen der geforderten Eindeutigkeit folgt daher $\gamma \circ \beta = \varepsilon_Z$. Entsprechend ergibt sich aus $\beta \circ \gamma \circ \beta_\iota = \beta \circ \gamma_\iota = \beta_\iota$ und $\varepsilon_S \circ \beta_\iota = \beta_\iota$ auch $\beta \circ \gamma = \varepsilon_S$. Somit gilt $\beta = \gamma^{-1}$ und $\gamma = \beta^{-1}$; d. h. β und γ sind Isomorphismen zwischen S und Z. Wegen $\gamma_\iota = \gamma \circ \beta_\iota$ ist mit β_ι und γ auch γ_ι eine Injektion. ◆

33. 2 *Zu jedem Vektorraum Y und zu jedem System $\{\varphi_\iota: \iota \in I\}$ linearer Abbildungen $\varphi_\iota: Y \to X_\iota$ gibt es genau eine lineare Abbildung $\varphi: Y \to \times X_\iota$ mit $\pi_\iota \circ \varphi = \varphi_\iota$ für alle $\iota \in I$. (π_ι ist die natürliche Projektion.) Durch diese Eigenschaft ist das direkte Produkt $\times X_\iota$ in folgendem Sinn bis auf Isomorphie gekennzeichnet: Ein Vektorraum Z ist genau dann zu $\times X_\iota$ isomorph, wenn es lineare Abbildungen $\gamma_\iota: Z \to X_\iota$ so gibt, daß zu jedem System $\{\varphi_\iota: \iota \in I\}$ linearer Abbildungen $\varphi_\iota: Y \to X_\iota$ genau eine lineare Abbildung $\varphi^*: Y \to Z$ existiert mit*

$\gamma_\iota \circ \varphi^* = \varphi_\iota$ für alle $\iota \in I$. Die Abbildungen γ_ι sind dann automatisch Surjektionen.

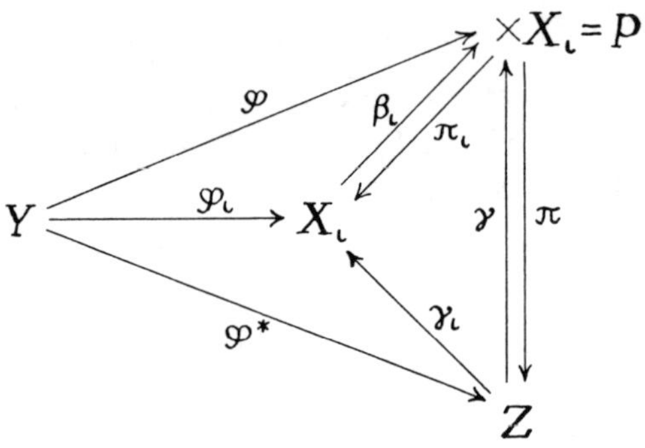

Beweis: Jedem Vektor $\mathfrak{y} \in Y$ werde diejenige Abbildung $\sigma_\mathfrak{y}$ aus $P = \times X_\iota$ zugeordnet, für die $\sigma_\mathfrak{y}(\iota) = \varphi_\iota \mathfrak{y}$ gilt. Durch $\varphi \mathfrak{y} = \sigma_\mathfrak{y}$ wird dann eine Abbildung $\varphi\colon Y \to P$ definiert. Für jeden Index ι gilt

$$(\varphi(\mathfrak{y} + \mathfrak{y}'))\,(\iota) = \sigma_{\mathfrak{y}+\mathfrak{y}'}(\iota) = \varphi_\iota(\mathfrak{y} + \mathfrak{y}') = \varphi_\iota \mathfrak{y} + \varphi_\iota \mathfrak{y}' = \sigma_\mathfrak{y}(\iota) + \sigma_{\mathfrak{y}'}(\iota)$$
$$= (\sigma_\mathfrak{y} + \sigma_{\mathfrak{y}'})\,(\iota) = (\varphi \mathfrak{y} + \varphi \mathfrak{y}')\,(\iota)$$

und daher $\varphi(\mathfrak{y} + \mathfrak{y}') = \varphi \mathfrak{y} + \varphi \mathfrak{y}'$. Entsprechend zeigt man $\varphi(c\mathfrak{y}) = c(\varphi \mathfrak{y})$. Daher ist φ eine lineare Abbildung. Außerdem gilt für jeden Vektor $\mathfrak{y} \in Y$

$$(\pi_\iota \circ \varphi)\,\mathfrak{y} = \pi_\iota(\sigma_\mathfrak{y}) = \sigma_\mathfrak{y}(\iota) = \varphi_\iota \mathfrak{y}$$

und somit $\pi_\iota \circ \varphi = \varphi_\iota$. Gilt umgekehrt für die lineare Abbildung $\psi\colon Y \to P$ entsprechend $\pi_\iota \circ \psi = \varphi_\iota$ für alle $\iota \in I$, so folgt für die Abbildung $\psi \mathfrak{y} \in P$

$$(\psi \mathfrak{y})\,(\iota) = \pi_\iota(\psi \mathfrak{y}) = (\pi_\iota \circ \psi)\,\mathfrak{y} = \varphi_\iota \mathfrak{y} = \sigma_\mathfrak{y}(\iota) = (\varphi \mathfrak{y})\,(\iota),$$

also $\psi \mathfrak{y} = \varphi \mathfrak{y}$ bei beliebigem $\mathfrak{y} \in Y$; d. h. $\psi = \varphi$. Daher ist φ auch eindeutig bestimmt.

Wie vorher folgt auch hier, daß jeder zu P isomorphe Vektorraum Z die im zweiten Teil des Satzes angegebene Eigenschaft besitzt. Umgekehrt sei jetzt Z ein Vektorraum mit linearen Abbildungen $\gamma_\iota\colon Z \to X_\iota$, die die oben formulierte Eigenschaft besitzen. Wie im vorangehenden Beweis schließt man: Zu den Projektionen π_ι gibt es eine lineare Abbildung $\pi\colon P \to Z$ mit $\gamma_\iota \circ \pi = \pi_\iota$. Ebenso gibt es zu den Abbildungen γ_ι eine lineare Abbildung $\gamma\colon Z \to P$ mit $\pi_\iota \circ \gamma = \gamma_\iota$. Wieder gilt $\pi_\iota \circ \gamma \circ \pi = \gamma_\iota \circ \pi = \pi_\iota$, wegen $\pi_\iota \circ \varepsilon_P = \pi_\iota$ also $\gamma \circ \pi = \varepsilon_P$. Ebenso $\gamma_\iota \circ \pi \circ \gamma = \pi_\iota \circ \gamma = \gamma_\iota$, wegen $\gamma_\iota \circ \varepsilon_Z = \gamma_\iota$ also $\pi \circ \gamma = \varepsilon_Z$. Es folgt $\pi = \gamma^{-1}$ und $\gamma = \pi^{-1}$; d. h. π und γ sind Isomorphismen. Schließlich ist $\gamma_\iota = \pi_\iota \circ \gamma$ als Produkt von Surjektionen selbst eine Surjektion. ◆

Diese beiden Sätze zeigen eine bemerkenswerte Dualität: Sie gehen auseinander hervor, wenn man in ihnen die Richtung sämtlicher Abbildungen umkehrt und in den Produkten die Reihenfolge der Faktoren vertauscht. Da bei endlichen Indexmengen die direkte Summe und das direkte Produkt zusammenfallen, gelten dann beide Sätze gleichzeitig für die direkte Summe. Bei unendlicher Indexmenge trifft dies aber nicht zu.

Bei der n-Tupel-Darstellung einer endlichen direkten Summe $X_1 \oplus \cdots \oplus X_n$ haben die Abbildungen φ aus den letzten beiden Sätzen folgende Bedeutung: Die Abbildung φ aus 33. 1 bildet das n-Tupel $(\mathfrak{x}_1, \ldots, \mathfrak{x}_n)$ auf den Vektor $\varphi_1 \mathfrak{x}_1 + \cdots + \varphi_n \mathfrak{x}_n$ aus Y ab. Der Bildvektor eines Vektors $\mathfrak{y} \in Y$ bei der Abbildung φ aus 33. 2 ist das n-Tupel $(\varphi_1 \mathfrak{y}, \ldots, \varphi_n \mathfrak{y})$.

In dem folgenden Satz bedeute wieder allgemein $L(X, Y)$ den Vektorraum aller linearen Abbildungen von X in Y. Es gelten dann folgende zwei Isomorphien:

33. 3 $L(\oplus X_\iota, Y) \cong \times L(X_\iota, Y)$ *und* $L(Y, \times X_\iota) \cong \times L(Y, X_\iota)$.

Beweis: Ist φ eine Abbildung aus $L(\oplus X_\iota, Y)$ und $\beta_\varkappa$ die natürliche Injektion von $X_\varkappa$ in $\oplus X_\iota$, so ist $\varphi \circ \beta_\varkappa$ eine Abbildung aus $L(X_\varkappa, Y)$. Durch $\gamma_\varkappa(\varphi) = \varphi \circ \beta_\varkappa$ wird daher eine Abbildung $\gamma_\varkappa: L(\oplus X_\iota, Y) \to L(X_\varkappa, Y)$ definiert, die sich unmittelbar als eine lineare Abbildung erweist. Für jeden Index ι sei nun $\psi_\iota: Z \to L(X_\iota, Y)$ eine lineare Abbildung. Für jeden Vektor $\mathfrak{z} \in Z$ ist also $\varphi_{\mathfrak{z},\iota} = \psi_\iota \mathfrak{z}$ eine lineare Abbildung von X_ι in Y. Zu diesen Abbildungen $\varphi_{\mathfrak{z},\iota}$ gibt es nach 33. 1 genau eine lineare Abbildung $\varphi_\mathfrak{z}: \oplus X_\iota \to Y$ mit $\varphi_\mathfrak{z} \circ \beta_\iota = \varphi_{\mathfrak{z},\iota}$. Durch $\psi \mathfrak{z} = \varphi_\mathfrak{z}$ wird daher eine Abbildung $\psi: Z \to L(\oplus X_\iota, Y)$ definiert. Für Vektoren $\mathfrak{z}, \mathfrak{z}' \in Z$ und jeden Index ι gilt

$$\varphi_{\mathfrak{z}+\mathfrak{z}'} \circ \beta_\iota = \varphi_{\mathfrak{z}+\mathfrak{z}',\iota} = \psi_\iota(\mathfrak{z} + \mathfrak{z}') = \psi_\iota \mathfrak{z} + \psi_\iota \mathfrak{z}' = \varphi_{\mathfrak{z},\iota} + \varphi_{\mathfrak{z}',\iota} =$$
$$\varphi_\mathfrak{z} \circ \beta_\iota + \varphi_{\mathfrak{z}'} \circ \beta_\iota = (\varphi_\mathfrak{z} + \varphi_{\mathfrak{z}'}) \circ \beta_\iota .$$

Wegen der Eindeutigkeitsaussage aus 33. 1 folgt hieraus $\varphi_{\mathfrak{z}+\mathfrak{z}'} = \varphi_\mathfrak{z} + \varphi_{\mathfrak{z}'}$ und daher $\psi(\mathfrak{z} + \mathfrak{z}') = \psi \mathfrak{z} + \psi \mathfrak{z}'$. Entsprechend beweist man $\psi(c\mathfrak{z}) = c(\psi \mathfrak{z})$. Daher ist ψ sogar eine lineare Abbildung. Außerdem gilt für beliebige Vektoren $\mathfrak{z} \in Z$

$$(\gamma_\iota \circ \psi)\,\mathfrak{z} = \gamma_\iota(\psi \mathfrak{z}) = \gamma_\iota(\varphi_\mathfrak{z}) = \varphi_\mathfrak{z} \circ \beta_\iota = \varphi_{\mathfrak{z},\iota} = \psi_\iota \mathfrak{z}$$

und damit $\gamma_\iota \circ \psi = \psi_\iota$. Ist umgekehrt $\psi^*: Z \to L(\oplus X_\iota, Y)$ eine lineare Abbildung mit $\gamma_\iota \circ \psi^* = \psi_\iota$ für alle Indizes ι, so folgt

$$(\psi^* \mathfrak{z}) \circ \beta_\iota = \gamma_\iota(\psi^* \mathfrak{z}) = (\gamma_\iota \circ \psi^*)\,\mathfrak{z} = \psi_\iota \mathfrak{z} = (\psi \mathfrak{z}) \circ \beta_\iota .$$

Wieder wegen der Eindeutigkeitsaussage aus 33. 1 folgt $\psi^* \mathfrak{z} = \psi \mathfrak{z}$ für alle $\mathfrak{z} \in Z$ und somit weiter $\psi^* = \psi$. Der zweite Teil von 33. 2 liefert nun die behauptete Isomorphie von $L(\oplus X_\iota, Y)$ mit $\times L(X_\iota, Y)$.

Der Beweis der zweiten Behauptung verläuft völlig analog: Durch $\gamma_\varkappa(\varphi) = \pi_\varkappa \circ \varphi$ wird eine lineare Abbildung $\gamma_\varkappa : L(Y, \times X_\iota) \to L(Y, X_\varkappa)$ definiert. Sind weiter $\psi_\iota : Z \to L(Y, X_\iota)$ gegebene lineare Abbildungen, so gibt es bei festem $\mathfrak{z} \in Z$ zu den Abbildungen $\psi_\iota \mathfrak{z} \in L(Y, X_\iota)$ nach 33. 2 genau eine lineare Abbildung $\varphi_\mathfrak{z} : Y \to \times X_\iota$ mit $\pi_\iota \circ \varphi_\mathfrak{z} = \psi_\iota \mathfrak{z}$ für alle ι. Durch $\psi \mathfrak{z} = \varphi_\mathfrak{z}$ wird daher eine Abbildung $\psi : Z \to L(Y, \times X_\iota)$ definiert, die sich, ähnlich wie oben, als eine lineare Abbildung erweist. Für sie gilt

$$(\gamma_\iota \circ \psi)\,\mathfrak{z} = \gamma_\iota(\psi \mathfrak{z}) = \gamma_\iota(\varphi_\mathfrak{z}) = \pi_\iota \circ \varphi_\mathfrak{z} = \psi_\iota \mathfrak{z}$$

bei beliebigem $\mathfrak{z} \in Z$, also weiter $\gamma_\iota \circ \psi = \psi_\iota$. Gilt umgekehrt für eine lineare Abbildung $\psi^* : Z \to L(Y, \times X_\iota)$ ebenfalls $\gamma_\iota \circ \psi^* = \psi_\iota$, so folgt

$$\pi_\iota(\psi^* \mathfrak{z}) = \gamma_\iota(\psi^* \mathfrak{z}) = (\gamma_\iota \circ \psi^*)\,\mathfrak{z} = \psi_\iota \mathfrak{z} = \pi_\iota(\psi \mathfrak{z}),$$

wegen der Eindeutigkeitsaussage aus 33. 2 also $\psi^* \mathfrak{z} = \psi \mathfrak{z}$ für alle $\mathfrak{z} \in Z$ und damit $\psi^* = \psi$. Hieraus folgt nach dem zweiten Teil von 33. 2 wieder die behauptete Isomorphie von $L(Y, \times X_\iota)$ mit $\times L(Y, X_\iota)$. ◆

33. 4 *Bei beliebiger Indexmenge I gibt es zu Vektorräumen X, X_ι und linearen Abbildungen $\varphi_\iota : X \to X_\iota (\iota \in I)$ einen bis auf Isomorphie eindeutig bestimmten Vektorraum S und lineare Abbildungen $\psi_\iota : X_\iota \to S (\iota \in I)$ mit folgenden Eigenschaften:*

(1) *Für beliebige Indizes $\iota, \varkappa \in I$ gilt $\psi_\iota \circ \varphi_\iota = \psi_\varkappa \circ \varphi_\varkappa$.*

(2) *Gilt mit linearen Abbildungen $\psi'_\iota : X_\iota \to Y (\iota \in I)$ ebenfalls $\psi'_\iota \circ \varphi_\iota = \psi'_\varkappa \circ \varphi_\varkappa$ für alle Indexpaare, so existiert genau eine lineare Abbildung $\eta : S \to Y$ mit $\psi'_\iota = \eta \circ \psi_\iota$ für alle $\iota \in I$.*

Ist für alle Indizes $\iota \neq \iota^*$ die Abbildung φ_ι injektiv (surjektiv), so ist auch ψ_{ι^*} injektiv (surjektiv).

Beweis:

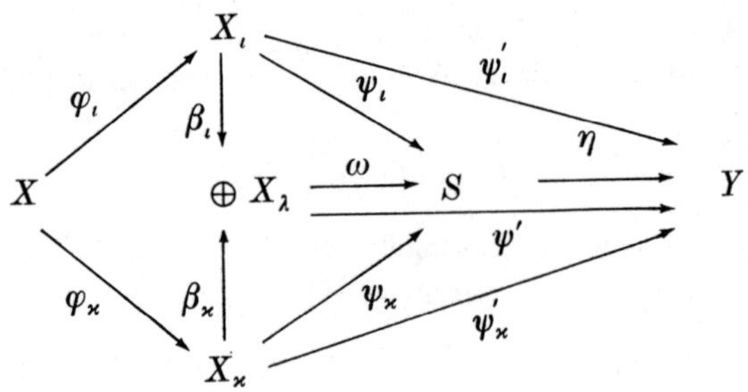

Es sei U die Menge aller derjenigen Vektoren $\mathfrak{a} \in \oplus \{X_\lambda : \lambda \in I\}$, die folgende Eigenschaft besitzen: Es gibt Indizes $\iota_1, \ldots, \iota_n \in I$ und Vektoren $\mathfrak{x}_1, \ldots, \mathfrak{x}_n \in X$ mit

(*) $\mathfrak{x}_1 + \ldots + \mathfrak{x}_n = \mathfrak{o}, \pi_{\iota_\nu}\mathfrak{a} = \varphi_{\iota_\nu}\mathfrak{x}_\nu \ (\nu = 1, \ldots, n), \pi_\iota \mathfrak{a} = \mathfrak{o}$ für $\iota \neq \iota_1, \ldots, \iota_n$.

Unmittelbar folgt, daß U ein Unterraum von $\oplus X_\lambda$ ist. Es sei nun $S = \oplus X_\lambda/U$, $\omega : \oplus X_\lambda \to S$ die natürliche Abbildung und $\psi_\iota = \omega \circ \beta_\iota$ mit der natürlichen Injektion $\beta_\iota : X_\iota \to \oplus X_\lambda (\iota \in I)$. Bei beliebigem $\mathfrak{x} \in X$ und gegebenen Indizes $\iota, \varkappa$ gilt für $\mathfrak{a} = \beta_\iota(\varphi_\iota \mathfrak{x}) - \beta_\varkappa(\varphi_\varkappa \mathfrak{x})$ mit $\mathfrak{x}_1 = \mathfrak{x}, \mathfrak{x}_2 = -\mathfrak{x}$

$$\mathfrak{x}_1 + \mathfrak{x}_2 = \mathfrak{o},\ \pi_\iota \mathfrak{a} = \varphi_\iota \mathfrak{x} = \varphi_\iota \mathfrak{x}_1,\ \pi_\varkappa \mathfrak{a} = -\varphi_\varkappa \mathfrak{x} = \varphi_\varkappa \mathfrak{x}_2,\ \pi_\lambda \mathfrak{a} = \mathfrak{o} \text{ für } \lambda \neq \iota, \varkappa.$$

Es folgt $\mathfrak{a} \in U$ und daher

$$(\psi_\iota \circ \varphi_\iota)\mathfrak{x} - (\psi_\varkappa \circ \varphi_\varkappa)\mathfrak{x} = \omega \circ \beta_\iota(\varphi_\iota \mathfrak{x}) - \omega \circ \beta_\varkappa(\varphi_\varkappa \mathfrak{x}) = \omega \mathfrak{a} = \mathfrak{o}$$

für alle $\mathfrak{x} \in X$, also $\psi_\iota \circ \varphi_\iota = \psi_\varkappa \circ \varphi_\varkappa$, und damit (1).

Zum Beweis von (2) folgt zunächst wegen 33.1 die Existenz genau einer linearen Abbildung $\psi' : \oplus X_\lambda \to Y$ mit $\psi'_\iota = \psi' \circ \beta_\iota$ für alle $\iota \in I$. Aus $\mathfrak{a} \in U$ folgt nun mit den Bezeichnungen aus (*) $\mathfrak{a} = (\beta_{\iota_1} \circ \varphi_{\iota_1})\mathfrak{x}_1 + \ldots + (\beta_{\iota_n} \circ \varphi_{\iota_n})\mathfrak{x}_n$, wegen $\mathfrak{x}_1 + \ldots + \mathfrak{x}_n = \mathfrak{o}$ und $\psi'_{\iota_\nu} \circ \varphi_{\iota_\nu} = \psi'_{\iota_1} \circ \varphi_{\iota_1}$ $(\nu = 1, \ldots, n)$ also auch

$$\psi'\mathfrak{a} = (\psi'_{\iota_1} \circ \varphi_{\iota_1})\mathfrak{x}_1 + \ldots + (\psi'_{\iota_n} \circ \varphi_{\iota_n})\mathfrak{x}_n = (\psi'_{\iota_1} \circ \varphi_{\iota_1})(\mathfrak{x}_1 + \ldots + \mathfrak{x}_n) = \mathfrak{o}.$$

Daher gilt $U \subset \operatorname{Kern} \psi'$, und wegen 31.5 gestattet ψ' eine Faktorisierung $\psi' = \eta \circ \omega$. Es folgt für alle $\iota \in I$

$$\psi'_\iota = \psi' \circ \beta_\iota = \eta \circ \omega \circ \beta_\iota = \eta \circ \psi_\iota.$$

Die Eindeutigkeit von η ergibt sich unmittelbar aus der Eindeutigkeit von ψ'.

Besitzen S^* und die linearen Abbildungen $\psi^*_\iota : X_\iota \to S^*$ ebenfalls die Eigenschaften (1) und (2), so gibt es nach dem bereits Bewiesenen lineare Abbildungen $\eta : S \to S^*$ und $\eta^* : S^* \to S$ mit $\psi^*_\iota = \eta \circ \psi_\iota$ und $\psi_\iota = \eta^* \circ \psi^*_\iota$ für alle $\iota \in I$. Es folgt $\varepsilon_S \circ \psi_\iota = \eta^* \circ \eta \circ \psi_\iota$ und $\varepsilon_{S^*} \circ \psi^*_\iota = \eta \circ \eta^* \circ \psi^*_\iota$ für alle $\iota \in I$, wegen der Eindeutigkeit ($Y = S$ bzw. $Y = S^*$) also $\eta^* \circ \eta = \varepsilon_S$ und $\eta \circ \eta^* = \varepsilon_{S^*}$. Daher sind η und η^* inverse Isomorphismen.

Für $\iota \neq \iota^*$ seien jetzt die Abbildungen φ_ι injektiv, und es gelte $\mathfrak{c} \in \operatorname{Kern} \psi_{\iota^*}$. Wegen $(\omega \circ \beta_{\iota^*})\mathfrak{c} = \psi_{\iota^*}\mathfrak{c} = \mathfrak{o}$ folgt $\mathfrak{a} = \beta_{\iota^*}\mathfrak{c} \in U$, so daß sich also $\mathfrak{a}$ in der Form (*) darstellen läßt, wobei etwa $\iota_1 = \iota^*$ und $\iota_2, \ldots, \iota_n \neq \iota^*$ angenommen werden kann. Es folgt $\varphi_{\iota_\nu}\mathfrak{x}_\nu = \pi_{\iota_\nu}\mathfrak{a} = \pi_{\iota_\nu} \circ \beta_{\iota_1}\mathfrak{c} = \mathfrak{o}$ für $\nu \neq 1$ und wegen der Injektivität von φ_{ι_ν} auch $\mathfrak{x}_\nu = \mathfrak{o}$. Wegen $\mathfrak{x}_1 + \ldots + \mathfrak{x}_n = \mathfrak{o}$ erhält man weiter $\mathfrak{x}_1 = \mathfrak{o}$ und somit $\mathfrak{c} = \pi_{\iota_1}\mathfrak{a} = \varphi_{\iota_1}\mathfrak{x}_1 = \mathfrak{o}$. Daher gilt $\operatorname{Kern} \psi_{\iota^*} = [\mathfrak{o}]$, und ψ_{ι^*} ist injektiv.

Schließlich sei φ_ι für $\iota \neq \iota^*$ surjektiv. Zu gegebenem $\mathfrak{s} \in S$ sei $\mathfrak{b}$ ein Vektor aus $\oplus X_\lambda$ mit $\omega\mathfrak{b} = \mathfrak{s}$. Es gibt dann paarweise verschiedene Indizes $\iota_1 = \iota^*$, $\iota_2, \ldots, \iota_n$ mit $\pi_\iota \mathfrak{b} = \mathfrak{o}$ für $\iota \neq \iota_1, \ldots, \iota_n$. Wegen der vorausgesetzten Surjektivität folgt $\pi_{\iota_\nu} \mathfrak{b} = \varphi_{\iota_\nu} \mathfrak{x}_\nu$ für $\nu = 2, \ldots, n$. Setzt man nun $\mathfrak{x}_1 = -\mathfrak{x}_2 - \ldots - \mathfrak{x}_n$, so gilt

$$\mathfrak{a} = (\beta_{\iota_1} \circ \varphi_{\iota_1})\mathfrak{x}_1 + \ldots + (\beta_{\iota_n} \circ \varphi_{\iota_n})\mathfrak{x}_n \in U$$

und daher $\omega(\mathfrak{b} - \mathfrak{a}) = \omega\mathfrak{b} = \mathfrak{s}$. Aus der Konstruktion von $\mathfrak{a}$ folgt aber $\pi_\iota(\mathfrak{b} - \mathfrak{a}) = \mathfrak{o}$ für $\iota \neq \iota^*$, also $\mathfrak{b} - \mathfrak{a} = \beta_{\iota^*}\mathfrak{c}$ mit einem $\mathfrak{c} \in X_{\iota^*}$, und daher

$$\mathfrak{s} = \omega(\mathfrak{b} - \mathfrak{a}) = (\omega \circ \beta_{\iota^*})\mathfrak{c} = \psi_{\iota^*}\mathfrak{c}.$$

Somit ist ψ_{ι^*} surjektiv. ◆

Definition 33c: *Der Vektorraum S zusammen mit den Abbildungen ψ_ι aus* 33. 4 *heißt die* **Fasersumme** (*oder* **Pushout**) *der Abbildungen $\varphi_\iota : X \to X_\iota$.*

Ein 33. 4 entsprechender Satz ergibt sich bei Umkehr aller Abbildungsrichtungen.

33. 5 *Bei beliebiger Indexmenge I gibt es zu Vektorräumen X, X_ι und linearen Abbildungen $\varphi_\iota : X_\iota \to X$ ($\iota \in I$) einen bis auf Isomorphie eindeutig bestimmten Vektorraum P und lineare Abbildungen $\psi_\iota : P \to X_\iota$ ($\iota \in I$) mit folgenden Eigenschaften:*

(1) *Für beliebige Indizes $\iota, \varkappa \in I$ gilt $\varphi_\iota \circ \psi_\iota = \varphi_\varkappa \circ \psi_\varkappa$.*

(2) *Gilt mit linearen Abbildungen $\psi'_\iota : Y \to X_\iota$ ($\iota \in I$) ebenfalls $\varphi_\iota \circ \psi'_\iota = \varphi_\varkappa \circ \psi'_\varkappa$ für alle Indexpaare, so existiert genau eine lineare Abbildung $\eta : Y \to P$ mit $\psi'_\iota = \psi_\iota \circ \eta$ für alle $\iota \in I$.*

Ist für alle Indizes $\iota \neq \iota^*$ die Abbildung φ_ι injektiv (surjektiv), so ist auch ψ_{ι^*} injektiv (surjektiv).

Beweis:

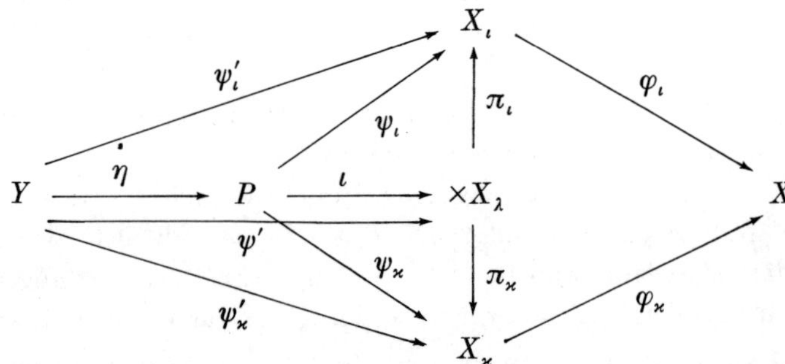

Es sei P die Menge aller derjenigen Vektoren $\mathfrak{a} \in \times\{X_\lambda : \lambda \in I\}$, bei denen für alle Indexpaare $(\varphi_\iota \circ \pi_\iota)\mathfrak{a} = (\varphi_\varkappa \circ \pi_\varkappa)\mathfrak{a}$ gilt. Offenbar ist P ein Unterraum, der für sich als Vektorraum betrachtet durch die natürliche Injektion ι in den Produktraum abgebildet wird. Mit $\psi_\iota = \pi_\iota$ ($\iota \in I$) ist dann (1) erfüllt. Zu den Abbildungen $\psi'_\iota : Y \to X_\iota$ gibt es wegen 33. 2 genau eine Abbildung ψ' :

$Y \to \times X_\lambda$ mit $\psi'_\iota = \pi_\iota \circ \psi_\iota$ für alle $\iota \in I$. Für beliebiges $\mathfrak{y} \in Y$ und beliebige Indizes ι, $\varkappa$ erhält man

$$(\varphi_\iota \circ \pi_\iota)(\psi'\mathfrak{y}) = (\varphi_\iota \circ \psi'_\iota)\mathfrak{y} = (\varphi_\varkappa \circ \psi'_\varkappa)\mathfrak{y} = (\varphi_\varkappa \circ \pi_\varkappa)(\psi'\mathfrak{y}),$$

also $\psi'\mathfrak{y} \in P$. Daher kann ψ' sogar als Abbildung in P aufgefaßt werden und soll als solche mit η bezeichnet werden. Damit ist (2) nachgewiesen.

Besitzt auch P^* mit den Abbildungen ψ^*_ι die Eigenschaften (1) und (2), so gibt es lineare Abbildungen $\eta: P \to P^*$ und $\eta^*: P^* \to P$ mit $\psi^*_\iota = \psi_\iota \circ \eta$ und $\psi_\iota = \psi^*_\iota \circ \eta^*$ für alle $\iota \in I$. Es folgt

$$\psi_\iota \circ \varepsilon_P = \psi_\iota \circ \eta \circ \eta^* \quad \text{und} \quad \psi^*_\iota \circ \varepsilon_{P^*} = \psi^*_\iota \circ \eta^* \circ \eta \quad \text{für alle } \iota \in I,$$

wegen der Eindeutigkeit ($Y = P$ bzw. $Y = P^*$) also $\eta \circ \eta^* = \varepsilon_P$ und $\eta^* \circ \eta = \varepsilon_{P^*}$. Daher sind η und η^* inverse Isomorphismen.

Die Abbildungen φ_ι seien für $\iota \neq \iota^*$ injektiv, und es gelte $\mathfrak{a} \in \text{Kern}\, \psi_{\iota^*}$. Es folgt

$$(\varphi_\iota \circ \pi_\iota)\mathfrak{a} = (\varphi_\iota \circ \psi_\iota)\mathfrak{a} = (\varphi_{\iota^*} \circ \psi_{\iota^*})\mathfrak{a} = \mathfrak{o}$$

für alle Indizes ι und wegen der Injektivität von φ_ι weiter $\pi_\iota \mathfrak{a} = \mathfrak{o}$ für $\iota \neq \iota^*$. Da auch $\pi_{\iota^*}\mathfrak{a} = \psi_{\iota^*}\mathfrak{a} = \mathfrak{o}$ erfüllt ist, ergibt sich $\mathfrak{a} = \mathfrak{o}$. Daher ist ψ_{ι^*} ebenfalls injektiv.

Schließlich sei φ_ι für $\iota \neq \iota^*$ surjektiv, und $\mathfrak{a}_{\iota^*}$ sei ein Vektor aus X_{ι^*}. Für $\iota \neq \iota^*$ gibt es dann wegen der Surjektivität von φ_ι ein $\mathfrak{a}_\iota \in X$ mit $\varphi_\iota \mathfrak{a}_\iota = \varphi_{\iota^*}\mathfrak{a}_{\iota^*}$. Für den durch $\pi_\iota \mathfrak{a} = \mathfrak{a}_\iota (\iota \in I)$ bestimmten Vektor $\mathfrak{a}$ des Produktraums gilt jetzt $(\varphi_\iota \circ \pi_\iota)\mathfrak{a} = (\varphi_\varkappa \circ \pi_\varkappa)\mathfrak{a}$ für alle Indexpaare, woraus $\mathfrak{a} \in P$ und $\psi_{\iota^*}\mathfrak{a} = \pi_{\iota^*}\mathfrak{a} = \mathfrak{a}_{\iota^*}$ folgt. Somit ist ψ_{ι^*} surjektiv. ◆

Definition 33d: *Der Vektorraum P zusammen mit den Abbildungen ψ_ι aus* 33. 5 *heißt das* **Faserprodukt** (*oder* **Pullback**) *der Abbildungen $\varphi_\iota: X_\iota \to X$.*

Ergänzungen und Aufgaben

33 A Aufgabe: 1). Zeige, daß die Abbildung $\varphi: \oplus X_\iota \to Y$ aus 33. 1 genau dann surjektiv ist, wenn $Y = \sum \{\varphi_\iota X_\iota : \iota \in I\}$ gilt.
2). Zeige, daß die Abbildung $\varphi: Y \to \times X_\iota$ aus 33. 2 genau dann injektiv ist, wenn es zu verschiedenen Vektoren $\mathfrak{y}, \mathfrak{y}' \in Y$ stets einen Index ι mit $\varphi_\iota \mathfrak{y} \neq \varphi_\iota \mathfrak{y}'$ gibt.

33 B Aufgabe: Für den Kern der linearen Abbildung $\varphi: Y \to \times X_\iota$ aus 33. 2 gilt

$$\text{Kern}\, \varphi = \bigcap \{\text{Kern}\, \varphi_\iota : \iota \in I\}.$$

33 C Aufgabe: Für die Abbildungen φ und φ_ι aus 33. 1 gilt

$$\oplus \text{Kern}\, \varphi_\iota \leq \text{Kern}\, \varphi.$$

Man zeige jedoch an einem Beispiel, daß hierbei das Gleichheitszeichen im allgemeinen nicht gilt.

33 D In dem Diagramm

$$\begin{array}{ccccccccc} V & \xrightarrow{\varphi} & W & \xrightarrow{\chi} & X & \xrightarrow{\psi} & Y & \xrightarrow{\omega} & Z \\ \downarrow{\scriptstyle\alpha} & & \downarrow{\scriptstyle\beta} & & & & \downarrow{\scriptstyle\gamma} & & \downarrow{\scriptstyle\delta} \\ V' & \xrightarrow[\varphi']{} & W' & \xrightarrow[\chi']{} & X' & \xrightarrow[\psi']{} & Y' & \xrightarrow[\omega']{} & Z' \end{array}$$

seien die Zeilen exakte Sequenzen. Ferner sei das Diagramm kommutativ; d. h. es gelte $\beta \circ \varphi = \varphi' \circ \alpha$ usw.

Aufgabe: Zeige, daß es eine lineare Abbildung $\eta : X \to X'$ so gibt, daß das durch η ergänzte Diagramm ebenfalls kommutativ ist.

33 E Es seien I und K Indexmengen, und für alle $\iota \in I$, $\varkappa \in K$ sei $\varphi_{\iota,\varkappa}: X_\iota \to Y_\varkappa$ eine lineare Abbildung. Bei festem $\varkappa$ bestimmen die $\varphi_{\iota,\varkappa}$ nach 33. 1 eine Abbildung $\varphi_\varkappa$: $\oplus X_\iota \to Y_\varkappa$, und die $\varphi_\varkappa$ bestimmen nach 33. 2 eine Abbildung $\varphi: \oplus X_\iota \to \times Y_\varkappa$. Umgekehrt bestimmen die $\varphi_{\iota,\varkappa}$ bei festem ι nach 33. 2 eine Abbildung $\varphi_\iota': X_\iota \to \times Y_\varkappa$, und die φ_ι' bestimmen nach 33. 1 eine Abbildung $\varphi': \oplus X_\iota \to \times Y_\varkappa$.

Aufgabe: Man beweise $\varphi = \varphi'$.

33 F Die Definitionen und Sätze dieses Paragraphen gelten sinngemäß auch für Moduln. Unter Verwendung von 33. 4 und 33. 5 beweise man die folgende Kennzeichnung injektiver und projektiver Moduln (vgl. 31 E).

Aufgabe: 1). Ein Modul X ist genau dann injektiv, wenn bei jedem injektiven Homomorphismus $\varphi : X \to Y$ der Zielraum als direkte Summe $Y = \varphi X \oplus Y'$ darstellbar ist.
2). Ein Modul X ist genau dann projektiv, wenn bei jedem surjektiven Homomorphismus $\varphi: Y \to X$ der Originalraum als direkte Summe $Y = \text{Kern}\,\varphi \oplus Y'$ darstellbar ist.

Hinsichtlich direkter Summen und Produkte zeige man weiter

Aufgabe: 3). $\times X_\iota$ ist genau dann injektiv, wenn alle Moduln X_ι injektiv sind.
4). $\oplus X_\iota$ ist genau dann projektiv, wenn alle Moduln X_ι projektiv sind.

Neuntes Kapitel

Allgemeines Normalformenproblem

In § 17 wurde für quadratische Matrizen der Begriff der Ähnlichkeit definiert. Untersucht wurde dort jedoch nur die spezielle Frage, welche quadratischen Matrizen zu Diagonalmatrizen ähnlich sind. In diesem Kapitel soll es sich um die Bestimmung aller Ähnlichkeitsklassen und um die Aufstellung einfacher Normalformen handeln. Bevor jedoch das allgemeine Normalformenproblem angegriffen werden kann, müssen einige Tatsachen aus der Theorie der Polynomringe zusammengestellt werden. Dies geschieht in dem ersten Paragraphen dieses Kapitels, in dem auch einige vorbereitende Sätze über Endomorphismen bewiesen werden. In § 35 wird sodann das allgemeine Normalformenproblem für Vektorräume mit beliebigem Skalarenkörper behandelt. Es folgt in § 36 die Anwendung der Ergebnisse auf Vektorräume mit algebraisch abgeschlossenem Skalarenkörper und auf reelle Vektorräume.

§ 34 Polynome

Bereits im dritten Paragraphen wurden Polynome mit Koeffizienten aus einem Körper K behandelt. Der Ring aller dieser Polynome erwies sich als euklidischer Ring, in dem also der Divisionsalgorithmus durchführbar ist und die Kürzungsregel gilt. Ein Polynom wurde normiert genannt, wenn sein höchster Koeffizient den Wert Eins hat. Unzerlegbare Polynome, die also keine echten Teiler besitzen, wurden auch als irreduzibel bezeichnet. Schließlich heißen zwei Polynome **teilerfremd**, wenn sie keinen gemeinsamen Teiler positiven Grades besitzen.

34. 1 *Es seien f und g Polynome positiven Grades, und es sei g speziell irreduzibel. Aus $f \mid g$ folgt dann auch $g \mid f$. Sind f und g beide normiert, so folgt sogar $f = g$.*

Beweis: Wegen der Irreduzibilität von g und wegen Grad $f > 0$ muß Grad f = Grad g gelten. Es folgt $f = cg$ mit einer Konstanten c und daher

$g \mid f$. Sind f und g beide normiert, so ergibt der Vergleich der höchsten Koeffizienten unmittelbar $c = 1$, also $f = g$. ◆

34. 2 *Es sei f ein irreduzibles Polynom. Aus $f \mid g \cdot h$ folgt dann $f \mid g$ oder $f \mid h$.*

Beweis: Es werde das Gegenteil angenommen. Es gibt also Polynome g und h mit $f \mid g \cdot h$ und $f \nmid g$, $f \nmid h$. Jedenfalls gilt $g \neq 0$ und $h \neq 0$. Es sei nun g^* ein Polynom kleinsten Grades mit $f \nmid g^*$, zu dem es ein Polynom h^* mit $f \mid g^* \cdot h^*$ und $f \nmid h^*$ gibt. Wegen des euklidischen Algorithmus gilt

$$g^* = f' \cdot f + f'' \quad \text{mit} \quad \text{Grad}\, f'' < \text{Grad}\, f \quad \text{bzw.}\ f'' = 0.$$

Hieraus folgt zunächst $f \nmid f''$ und damit sogar $f'' \neq 0$. Wegen $f'' \cdot h^* = g^* \cdot h^* - f' \cdot f \cdot h^*$ und wegen $f \mid g^* \cdot h^*$ ergibt sich außerdem $f \mid f'' \cdot h^*$. Da g^* jedoch ein Polynom kleinsten Grades mit dieser Eigenschaft war, erhält man Grad $g^* \leqq$ Grad $f'' <$ Grad f. Wieder wegen des euklidischen Algorithmus gilt aber auch

$$f = g' \cdot g^* + g'' \quad \text{mit} \quad \text{Grad}\, g'' < \text{Grad}\, g^* \quad \text{bzw.} \quad g'' = 0.$$

Es folgt $g'' \cdot h^* = f \cdot h^* - g' \cdot g^* \cdot h^*$, wegen $f \mid g^* \cdot h^*$ also auch $f \mid g'' \cdot h^*$. Würde $g'' \neq 0$ gelten, so würde wegen Grad $g'' <$ Grad $g^* <$ Grad f außerdem $f \nmid g''$ folgen, was wegen Grad $g'' <$ Grad g^* der Definition von g^* widersprechen würde. Daher gilt $g'' = 0$ und weiter $g^* \mid f$. Da f irreduzibel ist, kann g^* kein echter Teiler von f sein. Wegen Grad $g^* <$ Grad f ergibt sich daher Grad $g^* = 0$. Es ist also g^* eine von Null verschiedene Konstante, und aus $f \mid g^* \cdot h^*$ folgt jetzt $f \mid h^*$ im Widerspruch zur Voraussetzung. ◆

34. 3 *Jedes normierte Polynom f positiven Grades kann auf genau eine Weise als Produkt endlich vieler normierter irreduzibler Polynome dargestellt werden.*

Beweis: Gilt Grad $f = 1$, so ist f bereits selbst ein normiertes irreduzibles Polynom, und die Behauptung ist trivial. Es gelte jetzt Grad $f > 1$, und die Behauptung sei bereits für alle Polynome kleineren Grades bewiesen. Ist f nicht schon selbst irreduzibel, so gibt es Polynome f_1, f_2 mit $f = f_1 \cdot f_2$ und Grad $f_i <$ Grad f für $i = 1, 2$. Nach Annahme können dann f_1 und f_2 und folglich auch f als Produkte normierter irreduzibler Polynome dargestellt werden. Zum Nachweis der Eindeutigkeit gelte

$$f = p_1 \cdots p_r = q_1 \cdots q_s$$

mit normierten irreduziblen Polynomen $p_1, \ldots, p_r$ bzw. $q_1, \ldots, q_s$. Wegen $p_1 \mid q_1 \cdots q_s$ ist dann p_1 nach 34. 2 ein Teiler mindestens eines der Polynome $q_1, \ldots, q_s$. Bei geeigneter Numerierung kann $p_1 \mid q_1$ angenommen werden.

Wegen 34. 1 folgt sogar $p_1 = q_1$ und wegen der Kürzungsregel weiter $p_2 \cdots p_r = q_2 \cdots q_s$. Nun ist aber $p_2 \cdots p_r$ ein Polynom kleineren Grades als f. Nach Annahme ist daher die Produktdarstellung eindeutig; d. h. es gilt $r = s$ und bei geeigneter Numerierung auch $p_2 = q_2, \ldots, p_r = q_r$. ◆

Eine unmittelbare Folge aus diesem Satz ist:

34. 4 *Es seien f und g normierte Polynome, und g sei irreduzibel. Aus $f \mid g^k$ folgt dann $f = g^m$ mit $m \leqq k$.*

Nach diesen Vorbereitungen sei jetzt weiterhin X stets ein n-dimensionaler Vektorraum mit dem Skalarenkörper K, und φ sei ein fester Endomorphismus von X. Schon in § 11 wurde dann jedem Polynom $f \in K[t]$ der Endomorphismus $f(\varphi)$ von X zugeordnet, der durch formales Einsetzen von φ für die Unbestimmte t entsteht. Für diesen Einsetzungsprozeß galt

$$(f + g)\varphi = f(\varphi) + g(\varphi) \quad \text{und} \quad (f \cdot g)\varphi = f(\varphi) \circ g(\varphi),$$

so daß sich wegen der zweiten Gleichung diese „Polynomendomorphismen" bei der Hintereinanderschaltung kommutativ verhalten (φ ist fest gewählt!).

34. 5 *Aus $f \mid g$ folgt* Kern $f(\varphi) \leq$ Kern $g(\varphi)$.

Beweis: Wegen $f \mid g$ existiert ein Polynom h mit $g = h \cdot f$. Es gilt daher $g(\varphi) = h(\varphi) \circ f(\varphi)$. Aus $\mathfrak{x} \in$ Kern $f(\varphi)$, also aus $f(\varphi)\,\mathfrak{x} = \mathfrak{o}$, folgt somit auch

$$g(\varphi)\,\mathfrak{x} = (h(\varphi) \circ f(\varphi))\,\mathfrak{x} = h(\varphi)\,(f(\varphi)\,\mathfrak{x}) = \mathfrak{o};$$

d. h. $\mathfrak{x} \in$ Kern $g(\varphi)$. ◆

Definition 34a: *Ein Unterraum U von X heißt* **φ-invariant,** *wenn $\varphi U \leq U$ gilt.*

34. 6 *Für jedes Polynom f ist* Kern $f(\varphi)$ *ein φ-invarianter Unterraum von X.*

Beweis: Aus $\mathfrak{x} \in$ Kern $f(\varphi)$, also aus $f(\varphi)\mathfrak{x} = \mathfrak{o}$ folgt auch $f(\varphi)(\varphi\mathfrak{x}) = \varphi(f(\varphi)\mathfrak{x}) = \mathfrak{o}$ und somit $\varphi\mathfrak{x} \in$ Kern $f(\varphi)$. ◆

34. 7 *Es sei U ein beliebiger und V ein φ-invarianter Unterraum von X. In der Menge F aller normierten Polynome f mit $f(\varphi)\,U \leq V$ gibt es dann genau ein Polynom h minimalen Grades. Für jedes andere Polynom $f \in F$ gilt $h \mid f$.*

Beweis: Nach der obigen Bemerkung gibt es jedenfalls ein normiertes Polynom f mit $f(\varphi) = 0$. Erst recht gilt dann $f(\varphi)\,U \leq V$. Die Menge F ist daher nicht leer, und es gibt in ihr mindestens ein Polynom h kleinsten Grades. Ist nun $f \in F$ beliebig, so gilt wegen des euklidischen Algorithmus

$$f = g \cdot h + k \quad \text{mit Grad } k < \text{Grad } h \quad \text{bzw.} \quad k = 0.$$

Es werde $k \neq 0$ angenommen. Dann gilt für jeden Vektor $\mathfrak{u} \in U$

$$k(\varphi)\,\mathfrak{u} = f(\varphi)\,\mathfrak{u} - g(\varphi) \circ h(\varphi)\,\mathfrak{u}, \text{ also } k(\varphi)\,\mathfrak{u} \in V + g(\varphi)\,V.$$

Wegen $\varphi V \leq V$ gilt aber auch $g(\varphi)\,V \leq V$ und somit $k(\varphi)\,\mathfrak{u} \in V$. Es folgt $k(\varphi)\,U \leq V$. Dividiert man k noch durch den höchsten Koeffizienten so erhält man ein normiertes Polynom k^*, für das ebenfalls $k^*(\varphi)\,U \leq V$, also auch $k^* \in F$ gilt. Wegen Grad k^* = Gràd $k <$ Grad h ist dies aber ein Widerspruch zur Bestimmung von h. Daher gilt $k = 0$ und somit $h \mid f$.

Wenn nun h^* ein zweites Polynom minimalen Grades aus F ist, so gilt Grad h^* = Grad h und nach dem soeben Bewiesenen $h \mid h^*$. Da h und h^* normiert sind, folgt hieraus $h^* = h$; d. h. h ist auch eindeutig bestimmt. ◆

Zwei Spezialfälle sind von besonderem Interesse: Setzt man $U = X$ und $V = [\mathfrak{o}]$, so ergibt sich wieder die Existenz des in 11b definierten Minimalpolynoms von φ. Ist zweitens $\mathfrak{a}$ ein beliebiger Vektor aus X und setzt man $U = [\mathfrak{a}]$ und $V = [\mathfrak{o}]$, so existiert nach dem Satz genau ein normiertes Polynom $h_{\mathfrak{a}}$ niedrigsten Grades mit $h_{\mathfrak{a}}(\varphi)\,[\mathfrak{a}] = [\mathfrak{o}]$. Gleichwertig mit dieser Gleichung ist $h_{\mathfrak{a}}(\varphi)\,\mathfrak{a} = \mathfrak{o}$. Das Polynom $h_{\mathfrak{a}}$ soll der φ-**Annullator** von $\mathfrak{a}$ genannt werden. Gilt Grad $h_{\mathfrak{a}} = 0$, so ist $h_{\mathfrak{a}}$ das konstante Polynom 1, und dies ist nur genau dann der Fall, wenn $\mathfrak{a} = \mathfrak{o}$ gilt. Wegen 34. 7 ist außerdem der φ-Annullator eines beliebigen Vektors ein Teiler des Minimalpolynoms von φ.

34. 8 *Die Polynome f und g seien teilerfremd. Dann gilt*

$$\text{Kern}\, f(\varphi) \cap \text{Kern}\, g(\varphi) = [\mathfrak{o}].$$

Beweis: Es gelte $\mathfrak{a} \in \text{Kern}\, f(\varphi) \cap \text{Kern}\, g(\varphi)$, also $f(\varphi)\,\mathfrak{a} = g(\varphi)\,\mathfrak{a} = \mathfrak{o}$. Für den φ-Annullator $h_{\mathfrak{a}}$ von $\mathfrak{a}$ folgt hieraus $h_{\mathfrak{a}} \mid f$ und $h_{\mathfrak{a}} \mid g$ nach 34. 7. Da aber f und g teilerfremd sind, ergibt sich weiter Grad $h_{\mathfrak{a}} = 0$ und somit $\mathfrak{a} = \mathfrak{o}$. ◆

34. 9 *Die Polynome g' und g'' seien teilerfremd. Mit $f = g' \cdot g''$ gilt dann*

$$\text{Kern}\, f(\varphi) = \text{Kern}\, g'(\varphi) \oplus \text{Kern}\, g''(\varphi).$$

Beweis: Wegen 34. 5 sind Kern $g'(\varphi)$ und Kern $g''(\varphi)$ Unterräume von Kern $f(\varphi)$, wegen 34. 6 aber sogar φ-invariante Unterräume. Daher bildet auch $g''(\varphi)$ den Unterraum Kern $g'(\varphi)$ in sich ab. Wegen 34. 8 gilt aber

$$(*) \qquad \text{Kern}\, g'(\varphi) \cap \text{Kern}\, g''(\varphi) = [\mathfrak{o}].$$

Daher wird Kern $g'(\varphi)$ durch $g''(\varphi)$ sogar auf sich abgebildet. Ebenso bildet $g'(\varphi)$ auch Kern $g''(\varphi)$ auf sich ab.

Es sei nun $\mathfrak{x}$ ein beliebiger Vektor aus Kern $f(\varphi)$, und es werde

$$\mathfrak{y}' = g''(\varphi)\,\mathfrak{x}, \quad \mathfrak{y}'' = g'(\varphi)\,\mathfrak{x}$$

gesetzt. Wegen

$$g'(\varphi)\,\mathfrak{y}' = g'(\varphi) \circ g''(\varphi)\,\mathfrak{x} = f(\varphi)\,\mathfrak{x} = \mathfrak{o}$$

gilt $\mathfrak{y}' \in$ Kern $g'(\varphi)$ und entsprechend $\mathfrak{y}'' \in$ Kern $g''(\varphi)$. Es gibt daher Vektoren $\mathfrak{x}' \in$ Kern $g'(\varphi)$ und $\mathfrak{x}'' \in$ Kern $g''(\varphi)$ mit $g''(\varphi)\,\mathfrak{x}' = \mathfrak{y}'$ und $g'(\varphi)\,\mathfrak{x}'' = \mathfrak{y}''$. Für den Vektor $\mathfrak{z} = \mathfrak{x} - \mathfrak{x}' - \mathfrak{x}''$ folgt hieraus $g'(\varphi)\,\mathfrak{z} = g'(\varphi)\,\mathfrak{x} - g'(\varphi)\,\mathfrak{x}'' = \mathfrak{y}'' - \mathfrak{y}'' = \mathfrak{o}$ und entsprechend $g''(\varphi)\,\mathfrak{z} = \mathfrak{o}$, also $\mathfrak{z} \in$ Kern $g'(\varphi) \cap$ Kern $g''(\varphi)$ und damit $\mathfrak{z} = \mathfrak{o}$. Daher gilt $\mathfrak{x} = \mathfrak{x}' + \mathfrak{x}''$, und Kern $f(\varphi)$ ist die Summe der Unterräume Kern $g'(\varphi)$ und Kern $g''(\varphi)$. Wegen (*) ist diese Summe aber sogar direkt. ◆

Definition 34b: *Ein Unterraum U von X heißt* **φ-zyklisch**, *wenn es einen Vektor $\mathfrak{a} \in U$ gibt, so daß U von den Vektoren $\varphi^\sigma \mathfrak{a}$ $(\sigma = 0, 1, 2, \ldots)$ aufgespannt wird. Es wird dann $\mathfrak{a}$ ein* **φ-erzeugender Vektor** *von U genannt, und U selbst soll auch mit $[\mathfrak{a}]_\varphi$ bezeichnet werden.*

Elemente von $[\mathfrak{a}]_\varphi$ sind offenbar genau die Vektoren der Form $f(\varphi)\mathfrak{a}$ mit beliebigen Polynomen $f \in K[t]$. Jeder φ-zyklische Unterraum ist daher auch φ-invariant.

34. 10 *Es sei $\mathfrak{a} \neq \mathfrak{o}$ ein beliebiger Vektor aus X, und für seinen φ-Annullator $h_\mathfrak{a}$ gelte* Grad $h_\mathfrak{a} = s$. *Dann ist $\{\mathfrak{a}, \varphi\mathfrak{a}, \ldots, \varphi^{s-1}\mathfrak{a}\}$ eine Basis von $[\mathfrak{a}]_\varphi$. Besitzt $h_\mathfrak{a}$ eine Produktzerlegung $h_\mathfrak{a} = g^* \cdot g$, so gilt*

$$g(\varphi)\,[\mathfrak{a}]_\varphi = [\mathfrak{a}]_\varphi \cap \text{Kern } g^*(\varphi).$$

Beweis: Es werde

$$\sum_{\sigma=0}^{s-1} c_\sigma(\varphi^\sigma \mathfrak{a}) = \mathfrak{o}$$

und $c_\sigma \neq 0$ für mindestens ein σ angenommen. Unter den von Null verschiedenen Koeffizienten c_σ sei c_k derjenige mit höchstem Index. Ohne Einschränkung der Allgemeinheit kann dann $c_k = 1$ angenommen werden, und

$$f(t) = t^k + c_{k-1}t^{k-1} + \cdots + c_0$$

ist ein normiertes Polynom, für das $f(\varphi)\,\mathfrak{a} = \mathfrak{o}$ gilt. Wegen 34. 7 folgt $h_\mathfrak{a} \mid f$, und dies ist wegen Grad $f = k < s =$ Grad $h_\mathfrak{a}$ ein Widerspruch. Die Vektoren $\varphi^\sigma \mathfrak{a}$ $(\sigma = 0, \ldots, s-1)$ sind daher linear unabhängig. Ein beliebiger Vektor $\mathfrak{x} \in [\mathfrak{a}]_\varphi$ besitzt die Form $\mathfrak{x} = f^*(\varphi)\mathfrak{a}$ mit einem Polynom f^*. Wegen

$$f^* = f' \cdot h_\mathfrak{a} + f'' \text{ mit Grad } f'' < \text{Grad } h_\mathfrak{a} = s \text{ bzw. } f'' = 0$$

und wegen $h_\mathfrak{a}(\varphi)\mathfrak{a} = \mathfrak{o}$ gilt aber auch

$$\mathfrak{x} = f^*(\varphi)\mathfrak{a} = f'(\varphi)\,(h_\mathfrak{a}(\varphi)\mathfrak{a}) + f''(\varphi)\mathfrak{a} = f''(\varphi)\mathfrak{a},$$

so daß $\mathfrak{x}$ bereits als Linearkombination von $\mathfrak{a}, \varphi\mathfrak{a}, \ldots, \varphi^{s-1}\mathfrak{a}$ darstellbar ist. Daher ist $\{\mathfrak{a}, \varphi\mathfrak{a}, \ldots, \varphi^{s-1}\mathfrak{a}\}$ sogar eine Basis von $[\mathfrak{a}]_\varphi$.

Schließlich gelte jetzt $h_\mathfrak{a} = g^* \cdot g$. Aus $\mathfrak{x} \in g(\varphi)\,[\mathfrak{a}]_\varphi$ folgt $\mathfrak{x} = g(\varphi)\,(f(\varphi)\mathfrak{a})$ mit einem geeigneten Polynom f. Man erhält

$$g^*(\varphi)\mathfrak{x} = g^*(\varphi) \circ g(\varphi) \circ f(\varphi)\mathfrak{a} = f(\varphi) \circ h_\mathfrak{a}(\varphi)\mathfrak{a} = \mathfrak{o},$$

also $\mathfrak{x} \in [\mathfrak{a}]_\varphi \cap \operatorname{Kern} g^*(\varphi)$. Umgekehrt sei $\mathfrak{x} \in [\mathfrak{a}]_\varphi \cap \operatorname{Kern} g^*(\varphi)$ vorausgesetzt. Wegen $\mathfrak{x} \in [\mathfrak{a}]_\varphi$ gilt $\mathfrak{x} = f(\varphi)\mathfrak{a}$ mit einem Polynom f. Wegen $\mathfrak{x} \in \operatorname{Kern} g^*(\varphi)$ folgt weiter $g^*(\varphi) \circ f(\varphi)\mathfrak{a} = \mathfrak{o}$, also $h_\mathfrak{a} \mid g^* \cdot f$ nach 34. 7. Nun gilt aber $h_\mathfrak{a} = g^* \cdot g$, woraus $g \mid f$ und damit $f = g \cdot f'$ folgt. Man erhält $\mathfrak{x} = g(\varphi)\,(f'(\varphi)\mathfrak{a}) \in g(\varphi)\,[\mathfrak{a}]_\varphi$ ◆

Ergänzungen und Aufgaben

34 A Ein Polynom h heißt ein **größter gemeinsamer Teiler** der Polynome f und g, wenn h gemeinsamer Teiler von f und g ist und wenn für jeden gemeinsamen Teiler h^* von f und g auch $h^* \mid h$ folgt. Ein Polynom k heißt ein **kleinstes gemeinsames Vielfaches** der Polynome f und g, wenn f und g Teiler von k sind und wenn aus $f \mid k^*$, $g \mid k^*$ auch $k \mid k^*$ folgt.

Aufgabe: Es sei φ ein Endomorphismus von X. Zeige:

1). Wenn h ein größter gemeinsamer Teiler der Polynome f und g ist, dann gilt

$$\operatorname{Kern} h(\varphi) = \operatorname{Kern} f(\varphi) \cap \operatorname{Kern} g(\varphi).$$

2). Wenn k ein kleinstes gemeinsames Vielfaches der Polynome f und g ist, dann gilt

$$\operatorname{Kern} k(\varphi) = \operatorname{Kern} f(\varphi) + \operatorname{Kern} g(\varphi).$$

34 B Es sei X ein n-dimensionaler Vektorraum und φ ein Endomorphismus von X. Ferner gelte $X = U_1 \oplus \cdots \oplus U_r$ mit φ-invarianten Unterräumen $U_1, \ldots, U_r$ von X. Dann induziert φ in jedem der Unterräume U_ϱ einen Endomorphismus $\varphi_\varrho (\varrho = 1, \ldots, r)$.

Aufgabe: Zeige, daß das charakteristische Polynom von φ das Produkt der charakteristischen Polynome der Endomorphismen $\varphi_1, \ldots, \varphi_r$ ist.

34 C Es sei X ein n-dimensionaler Vektorraum und φ ein Endomorphismus von X.

Aufgabe: 1) Zeige, daß

$$\operatorname{Kern} \varphi \leq \operatorname{Kern} \varphi^2 \leq \cdots \leq \operatorname{Kern} \varphi^r \leq \operatorname{Kern} \varphi^{r+1} \leq \cdots$$

gilt und daß aus $\operatorname{Kern} \varphi^k = \operatorname{Kern} \varphi^{k+1}$ auch $\operatorname{Kern} \varphi^k = \operatorname{Kern} \varphi^{k+s}$ für $s = 1, 2, 3, \ldots$ folgt.

2). Es sei k die kleinste natürliche Zahl mit $\operatorname{Kern} \varphi^k = \operatorname{Kern} \varphi^{k+1}$. Zeige, daß dann

$$X = \varphi^k X \oplus \operatorname{Kern} \varphi^k$$

gilt.

§ 35 Allgemeine Normalform

Nach den Vorbereitungen im vorangehenden Paragraphen kann jetzt das allgemeine Normalformenproblem behandelt werden. Es sei wieder X ein n-dimensionaler Vektorraum mit $n > 0$ über dem Skalarenkörper K, und φ sei ein Endomorphismus von X. Alle auftretenden Polynome besitzen Koeffizienten aus K.

Definition 35a: *Ein Unterraum von X heißt φ-**irreduzibel**, wenn er φ-invariant ist und nicht als direkte Summe von zwei (oder mehr) φ-invarianten Unterräumen positiver Dimension dargestellt werden kann.*

35. 1 *X kann als direkte Summe endlich vieler φ-irreduzibler Unterräume dargestellt werden.*

Beweis: Im Fall $n = 1$ ist X selbst φ-irreduzibel. Es gelte jetzt $n > 1$, und die Behauptung sei für Räume niederer Dimension vorausgesetzt. Ist X schon selbst φ-irreduzibel, so gilt die Behauptung auch für X. Im anderen Fall gilt $X = X_1 \oplus X_2$ mit φ-invarianten Unterräumen X_1, X_2 und mit $\operatorname{Dim} X_1 < n$, $\operatorname{Dim} X_2 < n$. Da φ dann auch X_1 und X_2 in sich abbildet, können nach Induktionsannahme X_1, X_2 und somit auch X als direkte Summe φ-irreduzibler Unterräume dargestellt werden. ◆

35. 2 *Es sei $\mathfrak{a} \neq \mathfrak{o}$ ein Vektor aus X, dessen φ-Annullator $h_\mathfrak{a}$ Potenz eines normierten irreduziblen Polynoms p ist: $h_\mathfrak{a} = p^s$. Dann ist der von $\mathfrak{a}$ erzeugte φ-zyklische Unterraum $[\mathfrak{a}]_\varphi$ sogar φ-irreduzibel.*

Beweis: Es werde $[\mathfrak{a}]_\varphi = U_1 \oplus U_2$ mit φ-invarianten Unterräumen $U_1 \neq [\mathfrak{o}]$ und $U_2 \neq [\mathfrak{o}]$ angenommen. Faßt man φ als Endomorphismus von $[\mathfrak{a}]_\varphi$ auf, so ist $h_\mathfrak{a} = p^s$ gerade sein Minimalpolynom. Ebenso gehört zu φ als Endomorphismus von U_1 oder U_2 ein Minimalpolynom h_1 bzw. h_2. Wegen 34. 7 folgt $h_1 \mid p^s$ und $h_2 \mid p^s$, nach 34. 4 also $h_1 = p^{s_1}$ und $h_2 = p^{s_2}$ mit $s_1 \leq s$, $s_2 \leq s$. Ohne Einschränkung der Allgemeinheit kann man außerdem $s_2 \leq s_1$ voraussetzen. Dann folgt $h_1(\varphi)\,[\mathfrak{a}]_\varphi = h_1(\varphi)\,U_1 + h_1(\varphi)\,U_2 = [\mathfrak{o}]$, wegen 34. 7 also $h_\mathfrak{a} \mid h_1$ und daher $h_1 = h_\mathfrak{a} = p^s$. Es gibt somit einen Vektor $\mathfrak{a}_1 \in U_1$ mit $h_{\mathfrak{a}_1} = p^s$. Für ihn gilt wegen $\mathfrak{a}_1 \in [\mathfrak{a}]_\varphi$ andererseits $\mathfrak{a}_1 = g(\varphi)\,\mathfrak{a}$ mit einem geeigneten Polynom g, das zu p teilerfremd sein muß: Aus $g = g^* \cdot p$ würde nämlich $p^{s-1}(\varphi)\,\mathfrak{a}_1 = g^*(\varphi)\,(p^s(\varphi)\,\mathfrak{a}) = \mathfrak{o}$ folgen im Widerspruch zu $h_{\mathfrak{a}_1} = p^s$. Wegen 34. 8 erhält man

$$\operatorname{Kern} g(\varphi) \cap [\mathfrak{a}]_\varphi \subset \operatorname{Kern} g(\varphi) \cap \operatorname{Kern} p^s(\varphi) = [\mathfrak{o}].$$

Als Endomorphismus von $[\mathfrak{a}]_\varphi$ ist $g(\varphi)$ daher injektiv und somit ein Automorphismus. Es folgt $\mathfrak{a} = (g(\varphi))^{-1}\,\mathfrak{a}_1 \in (g(\varphi))^{-1}\,U_1 \subset U_1$ und daher $U_1 = [\mathfrak{a}]_\varphi$

im Widerspruch zu $U_2 \neq [\mathfrak{o}]$. Damit ist gezeigt, daß $[\mathfrak{a}]_\varphi$ ein φ-irreduzibler Unterraum ist. ◆

35. 3 *Das Minimalpolynom g_φ besitze die Produktzerlegung $g_\varphi = p^s \cdot g^*$ mit einem normierten irreduziblen Polynom p und einem nicht durch p teilbaren Polynom g^*. Ferner sei $\mathfrak{a}$ ein Vektor aus X mit dem φ-Annullator $h_\mathfrak{a} = p^s$. Dann gilt $X = [\mathfrak{a}]_\varphi \oplus U$ mit einem φ-invarianten Unterraum U.*

Beweis: Unter allen φ-invarianten Unterräumen V mit $[\mathfrak{a}]_\varphi \cap V = [\mathfrak{o}]$ (der Nullraum ist ein solcher) sei U einer mit maximaler Dimension. Es ist dann nur noch $X = [\mathfrak{a}]_\varphi + U$ nachzuweisen, da die Summe wegen $[\mathfrak{a}]_\varphi \cap U = [\mathfrak{o}]$ direkt ist. Hierzu sei $\mathfrak{x}$ ein beliebiger Vektor aus X, und g sei das normierte Polynom kleinsten Grades mit $g(\varphi)\mathfrak{x} \in [\mathfrak{a}]_\varphi$ (34. 7). Es gilt $g = p^k \cdot g'$ mit einem nicht durch p teilbaren Polynom g'. Wie im vorangehenden Beweis erhält man mit Hilfe von 34. 8

$$\text{Kern}\, g'(\varphi) \cap [\mathfrak{a}]_\varphi \subset \text{Kern}\, g'(\varphi) \cap \text{Kern}\, p^s(\varphi) = [\mathfrak{o}],$$

weswegen $g'(\varphi)$ ein Automorphismus von $[\mathfrak{a}]_\varphi$ ist. Weiter muß der φ-Annullator von $g(\varphi)\mathfrak{x}$ ein Teiler von p^s sein und muß daher selbst die Form p^m besitzen. Es ist dann $p^m \cdot g = p^{k+m} \cdot g'$ der φ-Annullator von $\mathfrak{x}$ und somit ein Teiler von g_φ. Es folgt $k + m \leq s$ und daher die Existenz eines Vektors $\mathfrak{b} \in [\mathfrak{a}]_\varphi$ mit $p^k(\varphi)\mathfrak{b} = g(\varphi)\mathfrak{x}$. Setzt man nun $\mathfrak{a}_1 = (g'(\varphi))^{-1}\mathfrak{b}$ und $\mathfrak{y} = \mathfrak{x} - \mathfrak{a}_1$, so gilt $\mathfrak{a}_1 \in [\mathfrak{a}]_\varphi$ und

$$g(\varphi)\mathfrak{y} = g(\varphi)\mathfrak{x} - p^k(\varphi)\mathfrak{b} = \mathfrak{o}.$$

Aus $f(\varphi)\mathfrak{y} \in [\mathfrak{a}]_\varphi$ mit einem Polynom f folgt auch $f(\varphi)\mathfrak{x} = f(\varphi)\mathfrak{y} + f(\varphi)\mathfrak{a}_1 \in [\mathfrak{a}]_\varphi$, nach der Definition von g daher $g \mid f$, also $f = f^* \cdot g$, und schließlich $f(\varphi)\mathfrak{y} = f^*(\varphi)\,(g(\varphi)\mathfrak{y}) = \mathfrak{o}$. Daher gilt $[\mathfrak{a}]_\varphi \cap [\mathfrak{y}]_\varphi = [\mathfrak{o}]$ und weiter $[\mathfrak{a}]_\varphi \cap (U + [\mathfrak{y}]_\varphi) = [\mathfrak{o}]$, wobei auch $U + [\mathfrak{y}]_\varphi$ ein φ-invarianter Unterraum ist. Nun war aber U ein maximaler Unterraum mit diesen Eigenschaften, so daß sich $[\mathfrak{y}]_\varphi \subset U$, also $\mathfrak{y} \in U$ ergibt. Es folgt $\mathfrak{x} = \mathfrak{a}_1 + \mathfrak{y}$ mit $\mathfrak{a}_1 \in [\mathfrak{a}]_\varphi$ und $\mathfrak{y} \in U$, womit $X = [\mathfrak{a}]_\varphi \oplus U$ bewiesen ist. ◆

35. 4 *Ein Unterraum $V \neq [\mathfrak{o}]$ von X ist genau dann φ-irreduzibel, wenn $V = [\mathfrak{a}]_\varphi$ mit einem geeigneten Vektor $\mathfrak{a} \neq \mathfrak{o}$ gilt und der φ-Annullator $h_\mathfrak{a}$ Potenz eines irreduziblen Polynoms ist.*

Beweis: V sei φ-irreduzibel, und g sei das Minimalpolynom von φ, aufgefaßt als Endomorphismus von V. Aus $g = g_1 \cdot g_2$ mit teilerfremden Polynomen g_1, g_2 würde wegen 34. 9

$$V = \text{Kern}\, g(\varphi) = \text{Kern}\, g_1(\varphi) \oplus \text{Kern}\, g_2(\varphi)$$

folgen, was wegen 34. 6 der φ-Irreduzibilität von V widerspricht. Daher gilt $g = p^s$ mit einem irreduziblen Polynom p, und es existiert ein $\mathfrak{a} \in V$ mit

$h_{\mathfrak{a}} = p^s$. Wegen 35. 3 ergibt sich $V = [\mathfrak{a}]_\varphi \oplus U$ mit einem φ-invarianten Unterraum U, wegen der φ-Irreduzibilität von V also $U = [\mathfrak{o}]$ und $V = [\mathfrak{a}]_\varphi$. Die Umkehrung wurde in 35. 2 bewiesen. ◆

35. 5 *Der Vektorraum X gestattet eine Darstellung*

$$X = [\mathfrak{a}_1]_\varphi \oplus \dots \oplus [\mathfrak{a}_k]_\varphi$$

als direkte Summe φ-irreduzibler (und daher φ-zyklischer) Unterräume $\neq [\mathfrak{o}]$. Ist

$$X = [\mathfrak{b}_1]_\varphi \oplus \dots \oplus [\mathfrak{b}_m]_\varphi$$

eine zweite solche Darstellung, so gilt $m = k$, und es gibt einen Automorphismus $\vartheta : X \to X$ mit $\vartheta \circ \varphi = \varphi \circ \vartheta$ und $\vartheta \mathfrak{a}_\varkappa = \mathfrak{b}_\varkappa$ für $\varkappa = 1, \dots, k$. Besitzt das Minimalpolynom g_φ von φ die Produktdarstellung $g_\varphi = p_1^{s_1} \dots p_r^{s_r}$ mit paarweise verschiedenen normierten irreduziblen Polynomen $p_1, \dots, p_r$, so ist für $\varrho = 1, \dots, r$ und $\sigma = 1, \dots, s_\varrho$

$$(*)\quad \nu(\varrho, \sigma) = \frac{1}{\operatorname{Grad} p_\varrho} \,(\operatorname{Rg} p_\varrho^{\sigma-1}(\varphi) - 2 \operatorname{Rg} p_\varrho^{\sigma}(\varphi) + 2 \operatorname{Rg} p_\varrho^{\sigma+1}(\varphi) - \dots$$
$$+ (-1)^{s_\varrho - \sigma} \cdot 2 \operatorname{Rg} p_\varrho^{s_\varrho - 1}(\varphi) + (-1)^{s_\varrho - \sigma + 1} \operatorname{Rg} p_\varrho^{s_\varrho}(\varphi))$$

die Anzahl derjenigen unter den Vektoren $\mathfrak{a}_1, \dots, \mathfrak{a}_k$, deren φ-Annullator gerade p_ϱ^σ ist.

Beweis: Die Möglichkeit der Darstellung von X als direkte Summe der angegebenen Art folgt aus 35. 1 und 35. 4. Außerdem ist wegen 35. 4 der φ-Annullator $h_{\mathfrak{a}_\varkappa}$ von $\mathfrak{a}_\varkappa$ eine Potenz eines irreduziblen Polynoms. Als Teiler von g_φ muß für ihn daher $h_{\mathfrak{a}_\varkappa} = p_\varrho^\sigma$ mit einem geeigneten Index $\varrho \leq r$ und mit einem Exponenten $\sigma \leq s_\varrho$ gelten. Es sei etwa $h_{\mathfrak{a}_1} = p_1^\sigma$ und Grad $p_1 = q$.
Nach 34. 10 ist $\{\mathfrak{a}_1, \varphi\mathfrak{a}_1, \dots, \varphi^{q\sigma-1}\mathfrak{a}_1\}$ eine Basis von $[\mathfrak{a}_1]_\varphi$, dann aber auch $\{\mathfrak{a}_1, \dots, \varphi^{q-1}\mathfrak{a}_1, p_1(\varphi)\mathfrak{a}_1, \varphi \circ p_1(\varphi)\mathfrak{a}_1, \dots, \varphi^{q-1} \circ p_1(\varphi)\mathfrak{a}_1, p_1^2(\varphi)\mathfrak{a}_1, \dots, \varphi^{q-1} \circ p^{\sigma-1}(\varphi)\mathfrak{a}_1\}$. Diese Basis enthält für $j = 1, \dots, \sigma$ genau q Vektoren aus Kern $p_1^j(\varphi)$, die nicht in Kern $p_1^{j-1}(\varphi)$ liegen. Da Entsprechendes hinsichtlich der anderen Vektoren $\mathfrak{a}_\varkappa$ gilt, ist

$$\operatorname{Def} p_\varrho^j(\varphi) - \operatorname{Def} p_\varrho^{j-1}(\varphi) = \operatorname{Rg} p_\varrho^{j-1}(\varphi) - \operatorname{Rg} p_\varrho^j(\varphi)$$

gerade das q-fache der Anzahl derjenigen Vektoren $\mathfrak{a}_\varkappa$, für die $h_{\mathfrak{a}_\varkappa} = p_\varrho^\sigma$ mit $\sigma \geq j$ gilt. Es folgt

$$\nu(\varrho, j) + \nu(\varrho, j+1) + \dots + \nu(\varrho, s_\varrho) = \frac{1}{\operatorname{Grad} p_\varrho} \,(\operatorname{Rg} p_\varrho^{j-1}(\varphi) - \operatorname{Rg} p_\varrho^j(\varphi))$$
$$(j = 1, \dots, s_\varrho)$$

und aus diesen Gleichungen nach leichter Umrechnung (*).

Die Anzahlen $\nu(\varrho, \sigma)$ sind allein durch φ bestimmt und hängen nicht von der speziellen Wahl der Darstellung von X als direkte Summe φ-irreduzibler

Unterräume ab. Daher muß in den angegebenen Darstellungen zunächst $m = k$ gelten, außerdem aber auch bei geeigneter Numerierung der Vektoren, daß $\mathfrak{a}_\varkappa$ und $\mathfrak{b}_\varkappa$ jeweils denselben φ-Annullator besitzen ($\varkappa = 1, \ldots, k$). Durch

$$\vartheta(\varphi^\sigma \mathfrak{a}_\varkappa) = \varphi^\sigma \mathfrak{b}_\varkappa \; (\varkappa = 1, \ldots, k, \sigma = 0, \ldots, \text{Grad}\, h_{\mathfrak{a}_\varkappa} - 1)$$

wird ein Automorphismus ϑ definiert, da die links und rechts auftretenden Vektoren je eine Basis von X bilden (8. 2, 8. 9). Die letzte Behauptung $\vartheta \circ \varphi = \varphi \circ \vartheta$ ergibt sich aus ihrer Gültigkeit für die Basisvektoren: Für $\varphi^\sigma \mathfrak{a}_\varkappa$ und $\sigma <$ Grad $h_{\mathfrak{a}_\varkappa} - 1$ folgt sie unmittelbar aus der Definition von ϑ, für $\sigma =$ Grad $h_{\mathfrak{a}_\varkappa} - 1$ wegen $h_{\mathfrak{a}_\varkappa} = h_{\mathfrak{b}_\varkappa}$. ◆

Besitzt der Vektor $\mathfrak{a}$ den φ-Annullator

$$h_\mathfrak{a}(t) = a_0 + a_1 t + \ldots + a_{m-1} t^{m-1} + t^m,$$

so gilt wegen $h_\mathfrak{a}(\varphi)\mathfrak{a} = \mathfrak{o}$

$$\varphi^m \mathfrak{a} = -a_0 \mathfrak{a} - a_1(\varphi\mathfrak{a}) - \ldots - a_{m-1}(\varphi^{m-1}\mathfrak{a}).$$

Hinsichtlich der Basis $\{\mathfrak{a}, \varphi\mathfrak{a}, \ldots, \varphi^{m-1}\mathfrak{a}\}$ von $[\mathfrak{a}]_\varphi$ ist daher φ, aufgefaßt als Endomorphismus von $[\mathfrak{a}]_\varphi$, die Matrix

$$\text{(1)} \qquad \begin{pmatrix} 0 & 1 & 0 & \ldots & 0 \\ \cdot & 0 & 1 & \ddots & \cdot \\ \cdot & & \ddots & \ddots & 0 \\ 0 & \ldots & \ldots & 0 & 1 \\ -a_0 & -a_1 & \ldots & & -a_{m-1} \end{pmatrix}$$

zugeordnet. Mit Hilfe von 35. 5 erhält man daher den folgenden Satz über eine Normaldarstellung von Endomorphismen.

35. 6 *Zu jedem Endomorphismus φ von X gibt es eine Basis von X, hinsichtlich derer φ eine Matrix A folgender Normalform zugeordnet ist:*

$$\text{(2)} \qquad A = \begin{pmatrix} \boxed{A_1} & & & \\ & \boxed{A_2} & & \\ & & \ddots & \\ & & & \boxed{A_k} \end{pmatrix}.$$

Außerhalb der eingerahmten Untermatrizen stehen Nullen. Jede der Untermatrizen $A_1, \ldots, A_k$ besitzt die Form (1), *wobei $a_0, \ldots, a_{m-1}$ die Koeffizienten eines normierten Polynoms sind, das seinerseits eine Potenz eines irreduziblen Polynoms und ein Teiler des Minimalpolynoms g_φ von φ ist. Bis auf die Reihenfolge der Untermatrizen ist die Normalmatrix A durch φ eindeutig bestimmt. Die Anzahl der zu derselben Potenz σ desselben irreduziblen Faktors p_ϱ von g_φ gehörenden Untermatrizen ist gerade die Zahl $\nu(\varrho, \sigma)$ aus* 35. 5.

Die Eindeutigkeitsaussage dieses Satzes bezieht sich natürlich nur auf Matrizen der angegebenen Normalform, die man jedoch noch in mannigfacher Weise abwandeln kann. Ist z. B. $h_{\mathfrak{a}} = p^s$ der φ-Annullator von $\mathfrak{a}$ und ist hierbei

$$p(t) = b_0 + b_1 t + \ldots + b_{q-1} t^{q-1} + t^q$$

ein irreduzibles Polynom, so kann man auch die Basis

$$\{\mathfrak{a}, \ldots, \varphi^{q-1}\mathfrak{a}, p(\varphi)\mathfrak{a}, \ldots, \varphi^{q-1} \circ p(\varphi)\mathfrak{a}, (p(\varphi))^2\mathfrak{a}, \ldots, \varphi^{q-1} \circ (p(\varphi))^{s-1}\mathfrak{a}\}$$

von $[\mathfrak{a}]_\varphi$ benutzen, hinsichtlich derer dann φ als Endomorphismus von $[\mathfrak{a}]_\varphi$ die Matrix

$$(3)\qquad \left(\begin{array}{ccccc}
\boxed{\begin{array}{ccc} 0 & 1 & \\ & \ddots\, 0 & 1 \\ -b_0 & \ldots & -b_{q-1} \end{array}} & 1 & & & \\
 & \boxed{\begin{array}{ccc} 0 & 1 & \\ & \ddots\, 0 & 1 \\ -b_0 & \ldots & -b_{q-1} \end{array}} & 1 & & \\
 & & \ddots & & \\
 & & & 1 & \\
 & & & & \boxed{\begin{array}{ccc} 0 & 1 & \\ & \ddots\, 0 & 1 \\ -b_0 & \ldots & -b_{q-1} \end{array}}
\end{array}\right)$$

zugeordnet ist. Satz 35. 6 gilt jetzt sinngemäß in der Form, daß die Untermatrizen $A_1, \ldots, A_k$ die Form (3) besitzen. Diese ist besonders von Interesse, wenn $q = 1$ gilt, also $p(t) = t - c$, wobei c dann ein Eigenwert ist. Die Matrix (3) nimmt in diesem Fall die einfachere Gestalt

$$(4)\qquad \begin{pmatrix} c & 1 & & \\ & c & 1 & \\ & & \ddots & \ddots \\ & & & c \quad 1 \end{pmatrix}$$

an. Es folgt

35. 7 *Wenn das Minimalpolynom des Endomorphismus φ in lauter Linearfaktoren zerfällt, kann φ hinsichtlich einer geeigneten Basis durch eine Matrix A der Form* (2) *aus* 35. 6 *beschrieben werden, bei der die Untermatrizen $A_1, \ldots, A_k$ die Gestalt* (4) *besitzen und die bis auf die Reihenfolge der Untermatrizen durch φ eindeutig bestimmt ist.*

Die Normalmatrix dieses Satzes wird als **Jordan'sche Normalform** bezeichnet. Die Voraussetzung über den Zerfall des Minimalpolynoms (und damit auch des charakteristischen Polynoms) ist automatisch erfüllt, wenn der Skalarenkörper algebraisch abgeschlossen ist wie z. B. der Körper $\mathbb{C}$ der komplexen Zahlen. In der Hauptdiagonale jeder der Untermatrizen der Jordan'schen Normalform steht jeweils derselbe Eigenwert. Es kann aber durchaus auch noch in verschiedenen Untermatrizen derselbe Eigenwert auftreten. Im Fall $s = 1$ entfallen die begleitenden Einsen, und die Untermatrix besteht nur aus einem einzelnen Eigenwert. Tritt dieser Fall bei allen Untermatrizen ein, so ist die Jordan'sche Normalform eine Diagonalmatrix.

Die Jordan'sche Normalform führt auch im Fall des Körpers $\mathbb{R}$ der reellen Zahlen zu einer geeigneten Normalform. Enthält die bezüglich $\mathbb{C}$ gebildete Jordan'sche Normalform eine zu dem komplexen Eigenwert $c = a + ib$ gehörende Untermatrix, so tritt auch die entsprechende konjugiert-komplexe Untermatrix auf. Faßt man diese beiden Matrizen zusammen, so führt die nachstehende Transformation auf folgende reelle Normalform:

$$(5) \qquad SAS^{-1} = \left(\begin{array}{cc|cc|cc|cc}
a & b & 1 & 0 & & & & \\
-b & a & 0 & 1 & & & & \\
\hline
 & & a & b & 1 & 0 & & \\
 & & -b & a & 0 & 1 & & \\
\hline
 & & & & \ddots & & & \\
 & & & & & & 1 & 0 \\
 & & & & & & 0 & 1 \\
\hline
 & & & & & & a & b \\
 & & & & & & -b & a
\end{array}\right)$$

mit

$$A = \left(\begin{array}{cccc|cccc}
a+ib & 1 & & & & & & \\
 & a+ib & 1 & & & & & \\
 & & \ddots & 1 & & & & \\
 & & & a+ib & & & & \\
\hline
 & & & & a-ib & 1 & & \\
 & & & & & a-ib & 1 & \\
 & & & & & & \ddots & 1 \\
 & & & & & & & a-ib
\end{array}\right)$$

und

$$S = \frac{1}{\sqrt{2}} \begin{pmatrix} 1 & & & 1 & & \\ i & & & -i & & \\ & 1 & & & 1 & \\ & i & & & -i & \\ & & \ddots & & & \ddots \\ & & 1 & & & 1 \\ & & i & & & -i \end{pmatrix}, \qquad S^{-1} = \overline{S}^{T}.$$

Dabei werden durch die unitäre Transformationsmatrix S Basisvektoren mit konjugiert-komplexen Koordinaten zu neuen Basisvektoren mit reellen Koordinaten zusammengefaßt.

35. 8 *Ist X ein reeller Vektorraum, so kann jeder Endomorphismus von X hinsichtlich einer geeigneten Basis durch eine Matrix der Form* (2) *aus* 35. 6 *beschrieben werden, in der die zu reellen Eigenwerten c gehörenden Untermatrizen die Form* (4) *und die zu Paaren konjugiert-komplexer Eigenwerte $a \pm ib$ gehörenden Untermatrizen die Form* (5) *besitzen.*

Die Sätze 35. 6, 35. 7 und 35. 8 gelten sinngemäß für Matrizen: Jede quadratische Matrix ist unter den jeweiligen Voraussetzungen zu einer entsprechenden Normalmatrix ähnlich, wobei diese bis auf die Reihenfolge der Untermatrizen auch eindeutig bestimmt ist.

Ergänzungen und Aufgaben

35 A **Aufgabe:** Man beweise die Sätze 17. 8, 17. 9 erneut mit Hilfe der hier gewonnenen Ergebnisse.

35 B Es gelte $\operatorname{Dim} X = n$. Ferner sei φ ein Endomporhismus von X mit dem Minimalpolynom g_φ.
Aufgabe: Zeige, daß X genau dann φ-zyklisch ist, wenn $\operatorname{Grad} g_\varphi = n$ gilt, und daß X genau dann φ-irreduzibel ist, wenn g_φ außerdem Potenz eines irreduziblen Polynoms ist.

§ 36 Praktische Berechnung der Normalmatrizen

Die Ergebnisse des letzten Paragraphen und ihre Beweise ermöglichen auch die praktische Berechnung der Normalmatrizen und der zugehörigen Basen. Gegeben sei hierzu eine n-reihige quadratische Matrix A mit Elementen aus einem kommutativen Körper K, die also einen Endomorphismus φ des

Vektorraums $X = K^n$ beschreibt. Als Beispiel soll die Matrix

$$A = \begin{pmatrix} -3 & -1 & 4 & -3 & -1 \\ 1 & 1 & -1 & 1 & 0 \\ -1 & 0 & 2 & 0 & 0 \\ 4 & 1 & -4 & 5 & 1 \\ -2 & 0 & 2 & -2 & 1 \end{pmatrix}$$

mit Elementen aus $\mathbb{Q}$ dienen.

Nach 35. 4 und 35. 5 muß man zunächst die irreduziblen Teiler des Minimalpolynoms g_φ bestimmen, die aber nach 17. 10 auch genau die irreduziblen Teiler des charakteristischen Polynoms f_φ von φ sind. Für die hierbei in den Zerlegungen $g_\varphi = p_1^{s_1} \ldots p_r^{s_r}$ und $f_\varphi = p_1^{k_1} \ldots p_r^{k_r}$ auftretenden Exponenten gilt im allgemeinen nur $s_\varrho \leq k_\varrho (\varrho = 1, \ldots, r)$. Im Beispiel erhält man

$$\begin{aligned} f_\varphi(t) = \operatorname{Det}(A - tE) &= -t^5 + 6t^4 - 14t^3 + 16t^2 - 9t + 2 \\ &= -(t-1)^4(t-2). \end{aligned}$$

Bei fester Wahl von ϱ soll jetzt zur Vereinfachung p statt p_ϱ geschrieben werden und entsprechend k, s statt k_ϱ, s_ϱ. Dem Beweis von 35. 5 folgend bilde man nun den Endomorphismus $\psi = p(\varphi)$, dem die Matrix $B = p(A)$ entspricht, und berechne eine Basis $\{\mathfrak{a}_1, \ldots, \mathfrak{a}_{m_1}\}$ von Kern ψ. Sodann ergänze man diese Basis durch Vektoren $\mathfrak{a}_{m_1+1}, \ldots, \mathfrak{a}_{m_2}$ zu einer Basis von Kern ψ^2 und fahre entsprechend fort, bis man schließlich mit Hilfe der Vektoren $\mathfrak{a}_{m_{s-1}+1}, \ldots, \mathfrak{a}_{m_s}$ eine Basis von Kern ψ^s erreicht, wobei s der erste Exponent mit Kern ψ^s = Kern ψ^{s+1} ist oder gleichwertig mit $\operatorname{Rg} \psi^s = \operatorname{Rg} \psi^{s+1}$. Dieser Exponent s ist dann gerade der ebenso bezeichnete Exponent des irreduziblen Polynoms p in der Produktzerlegung des Minimalpolynoms g_φ. Er kann also auch ohne Kenntnis von g_φ bestimmt werden. Jedenfalls aber gilt $s \leq k$, wobei k den Exponenten von p in der Produktzerlegung des charakteristischen Polynoms f_φ bedeutet.

Die praktische Berechnung der Vektoren $\mathfrak{a}_1, \mathfrak{a}_2, \ldots, \mathfrak{a}_{m_s}$ kann am einfachsten nach dem folgenden Schema erfolgen: Die Vektoren $\mathfrak{a}_1, \ldots, \mathfrak{a}_{m_1}$ erhält man als linear unabhängige Lösungen des homogenen linearen Gleichungssystems mit der Koeffizientenmatrix B^T. Man formt hierzu B^T in der angedeuteten Weise mit Hilfe elementarer Umformungen und unter gleichzeitiger linksseitiger Mitführung der Einheitsmatrix um. (Eventuell erforderliche Spaltenvertauschungen wurden nicht berücksichtigt.) Die Vektoren $\mathfrak{a}_{m_1+1}, \ldots, \mathfrak{a}_{m_2}$ aus Kern ψ^2 werden durch ψ auf Vektoren aus Kern ψ abgebildet. Man erhält sie daher als Lösungen des inhomogenen linearen Gleichungssystems mit derselben Koeffizientenmatrix B^T und mit einer beliebigen Linearkombination

E	B^T	$c_1 \dots c_{m_1}$ $\mathfrak{a}_1, \dots, \mathfrak{a}_{m_1}$	$c_{m_1+1} \dots c_{m_2}$ $\mathfrak{a}_{m_1+1}, \dots, \mathfrak{a}_{m_2}$	$\dots$
S	$b_1 \ \ddots \ b_q$ $0 \dots\dots 0$ $\dots\dots$ $0 \dots\dots 0$	$S\mathfrak{a}_1, \dots, S\mathfrak{a}_{m_1}$	$S\mathfrak{a}_{m_1+1}, \dots, S\mathfrak{a}_{m_2}$	$\dots$

$c_1\mathfrak{a}_1 + \dots + c_{m_1}\mathfrak{a}_{m_1}$ (Spaltenvektoren) als rechter Seite. Man braucht hier jedoch nicht mehr die elementaren Umformungen erneut durchzuführen: die entsprechende Linearkombination der Vektoren $S\mathfrak{a}_1, \dots, S\mathfrak{a}_{m_1}$ ist die rechte Seite des Endschemas. Lösbar wird dieses System im allgemeinen jedoch nur für gewisse Linearkombinationen sein, die sich aus den letzten Gleichungen (Nullzeilen) ergeben. Entsprechend fährt man zur Gewinnung der weiteren Vektoren fort. Das Verfahren endet, wenn das Gleichungssystem keine neuen, von den bisherigen Vektoren linear unabhängigen Lösungsvektoren mehr zuläßt. Dieses Berechnungsverfahren soll jetzt an dem konkreten Beispiel erläutert werden.

Im Fall des irreduziblen Faktors $p(t) = t - 2$ gilt $B = A - 2E$ und wegen $k = 1$ auch $s = 1$. Hier ist nur ein Vektor $\mathfrak{a}$ als Lösung des homogenen linearen Gleichungssystems zu bestimmen. Man erhält etwa $\mathfrak{a} = (1, 0, -1, 1, 0)$. Im Fall des zweiten irreduziblen Faktors $p(t) = t - 1$ gilt jedoch $k = 4$. Mit $B = A - E$ führt dann das beschriebene Verfahren auf folgendes Rechenschema.

Das homogene Gleichungssystem liefert als Basis von Kern ψ die beiden linear unabhängigen Vektoren

$$\mathfrak{a}_1 = (1, -1, -1, 1, 0) \quad \text{und} \quad \mathfrak{a}_2 = (0, 2, 0, 0, 1),$$

die oben rechts neben der Matrix B^T als Spaltenvektoren stehen, während unten die Spaltenvektoren $S\mathfrak{a}_1$ und $S\mathfrak{a}_2$ eingetragen sind. Die letzte Zeile zeigt, daß das inhomogene Gleichungssystem nur für $c_1 = c_2$ lösbar ist. Mit $c_1 = c_2 = 1$ ist der Spaltenvektor $\mathfrak{a}_1 + \mathfrak{a}_2$ eingerahmt eingetragen. Als Lösung erhält man den Vektor

$$\mathfrak{a}_3 = (-1, -2, 1, 0, 0),$$

der als Spalte unter c_3 steht, während unten wieder $S\mathfrak{a}_3$ eingetragen ist. Die letzte Gleichung kann jetzt durch $c_1 = -1$ und $c_2 = c_3 = 1$ befriedigt werden. Dementsprechend steht im eingerahmten Feld der Vektor $-\mathfrak{a}_1 + \mathfrak{a}_2 + \mathfrak{a}_3$, und man erhält als Lösung den unter c_4 stehenden Vektor

$$\mathfrak{a}_4 = (-1, -4, 2, 0, 0).$$

							B^T			c_1	c_2		c_3		c_4
1	0	0	0	0	—4	1	—1	4	—2	1	0		—1		—1
0	1	0	0	0	—1	0	0	1	0	—1	2		—2		—4
0	0	1	0	0	4	—1	1	—4	2	—1	0		1		2
0	0	0	1	0	—3	1	0	4	—2	1	0		0		0
0	0	0	0	1	—1	0	0	1	0	0	1		0		0
0	1	0	0	0	—1	0	0	1	0						
1	—4	0	0	0	0	1	—1	0	—2						
0	4	1	0	0	0	—1	1	0	2						
0	—3	0	1	0	0	1	0	1	—2						
0	—1	0	0	1	0	0	0	0	0						
0	1	0	0	0	—1	0	0	1	0						
1	—4	0	0	0	0	1	—1	0	—2						
1	0	1	0	0	0	0	0	0	0						
—1	1	0	1	0	0	0	1	1	0						
0	—1	0	0	1	0	0	0	0	0						
0	1	0	0	0	—1	0	0	1	0	—1	2	1	—2	1	—4
0	—3	0	1	0	0	1	0	1	—2	4	—6	—2	6	—4	12
—1	1	0	1	0	0	0	1	1	0	—1	2	1	—1	2	—3
1	0	1	0	0	0	0	0	0	0	0	0	0	0	0	1
0	—1	0	0	1	0	0	0	0	0	1	—1	0	2	0	4

Das Verfahren bricht hier ab, weil mit $S\mathfrak{a}_4$ als rechter Seite die vorletzte Gleichung $c_4 = 0$ zur Folge hat. Es gilt also $s = 3$, und zu dem Eigenwert Eins gehören somit in den Normalformen ein Dreierkästchen und ein Einerkästchen.

Mit den errechneten Vektoren kann man folgende Basen von X bilden:

$$\begin{aligned} \mathfrak{b}_1' &= \mathfrak{a} &&= (1, 0, -1, 1, 0) \\ \mathfrak{b}_2' &= \mathfrak{a}_1 &&= (1, -1, -1, 1, 0) \\ \mathfrak{b}_3' &= \mathfrak{a}_4 &&= (-1, -4, 2, 0, 0) \\ \mathfrak{b}_4' &= \varphi\mathfrak{b}_3' &&= (-3, -3, 4, -1, 1) \\ \mathfrak{b}_5' &= \varphi\mathfrak{b}_4' &&= (-4, -1, 5, -1, 3) \end{aligned} \quad \text{und} \quad \begin{aligned} \mathfrak{b}_1^* &= \mathfrak{a} &&= (1, 0, -1, 1, 0) \\ \mathfrak{b}_2^* &= \mathfrak{a}_1 &&= (1, -1, -1, 1, 0) \\ \mathfrak{b}_3^* &= \mathfrak{a}_4 &&= (-1, -4, 2, 0, 0) \\ \mathfrak{b}_4^* &= \psi\mathfrak{b}_3^* &&= (-2, 1, 2, -1, 1) \\ \mathfrak{b}_5^* &= \psi\mathfrak{b}_4^* &&= (1, 1, -1, 1, 1) \end{aligned} .$$

Hinsichtlich dieser beiden Basen sind φ die folgenden Normalmatrizen A' bzw. A^* zugeordnet:

$$A' = \begin{pmatrix} 2 & 0 & 0 & 0 & 0 \\ 0 & 1 & 0 & 0 & 0 \\ 0 & 0 & 0 & 1 & 0 \\ 0 & 0 & 0 & 0 & 1 \\ 0 & 0 & 1 & -3 & 3 \end{pmatrix}, \quad A^* = \begin{pmatrix} 2 & 0 & 0 & 0 & 0 \\ 0 & 1 & 0 & 0 & 0 \\ 0 & 0 & 1 & 1 & 0 \\ 0 & 0 & 0 & 1 & 1 \\ 0 & 0 & 0 & 0 & 1 \end{pmatrix}.$$

In A' ist die letzte Zeile durch die Koeffizienten von $(t - 1)^3$ bestimmt. Die Matrix A^* ist die zu A gehörende Jordan'sche Normalform.

Das besprochene Verfahren wird vielfach wegen der Berechnung des charakteristischen Polynoms recht aufwendig. Einfacher ist es häufig, nach dem in § 11 dargestellten Schema das Minimal-Polynom zu berechnen, zumal hierbei gleich die erforderlichen Vektoren mitgeliefert werden. Wesentlich neue Gesichtspunkte treten hierbei nicht auf, so daß die Erläuterung an dem soeben durchgeführten Beispiel ausreicht. In dem folgenden Schema zur Berechnung des Minimalpolynoms wäre es näherliegend gewesen, mit dem Vektor (1, 0, 0, 0, 0) zu beginnen. Die Rechnung wäre dann aber noch einfacher ausgefallen, so daß aus Übungsgründen ein anderer Anfang benutzt wird.

																A		
1							$\mathfrak{a}_1$	0	0	1	0	0	−3	−1	4	−3	−1
0	1						$\varphi\mathfrak{a}_1$	−1	0	2	0	0	1	1	−1	1	0
−2	1							−1	0	0	0	0	−1	0	2	0	0
0	0	1					$\varphi^2\mathfrak{a}_1$	1	1	0	3	1	4	1	−4	5	1
−2	1	1						0	1	0	3	1	−2	0	2	−2	1
0	0	0	1				$\varphi^3\mathfrak{a}_1$	8	3	−7	11	3					
−3	5	−3	1					0	0	0	2	0					
0	0	0	0	1			$\varphi^4\mathfrak{a}_1$	24	6	−23	28	6					
2	−7	9	−5	1				0	0	0	0	0					
					1		$\mathfrak{a}_2$	0	0	0	0	1					
					0	1	$\varphi\mathfrak{a}_2$	−2	0	2	−2	1					
−1	3	−3	1	0	−1	1		0	0	0	0	0					

Als Minimalpolynom erhält man hier

$$g(t) = t^4 - 5t^3 + 9t^2 - 7t + 2 = (t - 2)(t - 1)^3.$$

Aus der letzten Zeile des Schemas folgt

$$(\varphi - \varepsilon)\mathfrak{a}_2 = (-\varphi^3 + 3\varphi^2 - 3\varphi + \varepsilon)\mathfrak{a}_1 = -(\varphi - \varepsilon)^3\mathfrak{a}_1,$$

also

$$(\varphi - 2\varepsilon) \circ (\varphi - \varepsilon)\mathfrak{a}_2 = -(\varphi - 2\varepsilon) \circ (\varphi - \varepsilon)^3\mathfrak{a}_1 = -g(\varphi)\mathfrak{a}_1 = \mathfrak{o}.$$

Daher sind

$$\mathfrak{b}_1 = (\varphi - \varepsilon)\mathfrak{a}_2 = (-2, 0, 2, -2, 0) \quad \text{und}$$
$$\mathfrak{b}_2 = (\varphi - 2\varepsilon)\mathfrak{a}_2 = (-2, 0, 2, -2, -1)$$

Eigenvektoren zum Eigenwert 2 bzw. 1. Sie bilden zusammen mit $\mathfrak{b}_3 = \mathfrak{a}_1$, $\mathfrak{b}_4 = \varphi\mathfrak{a}_1$, $\mathfrak{b}_5 = \varphi^2\mathfrak{a}_1$ oder mit $\mathfrak{b}_3 = \mathfrak{a}_1$, $\mathfrak{b}_4 = (\varphi - \varepsilon)\mathfrak{a}_1$, $\mathfrak{b}_5 = (\varphi - \varepsilon)^2\mathfrak{a}_1$ je eine Basis von X, hinsichtlich derer dann φ wieder die Normalmatrix A' bzw. A^* zugeordnet ist. Allerdings stimmen diese Basen mit den vorher berechneten nur im ersten Basisvektor überein. Das Beispiel zeigt also, daß die Basen durch die Normalmatrizen nicht eindeutig festgelegt sind.

Es soll nun noch ein drittes, wesentlich anders verlaufendes Berechnungsverfahren angegeben werden. Nach dem Elementarteilersatz (16. 2) gilt mit geeigneten unimodularen Polynommatrizen $P(t)$ und $Q(t)$

$$(1)\qquad P(t)(A - tE)\,Q(t) = \begin{pmatrix} g_1(t) & & & \\ & g_2(t) & & \\ & & \ddots & \\ & & & g_n(t) \end{pmatrix},$$

wobei dann g_n das Minimalpolynom von φ und jeweils g_ν ein Teiler von $g_{\nu+1}$ $(\nu = 1, \ldots, n-1)$ ist. Es sei nun

$$p(t) = b_0 + b_1 t + \ldots + b_{q-1} t^{q-1} + t^q$$

ein irreduzibler Teiler von g_n. Dann kann p auch Teiler gewisser vorangehender Polynome g_ν sein; und zwar sei p^{s_ν} Teiler von g_ν, nicht aber $p^{s_\nu+1}$. Dem entspricht dann, daß in der Normalform (2) aus 35. 6 eine zum Polynom p^{s_ν} gehörende $(s_\nu \cdot q)$-reihige quadratische Untermatrix der Form (1) aus § 35 auftritt. Diese und auch die folgenden Behauptungen kann man dadurch beweisen, daß man die Äquivalenzumformung (1) speziell für eine Matrix A in Normalform explizit durchführt. Auf die einfache, aber etwas aufwendige Rechnung soll hier verzichtet werden. Es sei nun $\mathfrak{z}_\nu(t)$ die ν-te Zeile der Matrix $P(t)$, also ein Zeilenvektor, dessen Koordinaten Polynome sind. Aus (1) folgt, da $Q(t)$ invertierbar ist,

$$(2)\qquad \mathfrak{z}_\nu(t)(A - tE) = g_\nu(t)\,(Q(t))^{-1}.$$

Diese Gleichung soll nun „modulo p^{s_ν}" betrachtet werden. Alle auftretenden Polynome sind also durch p^{s_ν} mit Rest zu dividieren und dann durch das jeweilige Restpolynom zu ersetzen. Auf der rechten Seite entsteht hierbei der Nullvektor, da p^{s_ν} ein Teiler von g_ν ist. Die Koordinaten von $\mathfrak{z}_\nu(t)$ reduzieren sich wegen Grad $p^{s_\nu} = s_\nu \cdot q$ auf Polynome kleineren Grades als $m = s_\nu \cdot q$. Modulo p^{s_ν} nimmt daher $\mathfrak{z}_\nu(t)$ die Form

$$\mathfrak{z}_\nu(t) = \mathfrak{a}_0 + t\mathfrak{a}_1 + \ldots + t^{m-1}\mathfrak{a}_{m-1}$$

mit konstanten Zeilenvektoren $\mathfrak{a}_0, \ldots, \mathfrak{a}_{m-1}$ an, und aus (2) folgt

$$(\mathfrak{a}_0 + t\mathfrak{a}_1 + \ldots + t^{m-1}\mathfrak{a}_{m-1})(A - tE) = \mathfrak{o},$$

also wegen $\qquad t^m = -a_0 - \ldots - a_{m-1}t^{m-1} \pmod{p^{s_\nu}}$

$$\begin{aligned} &\mathfrak{a}_0 A + t\mathfrak{a}_1 A + \ldots + t^{m-1}\mathfrak{a}_{m-1} A \\ &= t\mathfrak{a}_0 + t^2\mathfrak{a}_1 + \ldots + (-a_0 - a_1 t - \ldots - a_{m-1}t^{m-1})\mathfrak{a}_{m-1} \\ &= -a_0\mathfrak{a}_{m-1} + t(\mathfrak{a}_0 - a_1\mathfrak{a}_{m-1}) + \ldots + t^{m-1}(\mathfrak{a}_{m-2} - a_{m-1}\mathfrak{a}_{m-1}). \end{aligned}$$

Da durch A der Endomorphismus φ beschrieben wird, folgt aus dieser Gleichung durch Koeffizientenvergleich

$$(3) \qquad \varphi\mathfrak{a}_0 = -a_0\mathfrak{a}_{m-1}, \quad \varphi\mathfrak{a}_\nu = \mathfrak{a}_{\nu-1} - a_\nu\mathfrak{a}_{m-1} \quad (\nu = 1, \ldots, m-1).$$

Der von den Vektoren $\mathfrak{a}_0, \ldots, \mathfrak{a}_{m-1}$ erzeugte Unterraum U ist also φ-invariant. Ferner zeigt die oben erwähnte Rechnung, daß die Vektoren $\mathfrak{a}_0, \ldots, \mathfrak{a}_{m-1}$ auch linear unabhängig sind. Wegen der Gleichungen (3) entspricht φ hinsichtlich dieser Basis von U die Matrix

$$\begin{pmatrix} 0 & \ldots\ldots & 0 & -a_0 \\ 1 & \ldots & . & -a_1 \\ & \ldots & . & . \\ & \ldots & 0 & . \\ & & 1 & -a_{m-1} \end{pmatrix},$$

die aus der Form (1) aus § 35 durch Transposition hervorgeht. Führt man die Berechnung entsprechender Vektoren für alle relevanten Indizes ν und außerdem für alle irreduziblen Teiler von g_n durch, so erhält man wieder eine Basis von X, hinsichtlich derer φ eine Normalmatrix entspricht. Will man hierbei die transponierte Form vermeiden, so braucht man nur den entsprechenden Prozeß mit den Spalten der Matrix $Q(t)$ vorzunehmen, muß dann aber noch die gewonnene Transformationsmatrix der Basisvektoren invertieren. In jedem Fall braucht man nur eine der beiden Matrizen $P(t)$ oder $Q(t)$ tatsächlich zu berechnen. Man braucht also die Einheitsmatrix nur linksseitig oder nur rechtsseitig mitzuführen und wird zur Vereinfachung dann gerade die Umformungen des anderen Typs bevorzugen. Bei dem bisher behandelten Beispiel ergibt sich bei linksseitiger Mitführung der Einheitsmatrix z. B.

$$P(t)\,(A - tE)\,Q(t) = \begin{pmatrix} 1 & & & & \\ & 1 & & & \\ & & 2 & & \\ & & & t-1 & \\ & & & & (t-2)\,(t-1)^3 \end{pmatrix}$$

mit

$$P(t) = \begin{pmatrix} 0 & 0 & 1 & 0 & 0 \\ 1 & 0 & -3-t & 0 & 0 \\ 0 & 0 & -2 & 0 & 1 \\ 4-t & 1 & t^2-t-3 & 3 & 2 \\ -t^2+6t-6 & t-2 & t^3-3t^2-t+4 & 3t-4 & t-2 \end{pmatrix}.$$

Für den Eigenwert 2, also für den Faktor $t - 2$, ist nur die letzte Zeile von $P(t)$ zuständig. Reduktion modulo $t - 2$ bedeutet hier nur das Einsetzen des Wertes 2 für die Unbestimmte t. Dies ergibt den Vektor $\mathfrak{c}_1 = (2, 0, -2, 2, 0)$, der bis auf einen Faktor schon vorher auftrat. Die vierte Zeile von $P(t)$ ergibt modulo $t - 1$ den Vektor $\mathfrak{c}_2 = (3, 1, -3, 3, 2)$. Schließlich muß die letzte Zeile von $P(t)$ modulo $(t-1)^3 = t^3 - 3t^2 + 3t - 1$ reduziert werden. Man erhält

$$\begin{aligned}&(-t^2 + 6t - 6,\ t - 2,\ -4t + 5,\ 3t - 4,\ t - 2)\\ &\quad = (-6, -2, 5, -4, -2) + t(6, 1, -4, 3, 1) + t^2(-1, 0, 0, 0, 0)\\ &\quad = \mathfrak{c}_3 + t\mathfrak{c}_4 + t^2\mathfrak{c}_5\,.\end{aligned}$$

Hinsichtlich der Basis $\{\mathfrak{c}_1, \mathfrak{c}_2, \mathfrak{c}_3, \mathfrak{c}_4, \mathfrak{c}_5\}$ entspricht dann φ die Normalmatrix

$$\begin{pmatrix} 2 & 0 & 0 & 0 & 0\\ 0 & 1 & 0 & 0 & 0\\ 0 & 0 & 0 & 0 & 1\\ 0 & 0 & 1 & 0 & -3\\ 0 & 0 & 0 & 1 & 3\end{pmatrix},$$

wie man unmittelbar durch Berechnen der Bildvektoren bestätigen kann.

Ergänzungen und Aufgaben

36 A Zu der Matrix

$$\begin{pmatrix} 0 & 2 & 1 & -1\\ -3 & 1 & 0 & 1\\ -2 & 4 & 1 & 2\\ 1 & 2 & -1 & 2\end{pmatrix}$$

berechne man mit Hilfe des zuletzt beschriebenen Verfahrens eine reelle Normalmatrix und eine zugehörige Basis des $\mathbb{R}^4$.

36 B Aufgabe: Zu der reellen Matrix

$$\begin{pmatrix} 1 & 0 & 0 & 1 & 0 & 0\\ 1 & 1 & 1 & 1 & 0 & 0\\ -1 & -1 & 1 & -1 & 0 & 0\\ -1 & 0 & 0 & 1 & 0 & 0\\ 0 & 0 & 0 & -2 & 0 & 1\\ 0 & 0 & 0 & 2 & -4 & -4\end{pmatrix}$$

bestimme man:

1). das Minimalpolynom;

2). die komplexe JORDANsche Normalmatrix, eine zugehörige Basis des komplexen arithmetischen Vektorraums und die entsprechende Transformationsmatrix;

3). die reelle Normalmatrix nach 35. 8, eine zugehörige Basis des reellen arithmetischen Vektorraums und die entsprechende Transformationsmatrix.

Zehntes Kapitel

Duale Raumpaare und Dualraum

Der Begriff des skalaren Produkts euklidischer Vektorräume gestattet eine Verallgemeinerung: An die Stelle des einen reellen Vektorraums tritt ein Paar (X, Y) zweier Vektorräume mit gemeinsamem, aber sonst beliebigem Skalarenkörper. Das skalare Produkt wird durch eine bilineare Abbildung des Paares (X, Y) in den Skalarenkörper vertreten, die noch eine der positiven Definitheit entsprechende abgeschwächte Eigenschaft besitzt. Ein Paar von Vektorräumen mit einem derartigen skalaren Produkt wird ein duales Raumpaar genannt. Die früher von dem skalaren Produkt geforderte Symmetrie drückt sich hier in der Gleichberechtigung der Vektorräume eines dualen Raumpaares aus. Viele Ergebnisse über euklidische Vektorräume können auf duale Raumpaare übertragen werden. Insbesondere gilt dies für den Begriff der adjungierten Abbildung. Der wichtigste, und in einem gewissen Sinn auch repräsentative Spezialfall dualer Raumpaare wird durch die Paare (X, X^*) geliefert, in denen X ein beliebiger Vektorraum und X^* der Vektorraum aller Linearformen von X ist. Der Vektorraum X^* wird als der zu X gehörende Dualraum bezeichnet.

§ 37 Duale Raumpaare

Gegeben seien zwei Vektorräume X und Y mit einem gemeinsamen Skalarenkörper K. Unter einer **Bilinearform** β des Raumpaares (X, Y) versteht man dann eine Abbildung, die jedem geordneten Paar $(\mathfrak{x}, \mathfrak{y})$ von Vektoren $\mathfrak{x} \in X$ und $\mathfrak{y} \in Y$ eindeutig einen Skalar $\beta(\mathfrak{x}, \mathfrak{y})$ aus K so zuordnet, daß die Linearitätseigenschaften

$$\beta(\mathfrak{x} + \mathfrak{x}', \mathfrak{y}) = \beta(\mathfrak{x}, \mathfrak{y}) + \beta(\mathfrak{x}', \mathfrak{y}),$$
$$\beta(\mathfrak{x}, \mathfrak{y} + \mathfrak{y}') = \beta(\mathfrak{x}, \mathfrak{y}) + \beta(\mathfrak{x}, \mathfrak{y}'),$$
$$\beta(c\mathfrak{x}, \mathfrak{y}) = c\beta(\mathfrak{x}, \mathfrak{y}) = \beta(\mathfrak{x}, c\mathfrak{y})$$

erfüllt sind.

Definition 37a: *Es sei β eine Bilinearform des Raumpaares (X, Y), die außerdem noch folgende Eigenschaften besitzt:*

(1) *Aus* $\beta(\mathfrak{a}, \mathfrak{y}) = 0$ *für alle* $\mathfrak{y} \in Y$ *folgt* $\mathfrak{a} = \mathfrak{o}$.

(2) *Aus* $\beta(\mathfrak{x}, \mathfrak{b}) = 0$ *für alle* $\mathfrak{x} \in X$ *folgt* $\mathfrak{b} = \mathfrak{o}$.

Dann heißt $(X, Y; \beta)$ *ein* **duales Raumpaar** *und* β *das die Dualität bestimmende* **skalare Produkt.**

Zu einem Raumpaar (X, Y) kann es verschiedene skalare Produkte geben. Wenn jedoch ein duales Raumpaar $(X, Y; \beta)$ fest gegeben ist, kann man bei der Anschreibung des skalaren Produkts auf das Funktionszeichen β verzichten: Statt $\beta(\mathfrak{x}, \mathfrak{y})$ soll hier die Bezeichnung $\langle\mathfrak{x}, \mathfrak{y}\rangle$ benutzt werden. Die Linearitätseigenschaften lauten dann

$$\langle\mathfrak{x} + \mathfrak{x}', \mathfrak{y}\rangle = \langle\mathfrak{x}, \mathfrak{y}\rangle + \langle\mathfrak{x}', \mathfrak{y}\rangle,$$
$$\langle\mathfrak{x}, \mathfrak{y} + \mathfrak{y}'\rangle = \langle\mathfrak{x}, \mathfrak{y}\rangle + \langle\mathfrak{x}, \mathfrak{y}'\rangle,$$
$$\langle c\mathfrak{x}, \mathfrak{y}\rangle = c\,\langle\mathfrak{x}, \mathfrak{y}\rangle = \langle\mathfrak{x}, c\mathfrak{y}\rangle.$$

Wegen (1) und (2) gilt außerdem:

Aus $\langle\mathfrak{a}, \mathfrak{y}\rangle = 0$ *für alle* $\mathfrak{y} \in Y$ *folgt* $\mathfrak{a} = \mathfrak{o}$;
aus $\langle\mathfrak{x}, \mathfrak{b}\rangle = 0$ *für alle* $\mathfrak{x} \in X$ *folgt* $\mathfrak{b} = \mathfrak{o}$.

Außerdem soll weiterhin ein duales Raumpaar immer nur mit (X, Y) bezeichnet werden, wobei dann das die Dualität bestimmende skalare Produkt stets in der eben angegebenen Weise geschrieben wird.

Beispiele:

37. I Die zu einem dualen Raumpaar gehörenden Vektorräume können auch gleich sein. Z. B. sei X ein euklidischer Raum. Dann kann man das Raumpaar (X, X) als ein duales Raumpaar auffassen, wenn man das die Dualität bestimmende skalare Produkt durch

$$\langle\mathfrak{x}, \mathfrak{y}\rangle = \mathfrak{x} \cdot \mathfrak{y} \qquad (\mathfrak{x}, \mathfrak{y} \in X)$$

definiert. Die Linearitätseigenschaften sind dann offenbar erfüllt. Aber auch die Bedingungen (1) und (2) aus 37a gelten: Aus $\mathfrak{a} \cdot \mathfrak{y} = 0$ für alle $\mathfrak{y} \in X$ folgt z. B. speziell $\mathfrak{a} \cdot \mathfrak{a} = 0$ und daher $\mathfrak{a} = \mathfrak{o}$. In diesem Sinn können die euklidischen Räume als Spezialfälle dualer Raumpaare aufgefaßt werden. Die unitären Räume können dagegen nicht unmittelbar in dieser Weise eingeordnet werden.

37. II Es sei K ein beliebiger Körper, und I sei eine (unendliche) Indexmenge. Weiter werde $X = \oplus \{K : \iota \in I\}$ und $Y = \oplus \{K : \iota \in I\}$ oder $Y = \times \{K : \iota \in I\}$ gesetzt. Für einen beliebigen Vektor $\mathfrak{x} \in X$ ist dann $\pi_\iota \mathfrak{x}$ (π_ι ist die natürliche Projektion) für höchstens endlich viele Indizes ein von Null verschiedener Skalar. Durch

$$\langle \mathfrak{x}, \mathfrak{y} \rangle = \sum_{\iota \in I} (\pi_\iota \mathfrak{x}) (\pi_\iota \mathfrak{y})$$

wird daher eine Bilinearform des Raumpaares (X, Y) definiert, weil ja die rechts stehende Summe in Wirklichkeit nur endlich ist. Es handelt sich hierbei aber sogar um ein skalares Produkt: Aus $\mathfrak{a} \in X$ und $\mathfrak{a} \neq \mathfrak{o}$ folgt nämlich die Existenz eines Index ι_0 mit $\pi_{\iota_0} \mathfrak{a} \neq 0$. Für den bereits in $\oplus \{K : \iota \in I\}$ liegenden Vektor $\mathfrak{y} = \beta_{\iota_0} 1$ (β_{ι_0} ist die natürliche Injektion) gilt dann $\langle \mathfrak{a}, \mathfrak{y} \rangle \neq 0$. Ebenso zeigt man die Gültigkeit der Eigenschaft (2) aus **37**a. Da bei einer unendlichen Indexmenge die direkte Summe $\oplus \{K : \iota \in I\}$ und das direkte Produkt $\times \{K : \iota \in I\}$ nicht isomorph sind, zeigt dieses Beispiel, daß zu einem Vektorraum X unendlicher Dimension nicht-isomorphe Vektorräume Y existieren können, die X zu einem dualen Raumpaar (X, Y) ergänzen (vgl. 37. 2).

37. 1 *Es sei (X, Y) ein duales Raumpaar, X besitze endliche Dimension, und $\{\mathfrak{a}_1, \ldots, \mathfrak{a}_n\}$ sei eine Basis von X. Aus $\mathfrak{y} \in Y$ und $\langle \mathfrak{a}_\nu, \mathfrak{y} \rangle = 0$ für $\nu = 1, \ldots, n$ folgt dann $\mathfrak{y} = \mathfrak{o}$.*

Beweis: Für einen beliebigen Vektor $\mathfrak{x} \in X$ gilt $\mathfrak{x} = x_1 \mathfrak{a}_1 + \cdots + x_n \mathfrak{a}_n$ und daher

$$\langle \mathfrak{x}, \mathfrak{y} \rangle = \sum_{\nu=1}^{n} x_\nu \langle \mathfrak{a}_\nu, \mathfrak{y} \rangle = 0.$$

Wegen Eigenschaft (2) aus **37**a folgt hieraus $\mathfrak{y} = \mathfrak{o}$. ◆

Aus der Symmetrie der Linearitätseigenschaften und der Forderungen (1) und (2) aus **37**a folgt, daß die Vektorräume eines dualen Raumpaares (X, Y) völlig gleichberechtigt sind. Wenn man daher in einem allgemein für duale Raumpaare geltenden Satz die Rollen der Vektorräume X und Y vertauscht, erhält man wieder einen Satz über duale Raumpaare, den man als den zu dem ersten Satz **dualen Satz** bezeichnet. Der Vertauschungsprozeß selbst wird **Dualisierung** genannt.

Das Beispiel 37. II zeigte, daß ein unendlich-dimensionaler Vektorraum noch auf wesentlich verschiedene Arten zu einem dualen Raumpaar ergänzt werden kann. Anders liegen die Verhältnisse bei endlicher Dimension:

37. 2 *Es sei (X, Y) ein duales Raumpaar, und einer der beiden Vektorräume besitze endliche Dimension. Dann sind die beiden Vektorräume isomorph und besitzen somit gleiche Dimension.*

Beweis: Wenn X der Nullraum ist, folgt aus $\mathfrak{x} \in X$ und $\mathfrak{y} \in Y$ stets $\langle \mathfrak{x}, \mathfrak{y} \rangle = 0$, weil $\mathfrak{x}$ ja der Nullvektor sein muß. Wegen Eigenschaft (2) aus **37**a erhält man $\mathfrak{y} = \mathfrak{o}$; d. h. auch Y ist der Nullraum. Weiter gelte $\operatorname{Dim} X = n > 0$, und $\{\mathfrak{a}_1, \ldots, \mathfrak{a}_n\}$ sei eine Basis von X. Ferner seien $\mathfrak{b}_1, \ldots, \mathfrak{b}_k$ linear unabhängige Vektoren aus Y. Setzt man $c_{\nu, \varkappa} = \langle \mathfrak{a}_\nu, \mathfrak{b}_\varkappa \rangle$ $(\nu = 1, \ldots, n;$ $\varkappa = 1, \ldots, k)$, so kann man die n-Tupel $\mathfrak{c}_\varkappa = (c_{1,\varkappa}, \ldots, c_{n,\varkappa})$ $(\varkappa = 1, \ldots, k)$ als Vektoren des arithmetischen Vektorraums K^n auffassen. Es werde $k > n$ angenommen. Dann sind die Vektoren $\mathfrak{c}_1, \ldots, \mathfrak{c}_k$ linear abhängig, und es gibt nicht sämtlich verschwindende Skalare $d_1, \ldots, d_k$ mit $d_1 \mathfrak{c}_1 + \cdots + d_k \mathfrak{c}_k = \mathfrak{o}$, also mit $\sum_{\varkappa=1}^{k} d_\varkappa c_{\nu,\varkappa} = 0$ für $\nu = 1, \ldots, n$. Es folgt

$$\left\langle \mathfrak{a}_\nu, \sum_{\varkappa=1}^{k} d_\varkappa \mathfrak{b}_\varkappa \right\rangle = \sum_{\varkappa=1}^{k} d_\varkappa \langle \mathfrak{a}_\nu, \mathfrak{b}_\varkappa \rangle = \sum_{\varkappa=1}^{k} d_\varkappa c_{\nu,\varkappa} = 0$$

für $\nu = 1, \ldots, n$ und daher $d_1 \mathfrak{b}_1 + \cdots + d_k \mathfrak{b}_k = \mathfrak{o}$ nach 37. 1. Da dies der linearen Unabhängigkeit der Vektoren $\mathfrak{b}_1, \ldots, \mathfrak{b}_k$ widerspricht, muß $k \leqq n$ gelten. Somit besitzt auch Y endliche Dimension, und es gilt $\operatorname{Dim} Y \leqq \operatorname{Dim} X$. Dualisierung liefert, daß bei endlicher Dimension von Y auch $\operatorname{Dim} X \leqq \operatorname{Dim} Y$ gelten muß. Insgesamt folgt daher $\operatorname{Dim} X = \operatorname{Dim} Y$ und wegen 8. 10 die Isomorphie der Vektorräume X und Y. ◆

37. 3 *Es sei (X, Y) ein duales Raumpaar, X besitze endliche Dimension, und $\{\mathfrak{a}_1, \ldots, \mathfrak{a}_n\}$ sei eine Basis von X. Dann gibt es genau eine Basis $\{\mathfrak{b}_1, \ldots, \mathfrak{b}_n\}$ von Y mit $\langle \mathfrak{a}_\nu, \mathfrak{b}_\mu \rangle = \delta_{\nu,\mu}$* (KRONECKER-*Symbol) für $\nu, \mu = 1, \ldots, n$.*

Beweis: Nach 37.2 gilt jedenfalls $\operatorname{Dim} Y = n$. Es sei nun zunächst $\{\mathfrak{c}_1, \ldots, \mathfrak{c}_n\}$ eine beliebige Basis von Y. Setzt man dann $c_{\nu,\varrho} = \langle \mathfrak{a}_\nu, \mathfrak{c}_\varrho \rangle$ $(\nu, \varrho = 1, \ldots, n)$, so ist $C = (c_{\nu,\varrho})$ eine quadratische Matrix. Für beliebige Vektoren $\mathfrak{x} = x_1 \mathfrak{a}_1 + \cdots + x_n \mathfrak{a}_n$ und $\mathfrak{y} = y_1 \mathfrak{c}_1 + \cdots + y_n \mathfrak{c}_n$ gilt

$$(*) \qquad \langle \mathfrak{x}, \mathfrak{y} \rangle = \sum_{\nu,\varrho=1}^{n} x_\nu y_\varrho \langle \mathfrak{a}_\nu, \mathfrak{c}_\varrho \rangle = \sum_{\nu,\varrho=1}^{n} x_\nu c_{\nu,\varrho} y_\varrho = (x_1 \ldots, x_n)\, C \begin{pmatrix} y_1 \\ \vdots \\ y_n \end{pmatrix}.$$

Wäre die Matrix C singulär, so würde es einen Vektor $\mathfrak{x} \neq \mathfrak{o}$ geben, für dessen Koordinaten $x_1, \ldots, x_n$

$$(x_1, \ldots, x_n)\; C = (0, \ldots, 0)$$

gelten würde. Wegen (*) erhielte man $\langle \mathfrak{x}, \mathfrak{y} \rangle = 0$ für alle Vektoren $\mathfrak{y} \in Y$, was Eigenschaft (1) aus 37a widerspricht. Daher ist C eine reguläre Matrix, und es existiert die inverse Matrix $C^{-1} = (b_{\varrho,\mu})$ Die Vektoren

$$\mathfrak{b}_\mu = b_{1,\mu}\mathfrak{c}_1 + \cdots + b_{n,\mu}\mathfrak{c}_n \qquad (\mu = 1, \ldots, n)$$

bilden dann eine neue Basis von Y mit der behaupteten Eigenschaft: Es gilt nämlich

$$\langle \mathfrak{a}_\nu, \mathfrak{b}_\mu \rangle = \sum_{\varrho=1}^{n} c_{\nu,\varrho} b_{\varrho,\mu} = \delta_{\nu,\mu}.$$

Ist $\{\mathfrak{b}'_1, \ldots, \mathfrak{b}'_n\}$ eine zweite Basis von Y, für die ebenfalls $\langle \mathfrak{a}_\nu, \mathfrak{b}'_\mu \rangle = \delta_{\nu,\mu}$ erfüllt ist, so folgt bei festem μ

$$\langle \mathfrak{a}_\nu, \mathfrak{b}'_\mu - \mathfrak{b}_\mu \rangle = \langle \mathfrak{a}_\nu, \mathfrak{b}'_\mu \rangle - \langle \mathfrak{a}_\nu, \mathfrak{b}_\mu \rangle = 0$$

für $\nu = 1, \ldots, n$. Wegen 37. 1 erhält man $\mathfrak{b}'_\mu - \mathfrak{b}_\mu = \mathfrak{o}$, also $\mathfrak{b}'_\mu = \mathfrak{b}_\mu$ für jeden Wert von μ. Die Basis $\{\mathfrak{b}_1, \ldots, \mathfrak{b}_n\}$ ist somit durch die angegebene Eigenschaft auch eindeutig bestimmt. ◆

Die nach diesem Satz durch eine Basis $\{\mathfrak{a}_1, \ldots, \mathfrak{a}_n\}$ von X eindeutig bestimmte Basis $\{\mathfrak{b}_1, \ldots, \mathfrak{b}_n\}$ von Y heißt die zu der ersten Basis **duale Basis**. Dualisierung des Satzes ergibt, daß es zu der Basis $\{\mathfrak{b}_1, \ldots, \mathfrak{b}_n\}$ von Y wieder genau eine duale Basis von X gibt. Diese ist aber offenbar gerade die Ausgangsbasis $\{\mathfrak{a}_1, \ldots, \mathfrak{a}_n\}$. Hinsichtlich dualer Basen drückt sich das skalare Produkt besonders einfach aus: Gilt $\mathfrak{x} = x_1\mathfrak{a}_1 + \cdots + x_n\mathfrak{a}_n$ und $\mathfrak{y} = y_1\mathfrak{b}_1 + \cdots + y_n\mathfrak{b}_n$, so erhält man wegen $\langle \mathfrak{a}_\nu, \mathfrak{b}_\mu \rangle = \delta_{\nu,\mu}$

$$\langle \mathfrak{x}, \mathfrak{y} \rangle = \sum_{\nu,\mu=1}^{n} x_\nu y_\mu \langle \mathfrak{a}_\nu, \mathfrak{b}_\mu \rangle = \sum_{\nu=1}^{n} x_\nu y_\nu.$$

Faßt man einen euklidischen Vektorraum endlicher Dimension im Sinn von 37. I als Spezialfall eines dualen Raumpaares auf, so sind die Orthonormalbasen genau diejenigen, die zu sich selbst dual sind.

Definition 37b: *Es sei (X, Y) ein duales Raumpaar:*

Zwei Vektoren $\mathfrak{x} \in X$ und $\mathfrak{y} \in Y$ heißen **orthogonal,** *wenn $\langle \mathfrak{x}, \mathfrak{y} \rangle = 0$ gilt. Ein Vektor $\mathfrak{y} \in Y$ heißt orthogonal zu einer Teilmenge $M \leq X$ (in Zeichen: $\mathfrak{y} \perp M$), wenn $\langle \mathfrak{x}, \mathfrak{y} \rangle = 0$ für alle $\mathfrak{x} \in M$ gilt. Die Teilmenge*

$$M^\perp = \{\mathfrak{y} : \mathfrak{y} \perp M\}$$

von Y wird das **orthogonale Komplement** *von M genannt.*

Für Vektoren $\mathfrak{x} \in X$ und Teilmengen N von Y werden $\mathfrak{x} \perp N$ und $N^\perp$ entsprechend dual definiert.

37. 4 *Es sei (X, Y) ein duales Raumpaar: Aus $M_1 \leq M_2 \leq X$ folgt $M_2^\perp \leq M_1^\perp$. Für jede Teilmenge M von X ist $M^\perp$ ein Unterraum von Y, und es gilt $M^\perp = [M]^\perp$.*

Beweis: Wenn $\langle \mathfrak{x}, \mathfrak{y} \rangle = 0$ für alle $\mathfrak{x} \in M_2$ gilt, so erst recht für alle $\mathfrak{x} \in M_1$. Hieraus folgt die erste Behauptung. Aus $\mathfrak{y}, \mathfrak{y}' \in M^\perp$ folgt $\langle \mathfrak{x}, \mathfrak{y} + \mathfrak{y}' \rangle = \langle \mathfrak{x}, \mathfrak{y} \rangle + \langle \mathfrak{x}, \mathfrak{y}' \rangle = 0$ für alle $\mathfrak{x} \in M$, also $\mathfrak{y} + \mathfrak{y}' \in M^\perp$. Ebenso ergibt sich aus $\mathfrak{y} \in M^\perp$ auch $\langle \mathfrak{x}, c\mathfrak{y} \rangle = c\langle \mathfrak{x}, \mathfrak{y} \rangle = 0$ für alle $\mathfrak{x} \in M$ und somit $c\mathfrak{y} \in M^\perp$. Daher ist $M^\perp$ ein Unterraum von Y. Schließlich gilt $\left\langle \sum_{\nu=1}^{n} c_\nu \mathfrak{x}_\nu, \mathfrak{y} \right\rangle = \sum_{\nu=1}^{n} c_\nu \langle \mathfrak{x}_\nu, \mathfrak{y} \rangle$. Ein zu M orthogonaler Vektor ist daher auch zu jeder Linearkombination von M orthogonal. Hieraus folgt die letzte Behauptung. ◆

37. 5 *Es sei (X, Y) ein duales Raumpaar, und X besitze endliche Dimension. Für einen beliebigen Unterraum U von X gilt dann*

$$(U^\perp)^\perp = U \quad \textit{und} \quad \operatorname{Dim} U^\perp = \operatorname{Dim} X - \operatorname{Dim} U.$$

Beweis: Ist U der Nullraum, so gilt $U^\perp = Y$ und $Y^\perp = [\mathfrak{o}] = U$, woraus sich die Behauptungen unmittelbar ergeben. Weiterhin sei daher U vom Nullraum verschieden. Ist dann $\{\mathfrak{a}_1, \ldots, \mathfrak{a}_r\}$ eine Basis von U, so kann diese zu einer Basis $\{\mathfrak{a}_1, \ldots, \mathfrak{a}_n\}$ von X verlängert werden. Schließlich bedeute $\{\mathfrak{b}_1, \ldots, \mathfrak{b}_n\}$ die zu dieser Basis duale Basis von Y, und es werde $V = [\mathfrak{b}_{r+1}, \ldots, \mathfrak{b}_n]$ gesetzt. Wegen $\langle \mathfrak{a}_\varrho, \mathfrak{b}_\nu \rangle = 0$ für $\varrho = 1, \ldots, r$ und $\nu = r+1, \ldots, n$ gilt $V \leq U^\perp$. Umgekehrt werde $\mathfrak{y} \in U^\perp$ vorausgesetzt. Ist $\mathfrak{y} = y_1 \mathfrak{b}_1 + \cdots + y_n \mathfrak{b}_n$ die Basisdarstellung von $\mathfrak{y}$, so ergibt sich

$$0 = \langle \mathfrak{a}_\varrho, \mathfrak{y} \rangle = \left\langle \mathfrak{a}_\varrho, \sum_{\nu=1}^{n} y_\nu \mathfrak{b}_\nu \right\rangle = \sum_{\nu=1}^{n} y_\nu \langle \mathfrak{a}_\varrho, \mathfrak{b}_\nu \rangle = y_\varrho$$

für $\varrho = 1, \ldots, r$ und daher $\mathfrak{y} \in V$. Somit gilt $U^\perp = V$ und entsprechend auch $V^\perp = U$. Hieraus folgen unmittelbar die beiden Behauptungen. ◆

Ergänzungen und Aufgaben

37 A Die in 37. 5 bewiesene Gleichung $(U^\perp)^\perp = U$ gilt im allgemeinen nicht mehr bei unendlicher Dimension: Wie in dem Beispiel 37. II sei $X = \oplus \{K: \iota \in I\}$ und $Y = \times \{K: \iota \in I\}$ mit einer unendlichen Indexmenge I. Das die Dualität vermittelnde skalare Produkt sei wie dort definiert. Es ist dann $U = \oplus \{K: \iota \in I\}$ ein echter Unterraum von Y.

Aufgabe: Zeige, daß $(U^\perp)^\perp = Y$ gilt.

37B Es sei (X, Y) ein duales Raumpaar.

Aufgabe: Zeige, daß für ein beliebiges System $\{U_\iota: \iota \in I\}$ von Unterräumen von X

$$(\sum \{U_\iota: \iota \in I\})^\perp = \bigcap \{U_\iota^\perp: \iota \in I\} \text{ und}$$
$$(\bigcap \{U_\iota: \iota \in I\})^\perp \geq \sum \{U_\iota^\perp: \iota \in I\}$$

erfüllt ist. Zeige weiter, daß bei endlicher Dimension von X in der zweiten Beziehung ebenfalls das Gleichheitszeichen gilt.

Wie in 37. II sei $X = \bigoplus \{K: \iota \in I\}$ und $Y = \times \{K: \iota \in I\}$, wobei jetzt I speziell die Menge der natürlichen Zahlen sei. Für jede natürliche Zahl n sei ferner U_n der Unterraum aller Vektoren $\mathfrak{x} \in X$ mit $\pi_\iota \mathfrak{x} = 0$ für $\iota \leq n$ (π_ι ist die natürliche Projektion).

Aufgabe: Man bestimme die Unterräume $(\bigcap \{U_\iota: \iota \in I\})^\perp$ und $\sum \{U_\iota^\perp: \iota \in I\}$ und zeige, daß sie in diesem Fall nicht gleich sind.

37C Satz 37. 3 gestattet eine Verallgemeinerung: Es sei (X, Y) ein duales Raumpaar, bei dem X und Y nicht notwendig endlich-dimensional sind. Ferner seien $\mathfrak{b}_1, \ldots, \mathfrak{b}_n$ linear unabhängige Vektoren aus Y. Dann gibt es zunächst einen Vektor $\mathfrak{a}_1 \in X$ mit $\langle \mathfrak{a}_1, \mathfrak{b}_1 \rangle \neq 0$. Für $k \leq n - 1$ seien nun die Vektoren $\mathfrak{a}_1, \ldots, \mathfrak{a}_k \in X$ bereits so bestimmt, daß die Matrix

$$\begin{pmatrix} c_{1,1} \cdots c_{1,n} \\ \cdots\cdots\cdots \\ c_{k,1} \cdots c_{k,n} \end{pmatrix} \quad \text{mit} \quad c_{\varkappa,\nu} = \langle \mathfrak{a}_\varkappa, \mathfrak{b}_\nu \rangle$$

den Rang k besitzt. Es werde jedoch angenommen, daß es zu jedem weiteren Vektor $\mathfrak{x} \in X$ Skalare $x_1, \ldots, x_k$ mit $\langle \mathfrak{x}, \mathfrak{b}_\nu \rangle = x_1 c_{1,\nu} + \cdots + x_k c_{k,\nu}$ für $\nu = 1, \ldots, n$ gibt. Für den Vektor $\mathfrak{v} = \mathfrak{x} - x_1 \mathfrak{a}_1 - \cdots - x_k \mathfrak{a}_k$ gilt dann

$$\langle \mathfrak{v}, \mathfrak{b}_\nu \rangle = \langle \mathfrak{x}, \mathfrak{b}_\nu \rangle - x_1 \langle \mathfrak{a}_1, \mathfrak{b}_\nu \rangle - \cdots - x_k \langle \mathfrak{a}_k, \mathfrak{b}_\nu \rangle = 0 \qquad (\nu = 1, \ldots, n).$$

Bedeutet daher V den Unterraum aller Vektoren $\mathfrak{v} \in X$ mit $\langle \mathfrak{v}, \mathfrak{b}_\nu \rangle = 0$ für $\nu = 1, \ldots, n$, und setzt man $U = [\mathfrak{a}_1, \ldots, \mathfrak{a}_k]$, so gilt $X = U + V$. Wegen $k < n$ gibt es nun nicht sämtlich verschwindende Skalare $d_1, \ldots, d_n$ mit $d_1 c_{\varkappa,1} + \cdots + d_n c_{\varkappa,n} = 0$ für $\varkappa = 1, \ldots, k$. Für den Vektor $\mathfrak{b} = d_1 \mathfrak{b}_1 + \cdots + d_n \mathfrak{b}_n$ folgt hieraus

$$\langle \mathfrak{a}_\varkappa, \mathfrak{b} \rangle = d_1 \langle \mathfrak{a}_\varkappa, \mathfrak{b}_1 \rangle + \cdots + d_n \langle \mathfrak{a}_\varkappa, \mathfrak{b}_n \rangle = 0 \quad \text{für} \quad \varkappa = 1, \ldots, k,$$

also $\langle \mathfrak{u}, \mathfrak{b} \rangle = 0$ für alle $\mathfrak{u} \in U$. Andererseits gilt aber auch $\langle \mathfrak{v}, \mathfrak{b} \rangle = 0$ für alle $\mathfrak{v} \in V$ und daher überhaupt $\langle \mathfrak{x}, \mathfrak{b} \rangle = 0$ für alle $\mathfrak{x} \in X$. Es folgt $\mathfrak{b} = \mathfrak{o}$ im Widerspruch zur linearen Unabhängigkeit der Vektoren $\mathfrak{b}_1, \ldots, \mathfrak{b}_n$. Insgesamt hat sich damit ergeben: Zu den Vektoren $\mathfrak{b}_1, \ldots, \mathfrak{b}_n \in Y$ existieren Vektoren $\mathfrak{a}_1, \ldots, \mathfrak{a}_n \in X$, für die die quadratische Matrix der skalaren Produkte $\langle \mathfrak{a}_\mu, \mathfrak{b}_\nu \rangle$ ($\mu, \nu = 1, \ldots, n$) regulär ist. Wie im Beweis zu 37. 3 folgt jetzt: Zu linear unabhängigen Vektoren $\mathfrak{b}_1, \ldots, \mathfrak{b}_n$ gibt es (ebenfalls linear unabhängige) Vektoren $\mathfrak{a}_1, \ldots, \mathfrak{a}_n \in X$ mit $\langle \mathfrak{a}_\mu, \mathfrak{b}_\nu \rangle = \delta_{\mu,\nu}$ ($\mu, \nu = 1, \ldots, n$).

§ 38 Der Dualraum

Es sei X ein Vektorraum über K. Dann ist die Menge $X^* = L(X, K)$ aller Linearformen von X, also aller linearen Abbildungen $\varphi: X \to K$ von X in den Skalarenkörper, selbst ein Vektorraum über K, den man den **Dualraum** von X nennt. Das Raumpaar (X, X^*) wird ein duales Raumpaar, wenn man das skalare Produkt eines Vektors $\mathfrak{x} \in X$ und einer Linearform $\varphi \in X^*$ durch

$$\langle \mathfrak{x}, \varphi \rangle = \varphi \mathfrak{x}$$

definiert. Wegen

$$\langle \mathfrak{x} + \mathfrak{x}', \varphi \rangle = \varphi(\mathfrak{x} + \mathfrak{x}') = \varphi\mathfrak{x} + \varphi\mathfrak{x}' = \langle \mathfrak{x}, \varphi \rangle + \langle \mathfrak{x}' \varphi \rangle,$$
$$\langle \mathfrak{x}, \varphi + \varphi' \rangle = (\varphi + \varphi')\,\mathfrak{x} = \varphi\mathfrak{x} + \varphi'\mathfrak{x} = \langle \mathfrak{x}, \varphi \rangle + \langle \mathfrak{x}, \varphi' \rangle,$$
$$\langle c\mathfrak{x}, \varphi \rangle = \varphi(c\mathfrak{x}) = c(\varphi\mathfrak{x}) = c\langle \mathfrak{x}, \varphi \rangle,$$
$$\langle \mathfrak{x}, c\varphi \rangle = (c\varphi)\,\mathfrak{x} = c(\varphi\mathfrak{x}) = c\langle \mathfrak{x}, \varphi \rangle$$

gelten nämlich die Linearitätseigenschaften. Außerdem sind aber auch die Forderungen (1) und (2) aus 37a erfüllt: Zu einem Vektor $\mathfrak{a} \in X$ mit $\mathfrak{a} \neq \mathfrak{o}$ gibt es nach 6. 2 eine Basis B von X mit $\mathfrak{a} \in B$. Wegen 8. 2 existiert weiter eine Linearform φ mit $\varphi\mathfrak{a} = 1$, die für die übrigen Basisvektoren noch beliebig vorgeschriebene Werte annimmt. Für sie gilt dann $\langle \mathfrak{a}, \varphi \rangle = 1 \neq 0$; d. h. es gilt (1). Ist umgekehrt $\varphi \in X^*$ nicht die Nullform, so gibt es einen Vektor $\mathfrak{x} \in X$ mit $\varphi\mathfrak{x} \neq 0$, also mit $\langle \mathfrak{x}, \varphi \rangle \neq 0$. Das ist die Eigenschaft (2). Im Fall $X = [\mathfrak{o}]$ gilt auch $X^* = [0]$. Weiterhin bedeute nun (X, X^*) stets das duale Raumpaar mit dem so definierten **natürlichen skalaren Produkt.**

Der folgende Satz zeigt, daß die dualen Raumpaare der Form (X, X^*) in einem bestimmten Sinn bereits den allgemeinen Fall dualer Raumpaare erfassen.

38. 1 *Es sei (X, Y) ein beliebiges duales Raumpaar. Dann gibt es genau eine Injektion $\vartheta: Y \to X^*$ mit*

$$\langle \mathfrak{x}, \mathfrak{y} \rangle = \langle \mathfrak{x}, \vartheta\mathfrak{y} \rangle \qquad (\mathfrak{x} \in X,\ \mathfrak{y} \in Y).$$

(Auf der linken Seite steht hier das skalare Produkt des dualen Raumpaares (X, Y), auf der rechten dagegen das natürliche skalare Produkt des dualen Raumpaares (X, X^*).)

Beweis: Zunächst sei ϑ eine Injektion der behaupteten Art. Für jeden Vektor $\mathfrak{y} \in Y$ ist dann $\vartheta\mathfrak{y}$ eine Linearform aus X^*, und für jeden Vektor $\mathfrak{x} \in X$ gilt

$$(\vartheta\mathfrak{y})\,\mathfrak{x} = \langle \mathfrak{x}, \vartheta\mathfrak{y} \rangle = \langle \mathfrak{x}, \mathfrak{y} \rangle.$$

Diese Gleichung besagt, daß die Bildform eines beliebigen Vektors $\mathfrak{y}$ bereits durch das skalare Produkt von (X, Y) eindeutig bestimmt ist; d. h. es kann höchstens eine Injektion ϑ der verlangten Art geben. Zweitens wird bei festem $\mathfrak{y} \in Y$ durch $\varphi_{\mathfrak{y}}\mathfrak{x} = \langle \mathfrak{x}, \mathfrak{y} \rangle$ eine Linearform $\varphi_{\mathfrak{y}}$ aus X^* bestimmt. Daher wird weiter durch $\vartheta\mathfrak{y} = \varphi_{\mathfrak{y}}$ eine Abbildung $\vartheta\colon Y \to X^*$ definiert. Nun gilt für alle Vektoren $\mathfrak{x} \in X$

$$\varphi_{\mathfrak{y}+\mathfrak{y}'}\mathfrak{x} = \langle \mathfrak{x}, \mathfrak{y} + \mathfrak{y}' \rangle = \langle \mathfrak{x}, \mathfrak{y} \rangle + \langle \mathfrak{x}, \mathfrak{y}' \rangle = \varphi_{\mathfrak{y}}\mathfrak{x} + \varphi_{\mathfrak{y}'}\mathfrak{x} = (\varphi_{\mathfrak{y}} + \varphi_{\mathfrak{y}'})\,\mathfrak{x},$$
$$\varphi_{c\mathfrak{y}}\mathfrak{x} = \langle \mathfrak{x}, c\mathfrak{y} \rangle = c\langle \mathfrak{x}, \mathfrak{y} \rangle = c(\varphi_{\mathfrak{y}}\mathfrak{x}) = (c\varphi_{\mathfrak{y}})\,\mathfrak{x}.$$

Es folgt $\varphi_{\mathfrak{y}+\mathfrak{y}'} = \varphi_{\mathfrak{y}} + \varphi_{\mathfrak{y}'}$ und $\varphi_{c\mathfrak{y}} = c\varphi_{\mathfrak{y}}$, also $\vartheta(\mathfrak{y} + \mathfrak{y}') = \vartheta\mathfrak{y} + \vartheta\mathfrak{y}'$ und $\vartheta(c\mathfrak{y}) = c(\vartheta\mathfrak{y})$; d. h. ϑ ist eine lineare Abbildung. Gilt $\mathfrak{y} \in \operatorname{Kern} \vartheta$, so ist $\varphi_{\mathfrak{y}}$ die Nullform aus X^*. Für alle $\mathfrak{x} \in X$ erhält man daher $\langle \mathfrak{x}, \mathfrak{y} \rangle = \varphi_{\mathfrak{y}}\mathfrak{x} = (\vartheta\mathfrak{y})\,\mathfrak{x} = 0$. Wegen Eigenschaft (2) aus 37a folgt $\mathfrak{y} = \mathfrak{o}$. Es gilt somit $\operatorname{Kern} \vartheta = [\mathfrak{o}]$, und wegen 8. 8 ist ϑ sogar eine Injektion. Wegen der Definition des natürlichen skalaren Produkts von (X, X^*) ergibt sich schließlich

$$\langle \mathfrak{x}, \mathfrak{y} \rangle = \varphi_{\mathfrak{y}}\mathfrak{x} = (\vartheta\mathfrak{y})\,\mathfrak{x} = \langle \mathfrak{x}, \vartheta\mathfrak{y} \rangle. \ \blacklozenge$$

Definition 38a: *Zwei duale Raumpaare* (X, Y) *und* (X', Y') *mit gemeinsamem Skalarenkörper heißen* **isomorph**, *wenn es Isomorphismen* $\eta\colon X \to X'$ *und* $\vartheta\colon Y \to Y'$ *so gibt, daß für alle* $\mathfrak{x} \in X$ *und* $\mathfrak{y} \in Y$

$$\langle \mathfrak{x}, \mathfrak{y} \rangle = \langle \eta\mathfrak{x}, \vartheta\mathfrak{y} \rangle$$

gilt.

Mit dieser Begriffsbildung kann der Inhalt von 38. 1 auch so formuliert werden: Zu jedem dualen Raumpaar (X, Y) gibt es einen eindeutig bestimmten Isomorphismus ϑ von Y auf einen Unterraum U^* von X^*; es sind dann die dualen Raumpaare (X, Y) und (X, U^*) isomorph. Man braucht nämlich für den Isomorphismus η aus 38a in diesem Fall nur die Identität von X einzusetzen. Hiernach ist das duale Raumpaar (X, X^*) bereits für den allgemeinen Fall repräsentativ: Bis auf Isomorphie erhält man alle anderen dualen Raumpaare (X, Y) durch Auswahl geeigneter Unterräume U^* von X^* in der Form (X, U^*). Allerdings können die Unterräume U^* nicht völlig beliebig gewählt werden. Zwar besitzt das natürliche skalare Produkt von (X, X^*) auch als Bilinearform von (X, U^*) stets die Eigenschaft (2) aus 37a. Die Gültigkeit von (1) ist jedoch nicht immer gewährleistet. Es gilt vielmehr:

38. 2 *Für einen Unterraum* U^* *von* X^* *ist* (X, U^*) *genau dann ein duales Raumpaar, wenn das orthogonale Komplement von* U^* *der Nullraum ist, wenn also* $U^{*\perp} = [\mathfrak{o}]$ *gilt.*

Beweis: Ein Vektor $\mathfrak{a} \in X$ liegt genau dann in $U^{*\perp}$ (vgl. 37b), wenn $\langle \mathfrak{a}, \varphi \rangle = 0$ für alle Linearformen $\varphi \in U^*$ gilt. Daher ist $U^{*\perp} = [\mathfrak{o}]$ gleichwertig damit, daß aus $\langle \mathfrak{a}, \varphi \rangle = 0$ für alle $\varphi \in U^*$ stets $\mathfrak{a} = \mathfrak{o}$ folgt, daß also die Bedingung (1) aus 37a für das Raumpaar (X, U^*) erfüllt ist. $\blacklozenge$

Dualisierung von 38.1 liefert zu jedem dualen Raumpaar (X, Y) die Existenz einer eindeutig bestimmten Injektion $\eta: X \to Y^*$ mit $\langle \mathfrak{x}, \mathfrak{y} \rangle = \langle \eta\mathfrak{x}, \mathfrak{y} \rangle$ für alle Vektoren $\mathfrak{x} \in X$ und $\mathfrak{y} \in Y$. Jedes duale Raumpaar (X, Y) ist daher auch zu einem dualen Raumpaar der Form (V^*, Y) mit einem Unterraum V^* von Y^* isomorph. Das duale Raumpaar (Y^*, Y) ist dabei entsprechend dual definiert: Für einen Vektor $\mathfrak{y} \in Y$ und eine Linearform $\psi \in Y^*$ gilt $\langle \psi, \mathfrak{y} \rangle = \psi\mathfrak{y}$.

Wenn X ein endlich-dimensionaler Vektorraum ist, sind nach 37. 2 bei jedem dualen Raumpaar (X, Y) die Vektorräume X und Y isomorph. Setzt man hier für Y den Dualraum X^* ein, so folgt die Isomorphie von X und X^*. Dies ergibt sich allerdings schon direkt aus 9. 1: Wegen $\text{Dim } K = 1$ gilt nämlich $\text{Dim } X^* = \text{Dim } L(X, K) = \text{Dim } X$, woraus wegen 8. 10 wieder die Isomorphie von X und X^* folgt. Da jetzt außerdem kein echter Unterraum von X^* zu X isomorph sein kann, erhält man folgendes Resultat:

38. 3 *Es sei X ein endlich-dimensionaler Vektorraum. Dann ist der Dualraum X^* zu X isomorph, und bis auf Isomorphie ist (X, X^*) das einzige duale Raumpaar mit X als erstem Vektorraum.*

Zu dem Dualraum X^* eines beliebigen Vektorraums X existiert wieder der Dualraum, den man sinngemäß mit X^{**} bezeichnet. Er besteht aus allen Linearformen von X^*, also aus allen linearen Abbildungen $\psi^*: X^* \to K$. Aus dem zu 38. 1 dualen Satz folgt nun: Zu dem dualen Raumpaar (X, X^*) gibt es genau eine Injektion $\eta: X \to X^{**}$ mit $\langle \mathfrak{x}, \varphi \rangle = \langle \eta\mathfrak{x}, \varphi \rangle$ für alle $\mathfrak{x} \in X$ und $\varphi \in X^*$. Man nennt η die **natürliche Injektion** von X in X^{**}. Aus der Definition der skalaren Produkte von (X, X^*) und (X^{**}, X^*) ergibt sich unmittelbar: Es ist $\eta\mathfrak{x}$ diejenige Linearform aus X^{**}, die für jede Linearform $\varphi \in X^*$ den Wert

$$(\eta\mathfrak{x})\,\varphi = \langle \eta\mathfrak{x}, \varphi \rangle = \langle \mathfrak{x}, \varphi \rangle = \varphi\mathfrak{x}$$

annimmt. Im Sinn dieser natürlichen Injektion bestimmt also jeder Vektor $\mathfrak{x} \in X$ eindeutig eine Linearform $\psi_{\mathfrak{x}}^* = \eta\mathfrak{x}$ aus X^{**}, für die $\psi_{\mathfrak{x}}^*(\varphi) = \varphi\mathfrak{x}$ gilt. Der aus diesen Linearformen bestehende Unterraum ηX von X^{**} ist bei unendlich-dimensionalem X ein echter Unterraum. Es gibt dann also noch Linearformen in X^{**}, die nicht durch einen Vektor $\mathfrak{x} \in X$ bestimmt sind (vgl. 38 A). Wenn X hingegen endliche Dimension besitzt, gilt wegen 38. 3 einerseits $X \cong X^*$, andererseits aber auch $X^* \cong X^{**}$ und somit $X \cong X^{**}$. Die natürliche Injektion η ist daher in diesem Fall sogar ein Isomorphismus von X auf X^{**}.

Bei einem endlich-dimensionalen Vektorraum X bestimmt jede Basis $\{\mathfrak{a}_1, \ldots, \mathfrak{a}_n\}$ von X nach 37. 3 eindeutig die zu ihr duale Basis $\{\varphi_1, \ldots, \varphi_n\}$ von X^*. Es gilt dann

$$\varphi_\mu \mathfrak{a}_\nu = \langle \mathfrak{a}_\nu, \varphi_\mu \rangle = \delta_{\nu,\mu} \qquad (\nu, \mu = 1, \ldots, n).$$

Diese Gleichungen besagen aber gerade, daß die duale Basis $\{\varphi_1, \ldots, \varphi_n\}$ die zu der Basis $\{\mathfrak{a}_1, \ldots, \mathfrak{a}_n\}$ von X und der Basis $\{1\}$ von K gehörende kanonische Basis von $L(X, K) = X^*$ ist (vgl. p. 64).

Ergänzungen und Aufgaben

38 A Es sei X ein unendlich-dimensionaler Vektorraum, und $\{\mathfrak{a}_\iota : \iota \in I\}$ sei eine Basis von X. Hierbei ist also I eine unendliche Indexmenge. Für jeden Index $\iota \in I$ wird dann durch $\varphi_\iota \mathfrak{a}_\varkappa = 0$ $(\varkappa \neq \iota,\ \varkappa \in I)$ und $\varphi_\iota \mathfrak{a}_\iota = 1$ eine Linearform $\varphi_\iota \in X^*$ definiert.

Aufgabe: 1). Zeige, daß die Teilmenge $\{\varphi_\iota : \iota \in I\}$ von X^* linear unabhängig ist (vgl. 9. 1).
2). Durch $\varphi \mathfrak{a}_\iota = 1$ für alle $\iota \in I$ wird ebenfalls eine Linearform $\varphi \in X^*$ definiert. Zeige, daß φ nicht als Linearkombination der Menge $\{\varphi_\iota : \iota \in I\}$ dargestellt werden kann, und folgere, daß $\{\varphi_\iota : \iota \in I\}$ keine Basis von X^* ist.
3). Folgere, daß die natürliche Injektion η kein Isomorphismus ist, daß also ηX ein echter Unterraum von X^{**} ist.

38 B **Aufgabe:** 1). Es sei $\{X_\iota : \iota \in I\}$ ein System von Vektorräumen mit gemeinsamem Skalarenkörper K. Zeige:

$$(\oplus \{X_\iota : \iota \in I\})^* \cong \times \{X_\iota^* : \iota \in I\}.$$

2). Es sei U ein Unterraum von X und $U^\perp$ das orthogonale Komplement von U in X^*. Zeige:

$$(X / U)^* \cong U^\perp.$$

3). Es sei U^* ein Unterraum von X^*, $V = U^{*\perp}$ sei das orthogonale Komplement von U^* in X und es gelte $V^\perp = U^*$. Zeige, daß dann $(V, X^* / U^*)$ ein duales Raumpaar ist.

§ 39 Duale Abbildungen

Es seien (X, X') und (Y, Y') zwei duale Raumpaare mit gemeinsamem Skalarenkörper.

Definition 39a: *Zwei lineare Abbildungen $\varphi: X \to Y$ und $\varphi^*: Y' \to X'$ heißen ein* **duales Abbildungspaar,** *wenn für alle Vektoren $\mathfrak{x} \in X$ und $\mathfrak{y}' \in Y'$*

$$\langle \varphi \mathfrak{x}, \mathfrak{y}' \rangle = \langle \mathfrak{x}, \varphi^* \mathfrak{y}' \rangle$$

gilt. Es wird dann φ^* eine zu φ **duale Abbildung** *genannt und umgekehrt.*

Beispiele:

39. I Es seien X und Y zwei euklidische Vektorräume. Nach 37. I kann man dann (X, X) und (Y, Y) als duale Raumpaare auffassen. Zwei lineare Abbildungen $\varphi: X \to Y$ und $\varphi^*: Y \to X$ bilden nun genau dann ein **duales Abbildungspaar**, wenn

$$(\varphi\mathfrak{x}) \cdot \mathfrak{y} = \langle \varphi\mathfrak{x}, \mathfrak{y} \rangle = \langle \mathfrak{x}, \varphi^*\mathfrak{y} \rangle = \mathfrak{x} \cdot (\varphi^*\mathfrak{y})$$

gilt, wenn also φ^* die zu φ adjungierte Abbildung ist.

39. II Wie in 37. II werde $X = X' = Y = \oplus \{K: \iota \in I\}$ und $Y' = \times \{K: \iota \in I\}$ mit einer unendlichen Indexmenge I gesetzt. Die skalaren Produkte der dualen Raumpaare (X, X') und (Y, Y') seien wie dort definiert. Weiter sei $\varphi: X \to Y$ die Identität, und $\mathfrak{y}'$ sei derjenige Vektor aus Y' bei dem $\pi_\iota \mathfrak{y}' = 1$ für alle $\iota \in I$ gilt (π_ι ist die natürliche Projektion). Würde nun zu φ eine duale Abbildung φ^* existieren, so erhielte man für jeden Index $\varkappa \in I$

$$\begin{aligned}\pi_\varkappa(\varphi^* \mathfrak{y}') &= \sum_{\iota \in I} (\pi_\iota(\beta_\varkappa 1))\,(\pi_\iota(\varphi^* \mathfrak{y}')) = \langle \beta_\varkappa 1, \varphi^* \mathfrak{y}' \rangle = \langle \beta_\varkappa 1, \mathfrak{y}' \rangle \\ &= \sum_{\iota \in I} (\pi_\iota(\beta_\varkappa 1))\,(\pi_\iota \mathfrak{y}') = 1.\end{aligned}$$

(Vgl. 32. 3; $\beta_\varkappa$ ist die natürliche Injektion.) Da aber $\varphi^* \mathfrak{y}'$ ein Vektor aus der direkten Summe ist, kann $\pi_\varkappa(\varphi^* \mathfrak{y}') \neq 0$ für höchstens endlich viele Indizes gelten. Daher existiert zu φ in diesem Fall keine duale Abbildung.

39. 1 *Zu einer linearen Abbildung $\varphi: X \to Y$ existiert höchstens eine duale Abbildung $\varphi^*: Y' \to X'$.*

Beweis: Es seien φ_1^* und φ_2^* zwei zu φ duale Abbildungen. Für Vektoren $\mathfrak{x} \in X$ und $\mathfrak{y}' \in Y'$ gilt dann $\langle \mathfrak{x}, \varphi_1^* \mathfrak{y}' \rangle = \langle \varphi\mathfrak{x}, \mathfrak{y}' \rangle = \langle \mathfrak{x}, \varphi_2^* \mathfrak{y}' \rangle$ und daher

$$\langle \mathfrak{x}, \varphi_1^* \mathfrak{y}' - \varphi_2^* \mathfrak{y}' \rangle = \langle \mathfrak{x}, \varphi_1^* \mathfrak{y}' \rangle - \langle \mathfrak{x}, \varphi_2^* \mathfrak{y}' \rangle = 0.$$

Da dies für alle Vektoren $\mathfrak{x} \in X$ erfüllt ist, folgt wegen der Eigenschaft (2) aus 37a weiter $\varphi_1^* \mathfrak{y}' - \varphi_2^* \mathfrak{y}' = \mathfrak{o}$, also $\varphi_1^* \mathfrak{y}' = \varphi_2^* \mathfrak{y}'$. Da dies aber auch für alle Vektoren $\mathfrak{y}' \in Y'$ gilt, erhält man schließlich $\varphi_1^* = \varphi_2^*$. ◆

Das Beispiel 39. II zeigte, daß es zu einer linearen Abbildung keine duale Abbildung zu geben braucht. Wenn jedoch die Vektorräume X' und Y' speziell die Dualräume X^* und Y^* sind, ist die Existenz der dualen Abbildung stets gewährleistet:

39. 2 *Zu jeder linearen Abbildung $\varphi: X \to Y$ existiert die duale Abbildung $\varphi^*: Y^* \to X^*$.*

Beweis: Jeder Linearform $\beta \in Y^*$ werde als Bild diejenige Abbildung $\varphi^*(\beta): X \to K$ zugeordnet, die für einen beliebigen Vektor $\mathfrak{x} \in X$ den Wert $\varphi^*(\beta)\,\mathfrak{x} = \beta(\varphi\mathfrak{x})$ annimmt. Es gilt dann

$$\begin{aligned}\varphi^*(\beta)\,(\mathfrak{x} + \mathfrak{x}') &= \beta(\varphi(\mathfrak{x} + \mathfrak{x}')) = \beta(\varphi\mathfrak{x} + \varphi\mathfrak{x}') = \beta(\varphi\mathfrak{x}) + \beta(\varphi\mathfrak{x}') \\ &= \varphi^*(\beta)\,\mathfrak{x} + \varphi^*(\beta)\,\mathfrak{x}' \qquad \text{und} \\ \varphi^*(\beta)\,(c\mathfrak{x}) &= \beta(\varphi(c\mathfrak{x})) = \beta(c(\varphi\mathfrak{x})) = c(\beta(\varphi\mathfrak{x})) = c(\varphi^*(\beta)\,\mathfrak{x}).\end{aligned}$$

Daher ist $\varphi^*(\beta)$ eine Linearform von X, also ein Vektor aus dem Dualraum X^*; d. h. φ^* ist eine Abbildung von Y^* in X^*. Weiter gilt

$$\begin{aligned}\varphi^*(\beta + \beta')\,\mathfrak{x} &= (\beta + \beta')\,(\varphi\mathfrak{x}) = \beta(\varphi\mathfrak{x}) + \beta'(\varphi\mathfrak{x}) \\ &= \varphi^*(\beta)\,\mathfrak{x} + \varphi^*(\beta')\,\mathfrak{x} = (\varphi^*(\beta) + \varphi^*(\beta'))\,\mathfrak{x} \text{ und} \\ \varphi^*(c\beta)\,\mathfrak{x} &= (c\beta)\,(\varphi\mathfrak{x}) = c(\beta(\varphi\mathfrak{x})) = c(\varphi^*(\beta)\,\mathfrak{x}) = (c\varphi^*(\beta))\,\mathfrak{x}\end{aligned}$$

für alle $\mathfrak{x} \in X$, woraus $\varphi^*(\beta + \beta') = \varphi^*(\beta) + \varphi^*(\beta')$ und $\varphi^*(c\beta) = c\varphi^*(\beta)$ folgt. Daher ist φ^* auch eine lineare Abbildung. Schließlich gilt

$$\langle \mathfrak{x}, \varphi^*(\beta)\rangle = \varphi^*(\beta)\,\mathfrak{x} = \beta(\varphi\mathfrak{x}) = \langle \varphi\mathfrak{x}, \beta\rangle;$$

d. h. φ^* ist die zu φ duale Abbildung. ◆

Man übersieht nun auch sofort, wann im allgemeinen Fall die duale Abbildung existiert: Es seien wieder (X, X') und (Y, Y') zwei duale Raumpaare. Wegen 38. 1 sind sie zu dualen Raumpaaren (X, U^*) bzw. (Y, V^*) isomorph, wobei U^* ein Unterraum von X^* und V^* ein Unterraum von Y^* ist. Zu einer linearen Abbildung $\varphi: X \to Y$ existiert nun die duale Abbildung von Y' in X' genau dann, wenn die duale Abbildung von V^* in U^* existiert. Diese muß wegen der Eindeutigkeitsaussage von 39. 1 gerade von der zu φ dualen Abbildung $\varphi^*: Y^* \to X^*$ induziert werden. Das aber ist genau dann der Fall, wenn $\varphi^* V^* \leq U^*$ gilt. Speziell ist diese Bedingung stets erfüllt, wenn der Vektorraum X endliche Dimension besitzt, weil dann notwendig $U^* = X^*$ gilt. Wegen dieses Zusammenhangs kann man sich weiterhin auf den Fall dualer Raumpaare (X, X^*) und (Y, Y^*) beschränken.

39. 3 *Es sei $\varphi: X \to Y$ eine lineare Abbildung und $\varphi^*: Y^* \to X^*$ die zu ihr duale Abbildung. Dann gilt*

(1) Kern $\varphi^* = (\varphi X)^{\perp}$ *und* Kern $\varphi = (\varphi^* Y^*)^{\perp}$.

(2) *φ^* ist genau dann injektiv, wenn φ surjektiv ist.*

(3) *φ^* ist genau dann surjektiv, wenn φ injektiv ist.*

(4) *φ^* ist genau dann ein Isomorphismus, wenn φ ein Isomorphismus ist.*

(5) *Ist X oder Y endlich-dimensional, so gilt* Rg φ^* = Rg φ.

Beweis:

(1) $\beta \in$ Kern φ^* ist gleichwertig damit, daß $\varphi^*(\beta)$ die Nullform ist, also auch gleichwertig damit, daß

$$\langle \varphi\mathfrak{x}, \beta\rangle = \langle \mathfrak{x}, \varphi^*(\beta)\rangle = \varphi^*(\beta)\,\mathfrak{x} = 0$$

für alle Vektoren $\mathfrak{x} \in X$ gilt. Dies ist aber wiederum gleichbedeutend mit $\beta \in (\varphi X)^{\perp}$. Zweitens ist $\mathfrak{x} \in$ Kern φ gleichwertig mit $\varphi\mathfrak{x} = \mathfrak{o}$, also mit $\langle \varphi\mathfrak{x}, \beta\rangle = 0$ für alle $\beta \in Y^*$. Wegen $\langle \mathfrak{x}, \varphi^*(\beta)\rangle = \langle \varphi\mathfrak{x}, \beta\rangle$ ist dies aber gleichbedeutend mit $\langle \mathfrak{x}, \alpha\rangle = 0$ für alle $\alpha \in \varphi^* Y^*$, also mit $\mathfrak{x} \in (\varphi^* Y^*)^{\perp}$.

(2) Wegen (1) und 8. 8 ist φ^* genau dann injektiv, wenn $(\varphi X)^\perp = [\mathfrak{o}]$ gilt. Ist $\varphi X = Y$, so ist diese Bedingung erfüllt. Ist aber φX ein echter Unterraum von Y, so gibt es auch eine von der Nullform verschiedene Linearform in Y^*, die auf φX den Wert Null annimmt. Die Bedingung ist also sogar gleichwertig mit $\varphi X = Y$; d. h. damit, daß φ surjektiv ist.

(3) Zunächst sei φ injektiv, und $\{\mathfrak{a}_\iota : \iota \in I\}$ sei eine Basis von X. Wegen 8. 8 sind dann die Vektoren $\varphi\mathfrak{a}_\iota$ $(\iota \in I)$ paarweise verschieden und linear unabhängig. Ist nun α eine Linearform aus X^*, so gibt es nach 8. 2 mindestens eine Linearform $\beta \in Y^*$ mit $\beta(\varphi\mathfrak{a}_\iota) = \alpha(\mathfrak{a}_\iota)$ für alle $\iota \in I$. Es folgt

$$(\varphi^*\beta)\,\mathfrak{a}_\iota = \langle \mathfrak{a}_\iota, \varphi^*\beta\rangle = \langle \varphi\mathfrak{a}_\iota, \beta\rangle = \beta(\varphi\mathfrak{a}_\iota) = \alpha(\mathfrak{a}_\iota)$$

für alle Basisvektoren $\mathfrak{a}_\iota$ und daher $\varphi^*(\beta) = \alpha$; d.h. φ^* ist surjektiv. Umgekehrt sei φ^* surjektiv. Wegen (1) erhält man dann Kern $\varphi = (\varphi^* Y^*)^\perp = X^{*\perp} = [\mathfrak{o}]$, und wegen 8. 8 ist φ eine Injektion.

(4) folgt unmittelbar aus (2) und (3).

(5) Es gelte Dim $X = n$ und wegen 38. 3 dann auch Dim $X^* = n$. Mit Hilfe von (1) und 37. 5 erhält man

$$\begin{aligned}\operatorname{Rg}\varphi &= n - \operatorname{Dim}(\operatorname{Kern}\varphi) = n - \operatorname{Dim}(\varphi^* Y^*)^\perp \\ &= n - (n - \operatorname{Dim}(\varphi^* Y^*)) = \operatorname{Rg}\varphi^*.\end{aligned}$$

Entsprechend ergibt sich die Behauptung im Fall endlicher Dimension von Y. ◆

Es seien jetzt X und Y endlich-dimensionale Vektorräume. Ferner sei $\{\mathfrak{a}_1, \ldots, \mathfrak{a}_n\}$ eine Basis von X und $\{\mathfrak{b}_1, \ldots, \mathfrak{b}_r\}$ eine Basis von Y. Diese Basen bestimmen eindeutig duale Basen $\{\alpha_1, \ldots, \alpha_n\}$ von X^* und $\{\beta_1, \ldots, \beta_r\}$ von Y^*. Ist nun $\varphi\colon X \to Y$ eine lineare Abbildung, so entspricht ihr hinsichtlich der Basen von X und Y eine Matrix $A = (a_{\nu,\varrho})$. Es gilt

$$\varphi\mathfrak{a}_\nu = \sum_{\varrho=1}^{r} a_{\nu,\varrho}\mathfrak{b}_\varrho \qquad (\nu = 1, \ldots, n).$$

Für die duale Abbildung $\varphi^*\colon Y^* \to X^*$ folgt aus diesen Gleichungen wegen $\langle \mathfrak{b}_\varrho, \beta_\sigma\rangle = \delta_{\varrho,\sigma}$

$$(\varphi^*\beta_\sigma)\,\mathfrak{a}_\nu = \langle \mathfrak{a}_\nu, \varphi^*\beta_\sigma\rangle = \langle \varphi\mathfrak{a}_\nu, \beta_\sigma\rangle = \sum_{\varrho=1}^{r} a_{\nu,\varrho}\langle \mathfrak{b}_\varrho, \beta_\sigma\rangle = a_{\nu,\sigma}$$

für $\nu = 1, \ldots, n$ und $\sigma = 1, \ldots, r$. Andererseits gilt aber wegen $\langle \mathfrak{a}_\nu, \alpha_\mu\rangle = \delta_{\nu,\mu}$ auch

$$\left(\sum_{\mu=1}^{n} a_{\mu,\sigma}\alpha_\mu\right)\mathfrak{a}_\nu = \sum_{\mu=1}^{n} a_{\mu,\sigma}\langle \mathfrak{a}_\nu, \alpha_\mu\rangle = a_{\nu,\sigma}.$$

Durch Vergleich folgt

$$\varphi^*\beta_\sigma = \sum_{\mu=1}^{n} a_{\mu,\sigma}\alpha_\mu \qquad (\sigma = 1, \ldots, r).$$

Diese Gleichung besagt, daß der dualen Abbildung φ^* hinsichtlich der dualen Basen die transponierte Matrix A^T zugeordnet ist.

39. 4 *Wenn einer linearen Abbildung φ: $X \to Y$ hinsichtlich zweier Basen von X und Y die Matrix A zugeordnet ist, dann entspricht der dualen Abbildung φ^*: $Y^* \to X^*$ hinsichtlich der dualen Basen die transponierte Matrix A^T.*

Wegen 39. 3 (5) folgt hieraus noch die bereits in 12. 1 bewiesene Tatsache, daß der Rang einer Matrix bei Transposition erhalten bleibt.

Ergänzungen und Aufgaben

39A Aufgabe: 1). Man beweise die Gleichungen

$$(\varphi + \psi)^* = \varphi^* + \psi^*, \; (c\varphi)^* = c\varphi^*, \; (\psi \circ \varphi)^* = \varphi^* \circ \psi^*,$$
$$(\varphi^{-1})^* = (\varphi^*)^{-1}.$$

2). Zeige: Durch $\gamma(\varphi) = \varphi^*$ wird eine Injektion $\gamma: L(X, Y) \to L(Y^*, X^*)$ definiert. Wann ist γ ein Isomorphismus?

39B Es sei $\varphi: X \to Y$ eine lineare Abbildung, $\varphi^*: Y^* \to X^*$ ihre duale Abbildung und $\varphi^{**}: X^{**} \to Y^{**}$ die zu φ^* duale Abbildung. Ferner sei η die natürliche Injektion von X in X^{**} und ϑ die natürliche Injektion von Y in Y^{**} (vgl. p. 280).

Aufgabe: Man beweise die Gleichung $\varphi^{**} \circ \eta = \vartheta \circ \varphi$.

Bei endlich-dimensionalen Vektorräumen X und Y kann man die isomorphen Räume X und X^{**} bzw. Y und Y^{**} im Sinn der natürlichen Isomorphismen η bzw. ϑ identifizieren. Bei dieser Identifikation geht dann die letzte Gleichung in die Beziehung $\varphi^{**} = \varphi$ über. Wegen 39. 4 entspricht sie der Matrizengleichung $(A^T)^T = A$.

39C Aufgabe: Die Folge $X \xrightarrow{\varphi} Y \xrightarrow{\psi} Z$ sei in Y exakt (31c). Ist dann auch $X^* \xleftarrow{\varphi^*} Y^* \xleftarrow{\psi^*} Z^*$ in Y^* exakt?

Elftes Kapitel

Multilineare Algebra

Schon in § 13 wurde der Begriff der n-fachen Linearform definiert, der hier in naheliegender Weise zu dem Begriff der n-fach linearen Abbildung verallgemeinert wird. Die genauere Untersuchung derartiger „multilinearer Abbildungen" führt auf neue Vektorraum-Typen (Tensorräume, äußere Potenzen), die für zahlreiche Anwendungen der linearen Algebra besonders wichtig sind. Wenn allerdings die Vektorräume, von denen man hierbei ausgeht, endliche Dimension besitzen, dann sind auch diese neuen Vektorräume endlich-dimensional und stellen somit überhaupt keinen neuen Vektorraum-Typ dar. Ausgezeichnet sind sie lediglich durch die Konstruktionsvorschrift, die zu ihrer Definition führt. Aber gerade in dieser Herkunft liegt ihre Bedeutung, weil die spezielle Art ihrer Gewinnung von vornherein die Existenz wichtiger linearer Abbildungen sichert (man vergleiche hierzu die entsprechenden Bemerkungen in der Einleitung).

§ 40 Multilineare Abbildungen und Tensorprodukte

Es seien $X_1, \ldots, X_n$ endlich viele Vektorräume mit einem gemeinsamen Skalarenkörper K. Unter einer **n-fach linearen Abbildung Φ** dieser Vektorräume in einen weiteren Vektorraum Y über K versteht man dann eine Zuordnung, die jedem n-Tupel $(\mathfrak{x}_1, \ldots, \mathfrak{x}_n)$ von Vektoren $\mathfrak{x}_\nu \in X_\nu$ $(\nu = 1, \ldots, n)$ eindeutig einen Vektor $\Phi(\mathfrak{x}_1, \ldots, \mathfrak{x}_n)$ aus Y so zuordnet, daß folgende Bedingung erfüllt ist: Für jeden Index k mit $1 \leqq k \leqq n$ und für beliebig gewählte Vektoren $\mathfrak{a}_\nu \in X_\nu$ $(\nu \neq k)$ soll die durch

$$\varphi_k(\mathfrak{x}) = \Phi(\mathfrak{a}_1, \ldots, \mathfrak{a}_{k-1}, \mathfrak{x}, \mathfrak{a}_{k+1}, \ldots, \mathfrak{a}_n)$$

definierte Abbildung $\varphi_k\colon X_k \to Y$ eine lineare Abbildung sein. Eine n-fach lineare Abbildung von $(X_1, \ldots, X_n)$ in den Skalarenkörper K wird eine **n-fache Linearform** der Vektorräume $X_1, \ldots, X_n$ genannt. Die bereits in § 13 definierten n-fachen Linearformen eines Vektorraums X ergeben sich hier, wenn man $X_1 = \cdots = X_n = X$ setzt.

In der Menge $L(X_1, \ldots, X_n; Y)$ aller n-fach linearen Abbildungen von $(X_1, \ldots, X_n)$ in Y können die linearen Operationen in üblicher Weise definiert werden: Man setzt

$$(\Phi + \Psi)(\mathfrak{x}_1, \ldots, \mathfrak{x}_n) = \Phi(\mathfrak{x}_1, \ldots, \mathfrak{x}_n) + \Psi(\mathfrak{x}_1, \ldots, \mathfrak{x}_n) \quad \text{und}$$
$$(c\Phi)(\mathfrak{x}_1, \ldots, \mathfrak{x}_n) = c\Phi(\mathfrak{x}_1, \ldots, \mathfrak{x}_n).$$

Unmittelbar überzeugt man sich davon, daß $L(X_1, \ldots, X_n; Y)$ hinsichtlich der so erklärten linearen Operationen ein Vektorraum über K ist. Der Nullvektor dieses Raumes ist diejenige n-fach lineare Abbildung, die jedes n-Tupel auf den Nullvektor von Y abbildet.

40.1 *Der Vektorraum $L(X_1, \ldots, X_n; Y)$ ist für jeden Index k mit $1 \leqq k \leqq n$ isomorph zu dem Vektorraum $L(X_k, L(X_1, \ldots, X_{k-1}, X_{k+1}, \ldots, X_n; Y))$ aller linearen Abbildungen $\varphi: X_k \to L(X_1, \ldots, X_{k-1}, X_{k+1}, \ldots, X_n; Y)$.*

Beweis: Ist π eine Permutation der Indizes $1, \ldots, n$, so sind die Vektorräume $L(X_1, \ldots, X_n; Y)$ und $L(X_{\pi 1}, \ldots, X_{\pi n}; Y)$ isomorph: Man erhält offenbar einen Isomorphismus, wenn man jeder Abbildung $\Phi \in L(X_1, \ldots, X_n; Y)$ als Bild die durch

$$\Phi'(\mathfrak{x}_{\pi 1}, \ldots, \mathfrak{x}_{\pi n}) = \Phi(\mathfrak{x}_1, \ldots, \mathfrak{x}_n)$$

definierte Abbildung Φ' aus $L(X_{\pi 1}, \ldots, X_{\pi n}; Y)$ zuordnet. Ohne Einschränkung der Allgemeinheit kann daher weiterhin $k = 1$ angenommen werden. Zur Abkürzung werde außerdem

$$M = L(X_1, \ldots, X_n; Y) \quad \text{und} \quad M' = L(X_2, \ldots, X_n; Y)$$

gesetzt. Es sei nun $\varphi: X_1 \to M'$ eine lineare Abbildung aus $L(X_1, M')$. Für jeden Vektor $\mathfrak{x}_1 \in X_1$ ist dann $\varphi\mathfrak{x}_1$ eine $(n-1)$-fach lineare Abbildung aus M'. Einfache Rechnungen zeigen, daß durch

$$\vartheta(\varphi)(\mathfrak{x}_1, \ldots, \mathfrak{x}_n) = (\varphi\mathfrak{x}_1)(\mathfrak{x}_2, \ldots, \mathfrak{x}_n)$$

eine n-fach lineare Abbildung $\vartheta(\varphi)$ aus M definiert wird und daß die Abbildung $\vartheta: L(X_1, M') \to M$ sogar eine lineare Abbildung ist. Umgekehrt sei Φ eine n-fach lineare Abbildung aus M. Durch

$$((\eta\Phi)\mathfrak{x}_1)(\mathfrak{x}_2, \ldots, \mathfrak{x}_n) = \Phi(\mathfrak{x}_1, \ldots, \mathfrak{x}_n)$$

wird dann eine lineare Abbildung $\eta\Phi: X_1 \to M'$ erklärt, und $\eta: M \to L(X_1, M')$ ist eine lineare Abbildung. Aus der Definition der Abbildungen ϑ und η folgt nun sofort, daß $\eta \circ \vartheta$ die Identität von $L(X_1, M')$ und $\vartheta \circ \eta$ die Identität von M ist. Daher ist ϑ ein Isomorphismus von $L(X_1, M')$ auf M mit η als inversem Isomorphismus. ◆

Da $X^* = L(X, K)$ der Dualraum von X ist, besagt der letzte Satz in dem Spezialfall $n = 2$ und $Y = K$: Der Vektorraum $L(X_1, X_2; K)$ aller Bilinearformen von (X_1, X_2) ist zu den Vektorräumen $L(X_1, X_2^*)$ und $L(X_2, X_1^*)$ isomorph.

40. 2 *Die Vektorräume* $X_1, \ldots, X_n, Y$ *seien endlich-dimensional. Dann gilt*

$$\text{Dim } L(X_1, \ldots, X_n; Y) = (\text{Dim } X_1) \cdots (\text{Dim } X_n) \cdot (\text{Dim } Y).$$

Beweis: Man erhält die Behauptung durch Induktion über n. Im Fall $n = 1$ gilt wegen 9. 1 nämlich $\text{Dim } L(X_1, Y) = (\text{Dim } X_1) \cdot (\text{Dim } Y)$. Der Induktionsschluß ergibt sich wegen der in 40. 1 bewiesenen Isomorphie

$$L(X_1, \ldots, X_n; Y) \cong L(X_1, L(X_2, \ldots, X_n; Y))$$

und wieder wegen 9. 1:

$$\begin{aligned} \text{Dim } L(X_1, \ldots, X_n; Y) &= (\text{Dim } X_1) \cdot (\text{Dim } L(X_2, \ldots, X_n; Y)) \\ &= (\text{Dim } X_1) \cdot (\text{Dim } X_2) \cdots (\text{Dim } X_n) \cdot (\text{Dim } Y). \end{aligned}$$ ◆

Der Begriff der n-fach linearen Abbildung kann auf den der linearen Abbildung in folgendem Sinn zurückgeführt werden: Die n-fach linearen Abbildungen von gegebenen Vektorräumen $X_1, \ldots, X_n$ in einen beliebigen Vektorraum Y entsprechen umkehrbar eindeutig den linearen Abbildungen eines bereits durch $X_1, \ldots, X_n$ eindeutig bestimmten Vektorraums T in Y. Dieser Vektorraum T soll nun zunächst konstruiert werden.

Gegeben seien also Vektorräume $X_1, \ldots, X_n$ mit einem gemeinsamen Skalarenkörper K. Dann sei P die Menge aller n-Tupel $(\mathfrak{x}_1, \ldots, \mathfrak{x}_n)$ mit $\mathfrak{x}_\nu \in X_\nu$ $(\nu = 1, \ldots, n)$. Diese Menge P soll jetzt als Indexmenge aufgefaßt werden. Dann ist

$$S = \oplus \{K : \iota \in P\}$$

ein neuer Vektorraum über K. Für die Vektoren aus dieser direkten Summe soll jedoch jetzt eine geeignete Darstellung gewählt werden: Die Vektoren $\mathfrak{s}_\iota = \beta_\iota 1$ ($\iota \in P$; β_ι ist die natürliche Injektion) bilden eine Basis von S. Nun ist aber ein Index ι nach der Definition von P ein n-Tupel $(\mathfrak{x}_1, \ldots, \mathfrak{x}_n)$. Der zugehörige Basisvektor $\mathfrak{s}_\iota$ ist somit durch dieses n-Tupel gekennzeichnet und soll daher mit $\mathfrak{s}_\iota = \langle \mathfrak{x}_1, \ldots, \mathfrak{x}_n \rangle$ bezeichnet werden. Die spitzen Klammern sollen hierbei darauf hinweisen, daß das n-Tupel als Basisvektor von S aufzufassen ist. Verschiedene n-Tupel $(\mathfrak{x}_1, \ldots, \mathfrak{x}_n)$ und $(\mathfrak{x}_1', \ldots, \mathfrak{x}_n')$ bestimmen also linear unabhängige Vektoren $\langle \mathfrak{x}_1, \ldots, \mathfrak{x}_n \rangle$ und $\langle \mathfrak{x}'_1, \ldots, \mathfrak{x}'_n \rangle$ von S. Mit dieser Bezeichnungsweise besteht nun S genau aus den Vektoren der Form

$$\sum_{\varrho=1}^{r} c_\varrho \langle \mathfrak{x}_{\varrho,1}, \ldots, \mathfrak{x}_{\varrho,n} \rangle$$

mit Skalaren c_ϱ und verschiedenen n-Tupeln $\langle \mathfrak{x}_{\varrho,1}, \ldots, \mathfrak{x}_{\varrho,n} \rangle$ $(\varrho = 1, \ldots, r)$.

In dem Vektorraum S sei nun U derjenige Unterraum, der von allen Vektoren folgender Form aufgespannt wird:

$$(*) \qquad \begin{aligned} &\langle \ldots, \mathfrak{x} + \mathfrak{x}', \ldots \rangle - \langle \ldots, \mathfrak{x}, \ldots \rangle - \langle \ldots, \mathfrak{x}', \ldots \rangle, \\ &\langle \ldots, c\mathfrak{x}, \ldots \rangle - c\langle \ldots, \mathfrak{x}, \ldots \rangle. \end{aligned}$$

Dabei sollen an den durch Punkte gekennzeichneten Stellen jeweils entsprechend dieselben Vektoren auftreten.

Definition 40a: *Der Quotientenraum S/U wird das* **Tensorprodukt** *der Vektorräume $X_1, \ldots, X_n$ genannt und mit*

$$X_1 \otimes \cdots \otimes X_n \quad \textit{oder} \quad \bigotimes_{\nu=1}^{n} X_\nu$$

bezeichnet. Die durch ein n-Tupel $\langle \mathfrak{x}_1, \ldots, \mathfrak{x}_n \rangle$ aus S bestimmte Klasse aus S/U wird entsprechend mit $\mathfrak{x}_1 \otimes \cdots \otimes \mathfrak{x}_n$ bezeichnet.

Da die Vektoren der Form (*) in U liegen, erzeugen sie die Null-Klasse von S/U. Hieraus folgt:

$$(**) \qquad \begin{aligned} \mathfrak{x}_1 \otimes \cdots \otimes (\mathfrak{x}_k + \mathfrak{x}'_k) \otimes \cdots \otimes \mathfrak{x}_n &= \mathfrak{x}_1 \otimes \cdots \otimes \mathfrak{x}_k \otimes \cdots \otimes \mathfrak{x}_n \\ &\quad + \mathfrak{x}_1 \otimes \cdots \otimes \mathfrak{x}'_k \otimes \cdots \otimes \mathfrak{x}_n, \\ \mathfrak{x}_1 \otimes \cdots \otimes (c\mathfrak{x}_k) \otimes \cdots \otimes \mathfrak{x}_n &= c(\mathfrak{x}_1 \otimes \cdots \otimes \mathfrak{x}_k \otimes \cdots \otimes \mathfrak{x}_n). \end{aligned}$$

Bei der ersten dieser Linearitätseigenschaften wurde rechts die Konvention benutzt, daß die „Tensormultiplikation" $\otimes$ stärker bindet als die Addition. Weil die Menge aller n-Tupel $\langle \mathfrak{x}_1, \ldots, \mathfrak{x}_n \rangle$ eine Basis von S ist, wird das Tensorprodukt $X_1 \otimes \cdots \otimes X_n$ außerdem von der Menge aller Vektoren $\mathfrak{x}_1 \otimes \cdots \otimes \mathfrak{x}_n$ aufgespannt. Wegen der Gleichungen (**) wird schließlich durch

$$\mathsf{T}(\mathfrak{x}_1, \ldots, \mathfrak{x}_n) = \mathfrak{x}_1 \otimes \cdots \otimes \mathfrak{x}_n$$

eine n-fach lineare Abbildung T der Vektorräume $(X_1, \ldots, X_n)$ in das Tensorprodukt $X_1 \otimes \cdots \otimes X_n$ definiert, die man als die zu dem Tensorprodukt gehörende **kanonische Abbildung** bezeichnet.

Wenn Φ: $(X_1, \ldots, X_n) \to Y$ eine n-fach lineare Abbildung und ψ: $Y \to Z$ eine lineare Abbildung ist, dann ist offenbar die durch Hintereinanderschaltung gewonnene Abbildung $\psi \circ \Phi$: $(X_1, \ldots, X_n) \to Z$ wieder eine n-fach lineare Abbildung. Durch den folgenden Satz wird nun der oben erwähnte Zusammenhang zwischen den n-fach linearen Abbildungen und den linearen Abbildungen hergestellt.

40. 3 *Zu jeder n-fach linearen Abbildung* $\Phi\colon (X_1, \ldots, X_n) \to Y$ *gibt es genau eine lineare Abbildung* $\varphi\colon X_1 \otimes \cdots \otimes X_n \to Y$ *mit* $\Phi = \varphi \circ \mathsf{T}$, *wobei* T *die zu dem Tensorprodukt gehörende kanonische Abbildung ist. Durch* $\vartheta(\Phi) = \varphi$ *wird ein Isomorphismus* $\vartheta\colon L(X_1, \ldots, X_n; Y) \to L(X_1 \otimes \cdots \otimes X_n, Y)$ *definiert.*

Beweis: Es sei $\Phi\colon (X_1, \ldots, X_n) \to Y$ eine n-fach lineare Abbildung. Da die Menge aller Vektoren der Form $\langle \mathfrak{x}_1, \ldots, \mathfrak{x}_n \rangle$ eine Basis von S ist, gibt es nach 8. 2 genau eine lineare Abbildung $\hat{\varphi}\colon S \to Y$ mit

$$\hat{\varphi}\langle \mathfrak{x}_1, \ldots, \mathfrak{x}_n \rangle = \Phi(\mathfrak{x}_1, \ldots, \mathfrak{x}_n) \quad (\mathfrak{x}_\nu \in X_\nu;\ \nu = 1, \ldots, n).$$

Aus den Linearitätseigenschaften von Φ ergibt sich unmittelbar, daß die Vektoren der Form (*) durch $\hat{\varphi}$ auf den Nullvektor von Y abgebildet werden, daß sie also zum Kern von $\hat{\varphi}$ gehören. Da sie andererseits den Unterraum U von S aufspannen, folgt $U \leq \text{Kern}\, \hat{\varphi}$. Weiter sei jetzt ω die natürliche Abbildung von S auf $S/U = X_1 \otimes \cdots \otimes X_n$. Nach 31. 4 gibt es dann genau eine lineare Abbildung $\varphi\colon X_1 \otimes \cdots \otimes X_n \to Y$ mit $\hat{\varphi} = \varphi \circ \omega$. Wegen $\omega\langle \mathfrak{x}_1, \ldots, \mathfrak{x}_n \rangle = \mathfrak{x}_1 \otimes \cdots \otimes \mathfrak{x}_n = \mathsf{T}(\mathfrak{x}_1, \ldots, \mathfrak{x}_n)$ folgt nun

$$\begin{aligned}\Phi(\mathfrak{x}_1, \ldots, \mathfrak{x}_n) &= \hat{\varphi}\langle \mathfrak{x}_1, \ldots, \mathfrak{x}_n \rangle = \varphi(\omega\langle \mathfrak{x}_1, \ldots, \mathfrak{x}_n \rangle)\\ &= (\varphi \circ \mathsf{T})\,(\mathfrak{x}_1, \ldots, \mathfrak{x}_n)\end{aligned}$$

für alle n-Tupel und daher $\Phi = \varphi \circ \mathsf{T}$.

Umgekehrt gelte $\Phi = \psi \circ \mathsf{T}$ mit einer linearen Abbildung

$$\psi\colon X_1 \otimes \cdots \otimes X_n \to Y.$$

Für ein beliebiges n-Tupel $(\mathfrak{x}_1, \ldots, \mathfrak{x}_n)$ erhält man dann

$$\begin{aligned}\psi(\mathfrak{x}_1 \otimes \cdots \otimes \mathfrak{x}_n) &= (\psi \circ \mathsf{T})\,(\mathfrak{x}_1, \ldots, \mathfrak{x}_n)\\ &= (\varphi \circ \mathsf{T})\,(\mathfrak{x}_1, \ldots, \mathfrak{x}_n) = \varphi(\mathfrak{x}_1 \otimes \cdots \otimes \mathfrak{x}_n).\end{aligned}$$

Da aber die Menge aller Vektoren der Form $\mathfrak{x}_1 \otimes \cdots \otimes \mathfrak{x}_n$ das Tensorprodukt $X_1 \otimes \cdots \otimes X_n$ aufspannt, folgt hieraus $\psi = \varphi$; d. h. φ ist eindeutig bestimmt.

Nach dem bisher Bewiesenen wird bei gegebenem $\Phi \in L(X_1, \ldots, X_n; Y)$ durch die Gleichung $\Phi = \vartheta(\Phi) \circ \mathsf{T}$ eindeutig eine lineare Abbildung $\vartheta(\Phi) \in L(X_1 \otimes \cdots \otimes X_n, Y)$ bestimmt. Die Zuordnung $\Phi \to \vartheta(\Phi)$ ist somit eine Abbildung $\vartheta\colon L(X_1, \ldots, X_n; Y) \to L(X_1 \otimes \cdots \otimes X_n, Y)$. Wegen

$$\Phi + \Psi = (\vartheta(\Phi) \circ \mathsf{T}) + (\vartheta(\Psi) \circ \mathsf{T}) = (\vartheta(\Phi) + \vartheta(\Psi)) \circ \mathsf{T} \text{ und}$$
$$c\Phi = c(\vartheta(\Phi) \circ \mathsf{T}) = (c\vartheta(\Phi)) \circ \mathsf{T}$$

gilt $\vartheta(\Phi + \Psi) = \vartheta(\Phi) + \vartheta(\Psi)$ und $\vartheta(c\Phi) = c\vartheta(\Phi)$; d. h. ϑ ist eine lineare Abbildung. Da aus $\vartheta(\Phi) = \vartheta(\Psi)$ auch $\Phi = \vartheta(\Phi) \circ \mathsf{T} = \vartheta(\Psi) \circ \mathsf{T} = \Psi$ folgt, ist ϑ sogar injektiv. Schließlich sei φ eine beliebige Abbildung aus $L(X_1 \otimes \cdots \otimes X_n, Y)$. Dann ist $\Phi = \varphi \circ \mathsf{T}$ eine Abbildung aus $L(X_1, \ldots, X_n; Y)$ mit $\vartheta(\Phi) = \varphi$. Daher ist ϑ auch surjektiv und somit ein Isomorphismus. ◆

Durch die in dem ersten Teil dieses Satzes bewiesene Eigenschaft des Tensorprodukts ist dieses auch bis auf Isomorphie eindeutig gekennzeichnet.

40. 4 *Es sei Ψ: $(X_1, \ldots, X_n) \to Z$ eine n-fach lineare Abbildung mit folgender Eigenschaft:*

Zu jedem Vektorraum Y und zu jeder n-fach linearen Abbildung Φ: $(X_1, \ldots, X_n) \to Y$ existiert genau eine lineare Abbildung $\varphi: Z \to Y$ mit $\Phi = \varphi \circ \Psi$.

Dann ist Z zu dem Tensorprodukt $X_1 \otimes \cdots \otimes X_n$ isomorph, und es gibt genau einen Isomorphismus $\eta: Z \to X_1 \otimes \cdots \otimes X_n$ mit $\mathsf{T} = \eta \circ \Psi$ (T ist die zu dem Tensorprodukt gehörende kanonische Abbildung).

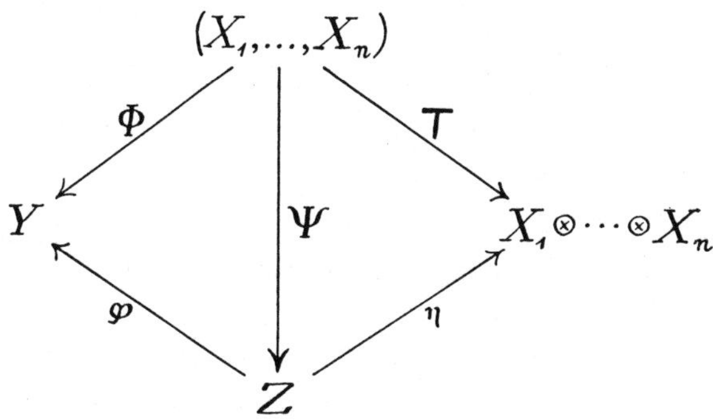

Beweis: Es sei V derjenige Unterraum von Z, der von allen Vektoren der Form $\Psi(\mathfrak{x}_1, \ldots, \mathfrak{x}_n)$ ($\mathfrak{x}_\nu \in X_\nu$; $\nu = 1, \ldots, n$) aufgespannt wird. Ferner werde angenommen, daß V ein echter Unterraum von Z ist. Dann gibt es also einen Vektor $\mathfrak{a} \in Z$ mit $\mathfrak{a} \notin V$, und es existiert mindestens eine lineare Abbildung $\varphi: Z \to Z$ mit $\varphi\mathfrak{a} = \mathfrak{a}$, die alle Vektoren aus V auf den Nullvektor abbildet. Dann ist $\Phi = \varphi \circ \Psi$ diejenige n-fach lineare Abbildung, die alle n-Tupel auf den Nullvektor abbildet. Für sie gilt aber auch $\Phi = \psi \circ \Psi$, wobei $\psi: Z \to Z$ die Nullabbildung ist. Wegen $\varphi\mathfrak{a} = \mathfrak{a} \neq \mathfrak{o}$ gilt aber $\varphi \neq \psi$, und dies widerspricht der in der Voraussetzung des Satzes enthaltenen Eindeutigkeitsforderung. Daher gilt $V = Z$, und Z wird von den Vektoren $\Psi(\mathfrak{x}_1, \ldots, \mathfrak{x}_n)$ aufgespannt.

Zu der kanonischen Abbildung T: $(X_1, \ldots, X_n) \to X_1 \otimes \cdots \otimes X_n$ gibt es nun nach Voraussetzung eine lineare Abbildung $\eta: Z \to X_1 \otimes \cdots \otimes X_n$ mit

$\mathsf{T} = \eta \circ \Psi$. Wegen 40. 3 gibt es aber auch zu $\Psi\colon (X_1, \ldots, X_n) \to Z$ eine lineare Abbildung $\eta'\colon X_1 \otimes \cdots \otimes X_n \to Z$ mit $\Psi = \eta' \circ \mathsf{T}$. Für ein beliebiges n-Tupel $(\mathfrak{x}_1, \ldots, \mathfrak{x}_n)$ gilt nun einerseits

$$(\eta \circ \eta')(\mathfrak{x}_1 \otimes \cdots \otimes \mathfrak{x}_n) = (\eta \circ \eta' \circ \mathsf{T})(\mathfrak{x}_1, \ldots, \mathfrak{x}_n) = (\eta \circ \Psi)(\mathfrak{x}_1, \ldots, \mathfrak{x}_n)$$
$$= \mathsf{T}(\mathfrak{x}_1, \ldots, \mathfrak{x}_n) = \mathfrak{x}_1 \otimes \cdots \otimes \mathfrak{x}_n$$

und andererseits

$$(\eta' \circ \eta)\Psi(\mathfrak{x}_1, \ldots, \mathfrak{x}_n) = (\eta' \circ \mathsf{T})(\mathfrak{x}_1, \ldots, \mathfrak{x}_n) = \Psi(\mathfrak{x}_1, \ldots, \mathfrak{x}_n).$$

Da die Vektoren $\mathfrak{x}_1 \otimes \cdots \otimes \mathfrak{x}_n$ das Tensorprodukt aufspannen, folgt aus der ersten Gleichung, daß $\eta \circ \eta'$ die Identität von $X_1 \otimes \cdots \otimes X_n$ ist. Da aber auch die Vektoren $\Psi(\mathfrak{x}_1, \ldots, \mathfrak{x}_n)$ den Vektorraum Z aufspannen, besagt die zweite Gleichung, daß $\eta' \circ \eta$ entsprechend die Identität von Z ist. Daher sind η und η' Isomorphismen. ◆

40. 5 *Wenn die Vektorräume* $X_1, \ldots, X_n$ *endliche Dimension besitzen, gilt*

$$\operatorname{Dim}(X_1 \otimes \cdots \otimes X_n) = (\operatorname{Dim} X_1) \cdots (\operatorname{Dim} X_n).$$

Beweis: Wegen 40. 2 und wegen der in 40. 3 bewiesenen Isomorphie erhält man ($Y = K$ gesetzt)

$$\operatorname{Dim}(X_1 \otimes \cdots \otimes X_n)^* = \operatorname{Dim} L(X_1, \ldots, X_n; K) = (\operatorname{Dim} X_1) \cdots (\operatorname{Dim} X_n).$$

Hiernach besitzt $(X_1 \otimes \cdots \otimes X_n)^*$ endliche Dimension. Wegen 38. 3 und der nachfolgenden Bemerkung gilt daher $\operatorname{Dim}(X_1 \otimes \cdots \otimes X_n) = \operatorname{Dim}(X_1 \otimes \cdots \otimes X_n)^*$. ◆

Ergänzungen und Aufgaben

40 A Aufgabe: Man beweise die Isomorphien

$$X \otimes Y \cong Y \otimes X \quad \text{und} \quad (X \otimes Y) \otimes Z \cong X \otimes (Y \otimes Z) \cong X \otimes Y \otimes Z.$$

40 B Aufgabe: Für $\nu = 1, \ldots, n$ sei $\{\mathfrak{a}_{\nu,\varrho} : \varrho = 1, \ldots, r_\nu\}$ eine Basis von X_ν. Zeige, daß dann $\{\mathfrak{a}_{1,\varrho_1} \otimes \cdots \otimes \mathfrak{a}_{n,\varrho_n} : \varrho_\nu = 1, \ldots, r_\nu$ für $\nu = 1, \ldots, n\}$ eine Basis des Tensorprodukts $X_1 \otimes \cdots \otimes X_n$ ist.

40 C Es sei X ein Vektorraum über K. Durch $\Psi(c, \mathfrak{x}) = c\mathfrak{x}$ wird dann eine bilineare Abbildung von (K, X) in X definiert.

Aufgabe: 1). Zeige, daß es zu jeder bilinearen Abbildung $\Phi\colon (K, X) \to Y$ genau eine lineare Abbildung $\varphi\colon X \to Y$ mit $\Phi = \varphi \circ \Psi$ gibt und daß $\varphi\mathfrak{x} = \Phi(1, \mathfrak{x})$ gilt.

2). Folgere die Isomorphie $K \otimes X \cong X$.

3). Folgere weiter die Isomorphie $K \otimes \cdots \otimes K \cong K$.

40 D Es gelte $X = \oplus\{X_\iota\colon \iota \in I\}$ und $Y = \oplus\{Y_\lambda\colon \lambda \in \Lambda\}$ mit beliebigen Indexmengen I und Λ. Für jeden Index $\iota \in I$ sei π_ι die natürliche Projektion von X auf X_ι, und für $\lambda \in \Lambda$ sei π'_λ entsprechend die natürliche Projektion von Y auf Y_λ. Schließlich sei $\beta_{\iota,\lambda}$ die natürliche Injektion von $X_\iota \otimes Y_\lambda$ in $\oplus\{X_\iota \otimes Y_\lambda : \iota \in I, \lambda \in \Lambda\}$.

Aufgabe: 1). Zeige daß bei festen Vektoren $\mathfrak{x} \in X$ und $\mathfrak{y} \in Y$ höchstens endlich viele unter den Vektoren $(\pi_\iota\mathfrak{x}) \otimes (\pi'_\lambda\mathfrak{y})$ aus $X_\iota \otimes Y_\lambda$ $(\iota \in I, \lambda \in \Lambda)$ von dem jeweiligen Nullvektor verschieden sind.

2). Folgere, daß durch

$$\Psi(\mathfrak{x}, \mathfrak{y}) = \Sigma \{\beta_{\iota,\lambda}((\pi_\iota \mathfrak{x}) \otimes (\pi'_\lambda \mathfrak{y})) \colon \iota \in I, \ \lambda \in \Lambda\}$$

eine bilineare Abbildung $\Psi\colon (X, Y) \to \oplus \{X_\iota \otimes Y_\lambda \colon \iota \in I, \ \lambda \in \Lambda\}$ definiert wird.

3). Zeige, daß es zu jeder bilinearen Abbildung $\Phi\colon (X, Y) \to Z$ genau eine lineare Abbildung $\varphi\colon \oplus \{X_\iota \otimes Y_\lambda \colon \iota \in I, \ \lambda \in \Lambda\} \to Z$ mit $\Phi = \varphi \circ \Psi$ gibt.

4). Folgere die Isomorphie

$$X \otimes Y \cong \oplus \{X_\iota \otimes Y_\lambda \colon \iota \in I, \ \lambda \in \Lambda\}.$$

40E Wegen 40A kann jeder Vektor aus $X_1 \otimes \cdots \otimes X_n$ in der Form $\mathfrak{x}_1 \otimes \mathfrak{y}_1 + \cdots + \mathfrak{x}_k \otimes \mathfrak{y}_k$ mit $\mathfrak{x}_\varkappa \in X_1 \otimes \cdots \otimes X_{n-1}$ und $\mathfrak{y}_\varkappa \in X_n$ ($\varkappa = 1, \ldots, k$) dargestellt werden.

Aufgabe: 1). Die Vektoren $\mathfrak{y}_1, \ldots, \mathfrak{y}_k$ seien linear unabhängig. Zeige, daß dann aus $\mathfrak{x}_1 \otimes \mathfrak{y}_1 + \cdots + \mathfrak{x}_k \otimes \mathfrak{y}_k = \mathfrak{o}$ auch $\mathfrak{x}_1 = \cdots = \mathfrak{x}_k = \mathfrak{o}$ folgt.

2). Zeige mit Hilfe von 1): Das Tensorprodukt $X_1 \otimes \cdots \otimes X_n$ ist genau dann der Nullraum, wenn mindestens einer der Vektorräume $X_1, \ldots, X_n$ der Nullraum ist. Ebenso ist $\mathfrak{x}_1 \otimes \cdots \otimes \mathfrak{x}_n = \mathfrak{o}$ gleichwertig mit $\mathfrak{x}_\nu = \mathfrak{o}$ für mindestens einen Index ν.

§ 41 Tensorielle Produkte linearer Abbildungen

Es seien $X_1, \ldots, X_n$ und $Y_1, \ldots, Y_n$ Vektorräume mit einem gemeinsamen Skalarenkörper K. Für $\nu = 1, \ldots, n$ sei ferner $\varphi_\nu\colon X_\nu \to Y_\nu$ eine lineare Abbildung. Eine einfache Rechnung zeigt dann, daß durch

$$\Phi(\mathfrak{x}_1, \ldots, \mathfrak{x}_n) = (\varphi_1 \mathfrak{x}_1) \otimes \cdots \otimes (\varphi_n \mathfrak{x}_n)$$

eine n-fach lineare Abbildung $\Phi\colon (X_1, \ldots, X_n) \to Y_1 \otimes \cdots \otimes Y_n$ definiert wird. Ist nun T die zu dem Tensorprodukt $X_1 \otimes \cdots \otimes X_n$ gehörende kanonische Abbildung, so gibt es nach 40. 3 genau eine lineare Abbildung $\varphi\colon X_1 \otimes \cdots \otimes X_n \to Y_1 \otimes \cdots \otimes Y_n$ mit $\Phi = \varphi \circ \mathsf{T}$. Diese lineare Abbildung φ soll das **tensorielle Produkt** der linearen Abbildungen $\varphi_1, \ldots, \varphi_n$ genannt und mit $\varphi_1 \underline{\otimes} \cdots \underline{\otimes} \varphi_n$ bezeichnet werden. Das tensorielle Produkt ist von dem Tensorprodukt $\varphi_1 \otimes \cdots \otimes \varphi_n$ zu unterscheiden: Das tensorielle Produkt $\varphi_1 \underline{\otimes} \cdots \underline{\otimes} \varphi_n$ ist eine lineare Abbildung aus $L(X_1 \otimes \cdots \otimes X_n, Y_1 \otimes \cdots \otimes Y_n)$; das Tensorprodukt $\varphi_1 \otimes \cdots \otimes \varphi_n$ ist jedoch keine Abbildung, sondern ein Vektor aus dem Tensorprodukt $L(X_1, Y_1) \otimes \cdots \otimes L(X_n, Y_n)$ der Vektorräume $L(X_\nu, Y_\nu)$ aller linearen Abbildungen von X_ν in Y_ν. Zwischen diesen beiden Produkten besteht indes folgende Beziehung:

41. 1 *Es gibt genau eine lineare Abbildung*

$$\gamma_n\colon L(X_1, Y_1) \otimes \cdots \otimes L(X_n, Y_n) \to L(X_1 \otimes \cdots \otimes X_n, Y_1 \otimes \cdots \otimes Y_n)$$

mit $\gamma_n(\varphi_1 \otimes \cdots \otimes \varphi_n) = \varphi_1 \underline{\otimes} \cdots \underline{\otimes} \varphi_n$*; und diese ist eine Injektion. Wenn die Vektorräume* $X_1, \ldots, X_n$ *und* $Y_1, \ldots, Y_n$ *endliche Dimension besitzen, ist* γ_n *sogar eine Isomorphie.*

Beweis: Es werde $L = L(X_1 \otimes \cdots \otimes X_n, Y_1 \otimes \cdots \otimes Y_n)$ und $L_\nu = L(X_\nu, Y_\nu)$ gesetzt. Durch $\Gamma_n(\varphi_1, \ldots, \varphi_n) = \varphi_1 \underline{\otimes} \cdots \underline{\otimes} \varphi_n$ wird offenbar eine n-fach lineare Abbildung $\Gamma_n: (L_1, \ldots, L_n) \to L$ definiert, die wegen 40.3 eindeutig eine lineare Abbildung $\gamma_n: L_1 \otimes \cdots \otimes L_n \to L$ mit $\gamma_n(\varphi_1 \otimes \cdots \otimes \varphi_n) = \varphi_1 \underline{\otimes} \cdots \underline{\otimes} \varphi_n$ bestimmt.

Die Injektivität von γ_n wird durch Induktion über n bewiesen, wobei der Fall $n = 1$ trivial ist: Ein Vektor $\omega \neq \mathfrak{o}$ aus $L_1 \otimes \cdots \otimes L_n$ kann in der Form $\omega = \omega_1 \otimes \varphi_1 + \cdots + \omega_k \otimes \varphi_k$ mit $\omega_\varkappa \in L_1 \otimes \cdots \otimes L_{n-1}$ und $\varphi_\varkappa \in L_n$ $(\varkappa = 1, \ldots, k)$ dargestellt werden, wobei noch $\varphi_1 \neq 0$ und die lineare Unabhängigkeit von $\omega_1, \ldots, \omega_k$ vorausgesetzt werden kann. Wegen $\varphi_1 \neq 0$ existiert ein Vektor $\mathfrak{x}_n^* \in X_n$, für den etwa die Vektoren $\varphi_1 \mathfrak{x}_n^*, \ldots, \varphi_q \mathfrak{x}_n^*$ linear unabhängig sind $(1 \leqq q \leqq k)$, während $\varphi_\varkappa \mathfrak{x}_n^* = c_{\varkappa,1}(\varphi_1 \mathfrak{x}_n^*) + \cdots + c_{\varkappa,q}(\varphi_q \mathfrak{x}_n^*)$ für $\varkappa = q + 1, \ldots, k$ gilt. Nimmt man nun $\omega \in \operatorname{Kern} \gamma_n$ an, so folgt nach leichter Umrechnung für beliebige Vektoren $\mathfrak{x}_1 \in X_1, \ldots, \mathfrak{x}_{n-1} \in X_{n-1}$

$$\begin{aligned} \mathfrak{o} &= (\gamma_n \omega)(\mathfrak{x}_1 \otimes \cdots \otimes \mathfrak{x}_{n-1} \otimes \mathfrak{x}_n^*) \\ &= (\gamma_{n-1} \omega_1^*)(\mathfrak{x}_1 \otimes \cdots \otimes \mathfrak{x}_{n-1}) \otimes (\varphi_1 \mathfrak{x}_n^*) + \cdots + (\gamma_{n-1} \omega_q^*)(\mathfrak{x}_1 \otimes \cdots \otimes \mathfrak{x}_{n-1}) \\ &\qquad \otimes (\varphi_q \mathfrak{x}_n^*) \end{aligned}$$

mit $\omega_\sigma^* = \omega_\sigma + c_{q+1,\sigma} \omega_{q+1} + \cdots + c_{k,\sigma} \omega_k$ $(\sigma = 1, \ldots, q)$. Wegen der linearen Unabhängigkeit von $\varphi_1 \mathfrak{x}_n^*, \ldots, \varphi_q \mathfrak{x}_n^*$ ergibt sich (vgl. 40 E) insbesondere $(\gamma_{n-1} \omega_1^*)(\mathfrak{x}_1 \otimes \cdots \otimes \mathfrak{x}_{n-1}) = \mathfrak{o}$ für beliebige Vektoren $\mathfrak{x}_1, \ldots, \mathfrak{x}_{n-1}$, also $\gamma_{n-1} \omega_1^* = 0$. Nach Induktionsannahme folgt hieraus sogar $\omega_1^* = \mathfrak{o}$, was der vorausgesetzten linearen Unabhängigkeit von $\omega_1, \ldots, \omega_k$ widerspricht. Daher gilt $\operatorname{Kern} \gamma_n = [\mathfrak{o}]$; d. h. γ_n ist injektiv.

Wenn schließlich $X_1, \ldots, X_n$ und $Y_1, \ldots, Y_n$ sämtlich endliche Dimension besitzen, gilt wegen 9.1 und 40.5

$$\operatorname{Dim}(L_1 \otimes \cdots \otimes L_n) = (\operatorname{Dim} X_1) \cdots (\operatorname{Dim} X_n) \cdot (\operatorname{Dim} Y_1) \cdots (\operatorname{Dim} Y_n) = \operatorname{Dim} L.$$

Als Injektion muß daher γ auch surjektiv, also ein Isomorphismus sein. ◆

Für $\nu = 1, \ldots, n$ sei jetzt U_ν ein Unterraum von X_ν. Die Menge aller Vektoren der Form $\mathfrak{x}_1 \otimes \cdots \otimes \mathfrak{x}_n$ mit $\mathfrak{x}_\nu \in U_\nu$ für mindestens einen Index ν erzeugt dann einen Unterraum von $X_1 \otimes \cdots \otimes X_n$, der mit $[U_1, \ldots, U_n]$ bezeichnet werden soll.

41. 2 *Für $\nu = 1, \ldots, n$ sei $\varphi_\nu: X_\nu \to Y_\nu$ eine lineare Abbildung. Für das tensorielle Produkt dieser Abbildungen gilt dann*

$$\text{Kern}\,(\varphi_1 \underline{\otimes} \cdots \underline{\otimes}\, \varphi_n) = [\text{Kern}\,\varphi_1, \ldots, \text{Kern}\,\varphi_n].$$

Beweis: (Vgl. Diagramm). Ohne Einschränkung der Allgemeinheit kann angenommen werden, daß die linearen Abbildungen φ_ν surjektiv sind, daß also $\varphi_\nu X_\nu = Y_\nu$ $(\nu = 1, \ldots, n)$ gilt. Zur Abkürzung werde

$$U = [\text{Kern}\,\varphi_1, \ldots, \text{Kern}\,\varphi_n] \quad \text{und} \quad \varphi = \varphi_1 \underline{\otimes} \cdots \underline{\otimes}\, \varphi_n$$

gesetzt. Gilt nun $\mathfrak{x}_\nu \in \text{Kern}\,\varphi_\nu$ für nur einen Index ν, so folgt

$$\varphi(\mathfrak{x}_1 \otimes \cdots \otimes \mathfrak{x}_\nu \otimes \cdots \otimes \mathfrak{x}_n) = (\varphi_1 \mathfrak{x}_1) \otimes \cdots \otimes \mathfrak{o} \otimes \cdots \otimes (\varphi_n \mathfrak{x}_n) = \mathfrak{o},$$

also $\mathfrak{x}_1 \otimes \cdots \otimes \mathfrak{x}_n \in \text{Kern}\,\varphi$. Da aber U von diesen Vektoren erzeugt wird, folgt $U \leq \text{Kern}\,\varphi$. Wegen 31. 4 existiert daher genau eine lineare Abbildung $\hat{\varphi}: (X_1 \otimes \cdots \otimes X_n)/U \to Y_1 \otimes \cdots \otimes Y_n$ mit $\varphi = \hat{\varphi} \circ \omega$, wobei ω die natürliche Abbildung von $X_1 \otimes \cdots \otimes X_n$ auf den Quotientenraum ist.

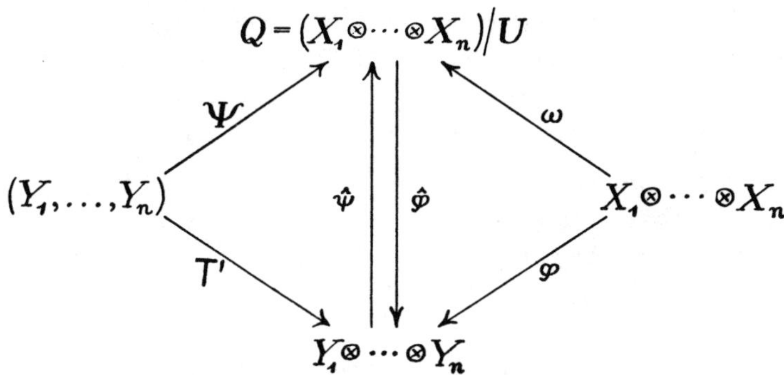

Weiter gelte jetzt $\mathfrak{y}_\nu \in Y_\nu$ für $\nu = 1, \ldots, n$. Wegen $\varphi_\nu X_\nu = Y_\nu$ gibt es dann Vektoren $\mathfrak{x}_\nu \in X_\nu$ mit $\varphi_\nu \mathfrak{x}_\nu = \mathfrak{y}_\nu$. Sind $\mathfrak{x}_1', \ldots, \mathfrak{x}_n'$ andere Vektoren, für die ebenfalls $\varphi_\nu \mathfrak{x}_\nu' = \mathfrak{y}_\nu$ gilt, so folgt

$$\mathfrak{x}_1 \otimes \cdots \otimes \mathfrak{x}_n - \mathfrak{x}_1' \otimes \cdots \otimes \mathfrak{x}_n' = (\mathfrak{x}_1 - \mathfrak{x}_1') \otimes \mathfrak{x}_2 \otimes \cdots \otimes \mathfrak{x}_n + \mathfrak{x}_1' \otimes (\mathfrak{x}_2 - \mathfrak{x}_2') \otimes \cdots \otimes \mathfrak{x}_n + \cdots + \mathfrak{x}_1' \otimes \cdots \otimes (\mathfrak{x}_n - \mathfrak{x}_n').$$

Wegen $\varphi_\nu(\mathfrak{x}_\nu - \mathfrak{x}_\nu') = \mathfrak{o}$ liegen die Vektoren der rechten Seite und damit auch der Vektor der linken Seite in U. Man erhält

$$\omega(\mathfrak{x}_1 \otimes \cdots \otimes \mathfrak{x}_n) = \omega(\mathfrak{x}_1' \otimes \cdots \otimes \mathfrak{x}_n'),$$

weswegen durch

$$\Psi(\varphi_1 \mathfrak{x}_1, \ldots, \varphi_n \mathfrak{x}_n) = \omega(\mathfrak{x}_1 \otimes \cdots \otimes \mathfrak{x}_n)$$

eine n-fach lineare Abbildung Ψ von $(Y_1, \ldots, Y_n)$ in den Quotientenraum $Q = (X_1 \otimes \cdots \otimes X_n)/U$ definiert wird. Zu ihr gibt es nach 40. 3 genau eine lineare Abbildung $\hat{\psi}\colon Y_1 \otimes \cdots \otimes Y_n \to Q$ mit $\Psi = \hat{\psi} \circ \mathsf{T}'$, wobei T' die zu dem Tensorprodukt $Y_1 \otimes \cdots \otimes Y_n$ gehörende kanonische Abbildung ist. Aus den Definitionen der Abbildungen $\hat{\varphi}$ und $\hat{\psi}$ folgt nun unmittelbar, daß $\hat{\psi} \circ \hat{\varphi}$ die Identität von Q und $\hat{\varphi} \circ \hat{\psi}$ die Identität von $Y_1 \otimes \cdots \otimes Y_n$ ist, daß also $\hat{\varphi}\colon Q \to Y_1 \otimes \cdots \otimes Y_n$ ein Isomorphismus ist.

Wegen $\hat{\varphi} \circ \omega = \varphi$ erhält man

$$\hat{\varphi} \circ \omega(\text{Kern } \varphi) = \varphi(\text{Kern } \varphi) = \mathfrak{o}.$$

Da aber $\hat{\varphi}$ ein Isomorphismus ist, folgt weiter $\omega(\text{Kern } \varphi) = \mathfrak{o}$ und daher Kern $\varphi \leq U$. Wegen der oben erhaltenen Beziehung $U \leq$ Kern φ ergibt sich die Behauptung Kern $\varphi = U$. ◆

41. 3 *Für $\nu = 1, \ldots, n$ sei U_ν ein Unterraum von X_ν. Dann gilt*

$$X_1/U_1 \otimes \cdots \otimes X_n/U_n \cong (X_1 \otimes \cdots \otimes X_n)/[U_1, \ldots, U_n].$$

Beweis: Es sei ω_ν die natürliche Abbildung von X_ν auf X_ν/U_ν. Dann ist $\omega = \omega_1 \underline{\otimes} \cdots \underline{\otimes}\, \omega_n$ eine lineare Abbildung von $X_1 \otimes \cdots \otimes X_n$ auf $X_1/U_1 \otimes \cdots \otimes X_n/U_n$. Wegen 41.2 gilt außerdem Kern $\omega = [U_1, \ldots, U_n]$. Die Behauptung ergibt sich nun mit Hilfe von 31. 5. ◆

41. 4 *Es gibt genau eine Injektion $\eta\colon X_1^* \otimes \cdots \otimes X_n^* \to (X_1 \otimes \cdots \otimes X_n)^*$ des Tensorprodukts der Dualräume $X_1^*, \ldots, X_n^*$ in den Dualraum des Tensorprodukts $X_1 \otimes \cdots \otimes X_n$ mit*

$$\langle \mathfrak{x}_1 \otimes \cdots \otimes \mathfrak{x}_n, \eta(\varphi_1 \otimes \cdots \otimes \varphi_n)\rangle = \langle \mathfrak{x}_1, \varphi_1\rangle \cdots \langle \mathfrak{x}_n, \varphi_n\rangle.$$

Wenn die Vektorräume $X_1, \ldots, X_n$ endliche Dimension besitzen, ist η sogar ein Isomorphismus.
(*Die spitzen Klammern bedeuten das natürliche skalare Produkt; vgl.* § 38.)

Beweis: Es sei K der Skalarenkörper. Durch $\Theta(a_1, \ldots, a_n) = a_1 \cdots a_n$ wird eine n-fach lineare Abbildung $\Theta\colon (K, \ldots, K) \to K$ definiert, zu der es nach 40. 3 eine lineare Abbildung $\vartheta\colon K \otimes \cdots \otimes K \to K$ mit

$$\vartheta(a_1 \otimes \cdots \otimes a_n) = \Theta(a_1, \ldots, a_n) = a_1 \cdots a_n$$

gibt. Aus $\vartheta(a_1 \otimes \cdots \otimes a_n) = 0$ folgt $a_\nu = 0$ für mindestens einen Index ν, weswegen $a_1 \otimes \cdots \otimes a_n$ der Nullvektor aus $K \otimes \cdots \otimes K$ ist. Somit ist ϑ injektiv, offenbar aber auch surjektiv und daher ein Isomorphismus.

Nach 41. 1 wird durch $\gamma(\varphi_1 \otimes \cdots \otimes \varphi_n) = \varphi_1 \underline{\otimes} \cdots \underline{\otimes}\, \varphi_n$ eine Injektion γ von $L(X_1, K) \otimes \cdots \otimes L(X_n, K) = X_1^* \otimes \cdots \otimes X_n^*$ in $L(X_1 \otimes \cdots \otimes X_n,$

$K \otimes \cdots \otimes K$) definiert, die bei endlich-dimensionalen Räumen sogar ein Isomorphismus ist. Da ϑ ein Isomorphismus ist, wird weiter durch

$$\delta(\varphi_1 \underline{\otimes} \cdots \underline{\otimes}\, \varphi_n) = \vartheta \circ (\varphi_1 \underline{\otimes} \cdots \underline{\otimes}\, \varphi_n)$$

ein Isomorphismus δ von $L(X_1 \otimes \cdots \otimes X_n, K \otimes \cdots \otimes K)$ auf $L(X_1 \otimes \cdots \otimes X_n, K) = (X_1 \otimes \cdots \otimes X_n)^*$ definiert. Daher ist schließlich $\eta = \delta \circ \gamma$ eine Injektion von $X_1^* \otimes \cdots \otimes X_n^*$ in $(X_1 \otimes \cdots \otimes X_n)^*$, die im Fall endlich-dimensionaler Räume sogar ein Isomorphismus ist. Man erhält

$$\begin{aligned}\langle \mathfrak{x}_1 \otimes \cdots \otimes \mathfrak{x}_n, \eta(\varphi_1 \otimes \cdots \otimes \varphi_n)\rangle &= \langle \mathfrak{x}_1 \otimes \cdots \otimes \mathfrak{x}_n, \vartheta \circ (\varphi_1 \underline{\otimes} \cdots \underline{\otimes}\, \varphi_n)\rangle \\ &= \vartheta(\varphi_1\mathfrak{x}_1 \otimes \cdots \otimes \varphi_n\mathfrak{x}_n) = (\varphi_1\mathfrak{x}_1) \cdots (\varphi_n\mathfrak{x}_n) \\ &= \langle \mathfrak{x}_1, \varphi_1\rangle \cdots \langle \mathfrak{x}_n, \varphi_n\rangle .\end{aligned}$$

Umgekehrt sei $\tilde{\eta}$ eine Injektion mit der in dem Satz angegebenen Eigenschaft. Dann erhält man

$$\begin{aligned}[(\delta^{-1} \circ \tilde{\eta})(\varphi_1 \otimes \cdots \otimes \varphi_n)](\mathfrak{x}_1 \otimes \cdots \otimes \mathfrak{x}_n) &= \vartheta^{-1}\langle \mathfrak{x}_1 \otimes \cdots \otimes \mathfrak{x}_n, \tilde{\eta}(\varphi_1 \otimes \cdots \otimes \varphi_n)\rangle \\ &= \vartheta^{-1}(\langle \mathfrak{x}_1, \varphi_1\rangle \cdots \langle \mathfrak{x}_n, \varphi_n\rangle) \\ &= (\varphi_1\mathfrak{x}_1) \otimes \cdots \otimes (\varphi_n\mathfrak{x}_n) = (\varphi_1 \underline{\otimes} \cdots \underline{\otimes}\, \varphi_n)(\mathfrak{x}_1 \otimes \cdots \otimes \mathfrak{x}_n),\end{aligned}$$

und es folgt $\delta^{-1} \circ \tilde{\eta} = \gamma$, also $\tilde{\eta} = \delta \circ \gamma = \eta$. Damit ist auch die Eindeutigkeit von η bewiesen. ◆

Ergänzungen und Aufgaben

41A Aufgabe: Für $\nu = 1, \ldots, n$ seien $\varphi_\nu : X_\nu \to Y_\nu$ und $\psi_\nu : Y_\nu \to Z_\nu$ lineare Abbildungen. Man beweise die Gleichung

$$(\psi_1 \underline{\otimes} \cdots \underline{\otimes}\, \psi_n) \circ (\varphi_1 \underline{\otimes} \cdots \underline{\otimes}\, \varphi_n) = (\psi_1 \circ \varphi_1) \underline{\otimes} \cdots \underline{\otimes} (\psi_n \circ \varphi_n).$$

41B Aufgabe: Für $\nu = 1, \ldots, n$ sei $\varphi_\nu : X_\nu \to Y_\nu$ eine Injektion (Surjektion). Zeige, daß dann auch $\varphi_1 \underline{\otimes} \cdots \underline{\otimes}\, \varphi_n$ injektiv (surjektiv) ist. Zeige jedoch an Beispielen, daß die Umkehrung hiervon nicht gilt.

41C Die Vektorräume $X_1, \ldots, X_n$ und $Y_1, \ldots, Y_n$ seien endlich-dimensional. Für $\nu = 1, \ldots, n$ sei ferner B_ν eine Basis von X_ν und B'_ν eine Basis von Y_ν. Nach § 9 bestimmen dann die Basen B_ν und B'_ν eindeutig die zugehörige kanonische Basis Ω_ν von $L(X_\nu, Y_\nu)$. Ferner wird gemäß 40B durch die Basen $B_1, \ldots, B_n$ eine Basis C von $X_1 \otimes \cdots \otimes X_n$, durch die Basen $B'_1, \ldots, B'_n$ eine Basis C' von $Y_1 \otimes \cdots \otimes Y_n$ und durch die Basen $\Omega_1, \ldots, \Omega_n$ eine Basis Ω von $L(X_1, Y_1) \otimes \cdots \otimes L(X_n, Y_n)$ bestimmt. Schließlich gehört zu den Basen C und C' eine kanonische Basis Ω' von $L(X_1 \otimes \cdots \otimes X_n, Y_1 \otimes \cdots \otimes Y_n)$.

Aufgabe: 1). Zeige, daß der Isomorphismus γ aus 41. 1 die Basis Ω auf die Basis Ω' abbildet.

2). Für $\nu = 1, \ldots, n$ sei $\varphi_\nu : X_\nu \to Y_\nu$ eine lineare Abbildung, der hinsichtlich der Basen B_ν und B'_ν die Matrix A_ν zugeordnet sei. Man berechne die Matrix A, die dem tensoriellen Produkt $\varphi_1 \underline{\otimes} \cdots \underline{\otimes}\, \varphi_n$ hinsichtlich der Basen C und C' zugeordnet ist.

3). Zeige, daß die Elemente der Matrix A gleichzeitig die Koordinaten des Tensorprodukts $\varphi_1 \otimes \cdots \otimes \varphi_n$ hinsichtlich der Basis Ω sind.

4). Zeige, daß im Fall $n = 2$ die Matrix A in folgender Form dargestellt werden kann:

$$A = \begin{pmatrix} U_{1,1} \cdots U_{1,r} \\ \cdots\cdots\cdots \\ U_{s,1} \cdots U_{s,r} \end{pmatrix}.$$

Dabei bedeutet $U_{\sigma,\varrho}$ eine Untermatrix der Form $U_{\sigma,\varrho} = a_{\sigma,\varrho} A_2$, und die Skalare $a_{\sigma,\varrho}$ sind die Elemente der Matrix A_1.

Man nennt die Matrix A auch das **Kronecker-Produkt** der Matrizen A_1 und A_2.

41 D Die Vektorräume $X_1, \ldots, X_n$ und $Y_1, \ldots, Y_n$ seien endlich-dimensional. Für $\nu = 1, \ldots, n$ sei ferner $\varphi_\nu : X_\nu \to Y_\nu$ eine lineare Abbildung, und $\varphi_\nu^* : Y_\nu^* \to X_\nu^*$ sei ihre duale Abbildung.

Aufgabe: Zeige, daß mit den Isomorphismen aus 41. 4 folgende Beziehung gilt:

$$(\varphi_1 \underline{\otimes} \cdots \underline{\otimes}\, \varphi_n)^* = \eta_X \circ (\varphi_1^* \underline{\otimes} \cdots \underline{\otimes}\, \varphi_n^*) \circ \eta_Y^{-1}.$$

§ 42 Tensormultiplikation und Verjüngung

In diesem Paragraphen sei X ein beliebiger Vektorraum über einem Körper K, und X^* sei der Dualraum von X. Die Vektoren aus X^* sind also Linearformen von X. Sie sollen jedoch jetzt ebenfalls mit deutschen Buchstaben bezeichnet werden, denen ein Stern oder ein oberer Index angefügt wird. Vektoren aus X werden dagegen überhaupt nicht oder durch untere Indizes gekennzeichnet. Für Vektoren $\mathfrak{x} \in X$ und $\mathfrak{x}^* \in X^*$ ist das natürliche skalare Produkt $\langle \mathfrak{x}, \mathfrak{x}^* \rangle$ definiert: Es ist $\langle \mathfrak{x}, \mathfrak{x}^* \rangle$ der Wert, den die Linearform $\mathfrak{x}^*$ bei Anwendung auf den Vektor $\mathfrak{x}$ annimmt.

Setzt man $X_1 = \cdots = X_p = X_{p+1} = \cdots = X_{p+q} = X$, so ist

$$X_p^q = X_1 \otimes \cdots \otimes X_p \otimes X_{p+1}^* \otimes \cdots \otimes X_{p+q}^*$$

das Tensorprodukt von p Exemplaren des Vektorraums X und q Exemplaren seines Dualraums X^*. Im Fall $p = 0$ oder $q = 0$ sind hierbei die Faktoren X bzw. X^* fortzulassen. X_0^0 wird gleich dem Skalarenkörper K von X gesetzt.

Definition 42a: *Die Elemente des Tensorraums X_p^q werden* **p-fach kontravariante** *und* **q-fach kovariante Tensoren** *oder Tensoren der Stufe* (p, q) *genannt. Tensoren der Stufe* $(0, 0)$ *sind Skalare.*

Speziell besitze jetzt X endliche Dimension, und $B = \{\mathfrak{a}_1, \ldots, \mathfrak{a}_n\}$ sei eine Basis von X. Diese bestimmt dann eindeutig die duale Basis $B^* = \{\mathfrak{a}^1, \ldots, \mathfrak{a}^n\}$ von X^*, deren Vektoren durch die Gleichungen

$$\langle \mathfrak{a}_\nu, \mathfrak{a}^\mu \rangle = \delta_\nu^\mu \qquad (\nu, \mu = 1, \ldots, n)$$

gekennzeichnet sind. Dabei bedeutet δ_ν^μ wieder das KRONECKER-Symbol, bei dem jetzt aus Symmetriegründen lediglich der Index μ hochgestellt ist. Sind nun $\mathfrak{x}_1, \ldots, \mathfrak{x}_p$ Vektoren aus X und $\mathfrak{x}^1, \ldots, \mathfrak{x}^q$ Vektoren aus X^*, so besitzen sie Basisdarstellungen

$$(*) \qquad \mathfrak{x}_\iota = \sum_{\nu_\iota = 1}^{n} x_\iota^{\nu_\iota} \mathfrak{a}_{\nu_\iota} \ (\iota = 1, \ldots, p) \quad \text{und} \quad \mathfrak{x}^\varkappa = \sum_{\mu_\varkappa = 1}^{n} x_{\mu_\varkappa}^\varkappa \mathfrak{a}^{\mu_\varkappa} \ (\varkappa = 1, \ldots, q).$$

Die Indizes der Koordinaten kontravarianter Vektoren werden dabei als obere Indizes geschrieben. Zur Vereinfachung der Schreibweise pflegt man außerdem folgende Festsetzung zu treffen:

Summations-Konvention: *Tritt in irgendeinem Produkt ein variabler Index doppelt auf, und zwar einmal als unterer und einmal als oberer Index, so ist über diesen Index zu summieren. Die Summation erstreckt sich dabei auf den entsprechenden Wertbereich des Index.*

Im Sinn dieser Konvention können die Gleichungen (*) jetzt einfacher in der Form

$$\mathfrak{x}_\iota = x_\iota^{\nu_\iota} \mathfrak{a}_{\nu_\iota} \quad \text{und} \quad \mathfrak{x}^\varkappa = x_{\mu_\varkappa}^\varkappa \mathfrak{a}^{\mu_\varkappa}$$

geschrieben werden. Für den Tensor $\mathfrak{X} = \mathfrak{x}_1 \otimes \cdots \otimes \mathfrak{x}_p \otimes \mathfrak{x}^1 \otimes \cdots \otimes \mathfrak{x}^q$ aus X_p^q ergibt sich hieraus

$$\mathfrak{X} = x_1^{\nu_1} \cdots x_p^{\nu_p} x_{\mu_1}^1 \cdots x_{\mu_q}^q (\mathfrak{a}_{\nu_1} \otimes \cdots \otimes \mathfrak{a}_{\nu_p} \otimes \mathfrak{a}^{\mu_1} \otimes \cdots \otimes \mathfrak{a}^{\mu_q}),$$

wobei also über die Indizes $\nu_1, \ldots, \nu_p, \mu_1, \ldots, \mu_q$ unabhängig jeweils von 1 bis n zu summieren ist. Da die Tensoren dieser Form den Raum X_p^q aufspannen, wird er auch von der Menge

$$B_p^q = \{\mathfrak{a}_{\nu_1} \otimes \cdots \otimes \mathfrak{a}_{\nu_p} \otimes \mathfrak{a}^{\mu_1} \otimes \cdots \otimes \mathfrak{a}^{\mu_q} \colon \nu_1, \ldots, \nu_p, \mu_1, \ldots, \mu_q = 1, \ldots, n\}$$

aufgespannt. Nach 38. 3 gilt $X^* \cong X$ und wegen 40. 5 somit $\operatorname{Dim} X_p^q = n^{p+q}$. Da aber auch die Menge B_p^q aus genau n^{p+q} Tensoren besteht, muß sie sogar eine Basis von X_p^q sein. Man bezeichnet sie als die von der Basis B von X **erzeugte Basis** von X_p^q. Ein beliebiger Tensor $\mathfrak{X} \in X_p^q$ besitzt eine eindeutige Basisdarstellung

$$\mathfrak{X} = x_{\mu_1 \ldots \mu_q}^{\nu_1 \ldots \nu_p} (\mathfrak{a}_{\nu_1} \otimes \cdots \otimes \mathfrak{a}_{\nu_p} \otimes \mathfrak{a}^{\mu_1} \otimes \cdots \otimes \mathfrak{a}^{\mu_q}).$$

Neben den für Tensoren gleicher Stufe definierten linearen Operationen erklärt man für Tensoren nicht notwendig derselben Stufe auch eine Multiplikation, wobei X nicht endliche Dimension zu besitzen braucht: Sind $\mathfrak{x}_1, \ldots, \mathfrak{x}_p$, $\mathfrak{y}_1, \ldots, \mathfrak{y}_r$ Vektoren aus X und $\mathfrak{x}^1, \ldots, \mathfrak{x}^q, \mathfrak{y}^1, \ldots, \mathfrak{y}^s$ Vektoren aus X^*, so wird durch

$$\Phi(\mathfrak{x}_1, \ldots, \mathfrak{x}_p, \mathfrak{x}^1, \ldots, \mathfrak{x}^q, \mathfrak{y}_1, \ldots, \mathfrak{y}_r, \mathfrak{y}^1, \ldots, \mathfrak{y}^s)$$
$$= \mathfrak{x}_1 \otimes \cdots \otimes \mathfrak{x}_p \otimes \mathfrak{y}_1 \otimes \cdots \otimes \mathfrak{y}_r \otimes \mathfrak{x}^1 \otimes \cdots \otimes \mathfrak{x}^q \otimes \mathfrak{y}^1 \otimes \cdots \otimes \mathfrak{y}^s$$

eine $(p+q+r+s)$-fach lineare Abbildung Φ in den Tensorraum X_{p+r}^{q+s} definiert. Ihr entspricht nach 40. 3 eindeutig eine lineare Abbildung $\varphi: X_p^q \otimes X_r^s \to X_{p+r}^{q+s}$ (vgl. 40 A). Ist nun noch T die kanonische Abbildung von (X_p^q, X_r^s) in $X_p^q \otimes X_r^s$, so ist $\Psi = \varphi \circ \mathsf{T}$ eine bilineare Abbildung von (X_p^q, X_r^s) in X_{p+r}^{q+s}, die **Tensormultiplikation** genannt wird. Sie ist im allgemeinen nicht kommutativ. Gilt $\mathfrak{X} \in X_p^q$ und $\mathfrak{Y} \in X_r^s$, so nennt man den $(p+r, q+s)$-stufigen Tensor $\Psi(\mathfrak{X}, \mathfrak{Y})$ das **Produkt** der Tensoren $\mathfrak{X}$ und $\mathfrak{Y}$ und bezeichnet ihn einfacher mit $\mathfrak{X} \cdot \mathfrak{Y}$. Die Definition der Tensormultiplikation gilt sinngemäß auch dann, wenn einige der Zahlen p, q, r, s gleich Null sind. Ist $\mathfrak{X}$ oder $\mathfrak{Y}$ ein Skalar, also ein Tensor aus X_0^0, so soll die Tensormultiplikation die gewöhnliche Multiplikation mit Skalaren sein. Unmittelbar ergeben sich folgende Rechenregeln:

$$\mathfrak{X} \cdot (\mathfrak{Y}_1 + \mathfrak{Y}_2) = \mathfrak{X} \cdot \mathfrak{Y}_1 + \mathfrak{X} \cdot \mathfrak{Y}_2, \quad (\mathfrak{X}_1 + \mathfrak{X}_2) \cdot \mathfrak{Y} = \mathfrak{X}_1 \cdot \mathfrak{Y} + \mathfrak{X}_2 \cdot \mathfrak{Y},$$
$$(c\mathfrak{X}) \cdot \mathfrak{Y} = \mathfrak{X} \cdot (c\mathfrak{Y}) = c(\mathfrak{X} \cdot \mathfrak{Y}), \quad (\mathfrak{X} \cdot \mathfrak{Y}) \cdot \mathfrak{Z} = \mathfrak{X} \cdot (\mathfrak{Y} \cdot \mathfrak{Z}).$$

Im Sinn der Tensormultiplikation kann man einen Tensor der Form $\mathfrak{X} = \mathfrak{x}_1 \otimes \cdots \otimes \mathfrak{x}_p \otimes \mathfrak{x}^1 \otimes \cdots \otimes \mathfrak{x}^q$ auch als Produkt der Tensoren $\mathfrak{x}_1, \ldots, \mathfrak{x}_p$ und $\mathfrak{x}^1, \ldots, \mathfrak{x}^q$ der Stufen $(1, 0)$ bzw. $(0, 1)$ auffassen und somit einfacher $\mathfrak{X} = \mathfrak{x}_1 \cdots \mathfrak{x}_p \cdot \mathfrak{x}^1 \cdots \mathfrak{x}^q$ schreiben. Diese Bezeichnungsweise wird weiterhin vorwiegend benutzt. Das Produkt allgemeiner Tensoren

$$\mathfrak{X} = x_{\mu_1, \ldots, \mu_q}^{\nu_1, \ldots, \nu_p} \mathfrak{x}_{\nu_1} \cdots \mathfrak{x}_{\nu_p} \cdot \mathfrak{x}^{\mu_1} \cdots \mathfrak{x}^{\mu_q} \quad \text{und} \quad \mathfrak{Y} = y_{\varkappa_1, \ldots, \varkappa_s}^{\lambda_1, \ldots, \lambda_r} \mathfrak{y}_{\lambda_1} \cdots \mathfrak{y}_{\lambda_r} \cdot \mathfrak{y}^{\varkappa_1} \cdots \mathfrak{y}^{\varkappa_s}$$

ist dann

$$\mathfrak{X} \cdot \mathfrak{Y} = x_{\mu_1, \ldots, \mu_q}^{\nu_1, \ldots, \nu_p} \cdot y_{\varkappa_1, \ldots, \varkappa_s}^{\lambda_1, \ldots, \lambda_r} \mathfrak{x}_{\nu_1} \cdots \mathfrak{x}_{\nu_p} \cdot \mathfrak{y}_{\lambda_1} \cdots \mathfrak{y}_{\lambda_r} \cdot \mathfrak{x}^{\mu_1} \cdots \mathfrak{x}^{\mu_q} \cdot \mathfrak{y}^{\varkappa_1} \cdots \mathfrak{y}^{\varkappa_s}.$$

Während die Tensormultiplikation die Stufe erhöht, dient die folgende Operation der Erniedrigung der Stufe: Es seien $\mathfrak{x}_1, \ldots, \mathfrak{x}_p$ Vektoren aus X und $\mathfrak{x}^1, \ldots, \mathfrak{x}^q$ Vektoren aus X^*. Ferner seien i und k feste Indizes mit $1 \leqq i \leqq p$ und $1 \leqq k \leqq q$. Durch

$$\Gamma_i^k(\mathfrak{x}_1, \ldots, \mathfrak{x}_p, \mathfrak{x}^1, \ldots, \mathfrak{x}^q)$$
$$= \langle \mathfrak{x}_i, \mathfrak{x}^k \rangle \, \mathfrak{x}_1 \cdots \mathfrak{x}_{i-1} \cdot \mathfrak{x}_{i+1} \cdots \mathfrak{x}_p \cdot \mathfrak{x}^1 \cdots \mathfrak{x}^{k-1} \cdot \mathfrak{x}^{k+1} \cdots \mathfrak{x}^q$$

wird dann eine $(p+q)$-fach lineare Abbildung Γ_i^k in X_{p-1}^{q-1} definiert. Zu ihr gehört nach 40. 3 eine eindeutig bestimmte lineare Abbildung

$\gamma_i^k : X_p^q \to X_{p-1}^{q-1}$, die man die **Verjüngung** über die Indizes i und k nennt. Sie ist nur im Fall $p > 0$, $q > 0$ definiert.

Wenn X eine endliche Basis $B = \{\mathfrak{a}_1, \ldots, \mathfrak{a}_n\}$ besitzt und wenn

$$\mathfrak{X} = x^{\nu_1, \ldots, \nu_p}_{\mu_1, \ldots, \mu_q} \, \mathfrak{a}_{\nu_1} \cdots \mathfrak{a}_{\nu_p} \cdot \mathfrak{a}^{\mu_1} \cdots \mathfrak{a}^{\mu_q}$$

die Basisdarstellung eines Tensors aus X_p^q hinsichtlich der durch B erzeugten Basis B_p^q ist, so erhält man wegen $\langle \mathfrak{a}_\nu, \mathfrak{a}^\mu \rangle = \delta_\nu^\mu$ für die Verjüngung folgenden Ausdruck:

$$\begin{aligned}
\gamma_i^k \, \mathfrak{X} &= x^{\nu_1, \ldots, \nu_p}_{\mu_1, \ldots, \mu_q} \gamma_i^k (\mathfrak{a}_{\nu_1} \cdots \mathfrak{a}_{\nu_p} \cdot \mathfrak{a}^{\mu_1} \cdots \mathfrak{a}^{\mu_q}) \\
&= x^{\nu_1, \ldots, \nu_p}_{\mu_1, \ldots, \mu_q} \langle \mathfrak{a}_{\nu_i}, \mathfrak{a}^{\mu_k} \rangle \, \mathfrak{a}_{\nu_1} \cdots \mathfrak{a}_{\nu_{i-1}} \cdot \mathfrak{a}_{\nu_{i+1}} \cdots \mathfrak{a}_{\nu_p} \cdot \mathfrak{a}^{\mu_1} \cdots \mathfrak{a}^{\mu_{k-1}} \cdot \mathfrak{a}^{\mu_{k+1}} \cdots \mathfrak{a}^{\mu_q} \\
&= x^{\nu_1, \ldots, \nu_{i-1}, \lambda, \nu_{i+1}, \ldots, \nu_p}_{\mu_1, \ldots, \mu_{k-1}, \lambda, \mu_{k+1}, \ldots, \mu_q} \mathfrak{a}_{\nu_1} \cdots \mathfrak{a}_{\nu_{i-1}} \cdot \mathfrak{a}_{\nu_{i+1}} \cdots \mathfrak{a}_{\nu_p} \cdot \mathfrak{a}^{\mu_1} \cdots \mathfrak{a}^{\mu_{k-1}} \cdot \mathfrak{a}^{\mu_{k+1}} \cdots \mathfrak{a}^{\mu_q}.
\end{aligned}$$

Die Verjüngung berechnet sich somit folgendermaßen: In den Summanden der Basisdarstellung streicht man jeweils den i-ten kontravarianten Vektor $\mathfrak{a}_{\nu_i}$ und den k-ten kovarianten Vektor $\mathfrak{a}^{\mu_k}$. Außerdem werden bei den Koordinaten die entsprechenden Indizes ν_i und μ_k gleichgesetzt, etwa $\nu_i = \mu_k = \lambda$, und es wird nach der Summationskonvention über den nunmehr doppelt auftretenden Index λ zusätzlich summiert.

Beispiele:

42. I Es sei X ein zweidimensionaler reeller Vektorraum mit einer Basis $\{\mathfrak{a}_1, \mathfrak{a}_2\}$ und der dualen Basis $\{\mathfrak{a}^1, \mathfrak{a}^2\}$ von X^*. Dann sind

$$\begin{aligned}
\mathfrak{X} &= 2\mathfrak{a}_1 \cdot \mathfrak{a}^1 + 3\mathfrak{a}_1 \cdot \mathfrak{a}^2 - \mathfrak{a}_2 \cdot \mathfrak{a}^1 + 4\mathfrak{a}_2 \cdot \mathfrak{a}^2 \quad \text{und} \\
\mathfrak{Y} &= 5\mathfrak{a}_1 \cdot \mathfrak{a}_1 \cdot \mathfrak{a}^1 - 2\mathfrak{a}_1 \cdot \mathfrak{a}_1 \cdot \mathfrak{a}^2
\end{aligned}$$

Tensoren aus X_1^1 und X_2^1. Für den Produkttensor $\mathfrak{Z} = \mathfrak{X} \cdot \mathfrak{Y}$ erhält man

$$\begin{aligned}
\mathfrak{Z} = {} & 10\,\mathfrak{a}_1 \cdot \mathfrak{a}_1 \cdot \mathfrak{a}_1 \cdot \mathfrak{a}^1 \cdot \mathfrak{a}^1 + 15\,\mathfrak{a}_1 \cdot \mathfrak{a}_1 \cdot \mathfrak{a}_1 \cdot \mathfrak{a}^2 \cdot \mathfrak{a}^1 - 5\,\mathfrak{a}_2 \cdot \mathfrak{a}_1 \cdot \mathfrak{a}_1 \cdot \mathfrak{a}^1 \cdot \mathfrak{a}^1 + 20\,\mathfrak{a}_2 \cdot \mathfrak{a}_1 \cdot \mathfrak{a}_1 \cdot \mathfrak{a}^2 \cdot \mathfrak{a}^1 \\
& - 4\mathfrak{a}_1 \cdot \mathfrak{a}_1 \cdot \mathfrak{a}_1 \cdot \mathfrak{a}^1 \cdot \mathfrak{a}^2 - 6\mathfrak{a}_1 \cdot \mathfrak{a}_1 \cdot \mathfrak{a}_1 \cdot \mathfrak{a}^2 \cdot \mathfrak{a}^2 + 2\mathfrak{a}_2 \cdot \mathfrak{a}_1 \cdot \mathfrak{a}_1 \cdot \mathfrak{a}^1 \cdot \mathfrak{a}^2 - 8\mathfrak{a}_2 \cdot \mathfrak{a}_1 \cdot \mathfrak{a}_1 \cdot \mathfrak{a}^2 \cdot \mathfrak{a}^2,
\end{aligned}$$

und $\mathfrak{Z}$ ist ein Tensor aus X_3^2.

42. II Der in 42. I gewonnene Tensor $\mathfrak{Z}$ soll jetzt über den ersten unteren Index und den zweiten oberen Index verjüngt werden. Die vorher allgemein abgeleitete Vorschrift für diese Verjüngung gestaltet sich praktisch jetzt folgendermaßen: Man schreibt diejenigen Summanden von $\mathfrak{Z}$ hin, bei denen der erste untere Index und der letzte obere Index gleich sind, läßt jedoch bei den Produkten der Basisvektoren den ersten kontravarianten Vektor und den letzten kovarianten Vektor fort. Danach faßt man noch entsprechende Summanden zusammen. Man erhält:

$$\begin{aligned}\mathfrak{U} = \gamma_1^2 \mathfrak{Z} &= 10\, \mathfrak{a}_1 \cdot \mathfrak{a}_1 \cdot \mathfrak{a}^1 + 15\, \mathfrak{a}_1 \cdot \mathfrak{a}_1 \cdot \mathfrak{a}^2 + 2 \mathfrak{a}_1 \cdot \mathfrak{a}_1 \cdot \mathfrak{a}^1 - 8\, \mathfrak{a}_1 \cdot \mathfrak{a}_1 \cdot \mathfrak{a}^2 \\ &= 12\, \mathfrak{a}_1 \cdot \mathfrak{a}_1 \cdot \mathfrak{a}^1 + 7\, \mathfrak{a}_1 \cdot \mathfrak{a}_1 \cdot \mathfrak{a}^2 .\end{aligned}$$

Verjüngt man den so erhaltenen Tensor $\mathfrak{U}$ aus X_2^1 nochmals über den ersten unteren Index und den verbleibenden oberen Index, so ergibt sich

$$\mathfrak{V} = \gamma_1^1 \mathfrak{U} = 12\, \mathfrak{a}_1 .$$

Die Tensormultiplikation und die Verjüngung können auf folgende Weise zu einer weiteren Tensoroperation kombiniert werden: Es gelte $p > 0$ und $q > 0$. Ferner sei $\mathfrak{X}$ ein Tensor aus X_p^q und $\mathfrak{Y}$ ein Tensor aus X_{q+r}^{p+s}. Der Produkttensor $\mathfrak{X} \cdot \mathfrak{Y}$ ist dann ein Tensor aus X_{p+q+r}^{q+p+s}. Der Tensor $\mathfrak{X} \cdot \mathfrak{Y}$ soll nun zunächst p-mal über den jeweils ersten unteren Index und den $(q+1)$-ten oberen Index verjüngt und danach noch q-mal über den jeweils ersten unteren und ersten oberen Index verjüngt werden. Das Resultat ist dann ein Tensor aus X_r^s, der mit $\mathfrak{X} \blacktriangle \mathfrak{Y}$ bezeichnet werden soll. Der hierbei auftretende Prozeß der iterierten Verjüngung kann auch so beschrieben werden: Es wird sukzessiv über die p unteren Indizes des Tensors $\mathfrak{X}$ und die entsprechenden ersten p oberen Indizes des Tensors $\mathfrak{Y}$ verjüngt und ebenso über die q oberen Indizes von $\mathfrak{X}$ und die ersten q unteren Indizes von $\mathfrak{Y}$. Besitzt X eine endliche Basis $\{\mathfrak{a}_1, \ldots, \mathfrak{a}_n\}$, und sind

$$\mathfrak{X} = x_{\mu_1,\ldots,\mu_q}^{\nu_1,\ldots,\nu_p} \mathfrak{a}_{\nu_1} \cdots \mathfrak{a}_{\nu_p} \cdot \mathfrak{a}^{\mu_1} \cdots \mathfrak{a}^{\mu_q} \qquad \text{und}$$

$$\mathfrak{Y} = y_{\varkappa_1,\ldots,\varkappa_p,\tau_1,\ldots,\tau_s}^{\lambda_1,\ldots,\lambda_q,\sigma_1,\ldots,\sigma_r} \mathfrak{a}_{\lambda_1} \cdots \mathfrak{a}_{\lambda_q} \cdot \mathfrak{a}_{\sigma_1} \cdots \mathfrak{a}_{\sigma_r} \cdot \mathfrak{a}^{\varkappa_1} \cdots \mathfrak{a}^{\varkappa_p} \cdot \mathfrak{a}^{\tau_1} \cdots \mathfrak{a}^{\tau_s}$$

die Basisdarstellungen der Tensoren $\mathfrak{X}$ und $\mathfrak{Y}$, so erhält man zunächst

$$\mathfrak{X} \cdot \mathfrak{Y} = x_{\mu_1,\ldots,\mu_q}^{\nu_1,\ldots,\nu_p} \cdot y_{\varkappa_1,\ldots,\varkappa_p,\tau_1,\ldots,\tau_s}^{\lambda_1,\ldots,\lambda_q,\sigma_1,\ldots,\sigma_r} \mathfrak{a}_{\nu_1} \cdots \mathfrak{a}_{\nu_p} \cdot \mathfrak{a}_{\lambda_1} \cdots \mathfrak{a}_{\lambda_q} \cdot \mathfrak{a}_{\sigma_1} \cdots \mathfrak{a}_{\sigma_r} \cdot \mathfrak{a}^{\mu_1} \cdots \mathfrak{a}^{\mu_q} \cdot \mathfrak{a}^{\varkappa_1} \cdots \mathfrak{a}^{\varkappa_p} \cdot \mathfrak{a}^{\tau_1} \cdots \mathfrak{a}^{\tau_s}$$

und schließlich

$$\mathfrak{X} \blacktriangle \mathfrak{Y} = x_{\mu_1,\ldots,\mu_q}^{\nu_1,\ldots,\nu_p} \cdot y_{\nu_1,\ldots,\nu_p,\tau_1,\ldots,\tau_s}^{\mu_1,\ldots,\mu_q,\sigma_1,\ldots,\sigma_r} \mathfrak{a}_{\sigma_1} \cdots \mathfrak{a}_{\sigma_r} \cdot \mathfrak{a}^{\tau_1} \cdots \mathfrak{a}^{\tau_s} .$$

Für die in 42. I aufgetretenen Tensoren $\mathfrak{X}$ und $\mathfrak{Y}$ und für den Tensor $\mathfrak{V}$ aus 42. II gilt gerade $\mathfrak{V} = \mathfrak{X} \blacktriangle \mathfrak{Y}$.

Unmittelbar aus den Linearitätseigenschaften der Tensormultiplikation und der Verjüngung folgt, daß die durch $\Phi(\mathfrak{X}, \mathfrak{Y}) = \mathfrak{X} \blacktriangle \mathfrak{Y}$ definierte Abbildung Φ eine bilineare Abbildung von (X_p^q, X_{q+r}^{p+s}) in X_r^s ist, daß also folgende Rechenregeln gelten:

$$\begin{aligned}(\mathfrak{X}_1 + \mathfrak{X}_2) \blacktriangle \mathfrak{Y} &= \mathfrak{X}_1 \blacktriangle \mathfrak{Y} + \mathfrak{X}_2 \blacktriangle \mathfrak{Y}, \\ \mathfrak{X} \blacktriangle (\mathfrak{Y}_1 + \mathfrak{Y}_2) &= \mathfrak{X} \blacktriangle \mathfrak{Y}_1 + \mathfrak{X} \blacktriangle \mathfrak{Y}_2, \\ (c\mathfrak{X}) \blacktriangle \mathfrak{Y} = \mathfrak{X} \blacktriangle (c\mathfrak{Y}) &= c(\mathfrak{X} \blacktriangle \mathfrak{Y}).\end{aligned}$$

42. 1 *Es sei* $\mathfrak{Y}$ *ein fester Tensor aus* X_{q+r}^{p+s} *und* $\mathfrak{O}$ *der Null-Tensor aus* X_r^s. *Gilt dann* $\mathfrak{X} \blacktriangle \mathfrak{Y} = \mathfrak{O}$ *für alle Tensoren* $\mathfrak{X}$ *aus* X_p^q, *so ist* $\mathfrak{Y}$ *der Null-Tensor.*

Beweis: In einer beliebigen Darstellung von $\mathfrak{Y}$ treten jedenfalls nur endlich viele Vektoren aus X auf, die einen endlich-dimensionalen Unterraum U von X aufspannen, und ebenso nur endlich viele Vektoren aus X^*, die ihrerseits einen endlich-dimensionalen Unterraum U^* von X^* erzeugen. Es sei nun $\{\mathfrak{a}_1, \ldots, \mathfrak{a}_n\}$ eine Basis von U und $\{\mathfrak{b}^1, \ldots, \mathfrak{b}^m\}$ eine Basis von U^*. Dann kann $\mathfrak{Y}$ eindeutig in der Form

$$\mathfrak{Y} = y^{\mu_1,\ldots,\mu_q,\sigma_1,\ldots,\sigma_r}_{\nu_1,\ldots,\nu_p,\tau_1,\ldots,\tau_s}\, \mathfrak{a}_{\mu_1} \cdots \mathfrak{a}_{\mu_q} \cdot \mathfrak{a}_{\sigma_1} \cdots \mathfrak{a}_{\sigma_r} \cdot \mathfrak{b}^{\nu_1} \cdots \mathfrak{b}^{\nu_p} \cdot \mathfrak{b}^{\tau_1} \cdots \mathfrak{b}^{\tau_s}$$

dargestellt werden. Zu den Vektoren $\mathfrak{a}_1, \ldots, \mathfrak{a}_n$ gibt es (vgl. 37 C) Vektoren $\mathfrak{a}^1, \ldots, \mathfrak{a}^n \in X^*$ mit $\langle \mathfrak{a}_\nu, \mathfrak{a}^\mu \rangle = \delta_\nu^\mu$. Ebenso existieren Vektoren $\mathfrak{b}_1, \ldots, \mathfrak{b}_m \in X$ mit $\langle \mathfrak{b}_\nu, \mathfrak{b}^\mu \rangle = \delta_\nu^\mu$. Sind nun $i_1, \ldots, i_p$ feste Indizes zwischen 1 und m und entsprechend $k_1, \ldots, k_q$ feste Indizes zwischen 1 und n, so gilt für den Tensor

$$\mathfrak{X} = \mathfrak{b}_{i_1} \cdots \mathfrak{b}_{i_p} \cdot \mathfrak{a}^{k_1} \cdots \mathfrak{a}^{k_q}$$

nach Voraussetzung $\mathfrak{X} \blacktriangle \mathfrak{Y} = \mathfrak{O}$. Andererseits erhält man

$$\begin{aligned}\mathfrak{X} \blacktriangle \mathfrak{Y} &= y^{\mu_1,\ldots,\mu_q,\sigma_1,\ldots,\sigma_r}_{\nu_1,\ldots,\nu_p,\tau_1,\ldots,\tau_s}\, \delta_{i_1}^{\nu_1} \cdots \delta_{i_p}^{\nu_p} \cdot \delta_{\mu_1}^{k_1} \cdots \delta_{\mu_q}^{k_q}\, \mathfrak{a}_{\sigma_1} \cdots \mathfrak{a}_{\sigma_r} \cdot \mathfrak{b}^{\tau_1} \cdots \mathfrak{b}^{\tau_s} \\ &= y^{k_1,\ldots,k_q,\sigma_1,\ldots,\sigma_r}_{i_1,\ldots,i_p,\tau_1,\ldots,\tau_s}\, \mathfrak{a}_{\sigma_1} \cdots \mathfrak{a}_{\sigma_r} \cdot \mathfrak{b}^{\tau_1} \cdots \mathfrak{b}^{\tau_s}.\end{aligned}$$

Wegen der linearen Unabhängigkeit der Tensoren $\mathfrak{a}_{\sigma_1} \cdots \mathfrak{a}_{\sigma_r} \cdot \mathfrak{b}^{\tau_1} \cdots \mathfrak{b}^{\tau_s}$ folgt

$$y^{k_1,\ldots,k_q,\sigma_1,\ldots,\sigma_r}_{i_1,\ldots,i_p,\tau_1,\ldots,\tau_s} = 0$$

bei beliebiger Wahl aller Indizes. Daher ist $\mathfrak{Y}$ der Null-Tensor. ◆

42. 2 *Gilt* $p > 0$ *und* $q > 0$, *so ist* (X_p^q, X_q^p) *ein duales Raumpaar, wenn man das skalare Produkt von Tensoren* $\mathfrak{X} \in X_p^q$ *und* $\mathfrak{Y} \in X_q^p$ *durch*

$$\langle \mathfrak{X}, \mathfrak{Y} \rangle = \mathfrak{X} \blacktriangle \mathfrak{Y}$$

definiert. Im Fall $p = 1$ *und* $q = 0$ *stimmt dieses skalare Produkt mit dem natürlichen skalaren Produkt überein.*

Beweis: Wie oben bemerkt, ist $\langle \mathfrak{X}, \mathfrak{Y} \rangle$ eine bilineare Abbildung von (X_p^q, X_q^p) in $X_0^0 = K$, also eine Bilinearform. Wegen 42. 1 folgt aus $\langle \mathfrak{X}, \mathfrak{Y} \rangle = 0$ für alle $\mathfrak{X} \in X_p^q$, daß $\mathfrak{Y}$ der Null-Tensor ist. Da hier über alle auftretenden Indizes verjüngt wird, ergibt sich unmittelbar $\mathfrak{X} \blacktriangle \mathfrak{Y} = \mathfrak{Y} \blacktriangle \mathfrak{X}$. Daher folgt aus $\langle \mathfrak{X}, \mathfrak{Y} \rangle = 0$ für alle $\mathfrak{Y} \in X_q^p$ auch, daß $\mathfrak{X}$ der Null-Tensor ist. Somit besitzt die Bilinearform $\langle \mathfrak{X}, \mathfrak{Y} \rangle$ die Eigenschaften eines skalaren Produkts, und (X_p^q, X_q^p) ist also ein duales Raumpaar. Im Fall $p = 1$, $q = 0$ handelt es sich um nur eine Verjüngung, und die Übereinstimmung des jetzt definierten skalaren Produkts mit dem natürlichen skalaren Produkt von (X, X^*) folgt direkt aus der Definition der Verjüngung. ◆

Ist $\mathfrak{Y}$ ein fester Tensor aus X_{q+r}^{p+s}, so wird durch $\varphi_{\mathfrak{Y}}\mathfrak{X} = \mathfrak{X} \blacktriangle \mathfrak{Y}$ eine lineare Abbildung $\varphi_{\mathfrak{Y}} : X_p^q \to X_r^s$ erklärt.

42. 3 *Die durch* $\eta\mathfrak{Y} = \varphi_{\mathfrak{Y}}$ *definierte Abbildung* $\eta : X_{q+r}^{p+s} \to L(X_p^q, X_r^s)$ *in den Vektorraum aller linearen Abbildungen von* X_p^q *in* X_r^s *ist eine Injektion. Besitzt* X *endliche Dimension, so ist* η *sogar ein Isomorphismus.*

Beweis: Für beliebige Tensoren $\mathfrak{X} \in X_p^q$ und $\mathfrak{Y}_1, \mathfrak{Y}_2 \in X_{q+r}^{p+s}$ gilt

$$\begin{aligned}(\eta(\mathfrak{Y}_1 + \mathfrak{Y}_2))\, \mathfrak{X} &= \varphi_{\mathfrak{Y}_1+\mathfrak{Y}_2}\mathfrak{X} = \mathfrak{X} \blacktriangle (\mathfrak{Y}_1 + \mathfrak{Y}_2) = \mathfrak{X} \blacktriangle \mathfrak{Y}_1 + \mathfrak{X} \blacktriangle \mathfrak{Y}_2 \\ &= \varphi_{\mathfrak{Y}_1}\mathfrak{X} + \varphi_{\mathfrak{Y}_2}\mathfrak{X} = (\varphi_{\mathfrak{Y}_1} + \varphi_{\mathfrak{Y}_2})\, \mathfrak{X} = (\eta\mathfrak{Y}_1 + \eta\mathfrak{Y}_2)\, \mathfrak{X}.\end{aligned}$$

Hieraus folgt $\eta(\mathfrak{Y}_1 + \mathfrak{Y}_2) = \eta\mathfrak{Y}_1 + \eta\mathfrak{Y}_2$. Ebenso beweist man $\eta(c\mathfrak{Y}) = c(\eta\mathfrak{Y})$. Daher ist η eine lineare Abbildung. Gilt $\mathfrak{Y} \in \text{Kern}\, \eta$, ist also $\eta\mathfrak{Y}$ die Nullabbildung, so folgt

$$\mathfrak{X} \blacktriangle \mathfrak{Y} = (\eta\mathfrak{Y})\, \mathfrak{X} = \mathfrak{O}$$

für alle Tensoren $\mathfrak{X} \in X_p^q$. Wegen 42. 1 ist also $\mathfrak{Y}$ der Null-Tensor. Somit besteht der Kern von η nur aus dem Null-Tensor; d. h. η ist injektiv. Gilt $\operatorname{Dim} X = n$, also auch $\operatorname{Dim} X^* = n$, so ergibt sich wegen 9. 1, 40. 5 und wegen der Injektivität von η

$$\begin{aligned}\operatorname{Dim}(\eta X_{q+r}^{p+s}) &= \operatorname{Dim} X_{q+r}^{p+s} = n^{p+q+r+s} = (\operatorname{Dim} X_p^q) \cdot (\operatorname{Dim} X_r^s) \\ &= \operatorname{Dim} L(X_p^q, X_r^s).\end{aligned}$$

Daher ist η in diesem Fall auch surjektiv und somit ein Isomorphismus. ◆

Ergänzungen und Aufgaben

42 A Aufgabe: Man zeige an einem Beispiel, daß die Injektion η aus 42. 3 im Fall eines unendlich-dimensionalen Vektorraums X kein Isomorphismus zu sein braucht.

42 B Es sei $\{\mathfrak{a}_1, \ldots, \mathfrak{a}_n\}$ eine Basis von X und $\{\mathfrak{a}^1, \ldots, \mathfrak{a}^n\}$ die duale Basis von X^*. Ferner sei $\varphi : X_p^q \to X_r^s$ eine lineare Abbildung und η der Isomorphismus aus 42. 3.

Aufgabe: Zeige, daß der Tensor $\mathfrak{Y} = \eta^{-1}(\varphi)$ die Darstellung

$$\mathfrak{Y} = y_{\nu_1,\ldots,\nu_p,\tau_1,\ldots,\tau_s}^{\mu_1,\ldots,\mu_q,\sigma_1,\ldots,\sigma_r}\, \mathfrak{a}_{\mu_1} \cdots \mathfrak{a}_{\mu_q} \cdot \mathfrak{a}_{\sigma_1} \cdots \mathfrak{a}_{\sigma_r} \cdot \mathfrak{a}^{\nu_1} \cdots \mathfrak{a}^{\nu_p} \cdot \mathfrak{a}^{\tau_1} \cdots \mathfrak{a}^{\tau_s}$$

besitzt, wobei die hierin auftretenden Koeffizienten eindeutig durch die Gleichungen

$$\varphi(\mathfrak{a}_{\nu_1} \cdots \mathfrak{a}_{\nu_p} \cdot \mathfrak{a}^{\mu_1} \cdots \mathfrak{a}^{\mu_q}) = y_{\nu_1,\ldots,\nu_p,\tau_1,\ldots,\tau_s}^{\mu_1,\ldots,\mu_q,\sigma_1,\ldots,\sigma_r}\, \mathfrak{a}_{\sigma_1} \cdots \mathfrak{a}_{\sigma_r} \cdot \mathfrak{a}^{\tau_1} \cdots \mathfrak{a}^{\tau_s}$$

bestimmt sind.

42 C Es sei X ein zweidimensionaler reeller Vektorraum. Ferner sei $\{\mathfrak{a}_1, \mathfrak{a}_2\}$ eine Basis von X und $\{\mathfrak{a}^1, \mathfrak{a}^2\}$ die duale Basis von X^*. Schließlich sei der Tensor $\mathfrak{Y} \in X_3^2$ durch

$$\mathfrak{Y} = 3\mathfrak{a}_1 \cdot \mathfrak{a}_1 \cdot \mathfrak{a}_2 \cdot \mathfrak{a}^1 \cdot \mathfrak{a}^1 - 4\mathfrak{a}_2 \cdot \mathfrak{a}_1 \cdot \mathfrak{a}_2 \cdot \mathfrak{a}^2 \cdot \mathfrak{a}^1$$

gegeben.

Aufgabe: 1). Durch $\varphi\mathfrak{X} = \mathfrak{X} \blacktriangle \mathfrak{Y}$ wird eine lineare Abbildung $\varphi: X_1^1 \to X_2^1$ definiert. Man bestimme je eine Basis von Kern φ und von φX_1^1.

2). Durch $\psi\mathfrak{X} = \mathfrak{X} \blacktriangle \mathfrak{Y}$ wird eine lineare Abbildung $\psi: X_0^2 \to X_1^2$ definiert. Man bestimme auch hier Basen von Kern ψ und ψX_0^2.

§ 43 Tensorielle Abbildungen

Es sei α ein Automorphismus des beliebigen Vektorraums X. Nach 39. 2 existiert dann die zu α duale Abbildung $\alpha^*: X^* \to X^*$; und diese ist wegen 39. 3 sogar ein Automorphismus von X^*. Dann ist aber auch $\check{\alpha} = \alpha^{*-1}$ ein Automorphismus von X^*, und für beliebige Vektoren $\mathfrak{x} \in X$ und $\mathfrak{x}^* \in X^*$ gilt

$$\langle \alpha\mathfrak{x}, \check{\alpha}\mathfrak{x}^* \rangle = \langle \mathfrak{x}, \alpha^*(\check{\alpha}\mathfrak{x}^*) \rangle = \langle \mathfrak{x}, \mathfrak{x}^* \rangle .$$

Bildet man das tensorielle Produkt

$$\alpha_p^q = \alpha \underline{\otimes} \cdots \underline{\otimes} \alpha \underline{\otimes} \check{\alpha} \underline{\otimes} \cdots \underline{\otimes} \check{\alpha}$$

aus p Faktoren α und q Faktoren $\check{\alpha}$, so ist α_p^q eine lineare Abbildung des Tensorraums X_p^q in sich, die aber offenbar sogar ein Automorphismus von X_p^q ist (vgl. 41 B). Man nennt α_p^q den von α **induzierten Automorphismus** von X_p^q. Im Fall $p = 0$ oder $q = 0$ sind bei der Bildung von α_p^q entsprechend die Faktoren α bzw. $\check{\alpha}$ fortzulassen. Schließlich wird α_0^0 gleich der Identität von $X_0^0 = K$ gesetzt.

Definition 43 a: *Ein Unterraum U von X_p^q heißt ein* **tensorieller Unterraum,** *wenn er für jeden Automorphismus α von X ein α_p^q-invarianter Unterraum ist, wenn also $\alpha_p^q U \leq U$ gilt.*

Eine lineare Abbildung $\varphi: X_p^q \to X_r^s$ heißt eine **tensorielle Abbildung,** *wenn $\varphi \circ \alpha_p^q = \alpha_r^s \circ \varphi$ für jeden Automorphismus α von X erfüllt ist. Allgemein wird eine n-fach lineare Abbildung $\Phi: (X_{p_1}^{q_1}, \ldots, X_{p_n}^{q_n}) \to X_r^s$ eine tensorielle Abbildung genannt, wenn für alle Automorphismen α von X und für alle Tensoren $\mathfrak{X}_\nu \in X_{p_\nu}^{q_\nu}$ $(\nu = 1, \ldots, n)$ die Gleichung*

$$\Phi(\alpha_{p_1}^{q_1}\mathfrak{X}_1, \ldots, \alpha_{p_n}^{q_n}\mathfrak{X}_n) = \alpha_r^s\Phi(\mathfrak{X}_1, \ldots, \mathfrak{X}_n)$$

erfüllt ist.

Jede n-fach lineare Abbildung $\Phi: (X_{p_1}^{q_1}, \ldots, X_{p_n}^{q_n}) \to X_r^s$ bestimmt nach 40. 3 eindeutig eine lineare Abbildung φ von

$$X_{p_1}^{q_1} \otimes \cdots \otimes X_{p_n}^{q_n} = X_{p_1+\cdots+p_n}^{q_1+\cdots+q_n}.$$

(Diese beiden Räume sind zunächst nach 40 A nur isomorph. Zur Vereinfachung werden sie und die entsprechenden Abbildungen im Sinn dieser Isomorphie identifiziert.)
Ist T die kanonische Abbildung von $(X^{q_1}_{p_1}, \ldots, X^{q_n}_{p_n})$ in $X^{q_1}_{p_1} \otimes \cdots \otimes X^{q_n}_{p_n}$, so gilt $\Phi = \varphi \circ \mathsf{T}$.

43. 1 *Eine n-fach lineare Abbildung $\Phi : (X^{q_1}_{p_1}, \ldots, X^{q_n}_{p_n}) \to X^s_r$ ist genau dann eine tensorielle Abbildung, wenn die durch sie bestimmte lineare Abbildung $\varphi : X^{q_1+\cdots+q_n}_{p_1+\cdots+p_n} \to X^r_s$ mit $\Phi = \varphi \circ \mathsf{T}$ eine tensorielle Abbildung ist.*

Beweis: Unmittelbar aus der Definition des induzierten Automorphismus folgt

$$\alpha^{q_1+\cdots+q_n}_{p_1+\cdots+p_n} = \alpha^{q_1}_{p_1} \underline{\otimes} \cdots \underline{\otimes}\, \alpha^{q_n}_{p_n}.$$

Es gilt dann

$$\begin{aligned} \Phi(\alpha^{q_1}_{p_1} \mathfrak{X}_1, \ldots, \alpha^{q_n}_{p_n} \mathfrak{X}_n) &= \varphi(\alpha^{q_1}_{p_1} \mathfrak{X}_1 \otimes \cdots \otimes \alpha^{q_n}_{p_n} \mathfrak{X}_n) \\ &= \varphi(\alpha^{q_1+\cdots+q_n}_{p_1+\cdots+p_n}(\mathfrak{X}_1 \otimes \cdots \otimes \mathfrak{X}_n)) \text{ und} \\ \alpha^s_r \Phi(\mathfrak{X}_1, \ldots, \mathfrak{X}_n) &= \alpha^s_r(\varphi(\mathfrak{X}_1 \otimes \cdots \otimes \mathfrak{X}_n)), \end{aligned}$$

woraus die Behauptung unmittelbar folgt. ◆

43. 2 *Es sei $\varphi : X^q_p \to X^s_r$ eine tensorielle Abbildung. Ferner sei U ein tensorieller Unterraum von X^q_p und V ein tensorieller Unterraum von X^s_r. Dann sind auch φU und $\varphi^-(V)$ tensorielle Unterräume.*

Beweis: Für einen beliebigen Automorphismus α von X gilt $\alpha^q_p U \leq U$ und daher auch

$$\alpha^s_r(\varphi U) = \varphi(\alpha^q_p U) \leq \varphi U.$$

Ferner ergibt sich wegen $\alpha^s_r V \leq V$ und wegen

$$(\varphi \circ \alpha^q_p)\, \varphi^-(V) = (\alpha^s_r \circ \varphi)\, \varphi^-(V) = \alpha^s_r V \leq V$$

auch $\alpha^p_q(\varphi^-(V)) \leq \varphi^-(V)$. ◆

43. 3 *Die Tensormultiplikation und die Verjüngung sind tensorielle Abbildungen.*

Beweis: Für Tensoren $\mathfrak{X} \in X^q_p$ und $\mathfrak{Y} \in X^s_r$ folgt aus der Definition der Tensormultiplikation unmittelbar

$$(\alpha^q_p \mathfrak{X}) \cdot (\alpha^s_r \mathfrak{Y}) = \alpha^{q+s}_{p+r}(\mathfrak{X} \cdot \mathfrak{Y}).$$

Verjüngt man einen Tensor der Form $\mathfrak{X} = \mathfrak{x}_1 \cdots \mathfrak{x}_p \cdot \mathfrak{x}^1 \cdots \mathfrak{x}^q$ über die Indizes i und k, so erhält man wegen $\langle \alpha \mathfrak{x}_i, \check{\alpha} \mathfrak{x}^k \rangle = \langle \mathfrak{x}_i, \mathfrak{x}^k \rangle$

$$\begin{aligned} \gamma^k_i(\alpha^q_p \mathfrak{X}) &= \gamma^k_i(\alpha \mathfrak{x}_1 \cdots \alpha \mathfrak{x}_p \cdot \check{\alpha} \mathfrak{x}^1 \cdots \check{\alpha} \mathfrak{x}^q) \\ &= \langle \mathfrak{x}_i, \mathfrak{x}^k \rangle (\alpha \mathfrak{x}_1 \cdots \alpha \mathfrak{x}_{i-1} \cdot \alpha \mathfrak{x}_{i+1} \cdots \alpha \mathfrak{x}_p \cdot \check{\alpha} \mathfrak{x}^1 \cdots \check{\alpha} \mathfrak{x}^{k-1} \cdot \check{\alpha} \mathfrak{x}^{k+1} \cdots \check{\alpha} \mathfrak{x}^q) \\ &= \alpha^{q-1}_{p-1}(\gamma^k_i \mathfrak{X}). \end{aligned}$$

Da aber die Tensoren $\mathfrak{X}$ dieser speziellen Form den Tensorraum X_p^q aufspannen, gilt allgemein $\gamma_i^k \circ \alpha_p^q = \alpha_{p-1}^{q-1} \circ \gamma_i^k$. Die Verjüngung ist somit ebenfalls eine tensorielle Abbildung. ◆

Definition 43b: *Ein Tensor* $\mathfrak{X} \in X_p^q$ *heißt ein* **invarianter Tensor,** *wenn* $\alpha_p^q \mathfrak{X} = \mathfrak{X}$ *für alle Automorphismen* α *von* X *gilt.*

Der Nulltensor und jeder Skalar sind stets invariante Tensoren. Besitzt X unendliche Dimension, so sind dies allerdings auch die einzigen invarianten Tensoren: Ist nämlich $\mathfrak{X}$ ein nicht-skalarer Tensor, so wird er von endlich vielen Vektoren erzeugt, die je einen endlich-dimensionalen und somit echten Unterraum von X bzw. X^* erzeugen. Wenn diese Unterräume aber vom Nullraum verschieden sind, gibt es Automorphismen von X, die sie nicht auf sich abbilden.

43. 4 *Der Skalarenkörper* K *von* X *sei ein unendlicher Körper. Gilt dann* $p \neq q$, *so ist der Nulltensor der einzige invariante Tensor in* X_p^q.

Beweis: Für jeden Skalar $c \neq 0$ wird durch $\alpha\mathfrak{x} = c\mathfrak{x}$ ein Automorphismus α von X definiert. Der Automorphismus $\check{\alpha}$ bildet dann jeden Vektor $\mathfrak{x}^* \in X^*$ auf den Vektor $c^{-1}\mathfrak{x}^*$ ab. Für einen beliebigen Tensor $\mathfrak{X} \in X_p^q$ folgt hieraus $\alpha_p^q \mathfrak{X} = c^{p-q}\mathfrak{X}$. Wenn daher $\mathfrak{X}$ ein vom Nulltensor verschiedener invarianter Tensor ist, muß für alle Skalare $c \neq 0$ die Gleichung $c^{p-q} = 1$ erfüllt sein. Im Fall $p \neq q$ ist dies jedoch höchstens dann möglich, wenn K ein endlicher Körper ist. ◆

Die Voraussetzung des Satzes ist jedenfalls erfüllt, wenn K die Charakteristik Null besitzt. Die Behauptung gilt aber auch dann, wenn K ein endlicher Körper ist, in dem $c^{p-q} \neq 1$ für mindestens ein $c \neq 0$ gilt. Daß es andererseits im Fall $p = q$ und endlicher Dimension von X tatsächlich vom Nulltensor verschiedene invariante Tensoren in X_p^p gibt, zeigt das folgende Beispiel.

43. I Es sei $\{\mathfrak{a}_1, \ldots, \mathfrak{a}_n\}$ eine Basis von X. Ferner sei π eine Permutation der Zahlen $1, \ldots, p$. Dann sei

$$\mathfrak{A}_\pi = \mathfrak{a}_{\nu_1} \cdots \mathfrak{a}_{\nu_p} \cdot \mathfrak{a}^{\nu_{\pi 1}} \cdots \mathfrak{a}^{\nu_{\pi p}}.$$

Hierbei ist wieder über doppelt auftretende Indizes zu summieren. Da π eine Permutation ist, tritt jeder untere Index auch als ein oberer Index auf; d. h. es wird über alle Indizes $\nu_1, \ldots, \nu_p$ summiert. Ist nun α ein Automorphismus von X, so gilt

$$\alpha\mathfrak{a}_\nu = a_\nu^\mu \mathfrak{a}_\mu \quad \text{und} \quad \check{\alpha}\mathfrak{a}^\varrho = b_\sigma^\varrho \mathfrak{a}^\sigma,$$

wobei die Koeffizienten a_ν^μ und b_σ^ϱ durch die Gleichungen

$$a_\nu^\mu b_\mu^\varrho = \delta_\nu^\varrho \qquad (\varrho, \nu = 1, \ldots, n)$$

verknüpft sind, die sich unmittelbar aus $\langle \alpha \mathfrak{a}_\nu, \check{\alpha} \mathfrak{a}^\varrho \rangle = \langle \mathfrak{a}_\nu, \mathfrak{a}^\varrho \rangle = \delta_\nu^\varrho$ ergeben. Für die Matrizen $A = (a_\nu^\mu)$ und $B = (b_\sigma^\varrho)$ gilt also $AB = E$. Es folgt $B = A^{-1}$ und daher auch $BA = E$, also

$$a_\nu^\mu b_\sigma^\nu = \delta_\sigma^\mu \qquad (\mu, \sigma = 1, \ldots, n).$$

Bei Berücksichtigung dieser Gleichungen erhält man nach einfacher Rechnung

$$\begin{aligned} \alpha_p^p \mathfrak{A}_\pi &= a_{\nu_1}^{\mu_1} \cdots a_{\nu_p}^{\mu_p} b_{\sigma_{\pi 1}}^{\nu_{\pi 1}} \cdots b_{\sigma_{\pi p}}^{\nu_{\pi p}} \mathfrak{a}_{\mu_1} \cdots \mathfrak{a}_{\mu_p} \cdot \mathfrak{a}^{\sigma_{\pi 1}} \cdots \mathfrak{a}^{\sigma_{\pi p}} \\ &= \mathfrak{a}_{\mu_1} \cdots \mathfrak{a}_{\mu_p} \cdot \mathfrak{a}^{\mu_{\pi 1}} \cdots \mathfrak{a}^{\mu_{\pi p}} = \mathfrak{A}_\pi . \end{aligned}$$

Somit ist $\mathfrak{A}_\pi$ für jede Permutation π der Zahlen $1, \ldots, p$ ein invarianter Tensor.

Die invarianten Tensoren aus X_p^p bilden offenbar einen Unterraum von X_p^p. Es gilt nun, daß die soeben definierten Tensoren $\mathfrak{A}_\pi$ diesen Unterraum der invarianten Tensoren aufspannen und im Fall $p \leqq \operatorname{Dim} X$ sogar eine Basis von ihm bilden. Auf den etwas mühsamen Beweis dieser Tatsache soll hier indes nicht weiter eingegangen werden*).

43. 5 *Es sei $\mathfrak{A}$ ein fester Tensor aus X_{q+r}^{p+s}, und die lineare Abbildung $\varphi : X_p^q \to X_r^s$ sei durch $\varphi(\mathfrak{X}) = \mathfrak{X} \blacktriangle \mathfrak{A}$ definiert: Es ist φ genau dann eine tensorielle Abbildung, wenn $\mathfrak{A}$ ein invarianter Tensor ist.*

Beweis: Wenn $\mathfrak{A}$ ein invarianter Tensor ist, gilt für einen beliebigen Automorphismus α von X

$$\begin{aligned} \varphi(\alpha_p^q \mathfrak{X}) &= (\alpha_p^q \mathfrak{X}) \blacktriangle \mathfrak{A} = (\alpha_p^q \mathfrak{X}) \blacktriangle (\alpha_{q+r}^{p+s} \mathfrak{A}) \\ &= \alpha_r^s (\mathfrak{X} \blacktriangle \mathfrak{A}) = \alpha_r^s (\varphi \mathfrak{X}), \end{aligned}$$

weil nach 43. 3 die Tensormultiplikation und die Verjüngung, also auch die aus ihnen zusammengesetzte Operation $\blacktriangle$ tensorielle Abbildungen sind. Umgekehrt sei φ eine tensorielle Abbildung. Dann gilt für jeden Automorphismus α und für jeden Tensor $\mathfrak{X} \in X_p^q$

$$\begin{aligned} (\alpha_p^q \mathfrak{X}) \blacktriangle \mathfrak{A} &= \varphi(\alpha_p^q \mathfrak{X}) = \alpha_r^s (\varphi \mathfrak{X}) = \alpha_r^s (\mathfrak{X} \blacktriangle \mathfrak{A}) \\ &= (\alpha_p^q \mathfrak{X}) \blacktriangle (\alpha_{q+r}^{p+s} \mathfrak{A}). \end{aligned}$$

Da mit $\mathfrak{X}$ aber auch $\alpha_p^q \mathfrak{X}$ alle Tensoren aus X_p^q durchläuft, gilt $\eta \mathfrak{A} = \eta(\alpha_{q+r}^{p+s} \mathfrak{A})$ (vgl. 42. 3). Da jedoch η nach 42. 3 eine Injektion ist, folgt $\mathfrak{A} = \alpha_{q+r}^{p+s} \mathfrak{A}$; d. h. $\mathfrak{A}$ ist ein invarianter Tensor. ◆

Zusammen mit 42. 3 besagt dieser Satz im Fall eines endlich-dimensionalen Vektorraums X, daß es zu jeder tensoriellen Abbildung $\varphi : X_p^q \to X_r^s$ genau

*) Vgl. W. Graeub, Commentarii Mathematici Helvetici 34, 313—328.

einen invarianten Tensor $\mathfrak{A} \in X^{p+s}_{q+r}$ mit $\varphi\mathfrak{X} = \mathfrak{X} \blacktriangle \mathfrak{A}$ für alle $\mathfrak{X} \in X^q_p$ gibt. Besitzt X außerdem einen unendlichen Skalarenkörper, so folgt mit Hilfe von 43. 4: Wenn $\varphi : X^q_p \to X^s_r$ eine von der Nullabbildung verschiedene tensorielle Abbildung ist, gilt notwendig $q + r = p + s$. In diesem Fall gibt es dann aber auch tatsächlich tensorielle Abbildungen, die von der Nullabbildung verschieden sind, weil die in 43. I konstruierten invarianten Tensoren $\mathfrak{A}_\pi$ vom Nulltensor verschieden sind.

Ergänzungen und Aufgaben

43 A Es sei X ein zweidimensionaler Vektorraum über dem aus genau zwei Elementen bestehenden Körper (vgl. 3. IV). Ferner sei $\{\mathfrak{a}_1, \mathfrak{a}_2\}$ eine Basis von X.

Aufgabe: Zeige, daß

$$\mathfrak{A} = \mathfrak{a}_1 \cdot \mathfrak{a}_2 + \mathfrak{a}_2 \cdot \mathfrak{a}_1$$

ein invarianter Tensor, und zwar außer dem Nulltensor auch der einzige invariante Tensor aus X^0_2 ist.

43 B Aufgabe: Zeige, daß bei endlich-dimensionalem X die in 43. I konstruierten invarianten Tensoren $\mathfrak{A}_\pi$ aus X^p_p im Fall $p \leqq \operatorname{Dim} X$ linear unabhängig, im Fall $p > \operatorname{Dim} X$ jedoch linear abhängig sind.

§ 44 Alternierende Abbildungen

Es sei X ein beliebiger Vektorraum mit dem Skalarenkörper K, und p sei eine natürliche Zahl mit $p \geqq 2$. Das p-fache Tensorprodukt von X mit sich selbst, also der Tensorraum X^0_p, soll jetzt einfacher mit X_p bezeichnet werden. Schließlich sei T die kanonische Abbildung von $(X, \ldots, X)$ in X_p. Wenn dann $\varphi : X_p \to Y$ eine lineare Abbildung von X_p in einen weiteren Vektorraum Y ist, so ist $\Phi = \varphi \circ \mathsf{T}$ eine p-fach lineare Abbildung von X in Y.

Definition 44a: *Eine p-fach lineare Abbildung Φ von X in Y heißt* **alternierend,** *wenn $\Phi(\mathfrak{x}_1, \ldots, \mathfrak{x}_p) = \mathfrak{o}$ gilt, sofern irgend zwei unter den Vektoren $\mathfrak{x}_1, \ldots, \mathfrak{x}_p$ gleich sind. Eine lineare Abbildung $\varphi : X_p \to Y$ heißt alternierend, wenn die p-fach lineare Abbildung $\varphi \circ \mathsf{T}$ alternierend ist.*

Wenn X die Dimension p besitzt, ist offenbar jede Determinantenform von X eine p-fach alternierende Abbildung von X in den Skalarenkörper K (vgl. 13a).

44. 1 *Es sei Φ eine p-fach alternierende Abbildung von X in Y. Wenn dann die Vektoren $\mathfrak{x}_1, \ldots, \mathfrak{x}_p$ linear abhängig sind, gilt $\Phi(\mathfrak{x}_1, \ldots, \mathfrak{x}_p) = \mathfrak{o}$.*

Beweis: Wenn die Vektoren $\mathfrak{x}_1, \ldots, \mathfrak{x}_p$ linear abhängig sind, gibt es nicht sämtlich verschwindende Skalare $c_1, \ldots, c_p$ mit $c_1\mathfrak{x}_1 + \cdots + c_p\mathfrak{x}_p = \mathfrak{o}$. Ohne

Einschränkung der Allgemeinheit kann $c_1 \neq 0$ angenommen werden. Wegen der Linearitätseigenschaften von Φ erhält man

$$\Phi(c_1 \mathfrak{x}_1 + \cdots + c_p \mathfrak{x}_p, \mathfrak{x}_2, \ldots, \mathfrak{x}_p) = c_1 \Phi(\mathfrak{x}_1, \mathfrak{x}_2, \ldots, \mathfrak{x}_p) \\ + c_2 \Phi(\mathfrak{x}_2, \mathfrak{x}_2, \ldots, \mathfrak{x}_p) + \cdots + c_p \Phi(\mathfrak{x}_p, \mathfrak{x}_2, \ldots, \mathfrak{x}_p).$$

Auf der rechten Seite dieser Gleichung verschwinden außer dem ersten Summanden alle übrigen, weil in ihnen je zwei gleiche Argumentvektoren auftreten (Φ ist alternierend!). Die linke Seite ergibt den Nullvektor, weil der erste Argumentvektor der Nullvektor ist. Somit gilt $c_1 \Phi(\mathfrak{x}_1, \ldots, \mathfrak{x}_p) = \mathfrak{o}$, und wegen $c_1 \neq 0$ folgt $\Phi(\mathfrak{x}_1, \ldots, \mathfrak{x}_p) = \mathfrak{o}$. ◆

44. 2 *Gilt $p >$ Dim X, so ist die Nullabbildung die einzige p-fach alternierende Abbildung von X in einen beliebigen Vektorraum Y.*

Beweis: Je p Vektoren von X müssen wegen $p >$ Dim X linear abhängig sein. Ist daher Φ eine p-fach alternierende Abbildung, so gilt wegen 44. 1 stets $\Phi(\mathfrak{x}_1, \ldots, \mathfrak{x}_p) = \mathfrak{o}$ bei beliebiger Wahl der Vektoren $\mathfrak{x}_1, \ldots, \mathfrak{x}_p$; d. h. Φ ist die Nullabbildung. ◆

Weiter bedeute jetzt $\mathfrak{S}_p$ die Gruppe aller Permutationen der Zahlen $1, \ldots, p$.

Definition 44b: *Eine p-fach lineare Abbildung Φ von X in Y heißt* **antisymmetrisch,** *wenn für beliebige Vektoren $\mathfrak{x}_1, \ldots, \mathfrak{x}_p$ und jede Permutation $\pi \in \mathfrak{S}_p$ die Gleichung*

$$(*) \qquad \Phi(\mathfrak{x}_{\pi 1}, \ldots, \mathfrak{x}_{\pi p}) = (sgn\ \pi)\ \Phi(\mathfrak{x}_1, \ldots, \mathfrak{x}_p)$$

erfüllt ist. Eine lineare Abbildung $\varphi: X_p \to Y$ heißt antisymmetrisch, wenn die p-fach lineare Abbildung $\varphi \circ \mathsf{T}$ antisymmetrisch ist.

Da jede Permutation als Produkt von Transpositionen dargestellt werden kann, ist eine p-fach lineare Abbildung Φ schon dann antisymmetrisch, wenn die Gleichung (*) für alle Transpositionen π erfüllt ist, wenn also für je zwei verschiedene Indizes i und k

$$\Phi(\ldots, \mathfrak{x}_i, \ldots, \mathfrak{x}_k, \ldots) = -\Phi(\ldots, \mathfrak{x}_k, \ldots, \mathfrak{x}_i, \ldots)$$

gilt. Zwischen den alternierenden und den antisymmetrischen Abbildungen besteht nun folgender Zusammenhang:

44. 3 *Jede p-fach alternierende Abbildung von X ist antisymmetrisch. Besitzt der Skalarenkörper K von X eine von 2 verschiedene Charakteristik, so ist auch umgekehrt jede p-fach antisymmetrische Abbildung von X alternierend.*

Beweis: Die p-fach lineare Abbildung Φ von X sei alternierend. Außerdem seien i und k zwei verschiedene Indizes unter den Zahlen $1, \ldots, p$. Wegen $\Phi(\ldots, \mathfrak{x}_i, \ldots, \mathfrak{x}_i, \ldots) = \Phi(\ldots, \mathfrak{x}_k, \ldots, \mathfrak{x}_k, \ldots) = \mathfrak{o}$ erhält man

$$\begin{aligned}
&\Phi(\ldots, \mathfrak{x}_i, \ldots, \mathfrak{x}_k, \ldots) + \Phi(\ldots, \mathfrak{x}_k, \ldots, \mathfrak{x}_i, \ldots)\\
&\quad = \Phi(\ldots, \mathfrak{x}_i, \ldots, \mathfrak{x}_k, \ldots) + \Phi(\ldots, \mathfrak{x}_k, \ldots, \mathfrak{x}_k, \ldots)\\
&\qquad + \Phi(\ldots, \mathfrak{x}_i, \ldots, \mathfrak{x}_i, \ldots) + \Phi(\ldots, \mathfrak{x}_k, \ldots, \mathfrak{x}_i, \ldots)\\
&\quad = \Phi(\ldots, \mathfrak{x}_i + \mathfrak{x}_k, \ldots, \mathfrak{x}_k, \ldots) + \Phi(\ldots, \mathfrak{x}_i + \mathfrak{x}_k, \ldots, \mathfrak{x}_i, \ldots)\\
&\quad = \Phi(\ldots, \mathfrak{x}_i + \mathfrak{x}_k, \ldots, \mathfrak{x}_i + \mathfrak{x}_k, \ldots) = \mathfrak{o}
\end{aligned}$$

und somit $\Phi(\ldots, \mathfrak{x}_i, \ldots, \mathfrak{x}_k, \ldots) = -\Phi(\ldots, \mathfrak{x}_k, \ldots, \mathfrak{x}_i, \ldots)$. Nach der obigen Bemerkung ist daher Φ auch antisymmetrisch.

Umgekehrt sei Φ antisymmetrisch. Wenn dann für zwei verschiedene Indizes i und k die Vektoren $\mathfrak{x}_i$ und $\mathfrak{x}_k$ gleich sind, gilt

$$\begin{aligned}
\Phi(\ldots, \mathfrak{x}_i, \ldots, \mathfrak{x}_k, \ldots) &= \Phi(\ldots, \mathfrak{x}_k, \ldots, \mathfrak{x}_i, \ldots)\\
&= -\Phi(\ldots, \mathfrak{x}_i, \ldots, \mathfrak{x}_k, \ldots).
\end{aligned}$$

Ist nun die Charakteristik von K nicht gleich 2, so folgt

$\Phi(\ldots, \mathfrak{x}_i, \ldots, \mathfrak{x}_k, \ldots) = \mathfrak{o}$; d. h. Φ ist alternierend. ◆

Wenn Φ eine beliebige p-fach lineare Abbildung von X ist, wird die durch

$$\Phi_a(\mathfrak{x}_1, \ldots, \mathfrak{x}_p) = \sum_{\pi \in \mathfrak{S}_p} (\operatorname{sgn} \pi)\, \Phi(\mathfrak{x}_{\pi 1}, \ldots, \mathfrak{x}_{\pi p})$$

definierte p-fach lineare Abbildung Φ_a die **Antisymmetrisierte** zu Φ genannt. Diese Bezeichnung wird durch den folgenden Satz gerechtfertigt.

44. 4 *Es sei Φ eine p-fach lineare Abbildung von X. Dann ist die Antisymmetrisierte Φ_a von Φ antisymmetrisch.*

Beweis: Es sei ω eine feste Permutation aus $\mathfrak{S}_p$. Mit π durchläuft dann auch $\pi \circ \omega$ alle Permutationen aus $\mathfrak{S}_p$. Wegen $\operatorname{sgn} \pi = (\operatorname{sgn} \omega)^2 (\operatorname{sgn} \pi) = (\operatorname{sgn} \omega)(\operatorname{sgn} \pi \circ \omega)$ erhält man dann

$$\begin{aligned}
\Phi_a(\mathfrak{x}_{\omega 1}, \ldots, \mathfrak{x}_{\omega p}) &= \sum_{\pi \in \mathfrak{S}_p} (\operatorname{sgn} \omega)(\operatorname{sgn} \pi \circ \omega)\, \Phi(\mathfrak{x}_{(\pi \circ \omega)1}, \ldots, \mathfrak{x}_{(\pi \circ \omega)p})\\
&= (\operatorname{sgn} \omega) \sum_{\pi' \in \mathfrak{S}_p} (\operatorname{sgn} \pi')\, \Phi(\mathfrak{x}_{\pi' 1}, \ldots, \mathfrak{x}_{\pi' p})\\
&= (\operatorname{sgn} \omega)\, \Phi_a(\mathfrak{x}_1, \ldots, \mathfrak{x}_p).
\end{aligned}$$

Daher ist Φ_a antisymmetrisch. ◆

44. 5 *Die p-fach alternierenden Abbildungen sind genau die Antisymmetrisierten p-fach linearer Abbildungen. Besitzt der Skalarenkörper nicht die Charakteristik 2, so ist auch jede p-fach antisymmetrische Abbildung die Antisymmetrisierte einer p-fachen linearen Abbildung.*

Beweis: Es sei $\{\mathfrak{a}_\iota : \iota \in I\}$ eine Basis von X. Ferner sei Γ die Menge aller p-Tupel $(\iota_1, \ldots, \iota_p)$ von paarweise verschiedenen Indizes $\iota_1, \ldots, \iota_p$ aus I. Zwei p-Tupel $(\iota_1, \ldots, \iota_p)$ und $(\varkappa_1, \ldots, \varkappa_p)$ aus Γ sollen nun äquivalent genannt werden, wenn es eine Permutation $\pi \in \mathfrak{S}_p$ gibt mit $\varkappa_1 = \iota_{\pi 1}, \ldots, \varkappa_p = \iota_{\pi p}$. Es handelt sich hierbei offenbar um eine Äquivalenzrelation, hinsichtlich derer die Menge Γ in Äquivalenzklassen zerfällt. Aus jeder dieser Äquivalenzklassen sei nun genau ein Repräsentant ausgewählt, und Δ sei die Menge dieser Repräsentanten. Ist nun Φ eine p-fach alternierende Abbildung von X, so gibt es genau eine p-fach lineare Abbildung Ψ von X mit

$$\Psi(\mathfrak{a}_{\iota_1}, \ldots, \mathfrak{a}_{\iota_p}) = \begin{cases} \Phi(\mathfrak{a}_{\iota_1}, \ldots, \mathfrak{a}_{\iota_p}) & \text{für } (\iota_1, \ldots, \iota_p) \in \Delta \\ \mathfrak{o} & \phantom{\text{für }} (\iota_1, \ldots, \iota_p) \notin \Delta . \end{cases}$$

Für die Antisymmetrisierte Ψ_a von Ψ ergibt sich nun Folgendes: Sind in einem Index-p-Tupel $(\iota_1, \ldots, \iota_p)$ zwei Indizes gleich, so gilt dasselbe auch für die p-Tupel $(\iota_{\pi 1}, \ldots, \iota_{\pi p})$ $(\pi \in \mathfrak{S}_p)$. Alle diese p-Tupel liegen also nicht in Δ, und man erhält

$$\Psi_a(\mathfrak{a}_{\iota_1}, \ldots, \mathfrak{a}_{\iota_p}) = \sum_{\pi \in \mathfrak{S}_p} (\operatorname{sgn} \pi)\, \Psi(\mathfrak{a}_{\iota_{\pi 1}}, \ldots, \mathfrak{a}_{\iota_{\pi p}}) = \mathfrak{o} .$$

Andererseits gilt aber auch $\Phi(\mathfrak{a}_{\iota_1}, \ldots, \mathfrak{a}_{\iota_p}) = \mathfrak{o}$, weil Φ alternierend ist. Besteht das p-Tupel $(\iota_1, \ldots, \iota_p)$ jedoch aus lauter verschiedenen Indizes, so gibt es genau eine Permutation $\omega \in \mathfrak{S}_p$ mit $(\iota_{\omega 1}, \ldots, \iota_{\omega p}) \in \Delta$. Man erhält dann wegen der Definition von Ψ und weil Φ nach 44. 3 antisymmetrisch ist

$$\begin{aligned} \Psi_a(\mathfrak{a}_{\iota_1}, \ldots, \mathfrak{a}_{\iota_p}) &= \sum_{\pi \in \mathfrak{S}_p} (\operatorname{sgn} \pi)\, \Psi(\mathfrak{a}_{\iota_{\pi 1}}, \ldots, \mathfrak{a}_{\iota_{\pi p}}) \\ &= (\operatorname{sgn} \omega)\, \Phi(\mathfrak{a}_{\iota_{\omega 1}}, \ldots, \mathfrak{a}_{\iota_{\omega p}}) = \Phi(\mathfrak{a}_{\iota_1}, \ldots, \mathfrak{a}_{\iota_p}) . \end{aligned}$$

In jedem Fall gilt also $\Psi_a(\mathfrak{a}_{\iota_1}, \ldots, \mathfrak{a}_{\iota_p}) = \Phi(\mathfrak{a}_{\iota_1}, \ldots, \mathfrak{a}_{\iota_p})$ und daher $\Psi_a = \Phi$.

Umgekehrt ist die Antisymmetrisierte einer beliebigen p-fach linearen Abbildung Φ auch alternierend: Für zwei verschiedene Indizes i und k gelte nämlich $\mathfrak{x}_i = \mathfrak{x}_k$, und ω sei diejenige Transposition aus $\mathfrak{S}_p$, die die Indizes i und k vertauscht. Dann gilt $\Phi(\mathfrak{x}_{(\pi \circ \omega) 1}, \ldots, \mathfrak{x}_{(\pi \circ \omega) p}) = \Phi(\mathfrak{x}_{\pi 1}, \ldots, \mathfrak{x}_{\pi p})$ für jede Permutation $\varkappa \in \mathfrak{S}_p$. Bedeutet nun noch $\mathfrak{A}_p$ die alternierende Gruppe (vgl. 2B), also die Untergruppe aller geraden Permutationen aus $\mathfrak{S}_p$, so kann jede ungerade Permutation auf genau eine Weise in der Form $\pi \circ \omega$ mit $\pi \in \mathfrak{A}_p$ dargestellt werden, und man erhält

$$\Phi_a(\mathfrak{x}_1, \ldots, \mathfrak{x}_p) = \sum_{\pi \in \mathfrak{A}_p} \Phi(\mathfrak{x}_{\pi 1}, \ldots, \mathfrak{x}_{\pi p}) - \sum_{\pi \in \mathfrak{A}_p} \Phi(\mathfrak{x}_{(\pi \circ \omega) 1}, \ldots, \mathfrak{x}_{(\pi \circ \omega) p}) = \mathfrak{o} .$$

Besitzt der Skalarenkörper eine von 2 verschiedene Charakteristik, so ist nach 44. 3 jede p-fach antisymmetrische Abbildung auch alternierend und nach dem soeben Bewiesenen die Antisymmetrisierte einer p-fach linearen Abbildung. ◆

Die p-fach alternierenden Abbildungen von X in Y bilden offenbar einen Unterraum $A_p(X, Y)$ des Vektorraums aller p-fach linearen Abbildungen von X in Y. Ebenso bilden auch die p-fach antisymmetrischen Abbildungen von X in Y einen Unterraum $A'_p(X, Y)$. Wegen 44. 3 gilt $A_p(X, Y) \leq A'_p(X, Y)$ und sogar $A_p(X, Y) = A'_p(X, Y)$, wenn K nicht die Charakteristik 2 besitzt. Wie im Beweis des vorangehenden Satzes sei nun $\{\mathfrak{a}_\iota : \iota \in I\}$ eine Basis von X und Δ ein Repräsentantensystem für die p-Tupel $(\iota_1, \ldots, \iota_p)$ paarweise verschiedener Indizes aus I hinsichtlich der dort definierten Äquivalenzrelation.

44. 6 *Für jedes p-Tupel* $(\iota_1, \ldots, \iota_p)$ *aus* Δ *sei* $\mathfrak{b}_{\iota_1, \ldots, \iota_p}$ *ein Vektor aus* Y. *Dann gibt es genau eine p-fach alternierende Abbildung* Φ *von* X *in* Y *mit* $\Phi(\mathfrak{a}_{\iota_1}, \ldots, \mathfrak{a}_{\iota_p}) = \mathfrak{b}_{\iota_1, \ldots, \iota_p}$.

Beweis: Es sei Φ eine p-fach alternierende Abbildung von X in Y mit der verlangten Eigenschaft. Sind dann $\mathfrak{x}_1, \ldots, \mathfrak{x}_p$ beliebige Vektoren aus X, so besitzen sie Basisdarstellungen

$$\mathfrak{x}_1 = \sum_{\iota_1 \in I} x_1^{\iota_1} \mathfrak{a}_{\iota_1}, \ldots, \mathfrak{x}_p = \sum_{\iota_p \in I} x_p^{\iota_p} \mathfrak{a}_{\iota_p}.$$

Dabei sind die formal über die ganze Indexmenge I erstreckten Summen tatsächlich nur endliche Summen, weil jeweils nur endlich viele der Koordinaten von Null verschieden sind. Es folgt

$$\Phi(\mathfrak{x}_1, \ldots, \mathfrak{x}_p) = \sum_{\iota_1, \ldots, \iota_p \in I} x_1^{\iota_1} \cdots x_p^{\iota_p} \Phi(\mathfrak{a}_{\iota_1}, \ldots, \mathfrak{a}_{\iota_p}).$$

Da Φ alternierend ist, verschwinden hierbei alle Summanden, in denen zwei gleiche Indizes auftreten. Die in den übrigen Summanden auftretenden Index-p-Tupel gehen jeweils aus dem entsprechenden p-Tupel aus Δ durch eine Permutation hervor. Daher gilt weiter

$$\begin{aligned}\Phi(\mathfrak{x}_1, \ldots, \mathfrak{x}_p) &= \sum_{(\iota_1, \ldots, \iota_p) \in \Delta} \Big[\sum_{\pi \in \mathfrak{S}_p} x_1^{\iota_{\pi 1}} \cdots x_p^{\iota_{\pi p}} \Phi(\mathfrak{a}_{\iota_{\pi 1}}, \ldots, \mathfrak{a}_{\iota_{\pi p}})\Big] \\ &= \sum_{(\iota_1, \ldots, \iota_p) \in \Delta} \Big[\sum_{\pi \in \mathfrak{S}_p} (\operatorname{sgn} \pi)\, x_1^{\iota_{\pi 1}} \cdots x_p^{\iota_{\pi p}}\Big] \Phi(\mathfrak{a}_{\iota_1}, \ldots, \mathfrak{a}_{\iota_p})\end{aligned}$$

und bei Berücksichtigung von $\Phi(\mathfrak{a}_{\iota_1}, \ldots, \mathfrak{a}_{\iota_p}) = \mathfrak{b}_{\iota_1, \ldots, \iota_p}$ schließlich

$$(^{**}) \quad \Phi(\mathfrak{x}_1, \ldots, \mathfrak{x}_p) = \sum_{(\iota_1, \ldots, \iota_p) \in \Delta} \Big[\sum_{\pi \in \mathfrak{S}_p} (\operatorname{sgn} \pi)\, x_1^{\iota_{\pi 1}} \cdots x_p^{\iota_{\pi p}}\Big] \mathfrak{b}_{\iota_1, \ldots, \iota_p}.$$

Daher ist Φ durch die Vektoren $\mathfrak{b}_{\iota_1, \ldots, \iota_p}$ eindeutig bestimmt. Umgekehrt wird aber auch durch (**) eine p-fach alternierende Abbildung Φ der in dem Satz behaupteten Art definiert, wovon sich der Leser durch einfache Rechnungen überzeugen möge. ◆

Besitzt X die endliche Dimension n, so gibt es wegen 44. 2 für $p > n$ keine von der Nullabbildung verschiedene p-fach alternierende Abbildung von X. Gilt jedoch $p \leqq n$, so kann für Δ die Menge aller p-Tupel $(\nu_1, \ldots, \nu_p)$ mit $1 \leqq \nu_1 < \nu_2 < \cdots < \nu_p \leqq n$ gewählt werden. Mit

$$\mathfrak{x}_1 = \sum_{\nu_1=1}^{n} x_1^{\nu_1} \mathfrak{a}_{\nu_1}, \ldots, \mathfrak{x}_p = \sum_{\nu_p=1}^{n} x_p^{\nu_p} \mathfrak{a}_{\nu_p}$$

gilt dann für jede p-fach alternierende Abbildung Φ von X in Y

$$(***)\ \Phi(\mathfrak{x}_1, \ldots, \mathfrak{x}_p) = \sum_{1 \leqq \nu_1 < \cdots < \nu_p \leqq n} \Big[\sum_{\pi \in \mathfrak{S}_p} (\operatorname{sgn} \pi) x_1^{\nu_{\pi 1}} \cdots x_p^{\nu_{\pi p}}\Big] \Phi(\mathfrak{a}_{\nu_1}, \ldots, \mathfrak{a}_{\nu_p}).$$

Die Koordinaten der Vektoren $\mathfrak{x}_1, \ldots, \mathfrak{x}_p$ bilden eine (p, n)-Matrix

$$\begin{pmatrix} x_1^1 \cdots x_1^n \\ \cdots\cdots \\ x_p^1 \cdots x_p^n \end{pmatrix}.$$

Die in (***) auftretenden eckigen Klammern sind dann gerade die zu den Indizes $\nu_1, \ldots, \nu_p$ gehörenden Unterdeterminanten dieser Matrix.

Es sei jetzt $\{\mathfrak{a}_1, \ldots, \mathfrak{a}_n\}$ eine Basis von X und $\{\mathfrak{b}_1, \ldots, \mathfrak{b}_r\}$ eine Basis von Y. Ferner gelte $p \leqq n$. Wegen 44. 6 gibt es dann zu je p Indizes $\mu_1, \ldots, \mu_p$ mit $1 \leqq \mu_1 < \mu_2 < \cdots < \mu_p \leqq n$ und zu jedem Index ϱ mit $1 \leqq \varrho \leqq r$ genau eine p-fach alternierende Abbildung $\Psi_{\mu_1, \ldots, \mu_p; \varrho}$ von X in Y mit

$$\Psi_{\mu_1, \ldots, \mu_p; \varrho}(\mathfrak{a}_{\nu_1}, \ldots, \mathfrak{a}_{\nu_p}) = \begin{cases} \mathfrak{b}_\varrho & \text{für } (\nu_1, \ldots, \nu_p) = (\mu_1, \ldots, \mu_p) \\ \mathfrak{o} & \phantom{\text{für }} (\nu_1, \ldots, \nu_p) \neq (\mu_1, \ldots, \mu_p) \end{cases}$$

$$(1 \leqq \nu_1 < \nu_2 < \cdots < \nu_p \leqq n).$$

44. 7 *Die Menge*

$$B = \{\Psi_{\mu_1, \ldots, \mu_p; \varrho} \colon 1 \leqq \mu_1 < \cdots < \mu_p \leqq n;\ \varrho = 1, \ldots, r\}$$

ist eine Basis des Vektorraums $A_p(X, Y)$ aller p-fach alternierenden Abbildungen von X in Y. Es gilt

$$\operatorname{Dim} A_p(X, Y) = \binom{n}{p} \cdot r.$$

Beweis: Die Abbildungen aus B sind linear unabhängig: Aus

$$\sum_{0 \leqq \mu_1 < \cdots < \mu_p \leqq n} \sum_{\varrho=1}^{r} c_{\mu_1, \ldots, \mu_p; \varrho} \Psi_{\mu_1, \ldots, \mu_p; \varrho} = 0$$

folgt nämlich bei beliebiger Wahl der Indizes $\nu_1, \ldots, \nu_p$ mit $1 \leqq \nu_1 < \nu_2 < \cdots < \nu_p \leqq n$

$$\sum_{\varrho=1}^{r} c_{\nu_1, \ldots, \nu_p; \varrho} \mathfrak{b}_\varrho = \sum_{1 \leqq \mu_1 < \cdots < \mu_p \leqq n} \sum_{\varrho=1}^{r} c_{\mu_1, \ldots, \mu_p; \varrho} \Psi_{\mu_1, \ldots, \mu_p; \varrho}(\mathfrak{a}_{\nu_1}, \ldots, \mathfrak{a}_{\nu_p}) = \mathfrak{o}$$

wegen der linearen Unabhängigkeit der Vektoren $\mathfrak{b}_1, \ldots, \mathfrak{b}_r$ also

$$c_{\nu_1, \ldots, \nu_p; \varrho} = 0$$

für $\varrho = 1, \ldots, r$. Zweitens sei Φ eine beliebige p-fach alternierende Abbildung von X in Y. Dann gilt

$$\Phi(\mathfrak{a}_{\mu_1}, \ldots, \mathfrak{a}_{\mu_p}) = \sum_{\varrho=1}^{r} c_{\mu_1, \ldots, \mu_p; \varrho} \mathfrak{b}_\varrho \quad (1 \leqq \mu_1 < \cdots < \mu_p \leqq n).$$

Setzt man nun

$$\Psi = \sum_{1 \leqq \mu_1 < \cdots < \mu_p \leqq n} \sum_{\varrho=1}^{r} c_{\mu_1, \ldots, \mu_p; \varrho} \Psi_{\mu_1, \ldots, \mu_p; \varrho},$$

so erhält man

$$\Psi(\mathfrak{a}_{\nu_1}, \ldots, \mathfrak{a}_{\nu_p}) = \sum_{\varrho=1}^{r} c_{\nu_1, \ldots, \nu_p; \varrho} \mathfrak{b}_\varrho = \Phi(\mathfrak{a}_{\nu_1}, \ldots, \mathfrak{a}_{\nu_p})$$

für $1 \leqq \nu_1 < \nu_2 < \ldots < \nu_p \leqq n$. Wegen 44. 6 folgt $\Psi = \Phi$; d. h. jede Abbildung aus $A_p(X, Y)$ ist auch als Linearkombination von B darstellbar. Somit ist B eine Basis von $A_p(X, Y)$. Hieraus folgt nun auch unmittelbar die zweite Behauptung, weil $\binom{n}{p}$ gerade die Anzahl aller p-Tupel $(\mu_1, \ldots, \mu_p)$ mit $1 \leqq \mu_1 < \mu_2 < \cdots < \mu_p \leqq n$ ist. ◆

Ein für die Anwendungen besonders wichtiger Spezialfall besteht in Folgendem: Es sei X ein 3-dimensionaler euklidischer Vektorraum, und $\{\mathfrak{e}_1, \mathfrak{e}_2, \mathfrak{e}_3\}$ sei eine Orthonormalbasis von X. Wegen 44. 6 gibt es dann genau eine 2-fach alternierende Abbildung Φ von X in X mit

$$\Phi(\mathfrak{e}_1, \mathfrak{e}_2) = \mathfrak{e}_3, \; \Phi(\mathfrak{e}_2, \mathfrak{e}_3) = \mathfrak{e}_1, \; \Phi(\mathfrak{e}_3, \mathfrak{e}_1) = \mathfrak{e}_2.$$

Diese Abbildung hängt zunächst noch von der Wahl der Orthonormalbasis ab. Eine einfache Rechnung zeigt jedoch, daß man dieselbe Abbildung erhält, wenn man von einer anderen, mit $\{\mathfrak{e}_1, \mathfrak{e}_2, \mathfrak{e}_3\}$ gleich-orientierten Orthonormalbasis ausgeht (vgl. 44 A). Ist also X ein orientierter euklidischer Raum, so ist die Abbildung Φ allein durch den Raum und seine Orientierung bestimmt. Man nennt Φ das zu dem orientierten, 3-dimensionalen euklidischen Raum X gehörende **Vektorprodukt** und schreibt statt $\Phi(\mathfrak{x}, \mathfrak{y})$ einfacher $\mathfrak{x} \times \mathfrak{y}$. Aus der Definition des Vektorprodukts folgen unmittelbar die Rechenregeln

$$(\mathfrak{x}_1 + \mathfrak{x}_2) \times \mathfrak{y} = \mathfrak{x}_1 \times \mathfrak{y} + \mathfrak{x}_2 \times \mathfrak{y}, \quad \mathfrak{x} \times (\mathfrak{y}_1 + \mathfrak{y}_2) = \mathfrak{x} \times \mathfrak{y}_1 + \mathfrak{x} \times \mathfrak{y}_2,$$
$$(c\mathfrak{x}) \times \mathfrak{y} = \mathfrak{x} \times (c\mathfrak{y}) = c(\mathfrak{x} \times \mathfrak{y}),$$
$$\mathfrak{x} \times \mathfrak{y} = -(\mathfrak{y} \times \mathfrak{x}).$$

Wegen weiterer Eigenschaften des Vektorprodukts vgl. 44B.

Ergänzungen und Aufgaben

44A Es sei X ein n-dimensionaler euklidischer Raum ($n \geqq 3$), und $\{\mathfrak{e}_1, \ldots, \mathfrak{e}_n\}$ sei eine Orthonormalbasis von X. Dann gibt es genau eine $(n-1)$-fach alternierende Abbildung Φ von X in X mit

$$\Phi(\mathfrak{e}_1, \ldots, \mathfrak{e}_{i-1}, \mathfrak{e}_{i+1}, \ldots, \mathfrak{e}_n) = (-1)^{i-1}\,\mathfrak{e}_i \qquad (i = 1, \ldots, n).$$

Ist $\{\mathfrak{e}_1', \ldots, \mathfrak{e}_n'\}$ eine zu $\{\mathfrak{e}_1, \ldots, \mathfrak{e}_n\}$ gleich-orientierte Orthonormalbasis von X, so gilt

$$\mathfrak{e}_\nu' = \sum_{\mu=1}^{n} a_{\nu,\mu}\mathfrak{e}_\mu \quad \text{und} \quad \mathfrak{e}_\mu = \sum_{\nu=1}^{n} a_{\nu,\mu}\mathfrak{e}_\nu'$$

mit einer eigentlich-orthogonalen Matrix $A = (a_{\nu,\mu})$, also mit Det $A = 1$.

Aufgabe: Zeige mit Hilfe des Entwicklungssatzes für Determinanten, daß auch

$$\Phi(\mathfrak{e}_1', \ldots, \mathfrak{e}_{i-1}', \mathfrak{e}_{i+1}', \ldots, \mathfrak{e}_n') = (-1)^{i-1}\,\mathfrak{e}_i'$$

für $i = 1, \ldots, n$ gilt, und folgere, daß Φ unabhängig von der Basiswahl allein durch den Raum und eine feste Orientierung bestimmt ist.

44B Es sei X ein 3-dimensionaler, orientierter euklidischer Raum, und $\{\mathfrak{e}_1, \mathfrak{e}_2, \mathfrak{e}_3\}$ sei eine positiv orientierte Orthonormalbasis von X.

Aufgabe: 1). Zeige, daß das Vektorprodukt zweier Vektoren

$$\mathfrak{x} = x_1\mathfrak{e}_1 + x_2\mathfrak{e}_2 + x_3\mathfrak{e}_3 \quad \text{und} \quad \mathfrak{y} = y_1\mathfrak{e}_1 + y_2\mathfrak{e}_2 + y_3\mathfrak{e}_3$$

in der Form

$$\mathfrak{x} \times \mathfrak{y} = \begin{vmatrix} \mathfrak{e}_1 & \mathfrak{e}_2 & \mathfrak{e}_3 \\ x_1 & x_2 & x_3 \\ y_1 & y_2 & y_3 \end{vmatrix}$$

geschrieben werden kann, wobei die Determinante formal nach der ersten Zeile zu entwickeln ist.

2). Zeige, daß $\mathfrak{x} \times \mathfrak{y} = \mathfrak{o}$ gleichwertig damit ist, daß die Vektoren $\mathfrak{x}$ und $\mathfrak{y}$ linear abhängig sind.

3). Beweise die Gleichung

$$(\mathfrak{x} \times \mathfrak{y}) \cdot \mathfrak{z} = \begin{vmatrix} x_1 & x_2 & x_3 \\ y_1 & y_2 & y_3 \\ z_1 & z_2 & z_3 \end{vmatrix}.$$

Dabei sind x_ν, y_ν, z_ν die Koordinaten von $\mathfrak{x}, \mathfrak{y}, \mathfrak{z}$ hinsichtlich einer positiv orientierten Orthonormalbasis.

4). Folgere

$$(\mathfrak{x} \times \mathfrak{y}) \cdot \mathfrak{z} = (\mathfrak{y} \times \mathfrak{z}) \cdot \mathfrak{x} = (\mathfrak{z} \times \mathfrak{x}) \cdot \mathfrak{y}$$

und weiter, daß $\mathfrak{x} \times \mathfrak{y}$ ein zu $\mathfrak{x}$ und $\mathfrak{y}$ orthogonaler Vektor ist.

5). Zeige, daß der Betrag des Vektorprodukts durch

$$|\mathfrak{x} \times \mathfrak{y}| = |\mathfrak{x}| \, |\mathfrak{y}| \, |\sin(\mathfrak{x}, \mathfrak{y})|$$

gegeben wird.

44C Es sei X der 3-dimensionale arithmetische Vektorraum über dem aus genau zwei Elementen bestehenden Körper K.

Aufgabe: Bestimme alle 2-fach alternierenden und alle 2-fach antisymmetrischen Abbildungen von X in K, Basen der Räume $A_2(X, K)$ und $A_2'(X, K)$, sowie ihre Dimension.

§ 45 Das äußere Produkt

Es sei X ein beliebiger Vektorraum über K. In dem p-fachen Tensorprodukt X_p von X mit sich selbst ($p \geqq 2$) spannen dann die Tensoren der Form $\mathfrak{x}_1 \otimes \cdots \otimes \mathfrak{x}_p$, in denen mindestens zwei der Vektoren $\mathfrak{x}_1, \ldots, \mathfrak{x}_p$ gleich sind, einen Unterraum N_p auf. Wegen 44a ist eine lineare Abbildung $\varphi\colon X_p \to Y$ genau dann alternierend, wenn $\varphi \mathfrak{X} = \mathfrak{o}$ für alle Tensoren $\mathfrak{X} \in N_p$, wenn also $N_p \leq \operatorname{Kern} \varphi$ gilt.

Definition 45a: *Der Quotientenraum X_p/N_p wird die* **p-te äußere Potenz** *des Vektorraums X genannt und mit $\bigwedge_p X$ bezeichnet. Zur Vervollständigung setzt man $\bigwedge_1 X = X$ und $\bigwedge_0 X = K$. Die Elemente von $\bigwedge_p X$ heißen* **p-Vektoren.** *Bedeutet ω die natürliche Abbildung von X_p auf $\bigwedge_p X$, so bezeichnet man das Bild $\omega(\mathfrak{x}_1 \otimes \cdots \otimes \mathfrak{x}_p)$ des Tensors $\mathfrak{x}_1 \otimes \cdots \otimes \mathfrak{x}_p$ in der äußeren Potenz mit $\mathfrak{x}_1 \wedge \cdots \wedge \mathfrak{x}_p$.*

Wegen der Linearität von ω gilt

$$\mathfrak{x}_1 \wedge \cdots \wedge (\mathfrak{x}_i + \mathfrak{x}_i') \wedge \cdots \wedge \mathfrak{x}_p = \mathfrak{x}_1 \wedge \cdots \wedge \mathfrak{x}_i \wedge \cdots \wedge \mathfrak{x}_p + \mathfrak{x}_1 \wedge \cdots \wedge \mathfrak{x}_i' \wedge \cdots \wedge \mathfrak{x}_p,$$

$$\mathfrak{x}_1 \wedge \cdots \wedge (c\mathfrak{x}_i) \wedge \cdots \wedge \mathfrak{x}_p = c\,(\mathfrak{x}_1 \wedge \cdots \wedge \mathfrak{x}_i \wedge \cdots \wedge \mathfrak{x}_p).$$

45. 1 *Die natürliche Abbildung ω von X_p auf $\bigwedge_p X$ ist eine p-fach alternierende Abbildung.*

N_p besteht aus genau denjenigen Tensoren $\mathfrak{X} \in X_p$, die $\varphi\mathfrak{X} = \mathfrak{o}$ für alle alternierenden Abbildungen φ von X_p in einen beliebigen Vektorraum erfüllen.

Beweis: Wegen $N_p = \text{Kern}\,\omega$ gilt $\omega\mathfrak{X} = \mathfrak{o}$ für alle Tensoren $\mathfrak{X} \in N_p$. Nach der obigen Bemerkung ist daher ω eine alternierende Abbildung. Aus $\mathfrak{X} \in N_p$ folgt $\varphi\mathfrak{X} = \mathfrak{o}$ für alle alternierenden Abbildungen φ von X_p. Gilt umgekehrt $\varphi\mathfrak{X} = \mathfrak{o}$ für alle alternierenden Abbildungen φ von X_p, so erhält man insbesondere $\omega\mathfrak{X} = \mathfrak{o}$ und daher $\mathfrak{X} \in N_p$. ◆

45. 2 *Für jede Permutation $\pi \in \mathfrak{S}_p$ gilt*

$$\mathfrak{x}_{\pi 1} \wedge \cdots \wedge \mathfrak{x}_{\pi p} = (\operatorname{sgn} \pi)\,(\mathfrak{x}_1 \wedge \cdots \wedge \mathfrak{x}_p).$$

Ferner ist $\mathfrak{x}_1 \wedge \cdots \wedge \mathfrak{x}_p = \mathfrak{o}$ gleichwertig damit, daß die Vektoren $\mathfrak{x}_1, \ldots, \mathfrak{x}_p$ linear abhängig sind.

Beweis: Da die natürliche Abbildung ω alternierend ist, erhält man mit Hilfe von 44. 3

$$\begin{aligned}\mathfrak{x}_{\pi 1} \wedge \cdots \wedge \mathfrak{x}_{\pi p} &= \omega\,(\mathfrak{x}_{\pi 1} \otimes \cdots \otimes \mathfrak{x}_{\pi p}) = (\operatorname{sgn} \pi)\,\omega(\mathfrak{x}_1 \otimes \cdots \otimes \mathfrak{x}_p)\\ &= (\operatorname{sgn} \pi)\,(\mathfrak{x}_1 \wedge \cdots \wedge \mathfrak{x}_p).\end{aligned}$$

Wenn die Vektoren $\mathfrak{x}_1, \ldots, \mathfrak{x}_p$ linear abhängig sind, ergibt sich wegen 44. 1

$$\mathfrak{x}_1 \wedge \cdots \wedge \mathfrak{x}_p = \omega(\mathfrak{x}_1 \otimes \cdots \otimes \mathfrak{x}_p) = \mathfrak{o}.$$

Umgekehrt seien die Vektoren $\mathfrak{x}_1, \ldots, \mathfrak{x}_p$ linear unabhängig. Dann kann man sie als Vektoren aus einer Basis von X auffassen, und wegen 44. 6 gibt es jedenfalls eine alternierende Abbildung $\varphi: X_p \to K$ mit $\varphi(\mathfrak{x}_1 \otimes \cdots \otimes \mathfrak{x}_p) = 1$. Aus 45. 1 folgt jetzt $\mathfrak{x}_1 \otimes \cdots \otimes \mathfrak{x}_p \notin N_p$ und daher $\mathfrak{x}_1 \wedge \cdots \wedge \mathfrak{x}_p \neq \mathfrak{o}$. ◆

Da für $p > \text{Dim}\,X$ je p Vektoren von X linear abhängig sein müssen, ist nach dem letzten Satz $\bigwedge_p X$ in diesem Fall der Nullraum. Andererseits besagt 45. 2 auch, daß im Fall $p \leqq \text{Dim}\,X$ die äußere Potenz $\bigwedge_p X$ nicht der Nullraum ist.

45. 3 *Es sei ω die natürliche Abbildung von X_p auf $\bigwedge_p X$. Zu jeder alternierenden Abbildung $\varphi: X_p \to Y$ gibt es dann genau eine lineare Abbildung $\hat{\varphi}: \bigwedge_p X \to Y$ mit $\varphi = \hat{\varphi} \circ \omega$. Ist umgekehrt $\hat{\psi}: \bigwedge_p X \to Y$ eine lineare Abbildung, so ist $\psi = \hat{\psi} \circ \omega$ eine alternierende Abbildung.*

Beweis: Wenn $\varphi: X_p \to Y$ alternierend ist, gilt $N_p \leq \text{Kern}\,\varphi$ nach 45. 1. Wegen 31. 4 existiert daher genau eine lineare Abbildung $\hat{\varphi}$ von $\bigwedge_p X = X_p/N_p$ in Y mit $\varphi = \hat{\varphi} \circ \omega$. Ist umgekehrt $\hat{\psi}: \bigwedge_p X \to Y$ eine lineare Abbildung, so ist

$\psi = \hat{\psi} \circ \omega$ eine lineare Abbildung von X_p in Y mit $N_p \leq \text{Kern}\ \psi$, also eine alternierende Abbildung. ◆

Ordnet man jeder alternierenden Abbildung $\varphi: X_p \to Y$ die nach dem letzten Satz eindeutig bestimmte lineare Abbildung $\hat{\varphi}: \bigwedge_p X \to Y$ zu, so erhält man einen Isomorphismus des Raumes $A(X_p, Y)$ aller alternierenden Abbildungen von X_p in Y auf den Raum $L\left(\bigwedge_p X, Y\right)$ aller linearen Abbildungen von $\bigwedge_p X$ in Y. Insbesondere gilt also $A(X_p, K) \cong L\left(\bigwedge_p X, K\right)$. Besitzt nun X die endliche Dimension n, so gilt $\text{Dim}\ L\left(\bigwedge_p X, K\right) = \text{Dim}\ A(X_p, K) = \binom{n}{p}$ für $p \leqq n$ (vgl. 44. 7). Wegen 38. 3 ist aber außerdem $L\left(\bigwedge_p X, K\right)$ als Dualraum von $\bigwedge_p X$ zu $\bigwedge_p X$ isomorph. Zusammen mit der obigen Bemerkung ergibt sich daher:

45. 4 *Der Vektorraum X besitze die endliche Dimension n. Dann gilt*

$$\text{Dim}\left(\bigwedge_p X\right) = \begin{cases} \binom{n}{p} & \text{für } p \leqq n \\ 0 & \phantom{\text{für }} p > n. \end{cases}$$

Die zu X_p gehörende kanonische Abbildung T ist eine p-fach lineare Abbildung von X. Die Antisymmetrisierte T_a von T ist dann wegen 44. 5 eine p-fach alternierende Abbildung von X in X_p. Nach 40. 3 entspricht schließlich T_a ein eindeutig bestimmter Endomorphismus τ von X_p mit $\mathsf{T}_a = \tau \circ \mathsf{T}$, und $U_p = \tau X_p$ ist ein Unterraum von X_p. Unabhängig von X und p soll dieser Endomorphismus hier immer mit τ bezeichnet werden.

Definition 45b: *Ist $\mathfrak{X}$ ein Tensor aus X_p, so wird der Tensor $\tau\mathfrak{X}$ der zu $\mathfrak{X}$ gehörende* **antisymmetrische Tensor** *genannt.*

Die antisymmetrischen Tensoren aus X_p sind genau die Tensoren aus U_p. Der zu einem Tensor der Form $\mathfrak{X} = \mathfrak{x}_1 \otimes \cdots \otimes \mathfrak{x}_p$ gehörende antisymmetrische Tensor ist der Tensor

$$\tau\mathfrak{X} = \sum_{\pi \in \mathfrak{S}_p} (\text{sgn}\ \pi)\, \mathfrak{x}_{\pi 1} \otimes \cdots \otimes \mathfrak{x}_{\pi p}.$$

45. 5 *Der Unterraum N_p von X_p besteht aus genau denjenigen Tensoren $\mathfrak{X} \in X_p$, deren zugehöriger antisymmetrischer Tensor $\tau\mathfrak{X}$ der Nulltensor ist; d. h. es gilt $N_p = \text{Kern}\ \tau$.*

Beweis: Da τ alternierend ist, gilt $N_p \leq \text{Kern}\ \tau$. Wenn $\varphi: X_p \to Y$ eine beliebige alternierende Abbildung, wenn also $\Phi = \varphi \circ \mathsf{T}$ eine p-fach alternierende Abbildung ist, so existiert nach 44. 5 eine p-fach lineare Abbildung Ψ, deren Antisymmetrisierte gerade Φ ist. Bedeutet nun noch ψ die eindeutig bestimmte lineare Abbildung mit $\Psi = \psi \circ \mathsf{T}$, so ergibt sich zunächst für beliebige Vektoren $\mathfrak{x}_1, \ldots, \mathfrak{x}_p$

$$\begin{aligned}
\varphi(\mathfrak{x}_1 \otimes \cdots \otimes \mathfrak{x}_p) &= \Phi(\mathfrak{x}_1, \ldots, \mathfrak{x}_p) = \Psi_a(\mathfrak{x}_1, \ldots, \mathfrak{x}_p) \\
&= \sum_{\pi \in \mathfrak{S}_p} (\operatorname{sgn} \pi)\, \Psi(\mathfrak{x}_{\pi 1}, \ldots, \mathfrak{x}_{\pi p}) \\
&= \sum_{\pi \in \mathfrak{S}_p} (\operatorname{sgn} \pi)\, \psi\,(\mathfrak{x}_{\pi 1} \otimes \cdots \otimes \mathfrak{x}_{\pi p}) = \psi\Big(\sum_{\pi \in \mathfrak{S}_p} (\operatorname{sgn} \pi)\, \mathfrak{x}_{\pi 1} \otimes \cdots \otimes \mathfrak{x}_{\pi p}\Big) \\
&= (\psi \circ \tau)\,(\mathfrak{x}_1 \otimes \cdots \otimes \mathfrak{x}_p),
\end{aligned}$$

und es folgt $\varphi = \psi \circ \tau$. Ist nun umgekehrt $\mathfrak{X}$ ein Tensor aus Kern τ, so ergibt sich $\varphi\mathfrak{X} = \psi(\tau\mathfrak{X}) = \mathfrak{o}$. Wegen 45. 1 gilt daher $\mathfrak{X} \in N_p$. ◆

Da τ eine alternierende Abbildung ist, gibt es wegen 45. 3 genau eine lineare Abbildung $\hat{\tau}\colon \bigwedge_p X \to X_p$ mit $\tau = \hat{\tau} \circ \omega$. Nach 31. 4 ist mit τ auch $\hat{\tau}$ eine Surjektion auf U_p. Wegen Kern $\tau = N_p$ ist $\hat{\tau}$ außerdem aber auch eine Injektion, insgesamt also ein Isomorphismus, der der **kanonische Isomorphismus** von $\bigwedge_p X$ auf U_p genannt wird. Im Sinn dieser kanonischen Isomorphie können also die p-Vektoren mit den antisymmetrischen Tensoren aus X_p identifiziert werden.

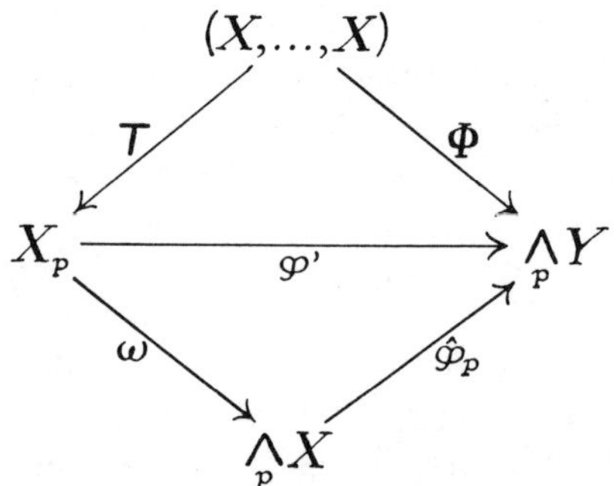

Es seien jetzt X und Y zwei Vektorräume. Ist dann $\varphi\colon X \to Y$ eine lineare Abbildung, so wird durch

$$\Phi(\mathfrak{x}_1, \ldots, \mathfrak{x}_p) = \varphi\mathfrak{x}_1 \wedge \cdots \wedge \varphi\mathfrak{x}_p$$

wegen 45. 2 eine p-fach alternierende Abbildung Φ von X in $\bigwedge_p Y$ definiert. Diese bestimmt eindeutig eine alternierende Abbildung $\varphi'\colon X_p \to \bigwedge_p Y$ mit $\Phi = \varphi' \circ \mathsf{T}$, wobei T die zu X_p gehörende kanonische Abbildung ist. Wegen 45. 3 gehört schließlich zu φ' eine eindeutig bestimmte lineare Abbildung $\hat{\varphi}_p\colon \bigwedge_p X \to \bigwedge_p Y$, die die **$p$-te äußere Potenz** der linearen Abbildung φ genannt wird.

Satz 45.3 gestattet noch eine Verallgemeinerung:

45.6 *Es sei Φ eine $(p+q)$-fach lineare Abbildung von X in einen Vektorraum Z mit folgender Eigenschaft: Bei fester Wahl der Vektoren $\mathfrak{y}_1, \ldots, \mathfrak{y}_q$ bzw. $\mathfrak{x}_1, \ldots, \mathfrak{x}_p$ sind die durch*

$$\Phi'_{\mathfrak{y}_1,\ldots,\mathfrak{y}_q}(\mathfrak{x}_1, \ldots, \mathfrak{x}_p) = \Phi(\mathfrak{x}_1, \ldots, \mathfrak{x}_p, \mathfrak{y}_1, \ldots, \mathfrak{y}_q) \quad \textit{bzw.}$$
$$\Phi''_{\mathfrak{x}_1,\ldots,\mathfrak{x}_p}(\mathfrak{y}_1, \ldots, \mathfrak{y}_q) = \Phi(\mathfrak{x}_1, \ldots, \mathfrak{x}_p, \mathfrak{y}_1, \ldots, \mathfrak{y}_q)$$

definierten p-fach bzw. q-fach linearen Abbildungen alternierend. Dann gibt es genau eine bilineare Abbildung $\hat{\Psi}$: $\left(\bigwedge_p X, \bigwedge_q X\right) \to Z$ mit

$$\hat{\Psi}(\mathfrak{x}_1 \wedge \cdots \wedge \mathfrak{x}_p, \mathfrak{y}_1 \wedge \cdots \wedge \mathfrak{y}_q) = \Phi(\mathfrak{x}_1, \ldots, \mathfrak{x}_p, \mathfrak{y}_1, \ldots, \mathfrak{y}_q).$$

Beweis: Zu Φ gibt es wegen 40.3 genau eine lineare Abbildung $\varphi: X_{p+q} \to Z$ mit $\Phi = \varphi \circ \mathsf{T}$, wobei T die zu X_{p+q} gehörende kanonische Abbildung ist. Durch

$$\Psi(\mathfrak{X}, \mathfrak{Y}) = \varphi(\mathfrak{X} \cdot \mathfrak{Y}) \qquad (\mathfrak{X} \in X_p, \ \mathfrak{Y} \in X_q)$$

wird dann eine bilineare Abbildung Ψ: $(X_p, X_q) \to Z$ definiert, und weiter bei festem $\mathfrak{Y}$ bzw. $\mathfrak{X}$ durch

$$\psi'_{\mathfrak{Y}}(\mathfrak{X}) = \Psi(\mathfrak{X}, \mathfrak{Y}) \quad \text{bzw.} \quad \psi''_{\mathfrak{X}}(\mathfrak{Y}) = \Psi(\mathfrak{X}, \mathfrak{Y})$$

außerdem lineare Abbildungen $\psi'_{\mathfrak{Y}}: X_p \to Z$ bzw. $\psi''_{\mathfrak{X}}: X_q \to Z$. Offenbar gilt

$$\Phi'_{\mathfrak{y}_1,\ldots,\mathfrak{y}_q} = \psi'_{\mathfrak{y}_1 \otimes \cdots \otimes \mathfrak{y}_q} \circ \mathsf{T}' \quad \text{und} \quad \Phi''_{\mathfrak{x}_1,\ldots,\mathfrak{x}_p} = \psi''_{\mathfrak{x}_1 \otimes \cdots \otimes \mathfrak{x}_p} \circ \mathsf{T}'',$$

wobei T' und T'' die zu X_p bzw. X_q gehörenden kanonischen Abbildungen sind. Aus der Voraussetzung des Satzes folgt nun, daß $\psi'_{\mathfrak{y}_1 \otimes \cdots \otimes \mathfrak{y}_q}$ und $\psi''_{\mathfrak{x}_1 \otimes \cdots \otimes \mathfrak{x}_p}$ alternierende Abbildungen sind (vgl. 44a). Hieraus ergibt sich aber sofort, daß allgemein auch $\psi'_{\mathfrak{Y}}$ und $\psi''_{\mathfrak{X}}$ bei beliebiger Wahl von $\mathfrak{Y} \in X_q$ bzw. $\mathfrak{X} \in X_p$ alternierende Abbildungen sind. Daher gilt $\Psi(\mathfrak{X}, \mathfrak{Y}) = \mathfrak{o}$, wenn $\mathfrak{X}$ ein Tensor aus N_p oder $\mathfrak{Y}$ ein Tensor aus N_q ist. Es werde nun $\mathfrak{X} - \mathfrak{X}' \in N_p$ und $\mathfrak{Y} - \mathfrak{Y}' \in N_q$ vorausgesetzt. Dann erhält man

$$\begin{aligned} \Psi(\mathfrak{X}, \mathfrak{Y}) - \Psi(\mathfrak{X}', \mathfrak{Y}') &= \Psi(\mathfrak{X}, \mathfrak{Y}) - \Psi(\mathfrak{X}', \mathfrak{Y}) + \Psi(\mathfrak{X}', \mathfrak{Y}) - \Psi(\mathfrak{X}', \mathfrak{Y}') \\ &= \Psi(\mathfrak{X} - \mathfrak{X}', \mathfrak{Y}) + \Psi(\mathfrak{X}', \mathfrak{Y} - \mathfrak{Y}') = \mathfrak{o}. \end{aligned}$$

Der Bildvektor $\Psi(\mathfrak{X}, \mathfrak{Y})$ hängt daher nur von den durch $\mathfrak{X}$ und $\mathfrak{Y}$ bestimmten Klassen $\hat{\mathfrak{X}}$ und $\hat{\mathfrak{Y}}$ aus $\bigwedge_p X$ bzw. $\bigwedge_q X$, nicht aber von der Wahl der Repräsentanten $\mathfrak{X}$ und $\mathfrak{Y}$ ab. Somit wird durch

$$\hat{\Psi}(\hat{\mathfrak{X}}, \hat{\mathfrak{Y}}) = \Psi(\mathfrak{X}, \mathfrak{Y})$$

eine bilineare Abbildung $\hat{\Psi}: (\bigwedge_p X, \bigwedge_q X) \to Z$ definiert. Diese besitzt auch die behauptete Eigenschaft: Setzt man nämlich $\mathfrak{X} = \mathfrak{x}_1 \otimes \cdots \otimes \mathfrak{x}_p$ und $\mathfrak{Y} = \mathfrak{y}_1 \otimes \cdots \otimes \mathfrak{y}_q$, so gilt $\hat{\mathfrak{X}} = \mathfrak{x}_1 \wedge \cdots \wedge \mathfrak{x}_p$, $\hat{\mathfrak{Y}} = \mathfrak{y}_1 \wedge \cdots \wedge \mathfrak{y}_q$, und man erhält

$$\begin{aligned} \hat{\Psi}(\mathfrak{x}_1 \wedge \cdots \wedge \mathfrak{x}_p, \mathfrak{y}_1 \wedge \cdots \wedge \mathfrak{y}_q) &= \Psi(\mathfrak{x}_1 \otimes \cdots \otimes \mathfrak{x}_p, \mathfrak{y}_1 \otimes \cdots \otimes \mathfrak{y}_q) \\ &= \varphi(\mathfrak{x}_1 \otimes \cdots \otimes \mathfrak{x}_p \otimes \mathfrak{y}_1 \otimes \cdots \otimes \mathfrak{y}_q) \\ &= \Phi(\mathfrak{x}_1, \ldots, \mathfrak{x}_p, \mathfrak{y}_1, \ldots, \mathfrak{y}_q). \end{aligned}$$

Da die p-Vektoren der Form $\mathfrak{x}_1 \wedge \cdots \wedge \mathfrak{x}_p$ bzw. die q-Vektoren der Form $\mathfrak{y}_1 \wedge \cdots \wedge \mathfrak{y}_q$ die äußeren Potenzen $\bigwedge_p X$ bzw. $\bigwedge_q X$ aufspannen, folgt umgekehrt, daß $\hat{\Psi}$ durch die letzte Gleichung auch eindeutig bestimmt ist. ◆

Die durch

$$\Phi(\mathfrak{x}_1, \ldots, \mathfrak{x}_p, \mathfrak{y}_1, \ldots, \mathfrak{y}_q) = \mathfrak{x}_1 \wedge \cdots \wedge \mathfrak{x}_p \wedge \mathfrak{y}_1 \wedge \cdots \wedge \mathfrak{y}_q$$

erklärte $(p+q)$-fach lineare Abbildung Φ von X in $\bigwedge_{p+q} X$ erfüllt offenbar die Voraussetzung des soeben bewiesenen Satzes. Daher gibt es genau eine bilineare Abbildung $\hat{\Psi}: (\bigwedge_p X, \bigwedge_q X) \to \bigwedge_{p+q} X$ mit

$$\hat{\Psi}(\mathfrak{x}_1 \wedge \cdots \wedge \mathfrak{x}_p, \mathfrak{y}_1 \wedge \cdots \wedge \mathfrak{y}_q) = \mathfrak{x}_1 \wedge \cdots \wedge \mathfrak{x}_p \wedge \mathfrak{y}_1 \wedge \cdots \wedge \mathfrak{y}_q.$$

Man nennt $\hat{\Psi}$ das **äußere Produkt** zwischen p-Vektoren und q-Vektoren und schreibt statt $\hat{\Psi}(\hat{\mathfrak{X}}, \hat{\mathfrak{Y}})$ einfacher $\hat{\mathfrak{X}} \wedge \hat{\mathfrak{Y}}$. Unmittelbar aus der Definition folgt, daß das äußere Produkt assoziativ ist, daß also

$$(\hat{\mathfrak{X}} \wedge \hat{\mathfrak{Y}}) \wedge \hat{\mathfrak{Z}} = \hat{\mathfrak{X}} \wedge (\hat{\mathfrak{Y}} \wedge \hat{\mathfrak{Z}})$$

gilt. Die Kennzeichnung des äußeren Produkts durch das Symbol $\wedge$ ist mit der Bezeichnung der p-Vektoren verträglich, weil man den p-Vektor $\mathfrak{x}_1 \wedge \cdots \wedge \mathfrak{x}_p$ auch als äußeres Produkt der 1-Vektoren $\mathfrak{x}_1, \ldots, \mathfrak{x}_p$ auffassen kann. Zur Vervollständigung der Definition erklärt man noch das äußere Produkt $c \wedge \hat{\mathfrak{X}}$ bzw. $\hat{\mathfrak{X}} \wedge c$ eines p-Vektors $\hat{\mathfrak{X}}$ mit einem Skalar (also 0-Vektor) c als den p-Vektor $c\hat{\mathfrak{X}}$ und das äußere Produkt $c_1 \wedge c_2$ zweier Skalare als das gewöhnliche Produkt $c_1 c_2$.

45.7 *Für das äußere Produkt gelten folgende Rechenregeln:*

$$\begin{aligned} (\hat{\mathfrak{X}}_1 + \hat{\mathfrak{X}}_2) \wedge \hat{\mathfrak{Y}} &= \hat{\mathfrak{X}}_1 \wedge \hat{\mathfrak{Y}} + \hat{\mathfrak{X}}_2 \wedge \hat{\mathfrak{Y}}, \\ \hat{\mathfrak{X}} \wedge (\hat{\mathfrak{Y}}_1 + \hat{\mathfrak{Y}}_2) &= \hat{\mathfrak{X}} \wedge \hat{\mathfrak{Y}}_1 + \hat{\mathfrak{X}} \wedge \hat{\mathfrak{Y}}_2, \\ (c\hat{\mathfrak{X}}) \wedge \hat{\mathfrak{Y}} &= \hat{\mathfrak{X}} \wedge (c\hat{\mathfrak{Y}}) = c(\hat{\mathfrak{X}} \wedge \hat{\mathfrak{Y}}). \end{aligned}$$

Für einen p-Vektor $\mathfrak{X}$ und einen q-Vektor $\mathfrak{Y}$ gilt außerdem

$$\mathfrak{X} \wedge \mathfrak{Y} = (-1)^{pq}(\mathfrak{Y} \wedge \mathfrak{X}).$$

Beweis: Die ersten Behauptungen folgen aus der Bilinearität des äußeren Produkts. Zum Beweis der letzten Behauptung kann $\mathfrak{X} = \mathfrak{x}_1 \wedge \cdots \wedge \mathfrak{x}_p$ und $\mathfrak{Y} = \mathfrak{y}_1 \wedge \cdots \wedge \mathfrak{y}_q$ angenommen werden, weil der allgemeine Fall hieraus wegen der ersten Rechenregeln folgt. Vertauscht man nun in

$$\mathfrak{X} \wedge \mathfrak{Y} = \mathfrak{x}_1 \wedge \cdots \wedge \mathfrak{x}_p \wedge \mathfrak{y}_1 \wedge \cdots \wedge \mathfrak{y}_q$$

nacheinander die Vektoren $\mathfrak{y}_1, \ldots, \mathfrak{y}_q$ mit den Vektoren $\mathfrak{x}_1, \ldots, \mathfrak{x}_p$, so erhält man gerade das Produkt $\mathfrak{Y} \wedge \mathfrak{X}$. Bei diesem Prozeß werden aber insgesamt pq einzelne Vertauschungen vorgenommen, und wegen 45. 2 bewirkt jede Vertauschung einen Vorzeichenwechsel. ◆

Ergänzungen und Aufgaben

45 A Der Vektorraum X besitze die endliche Dimension n. Ferner sei φ ein Endomorphismus von X. Dann ist die n-te äußere Potenz $\hat{\varphi}_n$ von φ ein Endomorphismus von $\bigwedge_n X$. Wegen 45. 4 gilt außerdem $\operatorname{Dim}(\bigwedge_n X) = 1$. Bei beliebiger Wahl der Vektoren $\mathfrak{x}_1, \ldots, \mathfrak{x}_n$ gilt daher $\hat{\varphi}_n(\mathfrak{x}_1 \wedge \cdots \wedge \mathfrak{x}_n) = d(\mathfrak{x}_1 \wedge \cdots \wedge \mathfrak{x}_n)$ mit einem geeigneten Skalar d.

Aufgabe: Zeige, daß d nur von φ, nicht aber von der Wahl der Vektoren $\mathfrak{x}_1, \ldots, \mathfrak{x}_n$ abhängt und daß $d = \operatorname{Det} \varphi$ gilt.

45 B Aufgabe: Es sei $\hat{\tau}$ der kanonische Isomorphismus der äußeren Potenz auf den Unterraum der antisymmetrischen Tensoren. Welcher Zusammenhang besteht zwischen dem antisymmetrischen Tensor $\hat{\tau}(\hat{\mathfrak{X}} \wedge \hat{\mathfrak{Y}})$ und dem Tensorprodukt $(\hat{\tau}\hat{\mathfrak{X}}) \cdot (\hat{\tau}\hat{\mathfrak{Y}})$?

45 C Aufgabe: 1). Es sei V ein Unterraum von X. Die p-Vektoren $\mathfrak{x}_1 \wedge \cdots \wedge \mathfrak{x}_p$, bei denen mindestens einer der Vektoren $\mathfrak{x}_1, \ldots, \mathfrak{x}_p$ in V liegt, spannen dann einen Unterraum V_p von $\bigwedge_p X$ auf. Man beweise die Isomorphie

$$\bigwedge_p (X/V) \cong (\bigwedge_p X)/V_p.$$

2). Es gelte $Z = X \oplus Y$. Man beweise die Isomorphie

$$\bigwedge_p Z \cong \bigoplus_{q=0}^{p} [(\bigwedge_q X) \otimes (\bigwedge_{p-q} Y)].$$

45 D Aufgabe: Es sei $\varphi : X \to Y$ eine lineare Abbildung endlichen Ranges. Man bestimme den Rang der p-ten äußeren Potenz $\hat{\varphi}_p$ von φ.

45 E Aufgabe: Man zeige, ebenso wie in 40. 4, daß $\bigwedge_p X$ durch die in 45. 3 bewiesene Eigenschaft bis auf Isomorphie eindeutig bestimmt ist.

§ 46 Tensoralgebra und äußere Algebra

Es sei X ein Vektorraum über dem Körper K. Je zwei Vektoren $\mathfrak{x}, \mathfrak{y} \in X$ sei außerdem ein Produktvektor $\mathfrak{x}\mathfrak{y} \in X$ so zugeordnet, daß X hinsichtlich dieser Multiplikation und der Vektoraddition ein (nicht notwendig kommutativer) Ring ist. Schließlich gelte

$$(c\mathfrak{x})\,\mathfrak{y} = \mathfrak{x}(c\mathfrak{y}) = c(\mathfrak{x}\mathfrak{y}).$$

Dann nennt man X eine **Algebra** über dem Körper K.

Wie bisher sei jetzt X ein beliebiger Vektorraum über K, und für jede natürliche Zahl p sei X_p das p-fache Tensorprodukt von X mit sich selbst ($X_0 = K$). Die unendliche direkte Summe

$$\otimes X = \bigoplus_{p=0}^{\infty} X_p$$

ist dann wieder ein Vektorraum über K, in dem auf folgende Weise eine Multiplikation definiert werden kann: Je zwei Elemente $\mathfrak{X}$ und $\mathfrak{Y}$ aus $\otimes X$ besitzen eindeutige Darstellungen

$$\mathfrak{X} = \sum_{p=0}^{\infty} \mathfrak{X}_p \quad \text{und} \quad \mathfrak{Y} = \sum_{p=0}^{\infty} \mathfrak{Y}_p$$

mit $\mathfrak{X}_p, \mathfrak{Y}_p \in X_p$, wobei jedoch jeweils nur höchstens endlich viele der Tensoren $\mathfrak{X}_p$ bzw. $\mathfrak{Y}_p$ vom Nulltensor verschieden sind. Auf die Anschreibung der natürlichen Injektionen soll hier zur Vereinfachung verzichtet werden. Da das tensorielle Produkt $\mathfrak{X}_p \cdot \mathfrak{Y}_q$ ein Tensor aus X_{p+q} ist, wird durch

$$\mathfrak{X} \cdot \mathfrak{Y} = \sum_{p,q=0}^{\infty} \mathfrak{X}_p \cdot \mathfrak{Y}_q = \sum_{p=0}^{\infty} \left(\sum_{r=0}^{p} \mathfrak{X}_r \cdot \mathfrak{Y}_{p-r} \right)$$

eine (im allgemeinen nicht kommutative) Multiplikation in $\otimes X$ definiert. Unmittelbar prüft man nach, daß $\otimes X$ hinsichtlich dieser Produktdefinition eine Algebra über K ist.

Definition 46a: *Die Algebra $\otimes X$ wird die* **Tensoralgebra** *über dem Vektorraum X genannt. Eine lineare Abbildung $\tilde{\varphi}\colon \otimes X \to \otimes Y$ heißt eine* **Darstellung** *von $\otimes X$ in $\otimes Y$, wenn*

$$\tilde{\varphi}(\mathfrak{X} \cdot \mathfrak{X}') = (\tilde{\varphi}\mathfrak{X}) \cdot (\tilde{\varphi}\mathfrak{X}')$$

für alle $\mathfrak{X}, \mathfrak{X}' \in \otimes X$ gilt.

Spezielle Darstellungen werden durch die linearen Abbildungen der Vektorräume vermittelt:

46. 1 *Es sei $\varphi: X \to Y$ eine lineare Abbildung. Dann gibt es genau eine Darstellung $\tilde{\varphi}: \otimes X \to \otimes Y$ mit $\tilde{\varphi}\mathfrak{x} = \varphi\mathfrak{x}$ für alle $\mathfrak{x} \in X$.*

Beweis: Zunächst sei $\tilde{\varphi}$ eine Darstellung der behaupteten Art. Für das Einselement 1 von K gilt dann

$$(\tilde{\varphi}1)\cdot(\tilde{\varphi}1) = \tilde{\varphi}(1\cdot 1) = \tilde{\varphi}1.$$

Da aber 1, aufgefaßt als Element von Y_0, das eindeutig bestimmte Einselement der Tensoralgebra $\otimes Y$ ist, folgt $\tilde{\varphi}1 = 1$ und daher weiter für einen beliebigen Skalar c

$$\tilde{\varphi}c = \tilde{\varphi}(c\cdot 1) = c(\tilde{\varphi}1) = c.$$

Für Tensoren der Form $\mathfrak{x}_1 \cdots \mathfrak{x}_p \in X_p$ gilt

$$\tilde{\varphi}(\mathfrak{x}_1 \cdots \mathfrak{x}_p) = (\tilde{\varphi}\mathfrak{x}_1)\cdots(\tilde{\varphi}\mathfrak{x}_p) = (\varphi\mathfrak{x}_1)\cdots(\varphi\mathfrak{x}_p) = \varphi_p(\mathfrak{x}_1\cdots\mathfrak{x}_p),$$

wenn man mit φ_p das p-fache tensorielle Produkt von φ mit sich selbst bezeichnet (vgl. § 41). Es folgt allgemein $\tilde{\varphi}\mathfrak{X}_p = \varphi_p\mathfrak{X}_p$ für beliebige Tensoren $\mathfrak{X}_p \in X_p$. Setzt man noch φ_0 gleich der Identität von K, so ergibt sich schließlich für ein beliebiges Element $\mathfrak{X} = \sum_{p=0}^{\infty} \mathfrak{X}_p$ von $\otimes X$

$$(*) \qquad \tilde{\varphi}\mathfrak{X} = \sum_{p=0}^{\infty} \varphi_p \mathfrak{X}_p.$$

Daher ist $\tilde{\varphi}$ durch φ eindeutig bestimmt. Umgekehrt wird aber durch (*) auch eine Darstellung $\tilde{\varphi}$ der verlangten Art definiert: Es gilt nämlich

$$\begin{aligned}\tilde{\varphi}(\mathfrak{X}\cdot\mathfrak{X}') &= \tilde{\varphi}\left(\sum_{p=0}^{\infty}\left(\sum_{r=0}^{p}\mathfrak{X}_r\cdot\mathfrak{X}'_{p-r}\right)\right) = \sum_{p=0}^{\infty}\varphi_p\left(\sum_{r=0}^{p}\mathfrak{X}_r\cdot\mathfrak{X}'_{p-r}\right)\\ &= \sum_{p=0}^{\infty}\left(\sum_{r=0}^{p}(\varphi_r\mathfrak{X}_r)\cdot(\varphi_{p-r}\mathfrak{X}'_{p-r})\right)\\ &= \left(\sum_{p=0}^{\infty}\varphi_p\mathfrak{X}_p\right)\cdot\left(\sum_{q=0}^{\infty}\varphi_q\mathfrak{X}'_q\right) = (\tilde{\varphi}\mathfrak{X})\cdot(\tilde{\varphi}\mathfrak{X}')\end{aligned}$$

und offenbar auch $\tilde{\varphi}\mathfrak{x} = \varphi_1\mathfrak{x} = \varphi\mathfrak{x}$ für alle $\mathfrak{x} \in X$. ◆

Zu einer weiteren Algebra gelangt man, wenn man die direkte Summe

$$\wedge X = \bigoplus_{p=0}^{\infty} (\wedge_p X)$$

der äußeren Potenzen von X bildet. Je zwei Elemente $\mathfrak{X}$ und $\mathfrak{Y}$ von $\wedge X$ besitzen dann wieder eindeutige Darstellungen der Form

$$\mathfrak{X} = \sum_{p=0}^{\infty} \mathfrak{X}_p \quad \text{und} \quad \mathfrak{Y} = \sum_{p=0}^{\infty} \mathfrak{Y}_p$$

mit $\mathfrak{X}_p, \mathfrak{Y}_p \in \bigwedge_p X$ und $\mathfrak{X}_p \neq \mathfrak{o}$, $\mathfrak{Y}_p \neq \mathfrak{o}$ für höchstens endlich viele Summanden. Da das in dem vorangehenden Paragraphen definierte äußere Produkt $\mathfrak{X}_p \wedge \mathfrak{Y}_q$ eines p-Vektors $\mathfrak{X}_p$ und eines q-Vektors $\mathfrak{Y}_q$ ein $(p+q)$-Vektor ist, wird durch

$$\mathfrak{X} \wedge \mathfrak{Y} = \sum_{p,q=0}^{\infty} (\mathfrak{X}_p \wedge \mathfrak{Y}_q) = \sum_{p=0}^{\infty} \left(\sum_{r=0}^{p} \mathfrak{X}_r \wedge \mathfrak{Y}_{p-r} \right)$$

in $\wedge X$ wieder eine Multiplikation definiert, hinsichtlich derer $\wedge X$ eine Algebra über K ist.

Definition 46b: *Die Algebra $\wedge X$ wird die* **äußere Algebra** *über dem Vektorraum X genannt. Eine lineare Abbildung $\hat{\varphi}: \wedge X \to \wedge Y$ heißt eine* **Darstellung** *von $\wedge X$ in $\wedge Y$, wenn*

$$\hat{\varphi}(\mathfrak{X} \wedge \mathfrak{X}') = (\hat{\varphi}\mathfrak{X}) \wedge (\hat{\varphi}\mathfrak{X}')$$

für alle $\mathfrak{X}, \mathfrak{X}' \in \wedge X$ gilt.

Ebenso wie vorher beweist man:

46. 2 *Zu jeder linearen Abbildung $\varphi: X \to Y$ gibt es genau eine Darstellung $\hat{\varphi}: \wedge X \to \wedge Y$ mit $\hat{\varphi}\mathfrak{x} = \varphi\mathfrak{x}$ für alle $\mathfrak{x} \in X$. Für sie gilt*

$$\hat{\varphi}\left(\sum_{p=0}^{\infty} \mathfrak{X}_p \right) = \sum_{p=0}^{\infty} \hat{\varphi}_p \mathfrak{X}_p,$$

wobei $\hat{\varphi}_p$ die in § 45 definierte p-te äußere Potenz von φ bedeutet.

Wenn der Vektorraum X unendliche Dimension besitzt, sind alle äußeren Potenzen $\bigwedge_p X$ vom Nullraum verschieden. Die äußere Algebra $\wedge X$ ist daher in diesem Fall auch tatsächlich eine unendliche direkte Summe. Anders liegen die Verhältnisse, wenn X ein Vektorraum der endlichen Dimension n ist. Für $p > n$ ist dann nämlich $\bigwedge_p X$ der Nullraum (vgl. die Bemerkung im Anschluß an 45. 2). Daher ist jetzt $\wedge X$ lediglich die $(n+1)$-gliedrige direkte Summe der äußeren Potenzen $\bigwedge_p X$ mit $p = 0, \ldots, n$. Wegen 32. 2 und 45. 4 ergibt sich für die Dimension der äußeren Algebra (aufgefaßt als Vektorraum):

$$\operatorname{Dim}(\wedge X) = \sum_{p=0}^{n} \operatorname{Dim}(\bigwedge_p X) = \sum_{p=0}^{n} \binom{n}{p} = 2^n.$$

Für den Dualraum der äußeren Algebra $\wedge X$ gilt nach 33. 3 (vgl. auch 38B) die Isomorphie

$$(\wedge X)^* \cong \mathop{\times}_{p=0}^{\infty} (\wedge_p X)^*.$$

Im Fall eines endlich-dimensionalen Vektorraums X ist das rechts stehende direkte Produkt tatsächlich wieder nur ein endliches direktes Produkt und daher mit der entsprechenden direkten Summe identisch. Wenn also X die endliche Dimension n besitzt, gilt sogar

$$(\wedge X)^* \cong \bigoplus_{p=0}^{n} (\wedge_p X)^*.$$

Die folgenden Untersuchungen dienen nun dazu, diesen Dualraum genauer zu bestimmen. Weiterhin wird daher auch stets vorausgesetzt, *daß X ein Vektorraum der endlichen Dimension n ist.*

Nach 42. 2 bilden das p-fache Tensorprodukt X_p von X mit sich selbst und das p-fache Tensorprodukt X^p von X^* mit sich selbst ein duales Raumpaar, wenn man das skalare Produkt zweier Tensoren $\mathfrak{X} \in X_p$ und $\mathfrak{Y}^* \in X^p$ durch

$$\langle \mathfrak{X}, \mathfrak{Y}^* \rangle = \mathfrak{X} \blacktriangle \mathfrak{Y}^*$$

definiert. Speziell gilt

$$\langle \mathfrak{x}_1 \otimes \cdots \otimes \mathfrak{x}_p, \mathfrak{y}^1 \otimes \cdots \otimes \mathfrak{y}^p \rangle = \langle \mathfrak{x}_1, \mathfrak{y}^1 \rangle \cdots \langle \mathfrak{x}_p, \mathfrak{y}^p \rangle,$$

wobei $\langle \mathfrak{x}_i, \mathfrak{y}^i \rangle$ das natürliche skalare Produkt bedeutet; d. h. $\langle \mathfrak{x}_i, \mathfrak{y}^i \rangle$ ist der Wert, den die Linearform $\mathfrak{y}^i$ aus X^* für den Vektor $\mathfrak{x}_i \in X$ annimmt. Da X und somit auch X^* die endliche Dimension n besitzen, sind nach 40. 5 auch X_p und X^p endlich-dimensional. Wegen 41. 4 gibt es daher einen natürlichen Isomorphismus η von X^p auf den Dualraum X_p^* von X_p: Durch η wird jedem Tensor $\mathfrak{Y}^* \in X^p$ als Bild in X_p^* diejenige Linearform $\eta \mathfrak{Y}^*$ von X_p zugeordnet, die durch

$$(\eta \mathfrak{Y}^*)\, \mathfrak{X} = \langle \mathfrak{X}, \mathfrak{Y}^* \rangle \qquad (\mathfrak{X} \in X_p)$$

definiert ist. Im Sinn dieses natürlichen Isomorphismus kann man also X^p als den Dualraum von X_p auffassen.

In dem vorangehenden Paragraphen wurde der Unterraum $U_p = \tau X_p$ von X_p definiert: Er bestand aus allen zu Tensoren $\mathfrak{X} \in X_p$ gehörenden antisymmetrischen Tensoren $\tau \mathfrak{X}$. Analog bedeute jetzt U^p denjenigen Unterraum von X^p, der aus allen zu Tensoren $\mathfrak{Y}^* \in X^p$ gehörenden antisymmetrischen Tensoren $\tau \mathfrak{Y}^*$ besteht. Schließlich sei $A(X_p, K)$ der Vektorraum aller alternierenden Linearformen von X_p, also aller alternierenden Abbildungen von X_p in den Skalarenkörper K.

46.3 *Der natürliche Isomorphismus η von X^p auf den Dualraum $X_p^* = L(X_p, K)$ induziert einen Isomorphismus von U^p auf $A(X_p, K)$.*

Beweis: Es gelte $\mathfrak{X} = \mathfrak{x}_1 \otimes \cdots \otimes \mathfrak{x}_p$ und $\mathfrak{Y}^* = \mathfrak{y}^1 \otimes \cdots \otimes \mathfrak{y}^p$. Der zu $\mathfrak{Y}^*$ gehörende antisymmetrische Tensor ist dann

$$\tau\mathfrak{Y}^* = \sum_{\pi \in \mathfrak{S}_p} (\operatorname{sgn} \pi)\, \mathfrak{y}^{\pi 1} \otimes \cdots \otimes \mathfrak{y}^{\pi p}.$$

Wendet man die Linearform $\eta(\tau\mathfrak{Y}^*)$ aus X_p^* auf den Tensor $\mathfrak{X}$ an, so erhält man

$$\begin{aligned}
[\eta(\tau\mathfrak{Y}^*)]\, \mathfrak{X} = \langle \mathfrak{X}, \tau\mathfrak{Y}^* \rangle &= \sum_{\pi \in \mathfrak{S}_p} (\operatorname{sgn} \pi) \langle \mathfrak{x}_1, \mathfrak{y}^{\pi 1}\rangle \cdots \langle \mathfrak{x}_p, \mathfrak{y}^{\pi p}\rangle \\
&= \sum_{\pi' \in \mathfrak{S}_p} (\operatorname{sgn} \pi') \langle \mathfrak{x}_{\pi' 1}, \mathfrak{y}^1\rangle \cdots \langle \mathfrak{x}_{\pi' p}, \mathfrak{y}^p\rangle \\
&= \sum_{\pi' \in \mathfrak{S}_p} (\operatorname{sgn} \pi') (\eta\mathfrak{Y}^*) (\mathfrak{x}_{\pi' 1} \otimes \cdots \otimes \mathfrak{x}_{\pi' p}).
\end{aligned}$$

Diese Gleichung besagt aber gerade, daß $\eta(\tau\mathfrak{Y}^*)$ die Antisymmetrisierte der Linearform $\eta\mathfrak{Y}^*$ ist, daß also $\eta(\tau\mathfrak{Y}^*) = (\eta\mathfrak{Y}^*)_a$ gilt. Da $A(X_p, K)$ wegen 44.5 genau aus den Antisymmetrisierten der Linearformen aus $L(X_p, K)$ besteht, folgt hieraus die Behauptung. ◆

Nach dem im Anschluß an den Beweis von 45.5 gewonnenen Ergebnis gibt es einen kanonischen Isomorphismus $\hat{\tau}$ der äußeren Potenz $\bigwedge_p X^*$ des Dualraums X^* auf U^p. Für ihn gilt

$$\hat{\tau}(\mathfrak{y}^1 \wedge \cdots \wedge \mathfrak{y}^p) = \sum_{\pi \in \mathfrak{S}_p} (\operatorname{sgn} \pi)\, \mathfrak{y}^{\pi 1} \otimes \cdots \otimes \mathfrak{y}^{\pi p}.$$

Wegen 46.3 ist daher weiter $\eta \circ \hat{\tau}$ ein Isomorphismus von $\bigwedge_p X^*$ auf $A(X_p, K)$. Schließlich aber ist $A(X_p, K)$ gemäß der im Anschluß an 45.3 gemachten Bemerkung in natürlicher Weise zu dem Dualraum $L(\bigwedge_p X, K) = (\bigwedge_p X)^*$ isomorph. Insgesamt ist daher $\bigwedge_p X^*$ zu $(\bigwedge_p X)^*$ isomorph. Bedeutet ϑ diesen natürlichen Isomorphismus von $\bigwedge_p X^*$ auf $(\bigwedge_p X)^*$, so wird durch

$$\langle \hat{\mathfrak{X}}, \hat{\mathfrak{Y}}^* \rangle = \langle \hat{\mathfrak{X}}, \vartheta\, \hat{\mathfrak{Y}}^* \rangle \qquad (\hat{\mathfrak{X}} \in \bigwedge_p X,\ \hat{\mathfrak{Y}}^* \in \bigwedge_p X^*)$$

ein skalares Produkt definiert, und $(\bigwedge_p X, \bigwedge_p X^*)$ ist ein duales Raumpaar. Wegen der natürlichen Isomorphie von $\bigwedge_p X^*$ und $(\bigwedge_p X)^*$ bezeichnet man die p-Vektoren aus $\bigwedge_p X^*$ auch als **p-Formen**. Für den Dualraum der äußeren Algebra ergibt sich jetzt die Isomorphie

$$(\bigwedge X)^* \cong \bigoplus_{p=0}^{n} (\bigwedge_p X)^* \cong \bigoplus_{p=0}^{n} (\bigwedge_p X^*) = \bigwedge X^*.$$

Damit ist folgendes Resultat gewonnen:

46. 4 *Es sei X ein endlich-dimensionaler Vektorraum. Dann ist der Dualraum der äußeren Algebra $\wedge X$ zu der äußeren Algebra $\wedge X^*$ des Dualraums von X isomorph. Es ist $(\wedge X, \wedge X^*)$ ein duales Raumpaar mit dem skalaren Produkt*

$$\langle \hat{\mathfrak{X}}, \mathfrak{Y}^* \rangle = \sum_{p=0}^{n} \langle \hat{\mathfrak{X}}_p, \mathfrak{Y}^p \rangle \qquad \left(\hat{\mathfrak{X}} = \sum_{p=0}^{n} \hat{\mathfrak{X}}_d, \mathfrak{Y}^* = \sum_{p=0}^{n} \mathfrak{Y}^p \right).$$

Da sich jeder p-Vektor als Summe von p-Vektoren der Form $\mathfrak{x}_1 \wedge \cdots \wedge \mathfrak{x}_p$ und jede p-Form als Summe von p-Formen der Gestalt $\mathfrak{y}^1 \wedge \cdots \wedge \mathfrak{y}^p$ schreiben läßt, genügt zur Berechnung des skalaren Produkts $\langle \hat{\mathfrak{X}}, \mathfrak{Y}^* \rangle$ die Kenntnis der speziellen skalaren Produkte $\langle \mathfrak{x}_1 \wedge \cdots \wedge \mathfrak{x}_p, \mathfrak{y}^1 \wedge \cdots \wedge \mathfrak{y}^p \rangle$. Für sie gilt nun:

46. 5

$$\langle \mathfrak{x}_1 \wedge \cdots \wedge \mathfrak{x}_p, \mathfrak{y}^1 \wedge \cdots \wedge \mathfrak{y}^p \rangle = \operatorname{Det}(\langle \mathfrak{x}_i, \mathfrak{y}^k \rangle) = \begin{vmatrix} \langle \mathfrak{x}_1, \mathfrak{y}^1 \rangle \cdots \langle \mathfrak{x}_1, \mathfrak{y}^p \rangle \\ \cdots\cdots\cdots\cdots \\ \langle \mathfrak{x}_p, \mathfrak{y}^1 \rangle \cdots \langle \mathfrak{x}_p, \mathfrak{y}^p \rangle \end{vmatrix}.$$

Beweis: Zunächst gilt

$$\begin{aligned} \langle \mathfrak{x}_1 \wedge \cdots \wedge \mathfrak{x}_p, \mathfrak{y}^1 \wedge \cdots \wedge \mathfrak{y}^p \rangle &= \langle \mathfrak{x}_1 \wedge \cdots \wedge \mathfrak{x}_p, \vartheta(\mathfrak{y}^1 \wedge \cdots \wedge \mathfrak{y}^p) \rangle \\ &= \langle \mathfrak{x}_1 \otimes \cdots \otimes \mathfrak{x}_p, (\eta \circ \hat{\tau})\, \mathfrak{y}^1 \wedge \cdots \wedge \mathfrak{y}^p \rangle. \end{aligned}$$

Wegen

$$\hat{\tau}(\mathfrak{y}^1 \wedge \cdots \wedge \mathfrak{y}^p) = \sum_{\pi \in \mathfrak{S}_p} (\operatorname{sgn} \pi)\, \mathfrak{y}^{\pi 1} \otimes \cdots \otimes \mathfrak{y}^{\pi p}$$

folgt daher (vgl. 13c)

$$\begin{aligned} \langle \mathfrak{x}_1 \wedge \cdots \wedge \mathfrak{x}_p, \mathfrak{y}^1 \wedge \cdots \wedge \mathfrak{y}^p \rangle &= \sum_{\pi \in \mathfrak{S}_p} (\operatorname{sgn} \pi) \langle \mathfrak{x}_1, \mathfrak{y}^{\pi 1} \rangle \cdots \langle \mathfrak{x}_p, \mathfrak{y}^{\pi p} \rangle \\ &= \operatorname{Det}(\langle \mathfrak{x}_i, \mathfrak{y}^k \rangle). \ ◆ \end{aligned}$$

Ergänzungen und Aufgaben

46 A Aufgabe: 1). Es sei $\varphi: X \to Y$ eine lineare Abbildung und $\tilde{\varphi}: \otimes X \to \otimes Y$ die durch sie nach 46. 1 bestimmte Darstellung. Zeige, daß $\tilde{\varphi}$ genau dann surjektiv bzw. injektiv ist, wenn φ surjektiv bzw. injektiv ist.

2). Man beweise die entsprechende Behauptung für die durch φ nach 46. 2 bestimmte Darstellung $\hat{\varphi}: \wedge X \to \wedge Y$.

46 B Es sei $\varphi: X \to Y$ eine lineare Abbildung und $\varphi^*: Y^* \to X^*$ die zu ihr duale Abbildung (X, Y endlich-dimensional). Nach 46. 2 bestimmt φ eindeutig eine Darstellung $\hat{\varphi}: \wedge X \to \wedge Y$ und φ^* eine Darstellung $\hat{\varphi}^*: \wedge Y^* \to \wedge X^*$.

Aufgabe: Zeige, daß $\hat{\varphi}^*$ im Sinn der Isomorphie aus 46.4 die zu $\hat{\varphi}$ duale Abbildung ist.

46 C Ein Element $\hat{\mathfrak{X}}$ der äußeren Algebra $\wedge X$ heißt **inversibel**, wenn es ein Element $\hat{\mathfrak{Y}}$ in $\wedge X$ mit $\hat{\mathfrak{X}} \wedge \hat{\mathfrak{Y}} = 1$ gibt.

Aufgabe: 1). X sei endlich-dimensional. Zeige, daß $\hat{\mathfrak{X}} = \Sigma\, \hat{\mathfrak{X}}_p$ genau dann inversibel ist, wenn $\hat{\mathfrak{X}}_0 \neq 0$ gilt.

2). X sei unendlich-dimensional. Zeige, daß es zu jedem $\hat{\mathfrak{X}} \in \wedge X$ einen endlich-dimensionalen Unterraum U von X mit $\hat{\mathfrak{X}} \in \wedge U$ gibt, und folgere, daß die Kennzeichnung der inversiblen Elemente aus 1) auch im Fall unendlicher Dimension richtig ist.

3). Zeige: Für ein Element $\hat{\mathfrak{X}} = \Sigma\, \hat{\mathfrak{X}}_p$ von $\wedge X$ gilt $\hat{\mathfrak{X}} \wedge \hat{\mathfrak{Y}} = \hat{\mathfrak{Y}} \wedge \hat{\mathfrak{X}}$ für alle $\hat{\mathfrak{Y}} \in \wedge X$ genau dann, wenn $\hat{\mathfrak{X}}_p = \hat{\mathfrak{O}}$ für jeden ungeraden Index p mit $p <$ Dim X erfüllt ist (X endlich-dimensional).

§ 47 Innere Produkte, Zerlegbarkeit

In diesem Paragraphen sei X stets ein Vektorraum der endlichen Dimension n.

Neben dem im vorangehenden Paragraphen definierten skalaren Produkt zwischen den äußeren Algebren $\wedge X$ und $\wedge X^*$ können noch zwei andere Arten der Produktbildung erklärt werden, die je einem Element $\hat{\mathfrak{X}} \in \wedge X$ und $\hat{\mathfrak{X}}^* \in \wedge X^*$ wieder ein Element aus $\wedge X$ bzw. $\wedge X^*$ zuordnen. Es sei etwa $\hat{\mathfrak{X}}^*$ ein festes Element aus $\wedge X^*$. Durch $\varphi^* \hat{\mathfrak{Y}}^* = \hat{\mathfrak{X}}^* \wedge \hat{\mathfrak{Y}}^*$ wird dann ein Endomorphismus φ^* von $\wedge X^*$ definiert. Ihm entspricht der duale Endomorphismus φ von $\wedge X$, der durch die Beziehung

$$\langle \varphi \hat{\mathfrak{X}}, \hat{\mathfrak{Y}}^* \rangle = \langle \hat{\mathfrak{X}}, \varphi^* \hat{\mathfrak{Y}}^* \rangle = \langle \hat{\mathfrak{X}}, \hat{\mathfrak{X}}^* \wedge \hat{\mathfrak{Y}}^* \rangle \qquad (\hat{\mathfrak{X}} \in \wedge X, \ \hat{\mathfrak{Y}}^* \in \wedge X^*)$$

eindeutig bestimmt ist. Das von $\hat{\mathfrak{X}}$ und $\hat{\mathfrak{X}}^*$ abhängende Bild $\varphi \hat{\mathfrak{X}}$ bezeichnet man mit $\hat{\mathfrak{X}} \llcorner \hat{\mathfrak{X}}^*$.

Definition 47a: *Das Element $\hat{\mathfrak{X}} \llcorner \hat{\mathfrak{X}}^*$ aus $\wedge X$ wird das* **rechtsseitige innere Produkt** *der Elemente $\hat{\mathfrak{X}} \in \wedge X$ und $\hat{\mathfrak{X}}^* \in \wedge X^*$ genannt; es ist durch die Beziehung*

$$\langle \hat{\mathfrak{X}} \llcorner \hat{\mathfrak{X}}^*, \hat{\mathfrak{Y}}^* \rangle = \langle \hat{\mathfrak{X}}, \hat{\mathfrak{X}}^* \wedge \hat{\mathfrak{Y}}^* \rangle \text{ für alle } \hat{\mathfrak{Y}}^* \in \wedge X^*$$

eindeutig bestimmt. Entsprechend wird das **linksseitige innere Produkt** $\hat{\mathfrak{X}} \lrcorner \hat{\mathfrak{X}}^*$ *als das durch die Beziehung*

$$\langle \hat{\mathfrak{Y}}, \hat{\mathfrak{X}} \lrcorner \hat{\mathfrak{X}}^* \rangle = \langle \hat{\mathfrak{Y}} \wedge \hat{\mathfrak{X}}, \hat{\mathfrak{X}}^* \rangle \text{ für alle } \hat{\mathfrak{Y}} \in \wedge X$$

bestimmte Element aus $\wedge X^*$ definiert.

Für diese inneren Produkte gelten nun folgende Rechenregeln:

47.1
$$(\hat{\mathfrak{X}} + \hat{\mathfrak{Y}}) \llcorner \hat{\mathfrak{X}}^* = (\hat{\mathfrak{X}} \llcorner \hat{\mathfrak{X}}^*) + (\hat{\mathfrak{Y}} \llcorner \hat{\mathfrak{X}}^*),$$
$$\hat{\mathfrak{X}} \llcorner (\hat{\mathfrak{X}}^* + \hat{\mathfrak{Y}}^*) = (\hat{\mathfrak{X}} \llcorner \hat{\mathfrak{X}}^*) + (\hat{\mathfrak{X}} \llcorner \hat{\mathfrak{Y}}^*),$$
$$(c\hat{\mathfrak{X}}) \llcorner \hat{\mathfrak{X}}^* = \hat{\mathfrak{X}} \llcorner (c\hat{\mathfrak{X}}^*) = c(\hat{\mathfrak{X}} \llcorner \hat{\mathfrak{X}}^*),$$
$$\hat{\mathfrak{X}} \llcorner (\hat{\mathfrak{X}}^* \wedge \hat{\mathfrak{Y}}^*) = (\hat{\mathfrak{X}} \llcorner \hat{\mathfrak{X}}^*) \llcorner \hat{\mathfrak{Y}}^*,$$

$$(\mathfrak{X} + \mathfrak{Y}) \lrcorner \mathfrak{X}^* = (\mathfrak{X} \lrcorner \mathfrak{X}^*) + (\mathfrak{Y} \lrcorner \mathfrak{X}^*),$$
$$\mathfrak{X} \lrcorner (\mathfrak{X}^* + \mathfrak{Y}^*) = (\mathfrak{X} \lrcorner \mathfrak{X}^*) + (\mathfrak{X} \lrcorner \mathfrak{Y}^*),$$
$$(c\mathfrak{X}) \lrcorner \mathfrak{X}^* = \mathfrak{X} \lrcorner (c\mathfrak{X}^*) = c(\mathfrak{X} \lrcorner \mathfrak{X}^*),$$
$$(\mathfrak{X} \wedge \mathfrak{Y}) \lrcorner \mathfrak{X}^* = \mathfrak{X} \lrcorner (\mathfrak{Y} \lrcorner \mathfrak{X}^*).$$

Beweis: Für ein beliebiges Element $\mathfrak{Z}^*$ aus $\wedge X^*$ gilt

$$\begin{aligned}
\langle(\mathfrak{X} + \mathfrak{Y}) \llcorner \mathfrak{X}^*, \mathfrak{Z}^*\rangle &= \langle \mathfrak{X} + \mathfrak{Y}, \mathfrak{X}^* \wedge \mathfrak{Z}^*\rangle \\
&= \langle \mathfrak{X}, \mathfrak{X}^* \wedge \mathfrak{Z}^*\rangle + \langle \mathfrak{Y}, \mathfrak{X}^* \wedge \mathfrak{Z}^*\rangle \\
&= \langle \mathfrak{X} \llcorner \mathfrak{X}^*, \mathfrak{Z}^*\rangle + \langle \mathfrak{Y} \llcorner \mathfrak{X}^*, \mathfrak{Z}^*\rangle = \langle(\mathfrak{X} \llcorner \mathfrak{X}^*) + (\mathfrak{Y} \llcorner \mathfrak{X}^*), \mathfrak{Z}^*\rangle, \\
\langle \mathfrak{X} \llcorner (\mathfrak{X}^* + \mathfrak{Y}^*), \mathfrak{Z}^*\rangle &= \langle \mathfrak{X}, (\mathfrak{X}^* + \mathfrak{Y}^*) \wedge \mathfrak{Z}^*\rangle \\
&= \langle \mathfrak{X}, \mathfrak{X}^* \wedge \mathfrak{Z}^*\rangle + \langle \mathfrak{X}, \mathfrak{Y}^* \wedge \mathfrak{Z}^*\rangle \\
&= \langle \mathfrak{X} \llcorner \mathfrak{X}^*, \mathfrak{Z}^*\rangle + \langle \mathfrak{X} \llcorner \mathfrak{Y}^*, \mathfrak{Z}^*\rangle \\
&= \langle(\mathfrak{X} \llcorner \mathfrak{X}^*) + (\mathfrak{X} \llcorner \mathfrak{Y}^*), \mathfrak{Z}^*\rangle, \\
\langle(c\,\mathfrak{X}) \llcorner \mathfrak{X}^*, \mathfrak{Z}^*\rangle &= \langle c\,\mathfrak{X}, \mathfrak{X}^* \wedge \mathfrak{Z}^*\rangle = c\,\langle \mathfrak{X}, \mathfrak{X}^* \wedge \mathfrak{Z}^*\rangle \\
&= c\langle \mathfrak{X} \llcorner \mathfrak{X}^*, \mathfrak{Z}^*\rangle = \langle c(\mathfrak{X} \llcorner \mathfrak{X}^*), \mathfrak{Z}^*\rangle, \\
\langle \mathfrak{X} \llcorner (c\mathfrak{X}^*), \mathfrak{Z}^*\rangle &= \langle \mathfrak{X}, (c\mathfrak{X}^*) \wedge \mathfrak{Z}^*\rangle = \langle \mathfrak{X}, c(\mathfrak{X}^* \wedge \mathfrak{Z}^*)\rangle \\
&= c\langle \mathfrak{X}, \mathfrak{X}^* \wedge \mathfrak{Z}^*\rangle = c\langle \mathfrak{X} \llcorner \mathfrak{X}^*, \mathfrak{Z}^*\rangle \\
&= \langle c(\mathfrak{X} \llcorner \mathfrak{X}^*), \mathfrak{Z}^*\rangle \quad \text{und} \\
\langle \mathfrak{X} \llcorner (\mathfrak{X}^* \wedge \mathfrak{Y}^*), \mathfrak{Z}^*\rangle &= \langle \mathfrak{X}, (\mathfrak{X}^* \wedge \mathfrak{Y}^*) \wedge \mathfrak{Z}^*\rangle \\
&= \langle \mathfrak{X}, \mathfrak{X}^* \wedge (\mathfrak{Y}^* \wedge \mathfrak{Z}^*)\rangle = \langle \mathfrak{X} \llcorner \mathfrak{X}^*, \mathfrak{Y}^* \wedge \mathfrak{Z}^*\rangle \\
&= \langle(\mathfrak{X} \llcorner \mathfrak{X}^*) \llcorner \mathfrak{Y}^*, \mathfrak{Z}^*\rangle.
\end{aligned}$$

Aus diesen Gleichungen folgen die ersten vier Regeln. Die letzten Regeln ergeben sich entsprechend. ◆

47. 2 *Es sei $\mathfrak{X}$ speziell ein p-Vektor und $\mathfrak{X}^*$ eine q-Form. Dann ist $\mathfrak{X} \llcorner \mathfrak{X}^*$ für $p < q$ der Nullvektor und für $p \geqq q$ ein $(p-q)$-Vektor. Entsprechend ist $\mathfrak{X} \lrcorner \mathfrak{X}^*$ für $p > q$ die Nullform und für $p \leqq q$ eine $(q-p)$-Form. Im Fall $p = q$ gilt*

$$\mathfrak{X} \llcorner \mathfrak{X}^* = \mathfrak{X} \lrcorner \mathfrak{X}^* = \langle \mathfrak{X}, \mathfrak{X}^*\rangle.$$

Beweis: Bei beliebiger Wahl von r ist $\mathfrak{X}^* \wedge \mathfrak{Y}^*$ für jede r-Form $\mathfrak{Y}^*$ eine $(q+r)$-Form. Wegen der Definition des skalaren Produkts (vgl. 46. 4) gilt daher im Fall $p < q$, also auch $p < q + r$

$$\langle \mathfrak{X} \llcorner \mathfrak{X}^*, \mathfrak{Y}^*\rangle = \langle \mathfrak{X}, \mathfrak{X}^* \wedge \mathfrak{Y}^*\rangle = 0.$$

Wegen der zweiten Rechenregel aus 47. 1 folgt sogar $\langle \mathfrak{X} \llcorner \mathfrak{X}^*, \mathfrak{Y}^*\rangle = 0$ für jedes $\mathfrak{Y}^*$ aus $\wedge X^*$; d. h. $\mathfrak{X} \llcorner \mathfrak{X}^*$ ist der Nullvektor. Im Fall $p \geqq q$ erhält man für eine beliebige r-Form $\mathfrak{Y}^*$ ebenfalls $\langle \mathfrak{X} \llcorner \mathfrak{X}^*, \mathfrak{Y}^*\rangle = 0$, wenn $p \neq q + r$, also $r \neq p - q$ gilt. Es muß daher $\mathfrak{X} \llcorner \mathfrak{X}^*$ ein $(p-q)$-Vektor sein. Entsprechend ergibt sich die zweite Behauptung. Gilt $p = q$, so muß $\mathfrak{X} \llcorner \mathfrak{X}^*$ ein Skalar sein. Man erhält

$$\mathfrak{X} \llcorner \mathfrak{X}^* = \langle \mathfrak{X} \llcorner \mathfrak{X}^*, 1\rangle = \langle \mathfrak{X}, \mathfrak{X}^* \wedge 1\rangle = \langle \mathfrak{X}, \mathfrak{X}^*\rangle.$$

und analog auch $\mathfrak{X} \lrcorner \mathfrak{X}^* = \langle \mathfrak{X}, \mathfrak{X}^*\rangle$. ◆

Wie bisher gelte $\operatorname{Dim} X = n$. Die äußeren Potenzen $\bigwedge_n X$ und $\bigwedge_n X^*$ sind dann beide 1-dimensional. Jeder vom Nullvektor verschiedene n-Vektor $\mathfrak{Z}$ bildet daher eine Basis von $\bigwedge_n X$, und es existiert zu ihm genau eine n-Form $\mathfrak{Z}^*$ mit $\langle \mathfrak{Z}, \mathfrak{Z}^*\rangle = 1$.

47.3 *Es seien $\mathfrak{Z}$ ein n-Vektor und $\mathfrak{Z}^*$ eine n-Form mit $\langle \mathfrak{Z}, \mathfrak{Z}^*\rangle = 1$. Durch*

$$\varphi \mathfrak{X} = \mathfrak{X} \lrcorner \mathfrak{Z}^*$$

wird dann ein Isomorphismus $\varphi\colon \bigwedge_p X \to \bigwedge_{n-p} X^*$ definiert. Für den inversen Isomorphismus φ^{-1} gilt

$$\varphi^{-1} \mathfrak{X}^* = \mathfrak{Z} \llcorner \mathfrak{X}^*.$$

Beweis: Es sei $\{\mathfrak{a}_1, \ldots, \mathfrak{a}_n\}$ eine Basis von X und $\{\mathfrak{a}^1, \ldots, \mathfrak{a}^n\}$ die duale Basis von X^*. Für den n-Vektor $\mathfrak{A} = \mathfrak{a}_1 \wedge \cdots \wedge \mathfrak{a}_n$ und die n-Form $\mathfrak{A}^* = \mathfrak{a}^1 \wedge \cdots \wedge \mathfrak{a}^n$ gilt dann

$$\langle \mathfrak{A}, \mathfrak{A}^*\rangle = \langle \mathfrak{a}_1, \mathfrak{a}^1\rangle \cdots \langle \mathfrak{a}_n, \mathfrak{a}^n\rangle = 1,$$

und durch

$$\varphi_0 \mathfrak{X} = \mathfrak{X} \lrcorner \mathfrak{A}^*, \quad \psi_0 \mathfrak{X}^* = \mathfrak{A} \llcorner \mathfrak{X}^*$$

werden lineare Abbildungen $\varphi_0\colon \bigwedge_p X \to \bigwedge_{n-p} X^*$ und $\psi_0\colon \bigwedge_{n-p} X^* \to \bigwedge_p X$ definiert.

Die p-Vektoren $\mathfrak{a}_{\nu_1} \wedge \cdots \wedge \mathfrak{a}_{\nu_p}$ mit $1 \leqq \nu_1 < \cdots < \nu_p \leqq n$ bilden eine Basis von $\bigwedge_p X$. Ebenso bilden die $(n-p)$-Formen $\mathfrak{a}^{\mu_1} \wedge \cdots \wedge \mathfrak{a}^{\mu_{n-p}}$ mit $1 \leqq \mu_1 < \cdots < \mu_{n-p} \leqq n$ eine Basis von $\bigwedge_{n-p} X^*$. Es gilt nun

$$\begin{aligned}
&\langle \mathfrak{a}_{\mu_1} \wedge \cdots \wedge \mathfrak{a}_{\mu_{n-p}}, \varphi_0(\mathfrak{a}_{\nu_1} \wedge \cdots \wedge \mathfrak{a}_{\nu_p})\rangle \\
&\qquad = \langle \mathfrak{a}_{\mu_1} \wedge \cdots \wedge \mathfrak{a}_{\mu_{n-p}}, \mathfrak{a}_{\nu_1} \wedge \cdots \wedge \mathfrak{a}_{\nu_p} \lrcorner \mathfrak{A}^*\rangle \\
&\qquad = \langle \mathfrak{a}_{\mu_1} \wedge \cdots \wedge \mathfrak{a}_{\mu_{n-p}} \wedge \mathfrak{a}_{\nu_1} \wedge \cdots \wedge \mathfrak{a}_{\nu_p}, \mathfrak{a}^1 \wedge \cdots \wedge \mathfrak{a}^n\rangle,
\end{aligned}$$

und dieser Wert ist nur genau dann von Null verschieden, wenn die Indizes $\mu_1, \ldots, \mu_{n-p}, \nu_1, \ldots, \nu_p$ alle paarweise verschieden sind. Ist dies der Fall, geht also das n-Tupel $(\mu_1, \ldots, \mu_{n-p}, \nu_1, \ldots, \nu_p)$ aus dem n-Tupel $(1, \ldots, n)$ durch eine Permutation π hervor, so gilt weiter

$$\begin{aligned}\langle \mathfrak{a}_{\mu_1} \wedge \cdots \wedge \mathfrak{a}_{\mu_{n-p}}, \varphi_0(\mathfrak{a}_{\nu_1} \wedge \cdots \wedge \mathfrak{a}_{\nu_p})\rangle &\\ = (\operatorname{sgn} \pi) \langle \mathfrak{a}_1 \wedge \cdots \wedge \mathfrak{a}_n, \mathfrak{a}^1 \wedge \cdots \wedge \mathfrak{a}^n \rangle &= \operatorname{sgn} \pi \\ = (\operatorname{sgn} \pi) \langle \mathfrak{a}_{\mu_1} \wedge \cdots \wedge \mathfrak{a}_{\mu_{n-p}}, \mathfrak{a}^{\mu_1} \wedge \cdots \wedge \mathfrak{a}^{\mu_{n-p}} \rangle&.\end{aligned}$$

Hieraus folgt

$$\varphi_0(\mathfrak{a}_{\nu_1} \wedge \cdots \wedge \mathfrak{a}_{\nu_p}) = (\operatorname{sgn} \pi)\, \mathfrak{a}^{\mu_1} \wedge \cdots \wedge \mathfrak{a}^{\mu_{n-p}}$$

für $1 \leqq \nu_1 < \cdots < \nu_p \leqq n$, $1 \leqq \mu_1 < \cdots < \mu_{n-p} \leqq n$ und $\pi(1, \ldots, n) = (\mu_1, \ldots, \mu_{n-p}, \nu_1, \ldots, \nu_p)$. Daher bildet φ_0 die Basis von $\bigwedge_p X$ auf eine Basis von $\bigwedge_{n-p} X^*$ ab; d. h. φ_0 ist ein Isomorphismus. Eine entsprechende Überlegung zeigt weiter, daß auch

$$\psi_0(\mathfrak{a}^{\mu_1} \wedge \cdots \wedge \mathfrak{a}^{\mu_{n-p}}) = (\operatorname{sgn} \pi)\, \mathfrak{a}_{\nu_1} \wedge \cdots \wedge \mathfrak{a}_{\nu_p}$$

mit denselben Bedingungen für die Indizes wie oben erfüllt ist. Wegen $(\operatorname{sgn} \pi)^2 = 1$ ist daher ψ_0 der zu φ_0 inverse Isomorphismus.

Schließlich seien jetzt $\mathfrak{Z}$ ein n-Vektor und $\mathfrak{Z}^*$ eine n-Form mit $\langle \mathfrak{Z}, \mathfrak{Z}^* \rangle = 1$. Da $\mathfrak{A}$ eine Basis von $\bigwedge_n X$ ist, gilt $\mathfrak{Z} = c\mathfrak{A}$. Ebenso ergibt sich $\mathfrak{Z}^* = c_1 \mathfrak{A}^*$ und weiter

$$1 = \langle \mathfrak{Z}, \mathfrak{Z}^* \rangle = cc_1 \langle \mathfrak{A}, \mathfrak{A}^* \rangle = cc_1,$$

also $c_1 = c^{-1}$. Es folgt

$$\begin{aligned}\mathfrak{X} \lrcorner \mathfrak{Z}^* &= c^{-1}(\mathfrak{X} \lrcorner \mathfrak{A}^*) = c^{-1}\varphi_0(\mathfrak{X}) \quad \text{und}\\ \mathfrak{Z} \llcorner \mathfrak{X}^* &= c(\mathfrak{A} \llcorner \mathfrak{X}^*) = c\varphi_0^{-1}(\mathfrak{X}^*)\end{aligned}$$

und hieraus unmittelbar die Behauptung des Satzes. ◆

Definition 47b: *Ein p-Vektor $\mathfrak{X}$ heißt* **zerlegbar**, *wenn er sich in der Form $\mathfrak{X} = \mathfrak{x}_1 \wedge \cdots \wedge \mathfrak{x}_p$ mit Vektoren $\mathfrak{x}_1, \ldots, \mathfrak{x}_p \in X$ darstellen läßt. Entsprechend wird eine p-Form $\mathfrak{X}^*$ zerlegbar genannt, wenn $\mathfrak{X}^* = \mathfrak{x}^1 \wedge \cdots \wedge \mathfrak{x}^p$ mit Linearformen $\mathfrak{x}^1, \ldots, \mathfrak{x}^p \in X^*$ gilt.*

47. 4 *Es sei $\mathfrak{Z}^*$ eine von der Nullform verschiedene n-Form. Dann gilt: Ein p-Vektor $\mathfrak{X}$ ist genau dann zerlegbar, wenn die $(n-p)$-Form $\mathfrak{X} \lrcorner \mathfrak{Z}^*$ zerlegbar ist.*

Beweis: Es gelte $\mathfrak{X} = \mathfrak{x}_1 \wedge \cdots \wedge \mathfrak{x}_p$. Ist $\mathfrak{X}$ der Nullvektor, so ist auch $\mathfrak{X} \lrcorner \mathfrak{Z}^*$ die Nullform und somit zerlegbar. Weiter sei daher $\mathfrak{X}$ nicht der Nullvektor. Nach 45. 2 sind dann die Vektoren $\mathfrak{x}_1, \ldots, \mathfrak{x}_p$ linear unabhängig und können somit zu einer Basis $\{\mathfrak{x}_1, \ldots, \mathfrak{x}_p, \ldots, \mathfrak{x}_n\}$ von X ergänzt werden, zu der es eine eindeutig bestimmte duale Basis $\{\mathfrak{x}^1, \ldots, \mathfrak{x}^p, \ldots, \mathfrak{x}^n\}$ von X^* gibt. Es werde nun

$$\hat{\mathfrak{A}}^* = \mathfrak{x}^{p+1} \wedge \cdots \wedge \mathfrak{x}^n \wedge \mathfrak{x}^1 \wedge \cdots \wedge \mathfrak{x}^p$$

gesetzt. Für $1 \leqq \nu_1 < \cdots < \nu_{n-p} \leqq n$ gilt dann

$$\langle \mathfrak{x}_{\nu_1} \wedge \cdots \wedge \mathfrak{x}_{\nu_{n-p}}, \hat{\mathfrak{X}} \lrcorner \hat{\mathfrak{A}}^* \rangle$$
$$= \langle \mathfrak{x}_{\nu_1} \wedge \cdots \wedge \mathfrak{x}_{\nu_{n-p}} \wedge \mathfrak{x}_1 \wedge \cdots \wedge \mathfrak{x}_p, \mathfrak{x}^{p+1} \wedge \cdots \wedge \mathfrak{x}^n \wedge \mathfrak{x}^1 \wedge \cdots \wedge \mathfrak{x}^p \rangle = 0$$

im Fall $(\nu_1, \ldots, \nu_{n-p}) \neq (p+1, \ldots, n)$ und

$$\langle \mathfrak{x}_{p+1} \wedge \cdots \wedge \mathfrak{x}_n, \hat{\mathfrak{X}} \lrcorner \hat{\mathfrak{A}}^* \rangle$$
$$= \langle \mathfrak{x}_{p+1} \wedge \cdots \wedge \mathfrak{x}_n \wedge \mathfrak{x}_1 \wedge \cdots \wedge \mathfrak{x}_p, \mathfrak{x}^{p+1} \wedge \cdots \wedge \mathfrak{x}^n \wedge \mathfrak{x}^1 \wedge \cdots \wedge \mathfrak{x}^p \rangle = 1.$$

Es folgt $\hat{\mathfrak{X}} \lrcorner \hat{\mathfrak{A}}^* = \mathfrak{x}^{p+1} \wedge \cdots \wedge \mathfrak{x}^n$. Nun gilt aber $\hat{\mathfrak{Z}}^* = c\hat{\mathfrak{A}}^*$ mit einem geeigneten Skalar c und somit $\hat{\mathfrak{X}} \lrcorner \hat{\mathfrak{Z}}^* = c\mathfrak{x}^{p+1} \wedge \cdots \wedge \mathfrak{x}^n$; d. h. $\hat{\mathfrak{X}} \lrcorner \hat{\mathfrak{Z}}^*$ ist zerlegbar. Dieselben Überlegungen zeigen aber, daß mit einer $(n-p)$-Form $\hat{\mathfrak{X}}^*$ auch der p-Vektor $\hat{\mathfrak{Z}} \llcorner \hat{\mathfrak{X}}^*$ zerlegbar ist, wobei $\hat{\mathfrak{Z}}$ der durch $\hat{\mathfrak{Z}}^*$ bestimmte n-Vektor mit $\langle \hat{\mathfrak{Z}}, \hat{\mathfrak{Z}}^* \rangle = 1$ ist. Da aber die Abbildungen $\hat{\mathfrak{X}} \to \hat{\mathfrak{X}} \lrcorner \hat{\mathfrak{Z}}^*$ und $\hat{\mathfrak{X}}^* \to \hat{\mathfrak{Z}} \llcorner \hat{\mathfrak{X}}^*$ nach 47. 3 inverse Isomorphismen sind, folgt die Behauptung. ◆

Da jede 1-Form trivialerweise zerlegbar ist, ergibt der letzte Satz, daß auch jeder $(n-1)$-Vektor zerlegbar ist.

47. 5 *Es sei $\hat{\mathfrak{X}}$ ein vom Nullvektor verschiedener p-Vektor, und U sei der Unterraum aller Vektoren $\mathfrak{y} \in X$ mit $\hat{\mathfrak{X}} \wedge \mathfrak{y} = \mathfrak{o}$. Dann gilt* Dim $U \leqq p$, *und $\hat{\mathfrak{X}}$ ist genau dann zerlegbar, wenn sogar* Dim $U = p$ *erfüllt ist.*

Beweis: Gilt $\hat{\mathfrak{X}} = \mathfrak{x}_1 \wedge \cdots \wedge \mathfrak{x}_p$, so sind die Vektoren $\mathfrak{x}_1, \ldots, \mathfrak{x}_p$ wegen 45. 2 linear unabhängig. Außerdem gilt $\mathfrak{x}_1 \wedge \cdots \wedge \mathfrak{x}_p \wedge \mathfrak{y} = \mathfrak{o}$ genau dann, wenn die Vektoren $\mathfrak{x}_1, \ldots, \mathfrak{x}_p, \mathfrak{y}$ linear abhängig sind. Es folgt $U = [\mathfrak{x}_1, \ldots, \mathfrak{x}_p]$ und daher Dim $U = p$. Weiter sei nun $\hat{\mathfrak{X}}$ beliebig, und $\{\mathfrak{a}_1, \ldots, \mathfrak{a}_r\}$ sei eine Basis von U, die zu einer Basis $\{\mathfrak{a}_1, \ldots, \mathfrak{a}_r, \ldots, \mathfrak{a}_n\}$ von X ergänzt werde. Dann besitzt $\hat{\mathfrak{X}}$ eine Darstellung der Form

$$\hat{\mathfrak{X}} = \sum_{1 \leqq \nu_1 < \cdots < \nu_p \leqq n} x_{\nu_1, \ldots, \nu_p} \mathfrak{a}_{\nu_1} \wedge \cdots \wedge \mathfrak{a}_{\nu_p}.$$

Für jeden Index ϱ mit $1 \leqq \varrho \leqq r$ gilt nun wegen $\mathfrak{a}_\varrho \in U$

$$\mathfrak{o} = \hat{\mathfrak{X}} \wedge \mathfrak{a}_\varrho = \sum_{1 \leqq \nu_1 < \cdots < \nu_p \leqq n} x_{\nu_1, \ldots, \nu_p} \mathfrak{a}_{\nu_1} \wedge \cdots \wedge \mathfrak{a}_{\nu_p} \wedge \mathfrak{a}_\varrho.$$

Auf der rechten Seite verschwinden alle Summanden, in denen einer der Indizes $\nu_1, \ldots, \nu_p$ gleich ϱ ist. Andererseits sind die $(p+1)$-Vektoren $\mathfrak{a}_{\nu_1} \wedge \cdots \wedge \mathfrak{a}_{\nu_p} \wedge \mathfrak{a}_\varrho$, bei denen die Indizes $\nu_1, \ldots, \nu_p, \varrho$ paarweise verschieden sind, linear unabhängig. Aus der letzten Gleichung folgt daher $x_{\nu_1, \ldots, \nu_p} = 0$ für alle Index-p-Tupel $(\nu_1, \ldots, \nu_p)$, in denen ein ϱ mit $1 \leqq \varrho \leqq r$ nicht auftritt. Wegen $\hat{\mathfrak{X}} \neq \mathfrak{o}$ gibt es aber ein p-Tupel $(\nu_1, \ldots, \nu_p)$ mit $x_{\nu_1, \ldots, \nu_p} \neq 0$. Daher müssen unter den Zahlen $\nu_1, \ldots, \nu_p$ die Zahlen $1, \ldots, r$ alle auftreten; d. h. es gilt $\operatorname{Dim} U = r \leqq p$. Im Fall $r = p$ kann $x_{\nu_1, \ldots, \nu_p} \neq 0$ nur für $(\nu_1, \ldots, \nu_p) = (1, \ldots, p)$ erfüllt sein. Es folgt $\hat{\mathfrak{X}} = x_{1, \ldots, p} \mathfrak{a}_1 \wedge \cdots \wedge \mathfrak{a}_p$ und damit die Zerlegbarkeit von $\hat{\mathfrak{X}}$. ◆

Ergänzungen und Aufgaben

47 A Es sei X ein Vektorraum der endlichen Dimension n. Ferner sei φ einer der in 47. 3 bestimmten Isomorphismen von $\bigwedge_p X$ auf $\bigwedge_{n-p} X^*$.

Aufgabe: Beweise die Formeln

$$\hat{\mathfrak{X}} \lrcorner \hat{\mathfrak{X}}^* = \varphi(\hat{\mathfrak{X}} \wedge \varphi^{-1} \hat{\mathfrak{X}}^*) \quad \text{und} \quad \hat{\mathfrak{X}} \llcorner \hat{\mathfrak{X}}^* = \varphi^{-1}(\varphi \hat{\mathfrak{X}} \wedge \hat{\mathfrak{X}}^*).$$

47 B Es sei $\varphi: X \to Y$ eine lineare Abbildung (X, Y endlich-dimensional). Nach 46. 2 bestimmt sie eindeutig eine Darstellung $\hat{\varphi}: \wedge X \to \wedge Y$, und dieser entspricht die duale Darstellung $\hat{\varphi}^*: \wedge Y^* \to \wedge X^*$ (vgl. 46 B).

Aufgabe: 1). Beweise die Gleichungen

$$\hat{\varphi} \hat{\mathfrak{X}} \llcorner \hat{\mathfrak{Y}}^* = \hat{\varphi}(\hat{\mathfrak{X}} \llcorner \hat{\varphi}^* \hat{\mathfrak{Y}}^*) \quad \text{und} \quad \hat{\mathfrak{X}} \lrcorner \hat{\varphi}^* \hat{\mathfrak{Y}}^* = \hat{\varphi}^*(\hat{\varphi} \hat{\mathfrak{X}} \lrcorner \hat{\mathfrak{Y}}^*).$$

2). Es sei speziell φ ein Automorphismus von X. Zeige:

$$\hat{\varphi} \hat{\mathfrak{X}} \llcorner \hat{\varphi}^{*-1} \hat{\mathfrak{X}}^* = \hat{\varphi}(\hat{\mathfrak{X}} \llcorner \hat{\mathfrak{X}}^*) \quad \text{und} \quad \hat{\varphi} \hat{\mathfrak{X}} \lrcorner \hat{\varphi}^{*-1} \hat{\mathfrak{X}}^* = \hat{\varphi}^{*-1}(\hat{\mathfrak{X}} \lrcorner \hat{\mathfrak{X}}^*).$$

47 C Es seien $\mathfrak{x}_1, \ldots, \mathfrak{x}_p$ und ebenso $\mathfrak{y}_1, \ldots, \mathfrak{y}_p$ linear unabhängige Vektoren aus X.

Aufgabe: Zeige, daß die p-Vektoren $\mathfrak{x}_1 \wedge \cdots \wedge \mathfrak{x}_p$ und $\mathfrak{y}_1 \wedge \cdots \wedge \mathfrak{y}_p$ genau dann linear abhängig sind, wenn $[\mathfrak{x}_1, \ldots, \mathfrak{x}_p] = [\mathfrak{y}_1, \ldots, \mathfrak{y}_p]$ gilt.

Lösungen der Aufgaben

1B Beweis unmittelbar durch Einsetzen der Definitionen. Es ist $y \in \bigcap \{\varphi M : M \in \mathfrak{S}\}$ nur gleichwertig mit $y = \varphi x_M$ und $x_M \in M$ für alle $M \in \mathfrak{S}$, wobei aber x_M noch von M abhängen kann. Ist φ jedoch injektiv, so gilt $x_M = \varphi^{-1} y$ für alle $M \in \mathfrak{S}$, also $\varphi^{-1} y \in \bigcap \{M : M \in \mathfrak{S}\}$, und daher $y \in \varphi \bigcap \{M : M \in \mathfrak{S}\}$. Setzt man $X = \{a, b\}$, $Y = \{c\}$, $M_1 = \{a\}$, $M_2 = \{b\}$, $\mathfrak{S} = \{M_1, M_2\}$ und $\varphi a = \varphi b = c$, so gilt $\varphi(M_1 \cap M_2) = \emptyset$ und $\varphi M_1 \cap \varphi M_2 = \{c\} \neq \emptyset$.

2A Wegen (*) existiert zu a, z ein y mit $a \circ y = z$. Aus $x \circ a = a$ und (I) folgt daher $x \circ z = x \circ a \circ y = a \circ y = z$. Wegen (*) existiert ein e mit $e \circ a = a$, für das nach dem Vorangehenden auch $e \circ z = z$ für alle $z \in G$ gilt; d. h. (II) ist erfüllt. (III) folgt unmittelbar aus (*). Umgekehrt folgt (*) wegen 2. 5 aus den Gruppenaxiomen.

2B (i, k) bedeute diejenige Transposition, die die Zahlen i und k vertauscht. Es gilt $\varepsilon = (1, 2) \circ (1, 2)$. Jede Permutation, die mindestens r Zahlen fest läßt, sei als Produkt von Transpositionen darstellbar. Läßt α nur $r - 1$ Zahlen fest und gilt $\alpha(s) = a_s \neq s$, so läßt $\beta = (s, a_s) \circ \alpha$ mindestens r Zahlen fest. Wegen $\alpha = (s, a_s) \circ \beta$ folgt nun die erste Behauptung durch Induktion. Für das Polynom

$$f(x_1, \ldots, x_n) = \prod_{1 \leq \mu < \nu \leq n} (x_\mu - x_\nu)$$

und jede Permutation π gilt $f(x_{\pi 1}, \ldots, x_{\pi n}) = c_\pi \cdot f(x_1, \ldots, x_n)$ mit $c_\pi = \pm 1$. Für eine Transposition π gilt $c_\pi = -1$. Hieraus folgen die übrigen Behauptungen.

3A Die Gültigkeit der Gruppenaxiome in G und der Ringaxiome in A ergibt sich durch einfache Rechnung. Neutrales Element von G ist $\mathbf{0} = (0, 0)$. Nullelement von A ist die durch $0\mathfrak{x} = \mathbf{0}$ definierte „Nullabbildung", Einselement die Identität. Für die durch $\alpha\mathfrak{x} = (0, x_1)$ und $\beta\mathfrak{x} = (x_1, 0)$ $(\mathfrak{x} = (x_1, x_2) \in G)$ definierten Abbildungen $\alpha, \beta \in A$ gilt $(\alpha \cdot \beta)\,\mathfrak{x} = (0, x_1)$ und $(\beta \cdot \alpha)\,\mathfrak{x} = (0, 0)$ für alle $\mathfrak{x} \in G$. Die Multiplikation ist daher nicht kommutativ. Wegen $\beta \cdot \alpha = 0$ ist α ein rechter und β ein linker Nullteiler.

3B 1). Es gilt $a = q_a \cdot e + r$ mit $r = 0$ oder $\varrho(r) < \varrho(e)$. Wegen der Minimalität von $\varrho(e)$ folgt $r = 0$, also $a = q_a \cdot e$.
2). Wegen $e = q_e \cdot e$ folgt $a \cdot q_e = q_a \cdot e \cdot q_e = q_a \cdot e = a$ für alle $a \in R$.

3C Ein größter gemeinsamer Teiler von f und g ist $t^2 - 2t + 2$.

4A Im ersten Fall liegt wegen $(1 + 1) \odot 1 = 1 + 1 = 2$ und $(1 \odot 1) \oplus (1 \odot 1) = 1 \oplus 1 = \sqrt[3]{2}$ kein Vektorraum vor. Im zweiten Fall handelt es sich um einen reellen Vektorraum.

4B Aus $\mathfrak{x} = 1\mathfrak{y}$ folgt $1\mathfrak{x} = 1 \cdot 1\mathfrak{y} = 1\mathfrak{y} = \mathfrak{x}$ und umgekehrt aus $\mathfrak{x} = 1\mathfrak{x}$ mit $\mathfrak{y} = 1\mathfrak{x}$ auch $\mathfrak{x} = 1\mathfrak{x} = 1 \cdot 1\mathfrak{x} = 1\mathfrak{y}$. Weiter gilt $1(\mathfrak{y} - 1\mathfrak{y}) = 1\mathfrak{y} - (1 \cdot 1)\,\mathfrak{y} = \mathfrak{o}$. Mit $\mathfrak{u} = 1$ und $\mathfrak{v} = \mathfrak{x} - 1\mathfrak{x}$ gilt $\mathfrak{x} = \mathfrak{u} + \mathfrak{v}$ und wegen 1), 2) auch $\mathfrak{u} \in U$, $\mathfrak{v} \in V$. Umgekehrt folgt aus $\mathfrak{x} = \mathfrak{u} + \mathfrak{v}$, $\mathfrak{u} \in U$, $\mathfrak{v} \in V$ erstens $1\mathfrak{x} = 1\mathfrak{u} + 1\mathfrak{v} = \mathfrak{u}$ und zweitens $\mathfrak{v} = \mathfrak{x} - \mathfrak{u} = \mathfrak{x} - 1\mathfrak{x}$

(Eindeutigkeit der Darstellung). Aus $\mathfrak{u}, \mathfrak{u}' \in U$ folgt $1(\mathfrak{u}+\mathfrak{u}') = 1\mathfrak{u} + 1\mathfrak{u}' = \mathfrak{u}+\mathfrak{u}'$ und $1(c\mathfrak{u}) = (1\cdot c)\,\mathfrak{u} = c\mathfrak{u}$, also $\mathfrak{u}+\mathfrak{u}' \in U$ und $c\mathfrak{u} \in U$. Die Gültigkeit aller Axiome ergibt sich nun unmittelbar.

4 D Die Notwendigkeit der Bedingung folgt aus 4. 1. Umgekehrt wird sie zum Nachweis der Transitivität von $\sim$ gebraucht. In X werden dann durch

$$\overline{\frac{1}{a}\,\mathfrak{x}} + \overline{\frac{1}{b}\,\mathfrak{y}} = \overline{\frac{1}{a\cdot b}\,(b\mathfrak{x}+a\mathfrak{y})}, \qquad \frac{b}{c}\left(\overline{\frac{1}{a}\,\mathfrak{x}}\right) = \overline{\frac{1}{a\cdot c}\,(b\mathfrak{x})}$$

die linearen Operationen definiert, da die rechten Seiten dieser Gleichungen nicht von den Repräsentanten der links stehenden Klassen abhängen, sondern nur von den Klassen selbst. Hinsichtlich dieser Operationen ist X ein Vektorraum über $Q(R)$, der den Modul X enthält, wenn man jedes $\mathfrak{x} \in X$ mit $\overline{\frac{1}{1}\,\mathfrak{x}}$ identifiziert.

5 A $\mathbb{Z}_2^3$ besteht aus 8 Vektoren. Außer $[\mathfrak{o}]$ und $\mathbb{Z}_2^3$ gibt es noch 7 eindimensionale und 7 zweidimensionale Unterräume.

5 B Aus $\mathfrak{a}, \mathfrak{x} \in L$ folgt $\mathfrak{x}-\mathfrak{a} \in U_L$ und aus $\mathfrak{u} \in U_L$, daß $\mathfrak{x} = \mathfrak{a}+\mathfrak{u} \in L$ und $\mathfrak{u} = \mathfrak{x}-\mathfrak{a}$ gilt. Hieraus ergibt sich 1). Weiter sei M eine lineare Mannigfaltigkeit, es gelte $\mathfrak{a}_1, \ldots, \mathfrak{a}_n \in M$ und $c_1 + \cdots + c_n = 1$. Es folgt $\mathfrak{a}_\nu - \mathfrak{a}_1 \in U_M$, weiter $\mathfrak{u} = c_2(\mathfrak{a}_2-\mathfrak{a}_1) + \cdots + c_n(\mathfrak{a}_n - \mathfrak{a}_1) \in U_M$ und $c_1\mathfrak{a}_1 + \cdots + c_n\mathfrak{a}_n = \mathfrak{a}_1 + \mathfrak{u} \in M$. Umgekehrt erfülle M die Bedingung aus 2), und U_M sei gemäß 1) definiert. Dann ist U_M ein Vektorraum: Aus $\mathfrak{x}, \mathfrak{y}, \mathfrak{a} \in M$ folgt $\mathfrak{x}+\mathfrak{y}-\mathfrak{a} \in M$. Mit $\mathfrak{x}-\mathfrak{a}$, $\mathfrak{y}-\mathfrak{a}$ ist daher auch $(\mathfrak{x}-\mathfrak{a}) + (\mathfrak{y}-\mathfrak{a}) = (\mathfrak{x}+\mathfrak{y}-\mathfrak{a}) - \mathfrak{a}$ ein Vektor aus U_M. Ferner gilt $c\mathfrak{x} + (1-c)\,\mathfrak{a} \in M$. Mit $\mathfrak{x}-\mathfrak{a}$ ist also auch $c(\mathfrak{x}-\mathfrak{a}) = (c\mathfrak{x} + (1-c)\,\mathfrak{a}) - \mathfrak{a}$ ein Vektor aus U_M. Ist L eine lineare Mannigfaltigkeit mit $\mathfrak{o} \in L$, so gilt $U_L = \{\mathfrak{x}-\mathfrak{o}\colon \mathfrak{x} \in L\} = L$; d. h. L ist Unterraum. Andererseits enthält jeder Unterraum den Nullvektor. Für den Durchschnitt D eines Systems $\mathfrak{S}$ linearer Mannigfaltigkeiten gilt im Fall $D \neq \emptyset$ mit $\mathfrak{a} \in D$ zunächst $U_D = \{\mathfrak{x}-\mathfrak{a}\colon \mathfrak{x} \in D\} = \bigcap\,\{U_L\colon L \in \mathfrak{S}\}$. Daher ist U_D ein Vektorraum (5. 2), D also eine lineare Mannigfaltigkeit. Schließlich ist N Durchschnitt aller L und M umfassenden linearen Mannigfaltigkeiten. Mit $\mathfrak{b} \in L$, $\mathfrak{c} \in M$ und $\mathfrak{a} = \mathfrak{b}-\mathfrak{c}$ gilt dann $V = U_L + U_M + [\mathfrak{a}] \leqq U_N$. Aus $\mathfrak{x} \in L$ folgt $\mathfrak{x}-\mathfrak{c} = \mathfrak{x}-\mathfrak{b}+\mathfrak{a} \in V$ und aus $\mathfrak{y} \in M$ ebenso $\mathfrak{y}-\mathfrak{c} \in V$. Daher ist $\{\mathfrak{c}+\mathfrak{v}\colon \mathfrak{v} \in V\}$ eine L und M, also auch N umfassende lineare Mannigfaltigkeit, woraus $U_N \leqq V$ und somit $U_N = V$ folgt. Im Fall $L \cap M \neq \emptyset$ kann $\mathfrak{b} = \mathfrak{c}$, also $\mathfrak{a} = \mathfrak{o}$ gesetzt werden; d. h. es gilt $U_N = U_L + U_M$. Im Fall $L \cap M = \emptyset$ ist der Summand $[\mathfrak{a}]$ nicht entbehrlich.

5 C Ein minimaler Modul X enthält ein $\mathfrak{a} \neq \mathfrak{o}$. Da $[\mathfrak{a}]$ nicht der Nullmodul ist, folgt wegen der Minimalität $X = [\mathfrak{a}]$. In $\mathbb{Z}$ bilden z. B. die zyklischen Untermoduln $[2^n]$ ($n \in \mathbb{N}$) eine echt absteigende Kette. Ein vom Nullmodul verschiedener Untermodul U enthält ein $n \neq 0$. Es ist dann $[2n]$ ein echter Untermodul, so daß U nicht minimal ist.

5 D 1). Zu endlich vielen rationalen Zahlen $r_1, \ldots, r_n$ gibt es eine Primzahl p, die keinen der Nenner teilt. Der von $r_1, \ldots, r_n$ aufgespannte $\mathbb{Z}$-Modul enthält nicht $\frac{1}{p}$ und ist daher von $\mathbb{Q}$ verschieden.

2). Wegen $X = \sum\,\{[\mathfrak{a}]\colon \mathfrak{a} \in X\}$ folgt aus (*) auch $X = [\mathfrak{a}_1] + \ldots + [\mathfrak{a}_n]$. Umgekehrt gelte $X = [\mathfrak{a}_1] + \ldots + [\mathfrak{a}_n]$ und $X = \sum\,\{U\colon U \in \mathfrak{S}\}$. Dann gilt $\mathfrak{a}_\nu \in U_{\nu,1} + \ldots + U_{\nu,r_\nu}$ ($\nu = 1, \ldots, n$) mit geeigneten Untermoduln und daher $X = \sum_{\nu=1}^{n} \sum_{\varrho=1}^{r_\nu} U_{\nu,\varrho}$, also (*).

3). Die Negation von (**) ist gleichwertig mit der Existenz einer Unterraumkette $U_0 \supsetneq U_1 \supsetneq U_2 \supsetneq \ldots$ mit $U_{n+1} \neq U_n$, also auch mit $U_n \neq [\mathfrak{o}]$ für alle $n \in \mathbb{N}$. Wählt man Vektoren $\mathfrak{a}_n \in U_n$ mit $\mathfrak{a}_n \notin U_{n+1} (n \in \mathbb{N})$, so gilt $[\mathfrak{a}_0, \ldots, \mathfrak{a}_n] \cap U_{n+1} = [\mathfrak{o}]$ für alle n: Für $n = 0$ ist dies richtig. Aus $\mathfrak{u} \in U_{n+1}$ und $\mathfrak{u} = c_0\mathfrak{a}_0 + \ldots + c_n\mathfrak{a}_n$ folgt $\mathfrak{u} - c_n\mathfrak{a}_n \in [\mathfrak{a}_0, \ldots, \mathfrak{a}_{n-1}]$ und $\mathfrak{u} - c_n\mathfrak{a}_n \in U_n$, nach Induktionsannahme also $\mathfrak{u} - c_n\mathfrak{a}_n = \mathfrak{o}$ und wegen $\mathfrak{a}_n \notin U_{n+1}$ weiter $\mathfrak{u} = \mathfrak{o}$. Da $[\mathfrak{a}_0, \ldots, \mathfrak{a}_n] \neq X$ für alle n gilt, ist schon der Unterraum $\sum \{[\mathfrak{a}_n] : n \in \mathbb{N}\}$ nicht endlich erzeugt. Entsprechend ist die Negation von (*) mit der Existenz einer echt aufsteigenden Unterraumkette $U_0 \subsetneq U_1 \subsetneq U_2 \subsetneq \ldots$ gleichwertig. Gilt $\mathfrak{a}_{\nu+1} \in U_{\nu+1}$, $\mathfrak{a}_{\nu+1} \notin U_\nu$, so bilden jetzt die Unterräume $V_n = \sum_{\nu=n+1}^{\infty} [\mathfrak{a}_\nu]$ eine absteigende Kette, die (**) widerspricht.

4). Aus $\sum \{U : U \in \mathfrak{S}\} = \mathbb{Z}$ folgt $1 = \mathfrak{u}_1 + \ldots + \mathfrak{u}_n$ mit Elementen $\mathfrak{u}_1, \ldots, \mathfrak{u}_n$ aus geeigneten Untermoduln $U_1, \ldots, U_n \in \mathfrak{S}$. Es folgt $\mathbb{Z} = [1] = U_1 + \ldots + U_n$. Die absteigende Kette aus 5C erfüllt (**) nicht.

6C Wegen 6.7 gilt $\operatorname{Dim} L + \operatorname{Dim} M = \operatorname{Dim}(U_L + U_M) + \operatorname{Dim}(U_L \cap U_M)$. Nach 5B ist $U_L + U_M = U_N$ und $U_L \cap U_M = U_{L \cap M}$, wenn $L \cap M \neq \emptyset$. Das ist die erste Behauptung. Im Fall $L \cap M = \emptyset$ gilt wegen $U_N = U_L + U_M + [\mathfrak{a}]$ (vgl. 5 B) zunächst $\operatorname{Dim}(U_L + U_M) = \operatorname{Dim} N - 1 = \operatorname{Dim} N + \operatorname{Dim}(L \cap M)$, woraus durch Einsetzen die zweite Behauptung folgt.

6D 1). Assoziativität, Distributivität und $1 \cdot x = x$ folgen unmittelbar aus der Definition der Multiplikation.
2). Schon jedes einzelne Element $a \in \mathbb{Z}_k$ ist linear abhängig, da in $\mathbb{Z}_k$ ja $k \cdot a = 0$ gilt.
3). Unmittelbar folgt $X = [B]$ aus (4). Aus $\mathfrak{o} = c_1\mathfrak{a}_1 + \ldots + c_n\mathfrak{a}_n$ mit $\mathfrak{a}_1, \ldots, \mathfrak{a}_n \in B$ und $c_\nu \neq 0$ für ein ν würde wegen $\mathfrak{o} = 0 \cdot \mathfrak{a}_1 + \ldots + 0 \cdot \mathfrak{a}_n$ ein Widerspruch zur Eindeutigkeitsaussage in (4) folgen.

6E Trivialerweise ist B_1 eine Basis. Da das Gleichungssystem $2c_1 + 3c_2 = 0$, $3c_1 + 2c_2 = 0$ in $\mathbb{Z}_6$ nur die triviale Lösung $c_1 = c_2 = 0$ besitzt, ist B_2 linear unabhängig. Wegen $(1, 0) = 2 \cdot (2, 3) + 3 \cdot (3, 2)$ und $(0, 1) = 3 \cdot (2, 3) + 2 \cdot (3, 2)$ gilt aber auch $[B_2] = \mathbb{Z}_6^2$. Wegen $3 \cdot (2, 3) + 3 \cdot (0, 1) = 2 \cdot (1, 0) + 2 \cdot (2, 3) = (0, 0)$ führt der Austausch immer auf linear abhängige Mengen.

7B **Das Umformungsschema führt auf die Matrix**

$$\begin{pmatrix} 2 & 3 & -1 & 0 \\ 0 & 11 & -2 & 1 \\ 0 & 0 & 3 & -1 \\ 0 & 0 & 0 & \frac{8}{3} \end{pmatrix}.$$

Hinsichtlich der alten Basis besitzt $\mathfrak{x}$ die Koordinaten (42, —25, 5, —14).

7C **Erster Fall: Dim $U = 4$; $\{\mathfrak{x}_1, \mathfrak{x}_2, \mathfrak{x}_3, \mathfrak{x}_5\}$ ist eine Basis von U. Zweiter Fall: Dim $U = 3$; $\{\mathfrak{x}_1, \mathfrak{x}_2, \mathfrak{x}_3\}$ ist eine Basis von U.**

7D Die Vektoren $\mathfrak{a}_1 = (1, 3, 5, -4)$, $\mathfrak{a}_2 = (0, 0, 1, -1)$, $\mathfrak{a}_3 = (0, 0, 0, 1)$ bilden eine Basis von U, die Vektoren $\mathfrak{b}_1 = (1, 0, 2, -2)$, $\mathfrak{b}_2 = (0, 3, 3, -5)$, $\mathfrak{b}_3 = (0, 0, -1, 2)$ eine Basis von V. Zusammen mit $(0, -3, -3, 2)$ bilden $\mathfrak{a}_1$, $\mathfrak{a}_2$, $\mathfrak{a}_3$ eine Basis von $U + V$. Schließlich besteht eine Basis von $U \cap V$ aus $(1, 3, 5, -7)$ und $\mathfrak{b}_3$.

8B Der Kern besteht aus allen konstanten Funktionen.

8C (1) $\mathfrak{y} \in \sum \{\varphi U : U \in \mathfrak{S}\}$ ist gleichwertig mit $\mathfrak{y} = \varphi\mathfrak{u}_1 + \ldots + \varphi\mathfrak{u}_n = \varphi(\mathfrak{u}_1 + \ldots + \mathfrak{u}_n)$ und $\mathfrak{u}_\nu \in U_\nu$, $U_\nu \in \mathfrak{S}$ für $\nu = 1, \ldots, n$, also auch gleichwertig mit $\mathfrak{y} \in \varphi(\sum\{U : U \in \mathfrak{S}\})$.
(2) Aus $\mathfrak{y} \in \sum \{\varphi^-(V) : V \in \mathfrak{S}^*\}$ folgt $\mathfrak{y} = \mathfrak{u}_1 + \ldots + \mathfrak{u}_n$ mit $\varphi\mathfrak{u}_\nu \in V_\nu$ und $V_\nu \in \mathfrak{S}^*$ für $\nu = 1, \ldots, n$. Man erhält $\varphi\mathfrak{y} \in V_1 + \ldots + V_n$ und damit $\mathfrak{y} \in \varphi^-(\sum\{V : V \in \mathfrak{S}^*\})$.
(3) Aus $\mathfrak{y} \in \varphi^-(\sum\{V : V \in \mathfrak{S}^*\})$ folgt $\varphi\mathfrak{y} = \mathfrak{v}_1 + \ldots + \mathfrak{v}_n$ mit $\mathfrak{v}_\nu \in V_\nu$ und $V_\nu \in \mathfrak{S}^*$. Gilt nun $V_1, \ldots, V_n \subset \operatorname{Im} \varphi$, so folgt weiter $\mathfrak{v}_\nu = \varphi\mathfrak{u}_\nu$, also $\mathfrak{u}_\nu \in \varphi^-(V_\nu)$ für $\nu = 1, \ldots, n$. Man erhält $\mathfrak{y} - \mathfrak{u}_1 - \ldots - \mathfrak{u}_n = \mathfrak{u}_1^* \in$ Kern φ und folglich $\mathfrak{y} = (\mathfrak{u}_1 + \mathfrak{u}_1^*) + \mathfrak{u}_2 + \ldots + \mathfrak{u}_n$, wobei auch $\mathfrak{u}_1 + \mathfrak{u}_1^* \in \varphi^-(V_1)$ gilt, also $\mathfrak{y} \in \sum \{\varphi^-(V) : V \in \mathfrak{S}^*\}$.
(4) Aus $\mathfrak{y} \in \varphi(\bigcap\{U : U \in \mathfrak{S}\})$ folgt $\mathfrak{y} \in \varphi U$ für alle $U \in \mathfrak{S}$, also $\mathfrak{y} \in \bigcap \{\varphi U : U \in \mathfrak{S}\}$.
(5) $\mathfrak{x} \in \varphi^-(\bigcap\{V : V \in \mathfrak{S}^*\})$ ist gleichwertig mit $\varphi\mathfrak{x} \in V$ für jedes $V \in \mathfrak{S}^*$, also weiter mit $\mathfrak{x} \in \varphi^-(V)$ für alle $V \in \mathfrak{S}^*$ und daher mit $\mathfrak{x} \in \bigcap \{\varphi^-(V) : V \in \mathfrak{S}^*\}$.
(6) Aus $\mathfrak{y} \in \bigcap \{\varphi U : U \in \mathfrak{S}\}$ folgt $\mathfrak{y} = \varphi\mathfrak{a}_U$ mit $\mathfrak{a}_U \in U$ für alle $U \in \mathfrak{S}$. Bei fester Wahl von $U^* \in \mathfrak{S}$ folgt jetzt wegen $\varphi(\mathfrak{a}_{U^*} - \mathfrak{a}_U) = \mathfrak{y} - \mathfrak{y} = \mathfrak{o}$ zunächst $\mathfrak{a}_{U^*} - \mathfrak{a}_U \in \text{Kern}\,\varphi \subset U$ und daher $\mathfrak{a}_{U^*} \in U$ für alle U, also $\mathfrak{y} = \varphi\mathfrak{a}_{U^*} \in \varphi(\bigcap\{U : U \in \mathfrak{S}\})$.

9B Es gelte $\varphi: X \to Y$, $\psi: X \to Y$. Man erhält $(\varphi + \psi) X \leqq \varphi X + \psi X$ und daher $\operatorname{Rg}(\varphi + \psi) = \operatorname{Dim}((\varphi + \psi) X) \leqq \operatorname{Dim}(\varphi X + \psi X) \leqq \operatorname{Dim}(\varphi X) + \operatorname{Dim}(\psi X) = m + n$. Weiter kann $m \geqq n$ angenommen werden. Nach dem bisher Bewiesenen ergibt sich $m = \operatorname{Rg} \varphi = \operatorname{Rg}((\varphi + \psi) - \psi) \leqq \operatorname{Rg}(\varphi + \psi) + \operatorname{Rg}(-\psi) = \operatorname{Rg}(\varphi + \psi) + n$, und hieraus folgt $|m - n| = m - n \leqq \operatorname{Rg}(\varphi + \psi)$.

9C Es gilt $\operatorname{Rg} \varphi = 2$, also $\operatorname{Def} \varphi = 4 - 2 = 2$. Eine Basis von Kern φ ist z. B. $\{(-2, -1, 1, 0), (-3, -2, 0, 1)\}$. Die Koordinaten von $\varphi\mathfrak{x}_1, \varphi\mathfrak{x}_2, \varphi\mathfrak{x}_3$ lauten $(11, 22, -20)$, $(-16, -36, 36)$, $(6, 52, -80)$. Es gilt $\operatorname{Dim} U = 3$ und $\operatorname{Dim}(\varphi U) = 2$.

10A Durch Anwendung des Umformungsschemas auf die jeweiligen Koordinatenzeilen ergibt sich 1). Die in 2) gesuchte Matrix und die gesuchten Koordinaten sind

$$\begin{pmatrix} -\frac{1}{2} & -\frac{1}{2} \\ 5 & 4 \\ 1 & 6 \end{pmatrix} \quad \text{und} \quad \left(\frac{13}{2}, \frac{9}{2}\right).$$

10B Wegen $\hat{\varphi}(\alpha + \alpha') = \varphi \circ (\alpha + \alpha') = \varphi \circ \alpha + \varphi \circ \alpha' = \hat{\varphi}(\alpha) + \hat{\varphi}(\alpha')$, $\hat{\varphi}(c\alpha) = \varphi \circ (c\alpha) = c(\varphi \circ \alpha) = c\hat{\varphi}(\alpha)$ gilt 1). Ist φ surjektiv und B eine Basis von X, so gibt es zu $\beta \in L_Z$ und jedem $\mathfrak{a} \in B$ ein $\mathfrak{a}' \in Y$ mit $\varphi\mathfrak{a}' = \beta\mathfrak{a}$. Wegen 8.2 existiert ein $\alpha \in L_Y$ mit $\alpha\mathfrak{a} = \mathfrak{a}'$ $(\mathfrak{a} \in B)$. Es folgt $\hat{\varphi}(\alpha) = \beta$; d. h. auch $\hat{\varphi}$ ist surjektiv. Wegen $X \neq [\mathfrak{o}]$ gibt es ein $\mathfrak{a} \in X$ mit $\mathfrak{a} \neq \mathfrak{o}$ und zu jedem $\mathfrak{z} \in Z$ ein $\beta \in L_Z$ mit $\beta\mathfrak{a} = \mathfrak{z}$. Ist $\hat{\varphi}$ surjektiv, existiert weiter ein $\alpha \in L_Y$ mit $\varphi \circ \alpha = \beta$. Für $\mathfrak{y} = \alpha\mathfrak{a}$ folgt $\varphi\mathfrak{y} = \beta\mathfrak{a} = \mathfrak{z}$; d. h. auch φ ist surjektiv. Ist φ injektiv und gilt $\hat{\varphi}(\alpha) = \hat{\varphi}(\alpha')$, so folgt $\varphi(\alpha\mathfrak{x}) = \varphi(\alpha'\mathfrak{x})$, also $\alpha\mathfrak{x} = \alpha'\mathfrak{x}$ für alle $\mathfrak{x} \in X$ und somit $\alpha = \alpha'$; d. h. $\hat{\varphi}$ ist ebenfalls injektiv. Es sei $\hat{\varphi}$ injektiv und B eine Basis von X. Es gelte $\mathfrak{a} \in B$ und $\varphi\mathfrak{y}_1 = \varphi\mathfrak{y}_2$. Durch $\alpha_i\mathfrak{a} = \mathfrak{y}_i$, $\alpha_i\mathfrak{a}' = \mathfrak{o}$ $(\mathfrak{a}' \in B, \mathfrak{a}' \neq \mathfrak{a})$ wird ein $\alpha_i \in L_Z$ definiert $(i = 1, 2)$. Es gilt $\varphi \circ \alpha_1 = \varphi \circ \alpha_2$, also $\hat{\varphi}(\alpha_1) = \hat{\varphi}(\alpha_2)$ und somit $\alpha_1 = \alpha_2$, also auch $\mathfrak{y}_1 = \mathfrak{y}_2$; d. h. φ ist ebenfalls injektiv. Die Zuordnung $\varphi \to \hat{\varphi}$ definiert eine lineare Abbildung $\vartheta: L(Y, Z) \to L(L_Y, L_Z)$. Für

$\varphi, \psi \in L(Y, Z)$ gelte $\varphi \neq \psi$. Dann gibt es ein $\mathfrak{y} \in Y$ mit $\varphi\mathfrak{y} \neq \psi\mathfrak{y}$, ein $\mathfrak{a} \in X$ mit $\mathfrak{a} \neq \mathfrak{o}$ und ein $\alpha \in L_Y$ mit $\alpha\mathfrak{a} = \mathfrak{y}$. Es folgt $\hat{\varphi}(\alpha)\,\mathfrak{a} = \varphi\mathfrak{y} \neq \psi\mathfrak{y} = \hat{\psi}(\alpha)\,\mathfrak{a}$, also $\hat{\varphi} \neq \hat{\psi}$; d. h. ϑ ist injektiv.

10 C Wenn φ injektiv ist, folgt aus $\varphi \circ \alpha = \varphi \circ \beta$ zunächst $\varphi(\alpha\mathfrak{z}) = \varphi(\beta\mathfrak{z})$ und dann $\alpha\mathfrak{z} = \beta\mathfrak{z}$ für alle $\mathfrak{z} \in Z$, also $\alpha = \beta$. Erfüllt φ umgekehrt die Bedingung aus 1) und gilt $\varphi\mathfrak{x} = \varphi\mathfrak{x}'$, so werden mit $Z = [\mathfrak{x}]$ durch $\alpha\mathfrak{x} = \mathfrak{x}$ und $\beta\mathfrak{x} = \mathfrak{x}'$ Abbildungen α, β mit $\varphi \circ \alpha = \varphi \circ \beta$ definiert. Es folgt $\alpha = \beta$ und weiter $\mathfrak{x} = \mathfrak{x}'$; d. h. φ ist injektiv. Ist φ surjektiv und gilt $\alpha \circ \varphi = \beta \circ \varphi$, so gibt es zu $\mathfrak{y} \in Y$ ein $\mathfrak{x} \in X$ mit $\varphi\mathfrak{x} = \mathfrak{y}$, woraus $\alpha\mathfrak{y} = \beta\mathfrak{y}$ für alle $\mathfrak{y} \in Y$, also $\alpha = \beta$ folgt. Umgekehrt erfülle φ die Bedingung aus 2); jedoch sei φ nicht surjektiv. Dann gibt es ein $\mathfrak{y} \in Y$ mit $\mathfrak{y} \notin \varphi X$ und lineare Abbildungen $\alpha, \beta: Y \to Y$ mit $\alpha\mathfrak{y} \neq \beta\mathfrak{y}$ und $\alpha\mathfrak{y}' = \beta\mathfrak{y}'$ für $\mathfrak{y}' \in \varphi X$. Es folgt $\alpha \circ \varphi = \beta \circ \varphi$, also $\alpha = \beta$ im Widerspruch zu $\alpha\mathfrak{y} \neq \beta\mathfrak{y}$.

10 D 1). Da φ^* surjektiv ist, gilt $\operatorname{Im} \psi^* = \operatorname{Im}(\psi^* \circ \varphi^*) = \operatorname{Im}(\psi \circ \varphi)$, wegen der Injektivität von ψ daher $\operatorname{Im} \varphi = \psi^{-1}(\operatorname{Im} \psi^*)$. Wegen der Injektivität von ψ gilt $\operatorname{Kern} \varphi = \operatorname{Kern}(\psi \circ \varphi) = \operatorname{Kern}(\psi^* \circ \varphi^*)$ und wegen der Surjektivität von φ^* außerdem $\operatorname{Kern}(\psi^* \circ \varphi^*) = \varphi^{*-1}(\operatorname{Kern} \psi^*)$. Aus beiden Gleichungen zusammen ergibt sich $\operatorname{Kern} \psi^* = \varphi^*(\operatorname{Kern} \varphi)$. 2). (a) Aus $\psi = \chi \circ \varphi$ folgt $\operatorname{Kern} \varphi \subset \operatorname{Kern}(\chi \circ \varphi) = \operatorname{Kern} \psi$. Umgekehrt sei diese Bedingung erfüllt. Aus $\varphi\mathfrak{x}_1 = \varphi\mathfrak{x}_2$, also aus $\mathfrak{x}_1 - \mathfrak{x}_2 \in \operatorname{Kern} \varphi \subset \operatorname{Kern} \psi$, folgt dann $\psi\mathfrak{x}_1 = \psi\mathfrak{x}_2$. Aus $\mathfrak{y} \in \operatorname{Im} \varphi$ folgt $\mathfrak{y} = \varphi\mathfrak{x}$, und durch $\chi\mathfrak{y} = \psi\mathfrak{x}$ wird eine Abbildung $\chi: \operatorname{Im} \varphi \to Z$ mit $\psi = \chi \circ \varphi$ definiert, die sich unmittelbar als lineare Abbildung erweist. Sie kann noch von dem Unterraum $\operatorname{Im} \varphi$ auf Y fortgesetzt werden. (b) Aus $\varphi = \psi \circ \chi$ folgt $\operatorname{Im} \varphi = \operatorname{Im}(\psi \circ \chi) \subset \operatorname{Im} \psi$. Umgekehrt sei diese Bedingung erfüllt, und B sei eine Basis von X. Zu $\mathfrak{a} \in B$ gibt es wegen $\varphi\mathfrak{a} \in \operatorname{Im} \varphi \subset \operatorname{Im} \psi$ ein $\mathfrak{y}_{\mathfrak{a}} \in Y$ mit $\psi\,\mathfrak{y}_{\mathfrak{a}} = \varphi\mathfrak{a}$. Durch $\chi\mathfrak{a} = \mathfrak{y}_{\mathfrak{a}}$ wird dann wegen 8. 2 eine lineare Abbildung χ der verlangten Art definiert.

11 A Es seien $\mathfrak{a}_1, \mathfrak{a}_2$ zwei verschiedene Vektoren aus einer Basis B von X. Durch $\varphi\mathfrak{a}_1 = \mathfrak{a}_1 + \mathfrak{a}_2$, $\varphi\mathfrak{a}_2 = \mathfrak{a}_2$, $\psi\mathfrak{a}_1 = \mathfrak{a}_1$, $\psi\mathfrak{a}_2 = \mathfrak{a}_1 - \mathfrak{a}_2$ und $\varphi\mathfrak{a} = \psi\mathfrak{a} = \mathfrak{a}$ $(\mathfrak{a} \neq \mathfrak{a}_1, \mathfrak{a} \neq \mathfrak{a}_2, \mathfrak{a} \in B)$ werden dann Automorphismen φ, ψ von X mit $\varphi \circ \psi \neq \psi \circ \varphi$ definiert.

11 B Wenn es zu $\varphi \in GL(X)$ ein $\mathfrak{x} \in X$ gibt, für das $\mathfrak{x}$ und $\mathfrak{y} = \varphi\mathfrak{x}$ linear unabhängig sind, existiert ein $\psi \in GL(X)$ mit $\psi\mathfrak{x} = \mathfrak{x}$ und $\psi\mathfrak{y} = \mathfrak{x} + \mathfrak{y}$. Es gilt dann $\psi \circ \varphi \neq \varphi \circ \psi$. Wenn also φ zum Zentrum gehört, muß $\varphi\mathfrak{x} = c_{\mathfrak{x}}\mathfrak{x}$ für alle $\mathfrak{x} \in X$ gelten. Für linear unabhängige Vektoren $\mathfrak{x}, \mathfrak{y}$ folgt $c_{\mathfrak{y}}\mathfrak{x} + c_{\mathfrak{y}}\mathfrak{y} = (\psi \circ \varphi)\,\mathfrak{y} = (\varphi \circ \psi)\,\mathfrak{y} = c_{\mathfrak{x}}\mathfrak{x} + c_{\mathfrak{y}}\mathfrak{y}$, also $c_{\mathfrak{y}} = c_{\mathfrak{x}}$. Hieraus ergibt sich $\varphi = c\varepsilon$. Umgekehrt gehören alle Automorphismen $c\varepsilon$ zum Zentrum.

11 D $g(t) = t^3 - 3t - 2 = (t - 2)\,(t + 1)^2$.

12 A (9, 2, 1, 0) und (5, 2, 0, 1) bilden eine Basis von Kern φ.

12 B Die inverse Matrix lautet

$$\frac{1}{2}\begin{pmatrix} -5 & 44 & -58 & 27 \\ 2 & -22 & 30 & -14 \\ 3 & -30 & 40 & -19 \\ 1 & -2 & 2 & -1 \end{pmatrix}.$$

12 C (—3, 3, —8, —13) und (—1, —1, 2, 3) bilden eine Basis von $U \cap V$.

12D 1). Es sei $\{\mathfrak{b}_1, \ldots, \mathfrak{b}_r\}$ eine Basis von U, die zu einer Basis $\{\mathfrak{b}_1, \ldots, \mathfrak{b}_r, \ldots, \mathfrak{b}_n\}$ von X verlängert werden kann. Wegen 8. 2 gibt es eine lineare Abbildung $\varphi: X \to \mathbb{R}^{n-r}$ mit $\varphi\mathfrak{b}_1 = \ldots = \varphi\mathfrak{b}_r = \mathfrak{o}$ und $\varphi\mathfrak{b}_{r+\nu} = \mathfrak{e}_\nu$ für $\nu = 1, \ldots, n-r$. Es folgt Kern $\varphi = U$, so daß U Lösung des zu $\varphi\mathfrak{x} = \mathfrak{o}$ gehörenden homogenen linearen Gleichungssystems ist.
2). Aus $\mathfrak{x} = c\mathfrak{u}$ folgt $\mathfrak{x} \in U$ und $I(\mathfrak{x}) = \emptyset \subset I(\mathfrak{u})$ im Fall $c = 0$ oder $I(\mathfrak{x}) = I(\mathfrak{u})$ im Fall $c \neq 0$. Umgekehrt gelte ohne Einschränkung der Allgemeinheit $\mathfrak{u} = u_1\mathfrak{a}_1 + \ldots + u_r\mathfrak{a}_r$ mit $u_1 \neq 0, \ldots, u_r \neq 0$. Aus $\mathfrak{o} \neq \mathfrak{x} \in U$ folgt dann $\mathfrak{x} = x_1\mathfrak{a}_1 + \ldots + x_r\mathfrak{a}_r$. Mit $c = \frac{x_1}{u_1}$ ist dann $\mathfrak{y} = \mathfrak{x} - c\mathfrak{u}$ ein Vektor aus U mit $I(\mathfrak{y}) \subset I(\mathfrak{u})$ und $I(\mathfrak{y}) \neq I(\mathfrak{u})$. Es folgt $I(\mathfrak{y}) = \emptyset$, also $\mathfrak{y} = \mathfrak{o}$, und damit $\mathfrak{x} = c\mathfrak{u}$.
3). Es sei $\{\mathfrak{b}_1, \ldots, \mathfrak{b}_r\}$ eine Basis von U. Mit Hilfe elementarer Umformungen der Koordinaten von $\mathfrak{b}_1, \ldots, \mathfrak{b}_r$ gewinnt man neue Basisvektoren $\mathfrak{c}_1, \ldots, \mathfrak{c}_r$ von U, deren Koordinaten bei geeigneter Numerierung der Basis $\{\mathfrak{a}_1, \ldots, \mathfrak{a}_n\}$ die Form $(1, 0, \ldots, 0, c_{1,r+1}, \ldots, c_{1,n}), \ldots, (0, \ldots, 0, 1, c_{r,r+1}, \ldots, c_{r,n})$ besitzen. Diese Vektoren sind Grundvektoren: Gilt $\mathfrak{x} \in U$, also $\mathfrak{x} = x_1\mathfrak{a}_1 + \ldots + x_n\mathfrak{a}_n = x_1^*\mathfrak{c}_1 + \ldots + x_r^*\mathfrak{c}_r$, so folgt z. B. aus $I(\mathfrak{x}) \subset I(\mathfrak{c}_1)$ wegen $x_2 = \ldots = x_r = 0$ auch $x_2^* = \ldots = x_r^* = 0$ und damit $\mathfrak{x} = x_1^*\mathfrak{c}_1$.

13A Es seien $\mathfrak{a}_1, \ldots, \mathfrak{a}_n$ die Zeilenvektoren der Matrix A. Durch $\Delta(\mathfrak{a}_1, \ldots, \mathfrak{a}_n) = \delta(A)$ wird dann eine Determinantenform Δ definiert (Beweis von 13. 1 gilt wegen b); 13a(a) folgt aus 13. 1, 13a(b) aus c)). Da auch $\Delta'(\mathfrak{a}_1, \ldots, \mathfrak{a}_n) = \operatorname{Det} A$ eine Determinantenform ist, gilt wegen 13. 5 zunächst $\delta(A) = c(\operatorname{Det} A)$, wegen $\delta(E) = 1 = \operatorname{Det} E$ aber $c = 1$. Es folgt $\delta(A_0) = \operatorname{Det} A_0 \neq 0$. Linearkombinationen und Vertauschungen von Zeilen bleiben bei rechtsseitiger Multiplikation mit A_0 erhalten; außerdem gilt $\delta^*(E) = 1$. Wegen 1) folgt $\delta^* = \delta$ und daher $\delta(A)\,\delta(A_0) = \delta(AA_0)$. Hierbei kann A_0 beliebig gewählt werden; auch als singuläre Matrix, da dann beide Seiten verschwinden.

13B Multiplikation der ν-ten Zeile mit $-a$ und Addition zur μ-ten Zeile führt $E + aC_{\mu,\nu} (\mu \neq \nu)$ in die Einheitsmatrix über. Behauptung 1) folgt daher wegen 13. 9(3). Wegen $(E + aC_{\mu,\nu})^{-1} = E - aC_{\mu,\nu}$ enthält $\mathfrak{M}$ mit jeder Matrix auch deren Inverse. Links- bzw. rechtsseitige Multiplikation einer Matrix A mit Matrizen aus $\mathfrak{M}$ bewirkt elementare Zeilen- bzw. Spaltenumformungen. Man zeigt, daß man durch solche Umformungen in A rechts unten eine Eins, sonst aber in der letzten Zeile und Spalte lauter Nullen erzeugen kann. Durch Induktion folgt, daß A durch Multiplikation mit Matrizen aus $\mathfrak{M}$ in die Einheitsmatrix überführt werden kann.

14A Die Matrix besitzt die Determinante 2.

14B Die Matrix A sei n-reihig, A_1 sei k-reihig. Im ersten Fall liefert Entwicklung nach den ersten k Spalten als erstes Glied $(\operatorname{Det} A_1) \cdot (\operatorname{Det} A_2)$, während alle weiteren Glieder verschwinden. Im zweiten Fall ergibt Entwicklung nach den ersten k Zeilen als Wert $(-1)^{k(n-k)}(\operatorname{Det} A_1) \cdot (\operatorname{Det} A_2)$.

14C Entwicklung nach der letzten Zeile liefert ein Polynom $(n-1)$-ten Grades in x_n, das die Nullstellen $x_1, \ldots, x_{n-1}$ besitzt (zwei gleiche Zeilen in der Determinante!) und somit die Form $c(x_n - x_1) \cdots (x_n - x_{n-1})$ haben muß. Der Koeffizient c von x_n^{n-1} ist aber die mit $x_1, \ldots, x_{n-1}$ gebildete VANDERMONDEsche Determinante. Die Behauptung ergibt sich jetzt durch Induktion.

15A Die Matrix besitzt den Rang 2.

15B Ergebnis vgl. 12. II.

15 C Die Voraussetzung ist gleichwertig mit $A^{-1} = A^T$. Mit $D = \operatorname{Det} A$ folgt $D^{-1} = D$, also $D = \pm 1$. Für das Element $a'_{i,k}$ von A^{-1} gilt $a'_{i,k} = D(\operatorname{Adj} a_{k,i})$ wegen 15. 3 und wegen $D^{-1} = D$. Andererseits folgt aus $A^{-1} = A^T$ auch $a'_{i,k} = a_{k,i}$.

15 D Wenn $\operatorname{Det} A$ eine Einheit von R ist, gilt auch $(\operatorname{Det} A)^{-1} \in R$. Die inverse Matrix A^{-1} läßt sich daher nach 15. 3 jetzt auch im Fall eines Ringes berechnen.

16 A

$$\begin{pmatrix} 5 & 2 & 6 & 0 \\ 0 & 1 & 2 & 0 \\ -2 & 0 & -1 & 0 \\ -1 & -1 & -1 & 1 \end{pmatrix} \begin{pmatrix} 1 & -2 & 2 & 0 \\ 4 & -7 & 10 & -1 \\ -2 & 4 & -5 & 2 \\ 3 & -5 & 7 & 1 \end{pmatrix} \begin{pmatrix} 1 & 0 & 0 & -10 \\ 0 & 1 & 0 & -3 \\ 0 & 0 & 1 & 2 \\ 0 & 0 & 0 & 1 \end{pmatrix} = \begin{pmatrix} 1 & 0 & 0 & 0 \\ 0 & 1 & 0 & 0 \\ 0 & 0 & 1 & 0 \\ 0 & 0 & 0 & 0 \end{pmatrix}.$$

16 B Setzt man $S' = US$ und $T' = TV$, so muß $UD_kV = D_k$ gelten. Setzt man weiter

$$U = \begin{pmatrix} U_{1,1} & U_{1,2} \\ U_{2,1} & U_{2,2} \end{pmatrix} \quad \text{und} \quad V = \begin{pmatrix} V_{1,1} & V_{1,2} \\ V_{2,1} & V_{2,2} \end{pmatrix}$$

mit k-reihigen quadratischen Untermatrizen $U_{1,1}$ und $V_{1,1}$, so ergibt sich: $V_{1,1} = U_{1,1}^{-1}$ und $U_{2,1} = V_{1,2} = 0$. Dabei können $U_{1,2}, U_{2,2}, V_{2,1}, V_{2,2}$ beliebig gewählt werden; jedoch müssen $U_{2,2}$ und $V_{2,2}$ regulär sein.

16 C Ist A eine unimodulare (n, n)-Matrix, so gilt wegen 16. 2 mit einer Matrix B der dort angegebenen Form $B = SAT$, also $A = S^{-1}BT^{-1}$, wobei S^{-1} und T^{-1} als Produkte von Matrizen $V_{i,k}$ und $W_{i,k,c}$ dargestellt werden können. Da $\operatorname{Det} A$, $\operatorname{Det} S$, $\operatorname{Det} T$ Einheiten sind, muß auch $\operatorname{Det} B = b_1 \ldots b_n$ eine Einheit sein. Es folgt, daß $b_1, \ldots, b_n$ ebenfalls Einheiten sind, daß also B die behauptete Form besitzt.

16 D

$$\begin{pmatrix} -2 & 0 & 1 \\ -2t^3 & 1 & t^3 \\ -\frac{2}{3}t^2 - \frac{1}{3} & 0 & \frac{1}{3}t^2 + \frac{2}{3} \end{pmatrix} \cdot A \cdot \begin{pmatrix} 1 & -t^2 & t^4 - t^3 - \frac{2}{3} \\ 0 & 1 & -t^2 + t \\ 0 & t^2 & -t^4 + t^3 + 1 \end{pmatrix} =$$

$$\begin{pmatrix} -3 & 0 & 0 \\ 0 & t+1 & 0 \\ 0 & 0 & \frac{1}{3}(t^2 - 1) \end{pmatrix}.$$

17 A

$$\begin{pmatrix} -2 & 1 & 0 \\ 0 & 0 & 1 \\ 1 & 2 & -1 \end{pmatrix} \begin{pmatrix} 3 & 2 & -1 \\ 2 & 6 & -2 \\ 0 & 0 & 2 \end{pmatrix} \cdot \frac{1}{5} \begin{pmatrix} -2 & 1 & 1 \\ 1 & 2 & 2 \\ 0 & 5 & 0 \end{pmatrix} = \begin{pmatrix} 2 & 0 & 0 \\ 0 & 2 & 0 \\ 0 & 0 & 7 \end{pmatrix}.$$

17 B Es gelte $\operatorname{Rg}(A - cE) = n - r$. Zu dem Eigenwert c gibt es dann r linear unabhängige Eigenvektoren, die zu einer Basis des Raumes ergänzt werden können. Der dem Endomorphismus hinsichtlich dieser Basis entsprechenden, zu A ähnlichen Matrix entnimmt man, daß das charakteristische Polynom die Form $f(t) = (c - t)^r g(t)$ besitzen muß. Es folgt $r \leqq k$, also $\operatorname{Rg}(A - cE) = n - r \geqq n - k$.

17 C Es entspreche A der Endomorphismus φ. Genau dann ist A singulär, wenn es ein $\mathfrak{x} \neq \mathfrak{o}$ mit $\varphi\mathfrak{x} = \mathfrak{o} = 0\mathfrak{x}$ gibt, wenn also 0 Eigenwert ist. Wenn eine n-reihige quadratische Matrix n verschiedene Eigenwerte besitzt, sind die entsprechenden Eigenvektoren nach 17. 7 linear unabhängig und bilden somit eine Basis. Die Behauptung folgt jetzt aus 17. 2.

17 D Die Behauptung folgt aus der Zerlegung $\operatorname{Det}(\varphi^r - t^r\varepsilon) = \operatorname{Det}(\varphi - t\varepsilon) \cdot \operatorname{Det}(\varphi^{r-1} + \cdots + t^{r-1}\varepsilon)$. Die Matrix $A = \begin{pmatrix}1 & 0\\ 0 & -1\end{pmatrix}$ hat 1 als einfachen, $A^2 = E$ hat 1 als zweifachen Eigenwert.

18 A Es sind genau alle Werte $\mathfrak{a}_1 \cdot \mathfrak{a}_2 = c$ mit $|c| < 2$ möglich: Man setze $\mathfrak{x} = -\bar{c}\mathfrak{a}_1 + 4\mathfrak{a}_2$; aus $\mathfrak{x}\cdot\mathfrak{x} > 0$ folgt dann $|c| < 2$. Gilt umgekehrt $|c| < 2$, so wird durch $\mathfrak{x}\cdot\mathfrak{y} = 4x_1\bar{y}_1 + cx_1\bar{y}_2 + \bar{c}x_2\bar{y}_1 + x_2\bar{y}_2$ ($\mathfrak{x} = x_1\mathfrak{a}_1 + x_2\mathfrak{a}_2$, $\mathfrak{y} = y_1\mathfrak{a}_1 + y_2\mathfrak{a}_2$) ein skalares Produkt mit $\mathfrak{a}_1 \cdot \mathfrak{a}_2 = c$ definiert; es gilt dann nämlich $\mathfrak{x}\cdot\mathfrak{x} = (cx_1 + x_2)(\bar{c}\bar{x}_1 + \bar{x}_2) + (4 - c\bar{c})x_1\bar{x}_1 > 0$ für $\mathfrak{x} \neq \mathfrak{o}$.

18 B Es folgt zunächst $\beta_1(\mathfrak{x}+\mathfrak{y}, \mathfrak{x}+\mathfrak{y}) = \beta_2(\mathfrak{x}+\mathfrak{y}, \mathfrak{x}+\mathfrak{y})$ für beliebige Vektoren $\mathfrak{x}, \mathfrak{y}$. Nach Ausrechnung dieser Ausdrücke ergibt sich $\operatorname{Re}(\beta_1(\mathfrak{x}, \mathfrak{y})) = \operatorname{Re}(\beta_2(\mathfrak{x}, \mathfrak{y}))$ und ($\mathfrak{x}$ durch $i\mathfrak{x}$ ersetzt) $\operatorname{Im}(\beta_1(\mathfrak{x}, \mathfrak{y})) = \operatorname{Im}(\beta_2(\mathfrak{x}, \mathfrak{y}))$. Damit folgt $\beta_1 = \beta_2$. In 2) muß $\beta(\mathfrak{y}, \mathfrak{x}) = \overline{\beta(\mathfrak{x}, \mathfrak{y})}$ ausgenutzt werden. Gilt $\beta_1(\mathfrak{x}, \mathfrak{x}) = c\beta_2(\mathfrak{x}, \mathfrak{x})$ ($c > 0$) für alle $\mathfrak{x}$, so erhält man mit Hilfe von 1) als notwendige und hinreichende Bedingung, daß $ac + b$ eine positive reelle Zahl sein muß. (a und b selbst können noch komplexe Zahlen sein.) Gilt $\beta_1(\mathfrak{x}, \mathfrak{x}) = c_\mathfrak{x}\beta_2(\mathfrak{x}, \mathfrak{x})$ und $c_\mathfrak{x} \neq c_\mathfrak{y}$ für mindestens zwei Vektoren $\mathfrak{x}, \mathfrak{y}$, so ist notwendig und hinreichend, daß a und b reelle Zahlen sind und daß $ac_\mathfrak{e} + b > 0$ für alle Einheitsvektoren $\mathfrak{e}$ (und damit für alle Vektoren $\neq \mathfrak{o}$) erfüllt ist.

19 A Die Behauptungen 1) und 2) ergeben sich durch einfache Rechnung. Bei der Dreiecksungleichung für w_2 ist $\max|x_\nu + y_\nu| \leqq \max|x_\nu| + \max|y_\nu|$ zu berücksichtigen. Setzt man $x_1 = x_2 = y_1 = 1$, $y_2 = -1$ und $x_\nu = y_\nu = 0$ für $\nu > 2$, so erfüllen w_1 und w_2 mit diesen Werten nicht die Parallelogrammgleichung.

19 B Mit $a_{\varkappa,\lambda} = \mathfrak{a}_\varkappa \cdot \mathfrak{e}_\lambda$ und $b_{\iota,\varkappa} = \mathfrak{a}_\iota \cdot \mathfrak{a}_\varkappa$ gilt $b_{\iota,\varkappa} = \sum_{\lambda=1}^{k} a_{\iota,\lambda}a_{\varkappa,\lambda}$. Für $A = (a_{\varkappa,\lambda})$, $B = (b_{\iota,\varkappa})$ folgt hieraus $B = AA^T$, also $\operatorname{Det} B = (\operatorname{Det} A)^2$. Da B nicht von der Wahl der Orthonormalbasis abhängt, ergeben sich 1) und 2). Das Volumen des Parallelotops aus 3) hat den Wert 6.

20 A Für die orthogonale Projektion g eines $f \in F$ in U gilt $f - g \in U^\perp$, also $f - g = 0$. Wegen $g \in U$ gilt somit auch $f \in U$.

20 B Anwendung des Orthonormalisierungsverfahrens auf die aus den Vektoren $\mathfrak{a}_1, \mathfrak{a}_2, \mathfrak{a}_3 = (0, 0, 1, 0)$ und $\mathfrak{a}_4 = (0, 0, 0, 1)$ bestehende Basis ergibt

$$\frac{1}{\sqrt{3}}(-1, i, 0, 1), \quad \frac{1}{\sqrt{42}}(2i, -1, 6, i), \quad \frac{1}{\sqrt{7}}(-2i, 1, 1, -i), \quad \frac{1}{\sqrt{2}}(0, i, 0, -1).$$

Die letzten beiden Vektoren bilden eine Orthonormalbasis des orthogonalen Komplements. Zum Ziel führt auch Auflösung des Gleichungssystems $\mathfrak{a}_\nu \cdot \mathfrak{x} = 0$ ($\nu = 1, 2$).

21 A $\varphi^*(e^t)$ muß als Linearkombination endlich vieler Basis-Polynome $p_{i_1}, \ldots, p_{i_r}$ darstellbar sein. Man setze $n = 1 + \max(i_1, \ldots, i_r)$. Aus $(e^t, p_k(t)) = 0$ für alle $k \geqq n$ würde für $f(t) = e^t - \sum_{\nu=1}^{n-1} (e^t, p_\nu(t))\, p_\nu(t)$ der Widerspruch $f \in U^\perp = [\mathfrak{o}]$, also $f = 0$ dazu folgen, daß e^t kein Polynom ist. Für ein $k \geqq n$ gilt also $(e^t, p_k(t)) \neq 0$. Wegen $\varphi p_k = p_k$ ergibt sich jetzt der Widerspruch $0 = (\varphi^*(e^t), p_k(t)) \neq (e^t, p_k(t))$.

21 B Wegen $\operatorname{Det}(A^* - tE) = \operatorname{Det}(\bar{A} - tE)^T = \operatorname{Det}(\bar{A} - tE) = \overline{\operatorname{Det}(A - t'E)}\ (t' = \bar{t})$ besitzen die charakteristischen Polynome zueinander konjugiert-komplexe Koeffizienten.

21 C Folgt aus $((\varphi^* \circ \psi^*)\,\mathfrak{x}, \mathfrak{y}) = (\psi^*\mathfrak{x}, \varphi\mathfrak{y}) = (\mathfrak{x}, (\psi \circ \varphi)\,\mathfrak{y})$.

21 D Es sei $\mathfrak{x}'$ die orthogonale Projektion von $\mathfrak{x}$ in φX. Für $\mathfrak{x}'' = \mathfrak{x} - \mathfrak{x}'$ gilt dann $\mathfrak{x}'' \in (\varphi X)^\perp$, also $\mathfrak{x}'' \perp \mathfrak{x}'$, wegen 21. 2, 21. 7 außerdem $(\varphi X)^\perp = \operatorname{Kern} \varphi^* = \operatorname{Kern} \varphi$, also $\mathfrak{x}'' \in \operatorname{Kern} \varphi$. Umgekehrt muß wegen $(\varphi X)^\perp = \operatorname{Kern} \varphi$ bei einer solchen Darstellung $\mathfrak{x}'$ die orthogonale Projektion von $\mathfrak{x}$ in φX sein (Eindeutigkeit der Darstellung). Aus $(\varphi \circ \varphi)\,\mathfrak{x} = \mathfrak{o}$ folgt $\varphi\mathfrak{x} \in \operatorname{Kern} \varphi \cap \varphi X = (\varphi X)^\perp \cap \varphi X = [\mathfrak{o}]$, also $\operatorname{Kern}(\varphi \circ \varphi) \leqq \operatorname{Kern} \varphi$. Es gilt aber auch $\operatorname{Kern} \varphi \leqq \operatorname{Kern}(\varphi \circ \varphi)$. Aus $\operatorname{Kern}(\varphi \circ \varphi) = \operatorname{Kern} \varphi$ folgt nun $\operatorname{Rg}(\varphi \circ \varphi) = \operatorname{Rg} \varphi$.

22 A Durch Einsetzen folgt 1). Als rationale Funktion der Koordinaten von $\mathfrak{x}$ mit nicht verschwindendem Nenner ist f auf der Einheitssphäre stetig und nimmt somit das Minimum in einem Einheitsvektor $\mathfrak{e}$ an. Wegen 1) folgt $f(\mathfrak{x}) = f(\mathfrak{e}_\mathfrak{x}) \geqq f(\mathfrak{e})$ und für $t \neq -1$ weiter $g(t) = f(\mathfrak{e} + t\mathfrak{x}) \geqq f(\mathfrak{e}) = g(0)$, also Behauptung 4). Berechnung von $\frac{1}{t}(g(t) - g(0))$ und Grenzübergang $t \to 0$ ergeben 5). Da g in 0 ein relatives Minimum besitzt, muß $g'(0) = 0$ gelten, woraus jetzt 6) folgt. Aus $\mathfrak{x} \cdot \mathfrak{e} = 0$ ergibt sich $\varphi\mathfrak{x} \cdot \mathfrak{e} = \mathfrak{x} \cdot \varphi\mathfrak{e} = (\mathfrak{e} \cdot \varphi\mathfrak{e})(\mathfrak{x} \cdot \mathfrak{e}) = 0$, also $\varphi U \leqq U$. Die letzte Behauptung ist für $\operatorname{Dim} X = 1$ trivial. Im Fall $\operatorname{Dim} X = n > 1$ existiert nach 6) ein normierter Eigenvektor $\mathfrak{e}$ mit einem reellen Eigenwert c. Für den von φ nach 7) in U induzierten Endomorphismus kann die Behauptung wegen $\operatorname{Dim} U = n - 1$ als richtig angenommen werden. Wegen $\mathfrak{e} \perp U$ gilt sie dann auch für φ.

22 B Folgt wegen

$$(\mathfrak{x} - \varphi\mathfrak{x}) \cdot \varphi\mathfrak{y} = \mathfrak{x} \cdot \varphi\mathfrak{y} - \varphi\mathfrak{x} \cdot \varphi\mathfrak{y} = \mathfrak{x} \cdot \varphi\mathfrak{y} - \mathfrak{x} \cdot (\varphi \circ \varphi)\,\mathfrak{y} = \mathfrak{x} \cdot \varphi\mathfrak{y} - \mathfrak{x} \cdot \varphi\mathfrak{y} = 0.$$

22 C Für eine n-reihige, schiefsymmetrische Matrix A gilt $f(t) = \operatorname{Det}(A - tE) = \operatorname{Det}(A - tE)^T = \operatorname{Det}(-A - tE) = (-1)^n \operatorname{Det}(A - (-t)E) = (-1)^n f(-t)$. Bei geradem n folgt $f(t) = f(-t)$ und hieraus die Behauptung.

22 D Aus $\varphi\mathfrak{a} = c\mathfrak{a}\,(\mathfrak{a} \neq \mathfrak{o})$ folgt $(\varphi \circ \varphi)\,\mathfrak{a} = c(\varphi\mathfrak{a}) = c^2\mathfrak{a}$; d. h. $\mathfrak{a}$ ist auch Eigenvektor von $\varphi \circ \varphi$ zum Eigenwert c^2. Umgekehrt gelte $(\varphi \circ \varphi)\,\mathfrak{a} = c\mathfrak{a}\ (\mathfrak{a} \neq \mathfrak{o})$, und $\mathfrak{e}_1, \ldots, \mathfrak{e}_n$ sei eine aus Eigenvektoren von φ bestehende Basis des Raumes mit den zugehörigen Eigenwerten $c_1, \ldots, c_n$. Es kann $\mathfrak{a} = a_1\mathfrak{e}_1 + \cdots + a_k\mathfrak{e}_k$ mit $k \leqq n$ und $a_1 \neq 0, \ldots, a_k \neq 0$ angenommen werden. Dann folgt $c(a_1\mathfrak{e}_1 + \cdots + a_k\mathfrak{e}_k) = (\varphi \circ \varphi)\,\mathfrak{a} = c_1^2 a_1\mathfrak{e}_1 + \cdots + c_k^2 a_k\mathfrak{e}_k$ und durch Koeffizientenvergleich $c = c_1^2 = \cdots = c_k^2$. Wegen der vorausgesetzten Positivität der Eigenwerte ergibt sich weiter $c_1 = \cdots = c_k = {}_+\sqrt{c}$ und schließlich $\varphi\mathfrak{a} = c_1 a_1\mathfrak{e}_1 + \cdots + c_k a_k\mathfrak{e}_k = {}_+\sqrt{c}\,\mathfrak{a}$; d. h. $\mathfrak{a}$ ist auch Eigenvektor von φ mit dem Eigenwert ${}_+\sqrt{c}$.

23 A Wegen $\varphi^* = \varphi^{-1}$ ist $\varphi = \varphi^*$ gleichwertig mit $\varphi = \varphi^{-1}$, also mit $\varphi \circ \varphi = \varepsilon$.

23 B

$$A = \frac{1}{5}\begin{pmatrix} 4\sqrt{6}+1 & 0 & 2\sqrt{6}-2 \\ 0 & 5\sqrt{6} & 0 \\ 2\sqrt{6}-2 & 0 & \sqrt{6}+4 \end{pmatrix} \cdot \frac{1}{30}\begin{pmatrix} 10\sqrt{6} & -4\sqrt{6}-6 & -2\sqrt{6}+12 \\ 5\sqrt{6} & 10\sqrt{6} & 5\sqrt{6} \\ 5\sqrt{6} & -2\sqrt{6}+12 & -\sqrt{6}-24 \end{pmatrix}.$$

23 C Es sei φ die orthogonale Matrix $(a_{\mu,\nu})$ zugeordnet. Wegen $\sum_\nu a^2_{\mu,\nu} = 1$ gilt $|a_{\mu,\mu}| \leqq 1$ $(\mu = 1, \ldots, n)$ und damit $|\operatorname{Sp}\varphi| = |a_{1,1} + \cdots + a_{n,n}| \leqq n$. Gleichheit tritt genau dann ein, wenn $a_{\mu,\mu} = +1$ oder $a_{\mu,\mu} = -1$ für alle μ, wenn also $\varphi = \pm\,\varepsilon$ gilt.

24 A Hinsichtlich einer geeigneten Orthonormalbasis sind φ und ψ die Matrizen

$$\begin{pmatrix} \operatorname{coc}\alpha & \sin\alpha \\ -\sin\alpha & \cos\alpha \end{pmatrix} \quad \text{und} \quad \begin{pmatrix} 1 & 0 \\ 0 & -1 \end{pmatrix}$$

zugeordnet. Die Behauptung ergibt sich durch Ausrechnen.

24 B Aus einer geeigneten Drehung entsteht φ durch Vorschaltung der Spieglung an der Geraden $[\mathfrak{e}_1]$, woraus die behauptete Form der Matrix folgt. Die Spiegelgerade wird von dem normierten Eigenvektor $\mathfrak{e}$ zum Eigenwert $+1$ erzeugt. Es gilt

$$\mathfrak{e} = \frac{1}{\sqrt{2(1-\cos\alpha)}}\,(\sin\alpha,\ 1-\cos\alpha).$$

Für den Neigungswinkel β erhält man $\cos\beta = \mathfrak{e}\cdot\mathfrak{e}_1 = \cos\frac{\alpha}{2}$ und $\sin\beta = \mathfrak{e}\cdot\mathfrak{e}_2 = \sin\frac{\alpha}{2}$, also $\beta = \frac{\alpha}{2}$.

24 C Durch Rechnung zeigt man $AA^T = E$ und $\operatorname{Det} A = 1$. Die Drehachse wird von dem Vektor mit den Koordinaten $(1, -1, 0)$ erzeugt. Der Betrag des Drehwinkels ist $\frac{\pi}{6}$. Die Eulerschen Winkel sind $\alpha_1 = -\frac{\pi}{4}$, $\alpha_2 = -\frac{\pi}{6}$, $\alpha_3 = \frac{\pi}{4}$.

24 D Die Drehachsen von φ und ψ seien durch die Einheitsvektoren $\mathfrak{e}_\varphi$, $\mathfrak{e}_\psi$ bestimmt, die durch $\varphi\mathfrak{e}_\varphi = \mathfrak{e}_\varphi$ bzw. $\psi\mathfrak{e}_\psi = \mathfrak{e}_\psi$ bis aufs Vorzeichen eindeutig charakterisiert sind. Aus $\psi\circ\varphi = \varphi\circ\psi$ folgt $\psi\mathfrak{e}_\varphi = (\psi\circ\varphi)\,\mathfrak{e}_\varphi = (\varphi\circ\psi)\,\mathfrak{e}_\varphi = \varphi(\psi\mathfrak{e}_\varphi)$, also $\psi\mathfrak{e}_\varphi = \pm\,\mathfrak{e}_\varphi$. Im Fall $\psi\mathfrak{e}_\varphi = +\mathfrak{e}_\varphi$ ergibt sich $\mathfrak{e}_\psi = \pm\,\mathfrak{e}_\varphi$, also die Gleichheit der Drehachsen. Im Fall $\psi\mathfrak{e}_\varphi = -\mathfrak{e}_\varphi$ erhält man $\mathfrak{e}_\varphi\cdot\mathfrak{e}_\psi = (\psi\mathfrak{e}_\varphi)\cdot(\psi\mathfrak{e}_\psi) = -\mathfrak{e}_\varphi\cdot\mathfrak{e}_\psi$, also $\mathfrak{e}_\varphi\cdot\mathfrak{e}_\psi = 0$ und damit die Orthogonalität der Drehachsen. Aus ihr folgt schließlich wegen $\psi\mathfrak{e}_\varphi = -\mathfrak{e}_\varphi$ (es gilt dann auch $\varphi\mathfrak{e}_\psi = -\mathfrak{e}_\psi$), daß ψ und φ den Drehwinkel π besitzen müssen.

25 A Es sei $r \geqq s$. Für die Dimension d des Durchschnitts gilt $d = s$ im Fall $r = n$ und $-1 \leqq d \leqq s$ im Fall $r < n$.

25 B A enthält 8 Punkte, 28 Geraden und 14 Ebenen. Jede Gerade enthält 2 Punkte, jede Ebene 4 Punkte und 6 Geraden. Zu jeder Geraden gibt es noch drei weitere parallele Geraden.

25 C $y \in x_0 \vee \cdots \vee x_r$ ist gleichwertig mit $\overrightarrow{p_0 y} = \overrightarrow{p_0 x_0} + c_1\overrightarrow{x_0 x_1} + \cdots + c_r\overrightarrow{x_0 x_r}$ $= (1 - c_1 - \cdots - c_r)\,\overrightarrow{p_0 x_0} + c_1\overrightarrow{p_0 x_1} + \cdots + c_r\overrightarrow{p_0 x_r}$. In Koordinaten ausgeschrieben ist dies mit $c_0 = 1 - c_1 - \cdots - c_r$ die Behauptung.

25 D Die Vektoren $\overrightarrow{q_0 q_1}$, $\overrightarrow{q_0 q_2}$, $\overrightarrow{q_0 q_3}$ besitzen die Koordinaten $(0, 2, -11, -6)$, $(-1, 4, -4, -4)$, $(-2, 6, 3, -2)$. Die Matrix dieser Koordinatenquadrupel hat den Rang 2. Daher gilt $\operatorname{Dim} U = 2$. Die Koordinaten eines beliebigen Punktes aus U besitzen die Form $(x_1, x_2, x_3, x_4) = (3, -4, 1, 6) + u(0, 2, -11, -6) + v(-1, 4, -4, -4)$. Einsetzen in die Hyperebenengleichung liefert $3 + 3u + 4v = 0$. Mit $v = 3t$ folgt $u = -1 - 4t$. Einsetzen dieser Werte ergibt als Durchschnitt von U mit der Hyperebene die durch $(x_1, x_2, x_3, x_4) = (3, -6, 12, 12) + t(-3, 4, 32, 12)$ bestimmte Gerade.

25 E Es gelte $A = (a_{\varrho,\nu})$, $A' = (a'_{\sigma,\nu})$, und B sei die aus den $a_{\varrho,\nu}$ und $a'_{\sigma,\nu}$ gebildete $(r + s, n)$-Matrix. Gleichwertig mit $U \parallel V$ ist, daß die Lösungsräume der zugehörigen homogenen Systeme ineinander enthalten sind. Dies ist wieder gleichwertig mit $\operatorname{Rg} B = \max(\operatorname{Rg} A, \operatorname{Rg} A')$.

25 F Es gelte $TV(x, y, z) = c$, $TV(x', y', z') = c'$. Besitzen $x \vee x'$ und $y \vee y'$ einen Schnittpunkt p, so sind die Vektoren $\overrightarrow{py}$ und $\overrightarrow{xy}$ linear unabhängig, da sonst $p \in G$ und somit $x = p = y$ gelten müßte. Mit geeigneten Konstanten gilt $\overrightarrow{px'} = d\overrightarrow{px}$ und $\overrightarrow{x'y'} = d^*\overrightarrow{xy}$ ($G \parallel H$!). Es folgt $\overrightarrow{py'} = \overrightarrow{px'} + \overrightarrow{x'y'} = d\overrightarrow{px} + d^*\overrightarrow{xy} = d\overrightarrow{py} + (d^* - d)\overrightarrow{xy}$. Wegen der Kollinearität von p, y, y' ergibt sich hieraus $d^* = d$. Man erhält $\overrightarrow{pz'} = \overrightarrow{px'} + c'\overrightarrow{x'y'}$ $= d(\overrightarrow{px} + c'\overrightarrow{xy}) = d(\overrightarrow{pz} + (c - c')\overrightarrow{xy})$. Die Kollinearität von p, z, z' ist also gleichwertig mit $c = c'$. Im Fall $x \vee x' \parallel y \vee y'$ folgt $\overrightarrow{xy} = \overrightarrow{x'y'}$. Wegen $\overrightarrow{zz'} = \overrightarrow{zx} + \overrightarrow{xx'} + \overrightarrow{x'z'}$ $= -c\overrightarrow{xy} + \overrightarrow{xx'} + c'\overrightarrow{x'y'} = \overrightarrow{xx'} + (c' - c)\overrightarrow{xy}$ ist jetzt $z \vee z' \parallel x \vee x'$, also $\overrightarrow{zz'} = \overrightarrow{xx'}$ ($G \parallel H$!), wieder gleichwertig mit $c = c'$.

26 A Aus $x_\nu - z_\nu = c(x_\nu - y_\nu)$ folgt $\bar{x}_\nu - \bar{z}_\nu = \bar{c}(\bar{x}_\nu - \bar{y}_\nu)$. Mit x, z sind daher auch $\varphi x, \varphi y, \varphi z$ kollinear. Bei nicht-reellem c gilt jedoch $TV(x, y, z) = c \neq \bar{c} = TV(\varphi x, \varphi y, \varphi z)$, und φ ist wegen 26. 3 keine Affinität. In 2) lasse φ das Teilverhältnis ungeändert. Für festes x, y mit $x \neq y$ gelte $\overrightarrow{\varphi x \varphi y} = a\overrightarrow{xy}$. Für ein beliebiges z gilt dann $\overrightarrow{xz} = c\overrightarrow{xy}$ und $\overrightarrow{\varphi x \varphi z} = c\,\overrightarrow{\varphi x \varphi y} = ac\overrightarrow{xy} = a\overrightarrow{xz}$. Es folgt $\overrightarrow{\varphi z \varphi z'} = a\overrightarrow{zz'}$ für alle z, z'; d. h. φ ist eine Affinität. Die Umkehrung ist in 26. 3 enthalten.

26 B Bei einer perspektiven Affinität φ ohne Fixpunkt gilt $\overrightarrow{q\varphi q} = c\overrightarrow{p\varphi p}$ für beliebige Punkte p, q. Aus $c \neq 1$ würde die Existenz eines Schnittpunkts von $p \vee q$ mit $\varphi p \vee \varphi q$ folgen, der dann Fixpunkt sein müßte. Es folgt $c = 1$, und φ ist eine Translation. Die Umkehrung ist trivial. — Die perspektive Affinität $\varphi (\varphi \neq \varepsilon)$ besitze einen Fixpunkt. Dann gilt $H = \{p: \varphi p = p\} \neq \emptyset$. Auf dem von H erzeugten Unterraum H' ist φ die Identität. Es folgt $H = H'$; d. h. H ist Unterraum. Aus $H = A$ folgt $\varphi = \varepsilon$. Es gibt also ein $x \in A$ mit $x \notin H$. Sind die Geraden $x \vee y$ und $\varphi x \vee \varphi y$ nicht parallel, so besitzen sie einen Schnittpunkt p. Es folgt $p \in H$ und somit $y \in x \vee H$. Gilt $x \vee y \parallel \varphi x \vee \varphi y$, so auch $x \vee y \parallel H$ und wieder $y \in x \vee H$. Man erhält $A = x \vee H$, und H ist Hyperebene. — In 3) sei $(p_1, \ldots, p_n)$ ein Koordinatensystem von H, also $(p, p_1, \ldots, p_n)$ ein Koordinatensystem von A. Nach 26. 4 existiert genau eine Affinität φ mit $\varphi p = p^*$ und $\varphi p_\nu = p_\nu$ für $\nu = 1, \ldots, n$, also auch mit $\varphi x = x$ für alle $x \in H$. Im Fall $\varphi \neq \varepsilon$ gilt $p \neq p^*$ und $y \neq \varphi y$ für $y \notin H$. Weiter gelte nun $y \notin H$. Dann wird die Gerade $y \vee \varphi y$ durch φ auf sich abgebildet: Entweder schneiden sich nämlich $y \vee \varphi y$ und H in einem Punkt s. Aus

$z \in y \vee \varphi y = y \vee s$ folgt dann $\varphi z \in \varphi y \vee s = y \vee \varphi y$. Oder aber es gilt $y \vee \varphi y \parallel H$. Dann sei $G \subseteqq H$ eine Gerade mit $y \vee \varphi y \parallel G$. Aus $z \in y \vee \varphi y$ folgt wegen $z \vee y \parallel G$ auch $\varphi z \vee \varphi y \parallel G$, also $\varphi z \in y \vee \varphi y$. Zusätzlich gelte jetzt noch $y \notin p \vee \varphi p$. Dann liegen $p, \varphi p, y, \varphi y$ in einer Ebene E: Schneiden sich nämlich $p \vee y$ und H in einem Punkt s', so folgt $s' = \varphi s' \in \varphi p \vee \varphi y$ und damit die Behauptung. Gilt jedoch $p \vee y \parallel H$, so auch $p \vee y \parallel G$ mit einer Geraden $G \subseteqq H$, also ebenfalls $\varphi p \vee \varphi y \parallel G$, woraus sich wieder die Behauptung ergibt. Wären nun $p \vee \varphi p$ und $y \vee \varphi y$ nicht parallel, so würden sie in E einen Schnittpunkt q besitzen. Da $p \vee \varphi p$ und $y \vee \varphi y$ durch φ auf sich abgebildet werden, folgt $\varphi q = q$, also $q \in H$ und somit $H \cap E \neq \emptyset$. Daher ist $G = H \cap E$ eine Gerade, die von der Parallelen zu $p \vee \varphi p$ durch y in einem Punkt $q' \neq q$ geschnitten wird. Es folgt $q' = \varphi q' \in y \vee \varphi y$, also $y \vee \varphi y \parallel p \vee \varphi p$ im Widerspruch zur Annahme. — 4). Sieht man von der Identität ab, so kann $p_0 \neq p_0^*$ und $p_1 \notin p_0 \vee p_0^*$ vorausgesetzt werden. Zusätzlich sei $p_1 \neq p_1^*$ angenommen und dann ohne Einschränkung der Allgemeinheit $p_2 \notin p_0 \vee p_0^*$. Die Geraden $p_0 \vee p_\nu$ und $p_0^* \vee p_\nu^*$ besitzen einen Schnittpunkt s_ν oder sind parallel ($\nu = 1, 2$). Tritt in beiden Fällen Parallelität auf, so kann φ als Translation gewählt werden. Existiert s_1 und nicht s_2, so sei H die Parallele zu $p_0 \vee p_2$ durch s_1. Entsprechend sei H im umgekehrten Fall bestimmt. Schließlich sei $H = s_1 \vee s_2$ im Fall $s_1 \neq s_2$ und im Fall $s_1 = s_2$ eine durch s_1, aber nicht durch die anderen Punkte gehende Gerade. Die dann nach 3) durch H und p_0, p_0^* bestimmte perspektive Affinität φ leistet das Gewünschte. Nicht erfaßt ist der Fall $p_1 = p_1^*$, $p_2, p_2^* \in p_0 \vee p_0^*$. In ihm sei G eine zu $p_0 \vee p_0^*$ parallele Gerade mit $p_0 \notin G$, $p_1 \notin G$. Ersetzt man p_2, p_2^* durch $q_2 = (p_1 \vee p_2) \cap G$, $q_2^* = (p_1 \vee p_2^*) \cap G$, so liegt der bereits behandelte Fall vor, und für die durch ihn bestimmte perspektive Affinität φ gilt auch $\varphi p_2 = p_2^*$. — 5). Die Affinität φ sei selbst noch nicht perspektiv, und $\{p_0, p_1, p_2\}$ sei ein Koordinatensystem, wobei $p_1 \notin p_0 \vee \varphi p_0$ angenommen werden kann. Für $\nu = 1, 2$ sei G_ν die Parallele zu $p_0 \vee \varphi p_0$ durch p_ν. Auf G_1 kann man p_1^* so wählen, daß der durch $p_2^* \vee \varphi p_2 \parallel p_1^* \vee \varphi p_1$ bestimmte Punkt von G_2 nicht mit p_1^* und $p_0^* = \varphi p_0$ kollinear ist. Zu $\{p_0, p_1, p_2\}$ und $\{p_0^*, p_1^*, p_2^*\}$ und zu $\{p_0^*, p_1^*, p_2^*\}$ und $\{\varphi p_0, \varphi p_1, \varphi p_2\}$ gibt es nach 4) perspektive Affinitäten φ_1, φ_2, für die dann $\varphi = \varphi_2 \circ \varphi_1$ gilt.

26 C Aus den Gruppeneigenschaften von $\mathfrak{U}$ folgt 1). In 2) seien p_0, p_1, p_2 bzw. p_0^*, p_1^*, p_2^* die Eckpunkte der Dreiecke. Dann existiert eine Affinität φ mit $\varphi p_\nu = p_\nu^*$ ($\nu = 0, 1, 2$), die unter den speziellen Voraussetzungen als Kongruenz ausgewiesen werden muß. Es gelte $\mathfrak{x} = \overrightarrow{p_0 p_1}$, $\mathfrak{y} = \overrightarrow{p_1 p_2}$, $\mathfrak{z} = \overrightarrow{p_0 p_2} = \mathfrak{x} + \mathfrak{y}$; entsprechend seien $\mathfrak{x}^*, \mathfrak{y}^*, \mathfrak{z}^*$ bestimmt. Es ist φ genau dann eine Kongruenz, wenn $|\mathfrak{x}| = |\mathfrak{x}^*|$, $|\mathfrak{y}| = |\mathfrak{y}^*|$ und $\mathfrak{x} \cdot \mathfrak{y} = \mathfrak{x}^* \cdot \mathfrak{y}^*$. Die dritte Bedingung kann gleichwertig durch $\cos(\mathfrak{x}, \mathfrak{y}) = \cos(\mathfrak{x}^*, \mathfrak{y}^*)$ ersetzt werden (Fall (β)). Wegen $|\mathfrak{z}|^2 = |\mathfrak{x}|^2 + |\mathfrak{y}|^2 + 2\mathfrak{x} \cdot \mathfrak{y}$ kann im Fall $|\mathfrak{x}| = |\mathfrak{x}^*|$, $|\mathfrak{y}| = |\mathfrak{y}^*|$ die Bedingung $\mathfrak{x} \cdot \mathfrak{y} = \mathfrak{x}^* \cdot \mathfrak{y}^*$ auch durch $|\mathfrak{z}| = |\mathfrak{z}^*|$ ersetzt werden (Fall (α)). Die Gleichung $|\mathfrak{z}|^2 = |\mathfrak{x}|^2 + |\mathfrak{y}|^2 + 2|\mathfrak{x}||\mathfrak{y}|\cos(\mathfrak{x}, \mathfrak{y})$ kann im Fall $|\mathfrak{z}| \geqq |\mathfrak{x}|$ wegen $|\mathfrak{y}| > 0$ eindeutig nach $|\mathfrak{y}|$ aufgelöst werden. Hierdurch wird (δ) auf (α) zurückgeführt. Um (γ) auf (β) zurückzuführen, beweist man zunächst durch Rechnung den „Sinussatz" in der Form $|\mathfrak{x}|^2(1 - \cos^2(\mathfrak{x}, \mathfrak{z})) = |\mathfrak{y}|^2(1 - \cos^2(\mathfrak{y}, \mathfrak{z}))$.

27 A Die aus den jeweils i-ten und k-ten Koordinaten der Punkte $p_i, p_k, e_{i,k}, x_{i,k}$ gebildeten Paare sind $(1, 0)$, $(0, 1)$, $(1, 1)$, (x_i^*, x_k^*). Die Behauptung folgt jetzt aus der Berechnungsvorschrift für das Doppelverhältnis.

27 B

c	$\frac{1}{c}$	$1-c$	$\frac{1}{1-c}$	$\frac{c}{c-1}$	$\frac{c-1}{c}$
$\langle 1, 2, 3, 4\rangle$	$\langle 1, 2, 4, 3\rangle$	$\langle 1, 4, 3, 2\rangle$	$\langle 1, 4, 2, 3\rangle$	$\langle 1, 3, 2, 4\rangle$	$\langle 1, 3, 4, 2\rangle$
$\langle 2, 1, 4, 3\rangle$	$\langle 2, 1, 3, 4\rangle$	$\langle 4, 1, 2, 3\rangle$	$\langle 4, 1, 3, 2\rangle$	$\langle 3, 1, 4, 2\rangle$	$\langle 3, 1, 2, 4\rangle$
$\langle 3, 4, 1, 2\rangle$	$\langle 4, 3, 1, 2\rangle$	$\langle 3, 2, 1, 4\rangle$	$\langle 2, 3, 1, 4\rangle$	$\langle 2, 4, 1, 3\rangle$	$\langle 4, 2, 1, 3\rangle$
$\langle 4, 3, 2, 1\rangle$	$\langle 3, 4, 2, 1\rangle$	$\langle 2, 3, 4, 1\rangle$	$\langle 3, 2, 4, 1\rangle$	$\langle 4, 2, 3, 1\rangle$	$\langle 2, 4, 3, 1\rangle$.

27 C Mit (p_1, p_2, p_3) als Koordinatensystem entsprechen diesen Punkten die Winkel $0, \pi, \frac{\pi}{2}$. Genau dann trennen sich (p_1, p_2) und (p_3, p_4), wenn der p_4 zugeordnete Winkel α die Bedingung $-\pi < \alpha < 0$ erfüllt, wenn also p_4 Koordinaten $(1, c)$ mit $c < 0$ besitzt. Hieraus folgt 1). In 2) gilt $\vec{zy} = c\vec{zx}$ mit $c = DV(x, y, z, u) = TV(z, x, y)$, woraus sich die Behauptung ergibt.

28 A Es sei (p_0, p_1, p_2) ein Koordinatensystem, und φ lasse das Doppelverhältnis ungeändert. Wegen 28. 4 gibt es genau eine Projektivität ψ mit $\psi p_\nu = \varphi p_\nu$ $(\nu = 0, 1, 2)$. Für jeden Punkt x gilt $DV(\varphi p_0, \varphi p_1, \varphi p_2, \varphi x) = DV(\varphi p_0, \varphi p_1, \varphi p_2, \psi x)$, also $\varphi x = \psi x$ und somit $\varphi = \psi$. Umkehrung vgl. 28. 3.

28 B φ erfülle die Bedingung. Die Geraden $p \vee \varphi p$, $q \vee \varphi q$ $(p, q \in A)$ werden auf sich abgebildet, weil ihre uneigentlichen Punkte fest bleiben. Weiter schneiden sich $p \vee q$ und $\varphi p \vee \varphi q$ in ihrem uneigentlichen Punkt, liegen also in einer Ebene. Daher sind $p \vee \varphi p$ und $q \vee \varphi q$ entweder identisch, oder sie besitzen einen uneigentlichen Schnittpunkt (Fixpunkt!) und sind somit parallel; d. h. φ induziert in A eine perspektive Affinität, die wegen 26 B eine Translation ist.

28 C Für $x \neq z$ sind $z, x, \varphi x, (\varphi \circ \varphi) x$ kollinear. Es folgt $\varphi z \in z \vee x$ für alle $x \neq z$, wegen $\dim P \geqq 2$ daher $\varphi z = z$. Es sei U der von $U_0 = \{x\colon \varphi x = x,\ x \neq z\}$ aufgespannte Unterraum. Es gelte $p, q \in U_0$, $p \neq q$ und $x \in p \vee q$. Im Fall $z \notin p \vee q$ gilt $(z \vee x) \wedge (p \vee q) = \{x\}$, also $\varphi x = x$ und daher $x \in U_0$ und $U = U_0$. Im Fall $z \in p \vee q$ besteht $p \vee q$ nur aus Fixpunkten (z, p, q sind drei verschiedene Fixpunkte!), und es gilt $U = U_0 \cup \{z\}$. Gilt $U = P$, so ist φ die Identität. Sonst gelte $x \notin U$ und $(x \vee z) \wedge U \neq \emptyset$. Aus $y \notin x \vee z$ folgt wegen $z \in x \vee \varphi x$, $z \in y \vee \varphi y$, daß $x \vee y$ und $\varphi x \vee \varphi y$ in einer Ebene liegen und somit einen Schnittpunkt s besitzen. Da dieser ein Fixpunkt sein muß, gilt $s \in U$. Man erhält $P = U \vee x$; d. h. U ist eine Hyperebene. — In 2) gelte $z \notin U$. Dann existiert genau eine Projektivität φ mit $\varphi z = z$, $\varphi x = x$ für alle $x \in U$ und mit $\varphi p = p^*$. Aus $y \neq z$ folgt, daß $y \vee z$ und U genau einen Schnittpunkt x besitzen, und weiter $\varphi y \in \varphi z \vee \varphi x = z \vee x = z \vee y$; d. h. φ ist eine Perspektivität. Im Fall $z \in U$ gelte $y \notin z \vee p$ und $y \notin U$. Dann besitzen $p \vee y$ und U genau einen Schnittpunkt s, und $z \vee y$ schneidet $s \vee p^*$ in einem Punkt y^*. Es existiert genau eine Projektivität φ mit $\varphi x = x$ für alle $x \in U$, mit $\varphi p = p^*$ und $\varphi y = y^*$. Sind z, p, y, q unabhängig, so ist $z \vee q$ Schnittgerade der Ebenen $z \vee p \vee q$ und $z \vee y \vee q$, die durch φ auf sich abgebildet werden. Es folgt $\varphi q \in z \vee q$. Liegen z, p, y, q in einer Ebene, so folgt die Kollinearität von $z, q, \varphi q$ aus dem Satz von DESARGUES. — Wenn φ in 3) eine perspektive Affinität induziert, sind alle Geraden $p \vee \varphi p$ $(p \in A)$ parallel. Ihr gemeinsamer Schnittpunkt z ist daher ein uneigentlicher Punkt. Umgekehrt gelte $z \in H$. Wegen $\varphi x \in z \vee x$ $(x \in H)$ folgt $\varphi H = H$, und φ

induziert überhaupt in A eine Affinität φ_0. Diese ist sogar perspektiv, weil sich $p \vee \varphi p$ und $q \vee \varphi q$ in dem uneigentlichen Punkt z schneiden, als affine Geraden also parallel sind. Wegen 28 B ist φ_0 genau dann eine Translation, wenn die Hyperebene U aus 1) mit H zusammenfällt.

29 B

$$\begin{bmatrix} 0 & \frac{1}{2\sqrt{3}} & 0 & \frac{1}{2\sqrt{3}} \\ 0 & \frac{1}{2\sqrt{2}} & 0 & \frac{-1}{2\sqrt{2}} \\ -\frac{1}{2} & 0 & \frac{1}{2} & 0 \\ \frac{1}{2} & 0 & \frac{1}{2} & 0 \end{bmatrix} \begin{bmatrix} 0 & 0 & -2 & 0 \\ 0 & 5 & 0 & 1 \\ -2 & 0 & 0 & 0 \\ 0 & 1 & 0 & 5 \end{bmatrix} \begin{bmatrix} 0 & 0 & -\frac{1}{2} & \frac{1}{2} \\ \frac{1}{2\sqrt{3}} & \frac{1}{2\sqrt{2}} & 0 & 0 \\ 0 & 0 & \frac{1}{2} & \frac{1}{2} \\ \frac{1}{2\sqrt{3}} & \frac{-1}{2\sqrt{2}} & 0 & 0 \end{bmatrix}$$

$$= \begin{bmatrix} 1 & 0 & 0 & 0 \\ 0 & 1 & 0 & 0 \\ 0 & 0 & 1 & 0 \\ 0 & 0 & 0 & -1 \end{bmatrix}$$

Es handelt sich um eine Ovalfläche.

29 C $c < 1$, $c \neq 0$: Ringfläche; $c = 0$: Ebenenpaar; $c = 1$: Kegel; $c > 1$: Ovalfläche.

30 A Die 3-reihige Determinante ist genau dann von Null verschieden, wenn es keine Doppelpunkte gibt (das homogene Gleichungssystem für die Doppelpunkte besitzt nur die triviale Lösung). Die 2-reihige Determinante ist genau dann positiv, negativ oder gleich Null, wenn beide Eigenwerte dasselbe bzw. entgegengesetztes Vorzeichen besitzen bzw. wenn ein Eigenwert gleich Null ist. Die Behauptung folgt nun aus der Tabelle.

30 B Die Normalgleichungen lauten im Fall der Kongruenz

$$b_1 x_1^2 + \cdots + b_t x_t^2 - b_{t+1} x_{t+1}^2 - \cdots - b_r x_r^2 = \begin{cases} 0 \\ 1 \\ x_{r+1} \end{cases}$$

mit positiven Koeffizienten $b_1, \ldots, b_r$ und im ersten Fall mit $b_1 = 1$. Fordert man, daß $b_1, \ldots, b_t$ und $b_{t+1}, \ldots, b_r$ der Größe nach geordnet sind, so ist eine affine Hyperfläche nur zu genau einem dieser Normaltypen kongruent.

30 C (1. Fall) $c < 1$, $c \neq 0$: hyperbolisches Paraboloid; $c = 0$ eigentliche Ebene (und die uneigentliche Ebene); $c = 1$: parabolischer Zylinder; $c > 1$: elliptisches Paraboloid. (2. Fall) $c < 1$, $c \neq 0$: einschaliges Hyperboloid; $c = 0$: Ebenenpaar mit eigentlicher Schnittgeraden; $c = 1$: Kegel; $c > 1$: zweischaliges Hyperboloid.

30 D Nach Übergang zu homogenen Koordinaten wird durch die Matrix

$$\begin{pmatrix} 1 & -3 & 2 \\ 1 & 1 & -2 \\ 1 & 1 & 2 \end{pmatrix}$$

eine Projektivität vermittelt, die p_1, p_2, p_3 auf $(1, 0, 1)$, $(1, 0, -1)$, $(0, 1, 0)$ abbildet. Durch $x_0 - x_1 = 0$ wird das Bild der uneigentlichen Geraden gegeben. Rücktransformation der Bildschar $x_0^2 - cx_1^2 - x_2^2 = 0$ liefert die gesuchte Gleichung

$$-(3 + c)(x_1^2 + x_2^2) + 2(5 + 3c)\, x_0 x_1 - 6(1 - c)\, x_0 x_2 + 2(5 - c)\, x_1 x_2 = 3(1 + 3c)\, x_0^2.$$

Die Bildkurve schneidet das Bild der uneigentlichen Geraden für $c < 1$ in zwei, für $c = 1$ in einem und für $c > 1$ in keinem Punkt. Die Originalschar besteht daher für $c > 1$ aus Ellipsen und für $c < 1$ aus Hyperbeln. Für $c = 1$ erhält man eine Parabel, für $c = 0$ das Geradenpaar $p_1 \vee p_3, p_2 \vee p_3$. Eine besondere Lösung wird schließlich durch die Gerade $p_1 \vee p_2$ geliefert, die sich aus der allgemeinen Lösung durch den Grenzübergang $c \to \infty$ ergibt.

31 A Der Isomorphismus aus 31. 6 ordnet jeder $(U \cap V)$-Äquivalenzklasse $\overline{\mathfrak{v}}$ von V die von der Repräsentantenwahl unabhängige Klasse $\{\mathfrak{u} + \mathfrak{v} : \mathfrak{u} \in U\}$ aus $(U + V)/U$ zu. Ist $\overline{\mathfrak{A}}$ eine (U/V)-Äquivalenzklasse von X/V, so ist die V-Äquivalenzklasse $\mathfrak{A}$ von X wegen $V \leqq U$ in genau einer U-Äquivalenzklasse $\tilde{\mathfrak{A}}$ von X enthalten, die nur von $\overline{\mathfrak{A}}$ abhängt. Der Isomorphismus aus 31. 7 ist die Zuordnung $\overline{\mathfrak{A}} \to \tilde{\mathfrak{A}}$.

31 B Mit der natürlichen Abbildung $\omega : X \to X/U$ wird durch $\eta(\varphi^*) = \varphi^* \circ \omega$ eine lineare Abbildung $\eta : L(X/U, Y) \to L(X, Y)$ definiert. Wegen Kern $(\varphi^* \circ \omega) \leqq$ Kern $\omega = U$ gilt $\eta L(X/U, Y) \leqq L_U$, wegen 31. 4 aber auch $L_U \leqq \eta\, L(X/U, Y)$. Daher ist η eine Surjektion auf den Unterraum L_U von $L(X, Y)$. Da ω surjektiv ist, folgt aus $\eta(\varphi^*) = \eta(\psi^*)$, also aus $\varphi^* \circ \omega = \psi^* \circ \omega$ wegen 10C sogar $\varphi^* = \psi^*$; d. h. η ist ein Isomorphismus. Ordnet man jedem $\varphi \in L(X, Y)$ seine Restriktion $\varphi' : U \to Y$ zu, so erhält man eine Surjektion $\vartheta : L(X, Y) \to L(U, Y)$. Es gilt $\varphi' = 0$ genau dann, wenn $U \leqq$ Kern φ, also $\varphi \in L_U$ gilt. Es folgt Kern $\vartheta = L_U$ und wegen 31. 5 weiter $L(X, Y)/L_U \cong L(U, Y)$.

31 C 1). Die Exaktheit in U besagt Kern $\varphi = [\mathfrak{o}]$; d. h. φ ist injektiv. Da Y Kern der Nullabbildung ist, besagt die Exaktheit in Y, daß $\varphi X = Y$ gilt, daß also ψ surjektiv ist. Wegen Kern $\psi = \varphi U$ und $Y = \psi X$ folgt nach 31. 5 auch $Y \simeq X/(\varphi U)$. — 2). Aus $\varphi^*(\alpha) = \varphi^*(\beta)$, also $\varphi \circ \alpha = \varphi \circ \beta$ folgt $\alpha = \beta$ (10C; φ ist injektiv!), weiter Kern $\varphi^* = [\mathfrak{o}]$ und damit die Exaktheit in $L(Z, U)$. Es sei B eine Basis von Z, und es gelte $\beta \in L(Z, Y)$. Da ψ surjektiv ist, existiert zu jedem $\mathfrak{a} \in B$ ein $\mathfrak{a}' \in X$ mit $\psi\mathfrak{a}' = \beta\mathfrak{a}$. Durch $\alpha\mathfrak{a} = \mathfrak{a}'$ wird ein $\alpha \in L(Z, X)$ mit $\psi^*(\alpha) = \beta$ definiert; d. h. ψ^* ist surjektiv. Da mit $\psi \circ \varphi$ auch $\psi^* \circ \varphi^*$ die Nullabbildung ist, gilt $\varphi^* L(Z, U) \leq$ Kern ψ^*. Mit $U \xrightarrow{\varphi}$ Kern $\psi \to [\mathfrak{o}]$ ist nach dem bereits Bewiesenen auch $L(Z, U) \xrightarrow{\varphi^*} L(Z, \text{Kern } \psi) \to [\mathfrak{o}]$ eine exakte Sequenz. Wegen $L(Z, \text{Kern } \psi) =$ Kern ψ^* folgt daher $\varphi^* L(Z, U) =$ Kern ψ^*. — Aus $^*\psi(\alpha) = {}^*\psi(\beta)$, also aus $\alpha \circ \psi = \beta \circ \psi$ folgt $\alpha = \beta$ (10C; ψ ist surjektiv!) und somit Kern $^*\psi = [\mathfrak{o}]$. Da φ ein Isomorphismus von U auf φU ist, wird mit $\beta \in L(U, Z)$ durch $\alpha' = \beta \circ \varphi^{-1}$ ein $\alpha' \in L(\varphi U, Z)$ definiert, das zu einem $\alpha \in L(X, Z)$ erweitert werden kann. Es folgt $^*\varphi(\alpha) = \beta$; d. h. $^*\varphi$ ist surjektiv. Da mit $\psi \circ \varphi$ auch $^*\varphi \circ {}^*\psi$ die Nullabbildung ist, gilt $^*\psi L(Y, Z) \leq$ Kern $^*\varphi$. Aus $\beta \in$ Kern $^*\varphi$ folgt Kern $\psi = \varphi U \leq$ Kern β, wegen 31. 4 also $\beta = \alpha' \circ \omega$ und $\psi = \psi' \circ \omega$ mit der natürlichen Abbildung $\omega : X \to X/\text{Kern } \psi$. Da hierbei ψ' ein Isomorphismus ist (31. 5), gilt $\beta = \alpha' \circ \psi'^{-1} \circ \psi = \chi \circ \psi$, also ${}^*\psi(\alpha) = \beta$ und somit ${}^*\psi L(Y, Z) = \text{Kern}\, {}^*\varphi$.

31D Für einen beliebigen Vektor $\mathfrak{z}' \in Z'$ gilt $(\varphi' \circ \psi')\,\mathfrak{z}' = \mathfrak{o}$ und daher $(\varphi \circ \beta \circ \psi')\,\mathfrak{z}' = (\alpha \circ \varphi' \circ \psi')\,\mathfrak{z}' = 0$, also $(\beta \circ \psi')\,\mathfrak{z}' \in \text{Kern}\,\varphi = \text{Im}\,\psi$. Da ψ injektiv ist, wird durch $\gamma = \psi^{-1} \circ \beta \circ \psi'$ eine Abbildung der verlangten Art definiert. Wegen der Injektivität von ψ ist γ genau dann injektiv, wenn $\beta \circ \psi'$ injektiv ist, insbesondere also, wenn β und ψ' einzeln injektiv sind. Weiter ist γ surjektiv genau dann, wenn $\text{Im}(\beta \circ \psi') = \text{Im}(\psi \circ \gamma) = \text{Im}\,\psi = \text{Kern}\,\varphi$ gilt. Wegen $\text{Im}(\beta \circ \psi') \subset \text{Kern}\,\varphi$ ist diese Bedingung gleichwertig mit $\text{Im}(\beta \circ \psi') \supset \text{Kern}\,\varphi$.

31E 1.) Aus $\psi = \chi \circ \varphi$, also $4x = \chi(2x)$ für alle $x \in \mathbb{Z}$, folgt $\chi(1) + \chi(1) = \chi(2) = 4$, somit $\chi(1) = 2$ und damit $\chi = \varphi$.
2). Es gilt $4\mathbb{Z} + 6\mathbb{Z} = 2\mathbb{Z}$, $4\mathbb{Z} \cap 6\mathbb{Z} = 12\mathbb{Z}$ und daher $(4\mathbb{Z} + 6\mathbb{Z})/4\mathbb{Z} = \{\hat{0}, \hat{2}\}$, $6\mathbb{Z}/(4\mathbb{Z} + 6\mathbb{Z}) = \{\hat{0}, \hat{6}\}$. Die beiden letzten Moduln sind wegen $\hat{2} + \hat{2} = \hat{2} \cdot \hat{2} = \hat{0}$ und $\hat{6} + \hat{6} = \hat{6} \cdot \hat{6} = \hat{0}$ isomorph. Im zweiten Fall gilt $\mathbb{Z}/3\mathbb{Z} = \mathbb{Z}_3$, $\mathbb{Z}/6\mathbb{Z} = \mathbb{Z}_6$, und $3\mathbb{Z}/6\mathbb{Z}$ ist der Untermodul $\{0, 3\}$ von $\mathbb{Z}_6$, so daß $\mathbb{Z}_6/\{0, 3\} = \{\hat{0}, \hat{1}, \hat{2}\}$ zu $\mathbb{Z}_3$ isomorph ist.
3). Es sei B eine Basis von Z. Zu jedem $\mathfrak{b} \in B$ existiert wegen der Surjektivität von φ ein $\mathfrak{x}_\mathfrak{b} \in X$ mit $\varphi\mathfrak{x}_\mathfrak{b} = \psi\mathfrak{b}$. Durch $\chi\mathfrak{b} = \mathfrak{x}_\mathfrak{b}$ wird dann nach 8. 2 eine lineare Abbildung χ der verlangten Art definiert.
4). Durch $\varphi x = 2x$ $(x \in \mathbb{Z})$ wird ein injektiver Homomorphismus $\varphi: \mathbb{Z} \to \mathbb{Z}$ definiert, durch den sich die Identität von $\mathbb{Z}$ nicht faktorisieren läßt. Der kanonische Homomorphismus $\varphi: \mathbb{Z} \to \mathbb{Z}_2$ ist surjektiv, ermöglicht jedoch keine Faktorisierung der Identität von $\mathbb{Z}_2$, da der einzige Homomorphismus $\mathbb{Z}_2 \to \mathbb{Z}$ die Nullabbildung ist.

32A Es sei B' eine Basis von U und $B = B' \cup B''$ eine Basis von X. Mit $V = [B'']$ folgt $X = U \oplus V$. Die natürliche Projektion $\pi: X \to V$ ist surjektiv, und es gilt $\text{Kern}\,\pi = U$. Nach 31. 4 existiert eine Faktorisierung $\pi = \pi_U \circ \omega$ mit einem Isomorphismus $\pi_U: X/U \to V$. Es folgt $V \cong X/U$ und daher $X = U \oplus V \cong U \oplus (X/U)$. Setzt man $U = \text{Kern}\,\varphi$, so folgt wegen $X/\text{Kern}\,\varphi \cong \varphi X$ (31. 5) die zweite Behauptung.

32B Ordnet man jedem $\sigma \in \oplus X_\iota$ bzw. $\sigma \in \times X_\iota$ die durch $\hat{\sigma}(\iota) = \omega_\iota(\sigma(\iota))$ erklärte Abbildung $\hat{\sigma}$ zu ($\omega_\iota: X_\iota \to X_\iota/U_\iota$ ist die natürliche Abbildung), so wird hierdurch eine Surjektion $\eta: \oplus X_\iota \to \oplus (X_\iota/U_\iota)$ bzw. $\vartheta: \times X_\iota \to \times (X_\iota/U_\iota)$ definiert. Genau dann ist $\eta(\sigma)$ bzw. $\vartheta(\sigma)$ der Nullvektor, wenn $\omega_\iota(\sigma(\iota)) = \mathfrak{o}$, also $\sigma(\iota) \in U_\iota$ für alle ι, d. h. $\sigma \in \oplus U$ bzw. $\sigma \in \times U_\iota$ gilt. Es folgt $\text{Kern}\,\eta = \oplus U_\iota$, $\text{Kern}\,\vartheta = \times U_\iota$, und wegen 31. 5 ergeben sich die Behauptungen.

32C Für $\sigma_1, \sigma_2 \in \oplus X_\iota$ gilt $\sigma_\nu = \sum_\iota \beta_\iota(\pi_\iota\sigma_\nu)$ $(\nu = 1, 2)$, wobei es sich tatsächlich um nur endliche mSumen handelt. Setzt man die Existenz eines skalaren Produkts der geforderten Art voraus, so folgt $\sigma_1 \cdot \sigma_2 = \sum_\iota (\beta_\iota(\pi_\iota\sigma_1)) \cdot (\beta_\iota(\pi_\iota\sigma_2)) = \sum_\iota \beta_\iota((\pi_\iota\sigma_1) \cdot (\pi^\iota\sigma_2))$. Umgekehrt wird hierdurch ein solches skalares Produkt definiert.

32D Es gilt $\mathbb{Z}_{m \cdot n} = \{\nu \cdot 1 : 0 \leq \nu < m \cdot n\}$. Mit einem Isomorphismus $\varphi: \mathbb{Z}_{m \cdot n} \to \mathbb{Z}_m \oplus \mathbb{Z}_n$ ist $a = \varphi(1)$ ein Element der direkten Summe, für das $\mathbb{Z}_m \oplus \mathbb{Z}_n = \{\nu \times a : 0 \leq \nu < m \cdot n\}$ ($\nu \times a = a + \ldots + a$ mit ν Summanden) und $\nu \times a \neq (0, 0)$ für $\nu < m \cdot n$ gilt. Sind m und n teilerfremd, so ist $a = (1, 1)$ ein solches Element, und durch $\varphi(1) = (1, 1)$ wird ein Isomorphismus bestimmt. Besitzen jedoch m und n den größten gemeinsamen

Teiler $q > 1$, so ist $(m \cdot n \cdot q^{-1}) \times a = (0, 0)$ für alle $a \in \mathbb{Z}_m \oplus \mathbb{Z}_n$ erfüllt. Daher ist $\mathbb{Z}_m \oplus \mathbb{Z}_n$ in diesem Fall nicht zu $\mathbb{Z}_{m \cdot n}$ isomorph.

33 A Aus $\mathfrak{y} \in \sum \varphi_\iota X_\iota$ folgt $\mathfrak{y} = \varphi_{\iota_1}\mathfrak{x}_{\iota_1} + \cdots + \varphi_{\iota_r}\mathfrak{x}_{\iota_r} = \varphi(\beta_{\iota_1}\mathfrak{x}_{\iota_1} + \cdots + \beta_{\iota_r}\mathfrak{x}_{\iota_r}) \in \varphi(\oplus X_\iota)$. Gilt umgekehrt $\mathfrak{y} = \varphi(\sigma)$ mit $\sigma \in \oplus X_\iota$, so folgt $\sigma = \beta_{\iota_1}\mathfrak{x}_{\iota_1} + \cdots + \beta_{\iota_r}\mathfrak{x}_{\iota_r}$, also $\mathfrak{y} = \varphi_{\iota_1}\mathfrak{x}_{\iota_1} + \cdots + \varphi_{\iota_r}\mathfrak{x}_{\iota_r} \in \sum \varphi_\iota X_\iota$. Man erhält $\varphi(\oplus X_\iota) = \sum \varphi_\iota X_\iota$ und damit die erste Behauptung. Für $\sigma, \sigma' \in \times X_\iota$ ist $\sigma = \sigma'$ gleichwertig mit $\pi_\iota(\sigma) = \pi_\iota(\sigma')$ für alle $\iota \in I$. Wegen $\varphi_\iota = \pi_\iota \circ \varphi$ ist daher $\varphi\mathfrak{y} = \varphi\mathfrak{y}'$ gleichwertig mit $\varphi_\iota\mathfrak{y} = \varphi_\iota\mathfrak{y}'$ für alle $\iota \in I$, woraus die zweite Behauptung folgt.

33 B Es ist $\mathfrak{y} \in \text{Kern}\,\varphi$ gleichwertig mit $\varphi_\iota\mathfrak{y} = \pi_\iota(\varphi\mathfrak{y}) = \mathfrak{o}$ für alle $\iota \in I$, also mit $\mathfrak{y} \in \bigcap \{\text{Kern}\,\varphi_\iota : \iota \in I\}$.

33 C Aus $\sigma \in \oplus \text{Kern}\,\varphi_\iota$ folgt $\sigma = \beta_{\iota_1}\mathfrak{x}_{\iota_1} + \cdots + \beta_{\iota_r}\mathfrak{x}_{\iota_r}$ mit $\mathfrak{x}_{\iota_\varrho} \in \text{Kern}\,\varphi_{\iota_\varrho}$, also $\varphi(\sigma) = \varphi_{\iota_1}\mathfrak{x}_{\iota_1} + \cdots + \varphi_{\iota_r}\mathfrak{x}_{\iota_r} = \mathfrak{o}$ und daher $\sigma \in \text{Kern}\,\varphi$. Gilt $X_1 = X_2 = Y = \mathbb{R}^1$ und sind φ_1, φ_2 die Identität von $\mathbb{R}^1$, so gilt $\text{Kern}\,\varphi_1 \oplus \text{Kern}\,\varphi_2 = [\mathfrak{o}]$. Für die durch φ_1 und φ_2 nach 33. 1 bestimmte Abbildung $\varphi: \mathbb{R}^1 \oplus \mathbb{R}^1 \to \mathbb{R}^1$ ist jedoch $\text{Kern}\,\varphi \neq [\mathfrak{o}]$, weil Kern φ z. B. den Vektor $(1, -1)$ enthält.

33 D Es gilt $X = \text{Im}\,\chi \oplus U$ mit einem Unterraum U von X. Da χ Surjektion auf $\text{Im}\,\chi$ ist, gibt es wegen 31. 7 eine lineare Abbildung $\eta_1 : \text{Im}\,\chi \to X'$, die die linke Hälfte des Diagramms kommutativ ergänzt. Wegen $\text{Kern}\,\psi = \text{Im}\,\chi$ ist die Restriktion von ψ auf U injektiv. Nach 31 D existiert daher eine lineare Abbildung $\eta_2 : U \to X'$, die die rechte Hälfte des Diagramms kommutativ ergänzt. Durch η_1 und η_2 wird dann gemäß 33. 1 eine lineare Abbildung $\eta : X \to X'$ der verlangten Art bestimmt.

33 E Es gilt $\pi_\varkappa \circ \varphi \circ \beta_\iota = \varphi_\varkappa \circ \beta_\iota = \varphi_{\iota,\varkappa} = \pi_\varkappa \circ \varphi'_\iota = \pi_\varkappa \circ \varphi' \circ \beta_\iota$ für alle Indexpaare $(\iota, \varkappa)$. Aus der Gültigkeit für alle $\varkappa$ bei festem ι folgt $\varphi \circ \beta_\iota = \varphi' \circ \beta_\iota$. Da dies für alle ι erfüllt ist, erhält man $\varphi = \varphi'$.

33 F 1). Es sei $\varphi : X \to Y$ injektiv. Ist X ein injektiver Modul, so gibt es zu der Identität $\varepsilon_X : X \to X$ einen Homomorphismus $\chi : Y \to X$ mit $\chi \circ \varphi = \varepsilon_X$. Es gilt dann $Y = \text{Im}\,\varphi \oplus \text{Kern}\,\chi$, da jedes $\mathfrak{y} \in Y$ sich in der Form $\mathfrak{y} = \varphi(\chi\mathfrak{y}) + (\mathfrak{y} - \varphi(\chi\mathfrak{y}))$ mit $\varphi(\chi\mathfrak{y}) \in \text{Im}\,\varphi$, $\mathfrak{y} - \varphi(\chi\mathfrak{y}) \in \text{Kern}\,\chi$ darstellen läßt und diese Darstellung auch eindeutig ist. Umgekehrt sei $\varphi : Z \to Y$ injektiv. Zu $\psi : Z \to X$ und φ sei dann S mit φ', ψ' Fasersumme, wobei wegen 33. 4 auch φ' injektiv ist. Nach Voraussetzung gilt $S = \text{Im}\,\varphi' \oplus S'$. Mit der natürlichen Projektion $\pi : S \to \text{Im}\,\varphi'$ ist dann $\chi = \varphi'^{-1} \circ \pi \circ \psi'$ ein Homomorphismus mit $\psi = \chi \circ \varphi$.

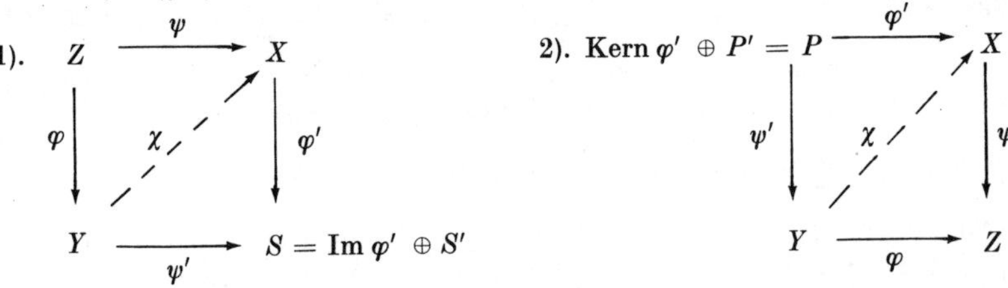

2). Es sei $\varphi : Y \to X$ surjektiv. Ist X ein projektiver Modul, so gibt es zu der Identität $\varepsilon_X : X \to X$ einen Homomorphismus $\chi : X \to Y$ mit $\varphi \circ \chi = \varepsilon_X$, und wie vorher gilt

$Y = \operatorname{Im}\chi \oplus \operatorname{Kern}\varphi$. Umgekehrt sei $\varphi: Y \to Z$ surjektiv. Zu $\psi: X \to Z$ und φ sei dann P mit φ', ψ' Faserprodukt, wobei wegen 33. 5 auch φ' surjektiv ist. Da nach Voraussetzung $P = \operatorname{Kern}\varphi' \oplus P'$ gilt, ist $\varphi': P' \to X$ ein Isomorphismus mit der Umkehrabbildung $\varphi'^{-1}: X \to P'$. Mit der natürlichen Injektion $\beta: P' \to P$ ist dann $\chi = \psi' \circ \beta \circ \varphi'^{-1}$ ein Homomorphismus mit $\psi = \varphi \circ \chi$.

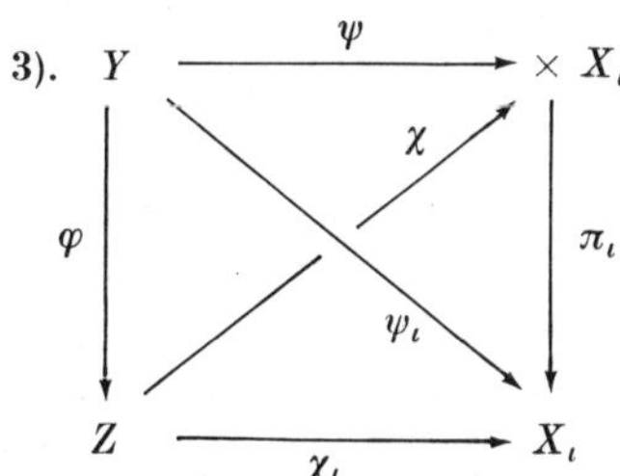

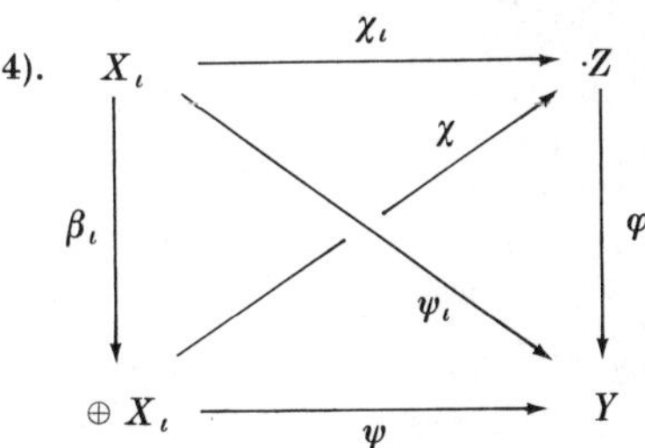

3). Bei gegebenem $\psi: Y \to \times X_\iota$ ist für jeden Index $\psi_\iota = \pi_\iota \circ \psi$ ein Homomorphismus $\psi_\iota: Y \to X_\iota$. Sind die X_ι injektive Moduln, so gibt es zu gegebener Injektion $\varphi: Y \to Z$ zunächst $\chi_\iota: Z \to X_\iota$ mit $\psi_\iota = \chi_\iota \circ \varphi$ und wegen 33. 2 ein $\chi: Z \to \times X_\iota$ mit $\pi_\iota \circ \chi = \chi_\iota$. Es folgt $\pi_\iota \circ \chi \circ \varphi = \psi_\iota$ für alle ι und daher $\chi \circ \varphi = \psi$. Somit ist auch $\times X_\iota$ injektiv. Umgekehrt folgt die Injektivität von $X_\varkappa$ aus der Injektivität von $\times X_\iota$ unmittelbar, weil jeder Homomorphismus $\psi_\varkappa: Y \to X_\varkappa$ in der Form $\psi_\varkappa = \pi_\varkappa \circ \psi$ faktorisiert werden kann.

4). Der Beweis verläuft analog nach dem zweiten Diagramm unter entsprechender Verwendung der natürlichen Injektionen β_ι.

34 A Es können f, g, h, k als normiert vorausgesetzt werden. Wegen $h \mid f$ und $h \mid g$ folgt $\operatorname{Kern} h(\varphi) \leq \operatorname{Kern} f(\varphi)$ und $\operatorname{Kern} h(\varphi) \leq \operatorname{Kern} g(\varphi)$. Für $\mathfrak{a} \in \operatorname{Kern} f(\varphi) \cap \operatorname{Kern} g(\varphi)$ ist der φ-Annullator $h_\mathfrak{a}$ nach 34. 7 ein Teiler von f und g. Es folgt $h_\mathfrak{a} \mid h$ und daher $\mathfrak{a} \in \operatorname{Kern} h(\varphi)$ (erste Behauptung). Es gilt $g = h \cdot g'$ mit einem zu f teilerfremden g' und somit $k = f \cdot g'$. Wegen 34. 9 erhält man $\operatorname{Kern} k(\varphi) = \operatorname{Kern} f(\varphi) \oplus \operatorname{Kern} g'(\varphi)$, wegen $\operatorname{Kern} g'(\varphi) \leq \operatorname{Kern} g(\varphi)$ auch $\operatorname{Kern} k(\varphi) \leq \operatorname{Kern} f(\varphi) + \operatorname{Kern} g(\varphi)$. Aus $f \mid k$, $g \mid k$ folgt $\operatorname{Kern} f(\varphi) \leq \operatorname{Kern} k(\varphi)$, $\operatorname{Kern} g(\varphi) \leq \operatorname{Kern} k(\varphi)$ und somit die behauptete Gleichheit.

34 B Hinsichtlich einer Basis B_ϱ von U_ϱ entspreche φ_ϱ die Matrix A_ϱ. Hinsichtlich der Basis $B = B_1 \cup \cdots \cup B_r$ von X (32. 2) entspricht dann φ eine Matrix, die längs der Hauptdiagonale die Untermatrizen A_ϱ und sonst nur Nullen enthält. Die Behauptung folgt mit Hilfe von 14 B.

34 C $\operatorname{Kern}\varphi^r \leq \operatorname{Kern}\varphi^{r+1}$ ist trivial. Aus $\operatorname{Kern}\varphi^k = \operatorname{Kern}\varphi^{k+\sigma}$ $(\sigma = 1, \ldots, s)$ und $\mathfrak{x} \in \operatorname{Kern}\varphi^{k+s+1}$ folgt $\varphi\mathfrak{x} \in \operatorname{Kern}\varphi^{k+s} = \operatorname{Kern}\varphi^k$ und daher $\mathfrak{x} \in \operatorname{Kern}\varphi^{k+1} = \operatorname{Kern}\varphi^k$, also $\operatorname{Kern}\varphi^{k+s+1} = \operatorname{Kern}\varphi^k$. Für einen ersten Exponenten muß Gleichheit eintreten, weil die Dimensionen der Kerne durch $\operatorname{Dim} X$ beschränkt sind. Aus $\mathfrak{x} \in \varphi^k X \cap \operatorname{Kern}\varphi^k$ folgt $\mathfrak{x} = \varphi^k\mathfrak{y}$ mit $\mathfrak{y} \in X$ und $\varphi^{2k}\mathfrak{y} = \varphi^k\mathfrak{x} = \mathfrak{o}$, also $\mathfrak{y} \in \operatorname{Kern}\varphi^{2k} = \operatorname{Kern}\varphi^k$ und $\mathfrak{x} = \varphi^k\mathfrak{y} = \mathfrak{o}$. Damit gilt (*) $\varphi^k X \cap \operatorname{Kern}\varphi^k = [\mathfrak{o}]$ und $\varphi^{2k}X = \varphi^k X$. Zu $\mathfrak{x} \in X$ existiert daher ein $\mathfrak{y} \in X$ mit $\varphi^k\mathfrak{x} = \varphi^{2k}\mathfrak{y}$. Für $\mathfrak{z} = \mathfrak{x} - \varphi^k\mathfrak{y}$ gilt $\varphi^k\mathfrak{z} = \mathfrak{o}$. Es folgt $\mathfrak{x} = \varphi^k\mathfrak{y} + \mathfrak{z}$ mit $\mathfrak{z} \in \operatorname{Kern}\varphi^k$, also $X = \varphi^k X \oplus \operatorname{Kern}\varphi^k$ wegen (*).

35 A In 35. 4 besitzt A genau dann Diagonalgestalt, wenn $h_1, \ldots, h_r$ lineare Polynome, wenn also die irreduziblen Faktoren p_λ des charakteristischen Polynoms linear sind und außerdem $s_\lambda = 1$ gilt ($\lambda = 1, \ldots, l$). Die Behauptung folgt nun aus 35. 5. (Man beachte, daß $\operatorname{Def}(p_\lambda(\varphi))^{s_\lambda}$ die Vielfachheit des entsprechenden Eigenwerts sein muß.)

35 B Gilt $X = [\mathfrak{a}]_\varphi$, so ist g_φ auch φ-Annullator von $\mathfrak{a}$, und wegen 34.10 folgt Grad $g_\varphi = n$. Umgekehrt werde Grad $g_\varphi = n$ vorausgesetzt. Mit den Bezeichnungen aus 35. 5 muß dann $k = r$, $\nu(\varrho, s_\varrho) = 1$ und $\nu(\varrho, \sigma) = 0$ für $\sigma < s_\varrho$ gelten. Ist nun h der φ-Annullator von $\mathfrak{a} = \mathfrak{a}_1 + \ldots + \mathfrak{a}_r$, so folgt $h(\varphi)\mathfrak{a}_1 + \ldots + h(\varphi)\mathfrak{a}_r = h(\varphi)\mathfrak{a} = \mathfrak{o}$, wegen der Direktheit der Summe aber sogar $h(\varphi)\mathfrak{a}_\varrho = \mathfrak{o}$, also $p_\varrho^{s_\varrho} \mid h$ für $\varrho = 1, \ldots, r$. Damit gilt $h = g_\varphi$ und weiter $X = [\mathfrak{a}]_\varphi$. Die zweite Behauptung folgt mit Hilfe der ersten aus 35. 4 mit $V = X$, weil dann ja $h_\mathfrak{a} = g_\varphi$ gilt.

36 A Zu dem durch die gegebene Matrix bestimmten Endomorphismus gehört hinsichtlich der Basis $\{(11, 5, -4, 7), (-10, -7, 4, -2), (3, 3, 0, -1), (0, -1, 0, 0)\}$ die Normalmatrix

$$\begin{pmatrix} 0 & 0 & 0 & -25 \\ 1 & 0 & 0 & 20 \\ 0 & 1 & 0 & -14 \\ 0 & 0 & 1 & 4 \end{pmatrix}.$$

36 B Es ist $((1-t)^2 + 1)^2 (t+2)^2$ das charakteristische Polynom und gleichzeitig das Minimalpolynom. Mit Hilfe der Transformationsmatrix

$$\begin{bmatrix} 0 & 0 & 0 & 1 & 11 & 8 \\ -1 & 0 & 0 & -3 & -10 & -5 \\ 0 & 1 & i & 1 & 0 & 0 \\ -i & 0 & 0 & 1 & 0 & 0 \\ 0 & 1 & -i & 1 & 0 & 0 \\ i & 0 & 0 & 1 & 0 & 0 \end{bmatrix} \quad \text{bzw.} \quad \begin{bmatrix} 0 & 0 & 0 & 1 & 11 & 8 \\ -1 & 0 & 0 & -3 & -10 & -5 \\ 0 & \sqrt{2} & 0 & \sqrt{2} & 0 & 0 \\ 0 & 0 & \sqrt{2} & 0 & 0 & 0 \\ 0 & 0 & 0 & \sqrt{2} & 0 & 0 \\ -\sqrt{2} & 0 & 0 & 0 & 0 & 0 \end{bmatrix},$$

deren Zeilen aus den Koordinaten der gesuchten Basisvektoren besteht, erhält man als Normalmatrix

$$\begin{bmatrix} -2 & 1 & 0 & 0 & 0 & 0 \\ 0 & -2 & 0 & 0 & 0 & 0 \\ 0 & 0 & 1-i & 1 & 0 & 0 \\ 0 & 0 & 0 & 1-i & 0 & 0 \\ 0 & 0 & 0 & 0 & 1+i & 1 \\ 0 & 0 & 0 & 0 & 0 & 1+i \end{bmatrix} \quad \text{bzw.} \quad \begin{bmatrix} -2 & 1 & 0 & 0 & 0 & 0 \\ 0 & -2 & 0 & 0 & 0 & 0 \\ 0 & 0 & 1 & 1 & 1 & 0 \\ 0 & 0 & -1 & 1 & 0 & 1 \\ 0 & 0 & 0 & 0 & 1 & 1 \\ 0 & 0 & 0 & 0 & -1 & 1 \end{bmatrix}.$$

37 A Nach 37. II ist bereits (X, U) ein duales Raumpaar. Es folgt $U^\perp = [\mathfrak{o}]$, also $(U^\perp)^\perp = Y$.

37 B Mit $\mathfrak{y} \in (\Sigma\, U_\iota)^\perp$ ist gleichwertig $\mathfrak{y} \in U_\iota^\perp$ für alle ι, also auch $\mathfrak{y} \in \bigcap U_\iota^\perp$. Aus $\mathfrak{y} \in \Sigma\, U_\iota^\perp$ folgt $\mathfrak{y} = \mathfrak{y}_{\iota_1} + \cdots + \mathfrak{y}_{\iota_r}$ mit $\mathfrak{y}_{\iota_\varrho} \in U_{\iota_\varrho}^\perp$, erst recht also mit $\mathfrak{y}_{\iota_\varrho} \in (\bigcap U_\iota)^\perp$, und daher $\mathfrak{y} \in (\bigcap U_\iota)^\perp$. Besitzt X endliche Dimension und setzt man $V_\iota = U_\iota^\perp$, so folgt

$V_\iota^\perp = U_\iota$ und nach dem schon Bewiesenen und wegen 37.2, 37.5 weiter $(\cap U_\iota)^\perp = (\cap V_\iota^\perp)^\perp = ((\Sigma V_\iota)^\perp)^\perp = \Sigma V_\iota = \Sigma U_\iota^\perp$. In der zweiten Aufgabe gilt $\cap U_n = [\mathfrak{o}]$, also $(\cap U_n)^\perp = Y$. Es gilt $U_n^\perp = \{\mathfrak{y}: \mathfrak{y} \in Y, \pi_\iota \mathfrak{y} = 0$ für $\iota > n\}$. Daher ist $\Sigma U_n^\perp$ der echte Unterraum $\oplus \{K: \iota \in I\}$ von Y.

38 A Da $\{1\}$ eine Basis des Skalarenkörpers ist, ist $\Omega = \{\varphi_\iota: \iota \in I\}$ die in 9. 1 ebenso bezeichnete Menge und somit linear unabhängig. Wäre φ eine Linearkombination endlich vieler φ_ι, so könnte $\varphi \mathfrak{a}_\iota \neq 0$ nur für höchstens endlich viele Indizes gelten. Daher ist Ω keine Basis von X^*. Für einen Vektor $\mathfrak{x} = x_{\iota_1} \mathfrak{a}_{\iota_1} + \cdots + x_{\iota_r} \mathfrak{a}_{\iota_r}$ aus X gilt $(\eta \mathfrak{x}) \varphi_{\iota_\varrho} = \varphi_{\iota_\varrho} \mathfrak{x} = x_{\iota_\varrho}$. Aus $(\eta \mathfrak{x}) \varphi_\iota = 0$ für alle ι folgt daher $\mathfrak{x} = \mathfrak{o}$ und weiter $(\eta \mathfrak{x}) \varphi = 0$. Es gibt aber wegen 2) mindestens ein $\psi^* \in X^{**}$ mit $\psi^*(\varphi_\iota) = 0$ für alle ι und mit $\psi^*(\varphi) \neq 0$.

38 B Wegen 33. 3 gilt $(\oplus X_\iota)^* = L(\oplus X_\iota, K) \cong \times L(X_\iota, K) = \times X_\iota^*$. Wegen 31 C ergibt sich $(X/U)^* = L(X/U, K) \cong L_U = U^\perp$, weil L_U aus denjenigen $\varphi \in X^*$ besteht, bei denen $\langle \mathfrak{u}, \varphi \rangle = \varphi \mathfrak{u} = 0$ für alle $\mathfrak{u} \in U$ erfüllt ist. In 3) gilt mit $\mathfrak{v} \in V$, $\varphi \in X^*$ die Gleichung $\langle \mathfrak{v}, \varphi + \psi \rangle = \langle \mathfrak{v}, \varphi \rangle$ für alle $\psi \in U^*$. Bedeutet $\overline{\varphi}$ die von φ erzeugte Klasse aus X^*/U^*, so wird durch $\langle \mathfrak{v}, \overline{\varphi} \rangle = \langle \mathfrak{v}, \varphi \rangle$ eine Bilinearform auf dem Raumpaar $(V, X^*/U^*)$ definiert. Aus $\langle \mathfrak{v}, \overline{\varphi} \rangle = 0$ für alle $\overline{\varphi}$ folgt $\langle \mathfrak{v}, \varphi \rangle = 0$ für alle $\varphi \in X^*$ und daher $\mathfrak{v} = \mathfrak{o}$. Aus $\langle \mathfrak{v}, \overline{\varphi} \rangle = 0$, also aus $\langle \mathfrak{v}, \varphi \rangle = 0$ für alle $\mathfrak{v} \in V$ ergibt sich $\varphi \in V^\perp$, wegen $V^\perp = U^*$ also $\varphi \in U^*$; d. h. $\overline{\varphi}$ ist die Nullklasse.

39 A Es gilt $\langle \mathfrak{x}, (\varphi + \psi)^* \mathfrak{y}' \rangle = \langle (\varphi + \psi) \mathfrak{x}, \mathfrak{y}' \rangle = \langle \varphi \mathfrak{x}, \mathfrak{y}' \rangle + \langle \psi \mathfrak{x}, \mathfrak{y}' \rangle = \langle \mathfrak{x}, \varphi^* \mathfrak{y}' \rangle + \langle \mathfrak{x}, \psi^* \mathfrak{y}' \rangle = \langle \mathfrak{x}, (\varphi^* + \psi^*) \mathfrak{y}' \rangle$ und entsprechend $\langle \mathfrak{x}, (c\varphi)^* \mathfrak{y}' \rangle = \langle \mathfrak{x}, (c\varphi^*) \mathfrak{y}' \rangle$, $\langle \mathfrak{x}, (\psi \circ \varphi)^* \mathfrak{y}' \rangle = \langle \mathfrak{x}, (\varphi^* \circ \psi^*) \mathfrak{y}' \rangle$ und $\langle \mathfrak{x}, (\varphi^* \circ (\varphi^{-1})^*) \mathfrak{x}' \rangle = \langle \mathfrak{x}, \varepsilon \mathfrak{x}' \rangle$. Hieraus folgt 1) und die Linearität von γ. Aus $\varphi^* = 0$ folgt $\langle \varphi \mathfrak{x}, \mathfrak{y}' \rangle = \langle \mathfrak{x}, \varphi^* \mathfrak{y}' \rangle = 0$ für alle $\mathfrak{x} \in X$, $\mathfrak{y}' \in Y^*$, also $\varphi = 0$; d. h. γ ist injektiv. Es seien $\eta_X: X \to X^{**}$ und $\eta_Y: Y \to Y^{**}$ die natürlichen Injektionen (vgl. p. 280). Im Fall Dim $Y < \infty$ ist η_Y ein Isomorphismus. Zu $\varphi': Y^* \to X^*$ existiert die duale Abbildung $\varphi'^*: X^{**} \to Y^{**}$, und durch $\varphi = \eta_Y^{-1} \circ \varphi'^* \circ \eta_X$ wird eine lineare Abbildung $\varphi: X \to Y$ definiert. Man zeigt $\varphi^* = \varphi'$; d. h. γ ist auch surjektiv und somit ein Isomorphismus. Im Fall Dim $Y = \infty$ ist jedoch γ nicht surjektiv: Zu einer Basis $\{\mathfrak{a}_\iota: \iota \in I\}$ von Y gibt es nämlich $\alpha_\iota \in Y^*$ mit $\alpha_\iota \mathfrak{a}_\varkappa = \delta_{\iota,\varkappa} (\iota, \varkappa \in I)$. Zu $\beta \in X^*$, $\beta \neq 0$ existiert ein $\varphi': Y^* \to X^*$ mit $\varphi'(\alpha_\iota) = \beta$ für alle $\iota \in I$. Aus $\beta \mathfrak{x} = c \neq 0$ und aus der Existenz eines $\varphi \in L(X, Y)$ mit $\varphi^* = \varphi'$ würde $\langle \varphi \mathfrak{x}, \alpha_\iota \rangle = \langle \mathfrak{x}, \varphi' \alpha_\iota \rangle = \langle \mathfrak{x}, \beta \rangle = c$ für alle $\iota \in I$ folgen, was jedoch nur für endlich viele Indizes möglich ist.

39 B Für $\mathfrak{x} \in X$ und $\alpha \in Y^*$ gilt $\langle (\varphi^{**} \circ \eta) \mathfrak{x}, \alpha \rangle = \langle \eta \mathfrak{x}, \varphi^* \alpha \rangle = \langle \mathfrak{x}, \varphi^* \alpha \rangle = \langle \varphi \mathfrak{x}, \alpha \rangle = \langle (\vartheta \circ \varphi) \mathfrak{x}, \alpha \rangle$.

39 C Es ist $\beta \in \operatorname{Im} \psi^*$ gleichwertig mit $\beta = \gamma \circ \psi$ für ein $\gamma \in Z^*$. Es folgt wegen $\psi \circ \varphi = 0$ auch $\varphi^* \beta = \beta \circ \varphi = \gamma \circ \psi \circ \varphi = 0$ und somit $\beta \in \operatorname{Kern} \varphi^*$. Umgekehrt folgt aus $\beta \in \operatorname{Kern} \varphi^*$, also aus $\beta \circ \varphi = 0$, daß $\operatorname{Kern} \psi = \operatorname{Im} \varphi \subset \operatorname{Kern} \beta$ gilt. Wegen 31. 5 existiert daher ein γ mit $\beta = \gamma \circ \psi$, und man erhält $\beta \in \operatorname{Im} \psi^*$.

40 A Der durch $\Phi(\mathfrak{x}, \mathfrak{y}) = \mathfrak{y} \otimes \mathfrak{x}$ definierten bilinearen Abbildung entspricht wegen 40. 3 eine lineare Abbildung $\varphi: X \otimes Y \to Y \otimes X$, für die $\varphi(\mathfrak{x} \otimes \mathfrak{y}) = \mathfrak{y} \otimes \mathfrak{x}$ gilt. Ebenso gibt es ein $\psi: Y \otimes X \to X \otimes Y$ mit $\psi(\mathfrak{y} \otimes \mathfrak{x}) = \mathfrak{x} \otimes \mathfrak{y}$. Da $\psi \circ \varphi$ und $\varphi \circ \psi$ die Identität sind, ist φ ein Isomorphismus mit $\varphi^{-1} = \psi$. — Es gelte $V = X \otimes Y$. Der durch $\Phi(\mathfrak{x}, \mathfrak{y}, \mathfrak{z}) = (\mathfrak{x} \otimes \mathfrak{y}) \otimes \mathfrak{z}$ definierten 3-fach linearen Abbildung entspricht eine lineare

Abbildung $\varphi: X \otimes Y \otimes Z \to V \otimes Z$ mit $\varphi(\mathfrak{x} \otimes \mathfrak{y} \otimes \mathfrak{z}) = (\mathfrak{x} \otimes \mathfrak{y}) \otimes \mathfrak{z}$. Bei festem $\mathfrak{z} \in Z$ wird durch $\Psi_{\mathfrak{z}}(\mathfrak{x}, \mathfrak{y}) = \mathfrak{x} \otimes \mathfrak{y} \otimes \mathfrak{z}$ eine bilineare Abbildung definiert, der eine lineare Abbildung $\psi_{\mathfrak{z}}: V \to X \otimes Y \otimes Z$ mit $\psi_{\mathfrak{z}}(\mathfrak{x} \otimes \mathfrak{y}) = \mathfrak{x} \otimes \mathfrak{y} \otimes \mathfrak{z}$, $\psi_{\mathfrak{z}+\mathfrak{z}'} = \psi_{\mathfrak{z}} + \psi_{\mathfrak{z}'}$ und $\psi_{c\mathfrak{z}} = c\psi_{\mathfrak{z}}$ entspricht. Schließlich wird durch $\Psi(\mathfrak{v}, \mathfrak{z}) = \psi_{\mathfrak{z}}\mathfrak{v}$ eine bilineare Abbildung definiert, der eine lineare Abbildung $\psi: V \otimes Z \to X \otimes Y \otimes Z$ mit $\psi((\mathfrak{x} \otimes \mathfrak{y}) \otimes \mathfrak{z}) = \mathfrak{x} \otimes \mathfrak{y} \otimes \mathfrak{z}$ entspricht. Es ist wieder $\psi \circ \varphi$ und $\varphi \circ \psi$ die Identität; d. h. φ ist ein Isomorphismus. Analog beweist man $X \otimes Y \otimes Z \cong X \otimes (Y \otimes Z)$.

40B Aus $\mathfrak{x}_\nu = \sum_{\varrho_\nu} x_{\nu, \varrho_\nu} \mathfrak{a}_{\nu, \varrho_\nu}$ folgt $\mathfrak{x}_1 \otimes \cdots \otimes \mathfrak{x}_n = \sum x_{1, \varrho_1} \cdots x_{n, \varrho_n} (\mathfrak{a}_{1, \varrho_1} \otimes \cdots \otimes \mathfrak{a}_{n, \varrho_n})$. Da $X_1 \otimes \cdots \otimes X_n$ von den Vektoren $\mathfrak{x}_1 \otimes \cdots \otimes \mathfrak{x}_n$ aufgespannt wird, muß $X_1 \otimes \cdots \otimes X_n$ auch von den Vektoren $\mathfrak{a}_{1, \varrho_1} \otimes \cdots \otimes \mathfrak{a}_{n, \varrho_n}$ erzeugt werden. Ihre Anzahl ist wegen 40. 5 gleich Dim $(X_1 \otimes \cdots \otimes X_n)$, woraus die Behauptung folgt.

40C Aus $\Phi = \varphi \circ \Psi$ folgt $\varphi(\mathfrak{x}) = \varphi(1\mathfrak{x}) = (\varphi \circ \Psi)\ (1, \mathfrak{x}) = \Phi(1, \mathfrak{x})$. Umgekehrt folgt aus $\varphi(\mathfrak{x}) = \Phi(1, \mathfrak{x})$, daß φ eine lineare Abbildung ist und daß $(\varphi \circ \Psi)\ (c, \mathfrak{x}) = \varphi(c\mathfrak{x}) = c\,\varphi(\mathfrak{x}) = c\Phi(1, \mathfrak{x}) = \Phi(c, \mathfrak{x})$, also $\varphi \circ \Psi = \Phi$ gilt. Wegen 40. 4 erhält man $X \cong K \otimes X$. Die letzte Behauptung ergibt sich hieraus durch Induktion.

40D Aus $(\pi_\iota \mathfrak{x}) \otimes (\pi'_\lambda \mathfrak{y}) \neq \mathfrak{o}$ folgt $\pi_\iota \mathfrak{x} \neq \mathfrak{o}$ und $\pi'_\lambda\ \mathfrak{y} \neq \mathfrak{o}$, was nur für endlich viele Indexpaare möglich ist. Mit der zu $X_\iota \otimes Y_\lambda$ gehörenden kanonischen Abbildung $T_{\iota, \lambda}$ gilt $\Psi(\mathfrak{x}, \mathfrak{y}) = \sum (\beta_{\iota, \lambda} \circ T_{\iota, \lambda})\ (\pi_\iota \mathfrak{x}, \pi'_\lambda \mathfrak{y})$, woraus die Bilinearität von Ψ folgt. Mit den natürlichen Injektionen $\beta_\iota: X_\iota \to X$, $\beta'_\lambda: Y_\lambda \to Y$ wird durch $\Phi_{\iota, \lambda}(\mathfrak{x}_\iota, \mathfrak{y}_\lambda) = \Phi(\beta_\iota \mathfrak{x}_\iota, \beta'_\lambda \mathfrak{y}_\lambda)$ eine bilineare Abbildung $\Phi_{\iota, \lambda}$ definiert, zu der wegen 40. 3 eine lineare Abbildung $\varphi_{\iota, \lambda}: X_\iota \otimes Y_\lambda \to Z$ mit $\Phi_{\iota, \lambda} = \varphi_{\iota, \lambda} \circ T_{\iota, \lambda}$ existiert. Wegen 33. 1 gibt es eine lineare Abbildung $\varphi: \oplus (X_\iota \otimes Y_\lambda) \to Z$ mit $\varphi_{\iota, \lambda} = \varphi \circ \beta_{\iota, \lambda}$. Es gilt $\Phi = \varphi \circ \Psi$, und φ ist hierdurch eindeutig bestimmt. Die letzte Behauptung folgt jetzt wegen 40. 4.

40E 1). Es werde $\mathfrak{x}_s \neq \mathfrak{o}$ für ein s mit $1 \leq s \leq k$ angenommen. Dann gibt es eine Linearform φ von $X_1 \otimes \cdots \otimes X_{n-1}$ mit $\varphi \mathfrak{x}_s = 1$. Wegen der linearen Unabhängigkeit von $\mathfrak{y}_1, \ldots, \mathfrak{y}_k$ existiert weiter eine Linearform φ' von X_n mit $\varphi' \mathfrak{y}_s = 1$ und $\varphi' \mathfrak{y}_\varkappa = 0$ für $\varkappa \neq s$. Durch $\Psi(\mathfrak{x}, \mathfrak{y}) = (\varphi \mathfrak{x})\ (\varphi' \mathfrak{y})$ wird dann eine Bilinearform Ψ auf $(X_1 \otimes \cdots \otimes X_{n-1}, X_n)$ definiert, zu der es nach 40. 3 eine Linearform ψ von $X_1 \otimes \cdots \otimes X_n$ mit $\Psi = \psi \circ T$ gibt (T kanonische Abbildung zu $(X_1 \otimes \cdots \otimes X_{n-1}) \otimes X_n$). Wegen $\Psi(\mathfrak{x}_s, \mathfrak{y}_s)$ $(\varphi \mathfrak{x}_s)\ (\varphi' \mathfrak{y}_s) = 1$ und $\Psi(\mathfrak{x}_\varkappa, \mathfrak{y}_\varkappa) = (\varphi \mathfrak{x}_\varkappa)\ (\varphi' \mathfrak{y}_\varkappa) = 0$ für $\varkappa \neq s$ ergibt sich der Widerspruch $0 = \psi(\mathfrak{x}_1 \otimes \mathfrak{y}_1 + \cdots + \mathfrak{x}_k \otimes \mathfrak{y}_k) = \psi(\mathfrak{x}_1 \otimes \mathfrak{y}_1) + \cdots + \psi(\mathfrak{x}_k \otimes \mathfrak{y}_k) = \Psi(\mathfrak{x}_1, \mathfrak{y}_1) + \cdots + \Psi(\mathfrak{x}_k, \mathfrak{y}_k) = 1$. — 2). Aus $\mathfrak{x}_\nu = \mathfrak{o}$ für ein ν folgt $\mathfrak{x}_1 \otimes \cdots \otimes \mathfrak{x}_\nu \otimes \cdots \otimes \mathfrak{x}_n = \mathfrak{x}_1 \otimes \cdots \otimes 0\, \mathfrak{x}_\nu \otimes \cdots \otimes \mathfrak{x}_n = 0 \cdot (\mathfrak{x}_1 \otimes \cdots \otimes \mathfrak{x}_\nu \otimes \cdots \otimes \mathfrak{x}_n) = \mathfrak{o}$. Ist X_ν der Nullraum, so gilt hiernach $\mathfrak{x}_1 \otimes \cdots \otimes \mathfrak{x}_\nu \otimes \cdots \otimes \mathfrak{x}_n = \mathfrak{o}$ bei beliebiger Wahl der Vektoren; d. h. $X_1 \otimes \cdots \otimes X_n$ ist der Nullraum. Umgekehrt folgt aus $\mathfrak{x}_1 \otimes \cdots \otimes \mathfrak{x}_n = \mathfrak{o}$ und $\mathfrak{x}_n \neq \mathfrak{o}$ nach 1) auch $\mathfrak{x}_1 \otimes \cdots \otimes \mathfrak{x}_{n-1} = \mathfrak{o}$. Durch Induktion über n ergibt sich hieraus die letzte Behauptung. Ist $X_1 \otimes \cdots \otimes X_n$ der Nullraum, X_n aber nicht, so existiert ein $\mathfrak{x}_n \in X_n$ mit $\mathfrak{x}_n \neq \mathfrak{o}$ und für alle Vektoren $\mathfrak{x}_1, \ldots, \mathfrak{x}_{n-1}$ gilt $\mathfrak{x}_1 \otimes \cdots \otimes \mathfrak{x}_{n-1} \otimes \mathfrak{x}_n = \mathfrak{o}$. Es folgt, daß $X_1 \otimes \cdots \otimes X_{n-1}$ der Nullraum ist, und die erste Behauptung ergibt sich wieder durch Induktion.

41A Für beliebige $\mathfrak{x}_\iota \in X_\nu$ gilt $[(\psi_1 \underline{\otimes} \cdots \underline{\otimes}\ \psi_n) \circ (\varphi_1 \underline{\otimes} \cdots \underline{\otimes}\ \varphi_n)]\ (\mathfrak{x}_1 \otimes \cdots \otimes \mathfrak{x}_n) = (\psi_1 \circ \varphi_1)\, \mathfrak{x}_1 \otimes \cdots \otimes (\psi_n \circ \varphi_n)\, \mathfrak{x}_n = [(\psi_1 \circ \varphi_1) \underline{\otimes} \cdots \underline{\otimes} (\psi_n \circ \varphi_n)]\ (\mathfrak{x}_1 \otimes \cdots \otimes \mathfrak{x}_n)$. Wegen der Eindeutigkeitsaussage aus 40. 3 folgt die Behauptung.

41B Wenn die φ_ν injektiv sind, gilt mit Kern $\varphi_\nu = [\mathfrak{o}]$ wegen 41. 2 auch Kern $(\varphi_1 \underline{\otimes} \cdots \underline{\otimes} \varphi_n) = [\mathfrak{o}]$; d. h. $\varphi_1 \underline{\otimes} \cdots \underline{\otimes} \varphi_n$ ist ebenfalls injektiv. Wenn die φ_ν surjektiv sind, gibt es zu $\mathfrak{y}_\nu \in Y_\nu$ Vektoren $\mathfrak{x}_\nu \in X_\nu$ mit $\varphi_\nu \mathfrak{x}_\nu = \mathfrak{y}_\nu$. Es folgt $(\varphi_1 \underline{\otimes} \cdots \underline{\otimes} \varphi_n)(\mathfrak{x}_1 \otimes \cdots \otimes \mathfrak{x}_n) = \mathfrak{y}_1 \otimes \cdots \otimes \mathfrak{y}_n$. Da die Vektoren $\mathfrak{y}_1 \otimes \cdots \otimes \mathfrak{y}_n$ das Tensorprodukt $Y_1 \otimes \cdots \otimes Y_n$ aufspannen, ist $\varphi_1 \underline{\otimes} \cdots \underline{\otimes} \varphi_n$ surjektiv. Setzt man $X_1 = Y_2 = \mathbf{R}^1$, $X_2 = Y_1 = [\mathfrak{o}]$ und φ_1, φ_2 gleich der Nullabbildung, so ist φ_1 nicht injektiv und φ_2 nicht surjektiv. Wegen $X_1 \otimes X_2 = Y_1 \otimes Y_2 = [\mathfrak{o}]$ (vgl. 40E) ist jedoch $\varphi_1 \underline{\otimes} \varphi_2$ ein Isomorphismus.

41C Es gilt (vgl. § 9) $\Omega = \{\omega_{\mathfrak{a}_1, \mathfrak{b}_1} \otimes \cdots \otimes \omega_{\mathfrak{a}_n, \mathfrak{b}_n} : \mathfrak{a}_\nu \in B_\nu, \mathfrak{b}_\nu \in B'_\nu$ für $\nu = 1, \ldots, n\}$ und $\Omega' = \{\omega_{\mathfrak{a}, \mathfrak{b}} : \mathfrak{a} = \mathfrak{a}_1 \otimes \cdots \otimes \mathfrak{a}_n, \mathfrak{b} = \mathfrak{b}_1 \otimes \cdots \otimes \mathfrak{b}_n$ mit $\mathfrak{a}_\nu \in B_\nu, \mathfrak{b}_\nu \in B'_\nu$ für $\nu = 1, \ldots, n\}$. Als Wert von $\gamma\,(\omega_{\mathfrak{a}_1, \mathfrak{b}_1} \otimes \cdots \otimes \omega_{\mathfrak{a}_n, \mathfrak{b}_n})(\tilde{\mathfrak{a}}_1 \otimes \cdots \otimes \tilde{\mathfrak{a}}_n) = (\omega_{\mathfrak{a}_1, \mathfrak{b}_1} \underline{\otimes} \cdots \underline{\otimes}\, \omega_{\mathfrak{a}_n, \mathfrak{b}_n})(\tilde{\mathfrak{a}}_1 \otimes \cdots \otimes \tilde{\mathfrak{a}}_n)$ erhält man $\mathfrak{b}_1 \otimes \cdots \otimes \mathfrak{b}_n$, wenn $\tilde{\mathfrak{a}}_\nu = \mathfrak{a}_\nu$ für $\nu = 1, \ldots, n$, und sonst $\mathfrak{o}$. Der Wert von $\omega_{\mathfrak{a}, \mathfrak{b}}\,(\tilde{\mathfrak{a}}_1 \otimes \cdots \otimes \tilde{\mathfrak{a}}_n)$ ist $\mathfrak{b} = \mathfrak{b}_1 \otimes \cdots \otimes \mathfrak{b}_n$, wenn $\tilde{\mathfrak{a}}_1 \otimes \cdots \otimes \tilde{\mathfrak{a}}_n = \mathfrak{a} = \mathfrak{a}_1 \otimes \cdots \otimes \mathfrak{a}_n$, und sonst $\mathfrak{o}$. Da $\tilde{\mathfrak{a}}_1 \otimes \cdots \otimes \tilde{\mathfrak{a}}_n = \mathfrak{a}_1 \otimes \cdots \otimes \mathfrak{a}_n$ gleichwertig ist mit $\tilde{\mathfrak{a}}_\nu = \mathfrak{a}_\nu$ für $\nu = 1, \ldots, n$ (vgl. 40B), folgt die erste Behauptung. Mit $B_\nu = \{\mathfrak{a}^\nu_1, \ldots, \mathfrak{a}^\nu_{s_\nu}\}$, $B'_\nu = \{\mathfrak{b}^\nu_1, \ldots, \mathfrak{b}^\nu_{r_\nu}\}$ und $A_\nu = (a^\nu_{\sigma_\nu, \varrho_\nu})$ gilt $(\varphi_1 \underline{\otimes} \cdots \underline{\otimes} \varphi_n)(\mathfrak{a}^1_{\sigma_1} \otimes \cdots \otimes \mathfrak{a}^n_{\sigma_n}) = \sum a^1_{\sigma_1, \varrho_1} \cdots a^n_{\sigma_n, \varrho_n} (\mathfrak{b}^1_{\varrho_1} \otimes \cdots \otimes \mathfrak{b}^n_{\varrho_n})$. Daher ist $a^1_{\sigma_1, \varrho_1} \cdots a^n_{\sigma_n, \varrho_n}$ das Element $a_{\sigma_1, \ldots, \sigma_n, \varrho_1, \ldots, \varrho_n}$ von A. Wegen $\varphi_\nu = \sum\limits_{\sigma_\nu, \varrho_\nu} a^\nu_{\sigma_\nu, \varrho_\nu} \omega^\nu_{\sigma_\nu, \varrho_\nu}$ (Bezeichnung vgl. § 9) erhält man $\varphi_1 \otimes \cdots \otimes \varphi_n = \sum a^1_{\sigma_1, \varrho_1} \cdots a^n_{\sigma_n, \varrho_n} (\omega^1_{\sigma_1, \varrho_1} \otimes \cdots \otimes \omega^n_{\varrho_n, \varrho_n}) = \sum a_{\sigma_1, \ldots, \sigma_n, \varrho_1, \ldots, \varrho_n} (\omega^1_{\sigma_1, \varrho_1} \otimes \cdots \otimes \omega^n_{\sigma_n, \varrho_n})$. Das ist die dritte Behauptung. Im Fall $n = 2$ bilden die Elemente $a_{\sigma, \sigma_2, \varrho, \varrho_2} = a^1_{\sigma, \varrho} a^2_{\sigma_2, \varrho_2}$ mit festen Werten $\sigma_1 = \sigma$ und $\varrho_1 = \varrho$ eine Untermatrix $U_{\sigma, \varrho} = a^1_{\sigma, \varrho} A_2$ von A.

41D Es seien B_ν, B^*_ν Basen von X_ν bzw. Y^*_ν ($\nu = 1, \ldots, n$). Für $\mathfrak{a}_\nu \in B_\nu$ und $\beta_\nu \in B^*_\nu$ gilt wegen 41.4 dann $\langle \mathfrak{a}_1 \otimes \cdots \otimes \mathfrak{a}_n, ((\varphi_1 \underline{\otimes} \cdots \underline{\otimes} \varphi_n)^* \circ \eta_Y)(\beta_1 \otimes \cdots \otimes \beta_n) \rangle = \langle (\varphi_1 \underline{\otimes} \cdots \underline{\otimes} \varphi_n)(\mathfrak{a}_1 \otimes \cdots \otimes \mathfrak{a}_n), \eta_Y(\beta_1 \otimes \cdots \otimes \beta_n) \rangle = \langle \varphi_1 \mathfrak{a}_1, \beta_1 \rangle \cdots \langle \varphi_n \mathfrak{a}_n, \beta_n \rangle = \langle \mathfrak{a}_1, \varphi^*_1 \beta_1 \rangle \cdots \langle \mathfrak{a}_n, \varphi^*_n \beta_n \rangle = \langle \mathfrak{a}_1 \otimes \cdots \otimes \mathfrak{a}_n, (\eta_X \circ (\varphi^*_1 \underline{\otimes} \cdots \underline{\otimes} \varphi^*_n))(\beta_1 \otimes \cdots \otimes \beta_n) \rangle$. Hieraus folgt $(\varphi_1 \underline{\otimes} \cdots \underline{\otimes} \varphi_n)^* \circ \eta_Y = \eta_X \circ (\varphi^*_1 \underline{\otimes} \cdots \underline{\otimes} \varphi^*_n)$ und damit die Behauptung.

42A Im Fall $p = r = s = 0$ und $q = 1$ gilt $\eta : X^0_1 \to L(X^1_0, K)$, also $\eta : X \to X^{**}$. Für $\mathfrak{y} \in X$, $\mathfrak{x}^* \in X^*$ gilt $(\eta \mathfrak{y})\, \mathfrak{x}^* = \langle \mathfrak{y}, \mathfrak{x}^* \rangle$. Daher ist η in diesem Fall die natürliche Injektion (vgl. p. 280), die im Fall unendlicher Dimension von X kein Isomorphismus ist.

42B Da die Tensoren $\mathfrak{a}_{\sigma_1} \cdots \mathfrak{a}_{\sigma_r} \cdot \mathfrak{a}^{\tau_1} \cdots \mathfrak{a}^{\tau_s}$ eine Basis von X^s_r bilden, sind die Koeffizienten $y^{\mu_1, \ldots, \mu_q, \sigma_1, \ldots, \sigma_r}_{\nu_1, \ldots, \nu_p, \tau_1, \ldots, \tau_s}$ durch die angegebenen Gleichungen eindeutig bestimmt. Setzt man $\mathfrak{X} = \mathfrak{a}_{\nu_1} \cdots \mathfrak{a}_{\nu_p} \cdot \mathfrak{a}^{\mu_1} \cdots \mathfrak{a}^{\mu_q}$, so ergibt sich $(\eta \mathfrak{Y})\, \mathfrak{X} = \varphi \mathfrak{X}$. Es folgt $\eta \mathfrak{Y} = \varphi$ und damit die Behauptung.

42C Im ersten Fall ist $\{\mathfrak{a}_1 \cdot \mathfrak{a}^2, \mathfrak{a}_2 \cdot \mathfrak{a}^1, 4\mathfrak{a}_1 \mathfrak{a}^1 + 3\mathfrak{a}_2 \mathfrak{a}^2\}$ eine Basis von Kern φ und $\{\mathfrak{a}_1 \cdot \mathfrak{a}_2 \cdot \mathfrak{a}^1\}$ eine Basis von φX^1_1. Im zweiten Fall ist $\{\mathfrak{a}^1 \cdot \mathfrak{a}^2, \mathfrak{a}^2 \cdot \mathfrak{a}^2\}$ eine Basis von Kern ψ und $\{\mathfrak{a}_2 \cdot \mathfrak{a}^1 \cdot \mathfrak{a}^1, \mathfrak{a}_2 \cdot \mathfrak{a}^2 \cdot \mathfrak{a}^1\}$ eine Basis von ψX^2_0.

43A Es gibt 6 Automorphismen von X, die sich alle als Produkte der durch $\alpha \mathfrak{a}_1 = \mathfrak{a}_1 + \mathfrak{a}_2$, $\alpha \mathfrak{a}_2 = \mathfrak{a}_2$ und $\beta \mathfrak{a}_1 = \mathfrak{a}_2$, $\beta \mathfrak{a}_2 = \mathfrak{a}_1$ definierten Automorphismen α und β darstellen lassen. Wegen $\mathfrak{a}_\nu + \mathfrak{a}_\nu = \mathfrak{o}$ erhält man $\alpha^0_2 \mathfrak{A} = \beta^0_2 \mathfrak{A} = \mathfrak{A}$; d.h. $\mathfrak{A}$ ist ein invarianter Tensor. Umgekehrt sei $\mathfrak{B} = b_{1,1} \mathfrak{a}_1 \cdot \mathfrak{a}_1 + b_{1,2} \mathfrak{a}_1 \cdot \mathfrak{a}_2 + b_{2,1} \mathfrak{a}_2 \cdot \mathfrak{a}_1 + b_{2,2} \mathfrak{a}_2 \cdot \mathfrak{a}_2$ ein invarianter Tensor aus X_2^0. Berechnung von $\alpha_2^0 \mathfrak{B}$, $\beta_2^0 \mathfrak{B}$ und Berücksichtigung von $\alpha_2^0 \mathfrak{B} = \beta_2^0 \mathfrak{B} = \mathfrak{B}$ liefert durch Koeffizientenvergleich $b_{1,1} = b_{2,2} = 0$ und $b_{1,2} = b_{2,1}$. Es folgt $\mathfrak{B} = \mathfrak{O}$ oder $\mathfrak{B} = \mathfrak{A}$.

43 B Es gelte $p \leqq \operatorname{Dim} X$ und $\mathfrak{B}_\sigma = \mathfrak{a}_1 \cdots \mathfrak{a}_p \cdot \mathfrak{a}^{\sigma 1} \cdots \mathfrak{a}^{\sigma p} (\sigma \in \mathfrak{S}_p)$. Man erhält $\mathfrak{B}_\sigma \blacktriangle \mathfrak{A}_\pi = 0$ für $\sigma \neq \pi^{-1}$ und $\mathfrak{B}_{\pi^{-1}} \blacktriangle \mathfrak{A}_\pi = 1$. Aus $\sum_{\pi \in \mathfrak{S}_p} c_\pi \mathfrak{A}_\pi = \mathfrak{O}$ folgt daher $c_\sigma = \mathfrak{B}_{\sigma^{-1}} \blacktriangle \sum c_\pi \mathfrak{A}_\pi = \mathfrak{B}_{\sigma^{-1}} \blacktriangle \mathfrak{O} = 0$ für alle $\sigma \in \mathfrak{S}_p$. Im Fall $p > \operatorname{Dim} X$ sei $\mathfrak{C} = \sum_{\pi \in \mathfrak{S}_p} (\operatorname{sgn} \pi) \mathfrak{A}_\pi$. Bei fester Wahl der Indizes $\nu_1, \ldots, \nu_p$ treten immer k gleiche Indizes auf, wobei $1 < k \leqq p$. Wenn $\pi^{-1} \circ \sigma$ nur diese gleichen Indizes permutiert, gilt $\mathfrak{a}_{\nu_1} \cdots \mathfrak{a}_{\nu_p} \cdot \mathfrak{a}^{\nu_{\pi 1}} \cdots \mathfrak{a}^{\nu_{\pi p}} = \mathfrak{a}_{\nu_1} \cdots \mathfrak{a}_{\nu_p} \cdot \mathfrak{a}^{\nu_{\sigma 1}} \cdots \mathfrak{a}^{\nu_{\sigma p}}$. Bei festem π gibt es aber ebenso viele gerade wie ungerade Permutationen σ mit dieser Eigenschaft. In der Darstellung von $\mathfrak{C}$ heben sich daher alle Summanden auf; d. h. es gilt $\mathfrak{C} = \mathfrak{O}$.

44 A (vgl. Seite 105) $\Phi(\mathfrak{e}_1', \ldots, \mathfrak{e}_{i-1}', \mathfrak{e}_{i+1}', \ldots, \mathfrak{e}_n') =$

$$\sum_{\nu_1, \ldots, \nu_n = 1}^{n} a_{1,\nu_1} \cdots a_{i-1,\nu_{i-1}} \cdot a_{i+1,\nu_{i+1}} \cdots a_{n,\nu_n} \cdot \Phi(\mathfrak{e}_{\nu_1}, \ldots, \mathfrak{e}_{\nu_{i-1}}, \mathfrak{e}_{\nu_{i+1}}, \ldots, \mathfrak{e}_{\nu_n})$$

$$= \sum_{\mu=1}^{n} \sum_{\substack{\pi \in \mathfrak{S}_n \\ \pi(i) = \mu}} (-1)^{i+\mu} (\operatorname{sgn} \pi) a_{1,\pi 1} \cdots a_{i-1,\pi(i-1)} \cdot a_{i+1,\pi(i+1)} \cdots a_{n,\pi n} \Phi(\mathfrak{e}_1, \ldots, \mathfrak{e}_{\mu-1}, \mathfrak{e}_{\mu+1}, \ldots, \mathfrak{e}_n)$$

$$= \sum_{\mu=1}^{n} \operatorname{Det} A_{i,\mu}^* \cdot \Phi(\mathfrak{e}_1, \ldots, \mathfrak{e}_{\mu-1}, \mathfrak{e}_{\mu+1}, \ldots, \mathfrak{e}_n)$$

$$= \sum_{\mu=1}^{n} (-1)^{i+\mu} (\operatorname{Adj} a_{i,\mu}) \Phi(\mathfrak{e}_1, \ldots, \mathfrak{e}_{\mu-1}, \mathfrak{e}_{\mu+1}, \ldots, \mathfrak{e}_n) = \sum_{\mu=1}^{n} (-1)^{i-1} (\operatorname{Adj} a_{i,\mu}) \mathfrak{e}_\mu$$

$$= (-1)^{i-1} \sum_{\mu,\nu=1}^{n} a_{\nu,\mu} (\operatorname{Adj} a_{i,\mu}) \mathfrak{e}_\nu' = (-1)^{i-1} (\operatorname{Det} A) \mathfrak{e}_i' = (-1)^{i-1} \mathfrak{e}_i'.$$

44 B $\mathfrak{x} \times \mathfrak{y} = \sum x_\mu y_\nu (\mathfrak{e}_\mu \times \mathfrak{e}_\nu) = (x_2 y_3 - x_3 y_2) \mathfrak{e}_1 - (x_1 y_3 - x_3 y_1) \mathfrak{e}_2 + (x_1 y_2 - x_2 y_1) \mathfrak{e}_3$. Dies ist die in 1) behauptete Entwicklung. Weiter ist hiernach $\mathfrak{x} \times \mathfrak{y} = \mathfrak{o}$ gleichwertig damit, daß in der aus den Koordinaten von $\mathfrak{x}$ und $\mathfrak{y}$ gebildeten Matrix alle 2-reihigen Unterdeterminanten verschwinden. Daher folgt 2) aus 15. 1. Berechnung von $(\mathfrak{x} \times \mathfrak{y}) \cdot \mathfrak{z}$ mit Hilfe von 1) ergibt die Entwicklung der Determinante aus 3) nach der dritten Zeile. Da diese Determinante bei zyklischer Vertauschung der Zeilen nicht geändert wird, gelten die Gleichungen in 4). Setzt man $\mathfrak{z} = \mathfrak{x}$ oder $\mathfrak{z} = \mathfrak{y}$, so sind in der Determinante zwei Zeilen gleich. Es folgt $(\mathfrak{x} \times \mathfrak{y}) \cdot \mathfrak{x} = (\mathfrak{x} \times \mathfrak{y}) \cdot \mathfrak{y} = 0$. Durch Rechnung zeigt man $|\mathfrak{x} \times \mathfrak{y}|^2 = |\mathfrak{x}|^2 |\mathfrak{y}|^2 - (\mathfrak{x} \cdot \mathfrak{y})^2$, woraus 5) folgt.

44 C Es sei $\{\mathfrak{a}_1, \mathfrak{a}_2, \mathfrak{a}_3\}$ eine Basis von X, und für $1 \leqq i \leqq k \leqq 3$ sei $\Psi_{i,k}$ die durch $\Psi_{i,k}(\mathfrak{a}_\mu, \mathfrak{a}_\nu) = \Psi_{i,k}(\mathfrak{a}_\nu, \mathfrak{a}_\mu) = \delta_{i,\mu} \cdot \delta_{k,\nu} (1 \leqq \mu \leqq \nu \leqq 3)$ eindeutig bestimmte Bilinearform. Nach 44. 7 gilt $\operatorname{Dim} A_2(X, K) = \binom{3}{2} = 3$, es ist $\{\Psi_{1,2}, \Psi_{1,3}, \Psi_{2,3}\}$ eine Basis von $A_2(X, K)$, und $A_2(X, K)$ besteht aus genau 8 Abbildungen. Eine Basis von $A_2'(X, K)$ ist hingegen $\{\Psi_{1,1}, \Psi_{1,2}, \Psi_{1,3}, \Psi_{2,2}, \Psi_{2,3}, \Psi_{3,3}\}$ $(-1 = 1$ in K!). Es folgt $\operatorname{Dim} A_2'(X, K) = 6$, und $A_2'(X, K)$ besteht aus genau 64 Abbildungen.

45 A Mit einer Basis $\{\mathfrak{a}_1, \ldots, \mathfrak{a}_n\}$ gilt $\mathfrak{x}_1 \wedge \cdots \wedge \mathfrak{x}_n = \Delta(\mathfrak{x}_1, \ldots, \mathfrak{x}_n)\,(\mathfrak{a}_1 \wedge \cdots \wedge \mathfrak{a}_n)$, und hierdurch wird eine Determinantenform Δ definiert. Ferner gilt $\hat{\varphi}_n(\mathfrak{x}_1 \wedge \cdots \wedge \mathfrak{x}_n) = \Delta(\varphi\mathfrak{x}_1, \ldots, \varphi\mathfrak{x}_n)\,(\mathfrak{a}_1 \wedge \cdots \wedge \mathfrak{a}_n)$. Die Behauptung folgt jetzt aus 13. 5, 13. 6, 13b.

45 B Mit $\hat{\mathfrak{X}} \in \bigwedge_p X$ und $\hat{\mathfrak{Y}} \in \bigwedge_q X$ gilt $\tau[(\hat{\tau}\hat{\mathfrak{X}}) \cdot (\hat{\tau}\hat{\mathfrak{Y}})] = p!q!\,\hat{\tau}(\hat{\mathfrak{X}} \wedge \hat{\mathfrak{Y}})$: Zum Beweis kann $\hat{\mathfrak{X}} = \mathfrak{x}_1 \wedge \cdots \wedge \mathfrak{x}_p$ und $\hat{\mathfrak{Y}} = \mathfrak{x}_{p+1} \wedge \cdots \wedge \mathfrak{x}_{p+q}$ angenommen werden. Es folgt $\hat{\tau}(\hat{\mathfrak{X}} \wedge \hat{\mathfrak{Y}}) = \sum_{\pi} (\operatorname{sgn} \pi)\, \mathfrak{x}_{\pi 1} \otimes \cdots \otimes x_{\pi(p+q)}$ und $\tau[(\hat{\tau}\hat{\mathfrak{X}}) \wedge (\hat{\tau}\hat{\mathfrak{Y}})] = \sum_{\pi, \pi', \pi''} (\operatorname{sgn} \pi \circ \pi' \circ \pi'')\, \mathfrak{x}_{\sigma 1} \otimes \cdots \otimes \mathfrak{x}_{\sigma(p+q)}$ mit $\sigma = \pi \circ \pi' \circ \pi''$, wobei π alle Permutationen aus $\mathfrak{S}_{p+q}$ durchläuft, π' und π'' aber nur diejenigen Permutationen, die die Indizes $1, \ldots, p$ bzw. $p+1, \ldots, p+q$ einzeln festlassen. Bei festem π' und π'' durchläuft mit π auch σ ganz $\mathfrak{S}_{p+q}$. Da es aber $q!$ Permutationen π' und $p!$ Permutationen π'' gibt, folgt die Behauptung.

45 C Es seien $\omega\colon X \to X/V$ und $\omega'\colon \bigwedge_p X \to (\bigwedge_p X)/V_p$ die natürlichen Abbildungen. Dann ist $\hat{\omega}_p\colon \bigwedge_p X \to \bigwedge_p (X/V)$ eine lineare Abbildung mit $V_p \leq \operatorname{Kern} \hat{\omega}_p$, die nach 31. 4 eine lineare Abbildung $\hat{\varphi}\colon (\bigwedge_p X)/V_p \to \bigwedge_p (X/V)$ induziert. Wie im Beweis von 41. 2 zeigt man, daß für $\overline{\mathfrak{x}}_1, \ldots, \overline{\mathfrak{x}}_p \in X/V$ die Klasse $\omega'(\mathfrak{x}_1 \wedge \cdots \wedge \mathfrak{x}_p)$ von der Repräsentantenwahl unabhängig ist. Die durch $\psi(\overline{\mathfrak{x}}_1 \cdots \overline{\mathfrak{x}}_p) = \omega'(\mathfrak{x}_1 \wedge \cdots \wedge \mathfrak{x}_p)$ definierte p-fach alternierende Abbildung bestimmt nach 45. 3 eine lineare Abbildung $\hat{\psi}\colon \bigwedge_p (X/V) \to (\bigwedge_p X)/V_p$. Es ist $\hat{\psi} \circ \hat{\varphi}$ und $\hat{\varphi} \circ \hat{\psi}$ die Identität, also $\hat{\varphi}$ ein Isomorphismus. In 2) wird durch $\Phi_q(\mathfrak{x}_1 \wedge \cdots \wedge \mathfrak{x}_q, \mathfrak{y}_{q+1} \wedge \cdots \wedge \mathfrak{y}_p) = \mathfrak{x}_1 \wedge \cdots \wedge \mathfrak{x}_q \wedge \mathfrak{y}_{q+1} \wedge \cdots \wedge \mathfrak{y}_p$ eine bilineare Abbildung $\Phi_q\colon (\bigwedge_q X, \bigwedge_{p-q} Y) \to \bigwedge_p Z$ definiert. Nach 40. 3 bestimmt sie eine lineare Abbildung $\varphi_q\colon (\bigwedge_q X) \otimes (\bigwedge_{p-q} Y) \to \bigwedge_p Z$, die sogar injektiv ist. Die Abbildungen φ_q bestimmen weiter nach 33. 1 eine lineare Abbildung $\varphi\colon \bigoplus_{q=0}^{p} ((\bigwedge_q X) \otimes (\bigwedge_{p-q} Y)) \to \bigwedge_p Z$, die ebenfalls injektiv ist. Man zeigt, daß sich jeder Vektor aus $\bigwedge_p Z$ als Summe von Vektoren der Form $\mathfrak{x}_1 \wedge \cdots \wedge \mathfrak{x}_q \wedge \mathfrak{y}_{q+1} \wedge \cdots \wedge \mathfrak{y}_p$ darstellen läßt, und folgert mit Hilfe von 33 A, daß φ auch surjektiv und somit ein Isomorphismus ist.

45 D Es gelte $\operatorname{Rg} \varphi = r$. Es gilt $\hat{\varphi}_p(\bigwedge_p X) = \bigwedge_p (\varphi X)$. Wegen 45. 4 folgt $\operatorname{Rg} \hat{\varphi}_p = \operatorname{Dim} (\bigwedge_p (\varphi X)) = \binom{r}{p}$ im Fall $p \leqq r$ und $\operatorname{Rg} \hat{\varphi}_p = 0$ für $p > r$.

45 E Es sei $\omega\colon X_p \to \bigwedge_p X$ die natürliche Abbildung. Der Vektorraum Z besitze folgende Eigenschaft: Es gibt eine p-fach alternierende Abbildung $\sigma\colon X_p \to Z$ und zu jeder p-fach alternierenden Abbildung $\varphi\colon X_p \to Y$ genau eine lineare Abbildung $\tilde{\varphi}\colon Z \to Y$ mit $\varphi = \tilde{\varphi} \circ \sigma$. Man folgert $\omega = \tilde{\omega} \circ \sigma$ (45. 1) und $\sigma = \hat{\sigma} \circ \omega$ (45. 3) und schließt wegen der Eindeutigkeit, daß $\tilde{\omega} \circ \hat{\sigma}$ und $\hat{\sigma} \circ \tilde{\omega}$ die Identität, also $\tilde{\omega}\colon Z \to \bigwedge_p X$ ein Isomorphismus ist.

46 A Wegen 41 B ist mit φ auch $\tilde{\varphi}$ surjektiv bzw. injektiv. Es ist $\tilde{\varphi}\mathfrak{X} \in Y_1 = Y$ gleichwertig mit $\mathfrak{X} \in X_1 = X$. Wegen $\tilde{\varphi}\mathfrak{x} = \varphi\mathfrak{x}$ für $\mathfrak{x} \in X_1$ folgt die Umkehrung. In 2) bewei[illegible] man zunächst die 41 B entsprechende Behauptung und schließt dann analog.

46 B Mit $\hat{\mathfrak{X}} = \mathfrak{x}_1 \wedge \cdots \wedge \mathfrak{x}_p$, $\hat{\mathfrak{Y}}^* = \mathfrak{y}^1 \wedge \cdots \wedge \mathfrak{y}^p$ gilt $\langle \hat{\varphi}_p \hat{\mathfrak{X}}, \hat{\mathfrak{Y}}^* \rangle = \operatorname{Det}(\langle \varphi\mathfrak{x}_i, \mathfrak{y}^k \rangle) = \operatorname{Det}(\langle \mathfrak{x}_i, \varphi^* \mathfrak{y}^k \rangle) = \langle \hat{\mathfrak{X}}, \hat{\varphi}^*_p \hat{\mathfrak{Y}}^* \rangle$ wegen 46. 5. Mit Hilfe von 46. 4 ergibt sich allgemein $\langle \hat{\varphi} \hat{\mathfrak{X}}, \hat{\mathfrak{Y}}^* \rangle = \langle \hat{\mathfrak{X}}, \hat{\varphi}^* \hat{\mathfrak{Y}}^* \rangle$ und damit die Behauptung.

46 C Wegen $\hat{\mathfrak{X}} \wedge \hat{\mathfrak{Y}} = \sum_{p,q=0}^{n} \hat{\mathfrak{X}}_p \wedge \hat{\mathfrak{Y}}_q$ folgt aus $\hat{\mathfrak{X}} \wedge \hat{\mathfrak{Y}} = 1$ speziell $\hat{\mathfrak{X}}_0 \cdot \hat{\mathfrak{Y}}_0 = 1$, also $\hat{\mathfrak{X}}_0 \neq 0$. Gilt umgekehrt $\hat{\mathfrak{X}}_0 = c \neq 0$, so setze man $\hat{\mathfrak{Y}}_0 = \frac{1}{c}$. Aus dem Gleichungssystem $c\hat{\mathfrak{Y}}_q + \hat{\mathfrak{X}}_1 \wedge \hat{\mathfrak{Y}}_{q-1} + \cdots + \frac{1}{c}\hat{\mathfrak{X}}_q = \hat{\mathfrak{O}}$ $(q = 1, \ldots, n)$ können dann nacheinander $\hat{\mathfrak{Y}}_1, \ldots, \hat{\mathfrak{Y}}_n$ bestimmt werden. In 2) gelte $\hat{\mathfrak{X}} = \sum \hat{\mathfrak{X}}_p$. Dann gilt $\hat{\mathfrak{X}}_p \neq \hat{\mathfrak{O}}$ nur für endlich viele p, und in der Darstellung jedes $\hat{\mathfrak{X}}_p$ treten nur endlich viele Vektoren aus X auf, die insgesamt einen endlich-dimensionalen Unterraum U von X aufspannen. Es folgt $\hat{\mathfrak{X}} \in \wedge U$ und aus $\hat{\mathfrak{Y}} \in \wedge V$ weiter $\hat{\mathfrak{X}} \wedge \hat{\mathfrak{Y}} \in \wedge (U + V)$. Damit kann 1) angewandt werden. Für $\hat{\mathfrak{X}}_p \in \bigwedge_p X$ und für beliebiges $\hat{\mathfrak{Y}} \in \wedge X$ gilt $\hat{\mathfrak{X}}_p \wedge \hat{\mathfrak{Y}} = \hat{\mathfrak{Y}} \wedge \hat{\mathfrak{X}}_p$ für gerades p wegen 45. 7 und für $p = \operatorname{Dim} X$, weil dann $\hat{\mathfrak{X}}_p \wedge \hat{\mathfrak{Y}} = \hat{\mathfrak{X}}_p \wedge \hat{\mathfrak{Y}}_0$ ist. Die Bedingung aus 3) ist somit hinreichend. Umgekehrt gelte $\hat{\mathfrak{X}} \wedge \hat{\mathfrak{Y}} = \hat{\mathfrak{Y}} \wedge \hat{\mathfrak{X}}$ für alle $\hat{\mathfrak{Y}} \in \wedge X$, und es werde $\hat{\mathfrak{X}}_p \neq \hat{\mathfrak{O}}$ für einen ersten ungeraden Index $p < \operatorname{Dim} X$ angenommen. Dann gibt es ein $\mathfrak{y} \in X$ mit $\hat{\mathfrak{X}}_p \wedge \mathfrak{y} \neq \hat{\mathfrak{O}}$, wegen 45. 7 folgt $\hat{\mathfrak{X}}_p \wedge \mathfrak{y} = -(\mathfrak{y} \wedge \hat{\mathfrak{X}}_p)$ und daher der Widerspruch $\hat{\mathfrak{X}} \wedge \mathfrak{y} \neq \mathfrak{y} \wedge \hat{\mathfrak{X}}$.

47 A Mit Hilfe von 47. 1 ergibt sich
$\langle \hat{\mathfrak{Y}}, \varphi(\hat{\mathfrak{X}} \wedge \varphi^{-1}\hat{\mathfrak{X}}^*)\rangle = \langle \hat{\mathfrak{Y}}, (\hat{\mathfrak{X}} \wedge \varphi^{-1}\hat{\mathfrak{X}}^*) \lrcorner\, \hat{\mathfrak{Z}}^*\rangle = \langle \hat{\mathfrak{Y}}, \hat{\mathfrak{X}} \lrcorner\, (\varphi^{-1}\hat{\mathfrak{X}}^* \lrcorner\, \hat{\mathfrak{Z}}^*)\rangle$
$= \langle \hat{\mathfrak{Y}} \wedge \hat{\mathfrak{X}}, \varphi^{-1}\hat{\mathfrak{X}}^* \lrcorner\, \hat{\mathfrak{Z}}^*\rangle = \langle \hat{\mathfrak{Y}} \wedge \hat{\mathfrak{X}}, \varphi(\varphi^{-1}\hat{\mathfrak{X}}^*)\rangle = \langle \hat{\mathfrak{Y}} \wedge \hat{\mathfrak{X}}, \hat{\mathfrak{X}}^*\rangle = \langle \hat{\mathfrak{Y}}, \hat{\mathfrak{X}} \lrcorner\, \hat{\mathfrak{X}}^*\rangle$ und
$\langle \varphi^{-1}(\varphi\hat{\mathfrak{X}} \wedge \hat{\mathfrak{X}}^*), \hat{\mathfrak{Y}}^*\rangle = \langle \hat{\mathfrak{Z}} \llcorner (\varphi\hat{\mathfrak{X}} \wedge \hat{\mathfrak{X}}^*), \hat{\mathfrak{Y}}^*\rangle = \langle (\hat{\mathfrak{Z}} \llcorner \varphi\hat{\mathfrak{X}}) \llcorner \hat{\mathfrak{X}}^*, \hat{\mathfrak{Y}}^*\rangle$
$= \langle \hat{\mathfrak{Z}} \llcorner \varphi\hat{\mathfrak{X}}, \hat{\mathfrak{X}}^* \wedge \hat{\mathfrak{Y}}^*\rangle = \langle \varphi^{-1}(\varphi\hat{\mathfrak{X}}), \hat{\mathfrak{X}}^* \wedge \hat{\mathfrak{Y}}^*\rangle = \langle \hat{\mathfrak{X}}, \hat{\mathfrak{X}}^* \wedge \hat{\mathfrak{Y}}^*\rangle = \langle \hat{\mathfrak{X}} \llcorner \hat{\mathfrak{X}}^*, \hat{\mathfrak{Y}}^*\rangle$.
Hieraus folgen die beiden Behauptungen.

47 B $\langle \hat{\varphi}\hat{\mathfrak{X}} \llcorner \hat{\mathfrak{Y}}^*, \hat{\mathfrak{Z}}^*\rangle = \langle \hat{\varphi}\hat{\mathfrak{X}}, \hat{\mathfrak{Y}}^* \wedge \hat{\mathfrak{Z}}^*\rangle = \langle \hat{\mathfrak{X}}, \hat{\varphi}^*\hat{\mathfrak{Y}}^* \wedge \hat{\varphi}^*\hat{\mathfrak{Z}}^*\rangle = \langle \hat{\mathfrak{X}} \llcorner \hat{\varphi}^*\hat{\mathfrak{Y}}^*, \hat{\varphi}^*\hat{\mathfrak{Z}}^*\rangle$
$= \langle \hat{\varphi}(\hat{\mathfrak{X}} \llcorner \hat{\varphi}^*\hat{\mathfrak{Y}}^*), \hat{\mathfrak{Z}}^*\rangle$ und $\langle \hat{\mathfrak{Z}}, \hat{\mathfrak{X}} \lrcorner\, \hat{\varphi}^*\hat{\mathfrak{Y}}^*\rangle = \langle \hat{\mathfrak{Z}} \wedge \hat{\mathfrak{X}}, \hat{\varphi}^*\hat{\mathfrak{Y}}^*\rangle = \langle \hat{\varphi}\hat{\mathfrak{Z}} \wedge \hat{\varphi}\hat{\mathfrak{X}}, \hat{\mathfrak{Y}}^*\rangle$
$= \langle \hat{\varphi}\hat{\mathfrak{Z}}, \hat{\varphi}\hat{\mathfrak{X}} \lrcorner\, \hat{\mathfrak{Y}}^*\rangle = \langle \hat{\mathfrak{Z}}, \hat{\varphi}^*(\hat{\varphi}\hat{\mathfrak{X}} \lrcorner\, \hat{\mathfrak{Y}}^*)\rangle$.
Hieraus folgt 1). Setzt man im Fall eines Automorphismus φ speziell $\hat{\mathfrak{Y}}^* = \hat{\varphi}^{*-1}\hat{\mathfrak{X}}^*$, so ergibt sich 2).

47 C Aus $[\mathfrak{x}_1, \ldots, \mathfrak{x}_p] = [\mathfrak{y}_1, \ldots, \mathfrak{y}_p]$ folgt $\mathfrak{y}_\mu = \sum_\nu a_{\mu,\nu}\mathfrak{x}_\nu$ $(\mu = 1, \ldots, p)$ und $\mathfrak{y}_1 \wedge \cdots \wedge \mathfrak{y}_p = (\sum_{\pi \in \mathfrak{S}_p} (\operatorname{sgn} \pi)\, a_{1,\pi 1} \cdots a_{p,\pi p})\,(\mathfrak{x}_1 \wedge \cdots \wedge \mathfrak{x}_p)$, also die lineare Abhängigkeit von $\mathfrak{x}_1 \wedge \cdots \wedge \mathfrak{x}_p$ und $\mathfrak{y}_1 \wedge \cdots \wedge \mathfrak{y}_p$. Umgekehrt gelte $\mathfrak{y}_1 \wedge \cdots \wedge \mathfrak{y}_p = c(\mathfrak{x}_1 \wedge \cdots \wedge \mathfrak{x}_p)$ und wegen der linearen Unabhängigkeit von $\mathfrak{y}_1, \ldots, \mathfrak{y}_p$ hierbei $c \neq 0$. Es folgt $\mathfrak{y}_1 \wedge \cdots \wedge \mathfrak{y}_p \wedge \mathfrak{x}_\mu = c(\mathfrak{x}_1 \wedge \cdots \wedge \mathfrak{x}_p \wedge \mathfrak{x}_\mu) = \mathfrak{o}$ für $\mu = 1, \ldots, p$ und wegen 45. 2 weiter $[\mathfrak{x}_1, \ldots, \mathfrak{x}_p] \leq [\mathfrak{y}_1, \ldots, \mathfrak{y}_p]$. Wegen der Gleichberechtigung von $\mathfrak{x}_1, \ldots, \mathfrak{x}_p$ und $\mathfrak{y}_1, \ldots, \mathfrak{y}_p$ gilt aber sogar die Gleichheit.

Namen- und Sachverzeichnis